U0789965

风云砥砺　世纪华章

——《气象学报》创刊100周年纪念文集

谈哲敏　主编

科学出版社

内 容 简 介

《气象学报》（简称学报）是中国气象局主管、中国气象学会主办的大气科学学术性期刊。其前身为创办于1925年7月的《中国气象学会会刊》，1935年更名为《气象杂志》，1941年更名为《气象学报》，1987年增设《气象学报（英文版）》。历经百年沧桑，学报忠实地记录了中国近现代气象科学技术发展的历程，刊载了一批对国内外大气科学发展具有先导性影响的开创性成果，获得国内外气象学界高度评价和公认，成为气象科学研究和业务发展的基石。

为纪念学报创刊100周年，全面回顾学报百年发展历程，缅怀老一辈气象学家的杰出科学贡献，记录气象学科发展的重大理论和技术突破，传承科学家精神并发扬光大，中国气象学会特组织出版《风云砥砺 世纪华章——〈气象学报〉创刊100周年纪念文集》。内容包括学报早期发表的26篇重要论文汇编和专家解读，以及《气象学报》百年历史回顾、大事记、编委会名录等。本书可供气象行业科技工作者、在校师生及自然科学史相关研究者学习参考。

审图号：GS 京（2025）1146 号

图书在版编目（CIP）数据

风云砥砺 世纪华章 ：《气象学报》创刊100周年纪念文集 / 谈哲敏主编. 北京 ：科学出版社, 2025. 8. --ISBN 978-7-03-083034-0

Ⅰ. P4-53

中国国家版本馆CIP数据核字第2025QD6721号

责任编辑：韩 鹏 徐诗颖 / 责任校对：何艳萍

责任印制：吴兆东 / 封面设计：无极书装

科学出版社 出版

北京东黄城根北街16号

邮政编码：100717

http: //www.sciencep.com

涿州市般润文化传播有限公司印刷

科学出版社发行 各地新华书店经销

*

2025年8月第 一 版 开本：880×1230 1/16

2026年1月第二次印刷 印张：26

字数：800000

定价：398.00 元

（如有印装质量问题，我社负责调换）

出版情况特别说明

鉴于历史出版条件所限，“重要论文”原文中可能存在个别瑕疵或表述未尽严谨之处。本次修编旨在忠实复现原文风貌，尊重文献历史价值，非为追求当下科学之精准，亦非提供确然答案。故所用物理量单位、符号、图例、参考文献、术语及数字等尽量保留原文风貌，未作统一标准的处理。敬请读者理解并审慎阅读。

本书编辑委员会

科学指导：周秀骥　丁一汇

主　　编：谈哲敏

副 主 编：矫梅燕　张　柱　伊　兰

委　　员（按姓氏笔画排序）：

王春乙　白静玉　吕建华　任宏利　任国玉

刘文泉　刘屹岷　孙建华　李天明（Tim Li）

李维京　李蓓蓓　吴立广　吴召华（Zhaohua Wu）

张　德　张庆云　张伟民　陈正洪　陈丽娟

范　可　周天军　郑国光　徐邦琪　郭学良

梁旭东　翟盘茂　薛纪善　戴永久

编辑组：

伊　兰　马雷凯　程艳丽　朱玉祥　王　媛

前言

值此《气象学报》创刊百年之际，我们谨以庄敬之心编纂这本纪念文集，既是对中国气象学术百年征程的深情回眸，更是对一代代气象人接续奋斗的崇高致敬。百年风云激荡，这份承载着中国气象科学精神的学术期刊，始终与国家发展休戚与共，与民族命运同频共振，与科学进步相生共荣。翻开纪念文集的每一页，皆为历史之沉淀，亦是对未来之召唤。

一、百年回眸——从《会刊》到国际权威期刊的蜕变

1925年，中国气象学会于青岛创办《中国气象学会会刊》（简称《会刊》，后更名为《气象学报》），标志着中国气象科学开始从传统测候转向近现代研究。彼时，气象事业尚在萌芽，竺可桢、涂长望等先贤以“谋气象学术之进步与测候事业之发展”为己任，在战火频仍、时局动荡中坚守学术阵地。

自1996年从季刊改为双月刊、2002年从正16开升级到大16开，《气象学报》始终紧扣时代脉搏。20世纪80年代起，学报引入国际通行的同行评议制度，增设英文版，逐步构建起涵盖动力气象学、天气学、气候学、大气物理和化学等全学科领域的学术框架。2003年和2005年两度荣获“国家期刊奖百种重点学术期刊”，2007年英文版被SCI收录，标志着其学术影响力已跻身前列，成为全球大气科学领域不可或缺的学术平台。

二、学术丰碑——“重要论文”中的科学突破与思想启迪

为回顾《气象学报》在中国气象学科发展中发挥的重要作用，缅怀老一辈气象学家及其优秀成果，我们从已故学者在学报发表的作品中，遴选出具有丰碑意义的26篇论文，在本文集特设“重要论文”版块，展现其对中国近现代气象研究的原创性贡献。在遴选过程中，我们秉持历史性、代表性与学术性相统一的原则，组织专家进行优选和点评解读。入选成果综合考量论文的学术创新性、领域代表性、历史影响力及长期引用情况，兼顾作者对期刊的贡献度（如发文数量、编委任职等），同时确保所选论文在现有出版技术条件下

可复现、符合当前国家出版规范要求。作为《气象学报》的纪念性举措，本次选文旨在缅怀前辈、重现历史，其意义重于学术评价本身。我们更希望年轻读者能从中感悟和汲取前辈们的学术精神与爱国情怀。

《历史时代世界气候的波动》一文是竺可桢先生于1961年至1962年间对世界历史时期气候变化的总结。在众多的科学贡献中，他所开创的历史气候研究，在国内外都产生了广泛而又深远的影响，至今仍是非常活跃的研究领域。

涂长望先生开创了中国早期气候分类之先河，在《Koeppen范式的中国气候区域》一文中，他利用当时可获得的气温、降水观测数据，对中国气候进行统计分析和类型区划。此文是我国早期气候分类、分区研究的经典之作，为后续的气候分类和区域气候研究奠定了基础。

叶笃正先生撰写的《西藏高原及其附近的流场结构和对流层大气的热量平衡》一文，对青藏高原的热力作用进行了开创性论述，揭示出区域气候与全球环流的深层关联，是国际上最早系统研究高原气象的经典文献之一。

这些成果不仅是学术史的坐标，更是方法论创新的源泉，将帮助读者深入理解学科发展脉络和老一辈气象学家的卓越贡献。

三、薪火相传——前任主编的学术品格与精神遗产

前任主编的学术视野与治刊理念，深刻塑造了《气象学报》的品格。

涂长望主编秉持“科学救国”理念，在抗日战争时期组织创建西南联大气象观测网，将学报打造为战时科学救亡的学术阵地。赵九章主编引入国际气象学前沿动态，推动学报载文从经验描述向数理分析转型。叶笃正、谢义炳主编在改革开放初期主导学报改革，率先建立英文摘要规范，推动了中国气象研究成果的国际化进程。进入21世纪，周秀骥、丁一汇主编着力强化学报对气候变化、极端天气等重大议题的关注与响应力度，积极引领学科交叉创新。

他们的共同特质在于，既有“观天测地”的宏大格局，又具“毫厘必究”的严谨态度。涂长望主编在抗战期间建立西南联大气象观测网时，既统筹宏观站点布局，又亲赴山区修正测风仪器的刻度误差，这种“致广大而尽精微”的精神，正是《气象学报》学术基因的生动写照。

四、荣誉与使命——站在百年节点上的思考

《气象学报》的百年历程，是一部中国气象科技自立自强的奋斗史。

荣誉见证实力，从位列中国自然科学核心期刊气象类首位，到两次获得“中国出版政府奖期刊奖提名奖”、连续获得“百强报刊”“中国精品科技期刊”等殊荣，每一份嘉奖都是对学报学术品质的肯定。

挑战催生创新，面对全球气候变化、“碳达峰、碳中和”目标、智慧气象等新时代命题，学报近年推出的“极端天气气候事件的检测归因和预估”“气象人工智能”“气象 × 金融”等专题，体现出学术期刊的使命担当。

立于新的百年起点，我们深知气象科学已由“描述自然”转向“参与治理”，从“区域观测”迈向“地球系统科学”。

五、致谢与展望

谨以本文集，向所有为《气象学报》的发展作出贡献的作者、编辑、审稿人和相关学者致敬。特别感谢中国科学院、中国气象局等机构的长期支持，以及全球同行学者的智慧馈赠。

未来，《气象学报》将秉持三大方向：

构建学术共同体，深化“预报员-科研人员”互动机制，延续“百年风云讲坛”等品牌活动，促进理论创新与业务实践双向赋能。

拥抱技术革命，探索 AI 校稿、数据论文出版、多媒体特刊等新型学术传播模式，打造“纸刊 + 数据库 + 知识服务”的全媒体平台。

服务人类福祉，聚焦“碳中和”“韧性城市”等战略和“‘一带一路’气象服务”倡议的需求，推动气象科学在全球可持续发展中发挥更大作用。

百年恰是风华正茂。期待《气象学报》继续以科学之光照亮前行之路，与全球气象同仁共绘大气科学的新纪元！

本书编辑委员会

2025 年 7 月

目录

前　言

第一部分　《气象学报》早期重要论文

1　历史时代世界气候的波动　/　3
2　Koeppen 范式的中国气候区域　/　16
3　十年来中国气象学研究的进展　/　27
4　海水温度与水旱问题　/　33
5　运用气象要素历史变演的规律性作一年以上的长期预告　/　48
6　台风生成的综合学说　/　62
7　准地转两层模式天气数值预报方法的试验　/　74
8　西藏高原及其附近的流场结构和对流层大气的热量平衡　/　90
9　天气数值预报中过去资料的使用问题　/　104
10　在六月和十月大气环流的突变现象　/　113
11　十年来我国对东亚寒潮的研究　/　136
12　十年来我国的农业气象科学研究工作　/　142
13　夏季江淮流域持久性旱涝现象的环流特征　/　152
14　东南亚基本气流与台风发生的一些事实的统计与分析　/　163
15　副热带高压的东西向移动及其预报的研究　/　176
16　积云发展问题的数值试验　/　190
17　近五百年我国气候的几种振动及其相互关系　/　201
18　远距离台风影响西风带特大暴雨的过程模式　/　211
19　层状云对积云发展和降水的影响——一种云与云之间影响的数值模拟　/　224
20　山地气候要素空间分布的模拟　/　232
21　长期天气预报的一种客观方案　/　241
22　从单 Doppler 速度场反演风矢量场的 VAP 方法　/　250
23　自然云中冰晶生成的核化过程及雪晶对过冷云滴的撞冻　/　260
24　近百年气候变化与变率的诊断研究　/　268
25　论大气模式的设计　/　283
26　台风螺旋雨带——涡旋 Rossby 波　/　295

第二部分 《气象学报》百年发展史

1 早期中国气象学会刊物的创办与出版（1925—1949 年） / 305
2 新中国成立后《气象学报》的发展（1949—1978 年） / 313
3 改革开放时期学会期刊发展（1978—2012 年） / 317
4 新时代学会一流期刊建设（2012—2025 年） / 325
5 气象期刊联盟 / 341
6 小结 / 345
主要参考文献 / 354

第三部分 《气象学报》大事记

引言 / 357
1 历史沿革 / 358
2 主题专刊 / 365
3 优秀论文、国际高影响论文 / 368
4 优秀审稿人 / 371
5 项目资助、获奖 / 375
6 《气象学报》百年风云讲坛 / 376
7 期刊宣传与国际交流 / 378
8 气象期刊联盟 / 381
结语 / 382
后记 / 383

第四部分 《气象学报》历届编委会名录

1 《气象学报》历届编委会名录 / 387
2 《气象学报（英文版）》历届编委会名录 / 393

第一部分
《气象学报》早期重要论文

1

历史时代世界气候的波动*

|竺可桢|　中国科学院

竺可桢（1890—1974 年），美国哈佛大学博士，中国共产党党员。中央研究院和中国科学院院士，中国近现代气象学家、地理学家、教育家，浙江大学前校长。中国物候学的创始人，中国气象事业的奠基者和一代宗师。

■ 1929 年起屡次被选任为中国气象学会会长，并担任《气象学报》第一、二、四、十一、十三、十四、十六届理事会编辑委员会编辑委员。

■ 发表在《气象学报》的著名论著还包括：《全国设立气象测候所计划书》（1928 年）、《论新月令》（1931 年）、《南京三千公尺高空之风向与天气之预测》（1935 年）、《气候与人生及其他生物之关系》（1936 年）、《二十八宿起源之地点与时间》（1944 年）等。

历史时代气候有没有变迁，这是一个争论很久的问题，不但历史学家对这问题有争论，天文学家和气象学家的意见也是很不一致的。从十九世纪到二十世纪初期，欧洲的若干天文学家、气象学家，如法国的阿拉哥，德国的芳汉认为：二三千年以来，欧亚大陆的气候根本没有什么变动[1,2]。所以一个地方只要有三十年的记录，便可以认为这三十年的平均气温和雨量代表这一个地方历史时期的气温和雨量的标准状况了。可是近六十年来世界各处气象记录的积累，物候的变迁，使得这种不辩证不合理的气候一成不变论完全被推翻了。

二十世纪气候变暖问题，中央气象局局长涂长望 1961 年 1 月 26 日在人民日报发表的文章中已概括地讲述过了。这一问题不但引起欧美学报上的热烈的讨论，而且也广泛地影响世界若干地区农、林、牧、渔、交通、经济上的改变。二十世纪气候变暖在高纬度尤为显著。苏联欧洲美晋河地区从十九世纪八十年代到二十世纪四十年代平均温度增加了 1.6℃，该区冻土带的北限，却向北推移了 40 公里[3]。当挪威地理学家南生在 1893—1896 年往北极探险时，北冰洋冰厚有 365 厘米，到 1937—1940 年苏联西多夫至北冰洋时，同区域海冰的厚度只 218 厘米了。因海冰减薄，所以 1900 年以后北冰洋夏季航行时间从三个月增加到 1940 年以后的七个月。海冰的减少，不但有益于航行，而且也改变了邻近北冰洋区的动物群落，因而也影响到了人类社会经济生活。格陵兰岛的因纽特族向来是以捕海豹为业的，但 1930 年以后海豹不来这个地区了，代之而来的却是大群鳘鱼，所以近三十年来因纽特人便以捕鳘鱼为生了[4]。

近五十到一百年来，世界上高山的冰川和雪线的退缩更是普遍现象，大冰川缩小了，小冰川不见了，

* 本文初稿刊登在 1961 年 4 月 27 日、28 日光明日报和 6 月新华月报，摘要转载于 1961 年 5 月 7 日人民日报。这是修正稿。本文 1961 年 10 月 27 日收到。竺可桢. 1962. 历史时代世界气候的波动. 气象学报，31（4）：275-288.

雪线升高了。瑞典拉魄美的司托冰川，从1922年到1946年容积减少了七千万立方米，中欧阿尔卑斯山上的柏林纳西冰川已消融得不见踪影了。北美洲阿拉斯加摩尔冰川在1902—1946年期间后退了22公里，即平均每年后退500米，东非洲赤道附近的刚野山（海拔5200米）上的冰川，从1880年以来减缩得如此迅速，以致山下的湖面下降，使撒哈拉沙漠每年向南侵占1公里之多[5]。国际地球物理年苏联去南极的探险队也报告南极洲上冰川在退缩[6]。

欧洲、非洲、北美洲、南极洲的冰川如此，亚洲也有同样现象。据十九世纪四十年代德国自然科学家洪保德的调查，那时喜马拉雅山（北纬30°—31°）北坡上雪线的高度是5067米[7]。但一年前，我国以史占春为首的登山队攀登珠穆朗玛峰时所测喜马拉雅山北坡雪线高度已上升到5800米。所以在这120年期间雪线已上升了733米。雪线上升，则草地线、森林线以至人类垦殖限度也可随之上升。近年来中国科学院冰川队和综合考察队队员在天山、祁连山、昆仑山、喜马拉雅山上，到处看到了冰川退缩的现象。

天山腾格里山区木札特冰川在50年内（1909—1959年），萎缩750米，而土格别里齐冰川和穷特连冰川在16年内（1942—1958年）分别萎缩1000米和2500米。帕米尔的幕士塔格山西坡的冰川，根据1956年中苏混合登山队在该山好几处冰川前端设置的固定标记，于1960年重测结果，得知平均后退速度为每年2.5米到3.7米。当然在群山环绕地形复杂的区域中，许多冰川虽在退缩，个别的冰川也会有前进的现象。据1949—1950年欧洲318个冰川的调查，96%是在退缩，0.5%是固定，但也还有3.5%在前进（见文献[4]，第19页）。中国科学院冰川队在祁连山和天山所调查的冰川也有个别的在前进，但大多数均在衰退中[8]。

近百年大陆上冰川的溶解使原来在大陆上冻结的水流入海洋，由此世界海面依据大西洋、地中海和波罗的海所测的海准数字，已比一百年前提高了 10 厘米[9]。若世界各大陆上所有的冰川包括南极洲在内悉数融解，据估计海平面将会提高80—90米，这将会使北京、上海、伦敦、纽约、列宁格勒等大城市陆沉在大海里。但是我们用不着为此而烦恼，作杞人忧天的想法，因为气候变动的规律，一直是作波浪式的前进，螺旋式的盘旋。在地质时代如此，在历史时代也是如此。在最近的地质时代，即第四纪时代里，欧洲和北美洲的北部都经过了四个冰川时期和四个间冰川时期。在第四纪时代中国有没有冰川，过去是一个争论的问题。但经过新中国成立以来大规模的地质勘探和地理调查，证实了我国许多地区如华北、东北、华东，以及天山、祁连山等地，有三个或更多的冰川和间冰川时期[10]。在冰川时期气候要比现在冷得多，估计当时德国和法国的温度夏季平均要比现在冷8℃，冬季冷1.2℃。在间冰川时期，则气候和现代相似或比现时更温和[11]。

C^{14} 同位素定岩石年龄技术的掌握，使我们有可能比较精密地定出第四纪时期沉积，如泥炭和化石的年龄[12]。最近 O^{18} 同位素的应用，把这技术更深入一步，从此可以定出海中泥淤沉积时的海水的温度。用这种新方法所定出的第四纪时代冰川的年代比过去所估计的几乎缩短了一半，第一冰川时期离今三十万年至二十七万年，第二冰川时期离今二十万年至十八万年，第三冰川时期离今十三万年至十万年，第四冰川时期离今六万五千年至一万五千年。在冰川期极盛时代，海平面要比现在低几十米，赤道附近海水温度在23℃左右。在间冰川时期，海平面高度与现时相近，赤道海水温度则为28—29℃[13]。在温带和亚热带地区，则冰川和间冰川时期的海水温度相差当更大。

从地质学家的眼光看来，我们现在还处在第四个间冰川时期。这一个时期，从一万年以前已经开始了，在这时期内气候仍然有波浪式的小起伏，不过起伏的幅度较小。在若干地区，从高山上冰川的进退、动植物种类的推移、沼泽湖泊的涨缩，以及历史时代文字的记载，也可得到近一万年来气候变迁的一个轮廓。瑞典挪威和冰岛是对于近代冰川研究得比较仔细的地方。从研究结果知道，冰岛和斯堪的纳维亚半岛，岛上气候从一万年前冰川时期结束后到现在，以六千年到三千年以前一段时期气候最为温和，称为黄金时期。那时滑忒纳卓尔山上雪线上升到海拔1400米。到离今二千五百年前，即公历500年前，雪线又降低到海拔五六百米。此后在罗马时代（公元0—400年）曾有一度的好转，但不久又恶化；从公元前870—1200年雪线又上升到1100米与现时期相等；此后天气又转冷，在十七世纪到十九世纪称为小冰川时期，为斯堪的纳维亚半岛冰川时期后最冷的时期。但近一百年来，则气候转暖，使山上雪线又回复到海拔 1100 米（见文献[4]，第 38—39 页）。换言之，斯堪的纳维亚半岛的气候从冰川的进退可以推知过去二千五百年中有三个轮回，即相当于我国春秋战国时期、六朝至唐朝初叶和清初到道光年间三个时期气候是比现在冷，而两汉、中唐到北宋及明代三个时期，则和现在相仿。而春秋以前，则比现在更热。

八千年以来，西欧气候的变动和上述北欧情况是大同小异的。西欧的天气比较温和而潮湿，在冰川时期，冰川只覆盖了英国和西欧的北部，所以鉴定历史时代以前的气候，是以沼泽和土壤中所遗留的古代植物的种类为标志。在八千年以前西欧植被以桦、榆、赤杨为主，因此断定该时气候比现时干而温和，是为北部时期。在七千年至五千年以前产生大量泥炭，气候温和而潮湿，是为大西洋时期。在三四千年以前阔叶树如栎树已为针叶树的根所代替，气候转冷而干燥，是为亚北部时期。到二三千年前即周秦时代气候转冷而湿，山毛榉为代表植物，是为亚大西洋时代[14]。以后即入西欧的历史时代。据古代欧洲文献所载的风暴、严冬和水旱灾荒的记录以及其他事物，英国勃落克司推定西欧在相当于我国战国时期、六朝、南宋和清初时期温度均较现时为低，两汉、唐宋与现时相仿，而在春秋以前则温度较现在为高（见文献[2]，第 32 图）。

列宁格勒地理所西尼特尼科夫教授对于俄罗斯古代气候做了不少工作，俄罗斯南部伏尔加河区常受干旱的威胁，他的工作主要在研究几千年来俄罗斯平原上湿度的变动，研究方法从查明苏联草原地区湖泊水面的升降入手。据西尼特尼科夫数年来研究的结果知道，俄国草原地区冰川期以后的气候也是循环起伏的，潮湿的时期出现于公元前五千年、三千六百年、六百年和公元后一千五百年，间隔以比较干燥的时期。燥湿相间的周期，短者 30—50 年，长者达 1800 年。从十五世纪以后，气候变得干燥，尤其是在十九世纪七十年代以后直至于今[15,16]。列宁格勒水文气象局布钦斯基则从俄罗斯历史文献中搜集了公元八世纪至十九世纪关于干旱、水灾、冬寒、缺雪和大风暴的材料做了研究，表明俄罗斯平原上的气候也有循环起伏的现象。从十三世纪到十五世纪，气候转冷而灾荒也较多；十六世纪初期起，气候显得温和；十七世纪又变寒冷，十九世纪后半期到二十世纪，则温度又上升[17]。

非洲埃及是世界上历史最悠久国家之一。该地虽处于撒哈拉沙漠东部，但农产品却非常丰富，这是因为世界最长河流之一，尼罗河流经其地，每年夏天洪水带来淤泥足以肥田，水可以灌溉。尼罗河有两条大支流即白尼罗河和青尼罗河。白尼罗河起源于赤道的乌干达和苏丹，这是终年有雨的地方；青尼罗河起源于埃塞俄比亚，气候是季节性的，只有夏天从 6 月到 9 月下雨。从青尼罗和白尼罗二河汇合以后，向北到亚力山大港附近流入地中海有 2880 公里的路程，除一条支流外再没有支流流入尼罗河。尼罗河汛期起于 6 月，河水位上升，8、9 两月最高，到 10 月汛期即完。汛期以后，尼罗河的水全靠白尼罗河来维持，而一年中洪水的大小却靠青尼罗河发水的多少。因为自古以来埃及的农田灌溉面积全靠夏季发水的大小，所以历代均有记载，记着每年尼罗河最高的水位和最低的水位。从公历 641 年以后到 1480 年，这一个期间的记录还完全保存着，1480 年以后也保存着一部分。因为河流每年淤积泥沙，尼罗河的河底逐渐抬高，再加上灌溉用水各时代也不一致，所以要从水位记录来定各时代雨量的多少是有困难的。但是把每年最高水位和最低水位画成图表就可以看出两者均有周期性的升降，周期的长短从三十年至五十年（文献[2]，第 39 图）。1955 年开罗大学地理学教授霍柴英所著《撒哈拉-阿拉伯沙漠的气候植被变迁和人类的适应》一文中，曾经指出从历史以前时期直至公历纪元时期，阿拉伯和东部撒哈拉地区比目前潮湿，从纪元后三世纪到六世纪气候变得干燥。他引证了罗马时代在叙利亚沙漠边缘上所遗留的蓄水池众多，和若干当时山间小国的国都逐步向山上移动作为证据[18]。

南北美洲因缺乏历史的记载，同时对于冰川的进退、河流的涨落也无长远的记录。关于人类历史时期气候的变动只有美国西部加利福尼亚州的大树水杉（俗称大树王）年轮的研究，足为参考。这水杉有很长生命可活至三千年，高可达 100 米，能生活于干燥半沙漠气候。它生长的快慢对于雨量多少极为敏感，从这树里年轮的厚薄，可以定该区年雨量的丰歉。这一工作，在美国已进行四十多年之久，从科罗拉多河流域 75 株水杉的剖面测量得出如下的结论：在过去 850 年中十三世纪是相当干燥，而十四世纪却相当潮湿，与二十世纪初期 1905—1929 年这一期相似；十六世纪的最后 25 年极其干燥，尤甚于 1900—1904 年和 1930—1936 年两次大旱时期。在 1670 年以后，雨量有 20—25 年周期性的循环[19]。美国也利用 C^{14} 同位素以定第四纪时代冰川最后退出大陆的年代。据测量结果，第四纪时代第四次冰川在离今三万五千年前得到最大发展，那时的海洋面要比现在低 120 米。七千年以前冰川始完全退出。

现在，我们回到亚洲谈谈我们的邻邦印度和日本在历史时期气候波动的情况。印度所处纬度比较低，半在热带之内，过去气候的波动大抵纬度愈高则愈大。如近百年来的变动，在北半球以北冰洋附近为最显著。在我国则波动的幅度东北大于华北、华北大于长江流域和华南。一到热带里和南半球，有时南北会有相反的趋势，如 1880—1950 年期间澳洲的夏天温度（南半球夏季是我们冬季）不但没有升高反而降低了[20]。据近八九十年来印度各地的气象记录证明，近三十年来印度北部山区和西部沿海的温度较十九世纪末叶为高，而南部如马德拉斯地区则反较冷。雨量的记录也显示着同样的差别，北部山区和阿萨姆邦、西海岸均较十九世纪末叶为多，而南部的德干半岛则比十九世纪末反而减少。在雨量和温度的记录看来印度有 30—40 年的起伏周期[21]。印度虽富于经典，但其中已译成中文者罕少谈及气候。据吠陀经，则古代气候分为三个时期，初期是凉爽而雨量平均，继以多雨时期，又继之以干旱时期。这时代在离今多久不能确定，估计在四千年到七千年以前（文献[2]，第 324 页）。

日本历史上的气候，在唐以前很少物证，所以近来日本和达清夫等编辑的《日本之气候》[22]书中的"气候更动"一章，唐以前所举事实乃根据欧洲的情况。樱花是日本的国花，从九世纪以后在京都遗留着天皇或将军们当樱桃开花时设宴朝会日期的记录。这类记录经荒川秀俊的整理，把开花的日期改成公历，依公元各世纪国花开放的日期列成表 1。

如以樱桃开花作为春天到来的征象，则从表上数字可以看出日本京都在十一世纪到十四世纪春天到临时期较晚，而尤以十二世纪为甚，这正值我国南宋时代。荒川俊秀也把日本诹访湖从十五世纪中叶到二十世纪结冰时间长短做了研究，证明十六世纪初较为温和，自十六世纪中期以后变为寒冷，直至十八世纪中期，逐渐转暖以至于现代。同时，山本武夫在木曾地方（日本长野西南部）采取了八百五十年龄的香柏做了年轮的研究，也证实在历史时期诹访湖的气候变动情况。从近百年日本有气候记录以来，日本气温以 1900 年左右为最低，以后即逐渐上升，尤以夏季为显著。但各区有其局部的地域性。至于日本岛周围的海平面，自冰河时期以来也有人认为已有显著的变动，名古屋大学矶木教授从地质学上的证据，说明在冰河时期日本沿海海平面在现在海平面以下 60—80 米，到六千年以前，在现在海面下 10—15 米，三千年以前，在现在海面下 3 米，到纪元后二百年，才达到现在的水平[23]。

表 1 日本京都各世纪樱桃开花日期表*

世纪	9	10	11	12	13	14	15	16	17	18	19	1917～1953年
记录次数	7	14	5	4	8	12	30	31	10	0	5	36
开花日期（4月）	11	12	18	24	15	18	13	18	12	—	12	7 14

* 二十世纪樱花初放平均日期是 4 月 7 日，但盛开是 4 月 14 日，所以表中列有两个日期。

从上面所谈世界各国史前时期和历史时期的气候状况看来，气候变动是普遍性而且具有一定规律的波动，既不是一成不变，也不是作直线式的下降或上升。那么中国历史上气候是不是也有变动呢？这一问题我国古代的哲学家和文学家罕少加以注意。但也不乏人采取怀疑态度的，如元朝的金履祥（公元 1232—1303 年）曾经考据我国中原周秦两汉时代所栽培经济植物，而做出论断以为古代要比元朝热[24]。到清初大兴刘献廷（公元 1648—1695 年）所著的广阳杂记中，也提到他曾经搜罗了古今南北花开季节，来比较历史时代气候的温凉，可惜这一材料早已遗失了。到近代这一问题虽曾有人研究过，但发表的文章是寥寥可数的。三十年前，现在四川大学执教的蒙文通教授曾经在史学杂志和禹贡半月刊上发表过几篇文章，试图证明古代黄河流域的气候如现代长江流域[25,26]。同时，现在北京考古研究所的胡厚宣教授用殷墟的材料作了《气候变迁与殷代气候之检讨》[27]，企图证明安阳在三千年以前的气候要比现在温和。最近福州师范学院文焕然教授著的《秦汉时代黄河中下游气候研究》一书，从他搜集的事实来证明秦汉时代黄河中下游气候并无与今不同之处。只要知道气候变动的规律是作波浪的起伏，在地质时代如此，在历史年代也是如此，那么秦汉时代黄河流域气候与今相似，而殷周时代却比现在为温和，两者之间并无矛盾，而且与上述欧洲的气候变动相比，也是大致符合的。气候波动的周期是相当复杂的。实际波动的周期可以从 2—3 年、11 年、30—50 年、80 年、150 年以至 1800 年，波动周期愈长则起伏的幅度也愈大，因此气候的变动并不如想象那么简单。

作者在三十年前也曾把我国历史上关内十八省水灾、旱灾的记载做了一番统计，做出初步结论，认为从三国到唐初（第四世纪到七世纪）比较干旱，南宋和元朝（十二世纪和十四世纪）比较潮湿，到明代（十五世纪）又变干旱[28]。又从南宋时代（1131—1260 年）首都杭州的春天下雪日期和二十世纪二十年代相比而得出结论，那时杭州的春天最后一次下雪日期要比现在迟三星期，因而温度可能要比二十世纪初低 1℃[29]。这一设想是和近年来日本荒川秀俊所发表京都春天樱花开花的日期在十二世纪特别延迟是符合的。我国宋、元时代冬季的特别寒冷，从历史上所记载的那时冰雪灾荒次数特别多也可窥一斑，而且这一事实也在欧洲的文献[30]中显示出来。现列表如表 2 所示。

表 2　中国和欧洲各世纪的严寒冬季次数

世纪	严冬数目										
	6	7	8	9	10	11	12	13	14	15	16
中国	19	11	9	19	11	16	24	25	35	10	14
欧洲	—	—	—	11	11	16	25	26	24	20	24

在此应提出一个问题，就是我们史书所载的大旱、大水、严寒、风雪的记载是否可靠？有否因为要企图减免捐税、骗取恤款而扩大灾荒的次数和严重性？当然个别的例子一定是有的，我们对历史上的记载应当给以批判式的选择。但是有人以为我们历史上灾荒次数和人口统计等等是“一笔糊涂账”，那就不免埋没了我们历史记载的重要性了。这样的态度至少说是不够严肃。实际我们历史上灾异的记录上下二千多年，赓续不绝，不但可作今日科学研究的宝贵材料，而且对目前我国的社会主义建设也可起作用的。新中国成立以后，我国历史上地震材料，经整理后已经成为我们各地区重工业建设必不可缺少的一种基本资料了。历史上天文气象的许多记录，也只有我国最为完备。当 1682 年哈雷彗星出现时，英国天文学家哈雷计算其轨道与 1607 年和 1351 年的彗星轨道相似，因此推论这是同一彗星，其周期为 76 年 6 个月。但在欧洲历史记录上追踪这一彗星记录，只能到北宋初年（公历 989 年）为止，再早就残缺不全了[31]。但是在我国历史上的彗星记录，这一彗星却可追溯到秦始皇七年，即公历纪元前 240 年，不但每次哈雷彗星的出现均有记录，而且从所记的方位速度，也可算出哈雷彗星轨道在汉朝与黄道交角和现在已相差 8 度之多[32]。

我国历史文献中也蕴藏着很丰富的气候资料，正待我们去发掘。为了检查我国历史时期气候的波动，我们必须有方法来定出每一个时期气候的标准。我国古代既无温度表来定寒暑，雨量器虽在明朝时候广泛颁布，可是所有记录均未被保存下来。但我们却有一个无比利器：用物候记录来衡量古代气候。凡是经史子集，以及古代热爱大自然，尤其与劳动人民相接近的诗人文士没有不歌颂物候的。在此我们不能不谈一谈什么叫“气”，什么叫“候”，什么叫物候。

我国古代统治阶级虽用阴历，古书上所谓夏正、殷正、周正，全是阴历。而我们劳动人民在他们工作中却是一直用阳历的，正因为在他们和自然做斗争中，他们不得不用阳历，凡是五谷的栽培收获，牲畜的交配生育，均是要与地球绕太阳周期而定，而与月亮无关。从老农看天的经验，在西周（公元前 1046—公元前 771 年）时期，我们已知道一年长 365 日，并测定了二至二分。到春秋初期（公元前 655 年左右），除春分、秋分、冬至、夏至外又加了立春、立夏、立秋、立冬四个节气。到战国末期（公元前247年左右），便有二十四节气了。在逸周书写作时代已定出五日为一候，三候为一节或一气。这样一年便有七十二候。每一候而且定出时令的物候，如“惊蛰之日桃始华；又五日，鸧鹒鸣，又五日，鹰化为鸠”。当时劳动人民的动植物生态知识有限，鸠是候鸟，秋去春来，古人就以为一到春天鹰便化为鸠。像这样的错误是可理解的。但是他们的知识是从实践中得来，所定的时间是大致可靠。西欧到如今还只用二至二分，不分二十四节气。物候这一门科学到了十九世纪中叶方才创立起来。所以我们古代农民在认识自然过程中的气候物候知识，远远走在同时期欧洲民族之前。

物候学并不是像一般人所想象那样，是为文人学士品花赏月而产生的，它是结合劳动人民生产的需要，积年累月所搜集的材料而建立起来，是在我国土产土生的一门知识。二十四节气成立以后，从农民的经验才知道即使在同一个节气，天气的寒温还是可以不同的，要讲究农时物候常比节气更可靠。农民看来，物候知识是农时的指南针。北魏贾思勰写的《齐民要术》是我国古代所遗留下来最系统化、最丰富的一部农业科学知识集成。在这书的第一章有这样几句话：“凡耕之本在于趋时。……杏始花荣、辄耕轻土弱土，望杏花落、复耕”。贾思勰并把各种农作物操作的最好日子的物候写下了[33]。到如今华北老农尚有“枣发芽，种棉花”的谚语，相传已数百年，直到农业八字宪法出来，大家破除迷信，才能定出早整地，早播种，早定苗的办法。但是物候仍然有它的用处，它是因地而异因时而异，在没有温度表和雨量器的时候，它可以把当时当地的综合气候表示出来。因此我们只要有历代的物候记录，便可以推想到当时某一地区的气候，所以对于研究古气候，以前的物候记录是一批极宝贵的资料。

我们古代物候记录在哪里呢？经、史、子、集均有记载。唐宋以后的游记笔札更有不少宝贵资料。南宋朱熹跋吕祖谦日记云“观其翻阅论著、固不以一日懈。至于气候之暄凉、草木之荣悴，亦必记焉”。唐宋的大诗人如杜工部、李太白、白居易、苏东坡、陆放翁所咏的诗，均以千计，其中不少是物候的材料。如白居易庐山大林寺诗：“人间四月芳菲尽，山寺桃花正盛开，长恨春归无觅处，不知转入此中来”，序中并有“时元和十二年四月九日乐天记”字样。我们知道诗人的所在地点和阴历年月日便可知道那时当地的物候。当然诗的艺术性是很高的，大诗人的吟咏更不能以普通尺寸来衡量。举例来说，杜工部古柏行“霜皮溜雨四十围，黛色参天二千尺”，已从艺术的眼光看大自然；李太白的名句①“飞流直下三千丈、疑是银河落九天”，竟把自然当仙境来描写了。这样的艺术手法，我们固然要体会。但是古人咏物候的好诗，不但即景生情，而且放矢有的，无病的呻吟如何能成为好诗呢？我们可以举一个例来说明，从物候诗句可以作古今气候不同的征象。陆放翁老学庵笔记引杜工部诗，“南京（唐时南京在成都）犀浦道、四月熟黄梅、湛湛长江水、冥冥细雨来。……”放翁指出杜甫此诗作于成都，但在南宋时代成都春天没有梅雨，要到秋天才有江南梅雨式的天气。因此他提出了疑问“岂古今气候有不同耶”？到如今看来只要春天长江的低气压带向西移几个经度，成都4月就下梅雨，这在长期的气候波动中完全是可能的。

要知道古今气候有无波动，不但须知道古代的物候，还必须知道现今各地的物候，物候的观测至今在我国还没有很好开展。它和农业气象不同，农业气象注意栽培作物的发展状况，而物候是记录一年四季动植物的萌动、蛰藏和冰雪霜冻的开始和结束时期的。为了预告农时，物候和农业气象是具有同样重要性的。至于测定古代气候，那自然是另一个问题。

我们试以北京为例，来看一下物候是怎么一回事。在农业上一年之计在于春，所以春天物候尤其重要。当东风解冻、大地回春的时候，大自然好像从梦中苏醒过来，百花的开放，虫鸟的争鸣，按着一定的程序进行着，好像一部很合拍的进行曲，按一定的节奏开动起来。大自然好像是乐队指挥员，他的棒指到哪里，哪里的花就得要放、鸟就得要鸣。北京的气候是大陆性很强的，春天非常短促，好像是奏的快板。表3可比是十二年来北京春天大自然进行曲的曲谱，我们有了这一个粗略的曲谱就可以来衡量，宋、元、明、清几代的北京气候调子的高低了。

① 朝鲜开城附近天摩山下的朴渊瀑布下石上，刻有朝鲜李朝初期女诗人黄真伊写的草书大字李太白的这两句诗，字极美丽，可称双绝。

表 3 北京近十二年来春天物候表*

项目	各年春天物候（月/日）											
	1950	1951	1952	1953	1954	1955	1956	1957	1958	1959	1960	1961
北海解冻		—	3/16	3/10	—	3/15	3/29	3/24	3/18	2/24	2/29	3/3
山桃开花	3/26	3/28	4/1	3/24	3/29	4/6	4/6	4/6	4/2	3/23	3/24	3/19
杏树开花	4/1	4/6	4/4	4/5	4/5	4/8	4/12	4/13	4/6	3/27	3/31	3/26
苹果开花	4/11	4/14	4/11	4/13	4/13	—	4/14	4/19	4/14	4/3	4/3	4/2
海棠开花	4/13	—	4/18	—	—	4/22	4/27	4/23	4/23	4/12	—	4/7
燕初见	4/21	—	4/14	4/23	—	4/12	4/20	4/23	—	4/19	—	4/19
飞柳絮	4/29	—	5/6	4/26	4/29	5/3	5/9	5/4	5/2	4/24	—	4/25
洋槐开花	—	—	5/10	5/9	—	5/6	5/14	5/9	5/12	—	—	5/3
子规初鸣	—	—	5/12	5/19	5/19	—	5/25	5/22	5/27	—	5/23	—

* 表中观测对象，花木除洋槐外均在科学院院内和第一宿舍，苹果树于 1955 年因树荫蔽室内光线而砍去，代之以榆叶梅。其开花时节先后几乎同时。若干开花时间，由于观测不周，可能延误一两天。而候鸟初见、初鸣日期因在城内，可能也延迟若干日。作者常出差，记录有不少残缺，此表只能作为一个粗略的例子。

从表 3 可以看出：就在这十二年中，北京春季的物候迟早大有差别，尤其是 1956 年、1957 年两年物候特迟，而 1959 年到 1961 年则特早。近三年的北海解冻要比 1956 年、1957 年早三星期到一个月，桃、杏、苹果、海棠以至柳絮近三年均比 1956 年、1957 年提早十天至两星期，惟燕子、子规（布谷）来的时期因其受全部飞奔过程上气候的影响，所以对一个地区的气候影响不大。春季花信的迟早，一般人以为是只受冬季和当时的温度影响。冬季温度虽是一个重要因素，此外如雪的厚薄、土壤湿度的多少、阳光的强弱和风力的大小，也会影响花信。如 1960 年北京冬天（1959 年 12 月和 1960 年 1、2 月的平均）和 1956 年冬天平均温度所差不多，而物候迟早相差悬殊。1955 年是近来我国长江以南最冷的冬季，两广地区冻死的经济作物为数甚大。浙东一带如衢州、黄岩的物产柑、橘也受了冻害。衢州虽是比黄岩冬天温度低，但柑、橘的冻害却没有黄岩严重，后来推求柑、橘冻害的原因，才知道是衢州那年冬天比黄岩雨量多、湿度高的缘故[34]。

我们有了北京十二年的物候记载，好比有了一根小小的尺，可以衡量北京古代的物候。但是要比较古今的物候，我们必得首先注意物候标准的统一性，如月令所说“桃始花”的桃乃指今日的山桃花（*Prunus Davidi*），而非桃、李同时开花的普通桃花（*Prunus Pesica*）。山桃开花在杏之前，而普通桃花的开花期乃在杏花之后，二者可相差三星期。其次，古代所用的阴历年、月、日必须变成阳历年、月、日。我国古历乃是阴阳混用的。假使有人说“今天是阴历清明”那便是自相矛盾了。古书所载有时只有阴历的月份，像诗经《豳风》里所说“八月剥枣，十月获稻”，虽是谈物候的诗句，但是从这两句要辨别那时物候比现在迟还是早仍有困难，因其所用是阴历。阴历和节气年年差别很大，如 1961 年清明在阴历二月二十日，但是 1960 年清明却在三月十一日，所以物候只能以阳历为标准。

北京是元、明、清三朝的首都，在这一个时期所遗留下来的有不少日记、见闻录、诗文和奏章。新中国成立以后历史、文学、水利、医、农各单位整理了各科遗产。北京附近考古方面大量的发掘，发现许多新事实。凡此，均可以作为历史时期气候和物候状况的资料。从道光二十一年（公历 1841）以来，俄罗斯教堂所设观象台已有气象记载[35]。从近一百多年北京的气候记录，涂长望（前述文中）已做了总结，在此时气温虽有波动，起伏的幅度不大。但在十九世纪以前，北京的气候状况如何呢？欧洲在十七八世纪曾经过一个所谓“小冰川”的寒冷时期，这在北京的物候里得到反映了吗？我们试把十七世纪的后半期五十年作为一个例子，从古书上所记载的物候来定那时气候是否比今寒冷？清朝初年一位爱国历史学家谈迁写了一本书名《北游录》[36]，从这本书中，我们知道他于 1653 年（顺治十年）阳历 7 月底从家乡杭州出发，由运河坐船到北京，于 11 月 7 日抵天津，到 18 日运河即封冻，他得改走陆路到北京。他在北京留到 1656 年（顺治十三年）的阳历 3 月。等到 3 月 7 日河冰解冻，他就坐船南返。我们若把上述冰封时期当一个季度算，那么封冻日期共 110 天。若把这个日期和近来京津运河封冻时期相比，就可显得出谈迁时代的冬天北运河冰封时期要比近十年华北最冷冬天，即 1957 年还要长（表 4）。

在谈迁留京的两年半当中，他几乎每天做日记，但他所记的物候不多，只有三次到报国寺观赏西府海棠的记载。若把这些日期变成阳历同近十二年北京海棠开花日期相比，就要迟七八天之多，可知那时北京春天花信比现在为迟。

表 4　京津大运河冰封时期*

年份	冰封日期		
	开始结冰	全部结冰	冰期
1955—1956	12 月 20 日	3 月 18 日	88 天
1956—1957	12 月 7 日	2 月 28 日	83 天
1957—1958	12 月 2 日	3 月 6 日	94 天
1958—1959	12 月 27 日	2 月 7 日	42 天
1653—1956	11 月 18 日	3 月 7 日	110 天

* 表中近年数字取自吴思敬著《京杭大运河北段冬季冰情初步观测》，地理知识，1959 年 4 月，161—164。

谈迁日记里还提到顺治十一年（1654 年）江浙冬天之冷。这年阳历 11 月吴江运河冰厚三寸多，要轻舟募壮士凿冰，每天才能行 3—4 里①，从吴江直冻至嘉兴。阳历 11 月南运河冰封是历史上少有的。这时期长江流域天气之冷，我们也可以从十七世纪末叶叶梦珠所编的《阅世编》里找到证明。他写道“江西橘柚向为土产，不独山间广种以规利，即村落园圃、家户种之，以供宾客。自顺治十一年（1654 年）甲午冬严寒大冻，至春橘、柚、橙、柑之类尽槁。自是人家罕种，间有复种者每逢冬寒辄见枯萎。至康熙十五年（1676 年）丙辰 12 月朔，奇寒凛冽，境内秋果无有存者，而种植之家遽以为戒矣”[37]。江西橘、柑从唐到明，一直是贡品，每年要进贡给当时封建主享受的，而到十七世纪后半期，在二十多年中常被冻死，有两次遭毁灭性的冻害，使农户不敢再种。从此可知，十七世纪的后半世纪，我国北方与长江流域和欧洲一样是一个寒冷时期。

这寒冷时期在长江下游继续到什么时候呢？我们没有长期物候的记录是不能正确地回答这一问题的。但到十八世纪中叶，地理学者全祖望（1705—1755 年）所撰《刘继庄传》里还引了刘继庄（即刘献廷）（1648—1695 年）一段话，说到：“诸方七十二候个个不同，如岭南之梅十月已开，桃李腊月已开，而吴下梅开于惊蛰，桃李开于清明，相去若是之殊。今世所传七十二候，本诸月令，乃七国时中原之气候。今之中原与七国之中原不合，则历差为之。今于南北诸方细考其气候，取其核者详载之为一则，传之后世，则天地相应之变迁可以求其微矣”。从这几句话里就可以看出刘继庄不但知道物候的南北不同，而且也疑心到古今不同。他供给的物候资料，可给我们用来核对他那时代的物候和今日的先后异同。据前气象研究所所搜集的 1934—1936 年各农业试验场的报告，宛敏渭把全国那几年的物候做了图表[38]，从这些图表可以看出苏州、无锡地区桃始花是在 3 月下旬，只有沿海一带在 4 月上旬。据个人在 1937 年、1948 年、1949 年这三年的记录、杭州梅花于雨水节已盛开，桃李于春分前后已盛开，南京只迟两三天。刘献廷原籍大兴，住苏州二十多年，他所说吴中物候，应可与今杭州南京相比。从此可知二十世纪三四十年代的花信要比刘献廷、全祖望时早十天或一个节气，又证明了十七世纪在长江下游是一个寒冷时期。从日本荒川秀俊所搜集五百年来日本中部诹访湖过冬不结冰的记录也同样证明十七世纪在东亚是寒冷的（表 5）。

① 1 里=500 米。

表 5 日本诹访湖过冬不结冰各世纪中年数[39]

世纪	15	16		17		18		19		20
时期	下半年	上半年	下半年	上半年	下半年	上半年	下半年	上半年	下半年	上半年
过冬不结冰年数	1	10	1	0	1	6	3	6	7	5

以上所讲无非要指出用现今物候作指标，可以来衡量古代任何时代的物候和气候。对于清初可这样来衡量，对于唐、宋、元、明各代只要有文物材料，均可这样做。物候这门学问，在我国已有二千年的历史，它自从生产实践中发展起来，它是因地而异，因时而异的一种现象。如一千三百多年前，贾思勰所定出的那样指标，在大办农业、大办粮食的今天，不能适用于全国。我们正应大兴调查研究之风，以丰产为目的，以八字宪法为依据，来定出各地区各类农作物新的指标。物候的观测，既不费人工，也不费钱，只要小小一块园地，作为种植指定的标准植物就可工作，对于农业八字宪法中的管理农时的“管”字可大有帮助。苏联从卫国战争以后，由全苏地理学会主持已组织了全国物候网，到 1955 年已有五百多正式观测员记录各地的物候[40]。而个别自愿的物候观测报告员则达二万三千个之多。我国的农业气候站如能代做物候的工作，则是轻而易举可收事半功倍之效。

最后谈谈世界气候波动的原因。地质时代气候波动的原因，尤其是冰川时期和间冰川时期的交互更易，一百多年以前已引起天文学家、地质学家和气象学家的重大兴趣和剧烈的辩论。有主张地球南北极可随时间而移动的，凡是靠近南北极的地区就发生冰川现象；有主张大陆可以漂流的，漂向赤道就变热，漂向两极就变冷；有主张火山大爆发时，火山灰满布空中，可以造成冰川；有主张近来工业兴盛，空中 CO_2 增多，使温度增高；也有主张因为太阳辐射本身变化所引起。直到现时虽尚没有结论，但许多科学家多相信地球上气候的波动是和太阳辐射强弱有关系。首先地球上春、夏、秋、冬四季的轮回，寒、温、热三带的分别，均是因为太阳辐射有强弱的缘故。过去以为太阳辐射可以太阳常数来衡量，从十九世纪末到二十世纪初，几十年中常数变动很少，即每平方厘米每分钟 1.9 卡。但太阳黑子、光斑、日珥等的多少，象征着太阳的活动，却有十一年的周期变化，大气中的磁暴、北极光和游离层均与之有关。黑子多时则磁暴与北极光也多，而游离层发生扰动。至二十世纪三十年代发现无线电接收与磁暴有关，天文学家和地球物理学家才注意研究这一问题。此后不久，发现当太阳活动大时，紫外光和微粒子辐射大量增加，磁暴和极光由于微粒子的活动而产生，游离层的扰动则由于紫外层光线的活动而产生[41]。近年来，大量火箭在高层空气的探测增加了，我们对于日地关系的知识，从 1957 年国际合作进行地球物理年以来，所搜集材料更为丰富。当太阳黑斑多时，地面上空游离层扰动加多，其下的臭氧层则吸收大量紫外光线，因之高空的同温层温度可以骤然增高而影响到大气环流。大气环流的改变再影响到地面上温度和雨量的分布。所以太阳辐射和地面气候的关系是非常复杂的。

太阳辐射十一年周期对地面上气候影响结果如何呢？从各处的报告知道这影响并不一致。据初步统计结果，太阳黑子多时，地球上的雷雨风暴也多。在赤道上，黑子多时雨量大，非洲赤道附近的各大湖湖面在太阳黑子最多年要比黑子最少年平均高 1 米。美洲西部干燥地区的大树年轮在黑子多的年长得厚，黑子少的年长得薄，把大树砍倒从树身的横剖面年轮的厚薄可以看出十一年的周期[41]。以温度而论，在热带和亚寒带黑子最多年的年平均要比黑子最少的年低 1℃（文献[2]，第 98 页）。二十世纪以来北京在黑子最高年，冬天多严寒，如 1957 年、1947 年、1936 年和 1917 年①；而我国历史上黑子东汉元帝永光元年起（公元前 43 年）即有记载，从公元以后直到明末崇祯，共记 109 次。极光的记录历代亦继续不绝，见于史书，最早在汉成帝建始元年（公元前 32 年），根据科学院自然科学史研究室的统计，从汉成帝到清咸丰三年（公元前 33—1853 年）共记 134 次。兹将公历纪元以来各世纪中国史书上所载有太阳黑子与极光次数列表如下（表 6）：

① 北京 1957 年冬季三个月平均温度为−5.6℃，1947 年为−5.3℃，1936 年为−6.2℃，1917 年为−4.5℃，而历年冬季平均温度为−3.0℃。

表 6 中国史书所记各世纪日斑和极光次数表[42]

世纪	2	3	4	5	6	7	8	9	10	11	12	13	14	15	16	17	18	19
日斑次数	2	1	21	2	12	0	0	9	2	5	28	7	19	0	1	—	—	—
极光次数	1	1	3	4	6	1	9	6	4	22	30	9	15	0	7	7	4	1

从表中可以看出，黑子记录最多是在第四世纪、第六世纪、第九世纪、第十二世纪和第十四世纪。若与表 2 各世纪严寒冬季次数表相比，则除第四世纪冬寒缺材料外，凡是黑子记录多的世纪，也为我国历来严冬多的世纪。近来中国科学院地球物理研究所研究北京近九年来冬季特冷天气和特暖天气的过程中，发现这过程和大气环流有关。当上空纬向环流（即东西环流）占优势时，则北京冬季特暖天气多；若经向环流（南北向环流）占优势时，则特冷天气机会大[43]。同时，当太阳活动力强时，地球上发生磁暴，不久以后，欧亚两洲上的阻塞高气压产生，因而造成一个时期的经向环流。若这个关系是经常的，那么可以解释为什么太阳黑子多时北京冬天要冷。但美国的维略特用北美洲气象资料研究同一问题，却得出相反的结果；认为上空的纬向环流使中纬度天气严寒，足以造成冰川时期，而经向环流则造成间冰川时期[44]。这类学术上的矛盾，因太阳影响地球天气的机制尚未查明，仍有待深入研究方能解决。总之，太阳离地球虽有一亿五千万公里之遥，但阳光射达地球只要八分钟，微粒子流也只要一天到三天。自从利用火箭和人造卫星观测高空以后，知道太阳的紫外光与粒子流本身的强弱，短期内可有数倍到数十倍的变动，此等变动与我们的天气息息相关。日地关系的研究乃是新产生的一个边缘科学，介于天文学和地球物理学之间。天文学的许多新发现，将可利用为人生直接服务，如做长期天气预告和解释天气周期性的波动。而地球上过去气候的变动，包括地质时期和历史时期，也可以作为太阳几十亿年很长生命中发展过程的注脚。气候的波动无论是温度的高低，或雨量的多少，均会对农业生产起很大影响。近两年来华北的干旱即其一例。国际大地测量与地球物理学会和世界气象组织将于今年 10 月初旬在意大利罗马召开会议，讨论世界气候变迁问题，而尤注重于历史时代，即近二三千年内的气候变迁。其目的在于利用近年来所发现的科学方法，来摸出一个气候波动的规律，以预防灾害性的气候[45]。

总之，古气候的研究不但对于生物进化、地层变迁、土壤发育有密切关系，即对于农、林、牧、渔各项生产问题也并不是漠不相关的，而是值得我们注意的一门科学。

参 考 文 献

[1] Ward, R. D., Climate, p. 348, London, 1908.

[2] Brooks, C. E. P., Climate through the Age, p. 286, London, 1950.

[3] Берг, Л. С., Природа СССР, стр. 12, Москва, 1955.

[4] Ahlmann, H. W., Glacier Variation and Climate Fluctuations, p. 32, New York, 1953.

[5] Ahlmann, H. W., The Present Climatic Fluctuations, Proc. Roy. Geag. Soc., No. 4, pp. 165-195, 1949.

[6] Лебедев, В., Антактика, стр. 83-90, М., 1959.

[7] Humbodlt, A. V., Asie Centrale, Fasc 3, p. 214, Paris, 1843.

[8] 中国科学院高山冰雪利用研究队, 祁连山现代冰川考察报告, 13 页, 北京: 科学出版社, 1959.

[9] Fairbridge, R. H., Changing Level of the Sea, Scientific American, No. 5, pp. 70-80, 1960.

[10] 中国第四纪冰川研究工作中心联络组, 北京西山区第四纪冰川遗迹和中国冰期问题, 科学通报, 第 8 期, 239-241 页, 1960.

[11] Schwarzbach, M., Das Klima der Vorzeit, pp. 144-152, 1950.

[12] Godmin, H., Suggato, R. and Welles, R. E., Radiocarbon Dating on the Eustatic Rise in Ocean Level, Nature, Vol. 181, pp. 1518-1519, 1958.

[13] Emiliani, C., Ancient Temperature,Scientific Amer., No. 2, pp. 54-63, 1958.

[14] Charlesworth, J. K., The Quaternary Era, Vol. 2, pp. 1472-1502, London, 1957.

[15] Grigoryev, A. A., The State of Soviet Geography, Proc. Roy. Geog. Soc., No. 12, p. 434, 1955.

[16] Советская география, стр. 115-116, Москва, 1960.
[17] Бучиискиий, И. Е., Очерки Климта русской равнины в историческую эпоху, стр. 83, Ленинград, 1954.
[18] Huzagyin, S., Change of Climate, Vegetation and Human Adjustment in Sahara-Arabian Belt, 人类改造地球论文集刊, pp. 304-323, 1955.
[19] Schulman, E., Tree Ring Evidence for Climate Changes, Climatic Change, Harv. Univ., Cambridge, pp. 209-219, 1953
[20] Deacon, E. L., Climate Change in Australia Since 1880, Australia Journal of Physics, Vol. 6, No. 2, 209-218, 1953.
[21] Pramanik, S. K. and Jaganathan, P., Climate Change in India, Ind. J. M. G., Vol. 4, 291-309, 1953.
[22] 和达清夫监修, 日本之气候, 19-24 页, 东京堂刊, 1953.
[23] Iseki, H., Relative Change of Sea Level of Late Quaternary in Japan, 1957.
[24] 秦嘉谟编, 月令粹编卷 23, 孟春条下, 嘉庆十七年印行.
[25] 蒙文通, 中国古代北方气候考略, 史学杂志, 2 卷, 3 期, 1920 年, 南京.
[26] 蒙文通, 古代河域气候有如今江域说, 禹贡半月刊, 1 卷, 2 期, 1934 年, 北京.
[27] 胡厚宣, 中国文化研究汇刊, 第 4 卷, 上册, 1-83 页, 1933 年 9 月, 成都华西大学.
[28] 竺可桢, Climatic Pulsations During Historic Time in China, 中国科学社, 科学汇刊, 3 期, 1-12 页, 1926 年, 上海.
[29] 竺可桢, 南宋时代气候的揣测, 科学, 10 卷, 2 期, 151-161 页, 1924 年.
[30] Brooks, C. E. P., Changes of Climate in the Old World, Proc. Roy. Meteo. Soc., No. 57, 13-30, 1931.
[31] Joseph Needham, Science and Civilization in China, Vol. 3, p. 171, Cambridge, 1959.
[32] 朱文鑫, 天文考古录, 59-80 页, 上海商务印书馆, 1931 年.
[33] 石声汉, 从齐民要术看中国古代的农业科学知识, 32 页, 北京: 科学出版社, 1957 年.
[34] 沈德绪、吴光林编, 浙江柑桔冻害调查报告, 25 页, 北京: 科学出版社, 1956 年.
[35] 竺可桢, 前清北京之气象纪录, 气象杂志, 12 卷, 2 期, 65-68 页, 中国气象学会, 1936 年.
[36] 谈迁, 北游录, 清代史料笔记丛刊, 中华书局, 1960 年.
[37] 叶梦珠主编, 中国农学遗产选集四类第十四种, "柑橘"上编, 45 页, 北京: 农业出版社, 1960 年.
[38] 宛敏渭, 中国之物候, 气象学报, 16 卷, 186-193 页, 1937 年.
[39] Arakawa, H., Climatic Change as Revealed from Freezing Dates in Lake Suwa of Central Japan, W. M. Transactions, pp. 145-146, 1954.
[40] "苏联地理学会第二届全国代表大会"文件, 第 125 页, 中国地理学会出版, 1955 年.
[41] Abetti, G., The Sun, London, 1955.
[42] 程庭芳, 中国古代太阳黑子记录分析, 南京大学学报(自然科学), 4 卷, 391-399 页, 1955 年.
[43] 陈烈庭、李玉兰, 冬半年北京地区特冷特暖天气过程的研究, 气象学报, 31 卷, 126-136 页, 1960 年.
[44] Willett, H. C., Atomspheric and Oceanic Circulation as Factors in Glacial and Interglacial Changes of Climate, Climatic Change, p. 63, Harv. Univ., Cambridge, 1953.
[45] I. U. G. G. Chronicle, No. 2, p. 247, Paris, 1960.

THE PULSATION OF WORLD CLIMATE DURING HISTORICAL TIMES

Co-ching Chu
(Academia Sinica)

ABSTRACT

In the past the question whether world climate has changed during historic times has been very controversial. The accumulation of meteorological data and other relevant facts in the N. hemisphere during the last 60 years gives undeniable evidence of a general warming up during that period, especially in the high latitude. China is no exception. Not only that mean annual temperature of various regions has increased during the first half of the 20th century, recent exploration in Tien-shan and Nan-shan in N. W. China, Karakoran and Himalaya in the S. W., provides ample proof of retreats of existing glaciers; the Mozard glacier on the E. slope of Khan Tengri, e. g., retreated 750 meters during the period 1909-1959. And these glaciers are still re-treating in recent years.

The pulsation of climate does not limit itself to recent times, but can be traced through historical periods to the Quaternary. Results of works of A. V. Shnitnikof of U. S. S. R., C. E. P. Brooks of Great Britain, and H. W. Ahlman of Sweden, among others, were cited. In China, phenological records were kept as early as 500 B. C. And because of significance of phenological records to the agricultural calendar, which was promulgated in 102 B. C. during the reign of Wu-ti of Han dynasty, and used by the Chinese farmers practically unaltered throughout the last 2000 years, these records are an invaluable source of tracing the ancient climate.

The phenological materials contained in the diaries and poems of Chinese writers in the past are so rich that it deems sufficient to delineate a general outline of climatic variation in China for the last 1500 to 2000 years from the result of analysis of these materials. The paper takes up the second half of the 17th century as an example, and it was found from the dates of freezing of Grand Canal, the flowering dates of peaches and apricots kept in Hangchow and Soochow, and the number of severe killing frosts in the citrus gardens of Kiangsi Province that the period must be much colder than present. This period happens to be what is called "The Little Ice Age" in W. Europe.

Finally, the paper touches upon the cause of climatic variation, and maintains that the fluctuation of solar radiation is the main factor. The number of times sun spots and aurora borealis which had been observed in China from the second century to the 17th were tabulated along with the number of severe winters in each century, and found their correlation rather close.

吕建华 中山大学教授 | 专家解读 |

竺可桢先生作为中国近现代气象学的一代宗师，对我国气象研究、教育和业务的巨大贡献已为大家所熟知。在众多的科学贡献中，他所开创的历史气候研究，无论在中国还是在国际上，都产生了广泛而又深远的影响，至今还一直是非常活跃的研究领域。

竺先生年轻时既受到完整的近代科学（包括数学、物理、天文和气象等）方面的训练，又对中国传统文化有很深刻的认识，同时他又一生保持不断学习和积累。再加上他的历史气候研究是尽其毕生之力，所以其功力既深，分量也重。

竺先生之关注历史气候变化，始于20世纪20年代他发表的几篇文章，如发表在1924年中国科学社期刊《科学》上的《南宋时代气候的揣测》和1926年《科学汇刊》上的“Climatic Pulsations During Historic Time of China”（《中国历史时代气候的波动》）。

这里所选的《历史时代世界气候的波动》一文是竺先生在1961—1962年间对世界历史时期气候变化的总结。从题目就可以看出，这和他早期对中国历史时期气候的研究是有直接联系的，但范围更广，材料更加丰富。在1964年2月6日，竺可桢与李四光、钱学森一起受到毛泽东主席接见以后的次日，竺先生就曾把这篇文章和《物候学》各一本送给毛主席。也正是在这篇文章和一生对历史气候的研究基础上，他进一步搜集材料，用近十年时间，完成了他的经典著作《中国近五千年来气候变迁的初步研究》。

2

Koeppen 范式的中国气候区域*

|涂长望　郭晓岚|　中央研究院气象研究所

涂长望（1906—1962 年），英国伦敦大学帝国理工学院硕士，中国共产党党员。气象学家，中国科学院院士，中国科学技术协会和九三学社创始人之一，我国近现代气象科学和新中国气象事业的奠基人之一，中国气象局首任局长。

■　曾担任《气象学报》第十一、十二、十三、十四届理事会编辑委员会总编辑，第十六届编辑委员会编辑委员。

■　发表在《气象学报》的著名论著还包括：《长期天气预告的物理基础》（1936 年）、《中国气候区域》（1936 年）、《中国天气与世界大气浪动及其长期预告中国夏季旱涝之应用》（1937 年）、《中国夏季风之进退》（1944 年）等。

著者在其《中国气候区域》一文中已详论过中国的气候及其分划（《气象研究所集刊》第八号），但其目的纯为适应中国的需要和实用；对于不明了中国地理环境及名称的人则显得生疏而不易捉摸。为易于与世界其他各处的气候性质相比较及供不熟悉中国地名的人们的需要起见，爰乃根据 Koeppen 氏的分类法将中国气候重新划分。

Koeppen 氏在其《依照气温雨量及其年变化而分划气候区域》一文中曾将中国气候分划[1]但其时可用之记录甚少，故实不能表示实际的气候情形。由其时已刊布的气象记录看来，Koeppen 所用之雨量站最多当不过八十处；而气温站当不过三十处；著者画现在的图所用之雨量记录不下二百七十处，温度记录不下一百五十处。雨量记录系采自《中国之雨量》一书（气象研究所出版），温度则系采自《中国之温度》书中。由二图所依据的记录多寡之不同，现在的图之与 Koeppen 者大异实毫不足异也。

2.1　二图之异点

B 式气候区：在 1918 年 Koeppen 用（$T+10$）cm 的年雨量作为 Bw 式气候与 Bs 式气候之分界，但于 1928 年之后彼即用（$T+14$）cm 为标准以分别 Bw 及 Bs。在彼之图中外蒙的瀚海戈壁竟亦划入 Bs 区中，故如非彼所用之标准（$T+10$）cm 不当，即系彼所利用的记录非常不足，至少在中国是如此。当以其改变过的公式（$T+14$）为准时，Bw 所包括的地域当然较大。在第三图中，Bw 区包括外蒙的大部与几乎全部的新疆。但在此区中之气象记录非常稀少，故其边界实难正确。在 Bw 区中一定还有不少的

* 涂长望，郭晓岚. 1938. Koeppen 范式的中国气候区域. 气象杂志，14（2）：51-67.

小区，但因缺乏记录，不能分划。依 Koeppen 氏的新分类标准（$T+14$ 至 $2T+28$）Bs 区包括北至库伦以北南至郑州的广大地区。曾在这里旅行过的人都会知道华北大平原与外蒙气候是迥然不同的。不仅在气候上，即地理景观、自然植物、农业，而竟至两区之人民亦皆完全不同，故此区必需再行划分为更小的区域 Koeppen 氏的分类法既不能将其再分为副区，著者乃用年雨量（cm）及年均气温（℃）的乘积（即 TR 乘积）为准分 Bs 气候为三区。动植物之生长依赖于气候者甚大，而气温与雨量又为气候中之最重要的二要素，故用其乘积而复划此区为数小区以相分别，实有意义。以此为准，乃将中国 BS 区复分为三区，在副区 1 中 TR 之积大于 500，副区 2 中 TR 之积在 500 与 200 之间，而在副区 3 中则 TR 之积小于 200。此等标准的数值虽为任意采取者，但与自然的情形尚大致相合；如副区 1 为华北平原之一部，副区 2 包括西北黄土高原，青海山地草原或青海湖及内蒙古之南部，副区 3 包括外蒙草原及内蒙古草原之一部。在农业上看各区亦不相同，按照布克（Buck）[2]的农业区副区 1 为冬麦高粱区，副区 2 为冬麦小米区，而副区 3 则是蒙古人的牧场。

Koeppen 图中的 Bw 及 Bs 区与我们的图里的诸多不同，一部是由于所用的标准不同而一部分也是因为我们所用的材料较多的缘故。其主要分别在 Bw 区及 Bs 区分界线的改变或其相对地位及面积的不同。除此之外，尚有数种另外的歧义：

（a）库伦以北的狭窄地带，依 Koeppen 氏变更过的公式 $2(T+14)$应属于 Bs，Koeppen 则将其划入 Dwb 区中。

（b）黄土高原应为 Bs 而非 D 区。

（c）内蒙古之阿尔多斯沙漠应为 Bwkw 而非 Bskw。

（d）青海之柴达木盆地应为 Bwkw 而非 Bskw。

C 区（温带暖区）：Koeppen 氏之 C 区整个的看大致与我们的吻合，但在 C 区之本身内，则有甚大的差异；在 Koeppen 的图中 Cf 区仅占有江苏浙江及福建沿海的窄条地带，而在我们的图中 Cf 区则横贯 Cw 区而分之为二，即北部 Cw 区与南部 Cw 区，Cf 区的地域即不大于 Cw 区，至少也与其相等。

D 区（即温带冷区）：Koeppen 氏的 Dw 区包括北起北满南至扬子江的广大地带。但长城以南各地的雨量记录都表示其年雨量少于 $2(T+14)$cm（山地除外），故应为 Bs 区，而非 Dw 区；此种分别概因彼以前所用之标准为 $2(T+10)$cm 使然。至黄河以南与淮河以北的地带则在温度上属于温带暖区（Cw）而非 D 区。彼之 Df 区所占地域亦显过大，而中国西部山地区实应为 D 区。从我们的新图中可以看出，Dw 区大致都限于满洲境内，秦岭山地之高于 1000m 的地带与四川及西藏边地之高出 3000m 的地带。新疆山地中的 Df 区两图很相似，但外蒙西北的高山地带或当属于 Df 而非 Dw 也。

ETH 区：Koeppen 氏之 ET 区与我们的 ETH 区大致相合。川康的几许高山在两图中都作为 ETH 或 ET，但其所占面积的大小则不同。

2.2 各区的性质与疆界

本节的讨论纯基于气候的事实，至于人为的土地利用或自然植物则置之不顾，盖此二者有时颇利于气候之鉴别，有时亦混乱视听。如宁夏河套一带，因得黄河的灌溉，为丰富的产稻区，但在气候的观点上看，则是一个纯粹的沙漠地带，即阿多斯沙漠的一部是也。天山之麓亦为非常干燥之区，因得四周山上融雪之流注，亦变为农产丰盛之区。但此种现象乃吾人征服自然之结果耳。

Bwkw 区中国之西北多属沙漠区，且皆为寒性冬干沙漠。此区之雨量皆在$(T+14)$cm 以下，年均温低于 18℃，最暖月均温则高于 18℃，年日温差均甚大。此区包括瀚海大戈壁，沙博尔台戈壁，阿尔多斯沙漠，腾格里沙漠，准噶尔盆地与塔里木盆地，其南之大沙漠及柴达木盆地。所占地区南至 40°N 以南，北过 45°N 以北，而北纬 40°N 与 45°N 之间平均年均温既为 6℃与 3℃，故此区之年雨量皆多在 20cm 及 17cm 之下。附表 1 中各站之气候记录可使吾人明了此区之气候情形反帮助吾人规定其边界。

Bw 区之南边边界系依据宁夏及酒泉的记录而定者。宁夏之年均温为 8.5℃而年雨量则为 14.9cm，酒泉之年均温为 8℃而年雨量为 8.9cm，故皆少于$(T+14)$cm 而为纯粹的沙漠性气候。阿多斯沙漠之边界系采自 Gressey 教授图中者[3]。阿多斯以北之包头（北纬 40°36′，东经 109°59′，高度 1025m）为一标准草原气候站。Bw 区向西究伸至多远尚不清楚，此处我们只能用内延法定之。位于塔里木盆地之北部边缘的库车，年雨量仅 7.2cm，为塔里木盆地干燥性气候的代表至天山北坡上的迪化，则年雨量为 34.5cm。而一月之平均温度则为−19.3℃，故无疑的系属于亚寒带气候区——D 区。新疆所有的盆地大概都是沙漠性气候，而其四周之山地与山坡则属 Df 区或 Bs 区。

虽蒙古及新疆的盆地皆属于 Bw 气候区，但其气候情形亦有不同。塔里木盆地位于亚洲之中心，四围皆被高山围绕，为中国最干燥的沙漠地带；而准噶尔盆地则向西开展，时有西伯利亚来的大陆性浅低压经过其地，而为 Bw 区中比较湿润之区；并为伊犁河灌溉之地，又得山上融雪之流注，故为沙漠区中最肥沃之区，而尤其是边缘地带。新疆的盆地都比蒙古者暖，夏较热而冬较温和，因新疆之盆地较低而冬季又不易为寒潮侵入也。

柴达木盆地是否确属于 Bw 区尚不可知，但青海湖以东则确为草原性气候。约在青海湖以东二百公里之西宁，为四周被山包围之地，年雨量约 30cm。而年均温则为 6.6℃；其雨量皆集中于夏季，为夏季季风所带来。但当此季风从 1000m 的高度下降以至柴达木盆地时当不致降雨，因此乃将其划入 Bw 区；Koeppen 将其当作 Bs 或系因为水草地之故。但其水草地乃由其四周高山之融雪而成，实非由于雨量也。

Bs 区中国的草原区亦皆为寒性冬干草原，其雨量在$(T+14)$cm 及 $2(T+14)$cm 之间，年均温低于 18℃，但最暖月高于 18℃，雨集中于夏季，故为寒性冬干草原。此区占地甚广，包括 Bw 区以北之蒙古高原（高山属 Df），西北黄土高原，黄河以北华北平原之大部，南与 Cw，Dw 及 ETH 相接，以 $2(T+14)$cm 为分界。在山东形成两个突出状的环，此乃地形之影响使然。鲁南山地与山东半岛山地之间为一陷落谷，Bs 区即伸入此谷中。此等山岭使风暴及富于水汽的海上空气不能吹至谷中，而山岭本身则可受其影响，山地之地形，亦易使空气上升而饱和凝结，故此低谷较其附近山地为干燥，属于 Bs 类气候。Bs 之南边大致沿黄河，直至洛阳以西沿秦岭之北坡西行，甘肃天水（34°36′N，105°34′E，高 1174m）恰位于秦岭之北坡，年雨量为 61.7cm，年均温为 10.9℃，一月平均温度−3.5℃，雨集中于夏季，故属 Dw 区。由天水的记录可以看出，秦岭之北面山坡亦应为 Dw 式气候，故图 3 中 D 与 B 之分界即以 1000m 的等高线为准。至其西部边界则尚难确定，青海的西宁（2295m）虽属于 Bs 区，但至何处方入 ETH 境则尚未知。西宁最暖月之平均温度为 19.6℃，假定每高 1000m 减 5℃，则在距海面 4000m 的地方，最暖月的平均气温应恰在 10℃以下，而应属于 E 区。故如仅以温度而论，则 4000m 等高线将为 E 区及 B 区之分界。为简化起见，乃取雪山南坡的 4000m 等高线作为分界，直至东经 100°，由此沿 100°E 向南至北纬 35°，于此仍以西顷山之 4000m 等高线为准而向东直至与秦岭之 1000m 等高线相遇。再西则仅祁连山之北介于 2000m 至 3000m 之间的窄小地带属于 Bs 气候区，其北为 Bw，南为 ETH 区。Bs 之东部边境半系根据气候记录半系根据旅行报告及自然植物而划定者。北纬 45°以北的大兴安岭为森林地带，以 700m 等高线为 Dw 及 Bs 之分界线，北纬 45°以南的兴安岭则甚干燥，草地可直伸至山巅，故以热河及满洲平原间之山脉作为分界。至 Bs 之北界则半为政治的半为气候的；库伦属于 Bs 区毫无疑问，但距外蒙边界不远的西伯利亚之伊尔库茨克（Irkustk）及巴努（Barnaul）则属于 D 式气候区。

Bskw 气候区所包括地域太广，其中 Bskw（3）与（1）、（2）两区不只其文化，人民及物产根本不同，即气候上亦相差甚远，Bskw（1）为中国人口甚密之区，而（2）区乃中国文化之发祥地，即黄土高原是也。（1）、（2）区与（3）区之现时的差异虽半为历史文化的结果，但从气候情形上看（3）区亦实不能成为重要的农产地，故实应分别。以前划分中国气候区域者皆将淮河以北之华北平原作为一区而论，而于现在的分划中则已将其分划，此则亦有相当意义。华北平原之气候与农产虽大致相同，但 Bskw（1）所占地区实为著名的旱灾区，河北中部及南部，山东西北，河南北部及陕西之春季特旱，以至农作物有不能下种，此实为普遍的事实而非偶发者，表明其为草原式气候带。于此能自然的将其与黄南淮北之地带分开亦未始非 Koeppen 氏分类法之成功，至其真正的分界线实际并不太重要，因现在的气候记录年份尚少，当然不定正确，Bskw（1）区与 Dwa 区之分界亦有讨论的价值；北平东北之地很少旱灾，而河北东北部实与辽宁相似，农作物亦以高粱为主。例如玉田之平均年雨量为62.4cm，沈阳66.6cm，长春 64.7cm，而保定则只 47.2cm，天津 52.5cm，在 Bskw 区中，平均年雨量皆在 55cm 以下。Bskw（2）区中雨量大致较（1）区少，多在 40cm 以下，（1）、（2）两区在农作物之种类上则无大差异。

Bskw 区之年日温差甚大，夏日的温度不减华南，而冬则甚冷。即在此同一气候区中气温差别亦甚大，如天津之年均温为 13.5℃，年温差至 32.7℃，大名年均温 14℃，年温差 30.4℃，太原年均温为 10.1℃，年温差 32.8℃，大同为 5.4℃与 37.5℃而西安则为 14.2℃与 28.6℃。

Bskw（1）区之年均温约在 12℃与 15℃之间，而年温差则约在 28℃及 33℃之间。（2）区之年均温大致介于 5℃与 14℃之间，年温差则约在 30℃及 40℃之间。（3）区虽无记录，但其温度变化当更激烈。Bs 区之雨量几皆集中于夏季，而变率复可惊，竟可超过 50%，有时其最多雨的六月和七月竟全月无雨，多的年份又常生水灾。

温带暖区（C 区）：此区包括最冷月平均温度在−3℃以上而年雨量高于 $2(T + 14)$cm 的地带，北部界线系完全根据气候记录所定者，大致以黄河与秦岭而与 Bs 区相邻；但中国西部气候站甚少而相离复甚远，故其西部边界尚不确知。其与 Dwc 区之分界系以北纬 28°及 35°间之 3000m 等高线为准。打箭炉（高 2500m）之最冷月平均温度为−0.9℃，而峨眉山顶（高 3300m）则为−8.8℃，由此可知在北纬 28°及 35°间，3000m 高处的温度当约为−3℃。在 28°N 以南则以 4000m 等高线作为 C、D 之分界，因西昌（北纬 27°55′，东经 102°18′，高约 1500m）之最冷月平均温度为 9.5℃，如假定温度之向上低减率为每 1000m 减 5℃，则−3℃的临界温度当在 4000m 左右，但西昌以南的山岭达此高度者甚鲜。至于直接受寒潮影响的山脉则在很低的高度温度即达到−3℃。例如秦岭北坡上的天水（高 1174m）一月的平均温度为−3.4℃，故以 1000m 以上的区域作为 D 区当无大误。但四川北部的大巴山脉则不能当作 D 式气候区，因从北或西北来的寒潮已为秦岭所阻而不能对之发生若何影响也。

副区（附表 3、4 及 5）C 式气候依其雨量分布而分为常年多雨（Cf）与冬干（Cw）区。Cw 则被 Cf 分为南北二区。Cf 之周围皆为 Cw，其区分完全以气候记录为准。

Cfa 式气候区：中国之 Cf 式气候区，夏季最热月之平均温度皆高于 22℃，故全属 Cfa。其北、西、南三面皆被 Cw 式气候区包围，所占地区包括长江下游、江湖盆地、西江流域、贵州之大部及东南丘陵地、福建与浙江全属之。

雨量与温度（附表 5）

Cf 区大致与风暴之途径平行。此区风暴特多，而冬春二季又为风暴频繁之时，故风暴性雨使其无显著的干季。其冬季雨量最少月之雨量多于夏季多雨月雨量之十分之一，雨量自北向南渐增，约自 90cm 至 150cm，而山地区则每年 200cm 者亦不少，雨量变率较小，但有时亦甚显著，故亦有水灾及旱灾。

平均温度约在 15℃及 22℃之间，温差则北部约 26℃而南部只 15℃东西之差别较小。

Cfan 为多雾的区域，凡每年起雾日超过 50 日者皆为 n，江浙沿海及黔桂山地属之。

× 为雨季前移，初夏多雨而夏末雨量微少的地区，包括江湖盆地及湖广山地一带。

Cw 式气候区（附表 3 及 4）

夏季多雨月之雨量多于冬季少雨月雨量之十倍。包括黄淮之间的华北平原、四川盆地、西南云贵高原及两广之南部，Cw 区被 Cf 区分为南北二部。

北部为 Cwa 区，包括黄河秦岭之南，淮水以北，大巴山以东之地。在此区中，不仅季风雨集中于夏季，即风暴雨及对流性雨亦然，故最湿月之雨量较最干月之十倍尚多，而为冬干性气候。雨量东北较少而西部山地区较多，概在 60cm 与 100cm 之间。年均温约为 14℃至 18℃。而年温差则介于 24℃及 30℃之间。雨量变率亦大，故东北部亦为多灾之区。

四川盆地以多云雾著称，大致雾日多于 50，故为 Cwan 区，山东半岛之东南海岸亦为多雾之区。四川盆地之雨量大概在 80cm 以上，南部则在 100cm 以上，雨亦集中于夏季，但冬季实并不干旱。四川湿度特大，常在云雾之中，故四川气层实常在湿的不稳状态下，一有上升运动，即可落雨。北来寒潮，亦不时侵入，并且每次都给予相当雨量。以重庆附近而论，夜间落雨时最多，故与气温垂直递减率之变化及地形有关，而其空气则必系在湿的不稳性状态下者。年均温约在 16℃与 19℃之间，而温差则较小，南北差别亦不显著。例如成都年均温为 16.8℃，年温差 22.5℃，重庆为 18.7℃及 21.4℃，宜宾为 18.2℃与 21.7℃。最冷月温度皆在 0℃以上，而大部全不结冰，故植物可终年生长。

两广南部亦为 Cwa 式气候区。虽此区冬季并不干旱，但因夏季雨量特多，而台风雨更使中国南海之滨夏季多雨，故多雨月与少雨月雨量之比超过十比一，而为 Cwa 式。雨量自东向西渐减，但皆在 100cm 以上，而广东南部则多在 150cm 以上。温度最冷月亦多在 10℃以上，年均温在 18℃与 22℃之间，年温差小于 18℃。

海南岛之大部概为热带森林及草原地区（Af 与 Aw），吾人只有位于北岸的临高与琼州的记录，最冷月之温度为 17.8℃与 17.9℃，故其南部当必高于 18℃而属于 A 式气候。

云南高原及贵州山地之一部最暖月之平均温度皆在 22℃以下，但高于 10℃者多于四月，云雾亦著，复为夏多雨区，故为 Cwbn 式气候，此区冬雨虽较少，但并不干旱；年雨量约为 100cm；年均温约在 15℃以上，冬日温和而夏凉，年温差甚低；例如昆明年温差只 11.2℃，蒙自则仅 9.8℃。最使人惊异者即西藏之东南部亦为 Cwb 区；但此乃根据三年的气象观测记录而分划者。拉萨之平均年雨量为 194.8cm，而年均温为 9.2℃；最冷月之平均温度为 0.6℃而最暖月则 17.4℃，故年温差仅 16.8℃；并有五月之平均温度在 10℃以上，故应属于 Cwb 式气候。

亚寒带气候（D 式气候）区：D 式气候区分散于中国各处，重要者为东北三省之大部，外蒙西部高山地，新疆高山，与康藏边地山地区。

（a）东三省之最冷月气温皆在−℃[①]以下，冬季较干而夏季多雨，年雨量多于 $2(T+14)$cm，故为亚寒带冬季寡雨气候（Dw）。其东北边界纯为政治的，因西伯利亚与满洲之沿海必同为 D 式气候区也。东北之 Dw 区复分为两副区，其大部最暖月之平均温度均高于 22℃，故为 Dwa 式，包括辽宁、吉林及黑龙江东部与河北之东部，占满洲之五分之四，黑龙江西部山地则为 Dwb 区，即最暖月在 22℃以下而有四月以上之平均温度高于 10℃也。在 Dwb 区中亦有平均温度高于 10℃，不到四月者即 Dwc，但不重要。

（b）蒙古与新疆之山多甚高，故其雨量较周围之草原多而温度则较低。此等高山地带冬日雨量亦甚丰，北冰洋的对流性不稳定冷气团及自西而来的浅低压在周围的低地上虽不能落多少雨，但当其被迫而爬越高山时则能降落丰沛的水分。乌梁海与科布多一带雨亦较多。中部西伯利亚系属于 Df 式气候毫无疑问；再由库伦、迪化及西伯利亚之 Irkutsk 与 Barnaul 的记录，用内延法乃得沿山坡分布的以下各种副区：

地点	高度/m	温度标准	气候式
新疆山地	500—1000	最暖月 ＞22℃	Dfa
	1000—2000	有四月以上 ＞10℃	Dfb
	2000—3000	＞10℃者有一月至三月 最冷月 ＞−38℃	Dfc
	3000—4000	最暖月之平均温度 在 0℃至 10℃之间	ETH
蒙古山地	2000—3000	有一月至三月 ＞10℃ 最冷月 ＞−38℃	Dfc
	＞3000	最暖月在 0℃至 10℃之间	ETH

① 编者注：此处原文已模糊不清，无法辨识。

（c）川西山地及西康山地一月之平均温度低于−3℃，而雨量则集中于夏季，故属于 Dw 式气候；由高度之不同可分为以下数副区：

地点	高度/m	温度标准	气候式
秦岭山脉	1000—1500	最暖月 ＞22°C	Dwa
	1500—2500	＞10°C者在四月以上	Dwb
	＞2500	有一月至三月 ＞10°C 最冷月 ＞−38°C	Dwc
	＞4000	最暖月在 0°C与 10°C之间	ETH
川康山地	3000—4000	＞10°C者一月至三月 最冷月 ＞−38°C	Dwc
	＞4000	最暖月在 0°C与 10°C间	ETH
	＞6000	最暖月在 0°C以下	EF

东三省的 Dw 区与川康之 Dw 区间有显著的差异；东北各地夏季均热而冬季则酷寒；满洲南部 Dwa 区之年温差亦在 30℃至 40℃之间；北部 Dwb 区则年温差达 50℃；而西南山地之 Dw 区则反是夏凉而冬温，温差约为 20℃，如峨眉山一月气温为−8.8℃，七月 12.2℃，年温差仅 21℃而已。至于雨量则川康山地中或甚丰富，大概在 100cm 以上。

ETH 及 EF 式气候区：此两种气候区（苔原与冻原）主要是在青藏高原上，北纬 30°附近的高出 4000m 的山顶亦属之。由旅行者与探险家的报告中可知唐古拉山与昆仑山以北的西藏高原之大部乃一高寒沙漠。一年中的大部分时间都在冰冻状态之下。强烈的西南季风亦难超越此种高山的屏蔽，故降水甚少。由其太高的高度及其与暖的海洋气团隔绝，故最暖月之平均温度亦皆在 10℃以下。斯文赫定[4]在其零碎的旅行报告中记载在西藏旅行时七月的温度约为 8℃。在太阳下面虽亦能有很高的温度，但因其空气稀薄而干燥，故荫蔽之地即甚低。风及强烈的大地放射作用使其温度降落甚速，即在六月中夜间温度亦常至 0℃以下[5]。虽近午的温度可甚高，但因补偿其夜间之低温，故一日之平均温度很难超过 10℃。在西藏、西康、青海、新疆及蒙古国的高山之巅，雪或小冰川竟能终年存在，即冻原气候也。

参 考 文 献

[1] Pettermann's Mitteilungen 1918, pp. 193-203, 243-248.
[2] Buck, J, L. 中国之土地利用. 第 27 页第四图.
[3] Cressey, G. P. 内蒙之阿尔多斯沙漠. Dension University Bulletin, Jour. of the Scien. Lab. Vol. 28, Oct. 1933.
[4] Sven Hedin. 南藏. Vol. VI pp. 1-133.
[5] , , , , , 、 , , Vol. III pp. 365. (编者注：原文此行前部无法辨识)

附表 1 Bwkw 区中之平均温度与雨量

Table 1. Mean Temperature and Mean Precipitation of the Bwkw Region

站点（Station）	年数（No. of Years）	温度（℃）												均值（Mean）
		一月（Jan.）	二月（Feb.）	三月（Mar.）	四月（Apr.）	五月（May）	六月（June）	七月（July）	八月（Aug.）	九月（Sept.）	十月（Oct.）	十一月（Nov.）	十二月（Dec.）	
酒泉 Tsiuchuan	3	−9.6	−2.5	3.1	9.6	16.1	21.1	22.6	22.1	16.0	9.4	−2.4	−9.0	8.0
宁夏 Ninghsia	2	−9.9	−4.1	1.5	10.5	16.4	21.0	23.4	23.0	16.4	10.0	0.2	−6.8	8.5
库车 Kuchar	2	−14.0	−4.5	6.6	13.2	18.6	22.0	23.9	22.2	17.1	9.0	0.4	−8.3	8.8
吐鲁番 Turfan		−10.4	−5.9	8.8	18.4	24.6	33.1	33.5	33.2	26.6	15.8	2.3	—	

站点（Station）	年数（No. ofYears）	雨量（mm）												总量（Total）
		一月（Jan.）	二月（Feb.）	三月（Mar.）	四月（Apr.）	五月（May）	六月（June）	七月（July）	八月（Aug.）	九月（Sept.）	十月（Oct.）	十一月（Nov.）	十二月（Dec.）	
酒泉 Tsiuchuan	3	0.4	2.3	0.1	4.5	3.6	8.4	13.4	42.9	8.8	0.4	2.6	1.5	88.9
宁夏 Ninghsia	2	1.2	0	2.6	15.2	17.5	24.7	31.1	28.9	25.9	0.3	1.4	0.3	149.1
库车 Kuchar	2	1.6	1.8	4.3	3.3	1.3	34.1	18.4	8.5	5.3	0.0	0.3	6.4	85.3
吐鲁番 Turfan		0.0	0.0	0.0	0.0	（16.1）	2.5	0.0	（2.4）	0.0	0.0	0.0	—	

Note: Only those stations which are either essential determining the boundaries or typical of the regions are given. A complete list of the tables would contain many pages and cannot be given here.

注：表中所列之少数地名系代表该区之气候概况或有助于气候区域之鉴别，其他气候站不胜枚举故不能一一列入。

附表 2 Bskw 区之平均温度与雨量

Table 2. Mean Temperature and Mean Precipitation of the Bskw Region

站点（Station）	年数（No. of Years）	温度（℃）												均值（Mean）
		一月（Jan.）	二月（Feb.）	三月（Mar.）	四月（Apr.）	五月（May）	六月（June）	七月（July）	八月（Aug.）	九月（Sept.）	十月（Oct.）	十一月（Nov.）	十二月（Dec.）	
库伦 Urga	26	−23.7	−19.2	−11.3	0.7	8.0	14.6	17.1	15.3	8.1	−0.8	−13.2	−21.7	−2.2
包头 Pactow	2	−15.4	−7.8	−1.9	7.9	15.5	18.3	21.4	21.4	14.8	8.7	−2.6	−15.5	6.2
万全 Kalgan	1	−9.8	−7.7	−3.5	8.0	15.7	19.2	21.6	20.2	17.0	8.1	−0.8	−7.4	6.7
太原 Taiyuan	20	−7.6	−2.9	4.3	11.9	18.9	22.9	25.3	23.1	17.6	10.4	2.4	−4.7	10.1
西宁 Sining	1	−9.5	−3.2	3.5	11.3	17.1	21.1	23.0	23.9	16.3	9.7	−1.0	−5.1	9.0
天津 Tientsin	45	−4.0	−0.6	6.7	15.2	21.9	26.6	28.7	27.0	22.0	15.0	5.8	−2.0	13.5

站点（Station）	年数（No. of Years）	雨量（mm）												总量（Total）
		一月（Jan.）	二月（Feb.）	三月（Mar.）	四月（Apr.）	五月（May）	六月（June）	七月（July）	八月（Aug.）	九月（Sept.）	十月（Oct.）	十一月（Nov.）	十二月（Dec.）	
包头 Pactow	2	0.7	3.7	2.4	24.2	17.4	79.2	72.2	69.0	42.6	3.4	1.6	0.0	316.4
万全 Kalgan	14	2.2	2.9	4.6	6.9	30.9	45.1	120.9	79.5	29.1	10.0	3.5	2.3	337.9
太原 Taiyuan	15	5.6	3.3	12.3	14.6	24.3	43.9	107.0	94.1	51.1	16.7	5.4	4.6	382.9
西宁 Sining	1	3.7	0.0	0.0	5.4	39.6	76.2	74.8	75.1	68.2	11.0	3.0	2.4	359.4
天津 Tientsin	42	4.3	2.9	9.1	16.2	27.0	59.8	180.4	147.8	47.6	15.2	10.6	4.0	524.9

附表 3 Cwa 区之平均温度与雨量

Table 3. Mean Temperature and Mean Precipitation of Cwa Region

站点（Station）	年数（No. of Years）	温度（℃） 一月（Jan.）	二月（Feb.）	三月（Mar.）	四月（Apr.）	五月（May）	六月（June）	七月（July）	八月（Aug.）	九月（Sept.）	十月（Oct.）	十一月（Nov.）	十二月（Dec.）	均值（Mean）
济南 Tsinan	17	−1.6	1.7	8.5	15.9	22.6	27.0	28.2	26.5	22.2	16.1	7.5	1.0	14.6
宜昌 Ichang	12	4.6	6.7	12.3	17.6	22.7	26.2	29.0	29.0	24.4	18.7	13.2	7.0	17.6
重庆 Chungking	12	7.9	9.7	14.5	18.8	22.7	24.8	28.7	29.3	23.9	18.8	14.3	10.4	18.7
香港 Hongkong	50	15.4	14.9	17.3	21.3	25.1	27.2	27.8	27.6	27.0	24.6	20.8	17.2	22.18
北海 Pakhoi	12	14.1	15.0	18.4	23.0	27.9	28.7	28.9	28.7	28.0	24.4	21.2	17.3	23.0

站点（Station）	年数（No. of Years）	雨量（mm） 一月（Jan.）	二月（Feb.）	三月（Mar.）	四月（Apr.）	五月（May）	六月（June）	七月（July）	八月（Aug.）	九月（Sept.）	十月（Oct.）	十一月（Nov.）	十二月（Dec.）	总量（Total）
济南 Tsinan	18	8.8	8.0	10.6	19.5	35.7	71.5	195.1	179.6	55.4	18.6	15.2	11.9	629.5
宜昌 Ichang	52	21.8	29.8	52.6	101.1	125.3	158.9	209.3	180.6	101.8	74.3	34.4	16.6	1106.5
重庆 Chungking	43	17.8	19.6	37.1	99.7	145.5	182.7	138.5	128.0	148.4	110.4	48.7	21.3	1097.7
香港 Hongkong	50	32.3	44.5	74.5	138.3	292.2	394.3	381.2	360.9	256.8	115.5	43.2	29.2	2162.9
北海 Pakhoi	49	31.3	38.4	73.9	106.7	160.3	294.2	501.6	482.3	271.7	88.3	39.2	48.0	2135.9
龙州 Lungchow	37	20.4	23.7	48.3	81.0	177.4	217.0	227.3	231.6	140.3	62.4	31.7	21.0	1292.1

附表 4 Cwb 区之平均温度与雨量

Table 4. Mean Temperature and Mean Precipitation of Cwb Region

站点（Station）	年数（No. of Years）	温度（℃） 一月（Jan.）	二月（Feb.）	三月（Mar.）	四月（Apr.）	五月（May）	六月（June）	七月（July）	八月（Aug.）	九月（Sept.）	十月（Oct.）	十一月（Nov.）	十二月（Dec.）	均值（Mean）
拉萨 Lhasa	3	0.6	1.1	6.1	9.9	13.9	17.4	17.0	15.3	15.0	9.1	4.3	0.6	9.2
昆明 Kunming	15	9.6	10.6	13.8	17.3	19.8	20.4	20.8	20.7	19.0	15.7	12.7	9.8	15.9
腾冲 Tengchung	12	8.7	9.8	13.2	1.0	18.2	19.8	20.4	20.4	19.8	17.2	12.7	916	15.5

站点（Station）	年数（No. of Years）	雨量（mm） 一月（Jan.）	二月（Feb.）	三月（Mar.）	四月（Apr.）	五月（May）	六月（June）	七月（July）	八月（Aug.）	九月（Sept.）	十月（Oct.）	十一月（Nov.）	十二月（Dec.）	总量（Total）
拉萨 Lhasa	3	0.1	1.8	11.5	5.4	167.2	176.6	780.3	570.7	227.8	6.6	0.0	0.0	1948.0
昆明 Kunming	16	12.6	11.6	11.3	17.6	93.6	158.0	254.4	236.1	134.5	97.7	50.8	15.3	1093.5
腾冲 Tengchung	16	13.0	32.2	42.2	63.7	126.2	241.6	322.8	276.4	153.6	165.9	36.8	17.3	1493.7

附表 5　Cfa 区之平均温度与雨量

Table 5. Mean Temperature and Mean Precipitation of Cfa Region

站点 (Station)	年数 (No. of Years)	温度 (℃) 一月 (Jan.)	二月 (Feb.)	三月 (Mar.)	四月 (Apr.)	五月 (May)	六月 (June)	七月 (July)	八月 (Aug.)	九月 (Sept.)	十月 (Oct.)	十一月 (Nov.)	十二月 (Dec.)	均值 (Mean)
南京 Nanking	30	2.3	3.8	8.6	14.4	20.4	24.4	27.7	27.5	22.7	17.1	106	4.7	15.3
上海 Shanghai	63	3.2	4.1	8.0	13.5	18.8	23.0	27.1	27.0	22.8	17.4	11.3	5.7	15.2
汉口 Hankow	28	3.9	5.4	10.6	16.5	22.2	25.8	28.8	28.9	24.0	18.4	12.1	6.0	16.9
长沙 Changsha	12	4.4	6.2	11.6	17.3	23.1	26.3	30.1	30.0	25.3	19.1	13.5	7.2	17.8
梧州 Wuchow	12	12.4	13.2	16.6	21.1	26.1	27.4	28.6	28.6	27.4	23.2	19.2	15.3	21.6
厦门 Amoy	12	13.8	13.2	15.6	19.1	24.2	26.9	29.0	29.1	28.0	24.6	20.5	16.8	21.7
温州 Wenchow	12	7.5	8.2	11.9	16.7	21.5	25.1	29.0	29.2	25.6	20.7	15.9	11.0	18.5
广州 Canton	22	13.4	14.1	17.2	21.7	25.5	27.3	28.2	28.3	27.2	24.0	19.7	15.8	21.9

站点 (Station)	年数 (No. of Years)	雨量 (mm) 一月 (Jan.)	二月 (Feb.)	三月 (Mar.)	四月 (Apr.)	五月 (May)	六月 (June)	七月 (July)	八月 (Aug.)	九月 (Sept.)	十月 (Oct.)	十一月 (Nov.)	十二月 (Dec.)	总量 (Total)
南京 Nanking	30	38.7	45.7	62.4	95.9	80.4	160.0	190.4	112.1	87.6	45.4	40.5	35.7	994.8
上海 Shanghai	60	49.5	59.4	84.0	92,7	93.9	179.7	148.5	145.2	127.8	72.5	49.7	35.5	1138.4
汉口 Hankow	25	46.6	47.6	93.3	148.6	171.8	231.8	184.7	109.0	75.9	74.3	49.4	29.2	1262.2
长沙 Changsha	25	46.8	91.5	139.1	141.9	212.6	220.4	120.3	115.8	73.0	70.6	68.2	43.9	1347.1
梧州 Wuchow	36	31.0	55.2	94.2	159.1	206.8	194.3	158.3	175.2	85.1	42.9	39.2	38.2	1279.5
厦门 Amoy	44	34.5	68.1	91.4	133.4	169.5	174.6	126.9	161.4	109.9	37.4	33.4	35.1	1175.6
温州 Wenchow	50	48.0	89.9	125.6	134.4	187.6	263.1	200.4	252.7	213.0	87.4	55.5	43.1	1709.7
广州 Canton	27	45.4	73.6	94.8	154.7	254.9	265.1	263.5	245.9	139.0	57.5	44.4	36.6	1675.4

附表 6　Dw 区之平均温度与雨量

Table 6. Mean Temperature and Mean Precipitation of Dw Region

站点 (Station)		年数 (No. of Years)	温度 (℃) 一月 (Jan.)	二月 (Feb.)	三月 (Mar.)	四月 (Apr.)	五月 (May)	六月 (June)	七月 (July)	八月 (Aug.)	九月 (Sept.)	十月 (Oct.)	十一月 (Nov.)	十二月 (Dec.)	均值 (Mean)
Dwa	沈阳 Mukden	24	−13.0	−9.2	−1.0	8.6	15.8	21.7	24.7	23.6	16.7	9.0	−1.2	−10.2	7.1
	北京 Peiking	18	−4.5	−1.5	5.1	13.8	20.3	24.7	26.4	25.3	20.1	12.5	4.0	−2.7	11.9
	天水 Tienshui	2	−3.5	1.2	5.8	12.9	17.9	21.0	22.3	22.0	16.9	12.6	4.6	−2.8	10.9
Dwb	满洲里 Manchuli	20	−26.0	−22.3	−13.7	0.6	10.4	17.5	21.0	18.0	9.8	−0.1	−13.9	−23.6	−1.9
	海拉尔 Khailar	20	−28.3	−24.3	−15.2	0.6	10.4	17.1	21.0	18.1	9.8	0.0	−14.2	−25.6	−2.6
Dwc	峨眉山 O-Mei-Shan	1	−8.8	−4.0	−0.7	1.7	5.9	9.7	12.2	11.8	7.0	1.7	0.1	−5.0	2.6

续表

站点（Station）		年数（No. of Years）	雨量（mm）												总量（Total）
			一月（Jan.）	二月（Feb.）	三月（Mar.）	四月（Apr.）	五月（May）	六月（June）	七月（July）	八月（Aug.）	九月（Sept.）	十月（Oct.）	十一月（Nov.）	十二月（Dec.）	
Dwa	沈阳 Mukden	24	5.3	7.3	18.7	26.6	58.8	87.8	162.8	151.4	77.7	38.7	23.9	9.1	667.7
	北京 Peiking	93	3.8	4.2	8.1	16.0	33.8	82.8	256.1	144.0	57.7	17.7	8.4	2.3	634.9
	天水 Tienshui	2	1.1	7.9	5.7	23.3	65.5	123.4	141.0	121.6	101.1	12.8	5.6	7.5	616.5
Dwb	满洲里 Manchuli	20	2.0	2.0	3.0	5.0	16.0	45.0	71.0	61.0	34.0	7.0	5.0	3.0	254.0
	海拉尔 Khailar	20	4.0	4.0	4.0	10.0	20.0	46.0	79.0	66.0	45.0	10.0	6.0	4.0	298.0
Dwc	峨眉山 O-Mei-Shan	1	32.0	51.0	147.0	380.2	125.6	110.1	132.1	160.1	117.8	406.0	117.0	33.0	7625.0

CLIMATIC REGIONS OF CHINA ACCORDING TO KOEPPEN'S CLASSIFICATION

Chang-wang Tu, Shiao-lan Kuo

ABSTRACT

An attempt has been made to classify the climatic regions of China according to Koeppen's modified criteria and it is found that the new map differs notably from Koeppen's old map and the main differences are: 1. The Bwkw region contains a much bigger area than Koeppen's map; 2. the loess highlands are classified as Bskw instead of Dwa in Koeppen's map; 3. the Cfa region constitutes a much bigger area than before; 4. the mountainous regions of western Szechuen, Sikang and Tibetan borderland should be classified as Dw instead of Df. Furthermore the main climatic regions are subdivided into minor regions and the authors have introduced the product of mean annual rainfall and annual temperature to subdivide some of the major regions where Koeppen's criterion is not available.

任国玉 国家气候中心研究员、中国地质大学（武汉）教授 | 专家解读 |

中国疆域辽阔，气候复杂多样，加之农业在传统经济中的特殊地位，决定了气候区划在20世纪中国气候学中的极端重要性。竺可桢先生开创、领导了全国气候区划工作；涂长望先生推动了我国早期气候区划工作，并开创了中国早期气候分类先河。

涂长望这篇与郭晓岚合作完成的论文，根据柯本（Koeppen）分类法，利用当时可获得的最完善气温、降水观测数据，对中国气候进行统计分析和类型区划分，是我国早期气候分类、分区研究的经典之作，为后续的气候分类和区域气候研究奠定了基础。

在20世纪30年代观测数据和科学认识有限的条件下，作者能够做出如此精准的推算、划界和描述，充分显示出深厚的气候学、地理学专业功底。特别是，他们采用变换后的标准和更新的数据，对北方草原气候（Bs）和沙漠气候（Bw）类型做了细致的界线划定和特征分析，并对青藏高原和西北资料稀缺地区的气候类型边界给出了颇有说服力的推定。

当然，这项工作也存在若干不足，主要体现在部分气候类型边界与当前划定结果比较仍有偏差，根本原因在于分类标准后来又有修正，当时的观测站点空间覆盖度低、观测数据时间序列短，西部地区所用气温垂直递减率偏小。但这些因历史局限性造成的缺憾，没有掩盖其作为我国早期气候分类、分区经典工作的夺目光彩。

3

十年来中国气象学研究的进展*

赵九章　中国科学院地球物理研究所

赵九章（1907—1968 年），德国柏林大学博士，九三学社社员，中国科学院院士，气象学家、地球物理学家、空间物理学家、教育家、两弹一星功勋奖章获得者。中国现代气象学、空间科学的开创者和人造卫星事业的奠基人之一，是倡导和开拓中国地球科学数学物理化和新技术化的先驱。

■　曾任中国气象学会理事长。曾任《气象学报》第十一、十二、十三、十四届理事会编辑委员会特约编辑，第十五、十六届编辑委员会总编辑（编辑部主任），中华人民共和国成立后第一、二届理事会编译（辑）委员会主任，中华人民共和国成立后第三届理事会编辑委员会编辑委员。

■　发表在《气象学报》的著名论著还包括：《理论气象学之研究与天气预报》（1937 年）、《非恒态吹流之理论》（1944 年）、《活动中心之形成与力管场之关系》（1947 年）、《蒸发方程式及其新解》（1947 年）、《中纬度带状大气环流之稳定度》（1949 年）、《中纬度大气环流之统计的研究》（1949 年）、《中国气象学研究工作的回顾与前瞻》（1951 年）等。

新中国成立后的十年是中国人民在共产党英明领导下，向着社会主义建设英勇迈进的十年，也是中国气象科学蓬勃发展的十年。

新中国成立前，中国气象工作者在竺可桢先生领导下，惨淡经营，多方提倡，经二十多年的努力，逐渐建立了一点微小的阵地，由于反动政府根本不重视科学，气象学科不能与广大人民生产相联系；因此，即使有一些科学家的努力，也不可能得到应有的发展。一直到新中国成立前夕，中国还没有一个像样的气象台站网，也没有一套完整的气象服务系统。全国从事于气象研究工作的人数不过几十人，二十多年来发表的论著仅仅四百多篇。

旧中国的气象研究概况，竺可桢先生在 1955 年为中国近代科学论著丛刊——《气象学》——所做的序言中，已有正确的估价。我们对于中国气候区域有了一个轮廓性的了解；对于东亚天气的寒潮爆发、台风特征、天气类型与气团分析进行了一些工作；对于大气环流及动力气象也开展了一些研究。总的说来，研究方向是脱离生产实际的，在四百多篇论文中，创造性是比较贫乏的；研究方法停留于经验描述的阶段，缺少天气演变及气候形成的物理过程的分析。大部分的气象仪器须仰给于国外进口，至于利用现代物理新成就来研究气象微观过程的一套实验技术，则完全处于空白状态。

新中国成立后，随着国防和经济建设的需要，在党的领导下，中国气象学开始了新的阶段。首先，

* 赵九章. 1959. 十年来中国气象学研究的进展. 气象学报，30（3）：206-211.

通过了党的教育与知识分子的自我改造，绝大多数的气象工作者，拥护党所提出的“理论结合实际，科学为生产服务”的方针，科学研究机构、大学和气象业务部门密切地配合起来。打基础、建台站、培养干部、学习苏联、建立日常业务，从而推动了和中国的实际天气相结合的研究工作，使中国气象事业的面貌焕然一新。到 1955 年中国的天气学的研究已有了较全面的开展；气候学在基础资料的统计整理和区域区划有了基础；农业气象方面，已与热带资源开发结合起来，开始了综合性的考察工作。

1956 年上半年，在中共中央和国务院的领导下，集中了国内三百多位专家，并聘请了十八位苏联科学院院士、教授和博士，制订了我国十二年科学远景规划。发展中国的气象事业是一项国家重要的科学技术任务。为了完成这项任务，在总述国际先进水平及国内现状的基础上，提出了若干科学中心问题、具体措施、大体进度及干部培养方案。这样就把中国气象科学的发展纳入了为社会主义建设而服务的轨道，使全国气象工作者有了宏伟壮丽的前途。这是我国气象科学发展的关键。从此，在国家科委的领导下，中国气象业务研究及教学单位，就逐步把研究计划纳入国家总计划之内。通过两年来的实施，气象科学研究计划的执行，已逐步走上正轨。

1958 年，中国气象科学又走上了一个新的飞跃阶段。根据大形势预告和区域预告并结合了当地的地理地形特点，天气、气候规律和群众经验，云南镇雄等站创造了补充预报方法，并在全国范围推广，使地方天气预告准确率有显著的提高。这是在党的领导下和气象科学广泛深入群众结合生产的创举。天气图的长期预报有了新的发展，西北干旱地区的气候改造，祁连山的融冰化雪，以及人工降雨的空白科学部门也都提上了日程，有实践意义而又有高度理论性的问题也开始注意研究。

总结十年来中国气象研究的成就，可分为以下几个方面。

3.1 天气学

在“天气分析必须结合中国天气实际”的方针指导下，中国气象工作者发展一套运用于我国西部高原地区的天气分析方法；发现中国锋面和气旋活动的特殊性，批判了简单承袭挪威学派的天气分析方法。通过一系列的研究工作，我们对于东亚主要天气系统的物理过程和统计特征有了比较系统的认识。这些研究成果是在中国天气预报业务迅速发展的条件下获得的，它们对于提高中国天气预报的准确率起了很大作用。

在天气预告业务中，最迫切需要解决的是危险性天气的预告。其中寒潮、霜冻、台风、暴雨是气象工作者研究的重点。许多研究从大范围环流型式变化、天气过程着眼，通过实例及统计分析来研究寒潮的爆发以及由于冷空气活动而产生的降水。这些研究对于预告寒潮有实践的意义。另一方面的研究，则集中于夏季降水预告。1954 年 6、7 两月江淮流域出现了百年来最大的水灾，1956 年夏季松花江流域洪水给人民生命财产都带来了损失。中国气象工作者，为了协助防汛及调节水工枢纽，在解放初期即注意于降水预报的研究工作。在这些研究工作里，对于雨区移动，华北雷雨和冷空气活动，冷锋，阻塞高压和冷涡、季风热低压，暖锋和台风天气系统以及太平洋大型天气与中国降水的关系进行了讨论；不少论著还发表了关于长江流域的中下游 6、7 月里所发生的梅雨季节的降水过程，暴雨性质，气团活动等的研究结果。通过这一系列的工作，中国的夏季降水预告从 1953 年起逐渐建立起来，对生产实践起了重要作用。由于台风在夏秋两季侵袭我国东南沿海，常造成很大的损害，气象工作者特别重视台风的研究。在大量研究工作里，讨论了台风移动及路径、台风活动与大气环流的关系、台风生成的过程，统计性的规律以及台风的结构及分析方法。此外还对于霜冻、大风、冰雹等危险天气也进行了不少研究工作，为提高天气预告准确率创造了条件。

在航空气象方面，对于凝结尾迹、空中能见度的预报、中国上空急流分析、积冰条件，高原地形颠簸都积累了一定经验和资料，进行了一些理论研究。

3.2 中长期天气预告

中国短期天气预报水平迅速的提高，虽然对于保证国民经济各个部门任务的完成已起了很大的作用，但 1—2 天的预告还不能满足企业部门工作部署上的需要。因此，中长期预告在新中国成立后就逐渐提到气象工作的日程上了。在学习苏联中长期预告方法的基础上，进行了系统性的研究。它的结果是：确定了亚洲自然天气周期的存在，并指出它较欧洲的自然周期短及移动性系统多的特点；提出划分自然天气区域的论证，指出自然天气区域可因季节不同而使天气过程有所改变；分析寒潮爆发的过程，做出了轴径的分类；得出我国夏季自然周期中的降水分布及周期降水的预报规则。在这些研究的基础上，各级气象业务部门已建立了中期天气预告的业务。

在长期预告方面，新中国成立初期曾有一些研究工作，从大气环流的范式以及海水温度分布等方面，来研究过去特大水旱灾年份的情况。这些研究对于长期预告虽然十分需要，但尚不足以建立长期预告业务。此后，研究工作者根据多年气候资料，从气象要素的历史变化的统计特征出发，提出了一个一年以前即可做出的月平均值预报方案。预报的正确率在趋势方面约为 75%，对农林水利部门虽起了一定参考的价值，但对于天气过程发展的本身及其因果关系并不了解。此外，一些学者在苏联牟尔坦诺夫斯基学派的基础上从东亚自然天气周期分类着手，找出各类周期的韵律及其前后演变序列的关系，提出一个季节内自然天气周期演变序列长期预告方法。中央气象科学研究所已采用此法发布了 1959 年季节预告，效果当待考验。

1958 年，全国气象台站及研究单位大量开展了中期预报的研究。从当地气候资料出发或者从天气图资料出发，或者从劳动人民经验出发，提出了多种的中长期预报方法，在 1958 年 10 月中央气象局召开的兰州会议上汇集讨论，互相观摩，为今后进一步提高中长期预报效果打下了良好的基础，另外一些气象工作者根据大气环流季节变化的各种特征所表现的规律性，提出了一个长期降水预告方法，在 1959 年用这方法试做了 10 天到半年的预报，其效果有待考验，方法也有待于考验后修订补充。

3.3 数值预告

在掌握了天气演变的物理过程和区域的特征的基础上，对天气方程进行数值积分，是把天气预告从经验和定性的范畴引导到客观定量阶段应走的道路。中国气象工作者在国内台站建立一般天气预告业务有了基础以后，及时地把一部分注意力放在这个方向是完全必要的。在初期工作中，考虑了热成风校正项，把 Fjörtoft 法发展成为两层模式的图解法，应用于寒潮爆发短期及 48 小时预告得到较好的例子。此外对柏桑方程差分近似解的精确度、三层模式的图解法、三参数模式定性规则、降水数值预告等方面进行了研究。由于地形复杂，我国数值预告自然必须考虑到自然影响，在最初的工作中曾用正压模式计算由于地形所引起的发展倾向，此后又对于在斜压大气中地形影响及数值预告的格林函数解进行了研究。在中长期预报中必须考虑湍流项，这是因为湍流输送项不能忽略，同时加入了湍流项还可以起平滑作用，增加模式的计算稳定度。在中长期线性及非线性模式方面，最近的研究中，曾提出一个考虑了太阳辐射地转斜压模式。由于历史资料还没在数值预告中利用起来，如何利用历史资料使数值预告更为精确的问题也已提了出来。

3.4 大气环流

天气系统的演变，是天气预告中的主要研究对象，同时也是大气环流的组成部分。研究大气环流对于天气服务以及基本理论都有重要的意义。新中国成立后，大量探空及地面气象资料的积累，使我们有条件应用高空等压面和垂直剖面图等工具弄清楚东亚大气环流的结构。东亚上空冬季存在着两支急流，南支急流在季节变化中突然的出现和消逝，显示出大气环流动力结构的非线性。这种跳跃性的季节转换控制着中长期天气过程演变的程序。使我们有可能把它应用于中长期天气预告。西藏高原是地球表面上最大障碍物，它对于中国天气和气候以及整个北半球大气环流有极深厚的影响。十年来中国对高原方面的研究投入不少人力，取得相当好的成绩，最近写出的西藏高原气象学，是我们对于西藏高原影响大气环流的研究的一个总结。这方面的研究成果，不但有学术价值，而且也具有实际意义。在大气环流的基本理论方面：第一，我们引入实际地形条件及加热场作用，求得斜压大气运动方程式的解，从而计算出一月及七月 500 hPa[①]欧亚和西半球平均形势图，和实际甚为吻合；第二，研究了大气中各种物理量如角动量、动能和热量等平衡过程。对于角动量平衡过程中，从实际记录证实平均经圈环流，特别是低纬度 Hadley 循环的作用；第三，对于大气非周期性变化，我们通过几个实际例子的物理量的计算，证明在大型扰动变化过程中，低指数环流和高指数环流时期的热量输送以及动能转换的方向完全相反，这对于我们了解大气环流的平衡过程有重要的意义。《大气环流的若干基本问题》是有系统的总结近代大气环流方面研究成果的一本著作；第四，最近曾对大气环流的季节变化作过较全面的研究，发现了西风指数与年南北交换指数的准守恒性和各关键地区气压形势场变化的规律性，使我们对大气环流季节变化本质有了些新的认识。

3.5 气候学

新中国成立以后，社会主义经济建设的迅速发展，推动了我国气候学的研究。气候是许多建设事业中需要考虑的自然因子之一。所以各个生产部门对于气候资料、图集和气候学的研究的要求愈来愈普遍。在新中国成立以后的最初几年，对于整理气候资料、编绘气候图集投下了相当大的力量，同时在新的气候资料的基础上，进行了多方面的气候学问题的研究。总结我国气候学的成就有以下五个方面：第一是各类新的气候图集，这些新的图集一方面对生产部门提供了气候资料，另一方面是气候研究中不可缺少的工具。第二是与基本建设有关的气候分析。我国各个地区的气候特征以及各流域规划的气候特征及暴雨分析的研究，这方面工作的数量多，几乎各个省都写出了该地区的气候特征。第三是气候区划的工作，做出了我国比较细致的 2、3 级气候区划。第四是东亚季风问题的研究。新中国成立后这方面的工作很多，其中一部分工作是弄清楚东亚季风的特点，另一部分工作是研究在季风和地形影响下东亚大气环流的特征，这方面工作和大气环流工作相接近。第五是气候形成问题的研究，例如关于气候形成有关的热平衡和水分平衡等问题，我们也做了工作。

3.6 农业气象

对华南特种经济作物引种中的气候适应问题进行了多方面的研究，从小气候控制的观点，提出了防护林带的营造方案，北移气候与地形条件的调查及宜林地点的选择。创造了各种农业气象仪器，初步定出了农业气象观测方案，提出了稻、麦、棉、大豆、油菜生长发育期间的温度指标鉴定，并对它们的主要发育期及收获期的预告进行了研究。对于流传于我国农民中的流冻水、风障、早春顶凌耙地、镇压田地等农业技术措施，通过小气候观测证明这些都是可以提高有利的气象效应的措施。此外还进行农业灾害性天气防御方法的研究，在农业气候方面，有许多省已初步做出了全省农业气候区划。

---

① hPa 为百帕，1 hPa = 100 Pa。

3.7 在大气物理方面

在国际地球物理年期间，我们已开始了臭氧的观测，并为观测夜天光准备条件。曾进行了闪电光谱摄制，发现许多新的谱线，了解了闪电对气体光谱激发的关系。在近地面层大气物理方面，对层结大气层中的气象要素分布特征进行了理论计算，并将理论应用到西北风沙的移动，取得了一些成果。高低层湍流系数的确定也做了一些工作，运用梯度法在几个水库上进行蒸发的测量。还在祁连山冰川上观测了黑化后的辐射平衡。对于垂直能见度进行了理论研究及实际观测工作。

此外，还应该提出人工降水和云雾物理工作的开展。在敢想敢干的行动下，吉林开始了我国第一次人工造雨试验，取得成效。随后甘肃、河北、武汉、安徽和江西等省也先后作了人工降雨实验，并已初步建立了两个高山云雾台，这是我国人工降水工作的良好开端。

回顾十年来中国气象学研究的进展，我们认为以下几点是应该特别提出来的：

一、十年来中国气象学研究的一个特点是密切地和国民经济相配合，中国气象工作者虽然密切地注意全世界气象学发展的趋势，但我们并不随波逐流于国际气象研究主流之后。我们研究的对象是解决在社会主义建设中的重大气象学问题。因此，我们的气象学是在中国的土壤上滋长繁荣起来的。我们已逐渐成长为中国的气象学派。更确切点来说，中国气象学迅速的成长是中国气象工作者坚决拥护党的“科学结合需要，理论联系实际”的号召的果实。在新中国成立初期，我们看到必须先建立新中国气象业务，通过业务的建立来带动研究。当时研究机关把大部分力量投入联合天气分析预告中心及联合资料室。我们的大部分问题是从气象业务当前的需要和今后的发展而提出来的。这些问题的解决不仅推动气象业务的发展，也提高我国气象学科的水平，开辟了气象研究的阵地。十年来许多气象研究工作的开展都标志着理论解决实际问题，实际问题的解决又带动和发展了理论研究的特点。今后科学的发展可能随着客观情况而有所不同，但理论联系实际的原则是不变的。

二、1953 年中央气象局和中国科学院各所制定了第一个五年计划，1956 年又制定了 12 年科学远景规划，使中国气象学纳入社会主义建设的道路。通过科学计划的确定，使业务、教学、研究三方面结合成为一个有机整体，调动一切可以调动的力量，保证当前科学研究重点任务的完成，部署基本理论长远发展的步骤。这是和党的领导分不开的，没有党的领导，要使科学的发展和国家经济计划同步协调一致，是不可能的。

三、广大群众的发动，是推动中国气象发展的一个伟大动力。在去年，为了高额大面积的丰产，气象条件的保证是一个关键。人民需要气象学，气象学也的确为人民解决了一些问题，目前几乎每一个人民公社都有气象哨和看天小组，这样就使数百万劳动人民的生产活动和气象工作结合起来了。去年各地单站天气补充预告，农业气象、局地天气控制的发展是和广大群众的推动支持分不开的。

四、气象学是多方面和国民经济相联系的一门科学。为了配合今后大规模社会主义建设，我们必须开展各方面的研究工作。第一，结合群众的经验、地方的地区特点，并在详细分析系统资料的基础上，揭露各地气候的特征，使我们能更充分利用我国气候资源，是一项工作量大、种类繁多的任务。需要制定一套完整的计划及长远的安排，并发挥各地方气象业务部门及气象学会的积极性，才能完成这项任务。第二，近代气象学的发展是和运用物理的新成就分不开的，但十年来利用近代新技术来研究气象微观过程的一套实验技术，在我国还没有完全建立起来。缺乏这一套工具，就限制了我们在气象科学领域内，向纵深的方向发展。因此，今后必须努力于这一套技术系统的建立。第三，我们过去对于天气宏观描述性的工作，已做了不少工作，对于国民经济建设已起了很大的作用。在今后我们仍需进一步揭露大、中、小各种尺度天气过程的物理特征，掌握规律，把天气预告的准确率提高，做出正确的长期对灾害性危险的天气预告。这是我们当前的重大问题，也是我们应当努力的一个方向。但气象学总的趋势是向物理化及新技术化发展。因此。今后通过理论研究、模型实验、天气分析等方法，来进一步揭露天气变化的物理机制，运用近代新技术来了解云雾物理的微观过程以寻求自然降水的法则，也是我们今后气象研究的一个重要方向。

吕建华 中山大学教授 | 专家解读 |

赵九章先生对中国气象学现代化的贡献无论怎么评价也是不为过的。正如叶笃正先生所说过的那样，他是我国真正把数学和物理学引入气象学的第一人，“竭尽全力把中国气象学引到数理的道路上去，更不遗余力地引导他的后辈青年沿这个方向发展”。他的这个努力既得到竺可桢先生的大力支持，也培养出了包括叶笃正、顾震潮、陶诗言在内的大批优秀科学家。

自1944年1月被任命为当时的中央研究院气象研究所代理所长，到正式担任所长，并在新中国成立以后担任中国科学院地球物理所所长的二十四年里，赵九章先生以他卓越的战略眼光、高尚的人格魅力和非凡的领导才能，为中国气象学、空间科学乃至整个地球科学的发展都做出了巨大的贡献（参见叶笃正，《怀念我的老师赵九章先生》，中国科学院院刊，1989年第3期）。

这里所选的《十年来中国气象学研究的进展》很好地体现了赵九章先生作为当时我国气象学研究的主帅，于新中国成立十年之际，对短短十年间在党的领导下，气象研究和业务相互配合，取得巨大进步的全面描述。通过这篇文章，除了可以直观感受当时我国气象学蓬勃发展的景象，也可以透过字里行间，感受赵九章先生作为一位伟大的战略科学家的长远眼光和卓越领导才能，以及他对新中国气象事业的无比热爱和强烈责任感。

海水温度与水旱问题*

吕 炯 中国科学院地球物理研究所

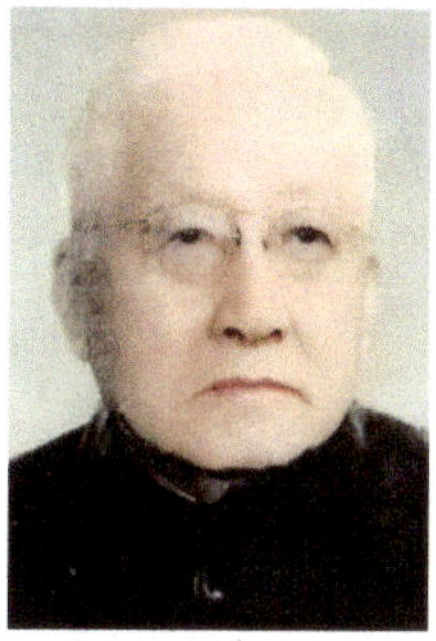

吕炯（1902—1985 年），德国柏林大学博士，气象学家、海洋气象与农业气象专家、教育家。新中国成立前曾任中央研究院专任研究员，兼任中央大学、浙江大学气象学教授。开创了我国海洋气象学的研究，是我国海洋气象学与农业气象学的先驱。历任中国气象学会理事、中国地理学会理事兼《地理学报》编委、《中国海洋湖沼学报》编委、国家科委气象组成员。

■ 曾任《气象学报》第十一届理事会编辑委员会特约编辑，与涂长望先生共同担任第十三届理事会编辑委员会总编辑，第十二、十四、十六届理事会编辑委员会编辑委员；中华人民共和国成立后第一、二、三届编译（辑）委员会编译（辑）委员。

■ 发表在《气象学报》的著名论著还包括：《气压之变动》（1930 年）、《高空测探》（1931 年）、《气象与航空》（1935 年）、《气象与航海》（1936 年）、《军事气象之中心工作——弹道风之测算法》（1936 年）、《波兰农业气象概况》（1937 年）、《中国东南沿海风信力学的意义及其对于温度的影响》（1941 年）、《波浪操纵说》（1942 年）、《巴山夜雨》（1942 年）、《关于西域及西蜀之古气候与古地理》（1942 年）、《西藏高原上各地气压之年变化》（1943 年）、《二十年来我国气象事业之回顾与前瞻》（1944 年）、《生物气候学导论》（1944 年）等。

4.1 引言

我国对于水旱问题的研究，自从国人自办气象事业以来，大概要从一九三一年七月大水灾开始算，如吕炯[1]、竺可桢[2]、郑子政[3]、涂长望[4]、涂长望和牛天任[5]等，这几位对于水旱的研究，都有相当贡献。尤其对于水旱灾发生时现状的分析，如吕炯、涂长望和牛天任等，都具有相当事实。但水旱的研究，不仅要明了水旱发生时的气象状况，最好还能在事先找出有什么预兆，以便设法推测，防患未然，这是我国气象学家应该努力的。

作者现在探索水旱的原因，是从另外一个方向出发的。一九三一年七月我国长江中下游的大水灾，既是由于日本东北海上夏季气压过高，而气压过高的原因，由于气温太低。海上的气温和海面的水温自有相当的关系[6]。通常在温带里同一地点，夏季水温，总较上面的气温为低，两者的较差，以七月为最

* 中国科学院地球物理研究所论著第 201 号，1950 年 11 月收到。吕炯. 1950. 海水温度与水旱问题. 气象学报，21（1-4）：1-16。

大。再者，东亚是世界上季风著名的地方，而夏季风最盛的时候就是在七月。夏季风既自洋面带上大陆更多的水汽，那么亚洲沿海岸夏季的雨量（尤其是七月），似乎和它东边广大洋面上的海洋情况，不会没有一点关系。空气的热容量（heat capacity）和海水的热容量之比，约为一与三千一百三十之比。换言之，海面下一公尺①厚之水，假使这层海水的温度，低降一度，它放出来的热量，可使其上三千一百三十公尺厚度的空气层温度上升一度。气水两者的热容量，相差如此悬殊，所以海洋对空气的影响，不可谓不相当重要。

作者现在就是从这些概念出发，根据亚洲近海水温的资料，来考察它和东亚沿海陆地上七月雨量消长的情形，有没有什么关系。如果有的话，那么其中的关系又如何？

海洋对于气候或天气的影响，在沿岸的地区，应该是比较密切的。例如海流变迁，引起气候变动，致使雨量增加，一九二五年一月至四月秘鲁沿岸因海流变更，山坡雨泽大增，使低地居民感受困难，但向来干燥的上秘鲁，得此甘霖，茂草丛生，牛羊得以饱吃野草，至今秘鲁人传为美谈(7)。其他史实甚多，不再列举。

究竟雨量多到什么地步，可称水灾？少到什么情形，可称旱灾？这定义是很难下的，这有时间和空间的条件。在某地夏天造成旱灾的稀少雨量，假使下在其他各季或下在其他干燥的地方，还是可能造成水灾的。反之，在干燥地区酿成水灾的雨量，假使仅仅这些雨量落在潮湿的地区，恐怕还不免于干旱的威胁。又如夏季某一个月的雨量，若然多少平均地分布在一个月的上中下三旬落下来，也就比较平常。但若这些雨量集中在几天内落下来，虽然这个月里大多数的日子不下雨，仍然会闹水灾的。因此可以在一个月的上半月闹旱荒，而在下半月却闹水荒了。关于这些错综复杂的情形，有待于长期专门的探讨，这里不预备多说。本文的报道，仅是一个初步的原则上的探讨，看看怎样可以造成多雨或少雨的机会，“水”不必皆有“灾”，“旱”未必皆成“害”。

太平洋对于东亚沿海一带的气象，应该多少有点关系，已如前述。但我国幅员广大，地理环境又复杂，我国西部、西北，以及西南诸省夏季雨量的丰歉，和太平洋的关系，当然不如沿海诸省的密切。因此，关于这些地区夏季雨量变动的原因，本文不拟论列。

4.2 海水表面温度的变化

大洋里的海流或洋流，有寒暖两种。就北半球而论，寒流都在大洋的西北边靠近大陆的地带。论地理环境，中国沿岸受寒暖两种海流激荡的影响比较小，对日本的影响比较大。关于北太平洋东侧的海流系统，如第一图所示。

本文所搜集到东亚沿海完备的水温记录，仅有九年，自一九二九年至一九三七年[8]。但又在日本海洋学会志中搜集到一些零星的水温资料。这些资料仅限于北纬35°—43°，东经140°—160°的地区，而且仅仅是八月的记录，年份自一九三三年至一九四二年[9]。地域既不广，时间又仅有一个月，这未免美中不足。虽然如此，但亦可以窥见上述区域内海水温度的消长，仍不失为有用的参考资料。

在太平洋的水温资料中，作者选择了二十二个地点，把每点每年每三个月的水温作一平均。这里是用一、二、三三个月的水温平均，作为春季水温，四、五、六三个月的平均作为夏季水温，七、八、九三个月为秋季，十、十一、十二三个月为冬季。这些测点的分布，如第一表所示。

由第一表中二十二点按年按季平均的水温数字，为节省篇幅起见，不拟刊布，其自一九二九年至一九三七年每年每季对于准平均的较差数所作曲线如第二图所示。

又日本东北海区自一九三三年至一九四二年八月的平均表面水温如第二表所示[10]。

① 为保留文献历史原貌，未作统一标准的处理；1公尺=1m。

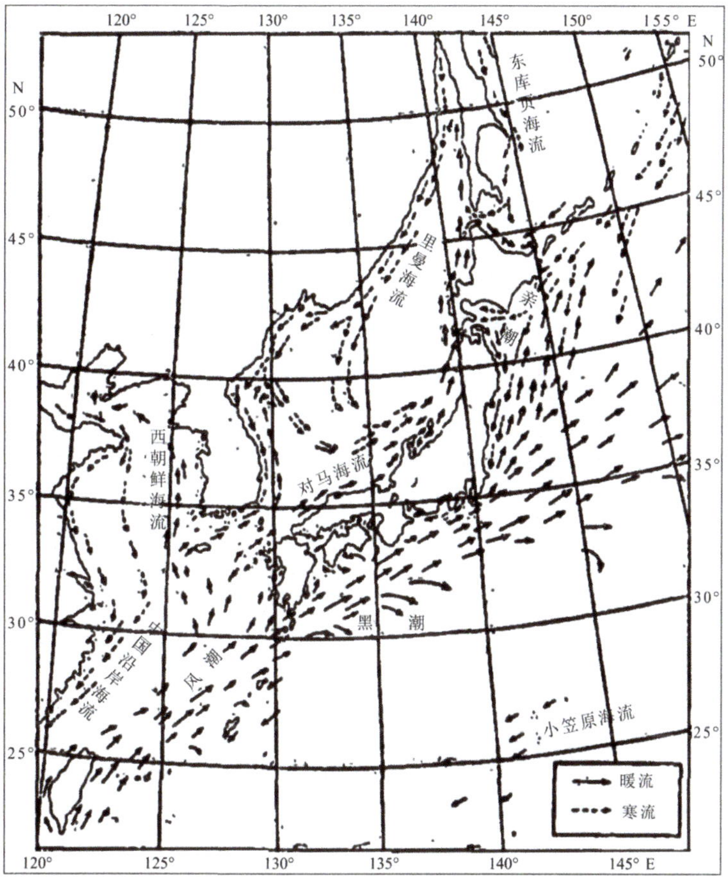

第一图　东亚近海海流

第一表（甲）　海面温度测点分布

区域	北太平洋西侧										
海流系统	寒流系统					暖流系统					
海流名称	亲潮			里曼海流		对马海流			黑潮		
点次	Ⅰ	Ⅱ	Ⅲ	Ⅰ	Ⅱ*	Ⅰ	Ⅱ	Ⅲ	Ⅰ	Ⅱ	Ⅲ
纬度	40°—45°N	41°N	39°N	41°N	41°17′N	43°N	41°N	37°N	35°N	34°N	31°N
经度	145°—150°E	142°E	142°E	130°E	129°49′E	140°E	140°E	135°E	140°E	136°E	131°E
测点总号	（1）	（2）	（3）	（4）	（5）	（6）	（7）	（8）	（9）	（10）	（11）

* 里曼海流Ⅱ采自朝鲜东岸清津水温。

第一表（乙）　海面温度测点分布

区域	北太平洋西侧							北太平洋东侧			
海流系统	暖流系统							暖流系统			
海区或海流	中国海域							加利福尼亚海流		阿留申海流	赤道反流
地段或点次	渤海	黄海	东海	闽江口外	南海	台湾外海	苏禄海	Ⅰ	Ⅱ		
纬度	39°N	35°N	27°N	26°N	26°N	24°N	6°N	40°—45°N	35°—40°N	50°—55°N	5°—10°N
经度	120°E	125°E	124°E	122°E	116°49′E	122°E	126°E	135°—136°W	130°—125°W	140°—135°W	90°—85°W
测点总号	（12）	（13）	（14）	（15）	（16）	（17）	（18）	（19）	（20）	（21）	（22）

注：第一表（甲）测点（1）及第一表（乙）测点（19）至（22）范围较广，系在5平方度[①]内得一数字。

① 此处1平方度是指由1纬度乘以1经度所形成的面积单位。

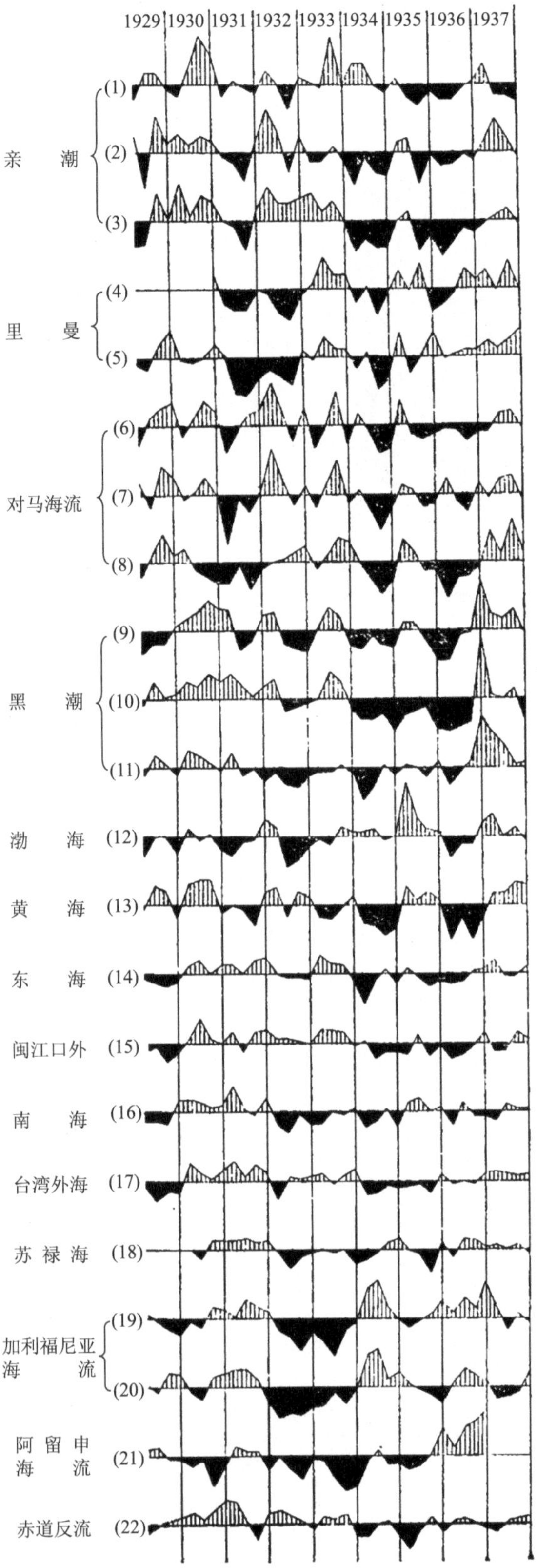

第二图　东亚近海水温变化

从第二图各点水温升降曲线中，可以看出：

（1）属于同一海流系统的海区，水温升降比较一致。但性质相同的两种海流（例如亲潮与里曼），水温升降有时并不一致。

（2）在寒暖两种海流容易接触的海区，水温升降比较剧烈，亦就是升降的振幅较大。

（3）亲潮发源地和黑潮本身区域内，水温升降较小，尤其是北纬26°、27°以南的海区，水温逐年的变化更小。换言之，愈近赤道，变化愈小。

（4）渤海因为是一个内海，受局部的影响较大，水温变化和外海不必一致。

（5）一九三一年亲潮、里曼、对马三海流及渤海的水温一致降低，但黑潮暖流及其南方海区的水温则一致升高。

（6）一九三四年除渤海外，整个东亚近海区域，北起千岛，南迄苏禄海，水温一致降低。

（7）一九三〇年、一九三三年及一九三七年这三年东亚近海区域的水温，大致是一致升高的。

（8）太平洋东侧水温的升降和西侧自不相同，留作参考，暂不论列。

从第二表我们可以看出在北纬 35°—43°及东经140°—160°海区内八月的水温：

（1）一九三三年、一九三七年和一九四二年是水温最高年。

（2）一九三九年是水温次高年。

（3）一九三四年和一九四一年是水温最低年。

除一九三八年以后，因无水温记录，故第二图中没有水温升降曲线可资比较外；其他年份，如一九三三年及一九三七年的高水温和一九三四年的低水温，若和第二图里的曲线相互比较，可说是完全符合的。

这里有几点，应先注意：

（1）水温小范围局部的升降，对气候或天气的影响，没有特殊明显的事实。如一九三二年亲潮水温不算低，但里曼水温降低特甚，而对马海流的水温则升高。一九三六年亲潮及黑潮的水温相当低，但里曼水温并不过低。

（2）水温升降对于天气的影响，要看升降的范围是否广大，范围愈大，亦愈有意义；至于水温升降绝对数字的大小，比较次要。

（3）假使东亚近海的水温一致过低，如一九三四年是，这种年份可称为凉水年或低水温年。

（4）假使东亚近海的水温一致过高，如一九三〇年、一九三三年及一九三七年等是，这些年份可称为温水年或高水温年。

（5）假使大致在北纬 36°、37°以北海区的水温降低，而其南的水温略有升高，如一九三一年，这种年份可称为北凉南温年或北低南高年。

第二表 日本东北海区（35°—43°N，140°—160°E）八月表面水温（℃）

年份	1933	1934	1935	1936	1937	1938	1939	1940	1941	1942
全区平均	22.9	19.5	20.8	20.7	23.3	21.8	22.2*	21.7	19.3	22.5
38°—40°N 平均	23.5	19.8	21.3	20.6	23.8	21.9	22.6*	21.8	18.9	23.8

*水温次高值。

4.3 各种水温型的气象状况

这里所要讨论的仅仅是三种标准水温型的气象状况。除此三种水温型以外，尚有其他复杂型式，为节省篇幅计，本文暂不论列。三种水温型是：①北凉南温型；②凉水型；③温水型。兹逐一分述如下：

4.3.1 北凉南温型

这里选出两个例子，即一九三一年七月及一九四一年七月。

1. 一九三一年

本年七月是我国长江流域近数十年来最严重的水灾年。大致西自宜昌，东迄沪宁，以长江流域中下游南北两边受灾最重，雨量亦最多（第五图）。如宜昌本年七月雨量为 355.7 公厘①，长沙 344.8 公厘，汉口 495.0 公厘，九江 417.3 公厘，安庆 581.0 公厘，南京 618.8 公厘，南通 609.7 公厘，镇江 530.5 公厘，上海 369.5 公厘。受灾省份大致为湖北、湖南、江西、安徽及江苏五省，财产损失估计达二千亿元（战前银元），惨遭溺毙者约计十四万人，无家可归者，估计达二千五百万人。北方黄河流域及川陕一带，南方浙、闽、粤滨海一带，雨量均较平年为少。

在日本方面，本年七月雨量分布的情形，大致如下：在九州岛、四国及本州岛的东部，雨量也很多，而且好些地方比我们南京的雨量还要多，如鹿儿岛 702.1 公厘，熊本 695.5 公厘，佐贺 896.6 公厘，佐世保 808.5 公厘，温泉岳 834.8 公厘，羽犬塚 786.4 公厘，泉 795.6 公厘，饭田 795.2 公厘。此外如严原、名岛、福冈、下关等，都在 600 公厘以上。自四国、近畿以东，雨量渐少，到了本州岛北部所谓奥羽地方，以至北海道、库页岛等地，雨量渐次降低到平年量以下了。朝鲜方面，南端雨量最多，如济州岛七月雨量为 457.9 公厘，向北即锐减，到平均数以下了。

从本年七月中日两国雨量分布看来，多雨的区域，西起我国长江中游，向东到长江三角洲，渡海而达日本，经九州、四国到本州的中部为止。这多雨量的区域，仿佛有点像喇叭形，开阔的一端在中国，狭小的一端则在日本（第五图）。

我们再看本年七月东亚平均气压图（第三图）。本年七月东亚平均气压的分布是这样的：除太平洋上照例有一个大高气压或其分胞（Cell），日本人所谓小笠原高压外，在鄂霍次克海方面，也有一个高气压。在这两高压中间，有一条低压槽。日本除北海道及本州奥羽和中部而外，恰巧横亘在这条槽形低压里面，而多雨量带也恰巧贯穿在这低压槽中间。本年七月里东亚发生的气旋，也是以这条低压槽里面为最多，前后有六七个，而且势力都相当强盛，都是经长江流域向东北而去日本。此外在东海朝鲜济州岛南方海上，亦另有两次气旋产生，所以在九州的西部，雨量特多。

为什么本年七月里从长江流域到日本的气旋特多呢？就因为本年七月鄂霍次克高压特强，北方气温特低（第四图），同时南方洋上小笠原高压的势力亦略向大陆推进，南方海上气温则较平年为高。这样

① 1 公厘=1 毫米。

北方的冷高压和南方的暖高压之间，形成尖锐的气温不连续线，这气温的不连续线，由于水温的不连续线而更形加强。或者也可以说，气温的不连续线，就是由于水温的不连续线而来的。这不连续线也就是所谓锋带，这个锋带，我们可以称之为鄂霍次克锋，在这个锋带上，气旋自然很容易产生的。

平常在七月东亚平均气压图上，在库页岛东边，不容易看见高气压的，但本年鄂霍次克高压特强，北方气温特低，这是很少见的。可见本年七月鄂霍次克海方面常有势力强劲的高压，自东北向西南即向日本海方面推进。因鄂霍次克高压下层空气秉性寒冷，插入由南方广大洋而向北吹送的Tm气团之下，锋带及气旋即由此产生。本月台风仅有一次，二十九日午后在吕宋岛东方洋上发现，八月一日在香港附近通过。

至于本年七月这样强盛的鄂霍次克高压的产生，种因甚远，颇有迹象可寻，兹略述如下：本年一、二月间西比利亚各地的气压特高，同时气温则特低。如 Якутск 一月的气温为−51.1℃（平年−42.1℃），Верхоянск 一月的气温为−50.2℃（平−46.8℃），Турухаск −32.5℃（平−26.9℃），Олекминск −39.9℃（平−32.2℃），Охотск −30.2℃（平−23.2℃），Николаевск −32.8℃（平−23.7℃），Диксон −34.0℃（平−24.1℃）。这样的低温都是一二十年甚至三四十年所未有的。日本北海道东海岸根室二月的平均气温为−10.2℃，为六十年来所没有的。本年冬季西比利亚高压特别强大，差不多整个亚洲都在它的控制之下，同时阿留申一月气压则特低，仅为744.7公厘，亦为历年所未有。在这样的强大高气压配备之下，因为强烈气流及严寒气温的关系，本年亲潮、里曼及东库页三海流当亦很盛。鄂霍次克海在本年一月里受了西比利亚强盛的严寒气流的影响，积冰特多，只要一看是年日本北海道各地（纱那、网走、根室）及我国营口、芝罘等地的流冰报告[11]，就可明了。纱那甚至五月上旬还有流冰。所以本年自一月至八月日本东北气温及水温均异常低降。关于本年海水温度低降的情形，在日本人仓茂英次郎文中，叙述甚详[12]。

上述云云，即为本年一、二月间白林海及鄂霍次克海生成多量海冰的原因。因夏季气温过低，以至日本东北本年的稻米收成，仅及平年的十之一二[13]。自本年一月至七月的东亚平均气压图中（此处未印出），可以知道在鄂霍次克海方面，自本年四月份起，就有一高气压在那里盘踞着，以后逐月范围扩大，向西南扩张，至七月而达全盛时期。这是因为东北海上的流冰，逐渐随海流南下，渐次融解，凉水满布东北海面，到了七月里，大陆上的气温急剧上升，相形之下，分外见得东北海面的温度过低，于是鄂霍次克高压随着东北海面的寒性海流向西南流注的方向，突然向日本海方面冲下来了。这样，七月里鄂霍次克高压的生成，由于冬季流冰的关系，早在四月里就可在日本东北海区发现，因此在事前也比较容易推测，这样产生的寒流（兼指气流及海流），可以名之为慢性的寒流或慢性的凶冷。慢性的寒流，比较容易事先推测。但亦有急性的寒流，所谓急性的寒流，乃在盛夏北极气团或西比利亚气团泛滥频繁。如遇这种急性的寒流，事前就不容易推测了。

2. 一九四一年

本年我们没有完备的水温数字，仅从宇田隆道的文中知道日本东北海区本年八月的水温很低。宇田的水温数字，自1933—1942年，共十年。在这个海区内，自北纬37°—43°一带，八月的水温，十年中以本年为最低，自北纬35°—37°，水温虽亦低，但并非最低。至于黑潮的水温，以无数字，无从悬揣，但从一九四一年日本气象要览中，可以约略窥见是年八月黑潮的水温，不但不减低，反较平年升高，至少高出一度多，南北水温升降的趋势适得其反。因此本年水温的分布，大致是和一九三一年的情形相仿佛的，亦属北凉南温型。

至于气温亦有同样情形，本年自一月至六月，日本北海道以北、日本海西北部、朝鲜东北方各月的平均气温，都较平年低1℃或1℃以上。南方气温则相反，无论在日本或中国中、东部分，逐月气温大致均较准平均高出1℃或2℃。七月北方的气温较准平均更低。譬如日本北海道根室七月的平均气温为10.7℃，低于准平均3.6℃，为自1884年以来六十余年中七月气温最低之数字。库页岛南端的大泊本年七月气温为10.8℃，低于平均4.1℃。

本年鄂霍次克高压在六月就极显著，大致自六月四、五日左右起，这个高压就伸进日本海了。本年六月日本两度淫雨为灾，一次在六月五、六两日，本州中部泛滥，一次在二十六日至二十八日，北九州及中国（日本）地方，豪雨成灾。在我国方面，仅长江三角洲雨量较多，如上海本年六月雨量，较准平均多 116.2 公厘（根据徐家汇纪录）。

等到七月里从中旬起，鄂霍次克高压再度伸入日本海，势力强劲，梅雨再起。日本本州中部以西又两度豪雨成灾，家屋浸水，仅东京一地，就达七八千户。此外崖岸崩溃，桥梁冲毁，交通中断，情形极为严重。在日本所谓湘南关东方面，本月雨量最多，较平年多出四五倍。自本州中部至奥羽东岸一带，雨量较平年多二至四倍。在我国方面自广西桂林经湘赣南部粤北以至福建，雨量最多，大致超过准平均二百五十公厘左右，上海、镇江一带雨量，较准平均不过高出一百数十公厘。

此次雨量过多地带，大致起自我国华南经闽、苏、浙向东北出海而至日本（第九图），我们一看一九四一年七月平均气压图（第六图），就可晓得这雨量过多地带，也恰在鄂霍次克高压和小笠原高压中间的低压槽里面。本年七月鄂霍次克高压过于强劲，如一看本年七月二十至二十四日的平均气压图（第七图），就更可以看出它短小精悍的角色来。同时南方洋面小笠原高压的势力却较平年稍为萎缩，因此两个高气压中间的低压槽也被北方的势力推移向南，尤以我国境内为然（第六图）。

本年七月台风较多，共有四个，经过日本者两次，经过中国沿海者一次。日本关东地方在七月里第二次水灾（七月廿二日、廿三日）的发生，乃是由于台风而起的。

本年气候受海水低温的影响，似乎时期很长。夏季六、七、八三个月在日本方面都受到相当影响。六、七两月日本迭遭水灾，气温低降，到八月的上半月日本一般的气温还是很低，农作物大受损害。中国方面影响较少，仅在七月当鄂霍次克高压鼎盛之秋，华南一带，雨量较丰。当时作者在四川，外界消息不甚清楚，但在本年七月似乎华南亦没有什么严重的水灾，这因为在七月里，华南照例已不是产生气旋的地带。但就长江三角洲一小区而论，本年六、七、八三个月都受到鄂霍次克高压的影响。例如上海本年六、七、八、三个月的雨量都相当丰富，由第三表可以看出，以致造成上海自一八七三年以来七十余年中年雨量最高的数字。

第三表　上海一九四一年夏季雨量及距平（公厘）

时期	六月	七月	八月	六、七、八三月总数	全年雨量
1941 年	292.3	287.3	310.7	890.3	1659.3
准平均	176.1	144.8	142.4	463.3	1128.4
差数	+ 116.2	+ 142.5	+ 168.3	+ 427.0	+ 530.9

4.3.2 凉水型

这里暂有一个例子。

一九三四年

本年七月是我国长江流域严重的旱灾年，关于本年七月旱灾的情形，涂长望先生曾指出本年自一月至六月，日本东北海方面气压过低，气温过高[14]。这种情形恰和一九三一年我国长江流域遭遇水灾的情形适得其反。一九三四年的气象情形，确是有些特殊，一、二月间，西比利亚高压和阿留申低压，互相接近（此处图未印出），颇有短兵相接之概。是以日本北海道及库页岛一月的平均温度远较平年为高。如库页岛的敷香一月平均气温高出平年 9.4℃，安别高出 8.6℃，落合高出 8.5℃。但朝鲜西部及我国东北，则寒气凛冽。如一月气温，沈阳低于平年达 5.7℃，营口低 5.1℃，朝鲜的全州、仁川、平壤低 3.5℃，汉城低 4.1℃。气压方面，中国大陆、朝鲜、台湾岛、琉球、九州均较高，尤其我国东北的西部一月平均气压高出平年达三公厘以上。千岛方面气压最低，尤其千岛南部一月平均气压低于平年达四公厘以上。所以我国东北和千岛方面的气压梯度特大。换言之，就是日本东北海上气温过高，气压过低，而中国大陆方面气温过低，气压过高。就气压来说，自一月至四月，尽是如此。就气温说，则除四月日本东北气温并不过高外，其余一、二、三、五、六各月均见高（此处图均未印出）。

但到了七月里情形就不同了。鄂霍次克海方面忽现高压，日本东北的气温如北海道北部以及千岛南部，较平年过低达二度以上，造成日本东北及北海道稻收凶年。关于本年七月北海道气温过低的原因，日本人冈田武松曾谓："本年的凶年和其他年份的凶年相同，直接的原因，由于鄂霍次克海、库页岛、千岛及其附近高压过甚，从这里凉湿的风吹送出来，向日本东北地方、北海道及太平洋沿岸流注，因此夏季阴冷，稻作及其他作物，均告歉收"[15]。就气温来说，本年七月日本东北气温的低降，似乎是急性的。

我们试看一九三四年七月东亚雨量的分布（第十二图），则知在中国方面，本部雨量都在准平均之下，河北、山西、山东、湖南、湖北、安徽、江苏、浙江、江西及福建西部，雨量大致均较平年少 50 公厘光景。尤其是长江中下游，雨量更少，较准平均少至 100 公厘以上，如岳阳则涓滴未下，安庆及九江仅各得 2.8 公厘及 5.2 公厘。长江中下游干旱量严重的区域，恰和一九三一年七月水灾最凶的区域，范围大小都相似。这次财产损失，估计达三百亿元（战前银元）。但在北纬 28°以南，我国沿海地带，经广州湾、海南岛以至南宁、龙州、昆明、腾冲一带，雨量又较多。在我国北方，则自烟台经秦皇岛、张家口而至大同、归绥一带，雨量又较多。在日本方面，则近几以西至九州岛的区域，亦甚少雨，尤以九州岛南部为最旱，如枕崎较平年少 233.5 公厘，鹿儿岛少 225.1 公厘，以至禾苗不能培植。

现在让我们回过来，看看海里的情形如何。从海水温度来说，本年是标准的低水温年。北起亲潮，南至黑潮，甚至黄海、东海、南海以及苏禄海，水温一致降低。故就水温来说，并非急性，大部水温早在春初或夏初就降低了。在七月份平均气压图（第十图）上，鄂霍次克海方面亦有相当显著的高气压，和一九三一年七月或一九四一年七月的平均气压图（第三、六两图）相仿佛。但是雨量的分布，三年颇不相同。尤其是在一九三一年七月水灾最严重的地带，到了一九三四年七月却为旱灾最严重的区域了。

上面略为谈到一点本年七月雨量分布的情形，但还没有谈到雨量最多的地方。雨量最丰富的地方还是有的，如台湾西南部、日本本州北部以及朝鲜等。台湾西南部的雨量，大致由于台风的关系不论外，朝鲜南部及日本本州北缘的雨量，确还不少。尤其朝鲜南部七月雨量间有超过 600 公厘的，朝鲜中部及北部，亦有超过 300—400 公厘的。以致在朝鲜平壤及日本中部的北面，如福井、石川、富山、新潟一带，洪水泛滥，家屋、桥梁、田亩都被冲刷，损失不少，且有惨遭死伤的[16]。

这多雨的地带，也恰恰在鄂霍次克高压和小笠原高压之间的低压槽里（第十、十二两图）。从七月份平均气压图的形式来看，本年和一九三一年及一九四一年两年的形式，基本上并没有截然不同之处，鄂霍次克高压和小笠原高压，依然南北对峙。不过本年七月的低压槽，比一九三一年及一九四一年两年七月的低压槽，短而较宽，位置也比较北移。这就是说本年七月鄂霍次克高压的势力远不如一九三一年及一九四一年两年七月的强盛，我们比较这三年的温度距平（第四、八、十一图），更可明了。

本年七月在日本四近发生的低气压，据日本人估计共有 45 个[17]，较前一年 29 个，多出 16 个，约多出 50%，不过强度都较弱，且低气压生成地点，以在黄河流域及日本海中为多。因为本年七月的低压槽宽而短，所以波动虽多而不强，产生的低气压，因此强度亦不够大。不过在日本海里发生的低气压，有三个是很显著的。这就因为本年七月的锋带恰恰是在日本海里的缘故。长江流域在往年七月里是气旋发生频繁的地方，本年七月只有两三个轻描淡写的气旋发生于七月下旬。

本年七月台风仅发生一次，在十四日初现于菲律宾以北，十九日到台湾，二十一日在福州上陆，二十二日到南京上海间，即转向东北，同时势力转弱，南京只得雨 8.6 公厘。本月气温特高，如南京在十三日升至 43℃，传为近六十年少见之干热。

本年海水温度的特点是东亚近海的水温一致降低，因此南北水温的差别就不大，所以本年七月鄂霍次克高压和小笠原高压之间的低压槽，就不能如一九三一年七月或一九四一年七月的低压槽那样的深远狭长，而显得短而宽阔了。又因南方洋面水温亦低，鄂霍次克高压势力就不雄厚，不能向西南方长驱直入，所以低压槽的位置亦只能留在日本海的南部，无力南进。在中国大陆上产生的气旋，因此亦移到华北，长江流域适在低压槽口外的南方，气旋自不易产生了。

4.3.3 温水型

作者所整理的温水型，共有五年，即一九三〇年、一九三三年、一九三七年、一九三九年及一九四二年等是。温水型是比较少雨的，但它的分布，各年不甚相同，一般说来，较前二种型为复杂。因为篇幅所限，这里只能把最后两年的例子约略叙述一下。因为这两年的情形比较单纯。

1. 一九三九年

本年海水温度虽然没有详细记录，但从第二表中可以看出，本年的水温，虽不是最高年，亦是次高年。但宇田文中所用记录，仅限于日本东北海区，范围亦不太大。本年八月东北海区的水温固然相当高，但其他海区的水温是否亦同样的高呢？作者的回答是应该同样的升高的。因为根据第二图温度曲线，大致在北纬40°以南的海区，如果水温升高，那么整个东亚近海的冰温，大概都是一致升高的。北方海区水温升高，而南方洋面水温反降低，这个例子，在本文的水温曲线中，还未有过。就是从通常海水温度变化的通例来说，也是不大会有的。

温水型的气象和前两种有什么区别呢？最明显的，在于七月的气压分布。在北凉南温型中，气压分布特点，在于鄂霍次克高压的特别强盛。在凉水型中鄂霍次克高压的势力就比较减弱。在温水型中，七月平均气压图上，就看不见鄂霍次克高压了，因此在东亚近海洋而上，仅有一个小笠原高压（第十三、十六两图）。这是温水型和其他两种不同之点。其他年份的温水型，亦是如此，并无例外。

本年的水温既是属于温水型，所以在七月平均气压图上，鄂霍次克海方面，没有高气压存在（第十三图）。这并不是说，鄂霍次克海方面，绝对没有高气压出现，不过出现的机会少，时间短而已。所以在平均气压图上就看不见鄂霍次克高压了。在日本东边洋面，只有一个小笠原高压。因为只有一个高气压的关系，所以这高压中心的位置，比起北凉南温型及凉水型来，都比较北移，大致在北纬35°左右。因此它的等压线，亦就在这中纬度地方向我国大陆方面突出。在它南北两边，气压较低。尤其在南边，约当北纬25°处，气压总是较低。这些都是普通温水型一般的情形。有时南方低气压的范围相当大，向东方洋面扩张，本年七月的情形就是如此，一九三〇年七月的情形亦相仿佛。至于陆上北方的气压，普通亦是低的。但有时偶尔可能高一点，不过机会很少，本年七月的情形，就是如此。

至于本年七月气温的分布，大致在北纬32°、33°以南地区，较准平均为低，以北地区较准平均为高。普通在温水年，我国东北在北纬40°、50°处七月气温比准平均为低，本年七月因北方气压较高，故气温亦稍高。但温度距平最大的地方，则在日本本州及朝鲜（第十四图），大致较平年高出2、3℃以上。

雨量的分布：日本（北海道除外）、朝鲜、我国辽东省、山东省及河北省等，皆在准平均之下（第十五图）。最少的是朝鲜中部以西及九州西南部，七月雨量较平年少二百数十公厘。在这个旱区的南北两边，比较多雨。大陆上发生的低气压不是在小笠原高压向大陆突出部分的南边东去，就是在它的北边经过。台湾比较多雨，台风的影响颇有关系。本月雨量，在我国方面，除少数局部地方稍有不足外，大致均较平年为多。

日本人荒川秀俊论及本年七月日本的旱魃，谓由于在三公里上空，有一高气压长期的笼罩在日本海上所致[18]。

2. 一九四二年

由上面第二表，我们知道本年又是水温最高年。本年七月气压的分布，亦属温水型（第十六图）。日本东南洋上，只有一个高气压。日本北海道一带，气压特低。小笠原高压中心，在普通温水年的时候，大致在北纬35°处。本年七月和平常有些不同，高压中心比较南移。小笠原高压中心如此南移，在温水型中是不多见的。温度的分布：日本、朝鲜及我国华中、华南均略见高。气温距平最大的地方，和一九三九年七月相仿，仍然在朝鲜和日本（第十七、十八图），有高出平年3、4℃以上的。雨量的分布是如此：日本、朝鲜及我国华中、华北均较短少。除北海道外，日本及朝鲜南端，短少特甚，大致较平年少八九十公厘，其中如松元，本年雨量仅2.3公厘，仅及平年2%。在我国方面，雨量缺少，不算过甚。上海、汉口，比较少雨，亦不过较平年少七十多公厘而已。在少雨区的南北两边，雨量均较丰多，此则与潦年的情形，适得其反。我国南方的多雨量区，由于台风的影响。如本年七月，粤桂的多雨，即由于有三个台风，都由东方洋上直趋华南所致。北方的多雨，则因本年七月里，大陆气旋都在北方发生，向东行进之故。

4.4 结论和讨论

（1）东亚近海大范围水温的变化，对于日本及中国东半部夏季七月的气压、气温和雨量等，确有相当影响。大致说来：如北方水温过低，则七月鄂霍次克高压出现频繁，向西南方推进，它的势力，普通可到达日本海，但有时亦可越过日本海而到达黄海东海。黑潮及对马海流的流速，在七、八、九月正是扶摇直上的时候[19]，这样更可以加强气温的不连续性。北方鄂霍次克高压和南方小笠原高压之间，产生一低压槽。两种秉性不同的气团，在此交接，气旋就容易产生了。在美国大西洋沿岸，最易产生气旋的天气型式，亦相类似[20]。

由鄂霍次克海发源的副寒带海洋性气团，日本人荒川秀俊名之为鄂霍次克气团 Pm，俄人 H. B. Стремоусов 曾谓此气团在夏季吹向满洲及沿海洲之季节风，但不能吹入中国本部大陆。此 Pm 气团虽厚度不大，但对日本则为一重要之配角。据荒川之研究，初夏之候，自鄂霍次克海方面高气压部分流出的寒冷气团入侵之后，虽厚度不过两公里，但其上流行 Tm 气团。如此两种气团干涉后，即成梅雨阴郁之天气[21]。其实鄂霍次克高压，不仅对日本为一重要的配角，即对中国何尝没有相当影响。

鄂霍次克海西北海边，有一个地方就叫鄂霍次克。这个地方终年任何一个月的气温都较同纬度其他的地方为低。以奥斯陆、列宁格勒及鄂霍次克三地为例，纬度几相等，而以鄂霍次克终年的气温为最低，而且低得多（第四表），此点法国人 Argot 早经指出[22]。

第四表 同纬度三地的一、七月及年平均气温

地名	北纬	一月平均气温/℃	七月平均气温/℃	年平均气温/℃
奥斯陆	59°57′	−2.5	17.8	6.8
列宁格勒	59°58′	−7.0	19.2	5.2
鄂霍次克	59°21′	−23.2	11.5	−4.6

在鄂霍次克海的北部和中部，冷的时候，海上气温可低至−45℃，在南部亦可低至−31℃。在大部分海面上，甚至在五月里还有二十五天是冰冻的天气，解冻的天气不过四至八天而已[23]。由此可见鄂霍次克海区之冷，系受冬季世界寒极维尔赫扬斯克区北来寒冷气流的影响，此实为夏季在此容易孕育鄂霍次克高压的主要条件，但并非必要条件。所谓主要条件，乃指经常的或慢性的凶冷而言。至于急性的凶冷，以及气温与水温升降不一致等现象，原因如何，尚待阐发。

（2）海水温度的变化，有各种不同的情形，最标准的是①北凉南温型，②凉水型，③温水型。北凉南温型对中国及日本均为多雨型，但在我国方面，多雨的地带，究在长江流域，抑在长江流域以南地区，要看鄂霍次克高压和小笠原高压两方势力的消长而定，事前颇不易判断。在多雨带的南北两边，比较少雨。凉水型的多雨地带，大致在长江流域以北，如东北、华北、朝鲜一带，多雨带亦不如北凉南温型的延长，长江流域将较干旱。在温水型中，鄂霍次克高压退出舞台，但温度和雨量的分布，各年不甚相似，比较复杂（此处图均未印出），不如前两种的单纯，尤其不如北凉南温型的简单。

大致说来，在温水型的时候，中日两国，气温距平均较大，当然日本更大，因日本接近小笠原高压之故。中日两国雨量均较少，日本和朝鲜更少，中国方面，受干旱的威胁，不致太严重。对中国中部如长江流域一带，有严重旱灾威胁的是凉水型，不是温水型。在温水型中，中纬度一带，雨量固较少，但高纬度和低纬度地区，雨量较多，这和北凉南温型的情形，适得其反。南方的多雨，常和台风有关，至北方的多雨，则因气旋在温水型中常在北方产生后东行之故。

（3）由上所述，则知北凉南温型比较的最单纯，其次是凉水型，温水型比较最复杂。因为前两种重要的角色是鄂霍次克高压，后一种的角色是小笠原高压。鄂霍次克高压原是从西比利亚高压脱出来的，是从 Pc 变质而成为 Pm 的，是半永久性的，是冷性的，低型的，高度不过两公里，比较接近地面，而且范围较小，容易探索。小笠原高压是暖性的，高型的，厚度极大，高达整个对流层，事关高空，而且范围大，故较复杂，不易捉摸。在我国大陆上，因距小笠原高压中心更远，所以受它的影响也较浅。因此在温水年的时候，大陆上空的情形如何，也是值得注意的问题。

还有，温水型虽然照理应该少雨，但在中国有时未必少雨。虽在盛夏，如果北极方面有北极高气压下来，就是所谓急性的寒流，仍然可以致雨，虽然这种机会并不多，但并不是不可能的。所以最单纯的是北凉南温的多雨型，最复杂的是温水的少雨型。因为温水型不但干旱地区的分布，各年不同，而且干旱之中，也偶尔会多雨的。

（4）预测夏季水旱，在目前中国，还是一个繁难的问题，如能从大范围的气象调查及高空探测同时配合，那是最好的办法。若仅仅注意海洋的情况，完全忽视了气象本身的问题，自然是不妥当的。但气象和海洋中间相互的关系，似乎也是值得研究课题之一。在其他方法还未能作有效的措施以前，根据海水温度的变化，来做夏季（尤其七月）水旱的推测，或者还不失为一个比较可资依据的参考。因为海洋面积辽阔，空气和海水同等体积的热容量又相差达三千倍以上，水温又极富保守性，不会轻易变动，根据春季水温的资料，或者可能约略推测夏季雨量盈亏的趋势。所惜海洋探测，在我国目前不是容易的事。

参考文献

[1] 吕炯. 1932. Die grosse Überschwemmung des Jangtsegebietes im Juli 1391, Meteor. Zt. Bd. 49, Heft 6, S. 234-237.

[2] 竺可桢. 1936. 冬寒是否为水灾之预兆. 气象杂志, 十二卷四期, 面 179-183, 中国气象学会出版。

[3] 郑子政. 1937. The Floods and Droughts of the Lower Yangtze Valley and Their Precipitations. Memoir of Inst. of Meteor., No. 7, pp. 7-17.

[4] 涂长望. 1937. On the Relation between the Great Flood of 1931, the Drought of 1934 and the Center of Action in the Far East. Memoir of Inst. of Meteor., No. 10, pp. 35-49.

[5] 涂长望, 牛大任. 1950. Summer Flood and Drought in the Lower Yangtze Valley. Journal of the Chinese Geophysical Society, Vol. 2, No. 1, pp. 27-39.

[6] Scherhag, Richard. 1948. Wetteranalyse und Wetterprognose. S. 52, Berlin.

[7] Baer, Marian E, 1940. Rain or Shine. pp. 144-145, New York.

[8] 海洋气象年报. 1929—1937. 神户海洋气象台出版。

[9] 宇田隆道. 1942. 海流势力の消长に就て。日本海洋学会志, 二卷一号, 面 22, 日本海洋学会出版。

[10] 见（9）

[11] 气象要览. 1931. 上卷, 面 5, 11, 159, 280, 423-424。

[12] 仓茂英次郎. 1935. 本邦沿岸の水温と气温偏差の地方的相异。产业气象调查报告第四卷第二册, 面 333-346, 中央气象台出版。

[13] 须田皖次. 1933. 海洋科学, 面 174-175, 东京古今书院出版。

[14] 见（4）

[15] 冈田武松, 1939. 气象学, 下卷, (改版)面 263.

[16] 气象要览. 1934. 419 号, 面 491 及 498.

[17] 气象要览. 1914. 419 号. 面 538.

[18] 荒川秀俊. 1940. シベリヤ大陆高气压, 小笠原高气压, オホツク海高气压の热力学的特性。气象集志二辑, 十八卷七号, 面 215-216, 日本气象学会出版。

[19] 须田皖次. 1938. 对马海流の变化に就て。陆水学杂志, 八卷三、四号, 面 214, 日本陆水学会出版。

[20] Austin, J. M. 1941. Favorable Conditions for Cyclogenesis near the Atlantic Coast, Bull. Am. Met. Soc., Vol. 22, No. 6, p. 271.

[21] 荒川秀俊. 1943. 天气分析, 上卷, 面 179, 东京地人书馆出版。

[22] Angot, Alfred. 1928. Traite Élémentaire de Météorologie. p. 59, Paris.

[23] Боисов, А. А. 1948. Климаты СССР. ст. 124, Москва.

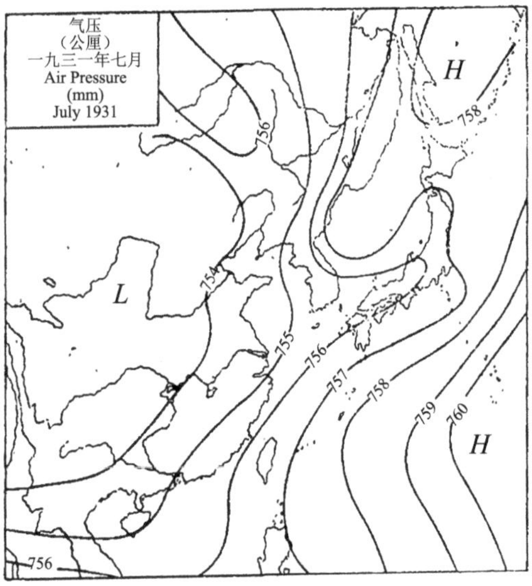

第三图

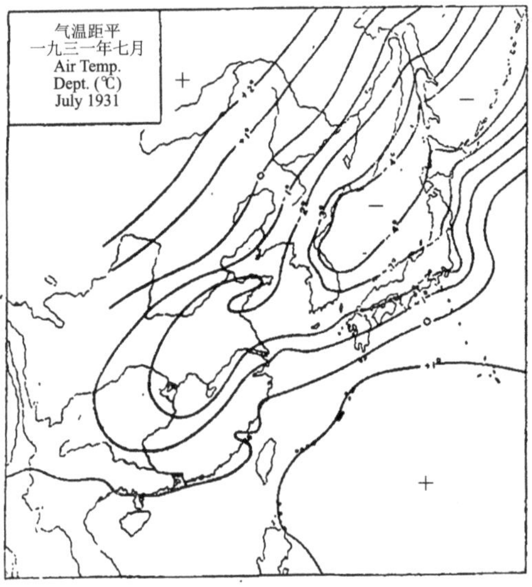

第四图

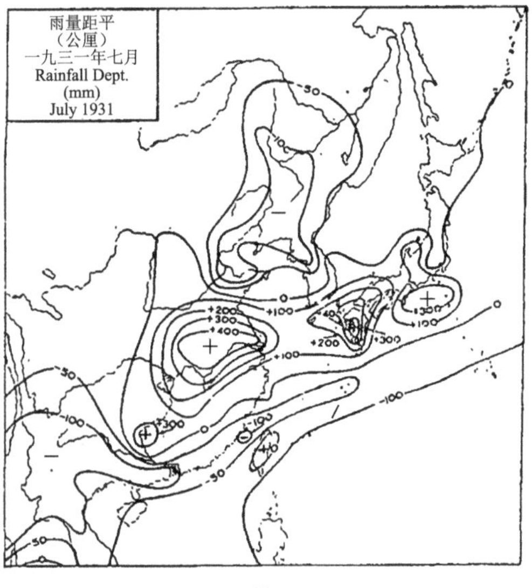

第五图

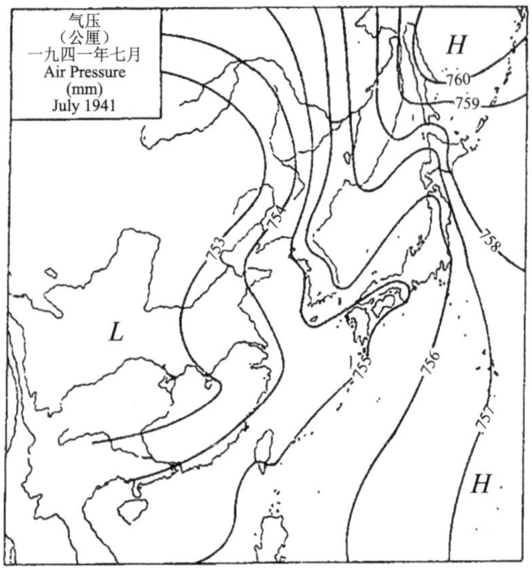

第六图

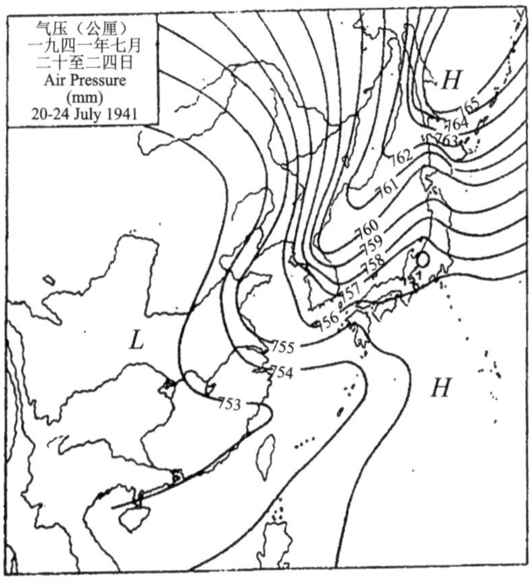

第七图

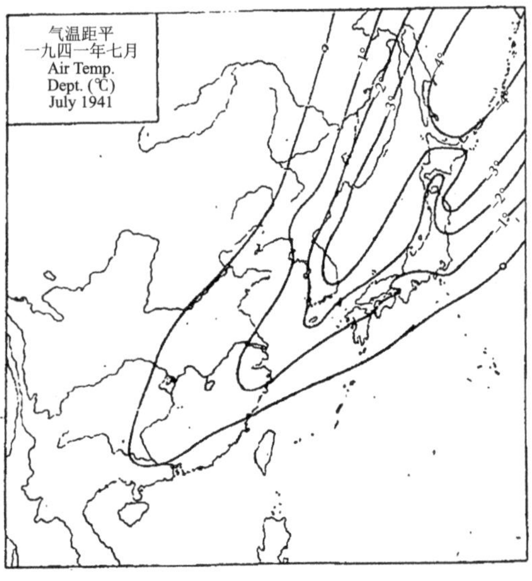

第八图

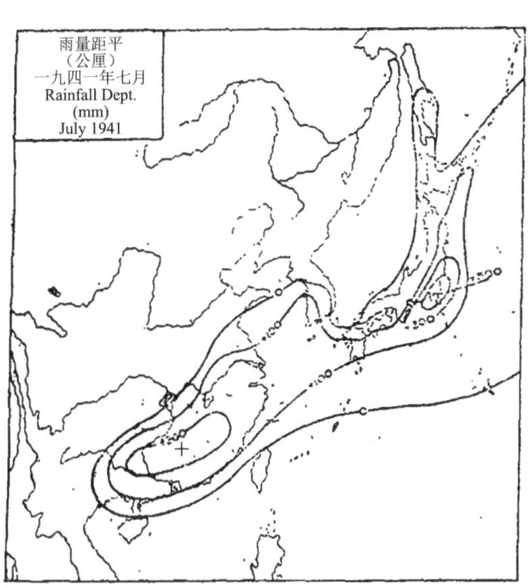

第九图

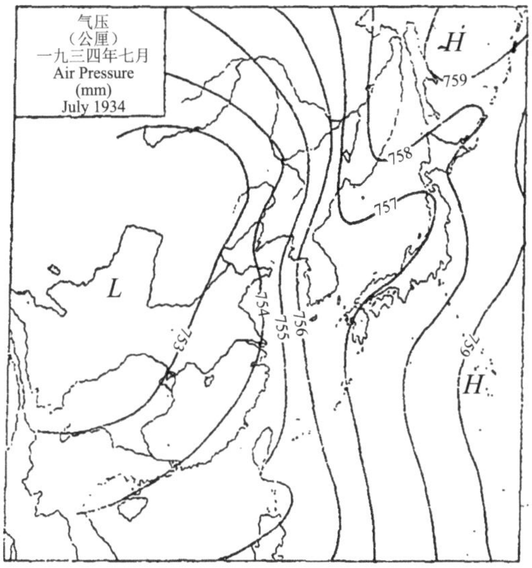

第十图

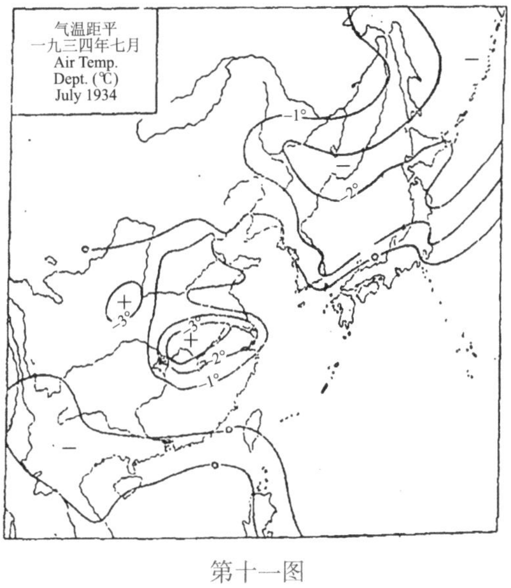

第十一图

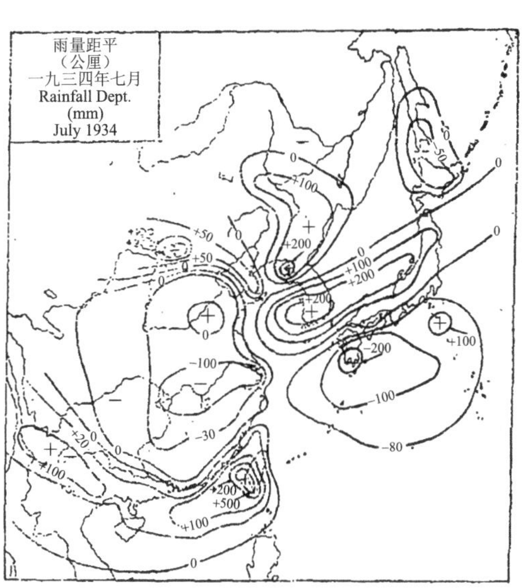

第十二图

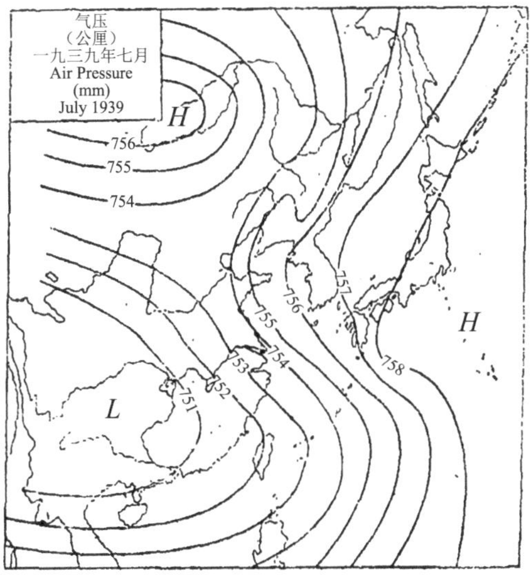

第十三图

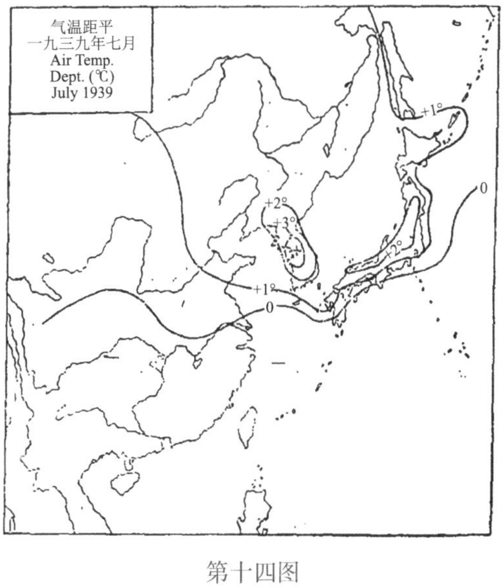

第十四图

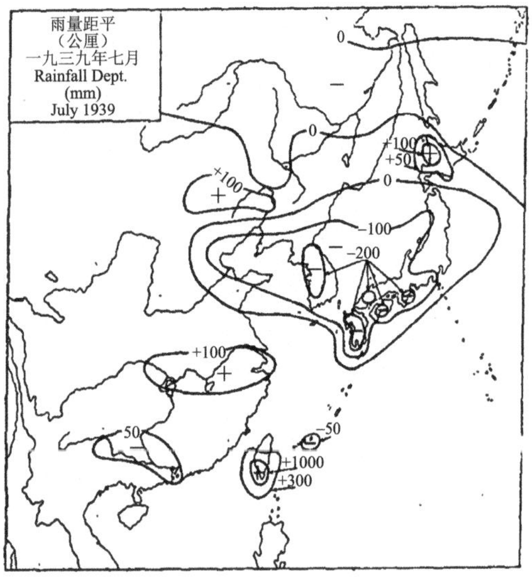

第十五图

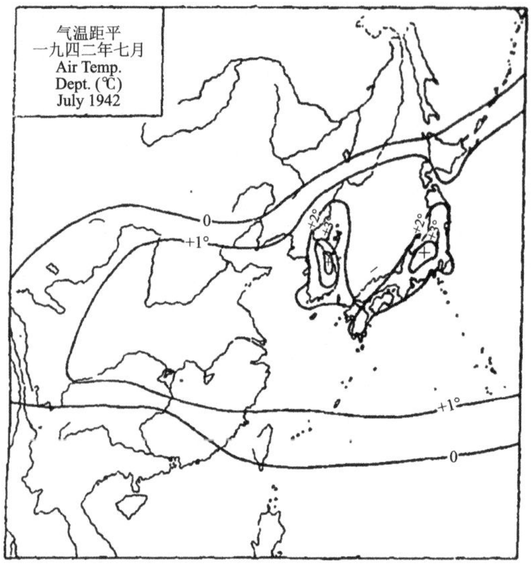

第十七图

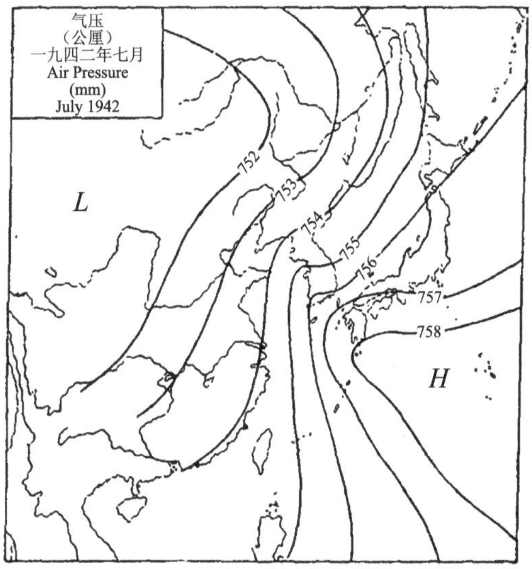

第十六图

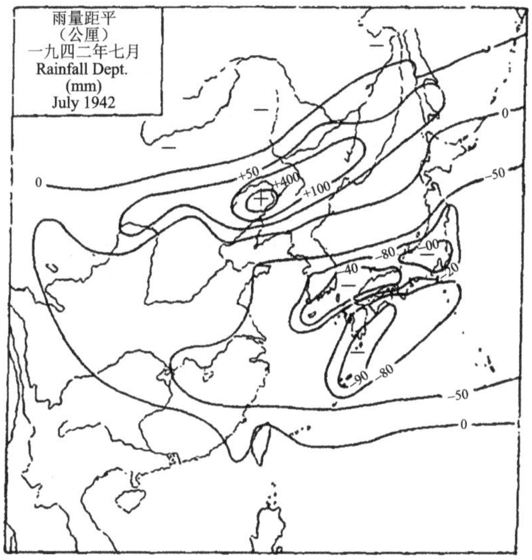

第十八图

徐邦琪 南京信息工程大学教授 | 专家解读 |

吕炯先生 1950 年发表的《海水温度与水旱问题》是中国气象学界最早系统探讨海气相互作用与旱涝机制的奠基性文献。该研究基于 1929—1942 年东亚近海观测数据，创新性地提出了三类海温异常模态（北凉南温型、凉水型、温水型）与区域降水分布的对应关系，揭示了海洋热力异常通过调控季风环流和水汽输送影响极端降水的物理机制。

在 ENSO 理论尚未确立、数值模式尚未普及的年代，吕炯基于系统的观测分析，创新性地构建了“海温异常-大气环流响应-降水异常”的物理机制链条。其研究不仅首次量化了海洋与大气热容量的显著差异，明确了海洋对气候的调控作用，更前瞻性地提出冬春海温异常可作为夏季旱涝预测的前兆信号，体现了其立足国家需求的科学预见性。

作为我国最早从气候系统角度研究水旱问题的开创性文献，该研究不仅奠定了东亚海气相互作用研究的科学基础，更推动了中国气象学从传统天气经验分析向现代气候系统科学的范式转变。其所建立的理论框架和方法体系，为后续海气耦合机制解析、季节预测技术发展和气象灾害研究产生了深远而持续的影响，具有重要的学科引领价值和历史地位。

5

运用气象要素历史变演的规律性作一年以上的长期预告*

| 杨鉴初 | 中国科学院地球物理研究所

杨鉴初（1915—1990 年），气象学家，中国长期天气预报研究与业务工作的先驱者，日地关系研究的开拓者。1935 年毕业于中央研究院气象练习班。曾任中央研究院日观峰气象台观测员、气象研究所技士。新中国成立后，历任中央军委气象局与中国科学院地球物理研究所联合资料中心主要研究人员、大气物理研究所研究员。

■ 曾担任《气象学报》第十四、十八届理事会编辑委员会编辑委员（委员）。

■ 发表在《气象学报》的著名论著还包括：《泰山气压及气温之升降》（1937 年）、《运用上月各气象要素的特征来预告下月雨量》（1952 年）、《气象要素连续性历史变化的长期预告意义》（1953 年）、《高空西风带环流演变综合图及其功用》（1954 年）、《关于我国大范围正负月温距平出现情况的探讨》（1956 年）、《季节长期天气预报的一个方法》（1959 年）、《西藏高原对其北方环流系统的影响》（1959 年）、《十年来我国长期天气预报的研究》（1959 年）、《近年来国外关于太阳活动对大气环流和天气影响的研究》（1962 年）、《冬半年磁扰与磁静后我国温度的变化》（1965 年）、《北太平洋关键区水面温度对 500 毫巴高度场的影响》（1979 年）等。

5.1 引言

近代气象学的发展，在长期预告的方法上有许多改进。总括起来，长期预告的方法可以分为三大类：

第一类可以称作指标关联法：就是采用某一个别的自然界物理现象来做指标，研究这个物理现象同一些气象要素的关联，试作长期预告。像阿波脱（C. G. Abbot）、克莱登（H. H. Clayton）等以太阳辐射为指标，寻找它同温度、雨量的关系。勃鲁克斯（C. E. P. Brooks）等则用流冰为指标。陶格拉斯（A. E. Douglas）等注意树木年轮同雨量的关联。日本的一些气象学者和我国吕炯教授，选择海水温度作为指标。其他还有用雪线高低、太阳黑子多少、内行星位置等作为关联对象的。这一类研究已经经历了数

* 中国科学院地球物理研究所论著第 236 号。杨鉴初. 1953. 运用气象要素历史变演的规律性作一年以上的长期预告. 气象学报，24（2）：100-117.

十年。有许多的阐发，但实际应用上效果并不大。主要的原因在于任何一个气象要素的变化，并不是也不可能是单独地由于个别的自然界现象的线性关系来决定一切的。气象要素在长时期或在短时期中的变化，一方面决定于它自身内在的物理变化，同时也受许多外来因子的复杂影响而发生改变。因此，它不可能单独决定于任何一个理想的指标：日射、流冰或者海水温度等。

第二类的长期预告方法可以名为综合相关法。这比第一类方法有了一些进步。已经注意到大气内部演变的相互关系。采用相关系数计算法，计算各不同时间各地方各气象要素之间的关系程度。其他有关因子如河流中水位高低等也加入考虑。综合起来以做预告。这类长期预告方法的杰出代表为英国华尔客（G. T. Walker）和我国涂长望教授，用这方法预告印度的季风雨很有成绩。但是，这类方法存在着严重的缺点：一方面忽视了气象要素本身内在的历史变化的规律性；另一方面死板地运用了某一长时期的综合相关，而忽略了这些相互关系的本身也有历史的改变。

第三类的长期预告方法是目前在苏联有很大发展的而且也是比较更加进步的方法。可以称为环流演变法。这类方法重视大气过程的发展和转变，分析各种环流型式下的天气过程和它的持久性。特别注意高空和地面天气图形势的分类研究。无论在物理基础上和研究方法上这都有很大的进步。像苏联的暮尔但诺夫斯基（Б. П. Мультановский）学派创造了综合天气图的表示方法，发明了自然天气周期和自然季节。又像房根鸽依姆（Г. Я. Вангенгейм）建立了季节环流演变的承续性规律。在长期预告的研究方面和应用方面都有光辉的贡献。近十余年来帕茄凡（С. Т. Пагава）研究高空变形场的规律，以及大气过程的节律（ритм）作用，对长期预告又开辟了新的道路。其他像德国的鲍尔（F. Baur），美国的纳迈阿斯（J. Namias）等，或者分析天气图型式或者计算西风环流指数，皆可归纳在这第三类中。这类长期预告方法还在继续发展的阶段。目前的预告时间，在苏联最长不能超过三个月到五个月。预告温度和风的准确性相当好。在美国还只能做五天到一星期的所谓中期预告。一个月以上的长期预告，在美国似乎还没有什么很大的发展。

环流演变法在我国今后长期预告的研究方面，是值得采用与发扬的。但是，由于过去反动政府的统治，气象事业不能发展，气象观测资料贫乏零碎而且不正确；没有全面的可靠的连续几年以上的国内天气图可以应用；更不要说高空图了。因此，我们要了解我国长时期的天气演变过程以及它同大规模环流演变怎样联系，必须等待一些时间。可是，自人民的政权建立以来，伟大的建设事业正在一日千里的发展，各方面不但迫切需要短期天气预告，而且更需要长期天气预告。我们必须根据目前已有的条件，想出我们自己的办法来初步解决长期预告问题。在不断的实践中提高我们的认识，改进我们的方法。下面要说明我们怎样运用气象要素历史变化的规律性来做长期预告，并且介绍几个预告的实例。对我们这种长期预告方法的优点和缺点，希望同志们多提意见，并加指教！

5.2 历史演变的一般性规律

各种气象要素或气候因子在一定地方长时期内（数十年以上）所发生的变化叫作历史变化。任何气象要素的历史变化，都不是杂乱无章的。只要加以细致的分析，皆可发现一定的规律。就拿北京的冬季温度来说，有些年份特别冷，又有些年份特别和暖。大多数的年份北京冬季温度冷的程度是有一定界限的。照以上各派长期预告的方法，我们如果要预告北京冬季温度的高低，非得要从外界找对象来解决不可。或者大算其北京冬季温度与东亚甚至全世界许多地方的各季节各种气象要素之间的关系，然后按照综合相关公式来做预告（第二类方法）。或者先找找北京冬季温度和前一年太阳黑子的关系，与秋末冬初白令海流冰的关系，与太平洋各季海水温度的关系等等。如果勉强能够找到一点关系，就拿太阳黑子或者海水温度等等作为指标，来做北京冬季温度的预告（第一类方法）。再不然，先从研究东亚和北半球环流演变开始，初步决定未来冬季环流演变的特征将是什么，再来联系北京温度（第三类方法）。所有这些方法，都是可以试试的。但是，由于资料不足，（譬如说，今年太平洋上的海水温度我们就不知道），或者竟强调没有资料，就不能预告。那么能解决什么问题呢？为什么我们不从放在我们手边的多年的北京冬季温度记录上来想想办法呢？

任何气象要素的长期记录，反映了这个气象要素全面的历史变化。**影响于这个气象要素的一切外界因素，其中包括大气环流本身的复杂演变，所给予它的影响结果，毫无遗漏地都在这个气象要素的历史变化中包括了的。**那么，只要我们细致地寻出它历史变化的各种规律，掌握这些规律来做预告，这不但是可能的而且是有效的。至少对目前各种长期预告方法来讲，这个办法是可以实行的。

从作者几年来研究经验的总结上来看，历史变化的规律一般地可以分为下述几种：①持续性；②相似性；③周期性；④最小可能性和最大可能性；⑤转折点。

我们分析历史变化的规律性，并不偏重那一种，而是**重视各种规律的配合运用**。假若我们只偏重某一种规律，例如周期性，预告往往是无法正确的。现在把各种规律分别举例说明如下。

5.2.1 持续性

任何气象要素的历史变化，它的规律中首先值得注意的便是持续性。就是说，历史变化中升降趋势的持久程度是怎样。但是我们分析历史变化，虽然注意持续性，但并不单独依靠这一种规律。因为有些气象要素的历史变化，它的持续性并不显明或一致，如果别种规律很显著，我们一样可以做出满意的预告。

〔**例 1**〕 图 1 中的曲线，表示 1900 年到 1930 年北半球 35°N 到 55°N 在 12 月地面西风环流指数的历史变化。单单针对着持续性来说，我们可以得到下列结果：

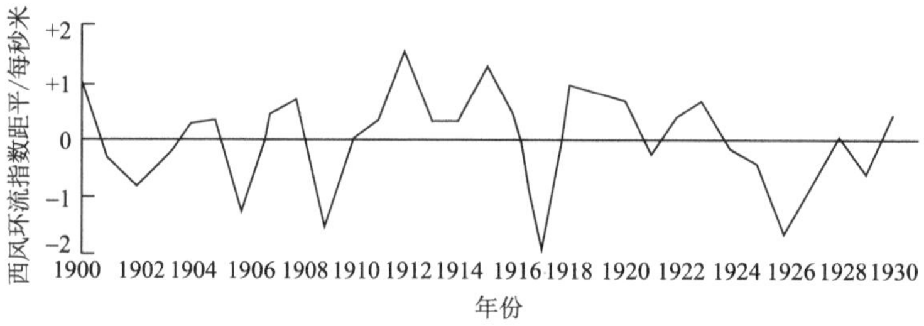

图 1 12 月份北半球（35°—55°N）西风环流指数距平的历史变化

第一，在这 30 年中，假如某一年 12 月西风环流开始增强或者不再减弱，（即曲线上升），那么，第二年常继续增强。7 次中有 6 次如此。（其余一次，即 1918 年到 1919 年，配合下面的第三项便能适合。）

第二，在这 30 年中，假如某一年 12 月西风环流开始减弱，那么，第二年大多继续减弱或者并不增强。7 次中有 5 次如此。（其他二次配合下面的第三项便能适合。）

第三，在这 30 年中，假如某一年 12 月西风环流强度超出距平值±1.0 每秒米①，那么，它原来的升降趋势便不可能持续到下一年去，而且必然要反过来。即由降转变为升，升则转变为降。7 次完全如此。

〔**例 2**〕 我们再看图 2，这是北京 5 月份雨量的历史变化。北京雨量记录很早，1841 年就开始，可惜中间缺的年份很多。但是我们仍可从这断续的记录中，寻出有用的规律来。现在再针对着持续性规律分析，可以得出下列结果：

第一，北京 5 月雨量假如某一年超过 40 毫米，而第二年开始减少的时候，那么，第三年必然继续减少或者并不增加。在第二图中发现 10 次这样的情况而并无例外。（运用这条规律预告 1950 年北京 5 月雨量，完全可以得到满意的结果。）

第二，在北京 5 月雨量减少已经继续两年之后，第三年常不再减少，要开始增加，但增加不会很多，十之八九仍在平均值 33 毫米以下。

第三、假使连续 3 年的北京 5 月雨量都在 40 毫米以下，而且这 3 年中的第三年较第二年为低，而以后即行上升的，那么常要连续上升两年（第四、五两年），上升第二年（即第五年）的雨量就要超过

① 每秒米即米/秒，1 每秒米=1m/s。

40 毫米，之后一年（即第六年）的雨量又必然减低。第二图中有五次例子，可说没有例外。（应用这条规律预告 1943 年，1944 年北京 5 月雨量，便完全正确。）

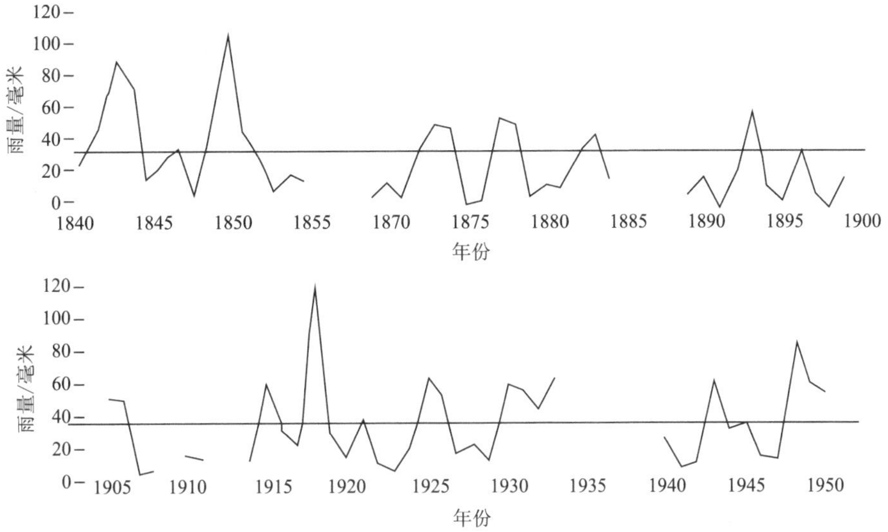

图 2　北京 5 月雨量的历史变化（1840—1855 年，1870—1950 年，其中有缺的年份）

5.2.2　相似性

分析气象要素的历史变化，注意持续性之外更要留意相似性。相似性的意义就是说，气象要素的历史变化在某一个时期与另一个时期的变化形势很有相似的地方。相似性规律不但可以配合持续性规律运用，有时更能避免因持续性规律的例外所发生的预告上的错误。

〔**例 3**〕　图 3 是北半球 1 月地面西风环流指数的历史变化。我们针对着相似性来分析，可以得到下列结果：

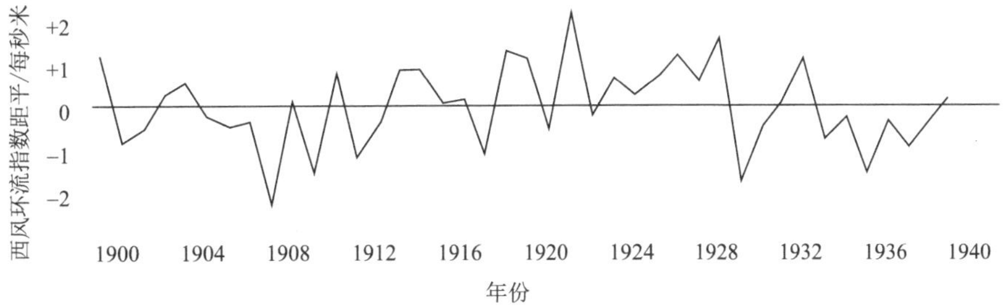

图 3　1 月北半球（35°—55°N）西风环流指数距平的历史变化

第一，1899 年至 1904 年和 1928 年至 1933 年，这两个 6 年的 1 月份西风环流演变形势非常相似。而且在这两个 6 年之后的环流强度，继续五年都是比较弱的。

第二，从 1905 年到 1928 年，1 月西风环流强度演变的一般趋势是继续上升的。在这 24 年中出现了 10 次波动。每隔两三年便出现一次升降变动。而且 1908 年至 1913 年，1916 年至 1921 年，1923 年至 1928 年三次六年间隔中各出现三个高点。每三个高点都是一个比一个增高，这种相似性是很值得注意的。

第三，从 1905 年到 1928 年共出现 9 个低点，不但有每个低点比前一个低点继续增高的持续性；而 1907 年至 1911 年，1917 年至 1922 年两期中各有三个显著低点，一个比一个增高的形势更表示着显明的相似性。

〔**例 4**〕　图 4 表示北京 8 月份雨量的变化。稍加注意即可发现其中的相似性是很显著的：

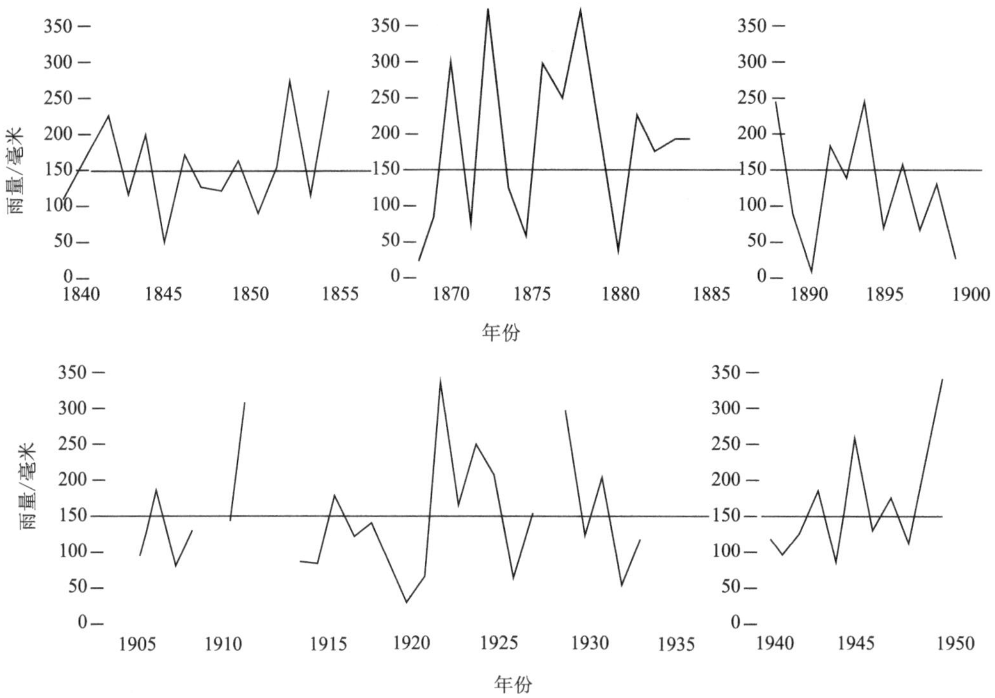

图 4　北京 8 月雨量的历史变化（1841—1855 年，1870—1950 年其中有缺的年份）

第一，从大的趋势看，北京 8 月雨量演变方式可以分为两类：一类是年间变动比较小，两年和三年的波动非常明确。1841—1851 年，1891—1899 年两时期非常相似。另一类是年间变动比较大，不但包含了两三年的小波动而且五六年一次的大波动更加显明。1869—1881 年，1920—1931 年两时期很是相似。

第二，1843—1847 年和 1894—1898 年皆有三个高点继续下降的相似性。

第三，1869—1875 年和 1920—1926 年两个 7 年的升降变化，相似性也很明白。

我们曾经运用北京 8 月雨量历史变化的相似性规律，配合它的持续性规律（即连升两年之后必然下降），预告今年（1951 年）北京 8 月雨量数值，获得很满意的结果。

5.2.3　周期性

气象要素历史变化中的周期性也是值得注意的。数十年来各国气象学者对周期性的研究，真是“汗牛充栋”。但都犯了同样的一个毛病：就是机械地用调和分析法或者自动相关法硬算周期。计算出来的周期往往只能供大家观赏，很少有实际应用的价值。有些周期甚至于长到几百年或者一千年以上的，不但毫无应用价值，其可靠性也大成问题。但是，有些气象要素历史变化中的周期性，在某一期间确是很明显的，可以掌握它来帮助预告。需要认清周期本身在历史变化中不是永远不变的，不能死板地永远依靠它。必须灵活运用，配合其他规律来考虑，方不致发生偏向。

周期性和相似性有什么分别呢？是有分别的。完整的周期是可以包含相似性的，但相似性并不等于周期性。周期性表示经过一定的时间间隔同样的变化再行出现。但相似性只表示某一个时期的变化和另一个时期的变化相似，并不需要一定的时间间隔方才出现。

下面举三个例子来说明气象要素历史演变的周期性。

〔**例 5**〕　图 5 表示北半球年平均地面西风环流强度在 40 年中的历史变化。其中的周期性是相当显明的。

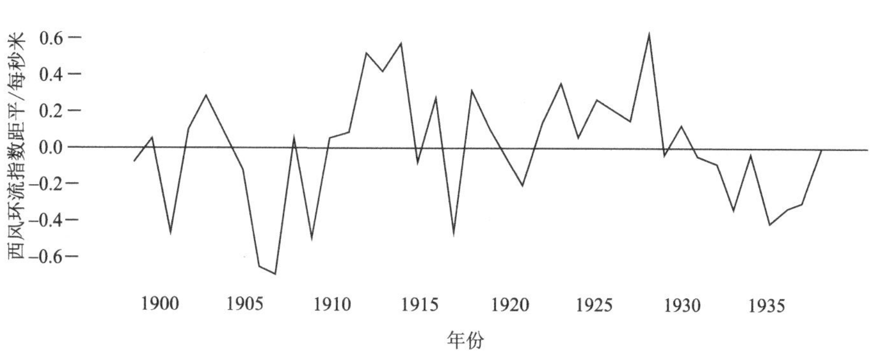

图 5 北半球年平均地面西风环流指数距平的历史变化

第一，在这 40 年中，中间 20 年的西风环流一般地说是比较强的，而前 10 年和后 10 年的西风环流是比较弱的。（因年份还不够长，这长周期的完整形式还不能确定。）

第二，在这 40 年中，每隔 5 年（1903 年，1908 年，…）常出现一个高点，每隔 4 年（1901 年，1905 年，1909 年，…）常出现一个低点。因此，高点和低点每经历 20 年必然发生重合一次。1913 年的低点和高点重合而低点不显。1933 年的高点和低点重合而高点消失。周期性很显明。但 1905 年和 1925 年的低点发生超前、落后现象。8 年和 16 年一低点则更明显。

〔**例 6**〕 图 6 是上海徐家汇的冬季温度（12 月、1 月、2 月）从 1873 年到 1948 年间在 75 年中的历史变化。我们一望而知，其中的周期性是很突出的。

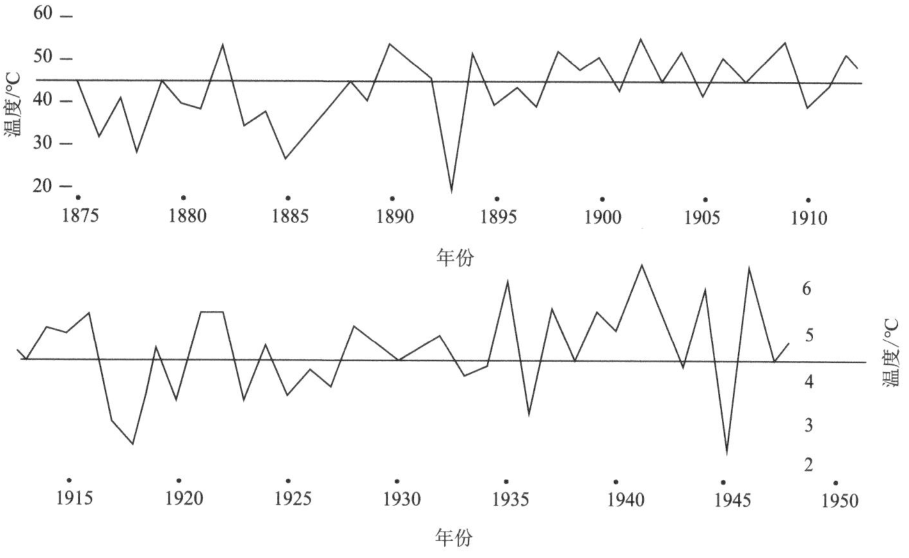

图 6 上海冬季温度的历史变化（1873—1948 年）

第一，在这 75 年中，上海冬季温度的两年周期是很显明的。占全部年份 80%以上。就是说，上海的冬季温度常常一年升高，一年降低。尤其在 1892 年到 1908 年中，继续出现八个两年周期而无例外。

第二，在这 75 年中，4 年和 8 年的周期也是很可注意的。因为都是两年周期的倍数，故可以不必深论。

〔**例 7**〕 图 7 是沈阳 7 月雨量自 1906 年到 1936 年在 30 年中的历史变化。它的周期性也是非常触目的。

第一，每隔 6 年必出现一个低点，雨量皆在 100 毫米以下。

第二，自 1907 年至 1919 年中，3 年周期非常完整，升一年降二年，连续出现 4 次。1920 年以后，3 年周期仍相当显明，但不如 1920 年以前完整。1933 年后似乎将要发生新的变化，可惜记录不全。

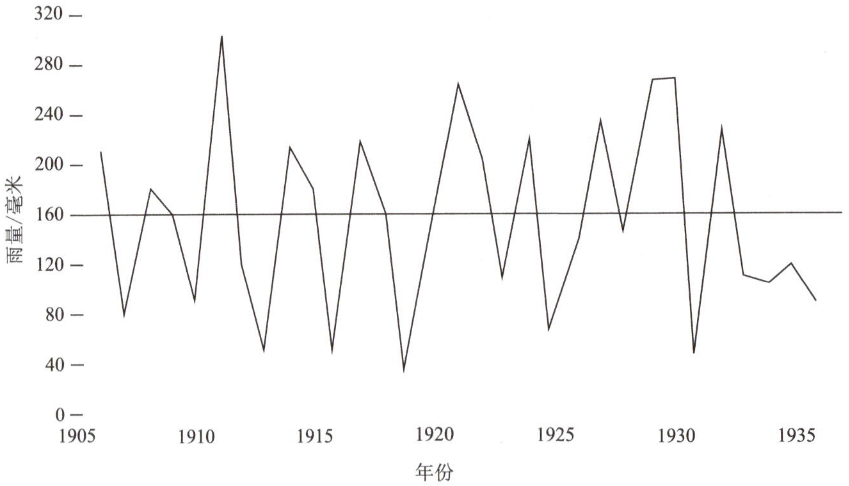

图 7　沈阳 7 月雨量的历史变化（1906—1936 年）

5.2.4　最小可能性和最大可能性

任何气象要素的历史变化，它的数量在一定期间内都有适当的范围。我们运用历史变化的各种规律来做预告时，必须同时考虑它的变化限度。那样就会减少许多错误。超出它过去历史变化的限度不是绝对不可能的，但是可能性是很小的。历史记录愈长久，超出限度的可能性愈小。因此，这种超出限度的情况我们叫它为最小可能性。而历史变化中经常出现的范围，就叫作最大可能性。拿上面图 7 来说：沈阳的 7 月雨量，超出 300 毫米的，30 年中只有一次。所以说，超出 300 毫米以上的 7 月雨量，对沈阳讲，是最小可能性。另一方面，沈阳 7 月雨量少于 30 毫米的也是最小可能性。自 30 毫米到 300 毫米是它历史变化的范围。最大可能性则在 50 毫米到 250 毫米之间。

〔**例 8**〕　拿长春 6 月份的降雨日数来做例子。请看下列 1909 年到 1940 年长春 6 月雨日记录。

长春月份降雨日数

年	1909	1910	1911	1912	1913	1914	1915	1916	1917	1918	1919	1920	1921	1922	1923	1924
日数	16	14	16	12	25	18	20	15	10	17	12	13	9	10	17	9
年	1925	1926	1927	1928	1929	1930	1931	1932	1933	1934	1935	1936	1937	1938	1939	1940
日数	10	9	13	15	18	16	16	11	15	16	17	15	17	12	14	19

第一，长春 6 月雨日没有少于 9 天的年份。

第二，长春 6 月雨日没有大于 25 天的年份。

第三，等于 9 天的有 3 年，大于 20 天的只有一年。

因此，长春 6 月雨日的最小可能性便是小于 9 天或者大于 25 天。最大可能性便是大于 9 天小于 20 天。

我们掌握了气象要素历史变化的最大最小可能性，同时运用上述各种历史变化规律以做预告，方才合理而有把握。现在再举一个简单的预告例子，说明最大最小可能性规律的应用。

〔**例 9**〕　北京 1 月的降水日数（也就是雪下得比较大的日子），根据过去断续的共有 50 年的记载，其中超出 5 天以上的只有 9 年，所以 80%以上的可能性为少于 5 天（最大可能性）。又北京 1 月降水日数，连续两年皆多于 5 天的情况没有出现过（最小可能性）。因为 1951 年 1 月北京降水日数已经超过 5 天，因此预告 1952 年 1 月北京降水日数将少于 5 天。

5.2.5　转折点

历史变化的规律，最难于掌握的就是转折点。做预告的时候如若正好遭遇转折点，则往往容易犯错误。因此分析气象要素的历史变化，必须注意它的转折点出现的规律。能掌握这种规律，则预告上可能犯的错误，势必大为减少。什么叫转折点呢？转折点的意义，是指历史变化中在某一个期间很显明的特征，经过了转折点以后就有所改变，并且可能出现新的特征。因此，转折点就是两种历史变化时期中间的分界。在长期的历史变化中，这些特征都是可以用各种规律性来把握的。它持续的时间也都相当长久的。并非在历史变化中时常出现转折点。往往在 10 年或 20 年以上方出现一次。

〔**例 10**〕 例如拿前面图 5 来说，我们看到北半球年平均西风环流在 1910 年以前的强度，大致是弱的。但过了 1910 年，在 20 年中环流强度大致都是相当强的。1930 年之后则又转变为弱的了。因此，对环流强度的强弱大势来说，1910 年和 1930 年就都处在转折点的地位。我们注意这两个转折点前后的变化形势，可以推想 1938 年也将会是转折点。即 1938 年以后环流强度变化大势将会增加。虽然目前我们缺少 1938 年以后的材料来做证明。在做长期预告的时候，转折点的可能出现必须经常加以注意。

〔**例 11**〕 再拿前面图 6 来说，我们已经知道上海冬季温度的两年周期是重要的。但在 1885—1893 年、1917—1935 年的时期中，两年周期并不占优势。所以对两年周期来说，1885 年、1893 年、1917 年、1935 年皆为转折点。值得注意的是在这几个转折点年份的温度，不是特别低就是特别高。因此今后我们要做上海冬季温度预告时，如果运用两年周期性规律，就要同时留意在特别高低年份之后可能发生的转变。

5.3 历史变化的分析和预告

上面我们说明气象要素历史变化的一般规律。现在再略述怎样分析历史变化和怎样运用分析所得到的规律来做预告。分析历史变化，记录年份至少需要二三十年以上。如果只有十年八年记录，分析出来的规律就不能证明他是否可靠，应用起来就会发生毛病。

分析和预告的方法，可以分为下列几个步骤：

（1）整理记录：当我们要分析某种气象要素的历史变化，第一步必须针对着我们的需要，把这种气象要素的资料分月或者分季加以整理和计算。然后用方格纸画出时间演变曲线。像前面各图所表示。横坐标表示年份，纵坐标表示气象要素的距平偏差值或者实际数值。如用实际数值，要把它历年的平均值算出，用横线画在演变曲线上，以供参考。

（2）掌握主要的规律：针对着上述五种规律，注意那一种规律最为显著，写出提纲。计算每种规律在全部时间内出现的次数。有多少例外，例外是否可用另外一种规律来补救。有些规律在某一时期内很显著，到另一个时期就不显著。要注意各时期的长短。转折点的年份又有什么特征。把这些结果都一条一条记载出来，并加以综合研究和判断。

（3）重视近几年的变化情况做出初步预告值：特别注意近几年的变化与全部历史变化曲线内那些时期的情况相似，尤其要注意去年到今年的情况，有些什么变化。然后运用（2）中已经发现出来的主要规律，来推断明年的数值。究竟应比今年升高还是降低，或者很少变化。决定初步的预告数值，点在明年的地位，并用虚线连接在今年的数值上。

（4）校核预告值：做出了初步预告值，再把最近三五年的演变形势，包括明年预告值在内，同全部历史变化曲线各时间比较，是否相似的次数很多，例外很少，有无不合理的地方。是否考虑了历史变化的范围和最大最小可能性。预告值是否在最大可能性限度之内。如果预告值的位置显得很特殊，太高或者太低，是不是有充分的理由。这些理由是不是完全符合客观历史变化的规律。有没有把主观的愿望加进去。如加入了主观愿望，那是最危险的，最容易使预告不能准确。应该时时警惕并注意纠正。

5.4 预告实例

我们的长期预告方法第一次应用于预告 1950 年夏季半年的台风次数。以后并做过 1951 年北京月平均温度和夏季各月雨量的预告。预告成绩还觉得满意。也失败过一次，失败的主要原因是主观愿望，对分析出来的规律信任不够所致。

现在举四个预告实例，包括我们失败的一次，以供参考。

〔**例12**〕 预告1950年的台风（1950年6月1日发出）。

预告项目：

①1950年西太平洋台风的总次数；

②1950年各月西太平洋台风次数；

③1950年各月侵袭台湾的台风次数；

④1950年各月影响台湾600千米以内的台风次数。

（1）1950年西太平洋台风总次数的预告（参看图8）。

第一条：今年的总次数比前两年（1948年，1949年）少。

第二条：今年的总次数为12次（10次到15次）。

预告的理由：自1920年以来，每隔5年必出现一回最低次数，如1920年、1925年、1931年、1935年、1940年、1945年等年。而今年正应当在最低点上，（周期性规律）。1948年已出现最高点，根据过去经验，每经过一回最高点，常连续下降两年，如1923—1925年、1929—1931年、1934—1936年等，所以加强了今年次数比前两年少的信心（持续性规律）。

（2）按照上项预告总次数，再参考30年来各月台风次数分配的统计研究，预告今年各月西太平洋台风出现次数如下（最大可能性和最小可能性规律）。

月份	6月	7月	8月	9月	10月	总次数
次数	0—1	2—3	2	3—5	3—4	12（10—15）

（3）预告1950年侵袭台湾的台风次数。

第三条：1950年侵袭台湾的台风次数为4次（3次到5次）。

预告的理由：①决定1950年总次数为一低点后，参照过去5次低点年份，侵袭台湾的台风没有低于3次的，故先决定当在3次以上（相似性和最大可能性规律）。②根据过去50年袭击台湾的台风次数曲线看（图8），从未发现连续降低两年以上的。而1947年以来，已经连续降低两年，故决定1949—1950年的曲线必然上升，当在4次以上（持续性规律）。③1944年以来的曲线形式和1915年以后的情况非常类似，而在1947年高点以后，下降不猛，不致再有剧升，故判断1950年在4次以上的可能性并不大（相似性和最小可能性规律）。④50年来侵袭台湾台风次数在5次以上的共有11次。任何10年中最多可能发生三个在5次以上的高点。而1940年以来，已经出现三个这样的高点，故预测本年不致再有5次以上的大高点出现（最小可能性规律）。⑤1929年到1931年情况与近3年（1947—1949年）同，其后升高一次，亦复不谋而合（相似性规律）。

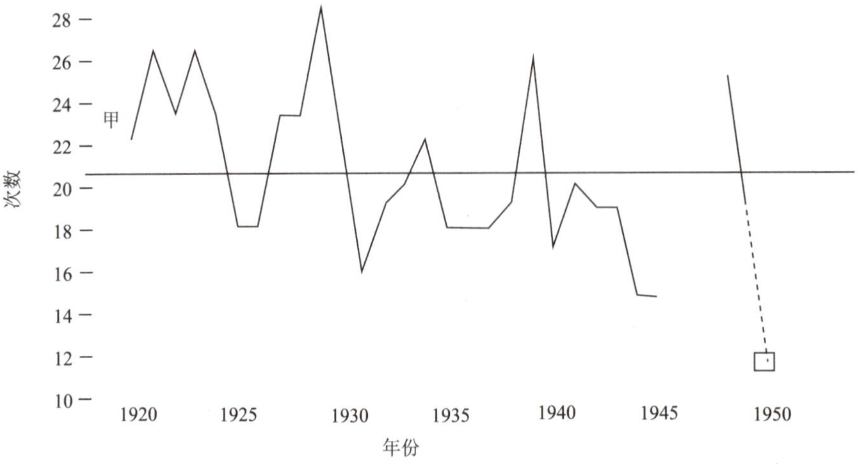

图8 （甲）台风总次数的历史变化

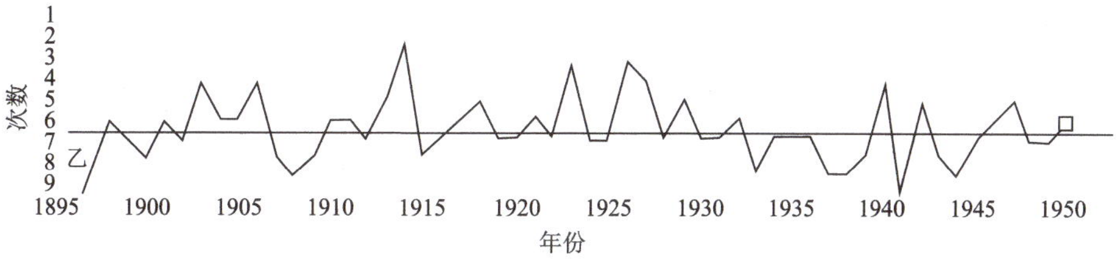

图 8 （乙）侵袭台湾台风次数的历史变化

资料来源：1897—1946 年（台湾气象台）；1947 年以后（地球物理研究所天气图）

（4）预告 1950 年各月影响台湾 600 千米以内的台风次数。

根据（1）（2）两项次数预告，再参照 30 年来的统计资料，预告影响台湾周围 600 千米以内的台风次数如下（最大可能性规律）：

1950 年	6 月	7 月	8 月	9 月	10 月	总次数
袭击台湾次数	0—1	1	1	1—2	0	4（3—5）
影响台湾次数	0—1	1	1	2—3	2	7（6—8）

这次台风预告的结果和实况是很符合的。

〔**例 13**〕 预告北京 1951 年 6 月雨量（参看图 9）。

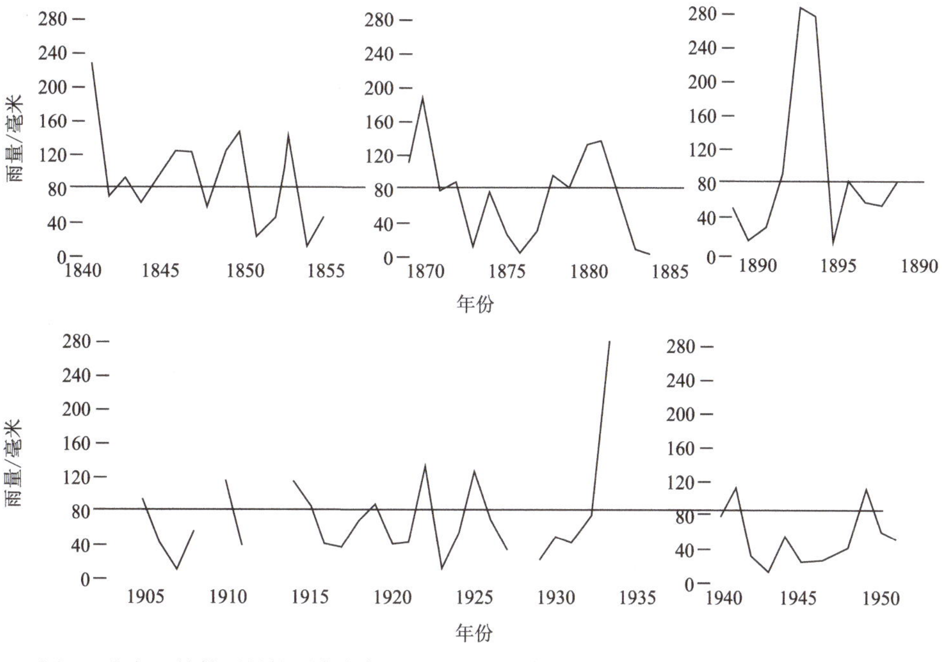

图 9 北京 6 月份雨量的历史变化（1841—1855 年，1870—1951 年其中有缺的年份）

第一条：低于准平均值 82.6 毫米。

第二条：与去年 6 月相仿（去年 6 月为 58.5 毫米）。

第三条：预告值 55 毫米（40—80 毫米）（实况 52.5 毫米）。

预告的理由：假使北京某一年 6 月雨量在 100 毫米以上，而第二年已经开始减少的话，那么，第三年仍要减少，即使增加也不能超出 80 毫米以上。在历史变化中，这样的情况出现十多次而并无例外（持续性和可能性规律）。现在我们知道北京前年 6 月雨量高点已在 100 毫米以上，去年 6 月也已经开始减少，故今年 6 月雨量势必继续减少，即使有升高的可能也不至超过 80 毫米。再注意 1923 至 1927 年的相似性，1895 年的转折点，少于 40 毫米的可能性是不大的。

6 月雨量预告与实现尚觉符合。

〔**例 14**〕 预告北京 1951 年 2 月温度（参看图 10）。

第一条：1951 年 2 月北京温度低于准平均值−1.0℃。

第二条：预告值为-1.5℃→-2.5℃（实况-2.0℃）。

预告的方法主要掌握持续性和相似性规律，并配合最大最小可能性规律。不再详细说明，阅者同志可以试做。作者进行预告工作时，并曾以北京冬季温度的历史变化作为参考。

上述三个预告实例（例 12、13、14）皆是为了供应外界需要在事前做出的。

〔**例 15**〕　最后我们要举一个失败的例子，警惕只凭主观愿望的危险性。

1951 年 5 月雨量的预告：我们回到前面〔例 2〕，知道北京 5 月雨量历史变化的持续性规律是很显明的。我们运用这条规律再配合 1929 年到 1932 年的相似性，认为 1951 年 5 月的雨量应该比去年增加，并超过 5 月准平均雨量。但是，组织上需要夏季各月雨量预告时，已经在 5 月 20 日左右。作者在 5 月 21 日至 23 日进行雨量预告工作。当时 5 月已经过了 20 多天，还没有下过什么雨。而按照历史变化法得出的预告值要超过 50 毫米以上。作者当时主观上担心着 50 毫米以上怕太多了，下不来吧？考虑结果降低到 30 毫米。部分工作同志怀疑 30 毫米都下不了。结果证明主观愿望完全要不得。在 5 月最后几天下的雨，不但比去年 5 月多，而且大大地超过了准平均值。接受这次教训，认识到对历史变化的客观规律性，没有任何理由可以怀疑的。除非历史记录本身不正确。

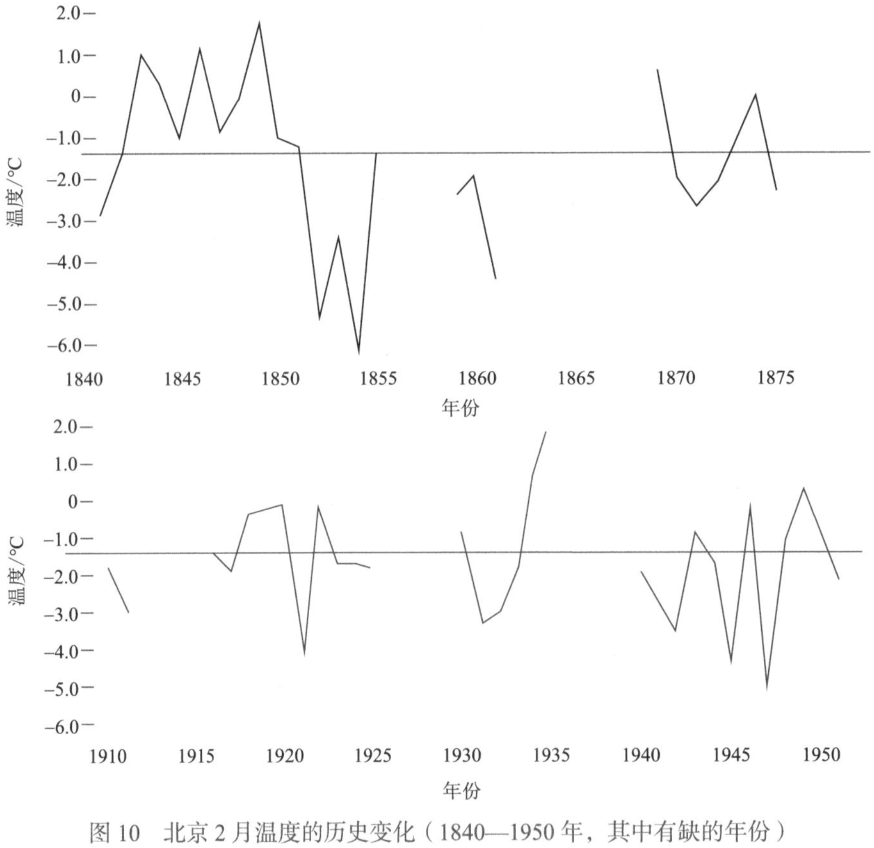

图 10　北京 2 月温度的历史变化（1840—1950 年，其中有缺的年份）

5.5　历史变化法的优点和缺点

主要的优点认为有这样几条：

（1）预告时间很长。预告的时间可以长达一年。这是目前其他长期预告方法所不能办到的。当某种规律性特别明确时，甚至可以推断两年以上的情况。譬如今年 1 月结束，有了 1 月资料便能预告明年 1 月的情况，甚至后年 1 月的情况也能大略明其趋向。

（2）预告方法简单。我们这种长期预告方法，比第一节引子中所谈到的一切长期预告方法都要简单得多。非但用不着繁复的计算可以节省人力、物力，更不依赖任何其他在当时不容易获得的一切资料，如北冰洋流冰情况，太平洋海水温度甚至于南半球一些地方的记录等。

（3）不仅是定性预告而且是定量预告。国外的许多长期预告，只报一个趋势。大致分为三类或五类，即是高于、低于和接近平均。或者加上特别高于、低于平均。有些甚至含糊其辞模棱两可，说了一大堆不知究竟报的什么。像 Baur 的 10 天预告即是其例。而本文所用长期预告方法，不但报出趋势而且可以报出数量。

（4）适用于一切气象要素的长期预告①。世界各国的长期预告，都在温度和雨量上下功夫。除印度外，对雨量的预告皆很少成就。我们的历史演变法不但对温度雨量有效，大则对环流强度，台风次数，各种天气型式出现的频度可以应用，小则各地雨天多少、云量多寡、风力大小等都能适用。

缺点和困难也有下列几条：

（1）历史记录的年份必须很长，至少要二三十年以上的气象观测记录。这对于目前国内的情况来说还是不利的。

（2）必须要有近几年的气象记录，尤其本年到前一二年的记录。这对于预告国外地区和敌人占区的情况是不利的。

（3）历史记录不很可靠的时候，得出的规律性也会发生问题的。而我国过去气象观测结果，因反动统治时代不重视此项工作，并横加摧残，使有些记录简直是不能用的。因此间接影响了我们方法的正确运用。

上述三种困难和缺点也不是其他长期预告方法所能避免的。而我们的方法还有一种比较严重的缺点，就是：

（4）转折点规律的难于掌握。这方面的缺点，一则由于历史记录时期不够长远，二则也因为我们实践的经验还不够丰富。希望将来在实践中提高，更有效地来掌握转折点变化的规律。在实用上幸亏要 10 年或 20 年才出现一次转折点，所以这一点并不经常影响预报。（1951 年 9 月初稿，1953 年 3 月订正）

本文于 1951 年 9 月 23 日在中国气象学会北京分会提出报告

下面是报告后的讨论摘要：（北京分会学术干事谢义炳记录）

涂长望：目前美国的长期预告工作，是先追究大气中现象长期变化的原因及程序，然后再从事长期预报的实际工作，但是因为这种原因及程序知道并不清楚，所以长期预告的结果不好。杨鉴初的方法是从气象事实出发，气象的事实是各种不同的原因与程序的总和，抓住了他，就是抓住了大气中各种物理的综合影响，这点与美国人只想抓某一种主要原因及程序不同。再者气象要素的变化，应有规律性，这种规律性应当多方面搜寻，由事实本身的规律性出发来搜寻预报的方法或很适当。个人认为理论上没有什么多大问题，他的价值的大小，要由实际应用的结果来决定。

叶笃正：这篇文章的价值在转折点的提出，预报失败的时候，都在趋势转变的时候，本文对此有了初步的考虑。本文不但对转折点注意，而且对周期、相似性等也提出，预报时对所提五点同时注意是好的地方。不过这里用人为的月为单位，自然的现象中不一定合适，以自然变化时间为时间单位，应该更好些。

卢　鋈：杨鉴初肯定了各种气象要素变化的历史规律性，并且初步地掌握了一些规律。这种方法就事论事，简单易行，综合地灵活运用了气象要素历史演变规律的各种特性，比过去的一些气候预报方法，显然是优越得多。转折点预报有困难，应进一步加以研究。中国过去的记录年代不够长，可以利用欧美一二百年的长期记录，分期试做预报，来检查这种方法的准确性。

陶诗言：杨鉴初方法的特点，和现时的长期预告方法很有不同，他是从各地气象要素的变化出发，专门研究各地的气象要素变化的趋势和规律作为预告的根据，这点与其他学派先由环流出发，然后预告各地气象要素的变化不同。

---

① 事实上这也适用于任何自然时间数列的预报。

杨鉴初： 这个方法，在资料与长期天气图不足的条件下，适合具体情况提供出来的，所以从当地历史记录出发。从环流出发，并非不对，并且也是将来必须配合研究，从根本上解决天气演变的规律性。

陶诗言： 杨鉴初的方法，就是将来环流变化的原因程序了解之后，还是可以应用的。

冯秀藻： 由多少年当地气象要素本身的变化，找出规律来，是杨鉴初方法的优点。但是月、季节等时间单位，是人为的，与气象要素的变化时间单位，并不一定相合，如果采用一个合适的时间单位，或者会有更好的成绩。

顾钧禧： 可以采用较小的时间单位，如半月，十日，或五日，分别预报这小时间内要素的数量。然后再积起来，求得较长时间的情况。

顾震潮： 杨鉴初方法有如力学中的虚功原理。虚功原理也是不管内在机构而从实际结果来考虑问题的。在某些问题中虚功原理可以很好地解决问题，当然要讲最后原因，更全面的考虑，就得追究原因，即用运动方程。不过，不但在运动方程没弄清以前虚功原理很有用，就是一般的运动规律弄清以后，虚功原理仍然是很有用的。在长期预报中杨同志的方法也是如此，目下是对现象的了解，但将来对本质有了了解之后他仍会有用。卢鋈建议用欧美记录试试，个人认为也可用外国从前的记录试试，不必等待新的记录。

仇永炎： 关于转折点问题，是否可用一个地方各种不同的气象要素作比较研究？

顾震潮、陶诗言： 仇永炎同志的意见很好，值得考虑。

杨鉴初： 问题在于有许多气象要素记录不全，一部分的比较研究也已做过，本人认为历史记录时间越长，转折点的规律仍旧是可以掌握的。

叶笃正： 顾钧禧所提的时间单位或许太短，恐不能实用。气象要素的时间变化问题复杂，综合起来的规律，短时间单位不易表现。

杨鉴初： 时间单位太短不成，至少十天或半月以上，但是，所有整理出来印刷出版的历史记录皆以月为单位，十天或半月的整理记录，很难得。

涂长望： 或然率的方法，也可以用用，对称点的方法，德国用得很多，可以试试。

王维罴： 根据以前作北京降水量预测的情况，感觉以往的国内记录常残缺，不太好用。月作单位，可能影响准确性，因为出现时间的一二天的变动，可能性很大，预报时间的单位越短，则此等变动的影响将越大。

顾震潮： 这影响不太大，时间单位不能太短，否则规律性就差，随机性就更厉害，同时由于实际需要时间单位不能太长。

杨鉴初： 以月为预告单位是配合客观条件，可以把两个月拼起来，或者三个月合并成一个季节。各气象要素的季节规律性，本人已加注意，并用来校核以月为单位的预告结果。

卢　鋈： 气象要素各月逐年变化，可能受到当年上一个月的影响。如果考虑了这一点，预报结果可能更好。

杨鉴初： 对的，本人曾研究过上海各月温度之间的关系，获得一种印象，就是月与月之间的互相影响，并不是主要之点。

顾震潮： 用上月与这月的差数找出它的历史变化规律来作为核对或许较好。

杨鉴初： 可以试试。

谢义炳： 因为过去的记录，多以月份为单位，划分较小的时间单位，实际工作方面很困难，或不可能。一两天的差误，如落在月初或月尾。从长期预报的实际应用上考虑，并无大影响，只是有表面的成功及失败的分别。又关于相似性一点，杨鉴初的方法是用图表示，如用数字表示，当更准确。

杨鉴初： 用数字可以表示相似性的程度。这个意见是很好的。

范 可 中山大学教授 | 专家解读 |

杨鉴初先生 1953 年撰写的《运用气象要素历史演变的规律性作一年以上的长期预告》是中国气象科学发展史上的一个重要篇章，具有十分重要的科学价值。

在新中国成立初期，国家快速发展需求不仅需要短期天气预报，也需要长期天气预报，也即现在的短期气候预测。当时，国内外长期预报研究处于探索阶段，我国严重缺乏长时间的气象资料，国际上流行的单一指标、综合相关、环流演变等方法难以在国内借鉴开展。杨鉴初先生在文中提到："我们必须根据目前已有条件，想出我们的办法来初步解决长期预告问题，在不断实践中提高我们认识，改进我们的方法"，彰显老一辈科学家始终将国家需求放在首位，不怕困难，勇于攻关、独立自强、探索、执着的科学精神。

他创造性提出利用气象要素历史演变规律作一年以上的长期预报，由此开展了我国雨量、气温、台风频次的定量长期预报。他的工作引起了涂长望、卢鋈、顾震潮、陶诗言、叶笃正、仇永言、顾钧禧、冯秀藻、王维累、谢义炳等老一辈著名科学家的充分肯定和深入讨论。文章后附的会议讨论是中国气候预测发展历史的一个重要里程碑。毫无疑问，杨鉴初先生的工作具有开创性意义。

他在文中率先提出了气象要素的五种历史演变规律：持续性、相似性、周期性、最小可能性和最大可能性、转折性，并分别举例阐释这些规律的各自特征。他同时也认识到气候预测的高度复杂性，明确指出在长期预报中，需要重视各种规律综合应用，而不能只偏向某一种规律开展预报。杨鉴初先生还通过多个预测实践的例子，详细给出如何根据以上气候要素历史演变规律，开展中国长期预测，并进一步总结这个方法的优缺点，充分体现了杨鉴初先生求实求真的科学家精神。

杨鉴初先生立足国家重大需求，在当时有限的科研条件下，开创性提出了运用气象要素历史演变规律开展长期预报，并率先开展我国长期预报实践。文章成果成为我国气候预测发展和研究的方法和理论基石，推动了我国气候预测研究及业务工作的不断发展。

6

台风生成的综合学说*

| 李宪之 |　北京大学

李宪之（1904—2001 年），德国柏林大学博士，气象学家、气象教育家，我国气象科学研究和气象高等教育的开拓者和奠基人之一。他参加西北考察团开创气象野外考察的先河，发表有《塔克拉玛干沙漠对若羌天气的影响》《东亚寒潮侵袭的研究》《台风的研究》《季节与气候》《降水问题》《论台风》等经典著作。长期从事气象高等教育工作，在清华大学、西南联合大学、北京大学任教，曾任清华大学气象学系主任，培养出了大批气象事业优秀人才和教育家。

■ 曾担任《气象学报》第十一、十二、十三、十四、十六届理事会编辑委员会特约编辑；中华人民共和国成立后第二（调整后）、三届理事会编辑委员会主任。

■ 发表在《气象学报》的著名论著还包括：《大气之周流》（1935 年）、《海流与气流之类同》（1937 年）、《现阶段的中国气象教育工作和将来展望》（1951 年）等。

摘　要

几十年前，甚至一百多年前，气象学者对热带气旋（在东亚叫作台风）的生成，就有了相当认识；但是，直到现在，这方面的学说，越来越多，还没有统一起来；而且对一些问题（如为什么热带气旋只限于某些地方？为什么热带气旋发生的频率很少？等等），还不能或不能正确地解答。这篇文章把作者过去对台风工作的一部分，在理论上加以补充，提出三个必要而且满足的条件（大规模的高度潮湿不稳定，相当强的涡度和足够强大的外力——冷空气的侵入，其中前两个是已经公认的）和几个有利条件，并加入最近整理出来的一些结果，再参考过去已有的资料和主要文献，分析批判，而构成这个综合学说。用这个学说可以简明地、比较合理地解答上面提到的，以及其他一些问题。

6.1　引言

对于台风和其他热带气旋的发生原因，发现频率和空间分布，很早我们就有了相当认识，但是直到现在都还存在着不同的看法，尤其是对于台风的成因[1-4]。热带气旋（包括东亚的台风、美洲两岸的飓风、澳大利亚两岸的“维利维利”和印度洋上的热带气旋）频率上的特少，时间上的无规律

* 北京大学与中央气象局合作研究报告之一。1955 年 12 月 20 日收到。李宪之. 1956. 台风生成的综合学说. 气象学报，27（2）：87-100.

和分布的只限于某些地区，很久以来一直是气象学上难以解答的问题[5]，到现在一般还认为是没有解决的，而且在最近将来也不容易解决的问题。因此，在这篇论文里，先介绍热带气旋时空分布实际情况，再举出几个不同学说，接着进行批判，然后阐述我们的综合学说和它的优越性，来解答这些困难问题。

6.2　实际情况

根据观测和统计结果，台风和其他热带气旋的发生区域、地理分布和年中频率，都有相当规律[6-7]（这里的相当规律，是就平均情况讲，对个别年份、个别地方是没有规律的），而且一定有它的原因。为了探讨这些原因，我们要先了解它们的实际情况。但是可用资料很少，并且来源不一；根据杂乱而且贫乏的资料，所得结果，往往有很大出入，甚至于有显著矛盾。例如，孟加拉湾热带气旋的频率，有的给出最多在五月和十月[8]，也有的给出在七月和九月的频率最大[9]（图 1）。在台风发生的地区里，高空探测很少；当台风发生的时候，那些地区的高空探测记录，到现在还没有找到可供探讨的实例。因此，这里的实际情况，只包括地理分布和年中频率；至于高空分析，等找到了足够资料再进行。

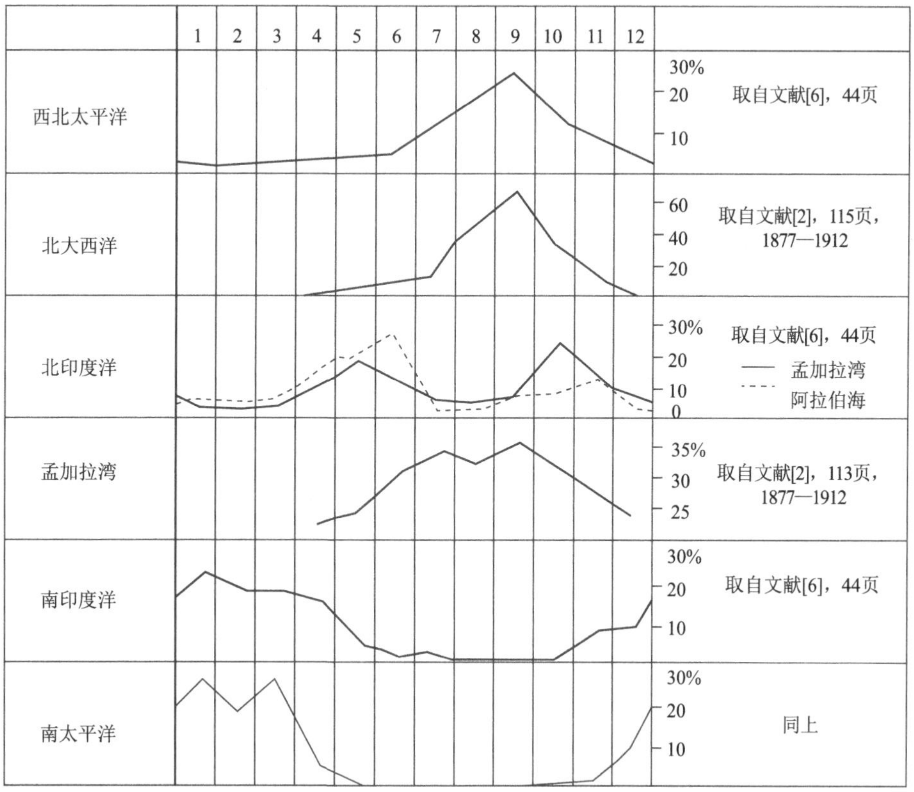

图 1　热带气旋发生频率图

（1）地理分布：台风的地理分布是很有规律的，它的发生地区，一般认为是在北纬 5°到 20°和东经 130°到 175°这一地带，还有中国南海和日本南面的大洋，也都是台风的发源地[10,11]。对于台风的地理分布，有不少学者[12,13]曾作了详细统计，但是结果有相当出入；一般情况，大致如下：①四月至六月和九月至十一月，台风的分布，在中国南海较多，甚至于最多（在六月和十一月）。②在中国大陆，一般从六月到九月有受到台风侵袭的危险。③按全年平均（特别是九月和十月）分布情况，有两个最多地带，一个是从大洋发源地，经过菲律宾群岛北部，指向越南中北部沿海；再一个是从大洋发源地，指向日本，而以日本东面大洋最为频繁。以上是台风发生和发现的地理分布，其他热带气旋的地理分布，可参考有关文献[10,11]，不再详细分述。不过可以概括说一句，都是有相当规律地局限于某些地区。至于为什么这样，是引言里提到的难题之一，在下面 6.4.2 节里，我们要加以解释。

（2）年中频率：台风发生的频率，一般是从七月到十月较多（就是一般所谓台风季），而以九月为最多，在这个时期的前后都比较少，以至于几乎不发现（见图 1 及参考文献[14,15]）。为便于作比较性的讨论，其他地区的热带气旋频率也简略举出，如在北大西洋的飓风频率，也近于台风频率的情况。但是在北印度洋和西加勒比海，情况就不同了。在北印度洋热带气旋频率，年中有两个最多，一个在五、六月，另一个在十月或十一月（在孟加拉湾的热带气旋频率，如上所述，就有不同的统计结果）。而在（南北美洲之间的）西加勒比海的飓风频率，近于北印度洋的一般情况，不过最多在十月，次多在六月[14]。在澳洲两岸，南太平洋和南印度洋的热带气旋的频率，都是在一月至三月为最多（见图 1 和参考文献[14]中图 63）。

这样复杂的年中频率情况，可以归纳成两大类型：第一类型的最多频率是在夏秋（北半球七月至十月，南半球一月至三月）；第二类型（现只发现在北半球）有两个最多频率，一在春末夏初（五六月），一在秋季（十月和十一月）。热带气旋在不同区域发生或发现时期的规律性是很显著的（这也只是就一般情况说，对个别地方或个别年份，就不显著了，甚至于没有规律了），这一定也有它的原因。对于这一点，将在下面再进行讨论。

6.3 不同学说和批判

关于台风生成的学说虽然不少，但是没有一个学说能够解释一系列现象而不遇到困难或矛盾的。下面是几个主要学说[1-4]的简要内容和它们应得的批判。

6.3.1 对流学说

在热带海洋上某些受热较多的地区，高温而潮湿的空气容易上升，四周空气流来，便形成对流；再受到地转偏向力和离心力的支配，空气内向风速变小，气压越低。由于气压继续降低，风速越大，地转偏向力和离心力也随着增加，内向风速便越小，气压更要降低。经过这样循环过程，就形成了强烈旋涡——热带气旋。从凝结作用看，空气在受热地区的中央部分上升冷却，水汽凝结而放出潜热，使旋涡发生而且继续加强，以至于形成热带气旋，所以，又有的把它叫作"凝结学说"。

这个学说，不能解释上面的观测现象。在南大西洋的对流现象一定也很频繁而强烈，但是这里没有热带气旋发生。而且在其他大洋上，对流现象随时随地都可以发生，而热带气旋的形成频率很少，并且只限于某些地区。因此，这个学说是不恰当的。

6.3.2 反流学说

反流学说，是达夫（H. W. Dove）所创立。这个学说是从大部热带气旋发生的区域，都是和方向相反的信风过渡带（概括地说也就是热带间辐合区、热带锋、赤道锋，或热带间锋、赤道无风带或热赤道的一部分）相联系的现象出发的。主张反流学说的人，自以为从实际经验推论到：方向相反的气流，既能使热带气旋发生，也能使热带气旋加强发展。用这个学说，可以解释热带气旋分布的一点特殊情况，就是在南大西洋上之所以没有热带气旋，这是因为那里没有赤道无风带和方向相反的风系[2]。因此，反流学说的主张者认为方向相反的气流，是热带气旋生成的主要原因。的确在北印度洋发生热带气旋最多的时候，五、六月和十、十一月，方向相反的气流就摆动在那里；到相反气流在北印度洋消失以后，那里的热带气旋便不容易发生。但是在热带间锋（ITF）或赤道辐合带（ECZ），反流现象经常存在，并且潮湿不稳定情况也常常形成，而热带气旋在那些地带（即便是在较高纬度），既不到处发现，也不经常形成。相反的，在西北太平洋，当夏末秋初的时候季风盛行，反流现象较少，而台风频率却显著增加。因此这个学说，不能解释观测得到的现象，也是不能成立的。

6.3.3 锋面学说

这个学说，建立在热带气旋发生于“信风和赤道气团的锋面”上的现象。在这个锋面上，波动继续发展，在有些情形下可以发展到生成热带气旋的程度。不过这个发展过程如何，还不明确，主张这个学说的人的意见也还不一致[2]。戴波尔满（Deppermann）在菲律宾的经验是：在赤道锋上两个方向不同的气流相遇，其中一个，是很潮湿的西南季风；而且在那里，没有一个台风不是生在锋面上的；也没有一个台风生成在均一气团的显著情形。按这些经验，一些作者便认为热带气旋发生在热带锋面上，就形成锋面学说。这个学说，马古来斯（Margules）很早就提到过[16]，以后白尔吉隆（Bergeron）也曾有同样看法[17]，虽然他在1954年又笼统地提到一个罕有的因素[18]。（这里他并没有明确指出这个罕有因素是什么，似乎他不再强调他在1933年所提出的动力不稳定和湿不稳定[30]。因为用动力不稳定和湿不稳定，也不能解答多年来的困难问题。）

对这个学说的批判，和对反流学说的批判相似，就是在热带气旋发生的区域和季节，锋面是经常存在的，而热带气旋却很少发生。而且发生热带气旋最多的区域，并不是锋面发生最频繁的地方；例如在副热带高压西部近赤道地区，热带气旋发生比较多，甚至最多，而锋面发生最频繁的地方，却在副热带高压东部近赤道一带，即所谓赤道辐合区。这样地带（如东太平洋）的锋面，不只是存在于某一时期，而是终年常有的；但是各该地区的热带气旋，都不是时常发现而有相当的季节规律。所以锋面学说，不能解释热带气旋的地理分布和年中频率。

至于戴波尔满在菲律宾的经验，只是列举一些现象，这些观象并不能解释台风发生频率的特少和各年台风频率的变化不定。在菲律宾，“很潮湿的西南季风”，在夏季是经常存在的，由它所形成的锋面也时常存在，而台风的发生就不是这样了，而只是很少的现象。白尔吉隆在近来发表的文章里（见参考文献[11]，155—156页）也承认，锋面学说遭到许多反对。这样经不起考验的学说，当然不能成立。

6.3.4 三气团角学说

在气压场的支配下，三个性质不同的气团，从不同的方向相遇到一处。这样三个气团相遇的情况或地方，就是“三气团角”（见图2，也可以叫作三重点或三叉点）。支配气团的三个高压，两个是热力高压（冷高压），一个是动力高压（副热带暖高压）。因此，高空气压场和气流场，便成了图3所表示的情况。在三气团角的高空是强烈的辐散，海平面上的气压便显著降低，于是就发展成热带气旋[19]。这是柔德瓦尔德（M. Rodewald）的三气团角学说的简短内容。他考虑到高空和地面的气压分布、热力情况和流场以及由高空辐散而形成的地面减压，这是比较其他学说优越的地方。

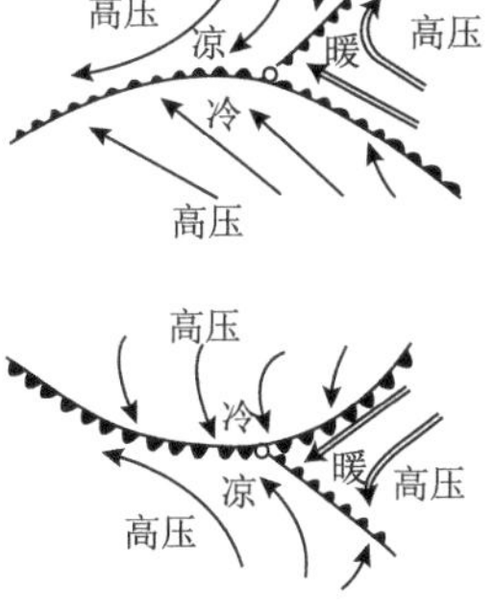

图2 三气团角图[19]

上图：北半球 下图：南半球

实矢线为地面冷气流；双矢线为地面暖气流；圈为三气团角

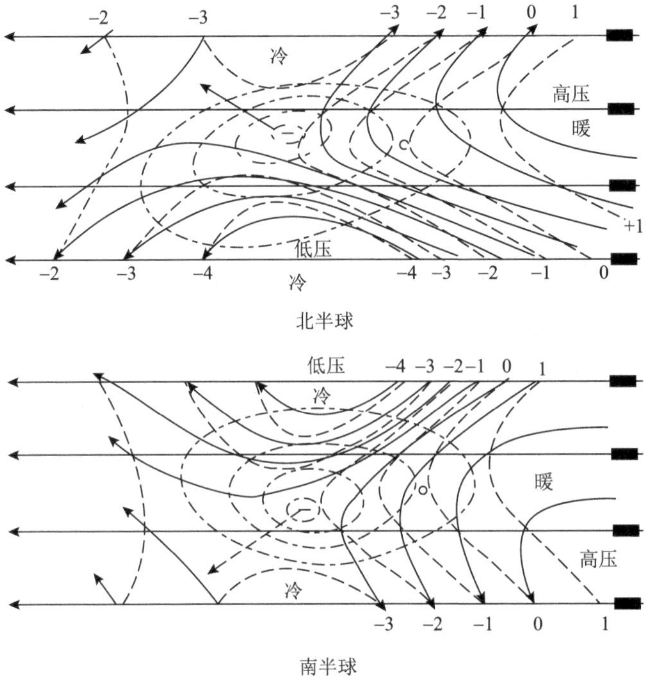

图3 三气团角高空辐散图[19]

细矢线为低空气流；虚线为低空等温线；粗矢线为高空气流；点虚线为等变压线；点虚矢线为减压中心移动方向

但是这个学说是从发展过程的某一阶段（三个气团相遇的阶段）出发，没有进一步考虑气压分布的原因，更没有考虑其他因素和条件。而且在天气图和气候图上，常有“三气团角”的发现，但是热带气旋却很少发生。所以这个学说也是不正确的。

6.3.5 信风逆温层破坏学说

在信风区域里，逆温层是普遍存在着的。逆温层特别稳定，阻碍了空气的垂直运行，不利于台风的发生和发展，因此，在信风区域里，一般很少发生台风和其他热带气旋；但是，在信风逆温层很薄弱的地方，特别是在信风逆温层近赤道的边沿上，那里信风逆温层容易被突破，潮湿不稳定的空气容易上升，台风或其他热带气旋便比较容易发生。这就是信风逆温层破坏学说的要点[详细内容，见艾克斯泰尔布润克（H. Extern-brink）的论文[20]和荒川著《天气分析》上卷58—65页]。但是，这个学说要点的骨干部分（信风逆温层近赤道的边沿上），是作者以前所提出的[21]，而艾克斯泰尔布润克在他的文章里不提这一点，只引用了作者前文所指出的对本题无关重要的一种现象，“热带气旋经常向气压降低处运行。”[22]恰是这种现象，柔德瓦尔德在对艾克斯泰尔布润克的论文的评论里，却在最后一句话里又引用了它，而且这样写着[23]，“人们将高兴地同意艾克斯泰尔布润克的定则（或词句 Satz）：‘热带气旋经常向气压降低处运行。’”这样就把中国人研究的成果窃取去了（虽然很小很平常，但是他们一再引述，而且艾克斯泰尔布润克在答复柔德瓦尔德的评论里[24]，对这一点也并不加以更正）。

信风逆温层破坏和台风发生的内在联系，应该是这样的：在某些适合而且足够条件（关于这些条件见下章）下，初期台风（热带低压）生成了；等这个旋涡系统移动到信风区域，那里的信风逆温层可以受旋涡系统的扰动而被突破，于是旋涡强度越发加大，而形成台风。绝不是由于信风逆温层的破坏，而生成台风。所以这个学说的内容，和热带气旋发生过程不但不符，反而因果颠倒。再说，强烈对流在热带是经常地，而且普遍地发生；它们突破信风逆温层的机会是很多的，但是热带气旋的发生却很少。因此，可以肯定地说，信风逆温层的破坏是后果而不是原因；它对热带气旋的生成，只能算作有利条件，绝不是主要原因，更不能形成学说。

6.4 综合学说和它的优越性

按照上面所讨论的，这几个学说都是主观的片面的，只从某一角度来孤立地看问题，并且扩大了自以为重要的某种作用，而没有做适当的分析。对现象本身的认识，既不彻底，对现象的发展过程，也没有弄清楚，对发生原因更没有全面抓住，当然对于引言里所提到的问题，得不到正确的解答。第二章（6.2节）所讲的热带气旋发生频率和地理分布，若和他一半球冷气团的活动，以及其他现象（如有关地方的天气发展过程）结合起来，便可以得到比较合理的解释。关于这一点的详细内容和南半球冷气团的活动与台风发生的关系，已在另一篇论文里具体的讨论过[21]。关于北半球（东亚一带）冷气团的侵袭与南半球（澳洲附近）飓风生成的联系，也有专文举例证实[[25]。但是，如果把冷气团的侵袭，看作台风生成的一个学说，未免又犯了片面的毛病，虽然近年出版的书上，有的引用了这样事实和论点[3,4,26]。因此，一个比较正确的、全面的、能够解决问题的新学说，是需要产生的。

6.4.1 综合学说

综合学说，是从观测得到的现象和统计出来的一般情况出发，用比较分析方法，找出各种现象间的时空关系，和不同作用间的相互影响，而以内因为根据，外因为条件，对热带气旋的生成，进行彻底的推究。

台风生成的内因是大规模的高度潮湿不稳定的空气，含有大量潮湿不稳定潜能。空气之所以能含有大量潮湿不稳定潜能，必须是在高温而潮湿的季节和区域，而且那里的空气比较静止，才能继续吸收辐射能量和通过乱流传递从地面（主要是水面）充分输入热量和水分，而没有大量散失和耗损；对这些作用和过程的有利条件，是高温的广阔海洋，比较静止的空气和散布着小而平缓的岛屿的浅海（因为这样岛屿使空气的温度、海水的温度和水汽都较快地增加，而很少消耗动能）。

外因是有足够的外力，它能使大规模的高度潮湿不稳定的空气发生相当强烈的扰动，而放出大量潜能加强上升作用，再加上相当强的涡度的影响，便可以使变湿变热的空气，从量变到质变，发生旋涡而形成台风。这样通过内因而起作用的外力，是足够强烈的冷空气的侵袭，特别是从他一半球发源的冷空气的侵袭；因为冷空气侵袭时所加来的动能，可以促使台风的生成，而且当内外其他条件具备的时候，本半球冷气团的活动比较微弱，而他一半球的冷气团的活动相当强烈。

对于这样外力作用，虽然已有专文举例证明[21,25]，这里对于作用过程，再举出爪哇的雅加达和澳洲北部的达尔文港的降水，特别是暴雨与东亚寒潮的关系，加以说明和证实：

根据 1931 年至 1934 年在雅加达四年观测报告（现在只找到这四年的报告）而统计出来的结果，那里的暴雨日数（日降水量多于 50 毫米），66%以上发现在十二月至三月；而日降水量大于 90 毫米的降水，只发生在这个时间里（图 4）。这样降水集中现象（在热带，特别是在赤道一带，一般各月暴雨和平均降水是比较均匀的），也表现在月平均降水量的年中分布上：按雅加达六十年（1864—1923 年）的降水资料，年平均 1832 毫米，一月平均 331 毫米，多于年平均的六分之一，十二月到三月的四个月总量是 1070 毫米，占年平均的 58%以上。至于为什么雅加达的暴雨和月平均降水量都集中在十二月至三月，这是因为受北半球东亚寒潮的影响：1929 年最大的日降水量，是 1 月 19 日的 90.2 毫米，这次强烈降水，已经证实是由东亚寒潮的侵袭所形成的[27]；现在查到的两次最大暴雨，也有受东亚寒潮影响的迹象（对于这个问题的研讨正在进行中）。暴雨和月平均降水的集中现象，按作者所知，不只发现在雅加达，也发现在这一带的其他一些地方，如万雅老（Menado）、麻盘盖（Mapanget）、山打根（Sandakan）和达尔文港（Port Darwin）。从这些地方，目前手边没有足够降水资料，只能举出达尔文港的一般情况和一次暴雨的实例：达尔文港五十五年（1870—1924 年）的平均降水情况是：年量 1571 毫米，一月 404

毫米，多于年量的四分之一，十二至三月的四个月总量 1251 毫米，占年量的 79%以上。而 1931 年 1 月受北半球（东亚）寒潮的影响在 18 日（108.7 毫米）和 19 日（110.5 毫米）两天的降水量就有 219.2 毫米[28]，多于一月平均降水量的一半，多于年降水量的八分之一。从这些简单而重要的事实，可以断定：从北半球侵入的罕有强烈的冷空气（如果说季风，那又是没弄清楚现象，是不正确的）的能量，是使大规模的高度潮湿不稳定空气大量释放潜能的主要原因，也就是使那里（具备其他必要条件的地方）热带气旋形成的主要作用；因为热带气旋生成时的主要能量来源，是空气的大量“潮湿不稳定能”，而大量潮湿不稳定能的释放，是通过大量降水（空气上升和凝结放热），大量降水的发生，又是由于急剧冷空气的侵袭（前两点是一般公认的，后一点是上举两个地方的降水例子所证明的）。这四种现象（急剧冷空气的侵袭，强烈暴雨的降落，大量不稳定能的释放，和热带气旋的发生）的一连串的因果关系和作用过程，是很显然的；而且这些联系，如前面（本章）所提，已经在实践中得到证明。不过，我们不能抓住某一个环节，要求一定要有它应有的后果；因为某一环节，不是演变过程里下一环节的唯一原因，而还有其他条件。只有在必要条件具备的情况下，才能发生完整的一系列现象。

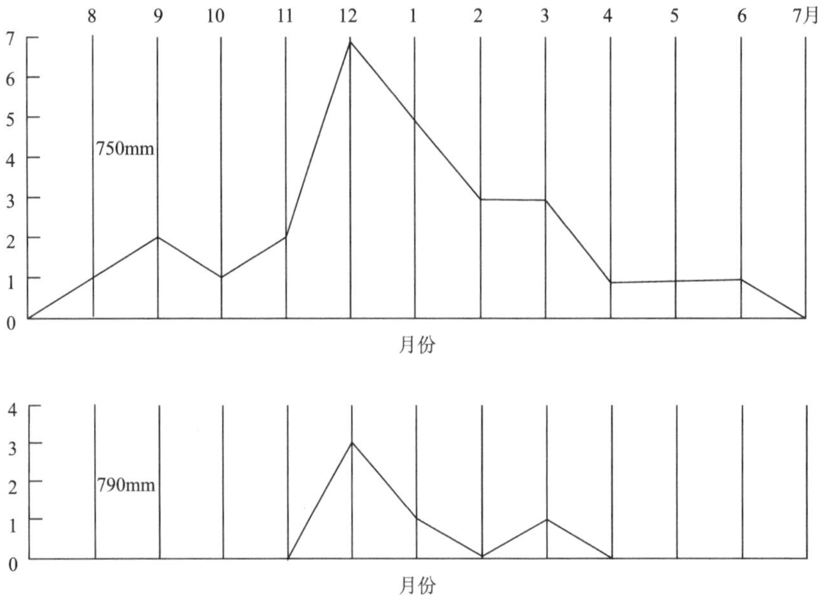

图 4　雅加达的暴雨频率

除这一过程外，还有涡度的作用，也是必要的，赤道附近所以不能发生热带气旋，就是因为缺乏涡度。不过涡度只是必要条件之一，而并不是起主导作用的条件；因为只用它，不能解释引言里所提出的任何一个问题，虽然帕尔门（E. Palmén）[29]把它看作是最重要的一个条件。再有动力不稳定，也只是有利条件，但是白尔吉隆认为动力不稳定是热带气旋生成的主要原因之一，而且用它来解释热带气旋的特少[30]。不过，在他最近所发表的文章里，并没有再强调这一点，反而又提出了两个没有解决的问题[11]：①一个暴雨连续区的大规模的气旋环流，是怎样开始的？②它怎样变强成为飓风？（大意如此）。对于这两个问题，我们留在下节解答，这里再回到热带气旋生成的有利条件上面来。

上面所说对台风生成的有利条件之一的岛屿，是值得讨论的问题。就动力观点看，岛屿和大陆相似，都有由摩擦消耗动能的作用，而不能大量供给水汽（潜能），所以就积极和消极两方面说，都不利于而且妨碍台风的生成；但是从热力观点出发，岛屿是有利的，因为受岛屿影响，空气下层变得越发不稳定。在这样矛盾情况下，需要统一起来，如果岛屿在动力方面的阻挠作用，大于它在热力方面的供能作用，那它就对台风生成有妨碍；相反的，假设岛屿在热力方面的供能作用，大于它在动力方面的阻碍作用，那当然对台风的生成有利了。那就是岛屿地形，起着决定性的作用。所以说“散布着疏小而平缓的岛屿的浅海”（见内因段），对台风的生成，是有利条件。在这一点上，白尔吉隆的意见[11]和作者的相同，固然现在还有不少人对这一点，有不完全相同的看法（见气象学报，26 卷 231 页）。

再一个有利条件是比较静止的空气，因为在相当广大的区域里相当长的时间内，空气比较静止，它的下层以及到相当高的高空，才能由辐射、传导、蒸发、乱流而继续地大规模地收到大量的热能和水汽，以至于形成高度的潮湿不稳定，有利于台风的形成。如果风速很大，乱流很强，当地（台风发生地区）空气的热量和水汽，容易输送到其他地方和高空，而不能大量储存，高度潮湿不稳定情况便不容易发生，甚至于不能发生，台风当然也就难以生成。

还有一个台风生成的重要条件是高温的海洋。高温的海洋供给空气较多的热量和水汽，同时也给冷空气较易侵入的机会，所以在高温的海洋上，内因的根据既然存在，外因的条件也容易发生，因此最适于热带气旋的生成和发展。这里所谓高温海洋，主要的是月平均海面水温在 28℃以上的区域。如图 5 表示西太平洋八月（其他地区和其他季节的图从略）月平均海面水温高于 28℃的范围，和 200 米深处同时月平均水温分布情况。把水温分布和台风发生区域以及运行路径相比较，便可以看出它们关系的密切。在海面八月月平均水温高于 28℃的区域里的水面热赤道一带，是生成台风的主要地区。

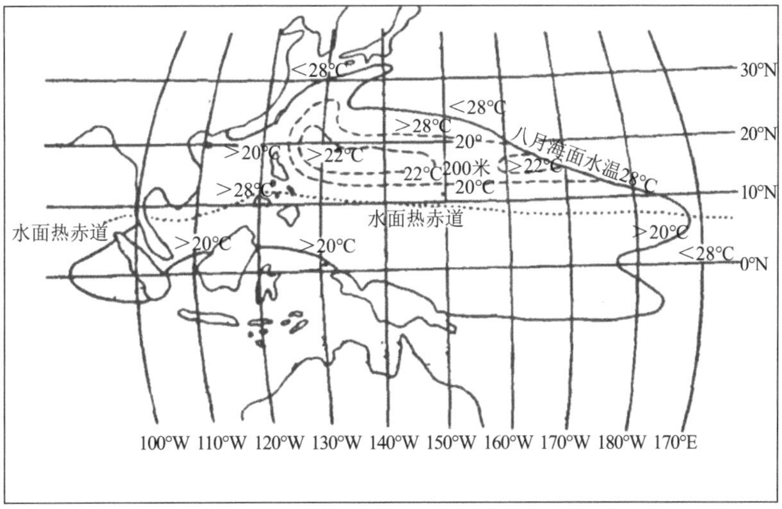

图 5 西太平洋八月海面平均水温高于 28℃的范围和 200 米深处平均水温（按部特）实线为海面 28℃等温线
虚线是 200 米深处等温线；点线是水面热赤道

台风生成的有利条件，除去上面所提到的这些以外，当然还有（如信风逆温层在较低纬度的边沿和高空辐散等），不过有的前已提到，有的比较次要不再讨论。在这些条件里最重要的也就是必要的和满足的是：①大规模的高度的潮湿不稳定，②相当强的涡度和③足够强大的外力（三个同时存在，才是满足的；缺少一个，热带气旋就不能生成）。最后的足够强大的外力，是起主动作用和主导作用的；它主要包括本半球和他一半球强烈冷空气的侵入，特别是后者的侵袭作用。用它和其他条件，可以解答许多有关热带气旋的问题（见下节）。

6.4.2 综合学说的优越性

综合学说的观点、方法和内容，已经在上节讨论过；它的优越性，可以说是比较客观、全面的，与实际情况比较符合的，而且可以解答一系列多年遗留下来的难题。一部分难题的解答，作者在很早（二十年）以前就已经做过了[21]，不过当时没有形成学说，解释不够清楚，现在再简略解答如下：

（1）为什么热带气旋的发生只限于某些地区？

从上节所说热带气旋生成的内因的有利条件和外因的可能发展，我们可以推想到，在强烈冷空气容易侵入的高温的海洋上，尤其是空气比较静止的区域和散布着疏小而平缓的岛屿的浅海里，热带气旋才容易发生；但是这样的地方是很少的，只限于某些地区；所以热带气旋的生成也只限于某些地区。

（2）为什么热带气旋的频率特少？

在内因方面，大规模的高度的潮湿不稳定，并不常常发生；在外因方面，足够强烈冷空气的侵袭是很少的。由外因和内因相结合而发生的热带气旋的频率，当然是特别少的。

（3）为什么热带气旋在时间上没有规律？

这个问题所指的是：在发生或发现热带气旋的地方，有的年份热带气旋比较多，有的年份很少，以至于没有。这样多少无常的原因，和第二个问题的原因相似，是内因和外因的关系，它们都是多变的，尤其是外因变化无常，这正和强烈寒潮有的年份比较多，有的年份很少是一样的。

（4）为什么热带气旋年中频率一般在夏秋（北半球七月至十月，南半球一月至三月）最多？

因为这时候，洋面最高温度带（即水面热赤道，它的位置和一般所说热赤道的位置有相当差别）和赤道无风带（或热赤道），都移向较高纬度，那里偏向力比较大，容易发展成旋涡，同时他一半球的冷气团最活跃，最容易侵入这一半球，所以热带气旋年中频率一般在这时候最多。

（5）为什么在北印度洋和西加勒比海的热带气旋的年中频率在春末夏初和秋季最多？

因为这两个区域都是北邻大陆，形成了季风地带。冬夏受季风影响，无风带或空气比较静止的地带不容易存在，甚至于不存在，空气便不能继续储存大量水汽和热能，因此，热带气旋难于生成。但是在春末夏初和秋季，也就是在季风过渡时期，空气比较静止的地带便要存在，这时由于继续吸收热量和水分，空气容易变成高度潮湿不稳定，于是热带气旋就容易生成，以至于形成最多的频率。所以说北印度洋上热带气旋频率的特殊，并不能看作反流学说的证据，而正是综合学说的论证。（见 6.4.2 节末）

（6）为什么南大西洋没有热带气旋？

这也是个不容易解答的问题，但是从综合学说的必要条件来看，可以说有两个原因：①空气比较静止的地带，都是在赤道附近和较低纬度，那里偏向力很小，不容易生成旋涡。即使大规模的高度潮湿不稳定的空气，发生在较高纬度而且受到足够外力和较大的偏向力，但是因为这里整个系统是向西（向大陆）移动的，移向大陆后，这里当然不能生成热带气旋，何况②作为外力的足够强烈的冷空气的侵袭，不容易甚至不能够侵入赤道以南的大规模的高度潮湿不稳定空气所存在的大洋上，而达到热带气旋不能生成的南美北部大陆。（与 6.3.2 节比较）

（7）为什么在西北太平洋和西北大西洋热带气旋最强而且所及的距离最远（也就是生命史最长或所及纬度最高）？

地球上最适于热带气旋生成的地方，首先要算这两个区域了；因为这两个区域除去具备了内因有利条件和外因较易发生以外，还有广阔的洋面和高温的洋流。在广阔高温的洋面上，大规模的高度潮湿不稳定的空气，受到外力影响，发生扰动，连续降落大量雨水，以至生成相当规模的旋涡。旋涡在前进过程里，继续收进潮湿不稳定空气，使能量增加，因此容易发展成强烈的热带气旋。所以这两个区域的热带气旋特强，是必然的。这样的过程与作用，也正是白尔吉隆所提出两个问题（见上节最后第五段）的主要原因。由于海陆分布和海岸线形式的影响，暖洋流在这两个区域所及的纬度特高，因此，适合热带气旋发展的条件，也存在于这样的高纬度。所以热带气旋在这里所及的距离最远，生命史最长，所及纬度最高。

以上是对热带气旋发生的主要问题，这些问题，用旧学说是不能或难以解释的。用我们的综合学说，如上面所作，都得到合理而且协调的解答。这也是我们的综合学说的优越性。

6.5 结语

从前面各章节的内容，可以知道：过去所有学说，都是主观的片面的，不能解释一系列有关热带气旋的困难问题，而且后来的较新学说，也只就较多的资料和认识从另一个角度来讨论，而没有抓住问题本质，当然也不能解决问题。

我们的这个综合学说，是从实际现象和一般情况出发，对它们有了比较近于实际发展过程的了解，对成因分作内因和外因进行了比较详细的分析，对多年来不能解答或难以解答的问题，给了比较合理的解答。所以在现阶段里，我们认为这个综合学说是比较正确的。将来随着新现象的发现，理论的新发展，我们的学说也要继续改进，使与客观现象更加符合。

参 考 文 献

[1] Hann, J. von und Süring, R., Lehrbuch der meteorologie, 4. auflage, Leipzig, 1926, 618-626.
[2] Tannehill, I. R. Hurricanes, London, 1945, pp. 44-50.
[3] 荒川秀俊, 天气分析, 东京, 1943, 52-63,290-300.
[4] Scherhag, R., Neue methoden der wetteranalyse und wetterprognose, Berlin, 1948, 215-217.
[5] Visher, S.S., Tropical Cyclones of the Pacific, Honolulu, 1925, p. 95.
[6] Schubart, L., Praktische Orkankunde, Berlin, 1934, 29-30, 43-44.
[7] Tannehill, I. R., 见[2], p. 4 和 115.
[8] Schubart, L., 见[6], p. 44, 图 32.
[9] Tannehill, I.R., 见[2], p. 115, 图 63.
[10] Schubart, L.,见 [6], p. 30, 图 20 和 Алисов, Б. П., Климатические Области Зарубежных Стран,Москва, 1950, Стр. 235, рис. 66.
[11] Bergeron, T., Reviews of Modern Meteorology-12, The Problem of Tropical Hurricanes,(1950, 6. 28. 英国皇家气象学会讲演, 1954, 4 月发表)Quarterly Journal of the Royal Meteorological Society, London, April 1954, p. 134, 图 1, & p. 155.
[12] Claxton, T.F., Isotyphs, Hongkong, 1932.
[13] Froc, L., Atlas of the Tracks of 620 Typhoons 1893-1918, Zikawei-Shanghai, 1920.
[14] Tannehill, I.R., 见[2], p. 115, 图 63 C, F 和 p. 116, 第一表。
[15] Schubart, L., 见[6], p. 44, 图 32 的一部。
[16] Margules, M., Zur Sturmtheorie, *Met. Zeitschr.*, 1906, 5. 481.
[17] Bergeron, T., Uber die dreidimensional verknüpfende Wetteranalyse, Geof. Publ., Vol. 6, Nr. 6, 93, 1928.
[18] Bergeron, T., 见 [11], p. 132.
[19] Rodewald, M., Die Entstehungsbedingungen der tropischen Orkane, *Met. Zeltschr.* 53,197-211, 1936.
[20] Externbrink, H., Ein Beitrag zun Wettergeschehen im Golf von Mexiko, im Koribischen Meer und auf den Westindischen Inseln *Met. Zeitsckr.* 54, 353-359, 413-417, 1937.
[21] 李宪之, Untersuchungen über Taifune, Veröff. d. Met. Inst. d. Univ. Berlin. Bd. I., H. 5, S. llu. 28. 或 Collected Scientific Papers Meteorology, 中国科学院, 1954, p. 109 和 125.1955 年的中文版(“中国近代科学论著丛刊——气象学”), 是作者仓促摘译, 舍去不少, 应以外文本为准.
[22] Externbrink, H, 见[20], p. 416, 右 31-33 行.
[23] Rodewald, M., Bemerkungen zu: H Externbrink, Ein Beitrag zum Wettergeschehen im Golf. von Mexiko usw., *Met. Zeitschr.* 55, 1938, 102, 右 24-27 行.
[24] Externbrink, H., Erwiederung auf die Bemerkungen Rodewalds zu der Arbeit“Ein Beitrag zum Wettergeschehen usw.”, *Met. Zeitschr.* 55, 1938, 102.
[25] 荒川秀俊, 南北太平洋热带飓风的发生与他一半球寒潮的关系, 气象杂志第二辑第十八卷第一号, 日本, 1940.
[26] Хромов, С. П., Основы синоптинеской метеорологии. Гидрометеоиздат, л. 1948, стр. 489.

[27] 李宪之, Die Kälteeinbrüche in Ostasien, Collected Scientific Papers, Meteorology, 中国科学院, 1954, p. 30 和 79.
[28] 李宪之, 见[27], p. 40 和 92.
[29] Palmén, E., On the Formation and Structure of Tropical Hurricanes, geophysica, Halsingfors, 3, 26-38, 1948.(并见近代气象文献)
[30] Bjerknes, V. u. a, Physikalische Hydrodynamik, Berlin, 1933. 757

注：本篇论文刊载时外文摘要为俄文，此处略去。

吴立广 复旦大学教授 | 专家解读 |

热带气旋如何在热带和副热带洋面上生成，至今仍是大气科学中尚未完全解答的难题。尽管已有研究总结出若干影响其生成的大尺度环境因子，如温暖的海面、湿润的中层大气以及较弱的垂直风切变等，并提出了一些理论框架，但总体而言，气旋的生成过程仍是我们对热带气旋活动认知中最薄弱的环节。目前比较认可的是，热带气旋通常孕育于天气尺度扰动之中，对流活动在其形成过程中发挥着至关重要的作用。

早在 80 多年前，在热带洋面观测资料极其有限的背景下，李宪之先生便提出热带气旋的生成可分为内因与外因，并敏锐地指出，冷空气活动是其中一个重要的外部因子。他认为，来自另一半球的冷空气穿越赤道，在满足其他有利条件时，能够激发热带湿不稳定空气的大量潜热释放，从而推动热带气旋的形成与发展。

李宪之先生是国际上最早系统提出冷空气与热带气旋生成关系的科学家。他创立的“冷空气学说”在之后引发了大量的观测与数值模拟研究。这些研究不仅验证了他的理论，还进一步揭示了另一半球冷空气活动与越赤道气流之间的密切联系。进入 21 世纪以来，基于高分辨率数值模式的研究进一步证实了南半球冷空气活动的强度与北半球热带气旋的生成密切相关。李宪之先生在20世纪提出的“冷空气学说”，不仅为理解热带气旋的生成机制提供了全新的视角，也为推动该领域的深入研究奠定了重要基础。

7

准地转两层模式天气数值预报方法的试验*

|顾震潮　巢纪平　瞿　章|　中国科学院地球物理研究所

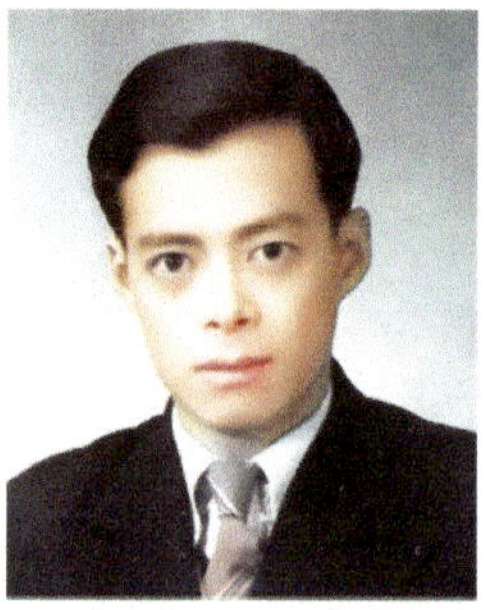

顾震潮（1920—1976 年），瑞典斯德哥尔摩大学博士生，毕业前放弃学位回国。中国共产党党员。气象学与大气物理学家，中国科学院地球物理研究所研究员、大气物理研究所原所长。开创了中国数值天气预报研究和业务先河，开辟了云物理和人工影响天气、雷电物理、大气湍流和大气探测等研究领域，是新中国气象事业的开拓者、奠基者，是新中国气象战线的急先锋、英雄人物。

■ 曾担任《气象学报》第十六届理事会编辑委员会特约编辑，中华人民共和国成立后第一、二、三届理事会编译（辑）委员会委员（编译委员），第十八届理事会编辑委员会副主任。

■ 发表在《气象学报》的著名论著还包括：《阵风中风频率分布的普遍定律》（1947 年）、《近代动力气象学的进展》（1951 年）、《行星波的物理导演法》（1951 年）、《等熵面流函数底两种新的求法》（1951 年）、《论锋面在副热带里的性质和华中华南锋面分析问题》（1953 年）、《论环流年变与环流基本性质》（1953 年）、《大范围垂直运动的分析计算》（1954 年）、《我国东部夏季自然天气周期降水预报的试验》（1955 年）、《关于我国天气过程大地形影响的几个事实和计算》（1955 年）、《大范围高空温压场的流体力学预报法》（1955 年）、《论三参变数的斜压大气模式》（1955 年）、《从讯息论看天气预报的评分和使用》（1957 年）、《锋面假相当位温图和它对中国寒潮冷锋上界变化分析的应用》（1958 年）、《作为初值问题的天气形势数值预报与由地面天气历史演变作预报的等值性》（1958 年）、《大地形对高空行星波传播的影响》（1958 年）、《高空大尺度涡度“湍流”输送对高度倾向影响的个案研究》（1959 年）、《我国数值预报的成就》（1959 年）、《凝结反馈对云层垂直发展影响的一个线性理论》（1962 年）、《论近年来云雾滴谱形成理论的研究》（1962 年）、《起伏条件下云雾的重力碰并生长》（1962 年）、《对几种中小尺度运动的相似理论分析》（1964 年）等。

摘　要

作者用准地转两层模式以图解方法试做了 24 h 及 48 h 亚洲部分的 500 hPa 高度预报。从所做的几个例子来看，有的预报结果较好，但像阻塞高压的一个例子中高压位置南边的负变高没有预报出来，因此预报图上没有阻塞高压的形成。原因主要是在准地转两层模式没有恰当地考虑到 500 hPa 的辐散场。作者指出 500 hPa 上天气系统有猛烈发展时 500 hPa 上的辐散场是比较大的，要考虑到后者的作用就必须应用三层模式或不用准地转假定。作者并指出了 Fjϕrtoft 的图解方法也有不小的误差。

* 1956 年 9 月 26 日收到。顾震潮，巢纪平，瞿章. 1957. 准地转两层模式天气数值预报方法的试验. 气象学报，28（1）：41-62.

7.1 引言

近年来数值预报有很大的发展[1]，数值预报研究及日常数值预报工作已经证明大范围天气形势的预报，至少已可以和预报员的半经验的预报作比较，有许多例子中还显然比半经验的预报来得好。例如东亚寒潮爆发的一个试报例子[2]，证明预报员难于报出的高空大范围形势转变过程，却可用简单的两层模式相当满意地在 24 h 以前预报出来。

为了取得经验以发展数值预报方面的工作，我们在这方面也做了些试验研究。这首先是对两层模式来做的。因为在理论上两层模式是最简单的一种斜压模式，在实用上也是比较有实用价值且能够用图解法及时做出日常预报的。所以对这种两层模式预报能力的了解是很有用的。

过去几年中两层模式虽有不少试报的结果发表（见参考文献[3]及[1]），但预报的时限一般只有 24 h，对结果的分析讨论也还不够。在我们这次的试报中，预报的时限是 48 h（也附带做了一些 24 h 的预报），并对所选个案的预报结果作了较详细的讨论，并由此进一步讨论了两层模式的局限性。

7.2 48 h 及 24 h 两层模式的试报结果和讨论

方法 试报所根据的两层模式是取平均层 $\overline{p}$（500 hPa）和 p_0（1000 hPa）。预报的直接对象是 $\overline{p}$ 等压面的绝对高度 $\overline{z}$ 和 $\overline{p}$ 等压面对 p_0 等压面的相对高度（厚度）z_T。在地转风假定下，预报 $\overline{z}$ 和 z_T 的涡度方程可以写成

$$\left.\begin{aligned}\nabla^2\frac{\partial\overline{z}}{\partial t}&=-\overline{v}\cdot\nabla(\overline{\zeta}+f)-\overline{A^2}v_T\cdot\nabla\zeta_T,\\ \nabla^2\frac{\partial z_T}{\partial t}&=-\overline{v}\cdot\nabla\zeta-v_T\cdot\nabla(\overline{\zeta}+f)+B\omega(\overline{p}).\end{aligned}\right\}\tag{1}$$

此处假定 $v=\overline{v}+A(p)v_T$，而对气压平均时 $\overline{A}(p)=A(\overline{p})=0$，并且略去 $\omega\partial\zeta/\partial p, f\partial\omega/\partial p$ 等项。其中 ζ 是涡度，$\omega=\dfrac{\mathrm{d}p}{\mathrm{d}t}$ 是气压坐标中的垂直速度，B 是一个常数。要使这个预报方程组成为闭合方程组，还要从热力学第一定律引入一个 ω 的关系式，及假定 ω 对高度的分布。

现在我们的目的在用 Fjϕrtoft 图解法[4]来做 48 h 或 24 h 的 $\overline{z}$ 预报，在简单的情况下，我们可根据 Fjϕrtoft 取 $H=v_T\cdot\nabla\zeta_T$，而

$$\frac{\mathrm{d}_gH}{\mathrm{d}t}=0.\tag{2}$$

由此（1.1）式写成 $\dfrac{\mathrm{d}_g\overline{\zeta}}{\mathrm{d}t}=-H$，而对各个质点

$$\overline{\zeta}=\overline{\zeta}_a+Ht.\tag{3}$$

这样我们就可以用 Fjϕrtoft 推移 $\overline{\zeta}$ 的方法，由原始的 $\overline{\zeta}_a(x_0,y_0,t_0)$ 求出新分布 $\overline{\zeta}_a(x,y,t_0+\Delta t)$，再加上 Ht 即得未来的 ζ 分布，由此再求 $\overline{\zeta}$ 的局地变化就可以解 Poisson 方程而求出 $\partial\overline{z}/\partial t$。

在实际计算中，H 取的是起始 ζ_T 在 $v_{T,m}=-\dfrac{g}{f}\nabla z_{T,m}xk[z_{T,m}(x,y)$ 是（$x+d, y$）、（$x-d, y$）、（$x, y-d$）、（$x, y+d$）四点上 z_T 的平均值]场中前后各推移 12 h 所得的 ζ_T 差值（即以 t=1 d 为单位）。H（x_0, y_0）求出后，再把 H 在 $\overline{v}_m$ 场中向前推移，求出预报时限一半时的 H（x, y），再来与 $\overline{\zeta}_a(x,y,t+\Delta t)$ 相加。这是因为 H 由起始时不断作用到预报时限的终了，所以把它在预报时限中间所在的地点上与

$\overline{\zeta}_a(x,y,t_0+\Delta t)$ 上相加是比较合适的。

Fjϕrtoft[5]曾说明考虑了垂直运动分布，也可能不用（2）式而解出（1.1）式和（1.2）式，但我们暂不预报 $\bar{z}_T$ 场，因此不用详细考虑 $\bar{z}_T$ 的问题。

在实际计算中我们取 $\overline{A^2}=\frac{1}{2}$，格宽 d=500 km，而解 Poisson 差分方程 $\alpha-\bar{\alpha}=h$ 时，采用的公式是 $\alpha=h+2h_m$，或 $\alpha=h+3h_m$（m 表示某点四面最近四点上的平均值）所用的天气图底图都用双标准（60°N 及 30°N）的兰勃脱投影。所用的天气图都已经预先重新分析或检查修改了的，特别是 500 hPa 到 1000 hPa 厚度场，我们用图解减法作为帮助来分析改正了日常分析（如西德 Bad Kissengen 的图）上的一些比较大的错误。

根据实际经验，（2）式的假定还是合适的。这在以后的例子中也可以看出来。

例子 我们这里所取的例子一共有三个，其中两个是东亚寒潮的例子，一个是阻塞高压形成的例子，每个例子前后包括 3—5 d，对每个例子都做了 48 h 与 24 h 的预报。

第一例 这是 1955 年 2 月 16—19 日东亚寒潮爆发的例子。廖洞贤[2]对这例子曾用图解法作过几个 24 h 数值预报。我们做了由 16 日（23）（图 1a）报 18 日（23）及由 17 日（23）报 19 日（23）的两个 48 h 的 500 hPa 形势预报，和 16 日（23）到 17 日（23），17 日（23）到 18 日（23）的两个 24 h 预报（对于形势发展过程等情况本文从略请参见文献[2]）。从 16 日（23）报 17 日（23）的图 1 b、图 1c 中，已表明如果考虑到斜压性，那么 500 hPa 的形势预报是相当令人满意的，这和以前[2]预报的结果相同，虽然在对 $v_T\cdot\nabla\zeta_T$ 的处理上稍有不同（注意 16 日开始的预报用 $\alpha=h+3h_m$，或 17 日开始的改用对短波歪曲较小的 $\alpha=h+2h_m$ 式）。

有意思的是 48 h 的预报。对于 48 h 预报，斜压变高起着更大的作用（参见文献[2]），考虑了这项之后，由计算所得变高图 1f 和图 1m 与实况图 1g，图 1n 是要接近多了。同样 48 h 的两层模式预报图（图 1 h 和图 1o）要比正压模式的预报（图略）接近实况得多。可以看出东亚大陆上经向度是大大增强了，蒙古一带北风很强，寒潮的南下已在所难免。

由于形势迅速转变时，对空间的平均流场 $\bar{z}_m$ 本身仍有比较大的变化，我们所做的 48 h 预报不是把涡度场在 $\bar{v}_m$ 场中一直推移 48 h，而是用 24 h 的间隔推移了两次，后 24 h 的位移是用 24 h 预报图上的 $\bar{v}_m$ 来作的。这样效果就更好些①。例如，由 16 日（23）报 18 日（23），如果只做 48 h 的一次的推移，那么由于开始时乌拉尔区脊还比较平浅，乌拉尔区的气旋性涡度就可以在 48 h 中沿着 $\bar{v}_m$ 移到乌拉尔以东气旋性涡度比较小的区域，结果在乌拉尔以东产生了一个负变高区，贝加尔湖以东的高压脊就发展不了太强，并分裂为两个较小的脊（图 1j）。

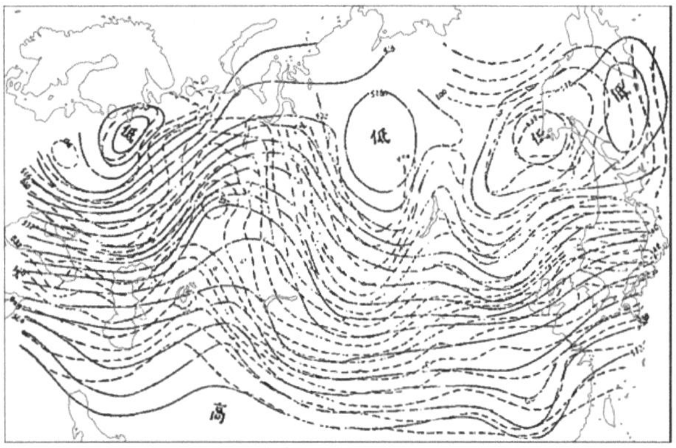

图 1a 1955 年 2 月 16 日（23）500 hPa 图

实线：500 hPa 等高线，虚线：500/1000 hPa 相对高度等高线；单位：10 m

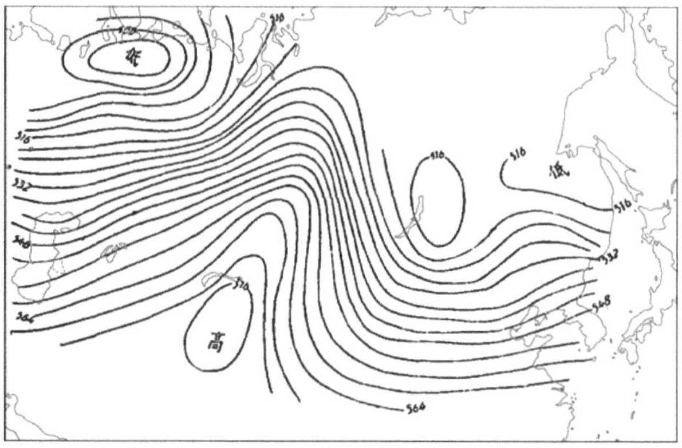

图 1b 1955 年 2 月 17 日（23）500 hPa 预报图（两层模式，24 h）

① 如果在 24 小时预报图上重新求出 $\bar{\zeta}$ 场，效果还要好些。

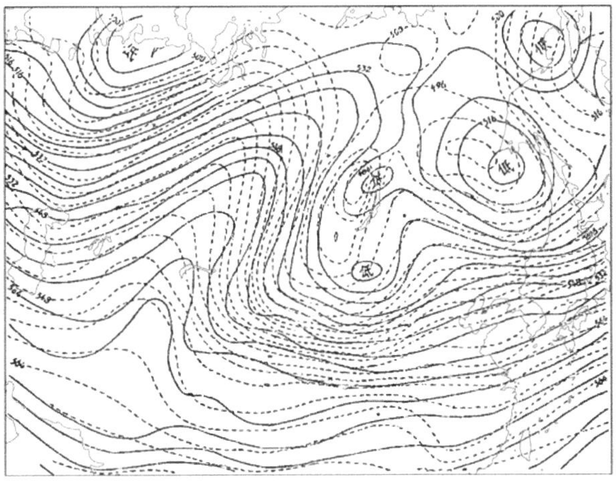

图 1c 1955 年 2 月 17 日（23）500 hPa 图（实况）

说明同图 1a

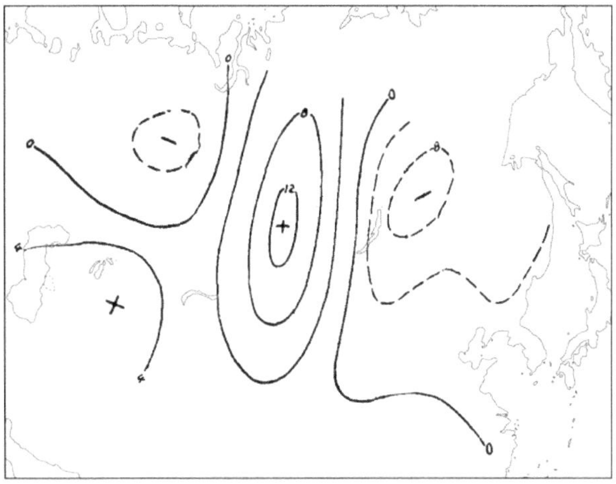

图 1d 1955 年 2 月 16—18 日 500 hPa，48 h 变高图（一层模式）

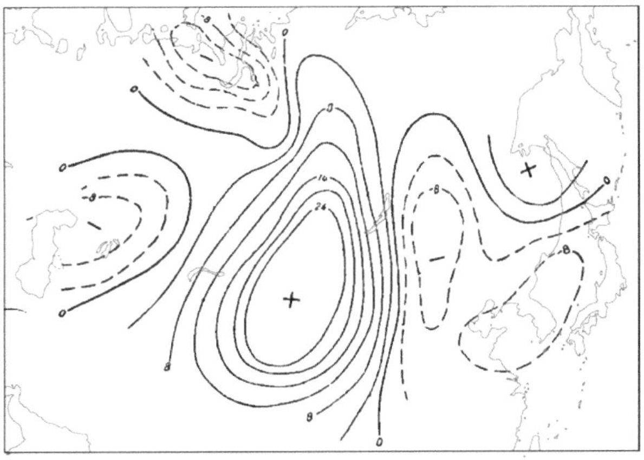

图 1e 1955 年 2 月 16—18 日 500 hPa，48 h 变高图（两层模式斜压部分）

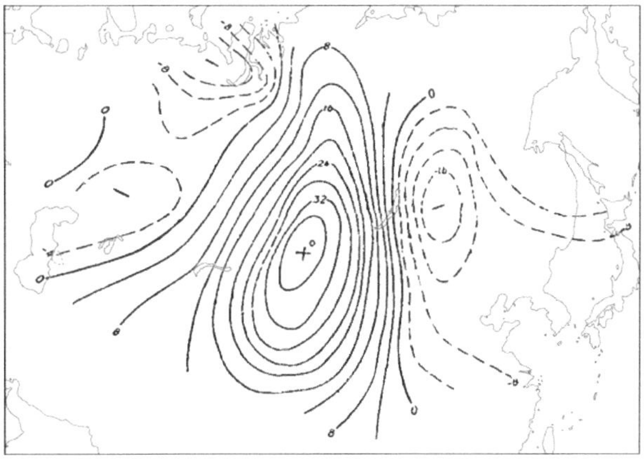

图 1f 1955 年 2 月 16—18 日 500 hPa，48 h 变高报图（两层模式）

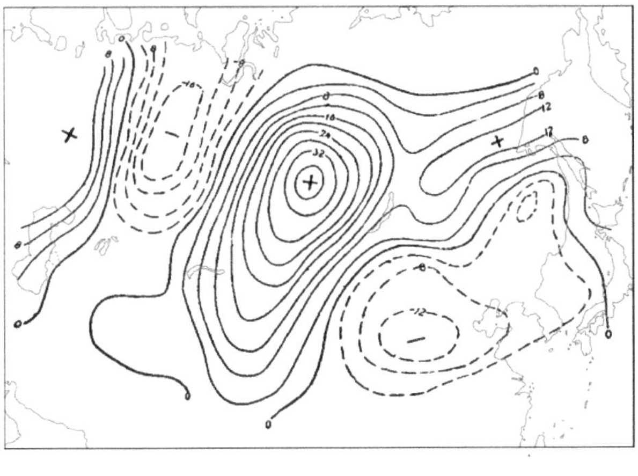

图 1g 1955 年 2 月 16—18 日 500 hPa，48 h 变高图（实况）

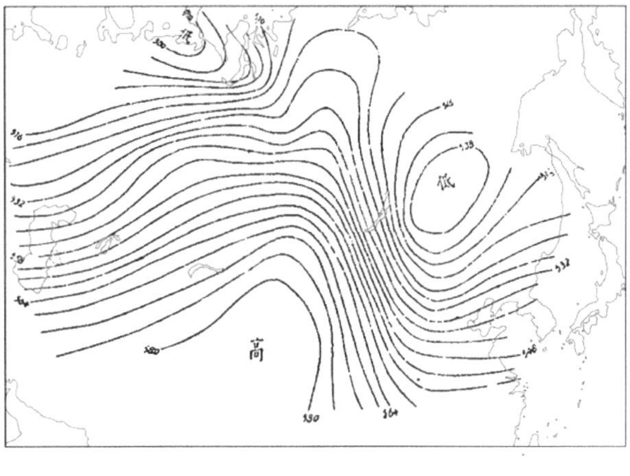

图 1 h. 1955 年 2 月 18 日（23）500 hPa，48 h 预报图（两层模式）

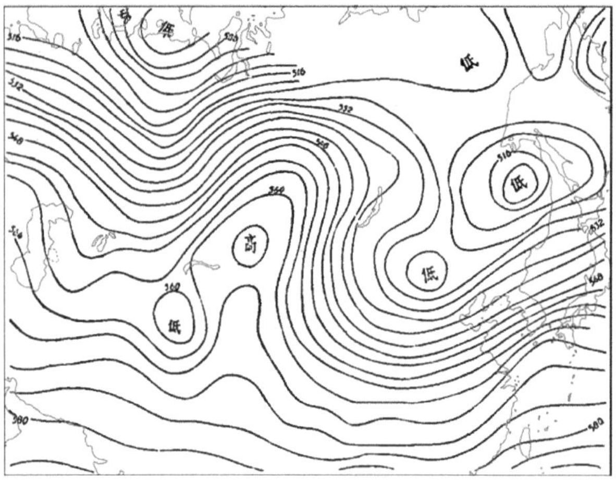

图 1i 1955 年 2 月 18 日（23）500 hPa 图（实况）
说明同图 1a

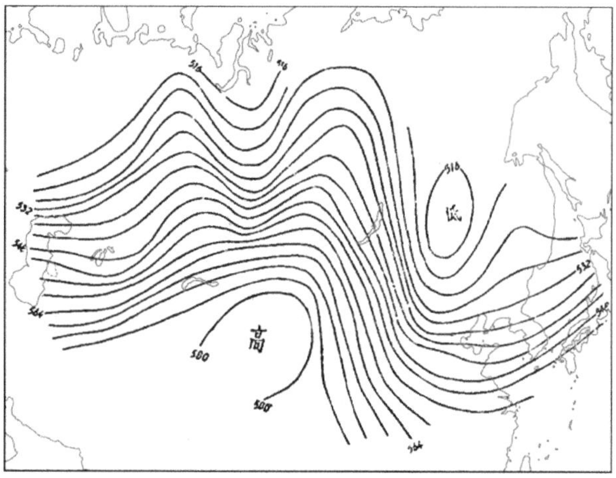

图 1j 1955 年 2 月 18 日（23）500 hPa，48 h 预报图（两层模式，推移一次）

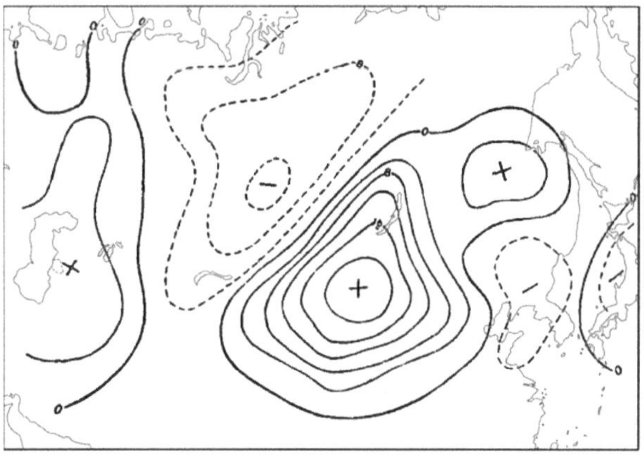

图 1k 1955 年 2 月 17—19 日（23）500 hPa，48 h 变高图（一层模式）

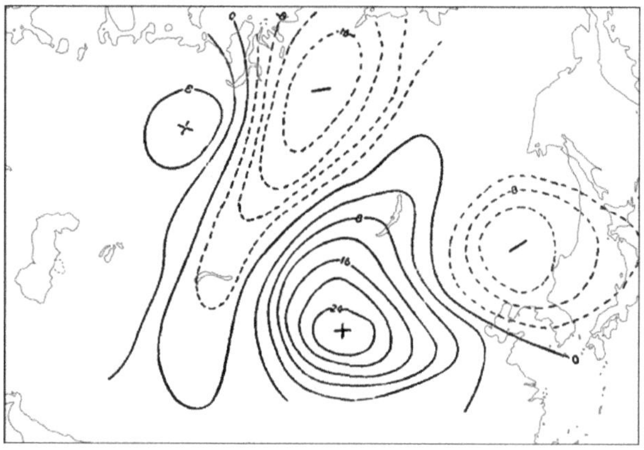

图 1l 1955 年 2 月 17—19 日（23）500 hPa，48 h 变高图（两层模式斜压部分）

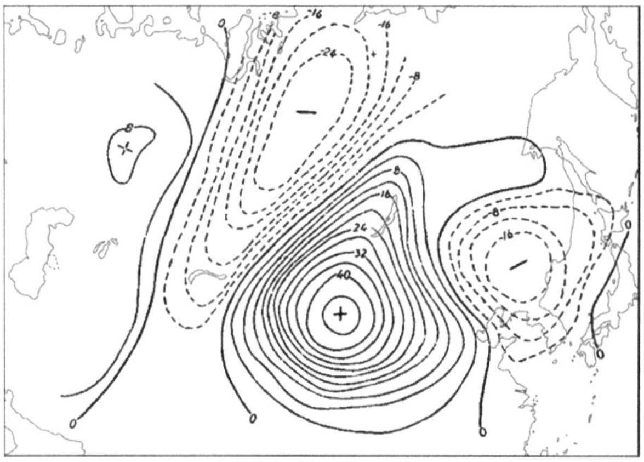

图 1m 1955 年 2 月 17—19 日（23）500 hPa，48 h 变高预报图（两层模式）

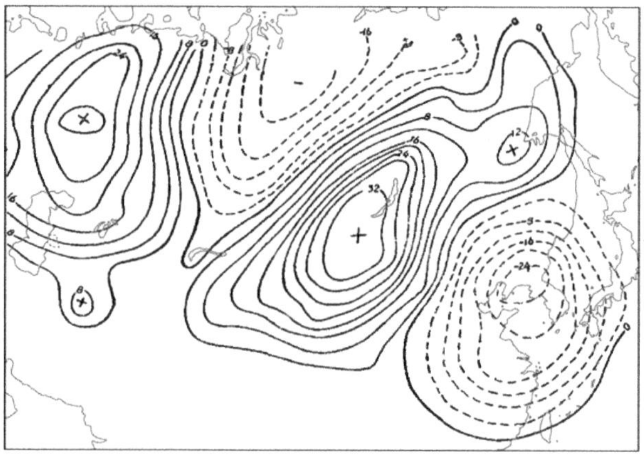

图 1n 1955 年 2 月 17—19 日（23）500 hPa，48 h 变高图（实况）

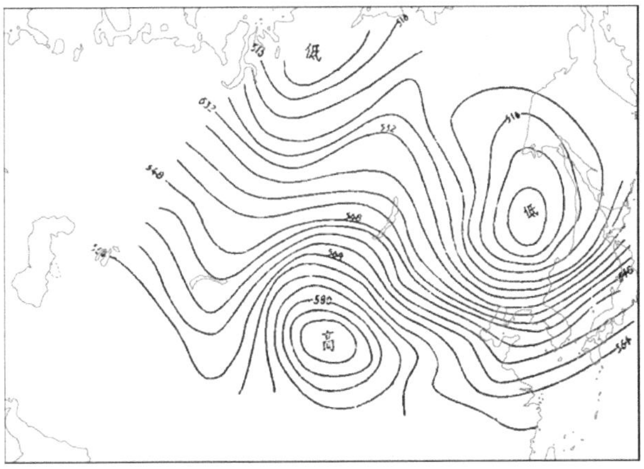

图 1o 1955 年 2 月 19 日（23）500 hPa，48 h 预报图（两层模式）

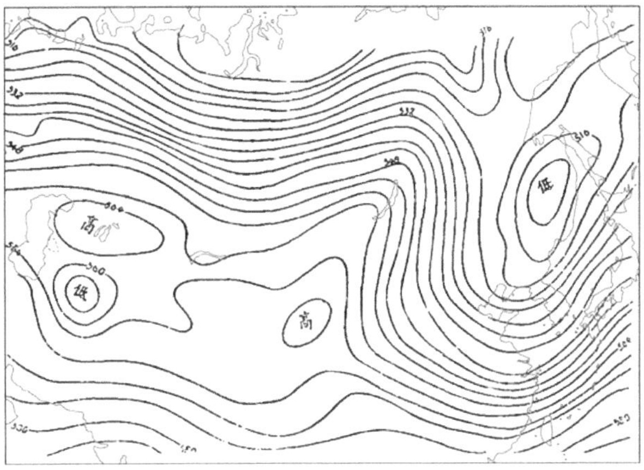

图 1p 1955 年 2 月 19 日（23）500 hPa 图（实况）

由 17 日（23）报 19 日（23）的结果也比较好，48 h 预报中存在的缺点与由 18 日（23）报 19 日（23）的[2]相似。即低压太偏北，脊报得太强，但经向度加大的趋势是正确的。

总的看来，从这个例子我们可以知道，像这样的寒潮，虽然用半经验的预告技术（不论是 24 h 还是 48 h）一般不易报好，但是由两层模式的数值来做预报，即使是 48 h 的预报效果也是比较好的。

第二例 这是 1956 年 2 月 23—27 日东亚一次寒潮爆发的例子。在这次例子中，贝加尔湖附近的低槽向东移动并且发展起来，但强度没有第一例中那样强。

从预报效果来说，这一个两层模式的预报不如第一例来得好。特别是 48 h 预报是不成功的（图 2），24 h 预报比较好些（图略）。

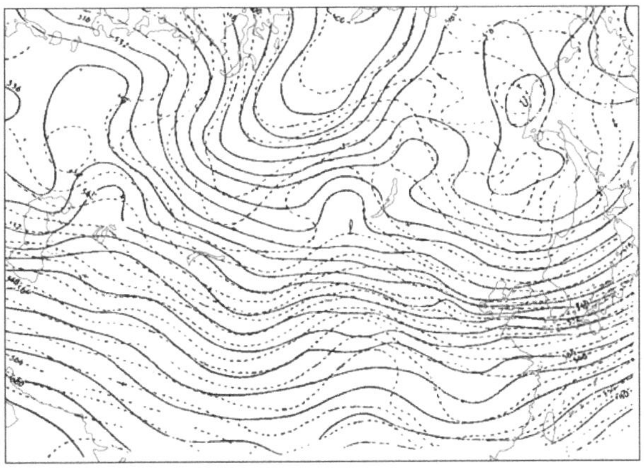

图 2a 1956 年 2 月 23 日（23）500 hPa 图

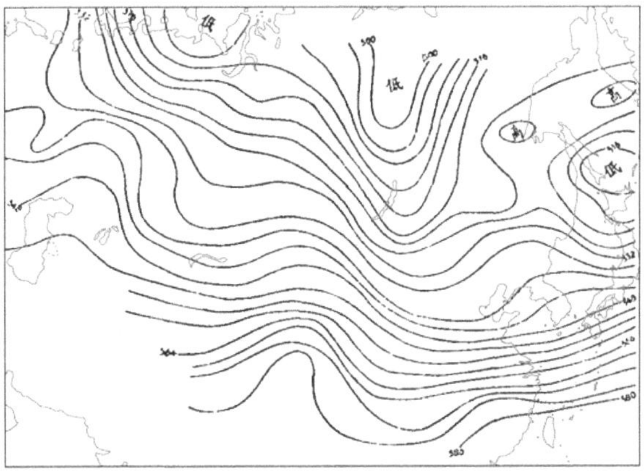

图 2b 1956 年 2 月 25 日（23）500 hPa 预报图

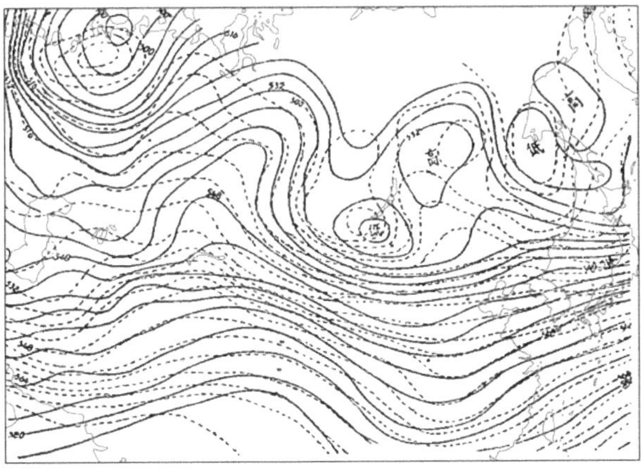

图 2c 1956 年 2 月 25 日（23）500 hPa 图

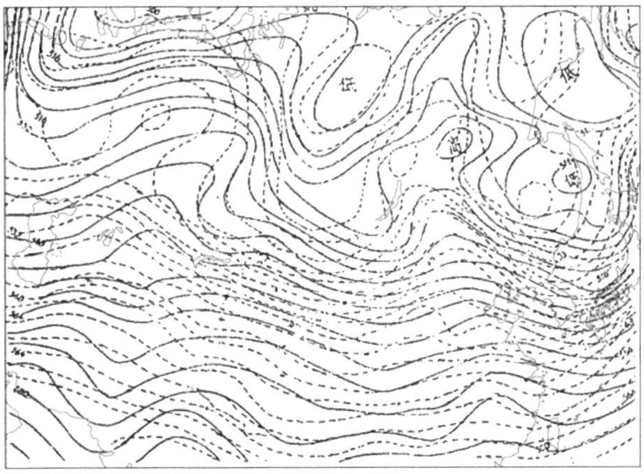

图 2d 1956 年 2 月 24 日（23）500 hPa 图

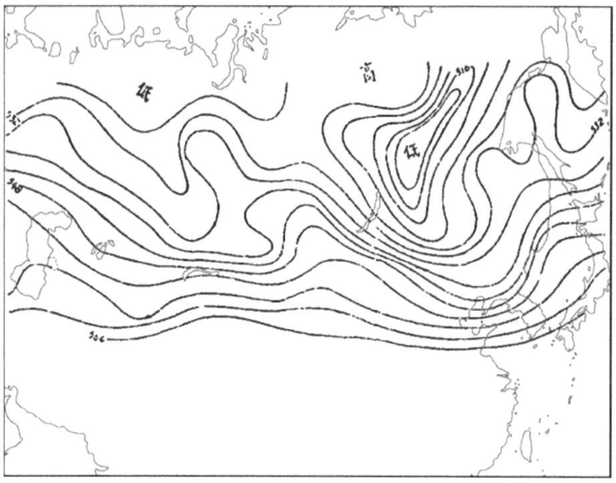

图 2e　1956 年 2 月 26 日（23）500 hPa 预报图

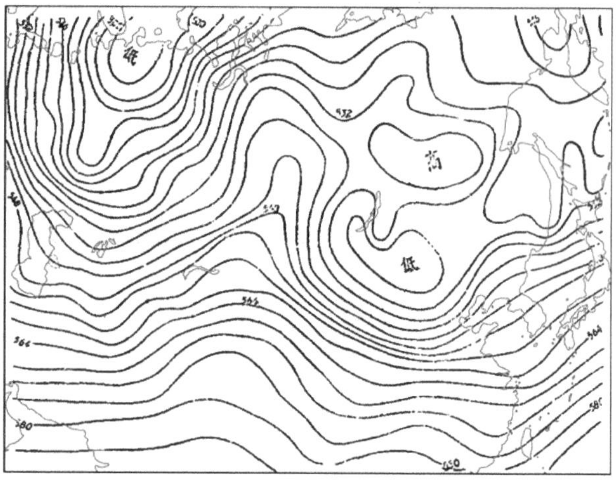

图 2f　1956 年 2 月 26 日（23）500 hPa 图

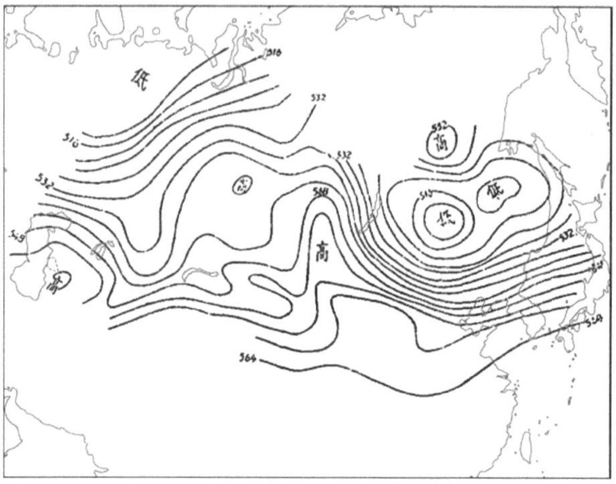

图 2g　1956 年 2 月 27 日（23）500 hPa 预报图

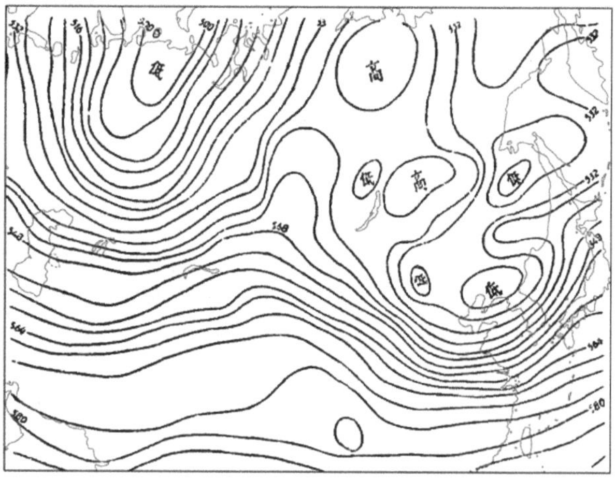

图 2 h.　1956 年 2 月 27 日（23）500 hPa 图

预报结果比较差的原因，可能是在第一例中上游西伯利亚西部高压脊的发展比较重要，而在第二例中主要只是低槽的发展。大家知道准地转两层模式（或一层模式）中高压脊容易报得强一些而低压槽要弱一些。这样，第二例的预报就不会比第一例的来得好。

其他各点与第一例的类似，见图 2 中各图。

要说明的是，在第一例中凡是求涡度及场的加减都是用图解方法，在第二例中则在差分网格上直接做数值计算求出。第二例中解 Poisson 方程用的公式都是 $\alpha=h+2h_m$。

第三例　不论对东亚的天气形势或我国的具体天气过程来说，乌拉尔高空暖高压的形成消退或者说乌拉尔区阻塞形势的形成或崩溃是很重要的。但是在理论上即使到最近对阻塞高压的问题也只有很少的研究[6,7]。因此对于阻塞高压形成等的原因还不太清楚，通过阻塞高压形成的试报，我们一方面可以对它的消长了解得更清楚，另一方面也可了解我们所取模式的预报能力。

我们选取了一个乌拉尔高压形成的例子。这个高压由 1955 年 12 月 29 日形成，一直保持到 1956 年 1 月中旬。它的崩溃还促成了一次东亚寒潮的爆发。

在 1955 年 12 月 27 日（11）500 hPa 图（图 3a）上，可以看到欧洲的经向度还不太大。乌拉尔附近有一个小高压；它是在减弱中的一个系统，不是后来在它东边另外发展出来的高压。但是在北海海面 500 hPa 高压脊的西边，已形成了一个厚度场的高空中心（暖中心，图 3b）。

解 Poisson 方程时用的是 $\alpha=h+2h_m$ 公式。

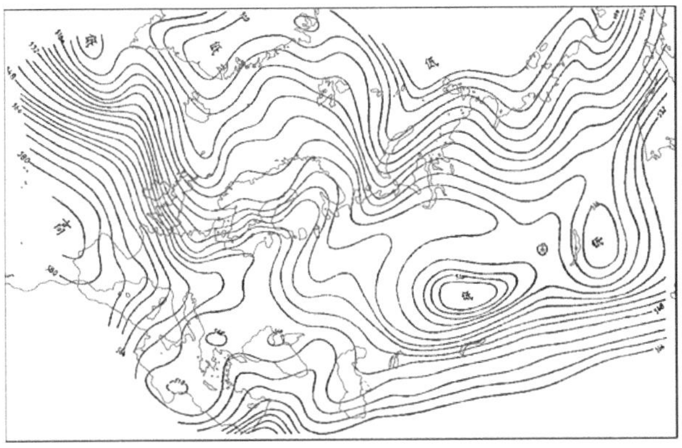

图 3a 1955 年 12 月 27 日（11）500 hPa 高度图

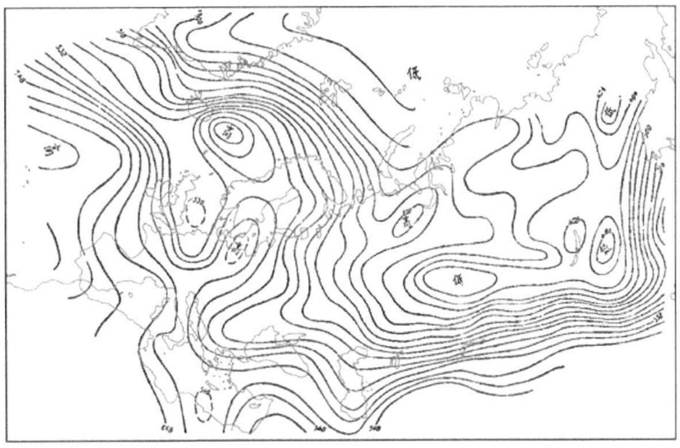

图 3b 1955 年 12 月 27 日（11）500/1000 hPa 相对高度图

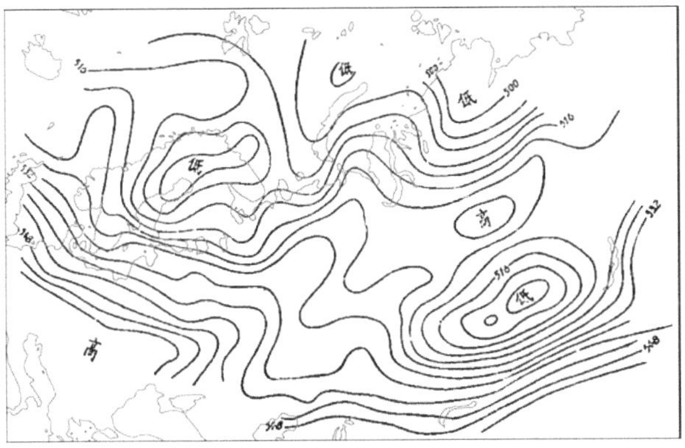

图 3c 1955 年 12 月 28 日（11）500 hPa 预报图（一层模式，24 h）

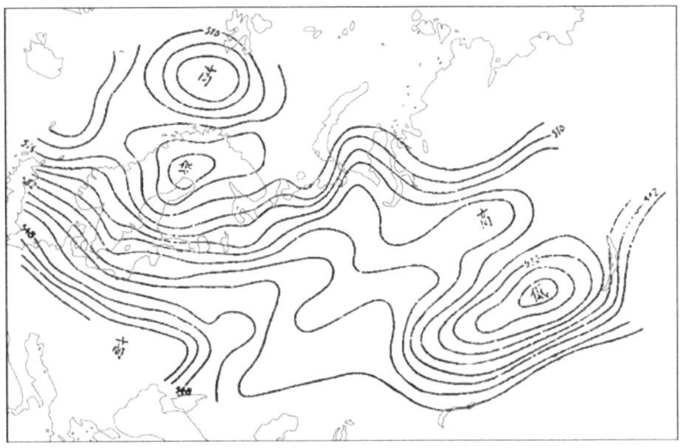

图 3d 1955 年 12 月 28 日（11）500 hPa 预报图（两层模式，24 h）

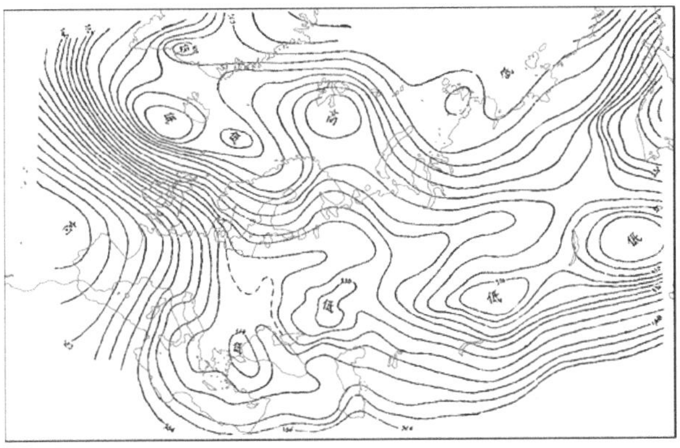

图 3e 1955 年 12 月 28 日（11）500 hPa 高度图（实况）

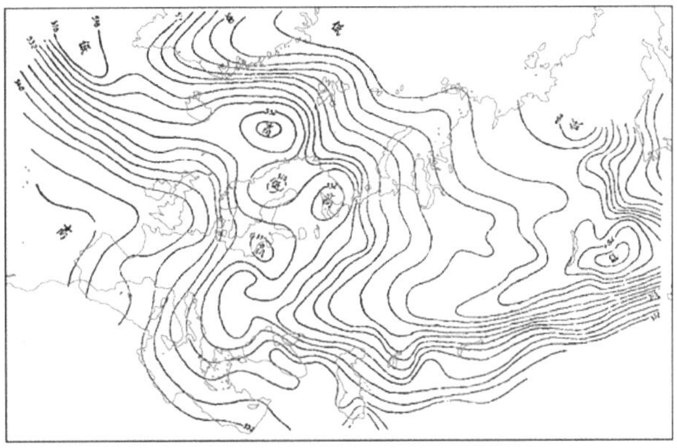

图 3f 1955 年 12 月 28 日（11）500/1000 hPa 相对高度图

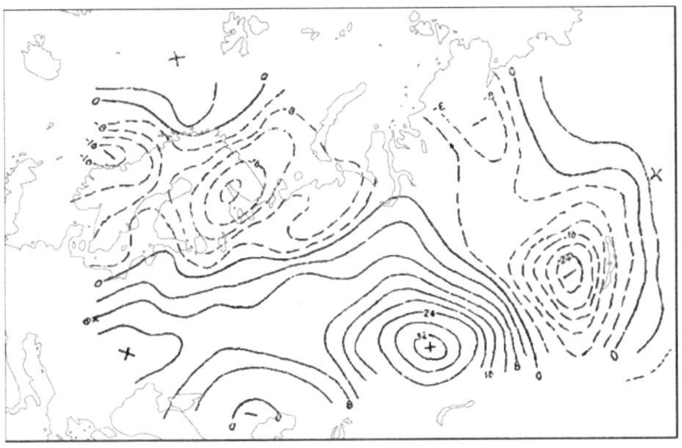

图 3g 1955 年 12 月 27—29 日（11）500 hPa，48 h 变高预报图（两层模式）

图 3h 1955 年 12 月 27—29 日（11）500 hPa，48 h 变高图（实况）

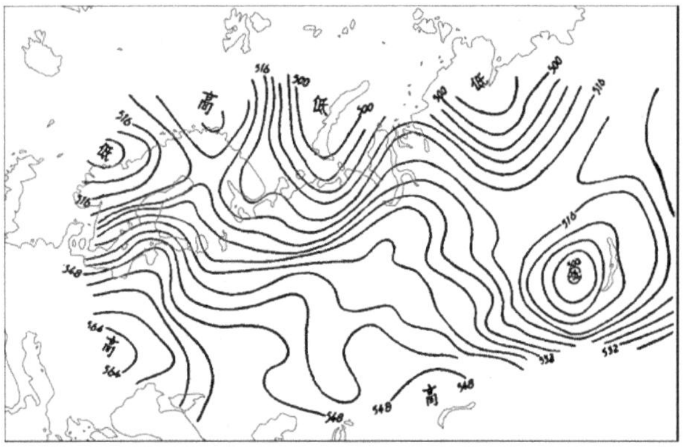

图 3i　1955 年 12 月 29 日预报图（两层模式，48 h）

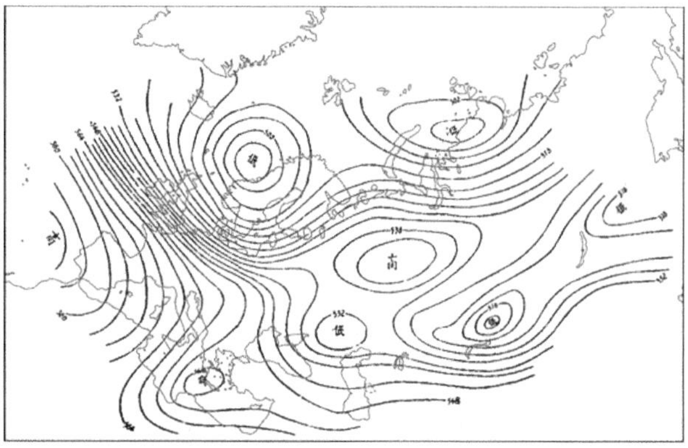

图 3j　1955 年 12 月 29 日 500 hPa 高度图（实况）

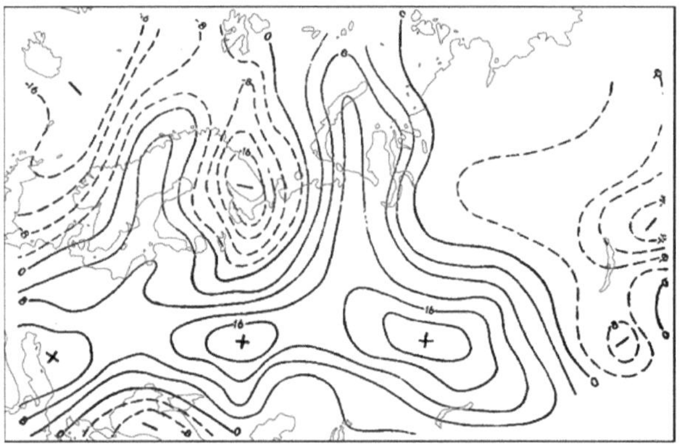

图 3k　1955 年 12 月 28—29 日（11）500 hPa，24 h 变高预报图（两层模式）

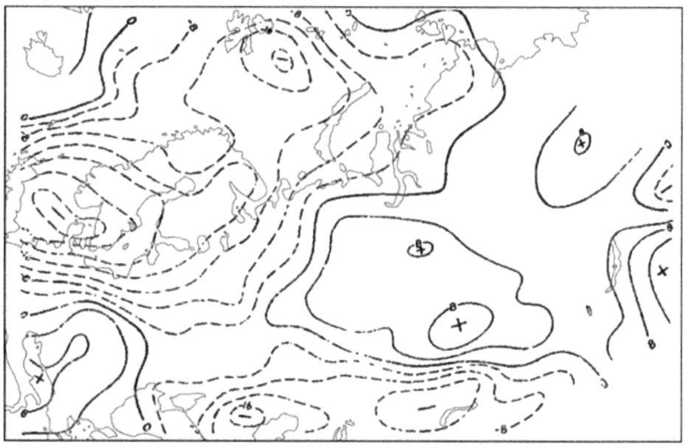

图 3l　1955 年 12 月 28—29 日（11）500 hPa，24 h 变高图（实况）

图 3m　1955 年 12 月 29 日（11）500 hPa，24 h 预报图（两层模式）

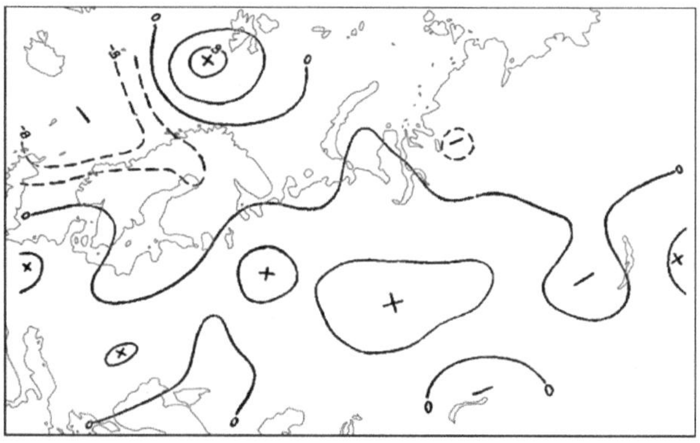

图 3n　1955 年 12 月 27—28 日 500 hPa，24 h 变高图（两层模式斜压部分）

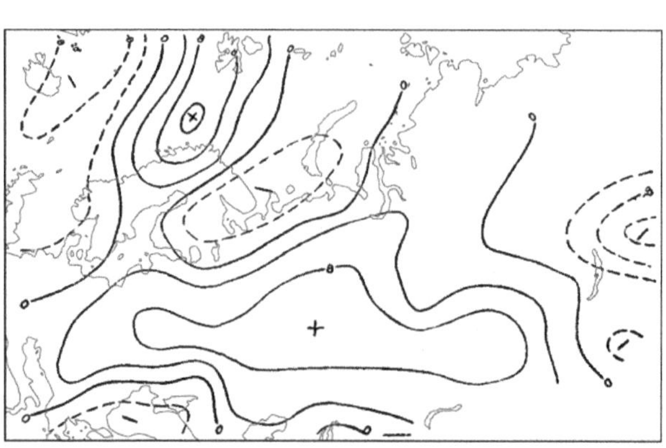

图 3o　1955 年 12 月 28—29 日 500 hPa，24 h 变高图（两层模式斜压部分）

24 h 的两层模式预报说明考虑了斜压性，预报的变化是和实况比较接近的。两层模式预报图中清楚地给出北海东北部新生的高压上正变高虽然很强，总的算得的变高（图 3d）甚至比实况（图 3e）还强，但是在它西南方，即在伏尔加河顿河下游的负变高却没有出现，因此，高压脊虽然加强得很厉害，但却没有形成闭合的高中心。而整个形势便全然不同（图 3f—图 3h）。

为了了解 48 h 预报的失败是否与时限太长有关，我们又做了 28 日（11）到 29 日（11）的两层模式预报。预报结果（图 3i—图 3o）说明，虽然 24 h 预报比 48 h 预报来得好些，但是主要的变化即阻塞高压的形成却没有报出来。因此预报仍是不成功的。

因此这个例子的试报结果说明：①至少有些例子中与阻塞高压相连接的正变高不是整个对流层大气辐散[6,8]的结果，而是斜压发展的结果。②单纯的“斜压发展”即 $v_T\cdot\nabla\zeta_T$项并不能说明阻塞高压的生成，因为高压脊并没有从南边切断。

以上各次例子的预报也是好坏大有不同。就效果而言形势预报好坏可用网格点上预报高度值和实况高度值之间的相关系数来表示，但是高度图的相关系数只能大致反映高度分布预报结果与实况的相似程度，但不够完全反映预报的要求，也不足以反映预报的本领。因此我们也是用预报变高与变高实况之间的相关系数来表示预报的成功程度。

各例中变高相关系数的数值如下，核对的范围见图 4，每次共对 6×9 点，格宽 500 km（受记录限制，48 h 预报范围向北扩展不够大，北边有时少几点）。

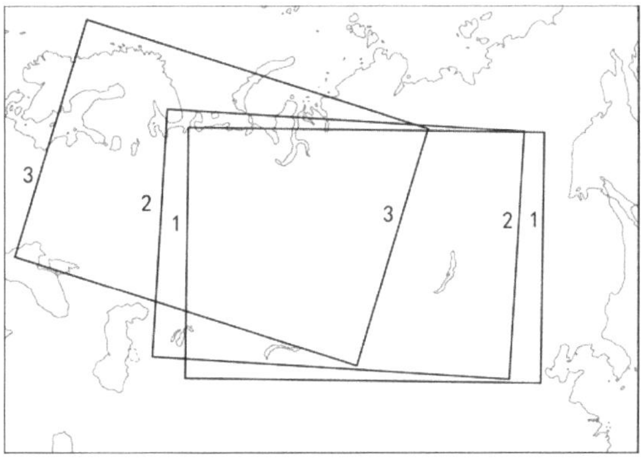

图 4　核对变高的范围（1 指第一例；2 指第二例；3 指第三例）

第一例：

2 月 16—17 日　r=0.63，　　2 月 16—18 日　r=0.65，

17—18 日　r=0.83；　　17—19 日　r=0.84。

第二例：

2 月 23—24 日　r=0.74，　　2 月 23—25 日　r=0.36，

24—25 日　r=0.63，　　24—26 日　r=0.40，

25—26 日　r=0.36；　　25—27 日　r=0.52。

第三例：

12 月 27—28 日　r=0.60，　　12 月 27—29 日　r=0.39，

28—29 日　r=0.32。

上面这些相关系数比一般报告（文献[1]所引）所给的要小些。这可能与图解法有关①。因为 Fjϕrtoft 解 Poisson 方程的图解法中误差大小和符号与解的波长有关，而图上各处分解所得的波长成分各有不同。因此由 Fjϕrtoft 解 Poisson 方程的图解法所求出的结果，其误差在图上是不均匀的。并且它的误差也不小，特别在波长较短的时候。例如在第二例的第三个 48 h 预报中，由 Fjϕrtoft 方法求出的 48 h 变高[图

① Fjϕrtoft[9]认为他的图解法不比用计算机逐步数值计算外推来得差。然而他所给的数字中有一个例子中图解法的结果（r=0.71）竟比用计算机逐步外推的（r=0.53）更好，这是不大可能的。因此这似乎只能反证图解法可有相当的误差（E_r=0.18！）。

5（a）]比用正规的 Relaxation 方法所求出的[图 5（b）]要大了半倍到一倍。由图上可以看出用 Relaxation 方法求出的结果比用 Fjϕrtoft 方法的要接近变高实况[图 5（c）]得多。前者与实况的相关系数是 0.52，后者是 0.62。但也必须指出就是用计算机的帮助逐步外推也不全都有很好的结果的（例如，Bushby 和 Hints[10]在用计算机帮助下考虑了涡度垂直输送和辐散，做的两层 24 h 的预报时 500 hPa 变高还得到过 r=0.18，对 1000 hPa 形势还得到过负相关），考虑到这些情况上面这些例子的结果与一般试报结果是比较接近的。

从以上几个例子来看，对寒潮预报来说，两层模式的数值预报结果比较好。在寒潮爆发初期高空高压脊的发展一般是比较重要的，而这是预报得比较好的。但总的说来有一个共同的偏向，就是高压报得太强而低压报得太弱。特别显著的是负变压的中心总是偏北，这是地转风假定下各层模式预报的通病[1]。

对于阻塞高压的形成来说，预报是不成功的。正如上面所说预报的不成功的原因主要还是它南面的负变压区没报好。由此可见问题还是在低压发展报得不好。我们看 Bolin[8]用一层模式试报阻塞高压的例子（图 6），就可以发现同样的毛病。如果从变高来看（图略）尤其清楚（即使考虑到对流层整层的辐散也只能使北边的正变高加强，但南边的负变高仍然没有报好）。然而这原因要归之于地转风假定本身却不是很完全合适的。Charney 在 1950 年 11 月 25 日的北美低压发展的例子（见文献[1]）证明，同样在地转风假定下，层次的多少与预报结果就有不同。

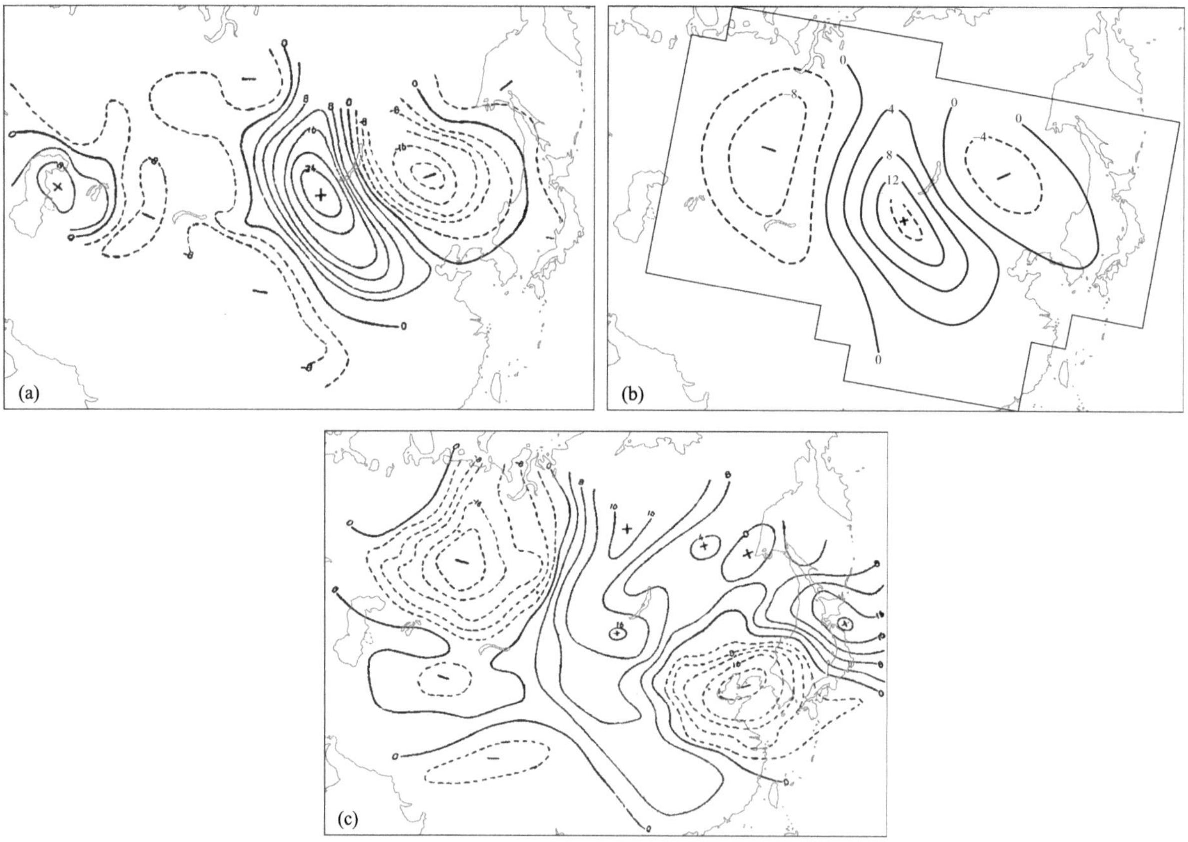

图 5　Fjϕrtoft 图解法结果和 Relaxation 法结果比较，1956 年 2 月 25—27 日 500 hPa 变高图

（a）用 Fjϕrtoft 图解法求得值（$\alpha=h+2\bar{h}$）；（b）用 Relaxation 法求得值[$\Delta\zeta_{48}$值与（a）中相同]；（c）实况

我们这个例子的情形也是相似的，根据涡度方程来看，在这种情形下低压生成区的上游可能 500 hPa 上有比较大的辐合。实际上也是如此，我们用温度个别变化法分别求了 1955 年 12 月 28 日（11）到 29 日（11）的时间中伏尔加河顿河流域 700 hPa、500 hPa、300 hPa 上的垂直运动，发现在这区域中自 700 hPa 到 300 hPa 这段气柱整层平均来说都是水平辐合的，而在伏尔加河中游一带的辐合还很强（平均 2.8×10^{-6} s），符号也一致。从 850 hPa 到 300 hPa 各层上都是辐合。从测风记录来看在伏尔加河中游也是辐合的

（500 hPa 上 4.4×10^{-6} s）。因此辐合的作用是不小的，而低压的发展可能也就是辐合的结果。

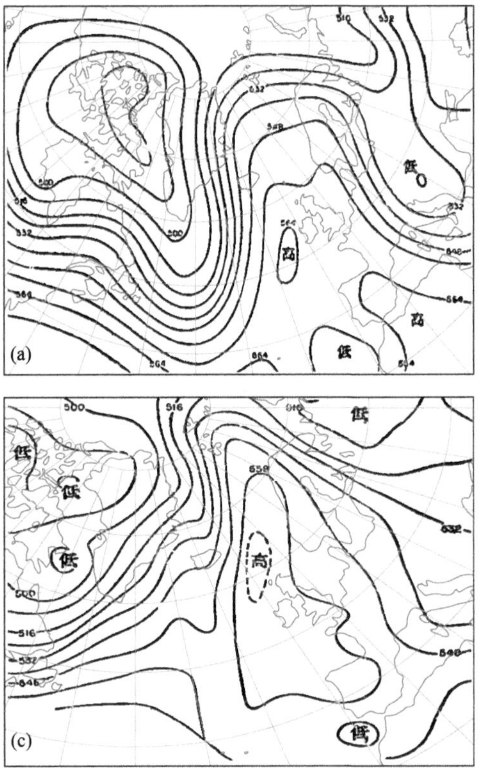

图 6　1948 年 2 月 17 日（11）到 19 日（11）的 500 hPa 预报图

（a）17 日（11）实况；（b）19 日（11）正压模式 500 hPa 预报；（c）正压预报，对流层有整层辐散；（d）19 日（11）500 hPa 实况（采自 Bolin[8]）

从过去的个案分析来看情况是相似的，Bolin 的例子我们没有记录，但从 Charney 三层模式试报的例子中，500 hPa 上辐散是很大的（图 7），发展也更猛烈。在 Eliassen 和 Hubert 的切断低压衰退的例子中，辐散的作用更是明显，低压中心整个对流层有猛烈的辐散而在 500 hPa 附近最大。而这低压在 24 h 内就很快减弱了[图 8（a）]。至少从这几个例子看来，在低压发展或较弱时 500 hPa 上的辐散是大的，整个气层中的辐散分布大致会有如图 8（b）那样的分布。由此看来在涡度方程中辐散项的作用是很大的，这也就是为什么即使一层模式，考虑了辐散[12]，有些预报结果也比较好[13]的原因。

图 7　1950 年 11 月 24 日（23）北美 500 hPa 辐散场（单位：$10^{-5}\ s^{-1}$）

但也得说明，阻塞高压的形成可能是多样的，有一些阻塞高压（如 1950 年 5 月 18 日欧洲西北部形成的阻塞高压）南边先已有切断低压存在，高压的形成过程就有不同，不能一概而论。

*　*　*　*

最后，在计算中有几点可以提出来的是：①分别计算涡度平流和 $\dfrac{\partial f}{\partial y}v$ 项的作用，我们发现尽管在量级比较时 $-\dfrac{\partial f}{\partial y}v$ 项不小，但在实际数值积分中这项是比较不重要的。一般由此造成的变高都在 40 m/24 h 以下。这是因为空气运动的南北幅度有限，在预报时限中南北位移不大的缘故。②H 的变化一般是不大的，例如从图 3n 和图 3o 变高中心的变高大小的比较，就可以看出在 24 h 中 H 改变所相当的变高改变在 40 m 以下。所以 $dH/dt=0$ 的假定还是比较可以用的。

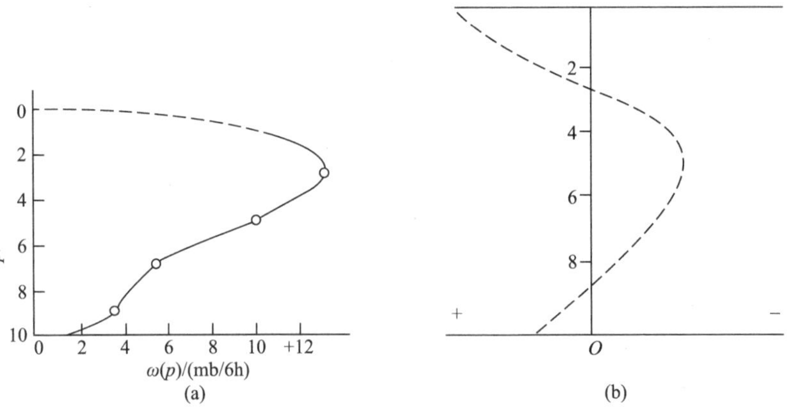

图 8.　低压发展前的典型辐散分布

（a）Eliassen-Hubert 例；（b）可能的一般情形

7.3　准地转两层模式数值预报的局限性

从以上的讨论，我们可以考察一下两层模式对辐散场分布的表示能力，来了解它的预报效果。

一般准地转两层模式中所取的都是没有整层辐散的大气，即 $\omega(0)=\omega(p_0)=0$，因此像我们这样，把涡度方程对 p 从 $p=p_0$ 到 $p=0$ 积分，所得到的平均高度 $\bar{p}$ 上的涡度方程（1.1）是不会有辐散项的。不但对整层积分处理时平均层上不会有辐散，就是在用垂直方向上取气压差分（像 Charney[16]那样）来定两层的层次时，只要有 $\omega(0)=\omega(p_0)=0$ 的假定[或 $\omega(0)=\omega(p_0)$]，平均层上也仍是没有辐散的。

值得注意的是方程式（1.1）是对“积分大气”的方程，并不能与“平均层” $p=\bar{p}$ 上的涡度方程 $\nabla^2\dfrac{\partial\bar{z}}{\partial t}=-\bar{v}\cdot\nabla(\zeta+\mathrm{f})+f\,\mathrm{div}\,\bar{v}$ 比较，而把 $-v_T\cdot\nabla\zeta_T$ 看作是辐散项的一个表示。因为 $-v_T\cdot\nabla\zeta_T$ 项是把 $-v\cdot\nabla\zeta$ 项对高度积分而得的，是斜压性作用的直接结果。也就是这样，所以我们不能简单地取 $p=\bar{p}$ 的涡度方程为 $\nabla^2\dfrac{\partial\bar{z}}{\partial t}=-\bar{v}\cdot\nabla(\bar{\zeta}+\mathrm{f})+f\,\mathrm{div}\,\bar{v}$。因为“−”在这里代表的是一种运算，而不是简单的某一层次的表记。

从两层模式中的基本假定来看，风的分布是按照 $v(x,y,p,t)=\bar{v}(x,y,t)+A(p)v_T(x,y,t)$ 分布的，在这种情形下 $\mathrm{div}_2v=\mathrm{div}_2\bar{v}+A(p)\,\mathrm{div}v_T$，那么也必然有无辐散层 p^* 在这层上。

$$A(p^*)=-\mathrm{div}_2\,\bar{v}(x,y,t)/\mathrm{div}_2\,v_T(x,y,t)。$$

由于 $A(p)$ 只能按平均情形来定，由地面到平流层下部 $A(p)$ 由负到正作单调增加，因此在适当的 $\mathrm{div}_2\bar{v}$ 及 div_2v_T 两个已知函数下也只能有一个 p^* 值，而且各地各时间可以不同。因此这时只能有一个无辐散层，在这层的上下辐散符号相反。但 $\mathrm{div}_2\,\bar{v}=\overline{\mathrm{div}_2\,v}$，由前面所说的上下边界条件得 $\overline{\mathrm{div}_2\,v}=0$，所以在这种情形下无辐散层就是平均层 $\bar{p}=p^*$[“积分大气”就是无辐散的，不必要像 Charney（见文献[1]）那样要凑出一个无辐散层来]。根据统计所得 $A(p)$ 的分布，两层模式中 $\bar{p}$ 就在 500 hPa 附近，因而在两层模式中 500 hPa 高度上辐散也是很小的。在这条件下的两层模式中，形式上保留这一项的许多做法（见文献[1]）也是不能起多大作用的。

由此也可以推知，在两层模式中只有一个 ω 极大值。它在 500 hPa 高度附近。

然而上界条件 $\omega(0)=0$ 并非必要，因为 $\omega(0)=\omega(p_0)=0$ 的假定虽然可使大气的整层辐散等于零，因而消去重力波，但我们作了地转风近似，重力波已经消掉。不用 $\omega(0)=0$ 的假定也可以求得所要的涡度方程。这种做法也很多，有的直接假定无辐散层的存在，而把涡度方程用到那一层上（如 Petterssen[14]，Estoque[15]），有的就考虑对流层有整层的辐散（Charney[16]，Bolin[8]），但是不论怎样都不能改善辐散在垂直方向上的相对分布，也不是对任何波长的波都有显著的改进作用。因此并不能使我们的例子，Bolin[8]的例子以及 Eliassen-Hubert 的例子等等这些阻塞形势中切断低压的生灭，以及 Charney（见文献[1]）和 Petterssen[14]所提的那类高空低压发展的生灭的预报有基本的改善。

要改进这种预报结果只有两个方法，一是改用三层模式。应该指出三层模式当然比二层更好考虑到大气斜压性的实际情况，从系统发展来看，三层模式的具体优点是使涡度方程中的水平辐散可能采取普遍的分布形式，而能反映出发展比较猛烈时的辐散构造，因此它是预报猛烈发展所必要的。问题是在这种情形下由于“平流项”很多，图解法赶不上时间，因而就必须使用高速计算机来做。

另一方面也可以不用地转风假定，而研究如何用实际风场（包括实际的水平辐散场）来报未来的气流场，这样我们就用实际的辐散场，不用相对高度求 ω 场再求辐散场。上面的那些辐散构造的假定就可以避免了。这不仅对二层问题，就是对一层模式也可以有显著改进。这方面得进行数值积分的试验[可用 Hollmann 的或 Bolin（见文献[1]）的方法]，已有一些试验[13]看来是一次外推 24 h 的，因此还是不够的。

总之，模式的选取一定要根据大量个案中构造和发展的研究才能很好地决定。从气候平均（如 Árnason[17]）来决定还是不够的，因为问题不仅在一般的发展如何预报，在预报的观点来说，更重要的是与危险天气相联系的发展特别强烈的个案中，系统是怎样的构造和怎样发展起来的。因此，正像其他预报技术一样，数值预报和理论方法也是需要由个案分析试报及日常数值预报工作的成功和失败例子的分析而不断改进的。

* * * *

本文由曾佑思同志帮助制图，谢葆良、薛永瞻、梁佩娱同志帮助计算，均此致谢。

参考文献

[1] 顾震潮，大范围温压场的流体力学预报法，气象学报，26(1955)，211-230 及 295-327.

[2] 廖洞贤，简化的两个参数模型的图解数值预报，气象学报，27(1956)，153-166.

[3] Thompson, P. D., and W. L. Gates, A test of numerical prediction methods based on the barotropic and two-parameter baroclinic models, *J. Meteor.*, 13(1956), 127-141.

[4] Fjϕrtoft, R., On a numerical method of integrating the barotropic vorticity equation, *Tellus*, 4(1952), 179-194.

[5] Fjϕrtoft, R., On the use of space-smoothing in physical weather forecasting, *Tellus*, 7(1955), 462-480.

[6] Yeh, T. C., On energy dispersion in the atmosphere, *J. Meteor.*, 6(1949), 1-16.

[7] Rossby, C. G., On the dynamics of certain types of blocking waves, *J. Chin. Geophy. Soc.*, 2(1950), 1-13.

[8] Bolin, B., An improved barotropic model and some aspects of using the balance equation for three-dimensional flow, *Tellus*, 8(1956), 61-75.

[9] Fjϕrtoft, R., “On forecasting with barotropic-model”, *Tellus*, 8(1956), 115.

[10] Bushby, F. H., and M. K. Hints, The computation of forecasting charts by application of the Sawyer-Bushby two-parameter model, *Q. J. Roy. Met. Soc.*, 80(1954), 165-173.

[11] Eliassen, A., and W. E. Hubert, Computation of vertical motion and vorticity budget in a blocking situation, *Tellus*, 5(1953), 196-206.

[12] Успинский, Б. Д., Теория локальных изменений геопотециальных высот изобарических по-верхности, М. и Г., 1954. № 5.

[13] Васюков, К. А., Анализ локальных изменений давления и условий циклогенеза в тропосфере,Тр. ЦИП, вы 45(72), 1955, 1-58.

[14] Petterssen, S., A general survey of factors influencing development at sea level, *J. Meteor.*, 12(1955), 36-42.

[15] Estoque, M. A., A prediction model for cyclone development integrated by Fjϕrtoft’s method, *J. Meteor.*, 13 (1956), 195-202.

[16] Charney, J. G., The use of primitive equations of motion in numerical prediction, *Tellus*, 7(1955), 22-26.

[17] Árnason, G., and L. Vuorela, A two-parameter representation of the normal temperature distribution of the 1000-500 mb layer, *Tellus*, 7(1955), 189-203.

A TEST FOR 24 AND 48-HR NUMERICAL FORECASTING WITH A QUASI-GEOSTOPHIC TWO-PARAMETER MODEL

Koo Chen-chao, Chao Ji-ping and Jü Chang
(Institute of Geophysics and Meteorology, Academia Sinica)

ABSTRACT

Some 24 and 48-hr numerical forecasts for 500 hPa geopotential height over a part of Asia are prepared by graphical method with a quasi-geostrophic two-parameter model. The result is in general rather good, but for the case of blocking, the negative height-change center south to the position of the blocking high is not forecasted and thus the blocking high does not appear on our prognostic chart. This is due to the neglection of the 500 hPa divergence which is of importance for the major development of weather systems on 500 hPa level. Some of the errors are attributed to the Fjϕrtoft's formula used for the graphical integration of Poisson equation.

吕建华 中山大学教授 | 专家解读 |

顾震潮先生在瑞典留学期间就已开始数值天气预报方面的研究，并有相关短论发表在罗斯贝创办的《气象学杂志》上。顾先生于1950年初回到祖国不久，旋即担任由中国科学院地球物理所和军委气象局成立的“联合天气分析预报中心”（简称“联心”）主任，为新中国天气预报业务体系的建立做出了重要贡献。1955年完成“联心”任务回到地球物理所以后，他就在赵九章先生支持下，从地球物理所和气象局抽选年轻人组织一支精干的队伍，开始了数值天气预报研究。他带领大家阅读国外文献，翻译苏联科学家的教材，亲自撰写关于数值天气预报的综述文章，研究很快就取得了系统性的进展。

值得注意的是，当时我国还没有计算机，但顾先生认为不能等有了计算机才开展研究，而必须在那之前就做好准备。顾先生首先改进费约托夫（Fjϕrtoft）的图解法为两层准地转模式的图解法，实现了24 h和48 h的数值天气预报。我们所选的这篇文章正是这个我国首次48 h数值天气预报（虽然是由手算完成）的结果。当年（1957年）六月初，顾先生参加了在瑞典斯德哥尔摩召开的，罗斯贝、查尼、洛伦兹、奥布霍夫等也参加的数值天气预报讨论会，在会上报告了这一成果，引起了很大反响。1959年我国研制的计算机面世以后，顾先生带领这支年轻的队伍实现了在计算机上的数值预报，并以此向新中国建国十周年大庆献礼。这支队伍后来也成为我国数值天气预报模式和气候模式发展的骨干力量。

8

西藏高原及其附近的流场结构和对流层大气的热量平衡*

| 叶笃正　罗四维　朱抱真 |　中国科学院地球物理研究所

叶笃正（1916—2013 年），美国芝加哥大学博士，中国共产党党员。中国科学院院士，气象学家，中国现代气象学主要奠基人之一、中国大气物理学创始人、全球气候变化研究的开拓者。曾任中国气象学会理事长、中国科学院副院长、中国科学院大气物理研究所所长。

■ 曾担任《气象学报》第十四届理事会编辑委员会编辑委员、第十六届理事会编辑委员会特约编辑；新中国成立后第一届理事会《气象学报》编译委员会编译委员，中华人民共和国成立后第二、三届理事会《气象学报》编辑委员会副主任，第十八届理事会《气象学报》编辑委员会主任，第十九、二十届理事会《气象学报》编辑（审）委员会委员，第二十一届理事会《气象学报》编审委员会顾问。

■ 发表在《气象学报》的著名论著还包括：《云对大气电场之影响》（1944 年）、《纪录稀少区域之天气分析及其预告》（1950 年）、《近代大气环流研究的进展》（1951 年）、《亚洲南部与美国冬季环流进退之探讨》（1951 年）、《西藏高原对大气环流影响的季节变化》（1952 年）、《中纬度对流层上部的能量变化》（1952 年）、《海陆分布对于大气环流的地形与热力的影响》（1954 年）、《从大气环流变化论东亚过渡季节的来临》（1955 年）、《北半球大气中角动量的年变化和它的输送机构》（1955 年）、《十年来我国的大气环流研究工作》（1959 年）、《纬向式环流型生成和崩溃时期中各种物理量输送及能量转换的变化》（1961 年）、《长波的垂直结构和它的移动与发展的关系》（1963 年）、《波状基本气流中的若干扰动动力学问题》（1964 年）、《中小尺度运动中风场和气压场的适应》（1964 年）、《超长波的不稳定与发展的一个初步研究》（1965 年）、《学习气象站补充订正天气预报方法的一些体会》（1966 年）等。

摘　要

本文利用 1954—1956 年的高空及地面记录，做出了平均流场，并计算了垂直速度、冷暖平流及辐射等，得出下面几点结论：

1）冬季在 1.5 km 及 3 km 的西风，在高原西边有明显的分支，东边有明显的会合，且在东西两边各有一“死水区”（风速很小），在高原北面形成了高压脊，而在其南面形成了低槽，到了 6 km 除了二个“死水区”消失以外，其余基本上没有变化。

* 1957 年 2 月 7 日收到。叶笃正，罗四维，朱抱真. 1957. 西藏高原及其附近的流场结构和对流层大气的热量平衡. 气象学报，28(2)：108-121.

2）夏季 1.5 km 及 3 km 在高原附近的流线，绕高原作气旋性旋转，而到了 6 km 则相反而呈反气旋性旋转，其中心在高原西南部分，且随高度增加而向西偏。

3）夏季在高原上基本上是上升运动，可能达到 9 km；冬季在高原上估计可能是下沉运动（除西南角有部分上升运动）。

4）夏季可以肯定高原是一个热源，而冬季除了西南角有一部分是热源外，其他地区可能是一冷源。

西藏高原在东亚环流及中国天气中所起的作用，一直是中国气象工作者们所注意的问题，过去在这方面作过不少工作，但是由于记录的限制，过去的工作主要都是在大型天气方面。近年来我国高空测站尤其是测风站增加很多，有条件使我们对于西藏高原及其四周的环流进行比较仔细的分析。本文利用 1954—1955 年的两个夏季（7 月和 8 月）和 1954—1956 年的两个冬季（12 月和 1 月）的测风记录，共 100 个站，做出了冬夏两季西藏高原及其四周风场的详细结构，同时利用了 1955—1956 年的探空记录，讨论了西藏高原及其四周上空热量的平衡，并由此推测西藏高原在热力方面起热源或冷源的作用。

8.1 冬季流场的结构

根据过去的研究[1,2]，由于高原的影响，在高原四周的风有明显的日变化，这种变化就是在冬季也还是存在的。为了避免这种变化，我们所用的风是早上（北京时 11 时）和晚间（北京时 23 时）的平均数，冬夏都是如此。

8.1.1 1.5 km 上的流线

图 1 是冬季 1.5 km 高度的平均流线图，在这张图上有许多有意思的结构。首先我们看到西风带在高原的西端分成了两支，南支成西北气流，北支成西南气流，这是经常所提到的[3,4]。在南支气流里的情况比较简单，它基本上沿着高原的南缘前进，只有在高原的东南阿拉干山的东面才有了显著的气旋性

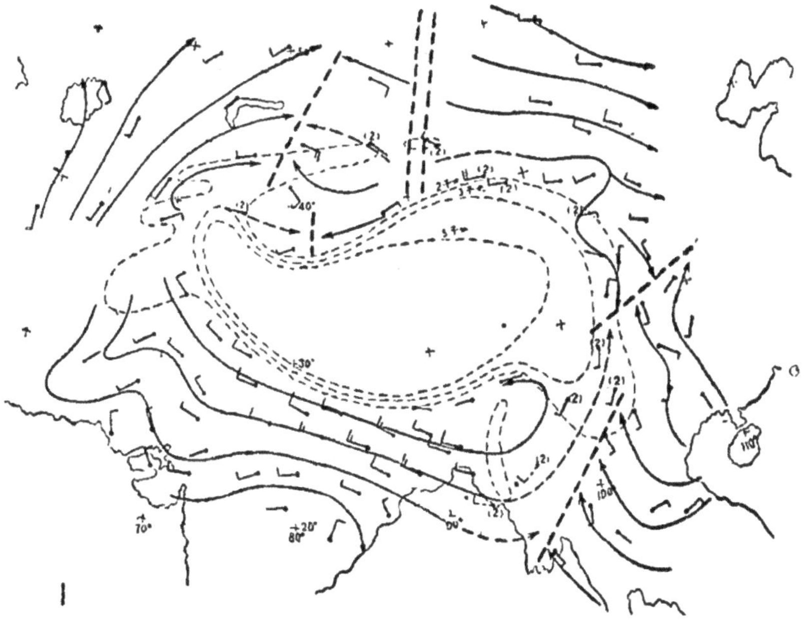

图 1 冬季 1.5 km 高度上的流线图

一整横代表 4 m/s，半横代表 2 m/s，凡小于 1 m/s 的风速不带横；括号内的数值代表高度（km）；带有星号的风向表示 1934 年以前的记录；以虚线所表示的流线表示不在同一高度上的流线；细虚线表示地形的等高线，内圈为 5 km 以上，中圈为 3 km 以上，外圈为 1.5 km 以上

旋转，在阿拉干山东面形成了一个槽，这个槽给我国西南部带来了大量的湿暖空气，与我国这一带的天气有很大的影响，这点过去的工作也已指出过[2,5]。依据这个槽的位置，判断它的形成可能与气流过阿拉干山有关，再向东这支气流与中南半岛上的东南气流相遇成一辐合线。

在高原北部的情况比较复杂，首先在高原的正北有一极为明显的辐散区，在短短的距离里风向有 180°的相反。不过这里地形的高度一般已经有 1.5 km，有测站的风是 2 km 的风[图中注有（2）字的测站]，因此在 1.5 km 图中的辐散就不能过分强调。然而在冬季，当冷空气作扇形南下时，高原更增加了这种辐散作用，也可能造成这个强大的辐散线。这辐散线的西部气流与高原以北正规西风相遇，形成了一个辐合线；而辐散线的东部气流沿高原东去，并顺高原南下，成为北来气流，在北纬 30°附近与顺高原北上的气流相遇，形成很强的辐合线，在这个辐合线上的西端经常出现，所谓西南涡[6]。

8.1.2　3 km 上的流线

3 km 气流（图 2）情况比较简单，西风分支现象仍然非常清楚，北支在巴尔喀什湖以北形成一脊，南支则在阿拉干山到孟加拉湾一带形成一槽。南北两支气流基本上都是沿高原的边缘向东流的，这一点尤其在高原的北面更清楚，因此在塔里木盆地里有一槽。南北两支气流在高原以东相遇成辐合线，位置与 1.5 km 的辐合线相当，但强度则比 1.5 km 的弱。图中虚线的风为 4 km 的风，这个高度上的风场也有辐合线（图中断线），其南为孟加拉湾槽前的南风或西南风，其北为西风。

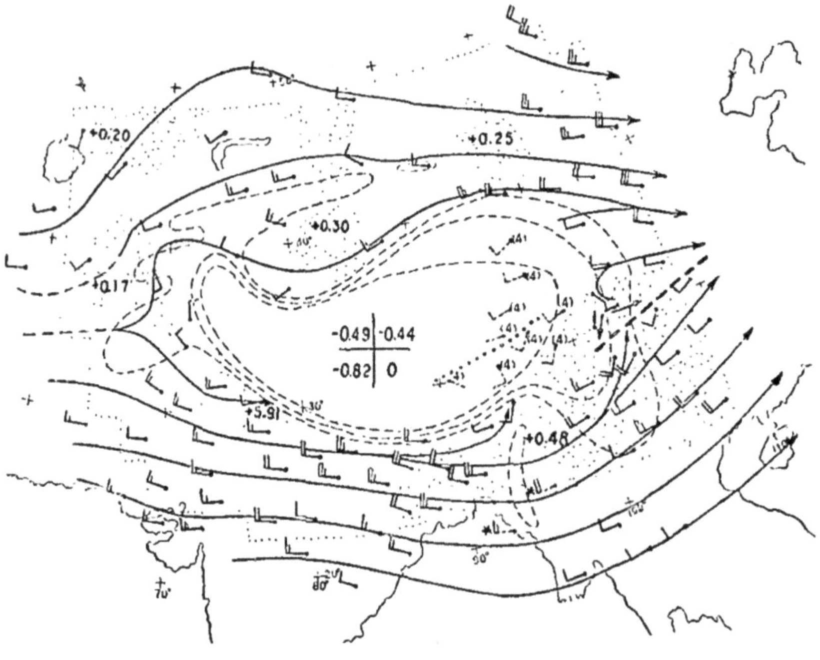

图 2　冬季 3 km 高度上的流线图

阴暗区表示垂直速度 $w>0$，其余地区表示 $w<0$；中间四个数据为点线内四个等分地区的平均下降速度，其他说明同图 1

3 km 的西风风速分布（图 3）是有意思的，紧贴高原的南北两旁各有一支强西风带，南支较北支强。高原的东端风力非常小，甚至成了偏东风，这点在图 2 上也看得非常清楚。这个区域正是“死水区”[3]。由图 3 我们看出“死水区”不是只有一个，在高原的西端也有一个对称的“死水区”，这点在图 2 上也显示出来。图 3 与流体流过静止圆柱体所得到的速度分布极为类似。

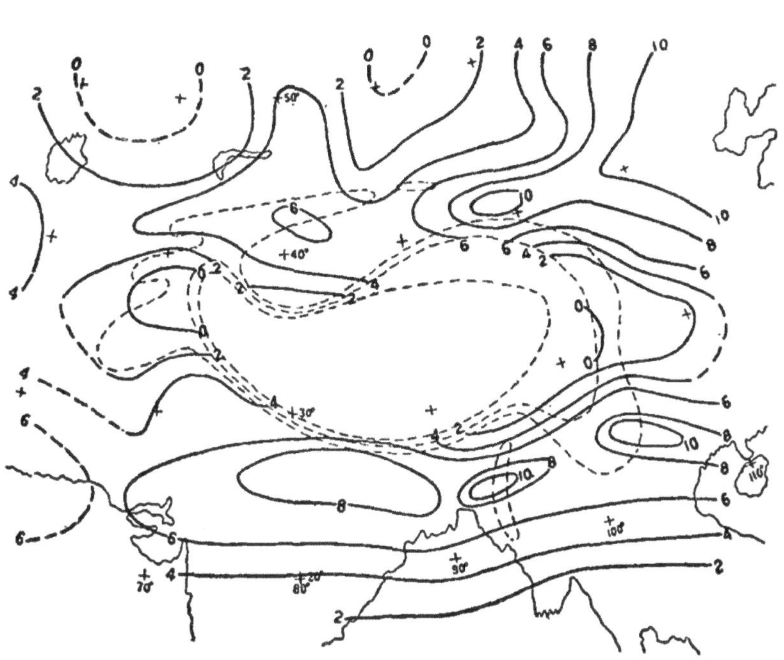

图 3 冬季 3 km 高度上的西风风速分布图（单位为 m/s）

8.1.3 6 km 上的流线

在 6 km 上风的观测频率比较少，因此可能影响到这个高度上流线的准确度，为了使读者便于估计流线准确度，我们将各站该高度上的风的观测次数注于图上（图 4）。

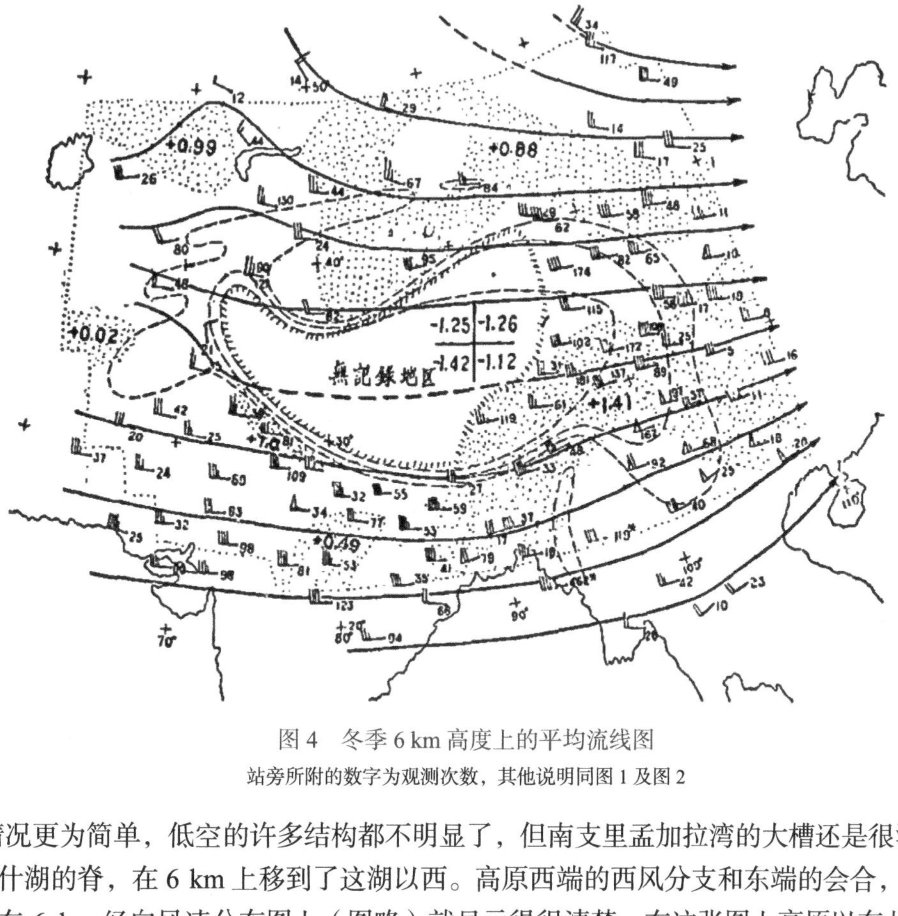

图 4 冬季 6 km 高度上的平均流线图

站旁所附的数字为观测次数，其他说明同图 1 及图 2

6 km 情况更为简单，低空的许多结构都不明显了，但南支里孟加拉湾的大槽还是很清楚，3 km 上原在巴尔喀什湖的脊，在 6 km 上移到了这湖以西。高原西端的西风分支和东端的会合，从图上还可以看得出，这在 6 km 经向风速分布图上（图略）就显示得很清楚，在这张图上高原以东北纬 30°以南为南风，以北为北风；在高原以西北纬 35°以南为北风，以北为南风。西风在高原分支情况，还可以在 6 km 的西风分速分布上看得清楚，在这图上（图略）高原以南和以北有两个强西风是非常显著的。

8.1.4 垂直速度

由绘制的各高度的平均西风和南风速度分布，求出了各高度的平均辐合、辐散场，由此求出的垂直速度再加气流爬坡的垂直速度，我们就得出 3 km 和 6 km 的平均垂直速度，并各绘于 3 km 和 6 km 的流线图上。在高原的东南部基本上是上升气流，在 3 km（图 2）平均上升速度为 0.48 cm/s，到 6 km（图 4）增到 1.41 cm/s（仅限于上升运动范围的平均）。这区域里的下降气流范围自 3—6 km 也有所增加，下降范围的平均速度注于图 4 中。该区的上升气流解释了该区冬季的坏天气。在高原的西南部除去靠近高原的一个小地区因爬坡而有上升气流外，基本上都是下降运动，在 3 km（图 2）平均下降速度为−0.82 cm/s，到 6 km 增到−1.42 cm/s（仅限于下降运动范围的平均）。喜马拉雅山麓有雨，这个雨区正是爬坡上升气流区。高原以北在 3 km 的高度上有两个小的上升气流区，其余均为下降气流，但到了 6 km 大部地区都转成了上升气流（在高原以北测站数目非常少，因此这里的计算的可靠性很小）。由流线图中我们可以看出，只有在高原的东缘风向与高原边界交角很大，自高原向外吹，沿高原的其他三边只有少数测站风向与高原周界有较大交角，总的来说基本上是平行于周界的，因此，高原上空必须有下沉运动。根据估计，在高原上空 6 km 的高度平均下降速度约为 0.5 cm/s。

8.1.5 温度平流

假定风完全适合于地转风，则由风力的垂直变化就可以求出温度的梯度来。再由这梯度与风的本身又可以求出温度平流来。图 5 就是各站 3—6 km 平流分布，粗箭头表示冷平流，细箭头表示暖平流，高原上的虚线箭头为 4—6 km 上的暖平流，箭头的方向为温度平流的方向，冷平流指向高温，暖平流指向低温，图中所注的数字为温度梯度。由图中我们可以看出，在高原的西北及东南都是暖平流，其东北及西南基本上为冷平流。这种冷暖平流的分布也反映了西藏高原对于西风的分支和会合的影响。在高原东南部的暖平流平均为 1.2℃/d 以上，高原东北的冷平流的平均为 1.4℃/d 左右，高原西北的暖平流量稍少，为 0.9℃/d 多，西南更少平均不到 0.6℃/d。所有测站的温度梯度基本上都是自南向北，从图上我们发

图 5　冬季冷暖平流分布图

双箭头表示 3—6 km 冷平流，单箭头表示 3—6 km 暖平流，虚单箭头表示 4—6 km 的暖平流，所附数字为 3—6 km 的平均温度梯度，单位为℃/1000 km

现高原东边的温度梯度比高原西边大得多，东边为6—11℃/1000 km，西边都在6℃/1000 km以下。东边的温度梯度主要是由于西北气流与西南气流在这里会合的缘故。这个大的温度梯度也可能是造成这里强急流的原因之一。

8.2　夏季流场的结构

8.2.1　1.5 km上的流线型式

图6是夏季1.5 km高度上的流线图。由图6我们看到来自印度-巴基斯坦的西风的北部，受阻于阿拉干山作急速的北转，再遇高原而成气旋性的旋转。这个西风带的南部吹向中南半岛后再绕高原北上，在北纬30°—35°间与北面的气流相遇组成变形场的展开轴（axis of dilatation）。变形场北半部的收缩轴（axis of contraction）约在东经115°。属于这个变形场的东风气流与西风带的西风相遇于高原的正北，成一辐合线。该辐合线以西有一个不闭合的反气旋环流，这个反气旋是由贴近高原的东风与其北面的西风（属于西风带的一部分）所组成。这个反气旋以西为一槽。尽管围绕高原有多种多样的系统，但贴近高原周围的风基本上是绕着高原作气旋式旋转的，同时向高原辐合造成上升运动（见以下，这和冬季情况有很大的差异，在冬季高原的南边和北边的风基本上是平行于高原的，吹向高原的分向都很小）。这种现象是由于高原的热力作用所造成的高温的直接结果[①]。

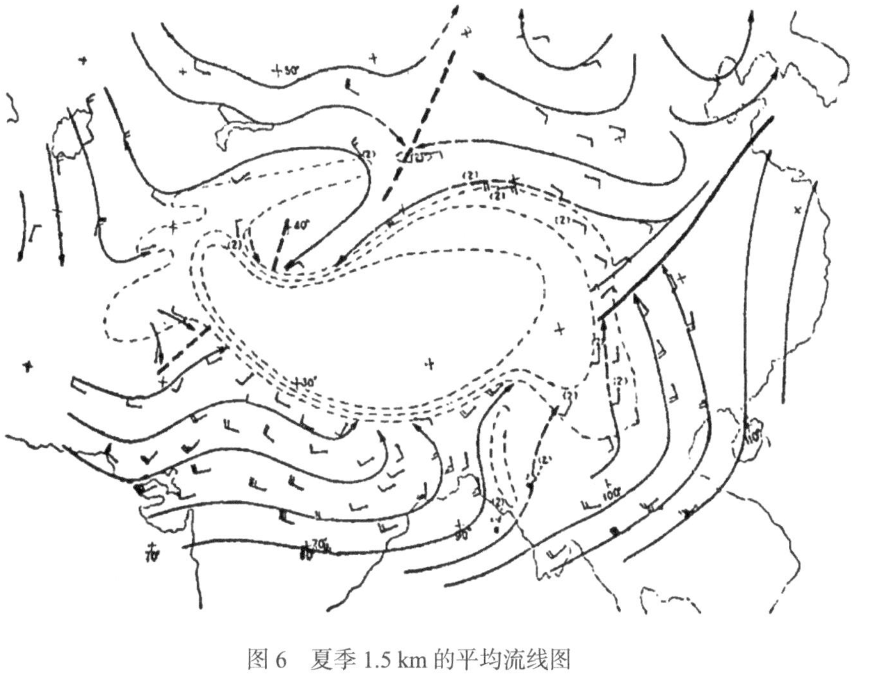

图6　夏季1.5 km的平均流线图

一整横代表2 m/s，半横代表1 m/s，小于0.5 m/s的不带横，右边没有划出风向的流线是根据1951—1955年7月的记录所绘制的（图7、图8同此），其余说明同图1

8.2.2　3 km的流线型式

3 km高度上的流线型式（图7）是与1.5 km上的大致相似，不过在高原的东北似有一闭合的反气旋。在印度和巴基斯坦上空有个闭合的气旋，这个气旋就是通常所谓的“印度热低压”。比较图5和图6，我们看出这个气旋的强度在3 km比在1.5 km要大。这种现象说明它的形成不能纯粹是热力的，而

① 关于这个问题，作者曾和北京大学谢义炳先生讨论过。

是有地形的动力作用的，这点在过去的研究[4]中也已提出过。在此“热低”之西为一反气旋。在高原的东南部也有 4 km 的风，这 4 km 的风与其附近 3 km 的风组成一个气旋式的涡旋，这个气旋式的涡旋的上面正好是个反气旋。

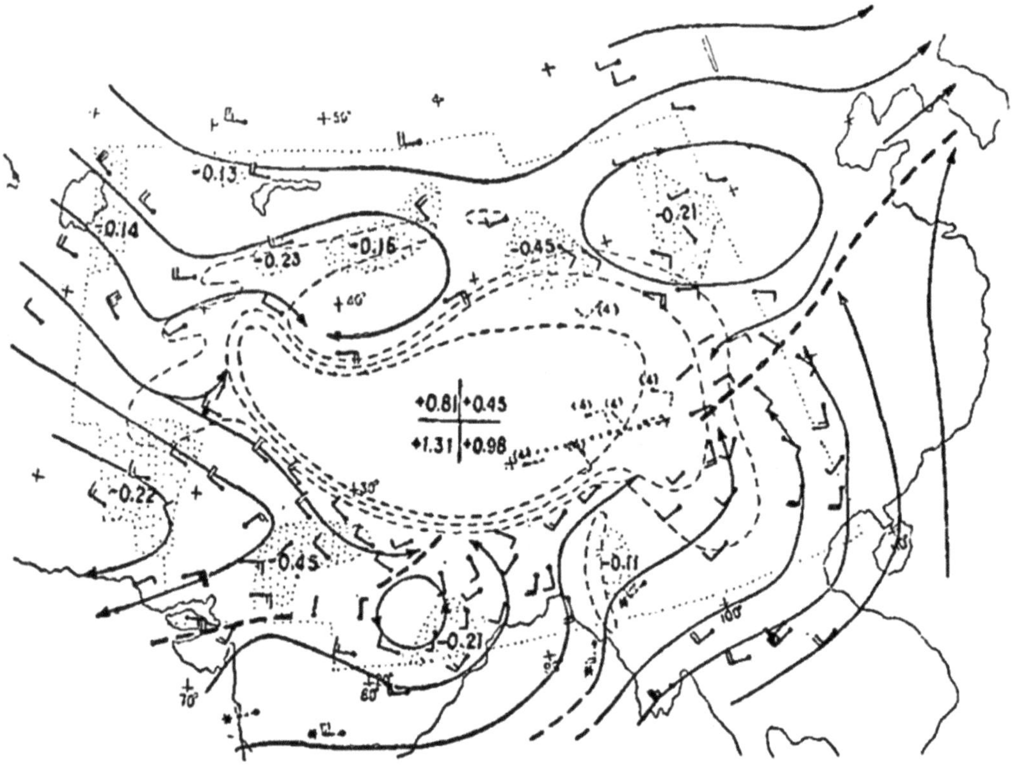

图 7　夏季 3 km 的平均流线图

阴暗区表示垂直速度 $w<0$，其余地区表示 $w>0$，中间四个数据表示点线内四个等分区的平均上升速度，其余说明同图 6 与图 2

8.2.3　6 km 的流线型式

6 km 的流线型式（图 8）中一个最主要的现象，就是高原东南部的闭合反气旋，过去涂长望[7]曾提出这个高压的可能性。在这个反气旋的下面正是气流作强烈气旋性旋转的地方（参考图 6—7）。在 9 km（图略）这个反气旋中心更向西移，在西巴基斯坦及其以西地方的反气旋，似乎比 6 km 高度上的强大，在这两个反气旋之间为一南北向很深的低槽，在高原东边有一与此相对称的低槽。

在这个高度上低空的许多结构都消失了。

8.2.4　垂直运动

除去少数地区外，无论在 3 km（图 7）或 6 km 上（图 8），基本上都是上升运动。自 3 km 至 6 km 下降运动区域缩小，同时上升运动的速度加大。主要下降区域在高原的东北与西南，如果将（图 8）中点线以内的区域均分为四个地区，则各区中上升区域的平均速度如下：西南区最大，3 km 为 1.3 cm/s，6 km 为 1.6 cm/s；东北最小，3 km 为 0.5 cm/s，6 km 为 1.0 cm/s，在东南区 3 km 为 0.98 cm/s，6 km 为 1.30 cm/s；在西北区 3 km 为 0.8 cm/s，6 km 为 1.1 cm/s。各区中下降区域的下降速度较上升速度小得多，数值可由图中读出。夏季和冬季一样，高原以北测站很少，因此这里的垂直速度只可供参考而已。

由流线图中可以看出各层的风都是吹向高原的，现在取高原四周 150 km 以内的测站，计算吹向高原的平均风力，在 1.5 km 为 1.1 m/s，在 3 km 为 0.6 m/s，在 6 km 也为 0.6 m/s。根据这些数字和连续方程，我们可以计算出在整个高原 6 km 的上空应该有平均为 0.7 cm/s 的上升运动。

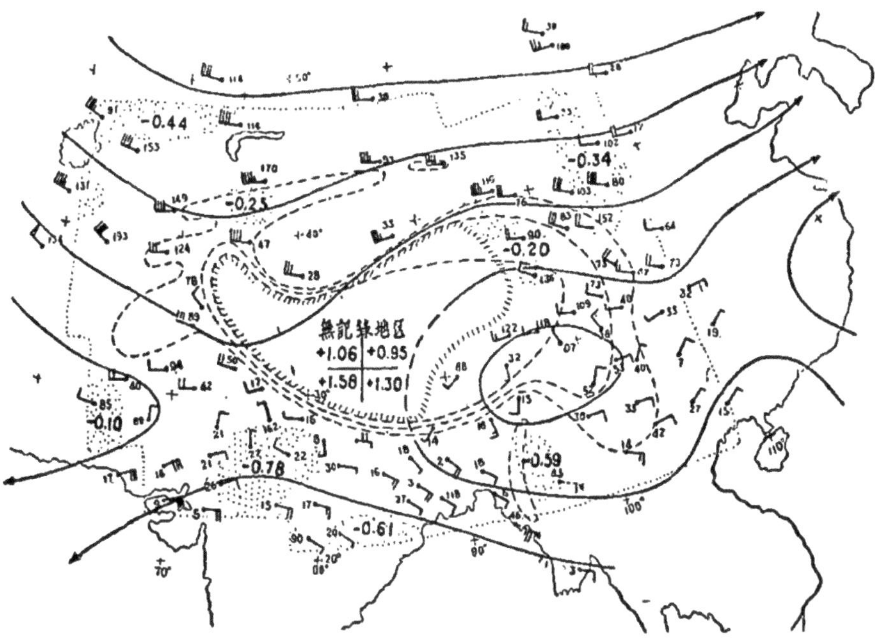

图 8　夏季 6 km 的平均流线图

站旁的数字为观测次数，其余说明同图 7

8.2.5　平流及平均温度梯度分布

按照冬季平流及平均温度梯度的计算方法，我们对于夏季也进行了计算，各站 3—6 km 的平均温度梯度和平流见图 9。图 9 的表示方法和图 5 相同，由图中我们可以看出，除去高原的东北角为暖平流外，其余区域基本上都是冷平流。平均的平流强度比冬季小得多，不过 0.2℃/d。由各站的温度梯度方向，看高原上空的温度是比四周自由大气高，这和高由禧等[8]、杨鉴初等[9]的结果相同。由图中可定出最高温度区在高原的东南角。从少数高空（8 km 或 9 km）测风较多的测站看（图中虚线箭头），这种温度分布一直继续到 9 km、不过随着高度的增高，最高温度中心可能向西移。

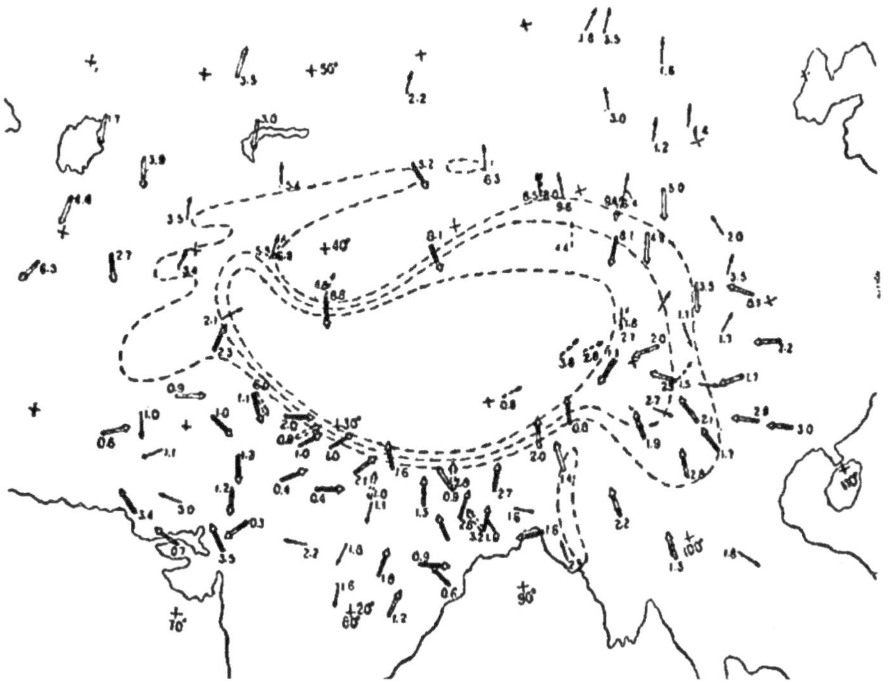

图 9　夏季冷暖平流分布图

双箭头表示冷平流，单箭头表示暖平流，实箭头表示 3—6 km 的平流，而虚箭头表示 6—9 km 的平流，所附数字表示相对层气层的平均温度梯度，单位为℃/1000 km

由图中我们可以看出，沿高原的北缘温度梯度特别大，平均为8℃/1000 km左右，在夏季这是很大的了。在高原的南缘则很小，平均为1—2℃/1000 km。这种温度梯度的分布也部分地表示了高原对于自由大气的影响。因为高原在夏季是个热源（见下），再加上一般的自南向北的温度梯度，故使得高原北缘温度特别大，南缘小。

8.2.6 西藏高原上空反气旋的性质

西藏高原上空的反气旋的中心位置，正好在副热带高压的脊线上，因此我们很容易把它解释成一个普通的副热带高压，这就成了一个动力高压。不过从结构上来看，它不完全是动力性质，因为至少在6 km以下，在它四周的空气大量的向高原辐合，造成在高压中心有强烈的上升运动。上升速度自下向上增加，在6 km的平均上升速度达1 cm/s以上。因为在6 km高度上的风向还是向高原辐合，因此自6 km向上上升速度必须还要增加。由于高空的测风记录很少，垂直速度为零的高度无从知道。不过我们可以作一个较低的估计，设在7 km的上升速度为1.2 cm/s，而且在这个高度以上风场改为辐散，其平均强度为$5\times10^{-6}\,s^{-1}$，则平均垂直速度为零的高度约在9.4 km。如果一个高压自9.4 km以下都是上升运动，则它的性质很难是纯动力的。作者们的初步意见是：在10 km以下的这个高压是由于高原地面受热作用，使得上空等压面抬高而形成的，因此它的性质属于热力的高空高压。到再高的高空，它的性质才转成为动力的。

从上面的讨论看，至少在9 km以下这个高压的温度较四周高，同时还有上升运动，这个高温如何维持，在下面的研究中可以得到解释。

8.3 西藏高原是热源还是冷源

在上面的讨论中提出了西藏高原上空夏季高温的维持问题。这个问题涉及西藏高原是个冷源或是热源的问题，这是下面将要讨论的。由于记录的限制，我们的讨论只限于东部西藏高原及其以东地区。

在讨论冷热源问题之前，应该先澄清一些看法的不同。有些气象工作者[8, 9]将高温区看成热源，低温区看成冷源，这是不适当的。温度是许多种作用的一个最后结果，它可以是平流的结果，也可以是垂直运动的结果，因此不能以温度的高低作为冷热源的标志。也有些气象工作者[10]将冷热源的意义理解反了，认为有冷平流或上升冷却的区域称为冷源，有暖平流或下沉增温的区域称为热源。这也是不对的。我们认为一个冷热源的定义应该是这样的：一个经常供给空气热量的区域为热源，一个经常自空气取出热量的区域为冷源。定常情况下，在热（冷）源的空气得到（失去）热量后，通过动力作用处理所得（失）的热量，例如从冷平流和上升冷却等（暖平流和下沉增温等）平衡所得（失）的热量。由此看来，经常有下沉增温或暖平流而温度不升高的区域正是一个冷源，如极地就是如此。反之，经常有上升冷却或冷平流而温度不降低的区域正是个热源，如热带就是如此。

根据上面的定义，我们可以决定在夏季西藏高原是个热源，因为在夏季高原上空的空气经常处于上升冷却和冷平流的作用下，维持温度的平衡，空气必须经常取得大量热量。在冬季高原是个冷源或热源，则不能一概而论。各区不同，在东南部上升运动的冷却大于暖平流的增温，因此同样的空气必须经常取得热量，所以东南部是热源。其他部分下沉增温，空气将失去热量，可能是冷源。

形成这些热源、冷源的热量得失将由辐射、湍流和凝结、蒸发等净热量贡献出来，因此我们对冬、夏季的辐射湍流、凝结各热量得失的分量都予以数值的计算和估计。并将它们和平流垂直运动的作用联系起来讨论上空大气的热量平衡。

图10是1955—1956年冬季和1956年夏季700—500 hPa①短波和长波辐射分布，在图中测站的右边

---

① 高原的平均高度大于700 hPa，但是我们现有的测站一般的高度都在3 km左右，同时我们的垂直运动只能计算到6 km，因此我们采用700 hPa为下界，500 hPa为上界。

为长波冷却，左边为短波加热，上面的是夏季，下面的是冬季情况，所有单位都是℃/d。长波辐射是按 Elsasser 辐射图计算的，短波辐射是由 Mügge 和 Möller[11]的经验公式计算的。在这里云的影响没有计算在内，因为一则没有云的高度记录，它对 700—500 hPa 的辐射作用难以估计，其次在热量收支估计中，我们只希望得到一个大致的量级以定西藏高原为热源或者冷源，因而详细的计算也是不需要的。

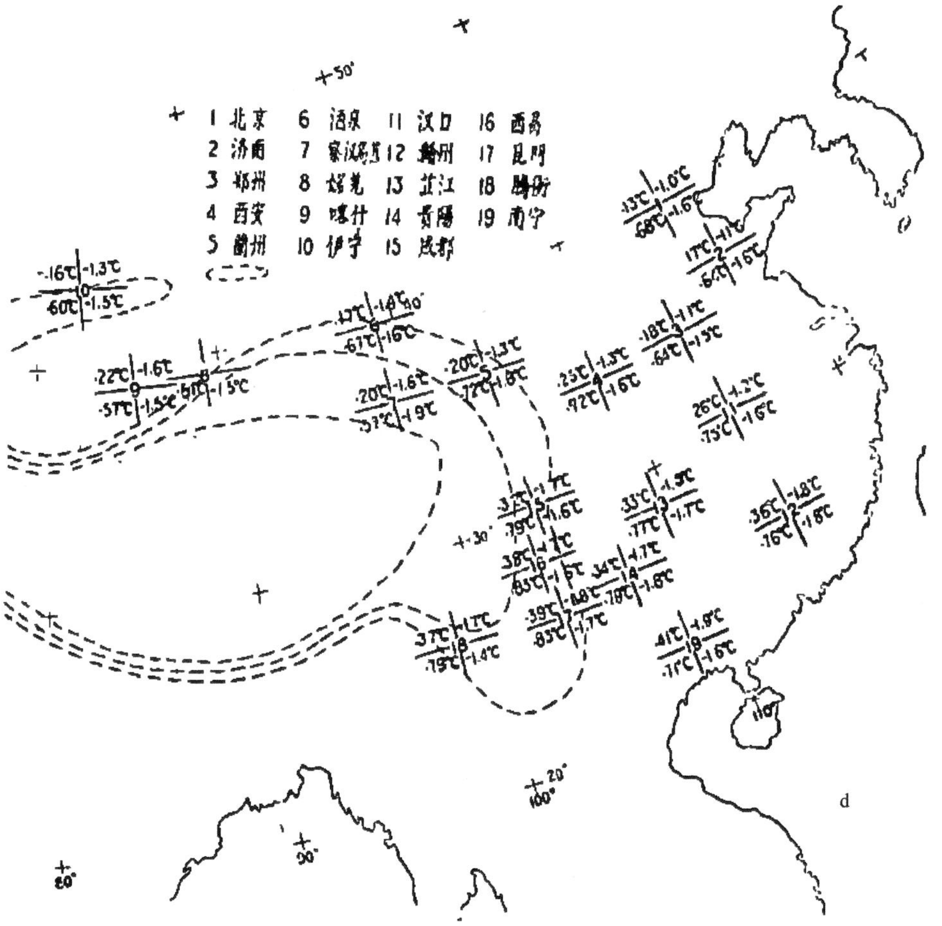

图 10　冬夏辐射加热分布图

单位为℃/d，右边为长波冷却，左边为短波加热，上面为夏季，下面为冬季

先从长波辐射讨论起，在夏季它的分布很均匀，约有−1.6℃/d 的冷却。在冬季南面比北面冷却多，北纬 30°以南长波冷却数值在 1.7℃/d 以上，以北在 1.6℃/d 以下。高原比平原的冷却要大，在北纬 30°以北在高原上空为 1.3—1.6℃/d 的冷却，在平原则为 1.0—1.3℃/d 的冷却。一般来说冬季的长波冷却较夏季稍大。

短波加热无论冬夏都是南方大于北方，夏季大于冬季。在冬季北纬 30°以南，短波加热率为 0.8℃/d 左右，以北都在 0.7℃/d 以下；夏季在北纬 30°以北为 0.2℃/d 左右，以南则一般均在 0.4℃/d 以下。高原与平原短波加热率差别不太大，在夏季在高原上稍小，在冬季在高原上似乎稍大。

根据图 10 我们可以给高原上空（即近高原地面 2—3 km）的长波和短波辐射量作如下的估计：平均长波冷却冬夏变化不大，均为−1.6℃/d；平均短波增温冬夏变化很多，在冬季可以设为 0.2℃/d，在夏季可以设为 0.6℃/d。于是在冬季高原上的辐射净冷却约为−1.4℃/d，在夏季为−1.0℃/d。

凝结也是一种加热的方法，但是凝结加热的计算比较有问题，首先当地的降水不一定是在当地凝结的，这样某地虽有降水而在当地不一定有凝结热。其次凝结热加到那一层空气之中也是无法确定的。现在首先假定所有的降水都是在当地凝结的，其次根据杨鉴初和罗四维[9]的统计，在高原上雷暴非常多，因此可以假定在夏季高原的降水多来自对流云，而且发生在下午。根据高原测站的温度和湿度可以估计在夏季高原上的凝结高度为1.2 km左右（距离地面）。再根据石丸雄吉[12]，在夏季我们所讨论的区域的纬度，对流云的平均厚度为1.5 km左右。因此凝结热正如加到700—500 hPa的空气（因为高原本身高度已在700 hPa以上）中。凝结热的多寡根据降水量而定，但在高原上降水量的区域变化很大，同时年际变化也很大，因此很难得出平均数来。如以1956年夏季高于3 km以上的测站的降水为一估计的标准，则在这个夏季高原上的平均降水为60 mm（月）左右，这个降水量的凝结热可使700—500 hPa的空气增温2℃/d左右。这是一个很粗糙的估计，但量级不会差得太多。在冬季高原上的降水非常少，其凝结热可略而不计。

根据上面分析，由于辐射和凝结作用高原上空的空气在夏季每日有1.0℃/d左右的加热，在冬季每日有−1.4℃/d的冷却。

此外，根据一、二两节（8.1节和8.2节）的分析，在夏季在高原上空的平均上升运动为1 cm/s左右，这个上升运动使空气每日约有−3.5℃/d的冷却，再加上这里的冷平流冷却每日约−0.2℃/d左右；因此，由于这两项的作用，高原上空空气每日可有−3.5℃/d的冷却。将凝结、辐射、上升运动和平流等作用计算在一起，高原上空空气每日将有−2.5℃/d左右的冷却。这个热量的补充必将来自高原本身。如空气自高原取出热量，则必须高原上的地温高于气温。以1955年7月气温减地温差的分布（图11，负值表示气温低于地温）为例，我们可以看出在高原上两种温度之差在5℃左右，或者更多。气温观测的高度为2 m，因此近地面的温度梯度为2.5℃/m。假设由于湍流输送空气取自高原的热量完全用于700—500 hPa间的空气，并恰好平衡−2.5℃/d的冷却，则得出地面的湍流交换系数为250 cm^2/s左右。根据Тверской[13]等，在日中地面湍流交换系数为2000 cm^2/s左右，全日的平均应当比2000 cm^2/s小得多，但是看来也要比我们这里所得的大。也就是用一般的平均湍流交换系数，则由湍流作用所得的加热大于2.5℃/d，于是还有剩余的热量，这种剩余的热量可以用于蒸发等（蒸发需要的热量在我们这里没有计算）。

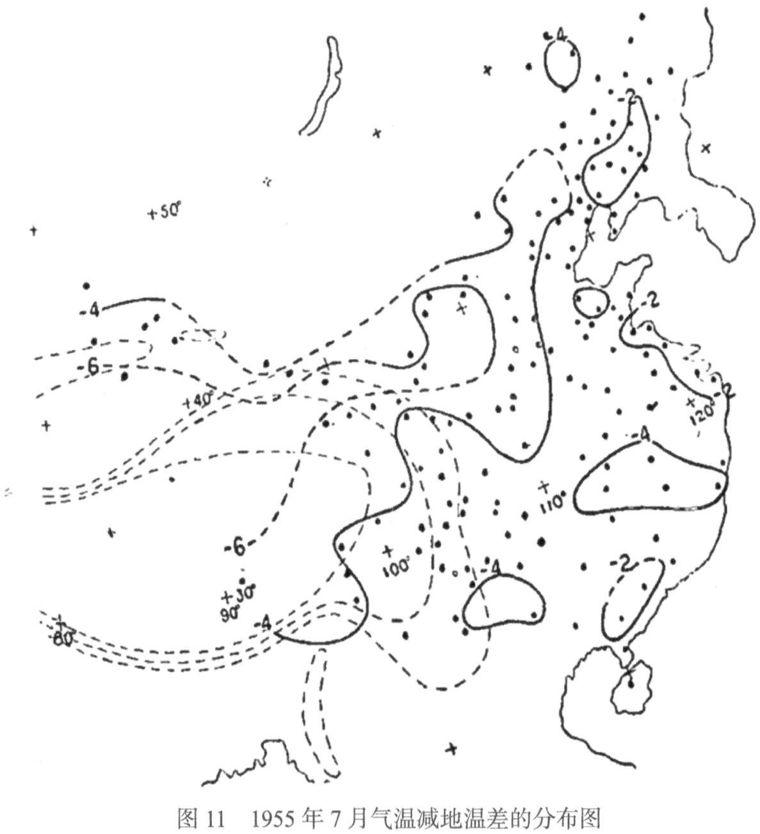

图11 1955年7月气温减地温差的分布图

单位为℃，其中黑点为测站的分布

由图11，我们可以看出在夏季到处平均地温都高于平均气温，因此对于空气而言，在夏季地面永远把热量供给大气，而湍流加热的分量又是很大的。正是因为如此，西藏高原高到对流层中部，对于自由大气而言，它成了个热源。抛开“相对于自由大气”这点而言，由图 11 我们也可以看出，在西藏高原和黄土高原上地温与气温之差大于其他所有区域，因此西藏高原和黄土高原供给的热量也大于其他地区，因此相对地西藏高原和黄土高原比其四周的平原来说应是个热源。

冬季情况比较复杂，需要分区处理。首先讨论高原的东南部。在这里辐射冷却约为−1.4℃/d，凝结热可略而不计。由图 5 可以看出这里有暖平流，增温约为 1.2℃/d，所以这两项大致平衡。但是这区域里有上升运动，平均可设为 1 cm/s，于是产生冷却，每日约为−3.5℃，因此这区域的空气需自地面取得热量，以平衡上升的冷却。由地温和气温记录可以看出，这区域平均地温高于气温（图略），故由湍流作用空气可由地面取得热量，因此是热源。关于高原其余部分的情况，则难以判断。根据前面分析，在 3—6 km 流入高原的空气少于流出的，因此在高原上空应有下沉运动，估计为 0.5 cm/s。这个下沉运动的增温可以补偿辐射冷却而有余，同时空气还要失去一些热量，由此推论，可能是个冷源。

8.4 结语

根据以上的计算和分析，我们得到下列几项主要事实：

1）在平均气流场上高原附近，冬季存在着明显的西风分支、会合、死水区、辐合线与辐散线。夏季在低层绕着高原有气旋式的旋转，向上转为反气旋流型。这些事实指出高原及其附近的流型具有鲜明的特色。

2）高原附近有较强的垂直运动，冬季高原东南部为上升运动，其余基本上是下沉运动。夏季基本上都是上升运动。垂直运动在空间上的分布冬季比夏季更不均匀。

3）3—6 km 的温度平流冬季显著地大于夏季，冬季的平流作用加强了东边的温度梯度，为造成这里的强急流提供一部分作用。夏季从“平流分布图”（图 9）可以推知高原上空的温度大于周围的自由大气。

4）高原地区在夏季是一个热源；在冬季，高原东南部是热源区，而其他部分可能是个冷源区。

5）作为巨大障碍物和冷热源的高原，不论在机械作用和热力作用方面都对环流结构上发生强烈的影响。

致　谢：在本工作中，顾震潮同志曾提供了意见，先后并承施爱凤、袁琳秀、周桂棣、薛永瞻、邹寿祥及汪关成等同志帮助抄资料和计算，特此一并致谢。

参 考 文 献

[1] 顾震潮, 华西冬季高空风的结构。中国科学, 2(1951), 33-39.
[2] 顾震潮、叶笃正, 关于我国天气过程大地形影响的几个事实和计算。气象学报, 3(1955), 167-179.
[3] 顾震潮, 西藏高原对东亚大气环流的动力影响和它的重要性。中国科学, 2(1951), 283-303.
[4] 叶笃正, The seasonal variation of the influence of Tibetan Plateau on the atmospheric circulation, *Science Record*, 5(1952), 137-157.
[5] 张丙辰, 昆明准静止锋。地球物理学报, 1(1950), 87-112.
[6] 刘匡南, 西南涡旋与中国天气, 气象技术会议专题报告(1953), 91-134.
[7] 涂长望, 中国之气团。气象研究所集刊, 12 卷 2 号(1938).
[8] 高由禧、章名立, 有关东亚季风的一些问题。科学通报, 1956 年 10 月号。
[9] 杨鉴初、罗四维, 由西藏高原的地面观测结果探讨高原上的环流系统和热力问题(尚未发表)。
[10] Namias, J. and Clapp, P., Confluence theory of the high tropospheric stream, *Jour. Mef.*, 6 (1949), 330-336.
[11] Mügge, R. and Möller, F., Zur Berechnung von Strahlungsströmen und Temperaturünderungen in Atmos pheren von beliebigen Aufbau, *Z. Geophys*., 8(1932), 53-60.
[12] 石丸雄吉, 云の气象学(1952).

[13] Тверской, П. Н., *Куре лгетеорологцц*, Ленинград(1951), 309

THE WIND STRUCTURE AND HEAT BALANCE IN THE LOWER TROPOSPHERE OVER TIBETAN PLATEAU AND ITS SURROUNDING

Yeh Tu-cheng, Lo Szu-wei and Chu Pao-chen
(Institute of Meteorology and Geophysics)

ABSTRACT

First in this paper the mean 2-year mean winter and summer wind fields below 6 km over Tibetan Plateau and its surrounding are presented. In winter the main features on 1.5 km (Fig. 1) and 3 km (Fig. 2) level are the splitting of the westerlies over the plateau, the line of convergence to the east of the plateau and the "dead-water" regions (characterized by calm wind and little disturbances, except small local vortices) respectively to the east and west of the plateau. On 6 km (Fig. 4) the minor features disappear but the splitting is still evident. In summer in the vicinity of the plateau low level wind blows cyclonically around it （Figs. 6—7）. Surround this large cyclonic whirl are small systems. On 6 km (Fig. 8) the wind blows anticy-clonically around the plateau. The center of the this anticyclone may be located at the SE corner of the plateau. This kind of vertical structure of this wind field indicates that the temperature over the plateau is higher than the surrounding. The region of high temperature is estimated to reach at least as high as 9 km.

There is strong vertical motion in the vicinity of the plateau. In winter on its SE the motion is upward, while in the rest of the region the motion is in the main downward. In summer the mean motion fundamentally is upward velocity reaching about 1 cm/s on 6 km.

Mean advection and temperature gradient (Fig. 5 for winter and Fig. 9 for summer) between 3 and 6 km are also calculated from the wind data under geostrophic assumption.

Secondly the heat balance over the plateau is estimated from the calculation of short wave absorption, condensation heating, long wave cooling, temperature advection, adiabatic cooling (or warming) due to vertical motion and turbulent heat transfer from the ground. From this calculation it is concluded that Tibetan Plateau is a heat source in summer, while in winter the result is not very conclusive. Probably in winter the SE part of it plays a role of warm source while the rest of the plateau plays a role of cold source.

刘屹岷 中国科学院大气物理研究所研究员 | 专家解读 |

这是一篇大气科学领域里程碑式研究，在青藏高原气象学和大气动力学领域具有开创性意义。西藏高原（现在一般称之为青藏高原）位于东亚地区上游，学者们意识到其对亚洲地区的天气气候的影响，但由于资料缺乏，之前的研究局限于天气过程。叶笃正先生等利用 1954—1956 年 100 个测站的观测记录，结合地转风假设开展辐射计算和垂直速度估算，构建了高原流场和热量平衡模型；定义了大气热源，修正了若干错误认识。

文章系统揭示了青藏高原如何通过动力和热力影响东亚乃至全球大气环流。首次明确了高原夏季为热源、冬季部分区域为冷源的热力性质，纠正了当时将“高温区=热源”“暖平流（下沉增温）=热源”等的片面认知，提出需综合辐射、湍流、凝结等热量收支的平衡分析。

文章采用多尺度观测与理论模型相结合的方法，利用有限的观测，结合地转风假设、辐射计算和垂直速度估算，构建了高原三维流场和热量平衡模型。并进行了跨季节对比，阐明了高原作用的季节性差异，为季风动力学研究提供了关键依据。

该论文具有奠基性贡献，是国际上最早系统研究高原气象的经典文献之一，奠定了“高原气象学”这一分支学科的基础，是东亚环流研究的核心参考文献。在国际上，为落基山脉、安第斯山脉等类似研究提供了范式。是叶笃正先生成为国际著名气象学家的重要代表作，推动了后续提出的“青藏高原热力驱动季风”的理论。

理论拓展上，直接启发了“高原夏季风”概念，证实高原存在锚定了亚洲季风最早爆发地区；提出西风分支的概念，揭示了高原动力分支对东亚梅雨、西南涡等天气系统的影响，为极端天气预测提供理论基础。定量估算了高原热源，为研究青藏高原的天气气候效应奠定了基础。技术应用上，启发了数值模式发展。论文中提出的高原热源参数化方案，被后续全球气候模式采纳，并提出了观测网络建设。研究还提出了高原数据稀缺的问题，推动了青藏高原气象观测站的扩建和国际合作计划的建立。跨学科影响上，促进了气候与环境变迁领域和陆-气相互作用研究的发展。

9

天气数值预报中过去资料的使用问题*

| 顾震潮 |　中国科学院地球物理研究所

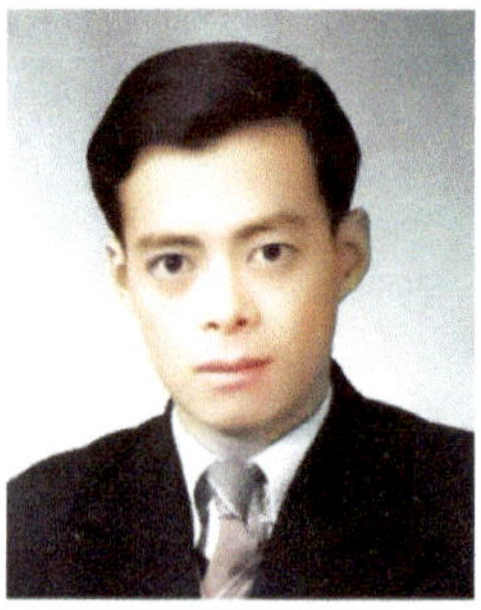

顾震潮（1920—1976 年），瑞典斯德哥尔摩大学博士生，毕业前放弃学位回国。中国共产党党员。气象学与大气物理学家，中国科学院地球物理研究所研究员、大气物理研究所原所长。开创了中国数值天气预报研究和业务先河，开辟了云物理和人工影响天气、雷电物理、大气湍流和大气探测等研究领域，是新中国气象事业的开拓者、奠基者，是新中国气象战线的急先锋、英雄人物。

■　曾担任《气象学报》第十六届理事会编辑委员会特约编辑；中华人民共和国成立后第一、二、三届编译（辑）委员会委员（编译委员）、第十八届理事会《气象学报》编辑委员会副主任。

■　发表在《气象学报》的著名论著还包括：《阵风中风频率分布的普遍定律》（1947 年）、《近代动力气象学的进展》（1951 年）、《行星波的物理导演法》（1951 年）、《等熵面流函数底两种新的求法》（1951 年）、《论锋面在副热带裹的性质和华中华南锋面分析问题》（1953 年）、《论环流年变与环流基本性质》（1953 年）、《大范围垂直运动的分析计算》（1954 年）、《我国东部夏季自然天气周期降水预报的试验》（1955 年）、《关于我国天气过程大地形影响的几个事实和计算》（1955 年）、《大范围高空温压场的流体力学预报法》（1955 年）、《论三参变数的斜压大气模式》（1955 年）、《从讯息论看天气预报的评分和使用》（1957 年）、《锋面假相当位温图和它对中国寒潮冷锋上界变化分析的应用》（1958 年）、《作为初值问题的天气形势数值预报与由地面天气历史演变作预报的等值性》（1958 年）、《大地形对高空行星波传播的影响》（1958 年）、《高空大尺度涡度"湍流"输送对高度倾向影响的个案研究》（1959 年）、《我国数值预报的成就》（1959 年）、《凝结反馈对云层垂直发展影响的一个线性理论》（1962 年）、《论近年来云雾滴谱形成理论的研究》（1962 年）、《起伏条件下云雾的重力碰并生长》（1962 年）、《对几种中小尺度运动的相似理论分析》（1964 年）等 。

摘　要

本文指出在天气数值预报中要解的天气方程组与我们能有的求解条件是不相配称的。因此需要研究如何把方程组化成最合适的形式而最充分地利用可能有的定解条件（特别是最可靠、最完全的气象量测分布）以使预报效果最好。在某些情形下，天气数值预报可以提成"演变"问题，从而可能使用过去的资料。作为某一气象量的初值问题，天气数值预报也可能使用一部分过去资料。而在以前的天气数值预报是并不使用过去天气资料的。本文最后讨论了这样提法的意义。

* 1958 年 3 月 31 日收到。顾震潮. 1958. 天气数值预报中过去资料的使用问题. 气象学报，29（3）：176-184.

9.1　问题的提法

近年来天气数值预报的进展很快，但是有一个比较根本性的问题没有解决。这就是，在天气数值预报中一般都把天气预报问题提成初值问题，而预报员在日常习用的天气预报业务中却使用到预报起始时间以前，特别是，最近几天或几小时的近期资料。因此，很自然地，我们就可以提出这样的问题[1]：天气数值预报中能不能像预报员那样多的使用一些近期资料，使得预报更准确呢？这就要了解天气数值预报中是否已经使用了需要使用的记录。也就是说对于同一种天气物理过程的预报，起始时间以前的资料在本质上是不是必要的呢？如果在本质上是必要的，那么天气数值预报中就也必然要使用它，否则预报结果就不可能比预报员的日常天气预报的结果更好，甚至根本就不可能作天气数值预报。

近年来在统计方法的数值预报中已经开始注意到近期资料的使用[2]。根据 500 hPa 正压（一层）试算的情形来看，用了当时和 24 小时以前的 500 hPa 高度分布预报结果与流体力学方法的一层预报的一般结果相接近。如果再根据物理的法则加以改进，一定可以得到更好的结果。因此我们可以相信在物理法则的基础上使用过去资料一定可以使流体力学的数值预报得到更好的结果。

现在我们来看一下预报问题的条件，对于天气物理进程，根据已知的物理法则，可以由下项方程组来描写[3]（符号意义见文献[3]）：

$$\frac{\mathrm{d}u}{\mathrm{d}t}=-\frac{1}{\rho}\frac{\partial p}{\partial x}+2[\omega_z v-\omega_y w]+\frac{1}{\rho}\left[\frac{\partial}{\partial x}\left(A'\frac{\partial u}{\partial x}\right)\right]+\frac{\partial}{\partial y}\left(A'\frac{\partial u}{\partial y}\right)+\frac{\partial}{\partial z}\left(A\frac{\partial u}{\partial z}\right), \tag{1.1}$$

$$\frac{\mathrm{d}v}{\mathrm{d}t}=-\frac{1}{\rho}\frac{\partial p}{\partial y}+2[\omega_x w-\omega_z u]+\frac{1}{\rho}\left[\frac{\partial}{\partial x}\left(A'\frac{\partial v}{\partial x}\right)+\frac{\partial}{\partial y}\left(A'\frac{\partial v}{\partial y}\right)+\frac{\partial}{\partial z}\left(A\frac{\partial v}{\partial z}\right)\right], \tag{1.2}$$

$$\frac{\mathrm{d}w}{\mathrm{d}t}=-\frac{1}{\rho}\frac{\partial p}{\partial z}+2[\omega_y u-\omega_z v]+\frac{1}{\rho}\left[\frac{\partial}{\partial x}\left(A'\frac{\partial w}{\partial x}\right)+\frac{\partial}{\partial y}\left(A'\frac{\partial w}{\partial y}\right)+\frac{\partial}{\partial z}\left(A\frac{\partial w}{\partial z}\right)\right]-g, \tag{1.3}$$

$$\frac{\mathrm{d}\rho}{\mathrm{d}t}+\rho\ \mathrm{div}\ \mathbf{v}=0, \tag{1.4}$$

$$p/\rho=RT, \tag{1.5}$$

$$\frac{\partial}{\partial x}\left(K'\frac{\partial T}{\partial x}\right)+\frac{\partial}{\partial y}\left(K'\frac{\partial T}{\partial y}\right)+\frac{\partial}{\partial z}\left(K\frac{\partial T}{\partial z}\right)+\rho\int_0^\infty a_v\mathrm{d}v\int I_v\mathrm{d}w=\rho c_v\frac{\mathrm{d}T}{\mathrm{d}t}+p\ \mathrm{div}\ \mathbf{v}-4\pi\rho\int_0^\infty\eta_v\mathrm{d}v, \tag{1.6}$$

$$\frac{1}{\rho}\frac{\partial I_v}{\partial s}=\eta_v+\frac{\sigma v}{4\pi}\int I_v(P,r')\gamma_v(t,p,r',r)\mathrm{d}\omega'-(\alpha_v+\sigma_v)I_v, \tag{1.7}$$

$$\eta_v=\alpha_v\frac{2hv^3}{c^2}\frac{1}{e^{hv/(kT)}-1}, \tag{1.8}$$

$$\frac{\partial s}{\partial t}+u\frac{\partial s}{\partial x}+v\frac{\partial s}{\partial y}+w\frac{\partial s}{\partial z}=\frac{\partial}{\partial x}\left(D'\frac{\partial s}{\partial x}\right)+\frac{\partial}{\partial y}\left(D'\frac{\partial s}{\partial y}\right)+\frac{\partial}{\partial z}\left(D\frac{\partial s}{\partial z}\right). \tag{1.9}$$

对于上面 9 个方程我们有的条件是：对于 p、T、ρ、η_v 我们有着比较完全的资料，对于 u、v 资料本身就比较差，在这意义上是比较不完全的。对于 I_v 及 w 只在地面有数据。

因此总的来说，在去掉不含微商的方程（1.5）和方程（1.8）之后，我们有的是一个 R_4（x，y，p，t）空间中对于以 7 个变量的偏微分方程组。我们所能有的求解条件是对于 R_4 内一个子集给定了 p、T。对于 R_4 的更小一些的子集给定了 u、v、s；在 R_4 的一个边集（地面）R_3（x，y，p_0，t）上给定[①]了 I_v 和

① 当时天气预报员还没有这资料可用，但这是可能有的资料。

w 对各个未知函数的支柱是十分不统一的。

因而我们的问题首先是，像对于偏微分方程组（1）这样的求解条件是不是适定的？如果不是的话，又怎样加以合理而可用简化或改变来使上面的问题改成一个适定的问题。前者还没有证明，后者虽然过去已有了动力气象上无数的工作包括天气数值预报的工作，但是对于数值预报，最少的简化或改变（也就是最接近于天气物理过程的实际）是什么，仍然不知道。

这问题的困难之一就在于定解条件的支柱。在 R_m 空间中的偏微分方程虽然也有把 R_m 空间的一个子集作为支柱，但是在拓扑意义上这子集仍是 $m-1$ 的连续系统。在我们的问题中观测资料一般给的是某几个固定时间的（预报时可以利用的当地乃至各地地面的自记记录在外），这观测数据虽然并不连续，但是对于以观测间隔或天气图间隔为时间差分格距的相应的 R_4 中的差分方程组来说，这种 p、T 等的定解条件仍可以看作是给在 R_4 的半空间（$t \leqslant t_0$，t_0 为起始时间）上的。问题就是如何在时间上向前推算出 $t > t_0$ 的未知函数来。因此，问题就不像一般的偏微分方程定解问题，而很像复变函数论上的解析拓展问题，因为在一般的定解问题中在 R_m 的子集或边集上给予函数以“任意”的（并不能合乎微分方程的）微分关系，再来求解。而我们的问题中却像解析拓展问题中一样在空间的某一部分中给定了合乎函数拓展条件所应有的值，不过在我们的情形中拓展的条件不是函数的解析性而是气象要素所应该遵循的物理法则。

自然，要根本解决这些问题大概还需要一整段时间。我们现在仍从偏微分方程组（1）的定解问题上来讨论这问题，目的在于从理论上考虑如何尽量使用比较可靠的近期气象资料来使天气数值预报得到应有的提高。

从定解条件的性质来看，我们可以从两方面来讨论这问题。一方面，把指定的某部分空间气象要素对时间 t（$t < t_0$）的已知变化看作一个边值条件来解决预报问题，这对我们有一个时间上的半有界（半无穷）边值问题。方程组可能要加简化。这我们可以称之为“演变”问题。另一方面，我们也可能由近期资料求出时间各阶微商作为初值条件。这对我们要把方程组改变，改成未知函数个数较少（方程式个数也减少）而时间微商阶数较高的方程组。这我们可以称之为初值问题。在前一种情形中，理论上我们应该使用某几个气象要素（在某一部分空间上）的全部过去资料，而在后一情形下我们也能够并需要用上近期的天气资料。

9.2 作为“演变”问题

我们过去已经指出[1]，对于一些简单的预报问题即大范围高空温压场的预报来说，我们可以提出“演变问题”。在这情形下这温压场的预报方程在 x，y，p，t 坐标中是一个四个自变数的三级偏微分方程

$$\phi_{xxt}+\phi_{yyt}+a\phi_{ppt}+b\phi_y\left(\phi_{xxx}+\phi_{yyx}\right)-b\phi_x\left(\phi_{xxy}+\phi_{yyy}\right)+c\left(\phi_x\phi_{ppy}-\phi_y\phi_{ppx}\right)+\mathrm{d}\phi_x=0 \tag{2}$$

其中 ϕ（x，y，p，t）是等压面的位势高度。一般在数值预报中人们把这个偏微分方程看成是 ϕ_t 的偏微分方程，而提出 ϕ_t 的边值问题，这时 ϕ_t 方程的非齐次项应由 ϕ（x，y，p，0）求出，因而实质上是 ϕ 的一个初值问题。我们以前证明，方程（2）也可看成 ϕ_{pp} 的偏微分方程，而可以由此提出 ϕ_{pp} 的初值问题。但是由于 ϕ_{pp} 在 $t=-\infty$ 这起始时的值对 $t=0$ 时的解影响不大，这初值问题并无困难。而根据任意给定的某等压面（$p=p_a$）上的过去的 ϕ，T 场演变即 ϕ（x，y，p_a，t）及 T（x，y，p_a，t），$t < t_0$，我们就可构筑出 $t < t_a < t_0$ 中的全部 ϕ（x，y，p，t）。因此可以化成 ϕ 的初值问题。这就是说，在这种情况下，“演变”条件与初始条件是等值的，或者，可以由其中某一定解条件下的具体 ϕ（或 ϕ，T）分布可以求出相应的另一定解条件下的具体 ϕ（或 ϕ，T）分布。自然，这两种定解条件的等值性应该可以从方程式（2）所要求的定解条件直接地普遍地作出来。这方面还有工作可做。

然而上面这种等值性虽然有原则上的意义，却并不直接对实际数值预报工作有多大影响，因为我们

在今天 $\phi(x, y, p_0, t)$ 及 $T(x, y, p_0, t)$，$(t\leqslant t_0)$ 的资料并不一定比已有的 $\phi(x, y, p, t_0)$ 的资料精确和方便得很多，特别在使用时还要由前者构筑出后者，比较费事。但是对于更一般的运动，我们要求 u、v 等的起始分布。在这时候 $v(x, y, p_0, t)$ 等就可能比 $v(x, y, p, t_0)$ 精确得多，因而作为演变问题来处理天气数值预报就可能有一定的实际意义。

为此，我们要解决一般的等值问题。可惜对于一般的预报问题要证明演变问题与初值问题等值性还有着困难。

让我们来看看可以允许非地转风存在的天气过程预报问题，这时我们有偏微分方程组

$$\frac{\mathrm{d}u}{\mathrm{d}t}-fv=-\frac{\partial\phi}{\partial x}, \tag{3.1}$$

$$\frac{\mathrm{d}v}{\mathrm{d}t}+fu=-\frac{\partial\phi}{\partial y}, \tag{3.2}$$

$$\frac{\partial\phi}{\partial p}=-\frac{1}{\rho}, \tag{3.3}$$

$$\mathrm{div}_2\mathbf{v}+\frac{\partial\omega}{\partial p}=0, \tag{3.4}$$

$$\frac{\mathrm{d}\theta}{\mathrm{d}t}=0, \tag{3.5}$$

其中，$\phi=\int gdz$，$\rho=p/(RT)$而 $\theta=cTp^{-k}$。对于演变问题我们的定解条件是 $p=p_0$ 时

$$\left.\begin{aligned}
&u=u(x, y, p_0, t), &(4.1)\\
&v=v(x, y, p_0, t), &(4.2)\\
&\omega=\omega(x, y, p_0, t), &(4.3)\\
&\phi=\phi(x, y, p_0, t), &(4.4)\\
&T=T(x, y, p_0, t), &(4.5)
\end{aligned}\right\}\quad t\leqslant t_0$$

我们要证明的是，由上面的条件和方程组（3）可以求出解方程组（3）的起始条件：$t=t_0$ 时

$$u=u(x,y,p,t_0), \tag{5.1}$$

$$v=v(x,y,p,t_0), \tag{5.2}$$

$$\omega=\omega(x,y,p,t_0), \tag{5.3}$$

$$\phi=\phi(x,y,p,t_0), \tag{5.4}$$

$$T=T(x,y,p,t_0), \tag{5.5}$$

和由方程组（5）从方程组（3）也可以求出方程组（4）。对于后者是没有问题的，因为方程组（3）的初值问题既然成立我们不难利用 t 的向后差倒回去求各层上的 u，v，ω，ϕ，T。包括 $p=p_0$ 上的值。因此问题在于由方程组（4）及方程组（3）来定方程组（5）。

为此我们和文献[1]中一样，我们要构筑出 $t=t_{-a}\leqslant t_0$ 时的三维 u，v，ω，ϕ，T 场。显然，这首先要找出各时间上 u，v，ω，ϕ，T 对 p 的一级微商。对 ϕ 和 ω 由式（3.3）及式（3.4）我们直接可以得到$\partial\phi/\partial p$ 和$\partial\omega/\partial p$.在 $\omega\neq 0$ 的地方，也仍可以由式（3.1），式（3.2）及式（3.5）分别求出$\partial u/\partial p$，$\partial v/\partial p$ 和$\partial T/\partial p$ 来。但在 $\omega=0$ 的地方，这样做我们求不出$\partial u/\partial p$，$\partial v/\partial p$，$\partial T/\partial p$。要向上拓展，一定要另外想办法来求 u，

v，T 对气压的偏微商。为此，我们要在（3）式中消去 ω。对 $\partial u/\partial p$，我们作式（3.1）$\times\partial v/\partial p$ – 式（3.2）$\times\partial u/\partial p$，并用式（3.1）对 p 微分来消去 $\partial v/\partial p$ 得

$$\left(\frac{\partial^2}{\partial t^2}+u^2\frac{\partial^2}{\partial x^2}+v^2\frac{\partial^2}{\partial y^2}+v^2\frac{\partial^2}{\partial y^2}+2uv\frac{\partial^2}{\partial x\partial y}+2u\frac{\partial^2}{\partial x\partial t}+2v\frac{\partial^2}{\partial y\partial t}\right)\frac{\partial u}{\partial p}=F\left(u,u_x,u_y,u_t,\cdots\right) \qquad (6)$$

F 是已知的。这里假定了 ω=0。要求 ω=0 的区的 $\partial u/\partial p$，就得解这个 $\partial u/\partial p$ 的拟线性二极偏微分方程式。我们所能有的边界条件是，在 ω=0 区域的边上即方程式（6）成立的区域边界上 $\partial u/\partial p$ 已知。当然，实际上在这边界附近由于 ω 的值很小，$\partial u/\partial p$ 的值都是误差很大的。然而即使已知的话，方程（6）的定解问题仍然不一定能解决。因为在这时候由于各地 u，v 的符号并不一定相同，（6）式是一个二级混合型方程，而对于这种方程数学上还没有一般的方法来讨论。因此，“演变”问题也难于讨论。这是与准地转运动十分不同的。

虽然如此，这不等于说除了准地转运动之外，就不能提“演变”问题。在不同的处理方法下，对于某些特殊运动是否有“演变”问题仍是可以讨论的问题。

9.3 作为初值问题

大家知道天气方程组作为初值问题来解已经是天气数值预报上的经典问题见文献[5]。但过去所提的初值问题，正如本文开始所说，有着很大的不方便。因为一方面对方程式所需要的各气象要素的起始时间的三度空间分布知道得很不精确甚至有的还很不完全，另一方面各时间上都比较完全和精确的资料如气压，温度又没有充分利用。事实上，这问题正是 Richardson[6]数值预报试验失败的原因之一。Richardson 自己就指出由于风的记录不够精确，所需要的辐散就计算不准，可能是结果误差的一个原因。

然而，天气方程本身就不一定作为时间微商为一级的偏微分方程组来解。天气方程组的原始形式固然是时间微系数一级的偏微分方程组，但在各种动力气象问题中，往往化成时间微商级次更高而未知函数及方程个数较少的方程组。例如，在惰性波问题中我们得到一个二级时间微商的方程。对于数值预报来说，这样做法有着很大的好处。因为这样我们可以把观测不精确或不完全的气象量消去，而把各时间上观测都比较精确的气象量保留，而我们的问题就成为给定了起始时间后一种气象量和它的若干个时间微商的分布，来解新的天气方程组的数值问题。

从天气方程组（1）来看，我们一共有六个含有时间微商的方程式，每个都只有一级的时间微商。对于某个气象要素来说，这样一个方程组就相应于某个气象量时间微商六级的偏微分方程。因此，如果有某一个气象量观测最方便、最精确、最完全，那么，我们就可以不解方程组（1）而解这一个六级的偏微分方程的初值问题来做这一个气象量的预报。

进一步来看，我们的方程组中还不能有六个含时间微商的方程，因为一般并不观测等高面上的气压分布而观测等压面上的位势高度分布。但是在求高空等压面高度的时候所用的正是静力方程。因此（1.3）式用来作预报时也不能再保留含时间微商的项。所以方程组（1）实际上只能有五个含有一极时间微商的方程组。但如果我们应用 x，y，p，t 坐标，那么在连续性方程中，$\mathrm{d}\rho/\mathrm{d}t$ 项也不会出现，因此（1.4）式也不会有时间微商，从而方程组（1）可以变成只有对 u，v，T，s 四个未知函数的四个方程含有一级时间微商的方程组。这是我们实际处理三度天气过程所能用的最一般的方程组。

在这包括四个含有一级的时间微商的方程的联立方程组中我们有着九个方程（对九个未知函数）。根据一般消去的结果，我们知道一个对 n 个未知函数的 n 个一级联立偏微分方程组对于其中某一个未知函数相当于这未知函数的一个 n 级的偏微分方程。对于前者、我们要求的定解条件是对自变数取某个数值这 n 个未知函数取什么值。而对于后者我们要求的定解条件可以是在自变数取某一数值时这选定的某一个未知函数以及它的 m–1 次微商的值。

因此如果用某一个气象量是比较精确方便，资料完全的话，我们就可以解这气象量的一个四级时间微系数的微分方程，不论这气象量是什么，其初值条件只是这气象量的三级以下各时间微商的空间分布。也就是说，以对时间的差分来代替对时间微分的话，这就等于说只要知道前后四次观测时间上这气象量的空间分布，我们就可以做出这气象量的预报来。只要知道了相应的初始分布，其他的气象量可以按次另求并无困难（起始条件所要求知道的时间微商一定小于三级）。

因此，从由一般方程式（1）所表示的天气过程的本质看来，任何天气数值预报不需要四个观测时间以上的三度空间天气图资料。如果需要的话，根据前一节的讨论，就一定是在垂直方向（或一个水平方向）上分布得不够完全的缘故。

不但如此，如果能比较精确地观测的气象量不止一个，例如 ϕ，T 都比较可靠（如果可以分别观测），那么我们可以把方程组化成两个含有这两个变数二级（或一个一级、一个三级）时间微商的联立偏微分方程组。因此我们需要的初始条件就是 ϕ 与 T 前后两次观测（或者一个一次、一个三次观测）所得的空间分布。这就是除了参变数以外我们解这一般方程所需要的资料。

我们举一个简单的例子，对于短期预报我们考虑下面这个斜压非地转线性模式：

$$\frac{\partial u}{\partial t}+U\frac{\partial u}{\partial x}+\omega\frac{\partial U}{\partial p}-fv=-\frac{\partial\phi}{\partial x}, \tag{7.1}$$

$$\frac{\partial v}{\partial t}+U\frac{\partial v}{\partial x}+f(U+u)=-\frac{\partial\phi}{\partial y}, \tag{7.2}$$

$$\frac{\partial u}{\partial x}+\frac{\partial v}{\partial y}+\frac{\partial\omega}{\partial p}=0, \tag{7.3}$$

$$\frac{\partial T}{\partial t}+U\frac{\partial T}{\partial x}+\omega\Gamma_p=0, \tag{7.4}$$

$$\frac{\partial\phi}{\partial p}=-\frac{RT}{p}. \tag{7.5}$$

我们现在有五个未知函数的五个方程，其中三个带有一级的时间微系数（f 是常数）。因为 ϕ 的观测比较可靠，我们就消去 u，v，ω，T，求 ϕ 的预报方程（fU 可以吸收在 ϕ 里），即

$$\left(\frac{D^2}{Dt^2}+f^2\right)\frac{D}{Dt}\frac{\partial^2 f}{\partial p^2}-\frac{R\Gamma_p}{p}\frac{D}{Dt}\nabla^2\phi-\frac{\partial U}{\partial p}\left(\frac{D}{Dt}\frac{\partial}{\partial x}-f\frac{\partial}{\partial y}\right)\frac{D}{Dt}\frac{\partial f}{\partial p}=0, \tag{8}$$

其中 $\frac{D}{Dt}=\frac{\partial}{\partial t}+U\frac{\partial}{\partial x},\nabla^2\equiv\frac{\partial^2}{\partial x^2}+\frac{\partial^2}{\partial y^2}$，原式含三级时间微商，因此给定 t=0 时，$\phi(x,y,p)$，$\frac{\partial\phi}{\partial t}(x,y,p)$，$\frac{\partial^2\phi}{\partial t^2}(x,y,p)$ 就可以解出 ϕ 来。而前后三个时间的观测分布就可以用来表示这三个起始函数而做出数值预报。

值得提出的是，在这里，前后几个时间的观测分布的间隔是有很大关系的。虽然前面提到对于线性方程所能表示的过程来说，正野和岸保[7]曾证明对时间是 l 级的线性常系数偏微分方程的周期解可以不用 0 到 l–1 级时间微商的初始条件而用 l 个不同时间上的未知函数分布就可以定解①，但是对于非线性方程相应的做法还没有证明。因此作时间微商初始值的差分所根据的三个不同时间观测分布的时间间隔必须选得短到使所作成的时间差分能够代表所预报过程有关的微商。例如在上面这个简单例子中，显然包括与惰性振动相连的非地转运动在内，而惰性振动周期是半个摆日 $2\pi/f$。用 $\Delta t=\tau$ 作间隔的二级时间差

① 顺便指出，正野的工作中也触及了本文及[1]所研究的各定解条件的等值问题．只是由于他所讨论的是一个正压的（只 x, y）的线性模式，因此他所讨论的只能是 n 个初始条件与 n 个时间上（有限个）分布的等值问题。

分代替二级时间微商$\partial^2/\partial t^2$所造成的相对截平误差是$\tau^4 f^4$。因此在这样做法下，要这误差～10^{-1}在中纬度τ约是2小时，数值预报中所用的前后三张图的时间不能超过4小时。

虽然对于非线性情形，我们不易得到这样的消去过程，特别是对u，v，ω。因此，还有着技术上的困难。但是在原则上这是一样的。改变的只是微商的次数，而不是“级”。此外，由方程式形式所决定的格林函数可以很有不同或者很是复杂。

正如前面所说，在计算上我们还不能把方程组（1）化成其中任意n个未知函数的含有高级时间微商的方程组。特别还不易求出我们所要的ϕ的对时间是三级的偏微分方程组。然而，上面的讨论已可以给我们一个考虑天气数值预报问题的看法，这即使对统计预报，客观预报都有一定的指导作用。

以White[2]的工作为例，由以上的讨论我们可以看出White的工作存在着许多不合理的地方。White用了$\phi_{t=0}$及$\phi_{t=-24}$的观测分布，然而用这种初始条件的ϕ方程对时间是二级的，而这相当于正压非地转模式①

$$\frac{\mathrm{d}u}{\mathrm{d}t}-fv=-\frac{\partial\phi}{\partial x}, \tag{9.1}$$

$$\frac{\mathrm{d}v}{\mathrm{d}t}+fu=-\frac{\partial\phi}{\partial y}, \tag{9.2}$$

$$\frac{\partial u}{\partial x}+\frac{\partial v}{\partial y}=0; \tag{9.3}$$

但是在这情形下，也是以非地转的惰性振动为特征的。因此按二级时间微商起始值的截平误差来估计所用的前后ϕ分布时间相差在二小时左右，这与White所用的24小时差了十多倍，无怪乎White由此所求得的$\phi_{t=-24}$的经验影响函数数值都非常之小了。

根据前面的讨论又可以知道White所说利用前后两个时间的等压面高度测得分布来求出只含一级时间微商的微分方程非齐次项等等是错误的。这不但因为这时描写天气过程的微分方程必然是对时间是二级的，并且White对这些测得分布的使用也与他所说的求非齐次项的说法无关。因为White所找的实质上是高度及高度一级时间微商的经验格林函数。White的方程式如果是齐次的话仍然有②格林函数。

重要的问题正是要由描写所讨论的天气过程的微分方程式本身了解究竟是不是齐次的，以及如果是非齐次的话，它是什么形式。由于非地转条件下非线性方程消去u，v的困难以及描写高度场的一般方程还不清楚，因此还是有困难的。

9.4 结论与建议

从上面的讨论我们可以了解，在数值预报中过去资料的使用是可能的。

过去资料的使用可能有两种情形。或者以某一高度（或气压）上的气象量的整个过去（$t\leqslant t_0$）分布来代替起始时间的气象量和它时间微商的三度分布。或者因为一般的天气方程组相当于某一个气象量（u，v，ϕ或s）时间是四级的微分方程，因此需要某一气象量前后四个时间的空间分布。在后一情况下可以用这气象量对时间的中央差，那么可以用前后六个时间测得分布，总的时间前后约是12小时。即我们要用12小时以来六个时间上某一气象量三度分布来做这个气象量的天气数值预报（作别的气象量时可以利用这气象量的预报结果来帮助，这时也仍要别的气象量的初始分布）。

依目前的天气资料的空间分布与时间分布来说，这两种做法都有困难和缺点的，用前一种做法，就

① 按对正压线性模式下方程（8）不再含一级以上的时间微商，因此预报不须用两个时间的观测分布。但在非地转性情形下可以不同。

② 容易看出，如果当真按White的方法求出非齐次项，再把他的一级方程用到t=0时作预报（向前积分），那么结果就只是线性外推，因为$z_{24}=z_0+L^{-1}F\Delta t$，而$F\Delta t=L(z_0)-L(z_{-24})$，结果$z_{24}=2z_0-z_{-24}$。

损失了其他高度上已有的天气资料，而对后一种做法，我们又没有在时间上够密的气象量三度观测。然而，这不等于说没有别的可能性。可以指出，我们也许可以合并这两种做法。例如，如果只用 ϕ，一般的数值预报需要前后约 12 小时中 4—6 个时间的 ϕ 空间分布。但这又或许可能等值于使用 4—6 个高度上 ϕ 的过去的水平分布。这样，目下比较可靠的资料便得到比较合理的使用了。当然，在这方面这种可能性以及其中时间间隔与高度间隔的具体关系都还有待研究。

总之，天气数值预报方面的方程及气象观测所能给的定解条件还不是全然配称的。尽量使用最可靠、最完全的气象量的已知分布以便给出天气方程组对时间进行数值积分时的最合适的形式和适定的定解条件是值得研究的。它对天气数值预报的工作会有很大的好处。像 Richardson（或 V. Bjerknes）那样原封不动地把天气方程组保留它带有一级时间微商的联立偏微方程组而提出初值问题是不见得合适的。

参 考 文 献

[1] 顾震潮, 科学通报, 1958 年, 第一期, 19-20. 气象学报, 20(1958), 93-98.
[2] White, R., et al., *J. Meteor.*, 14(1957), 448-457.
[3] Белинский, В. А., Дцнамцческая мемеорологця, Москва, 1948.
[4] 吴新谋, 数学物理方程讲义, 1956 年, 北京: 高等教育出版社.
[5] 顾震潮, 气象学报, 26(1955), 211-230；27(1957), 295-327.
[6] Richardson, L. F., *Weather Prediction by Numerical Process*, Camb. Univ. Press, 1922.
[7] Syōno, S.(正野重方), et al., *J. Jap. Met. Soc.*, Ser. II, 28(1950), 77-99.

ON THE UTILIZATION OF PAST DATA IN NUMERICAL WEATHER FORECASTING

Koo Chen-chao
(Institute of Geophysics and Meteorology, Academia Sinica)

ABSTRACT

Until now, past data are not utilized in numerical weather forecasting owing to the particular formulations of the problem. It is pointed out in this paper that the condition for solution, formed by whole set of available meteorological data, is not compatible to the general system of weather equations. Thus it is necessary to study the best way of formulation of the problem using the available meteorological data as much as possible in the condition for solution, in order to obtain the optimum way of forecasting. Two possibilities are given. Firstly, it is shown that under certain condition, weather forecasting may be formulated as an evolution problem, in which the past data are utilized. Secondly, past data could also be partly utilized in an initial value problem in which the system of weather equations, with certain meteorological variables eliminated, contain higher order time derivatives. The significance of these formulations is discussed.

任宏利 中国气象科学研究院研究员 | 专家解读 |

世界上第一个成功的数值天气预报（numerical weather prediction，NWP）已有75年历史，我国的NWP事业也成长了70年，迄今取得了辉煌成就。此时重温我国NWP事业开创者顾震潮先生早年在《气象学报》的经典论著“天气数值预报中过去资料的使用问题”，仍然深受启发。该论文首次指出数值天气预报仅使用初值信息的根本性缺陷，大量的历史演变资料却没有被运用，而这些正是对真实大气最客观反映，提出将数值天气预报由初值问题转为历史演变问题，厘清了作为初值问题的数值预报与提为地面天气演变问题的外推预报是等价的，这对于后续利用多时刻资料进行预报预测、模式优化以及资料同化等领域的发展，具有理论开创意义。

从世界范围看，顾先生在该文及其同年发表的姊妹篇中指出的问题、阐述的思想、指明的方向都是首创和原创的，即使到现在仍然适用。他与他的学生以及后来者们创造性地提出和发展了一整套运用历史演变资料改善数值天气预报的理论和解决方法，虽然因条件和时代所限而耽搁和滞后了，但丝毫不能掩盖顾先生超前卓越思想的历史地位。

顾先生当年叮嘱其领导的数值预报研究团队下大功夫研究并思考如何克服上述根本缺陷。其中丑纪范院士以其坚实的数理基础对这个问题进行了创造性研究，于1962年写成《天气数值预报中使用过去资料的问题》一文（于1974年在《中国科学》中、英文版上发表），通过将泛函分析引入数值预报问题中并提出“广义解”概念，从理论上巧妙解决了这一根本缺陷，并推动了在实际预报预测中的具体应用。而顾先生首次指出的数值预报中过去资料使用问题，也启发了一代代后继者探索并实践了如何利用丰富的历史演变资料信息改进数值模式并改善数值预报的理论和方法论，推动了我国数值预报走出一条独特的成功发展之路。

10

在六月和十月大气环流的突变现象*

|叶笃正 陶诗言 李麦村| 中国科学院地球物理研究所

叶笃正（1916—2013 年），美国芝加哥大学博士，中国共产党党员。中国科学院院士，气象学家，中国现代气象学主要奠基人之一、中国大气物理学创始人、全球气候变化研究的开拓者。曾任中国气象学会理事长、中国科学院副院长、中国科学院大气物理研究所所长。

■ 曾担任《气象学报》第十四届理事会编辑委员会编辑委员、第十六届理事会编辑委员会特约编辑；中华人民共和国成立后第一届理事会《气象学报》编译委员会编译委员，中华人民共和国成立后第二（调整后）、三届理事会《气象学报》编辑委员会副主任，第十八届理事会《气象学报》编辑委员会主任，第十九、二十届理事会《气象学报》编辑（审）委员会委员；第二十一届理事会《气象学报》编审委员会顾问。

■ 发表在《气象学报》的著名论著还包括：《云对大气电场之影响》（1944 年）、《纪录稀少区域之天气分析及其预告》（1950 年）、《近代大气环流研究的进展》（1951 年）、《亚洲南部与美国冬季环流进退之探讨》（1951 年）、《西藏高原对大气环流影响的季节变化》（1952 年）、《中纬度对流层上部的能量变化》（1952 年）、《海陆分布对于大气环流的地形与热力的影响》（1954 年）、《从大气环流变化论东亚过渡季节的来临》（1955 年）、《北半球大气中角动量的年变化和它的输送机构》（1955 年）、《十年来我国的大气环流研究工作》（1959 年）、《纬向式环流型生成和崩溃时期中各种物理量输送及能量转换的变化》（1961 年）、《长波的垂直结构和它的移动与发展的关系》（1963 年）、《波状基本气流中的若干扰动动力学问题》（1964 年）、《中小尺度运动中风场和气压场的适应》（1964 年）、《超长波的不稳定与发展的一个初步研究》（1965 年）、《学习气象站补充订正天气预报方法的一些体会》（1966 年）等。

摘　要

本文指出，在六月和十月北半球大气环流都有一次非常骤剧的变化，在六月大气环流变化的特点表现在东西风带突然向北推移。在高空东西风带推移的时期，高空的流型也发生很大的改变。经过这次变动以后，便建立典型的夏季环流型式。在十月高空的东西风带突然向南推移，同时高空的流型相应也发生一次大变化。在这次变化之后，高空的流型便属典型的冬季环流型式了。在夏季环流开始出现时，印度的西南季风开始爆发，中国和日本的梅雨季节便开始，同时内热带的辐合区（ICZ）突然向北推进。而在冬季环流开始时，印度的西南季风和内热带辐合区便向南撤退。此外，在本文中还叙述了在这两次变化时期的天气过程。

* 1958 年 5 月 15 日收到。叶笃正，陶诗言，李麦村. 1958. 在六月和十月大气环流的突变现象. 气象学报，29（4）：249-263.

10.1 引言

在中高纬度，冬季和夏季的天气过程差异往往很大，因为在各季里常常出现最盛行的天气过程。假如我们能够从天气学方面定出某一个自然天气季节的开始，这对于预报将是有帮助的。所以，对在某一个自然天气季节开始时的天气学特征研究，这是很需要的。

殷在 1949 年曾经研究 1946 年缅甸和印度夏季风的建立情况。他指出，季节的开始跟喜马拉雅山南麓的高空西风急流往北撤退有联系，至于出现的时间是在 6 月初。叶笃正（1950）曾研究 1946 年亚洲南部高空西风急流的建立问题，并指出，在这支高空西风急流建立以后，高空的流型便属于典型的冬季的环流了。高空西风急流开始建立的时期是在 10 月中旬。后来叶笃正、高由禧和刘匡南等（1951）对同一个问题进行比较深入研究，并将东亚的一些天气过程的发展与这支高空西风急流的建立及撤退互相联系起来。最近，陶诗言和陈隆勋（1957）曾进一步研究东亚 5 月至 6 月环流转变的特点。在本文中的图 1 至图 3 便是从该文中引用来的。上面这些研究都指出，在东亚每年的 6 月和 10 月中旬大气环流常常出现一次剧骤的大变化。

Sutcliffe 和 Bannon（1954）在分析中东及地中海区域的高空风的特点时，同样亦见在 6 月初这个地区的高空风场出现一次突然的大变动。将 Sutcliffe 和 Bannon 的结论跟上述的一些结论相结合起来，我们可以推论出，高空大气环流的剧骤变化现象并不是亚洲地区的特殊情况，而是个全球性的现象。

根据上面的一些研究还可以得出，从高空环流的一些主要特性而论，在一年之中只有两个基本的自然天气季节，即冬季与夏季。在夏季，出现有一定型式的东西风带的分布，在冬季东西风带的构造与夏季则不同，从冬季环流型式转变成夏季的环流型式，或者从夏季转变成冬季，表现是非常突然的。当然，这并不是说春秋两季完全不存在。相反，在春秋两季中大气环流亦表现有一些特征。例如，叶笃正和朱抱真（1955）曾研究东亚过渡季节建立的问题。但是，如从高空大气环流的性质而论，在一年之中实际只有两季，在这两季中间过渡时期相当短促。

在本文中我们要讨论整个北半球上高空大气环流的剧骤季节变化的特点，以及跟这种突变相联系的一些现象。在亚洲范围中，我们取五年的材料，在北美洲我们取四年的材料，在太平洋上由于记录缺少我们只能取两年的材料，因为 1956 年的材料对上述三地区都比较完全，所以在本文中取这一年作为例子。然而应该指出，虽然在文中用 1956 年作为代表，其余年份则与 1956 年非常相像的。甚至，在有些地区突变的现象比 1956 年的情形更是显著。

10.2 高空西风带结构的突变现象

因为从上面所引的许多研究文献中，都指出高空东西风带结构是表示季节变化的一个良好标志。下面我们首先从北半球各个不同经度上高空东西风带结构的变化分析开始，而且先讨论夏季环流建立的情况。

（1）夏季环流的建立

我们做出了沿 45°E、90°E、125°E、165°E、100°W（这个剖面图在本文中并未刊出）以及 80°W 经线上 5 月至 7 月每五天实测风东西风分量的垂直剖面图。在所有这些剖面上，我们发现有同样的变化情况，即高空的西风急流以及高空的东风带表现有一次跳跃性的向北推移，这种突然推移出现的时期。在亚洲几乎是同时的，即在 5 月末或 6 月初，但在北美洲出现的时间约迟 2—3 星期。

在 45°E 的剖面上（图 1），我们发现高空东西风的分界线在 1956 年 5 月底以前维持在 20°以南，但在 1956 年 5 月底最后五天中，东西风分界线突然间推进到大约 26°N 处。在 6 月初在亚丁的上空已出现了高空的强东风气流。同时，高空的西风急流也向北推移。

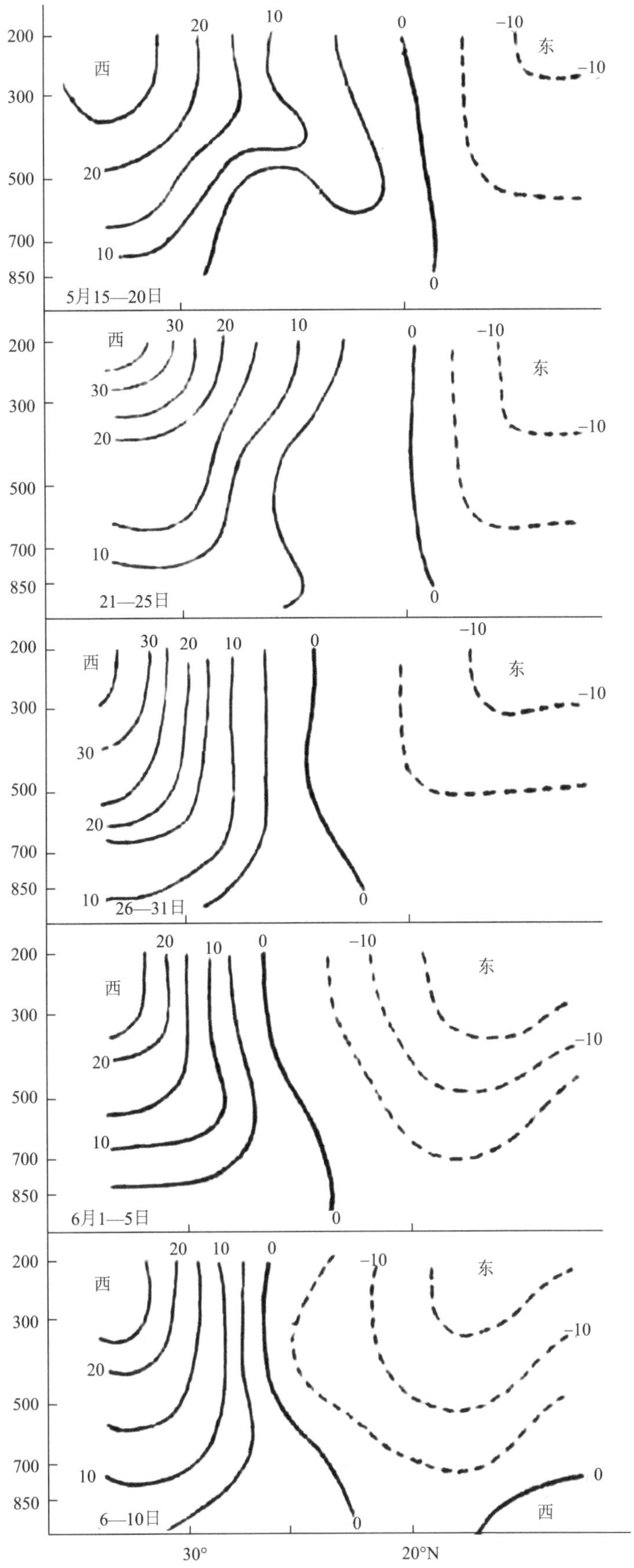

图1 1956年5—6月中东（沿45°E）每5天纬向平均风速（m/s）的垂直剖面图

在 90°E 的剖面上（图 2），我们发现在五月底以前有两支强气流。其中有一支强西风气流位于西藏高原之北（称为北支西风急流），另一支在高原的南边（称为南支西风急流）。对这两支亚洲上空的西风急流过去研究已很多（地球物理所天气组，1957，谢义炳与陈玉樵，1951，以及其他的人）。在五月底以前高空东西风的分界线位于西藏高原很远的地方。但在 5 月的最后五天中，南支强西风突然消失，而高空的东风气流推移至高原的南缘上空，同时我们发现印度的西南季风开始向北推进。在 6 月初印度的夏季风已经到达喜马拉雅山南麓。

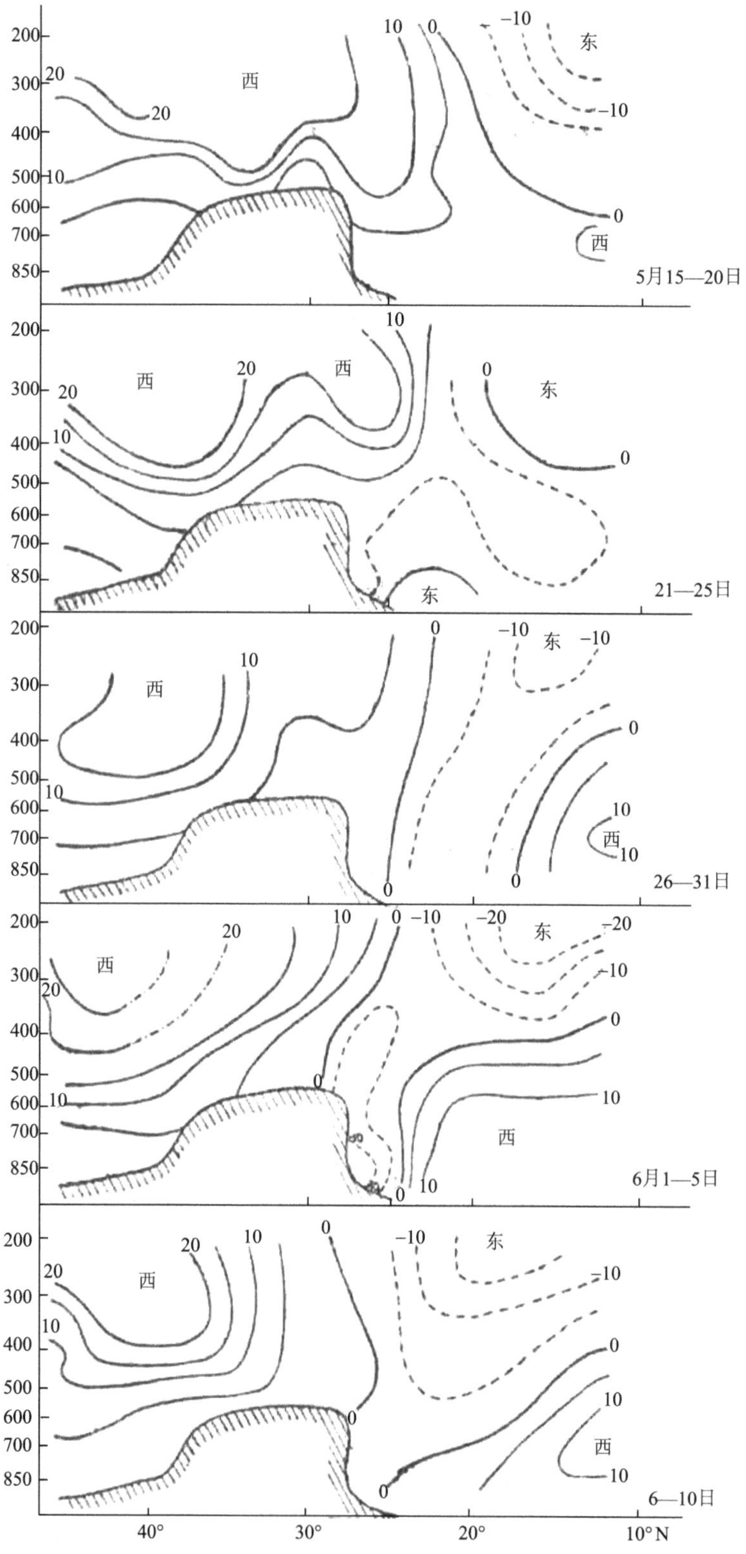

图 2　1956 年 5—6 月西藏高原（沿 90°E）每 5 天纬向平均风速（m/s）的垂直剖面图

在下游沿着 125°E 我们做了一条剖面（图 3）。图上的突变情形亦很清楚。在 6 月初高空的西风急流突然向北撤退，并且出现高空东风气流。

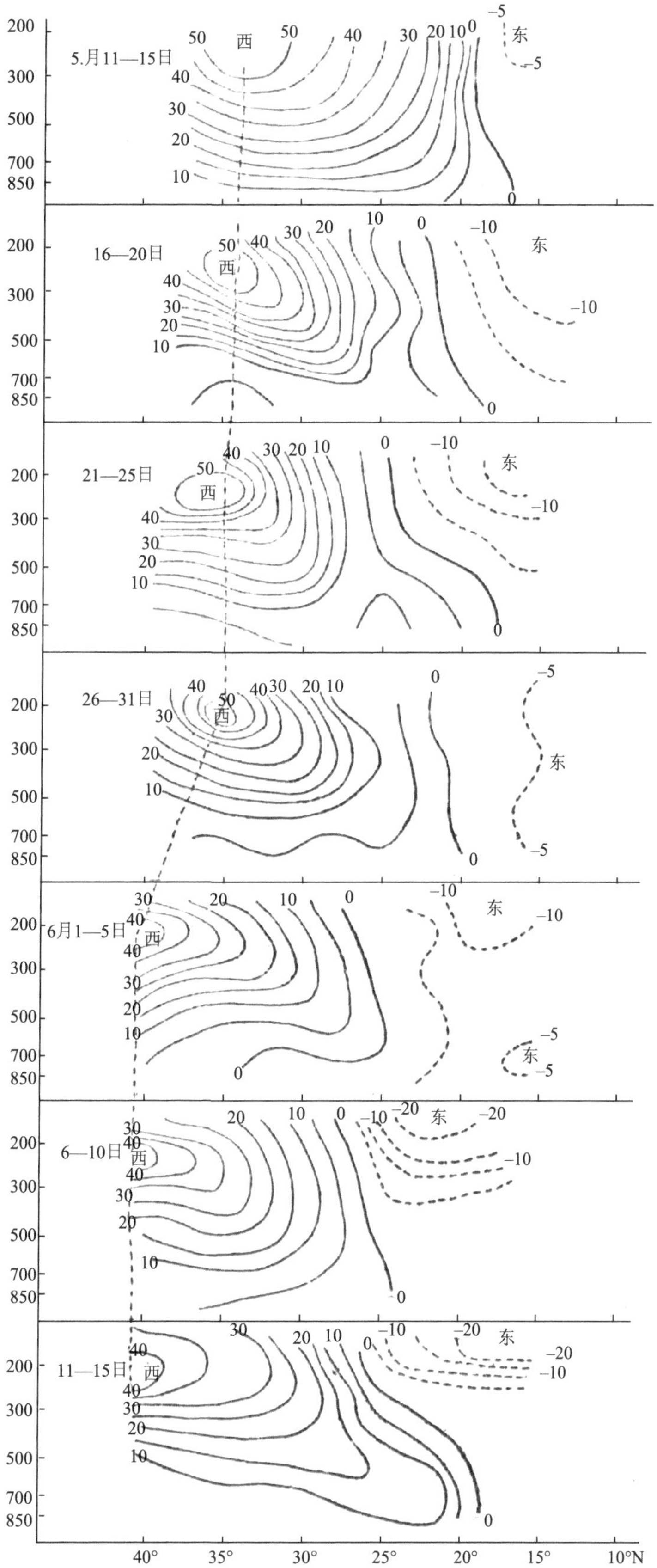

图 3　1956 年 5—6 月东亚沿海（沿 125°E）每 5 天纬向平均风速（m/s）的垂直剖面图

在这里要指出，南支西风急流的撤退跟印度西南季风爆发相重合的现象，并不只是1956年与1946年（殷，1949）两年的情况。在我们所研究的各个年份中，这种现象是共同的。印度气象局每年公布的季风爆发日期，跟我们由高空环流情况改变所定出的日期很是一致。在南支西风消失的时期，亦正好是中国和日本梅雨开始的时期。这两者的关系在过去叶笃正和顾震潮（1955）也曾指出过，其后陶诗言和陈隆勋（1957）以及最近陶诗言（1958）还做了研究。关于1956年西南季风和梅雨建立的天气过程，我们留在本文后面详细叙述。

图4代表太平洋上的情形。这大致是沿着165°E经线的剖面，剖面的最北端只到33°N，因为太平洋上高空无线电测风站非常少，我们只能选出这样一条剖面。从图4上发现在整个时期中低纬度的高空站始终出现有一支西风气流，这支西风气流并不属于一般中高纬度的西风带。在西南太平洋上常常有气旋性的涡旋出现，这支西风气流是属于这类涡旋的。假如我们注意这一支高空西风，我们发现在6月6—10日它的强度大大减弱，并在以后不再恢复原来的强度。到了6月末我们还发现中纬度的西风气流很快向北撤退。 单从图4我们很难判断其中哪一种突变是与夏季建立有关系。为要克服这种困难，我们取太平洋上的船舶站25V（剖面最北一个测站）1956年5月到6月300 hPa及250 hPa每天温度的变化（图6）。从图6上我们看出在6月8日前后温度表现剧烈的上升。在这个日期以前，温度在−46℃附近变化着。而在6月8日以后便在−42℃上下变动了，在这个日期温度上升4℃。从温度的变化指出，在太平洋上大气环流突变的日期大约在6月6—10日。再从后面将要讲到的流型变化来看，亦定出太平洋上大气环流突变的日期在6月初。

再从165°E向东去，我们做出北美洲大陆上剖面（图5）。这个剖面清楚指出，在1956年6月中以前，在30°N附近有一支强西风急流，这个位置跟冬季的平均位置是一致的。在6月中以后，这支西风急流突然消失了，并且高空东风气流开始建立。

从上面这几个沿北半球不同经度上的风场剖面，我们相信，在夏季刚开始的时候，高空的西风带有一次突变。假如我们从高空东西风带的位置及构造来定出夏季的大气环流型式，则我们可以说，夏季环流的建立，表现是非常突然的。夏季环流建立的日期，在亚洲内陆最早，然后向下游方向逐渐推迟。在亚洲内陆与北美洲夏季环流建立的日期相差约2—3个星期。应该指出，在大西洋上由于记录条件的限制，不能做出这类剖面，所以大西洋上的情况不清楚。但是，我们曾经沿着欧洲海岸作了一条剖面，却并未发现像上述那种现象。

（2）冬季环流的建立

在10月中高空大气环流另外有一次突变，其变化的情形刚好与6月的那一次变化相反。在这个时期高空西风带开始向南扩展，而高空东风气流则撤退。在这个时期以前，高空西风急流的位置是位于夏季的平均位置，而在这个日期之后，高空西风急流的位置便推移至冬季的平均位置上。在亚洲10月中的那一次变化跟5月底或6月初的那一次变化一样，亦是很突然的。但在北美洲上空，10月的那一次不及6月里那一次变化表现突然。

图7—图9分别是亚洲45°E、90°E、125°E经线上1956年10月的剖面图。在沿45°E经线剖面图上（图7），我们看出在33°N附近始终有一个西风急流，这个急流只根据一个站的记录定出。但是这个测站的测风不论在9月或10月都比同纬度的四周非常的强，其记录的正确性有问题。假如不考虑这一个疑问的急流是否存在，我们仍可以看出，高空西风带的南部边界在10月中突然向南推进。90°E经线的剖面图上（图8）同样也表现这种现象。在90°E经线上，当中纬度的西风带向南推移时，印度的西南季风便向南撤退。关于印度西南季风撤退的天气过程将在本文后面谈到。在125°E经线的剖面上，我们发现在10月中高空有两支西风急流突然建立，高空两支西风急流是这个地区冬季环流的特征。

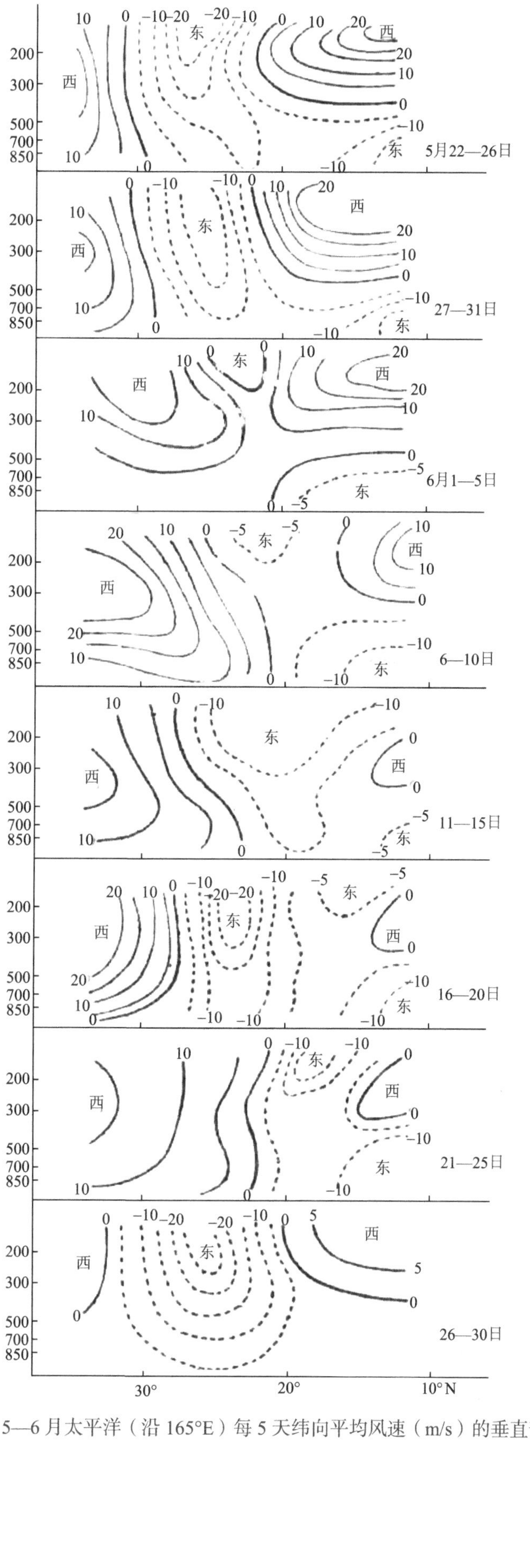

图4 1956年5—6月太平洋（沿165°E）每5天纬向平均风速（m/s）的垂直剖面图

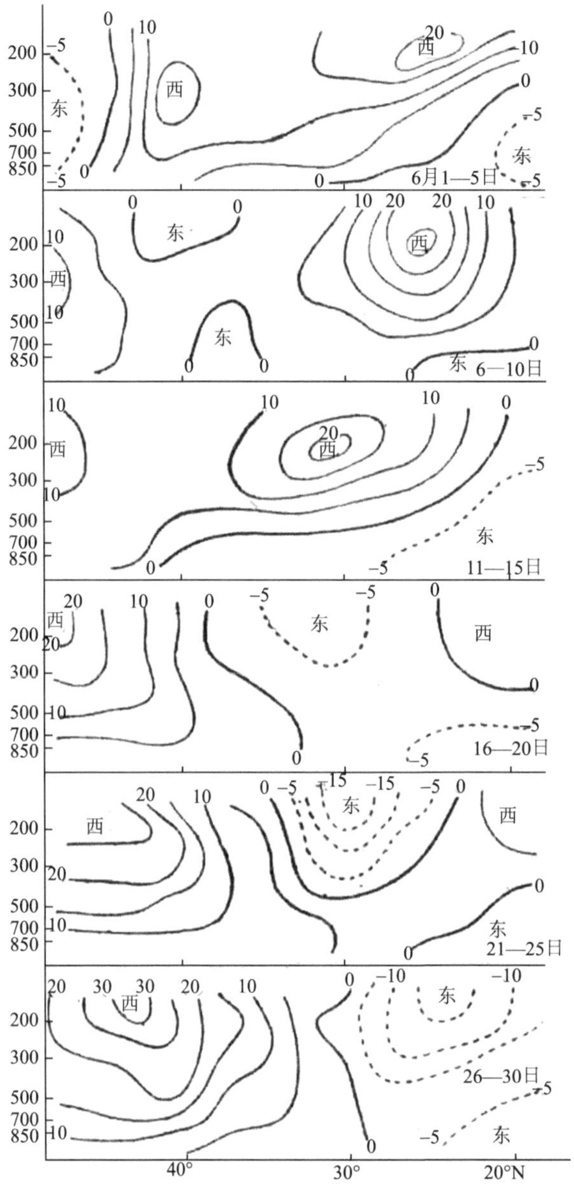

图5 1956年5—6月北美洲（沿80°W）每5天纬向平均风速（m/s）的垂直剖面图

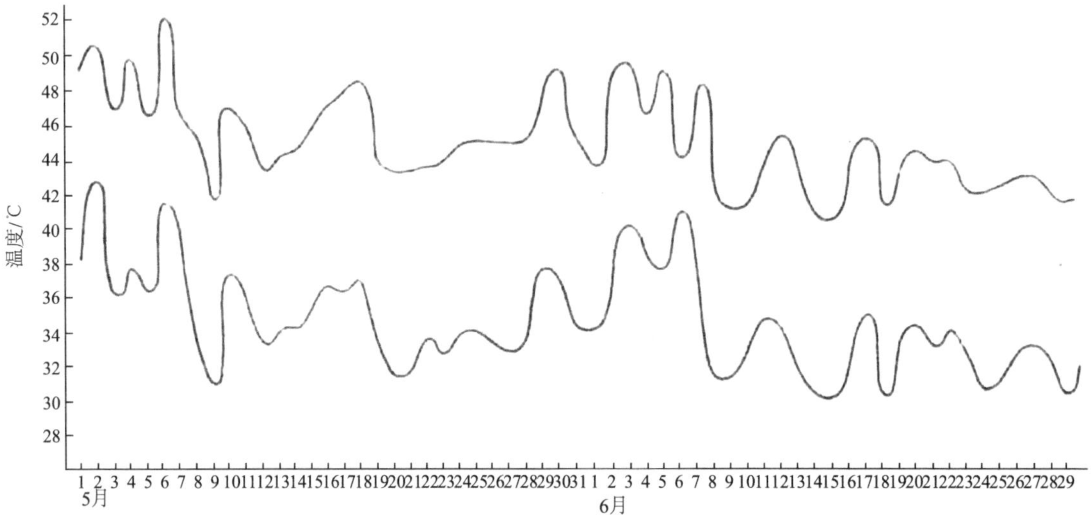

图6 1956年5—6月300hPa及250 hPa每天温度的变化图

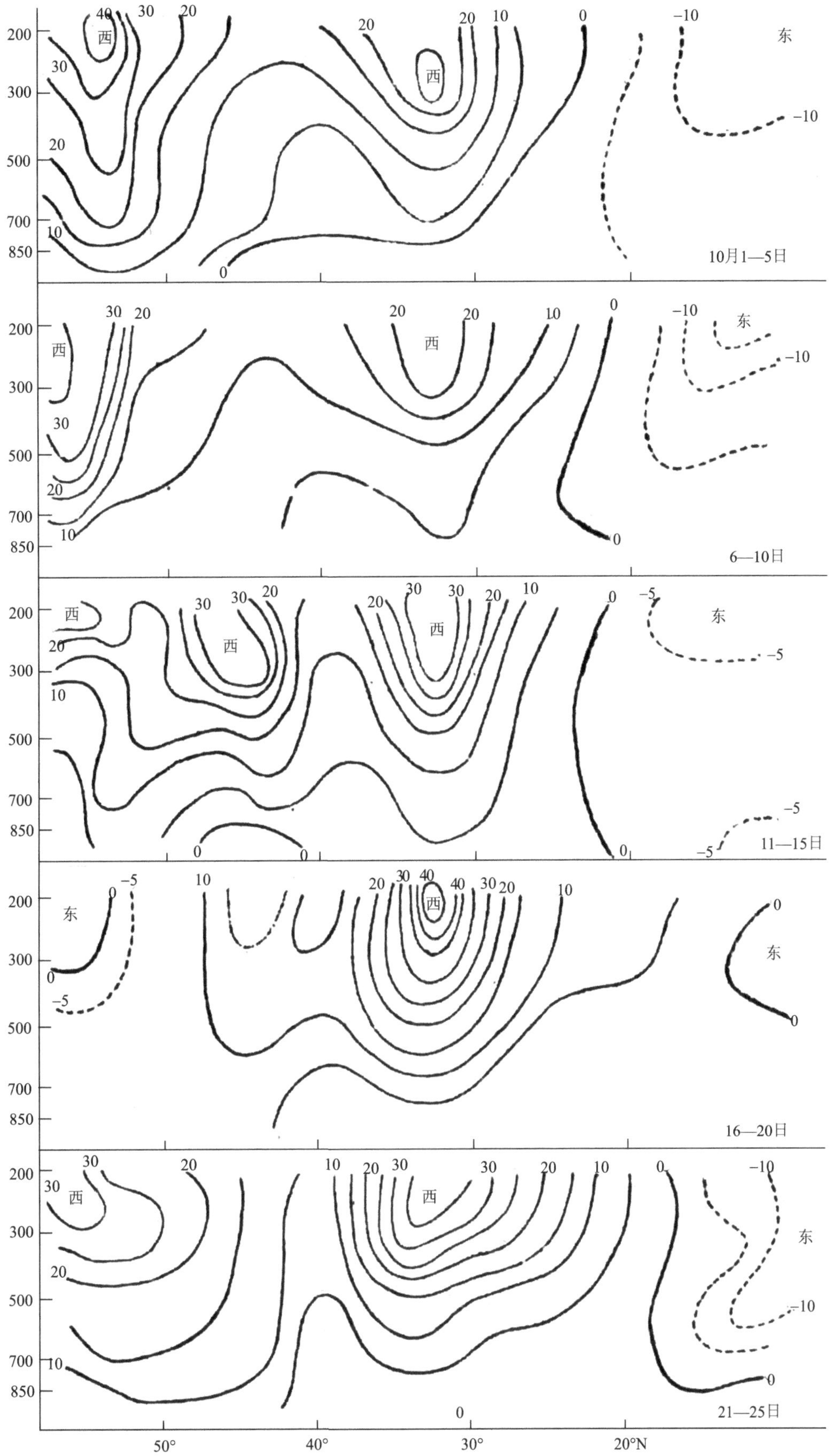

图7 1956年10—11月中东（沿45°E）每5天纬向平均风速（m/s）的垂直剖面图

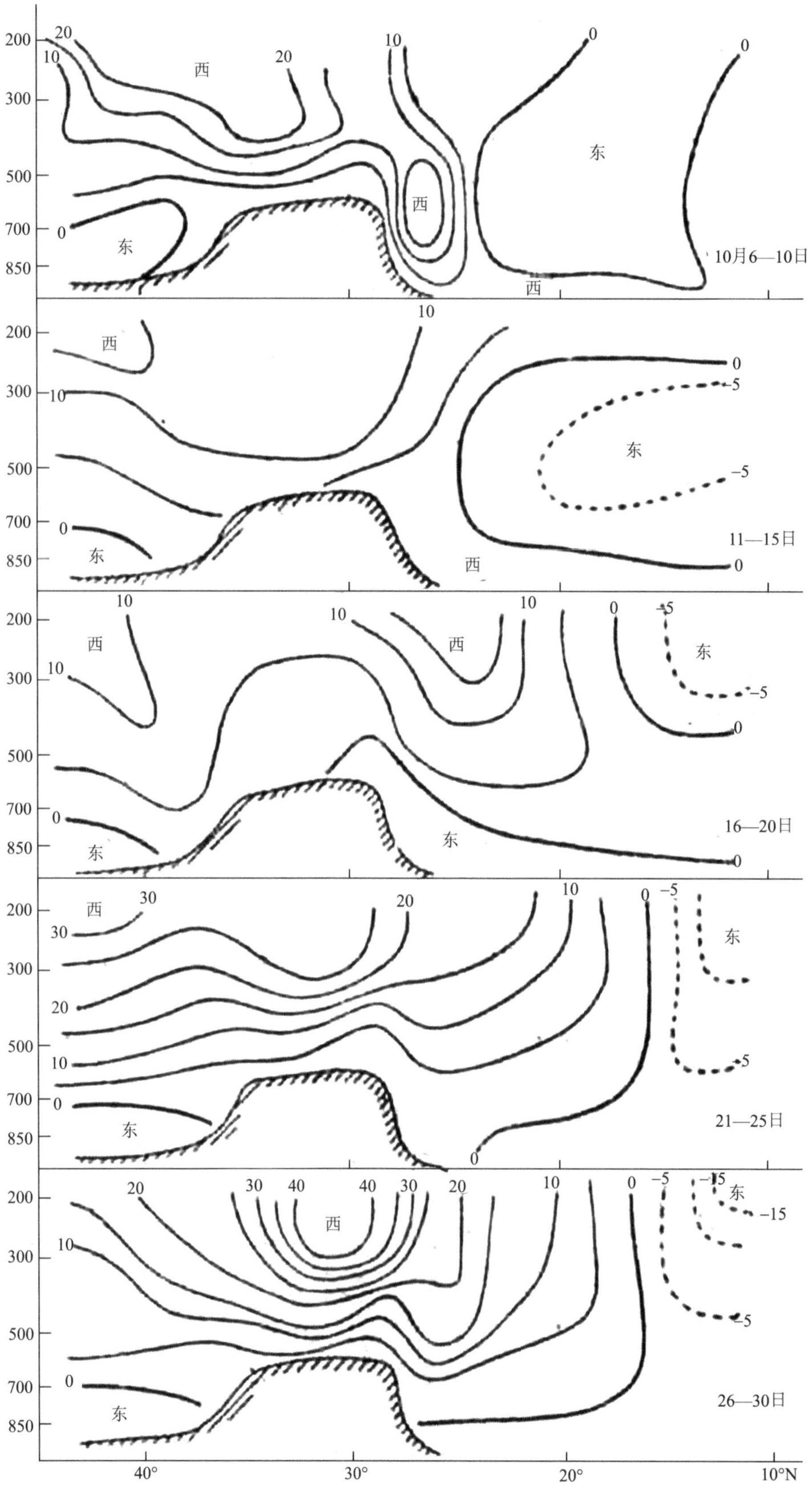

图 8　1956 年 10—11 月西藏高原（沿 90°E）每 5 天纬向平均风速（m/s）的垂直剖面图

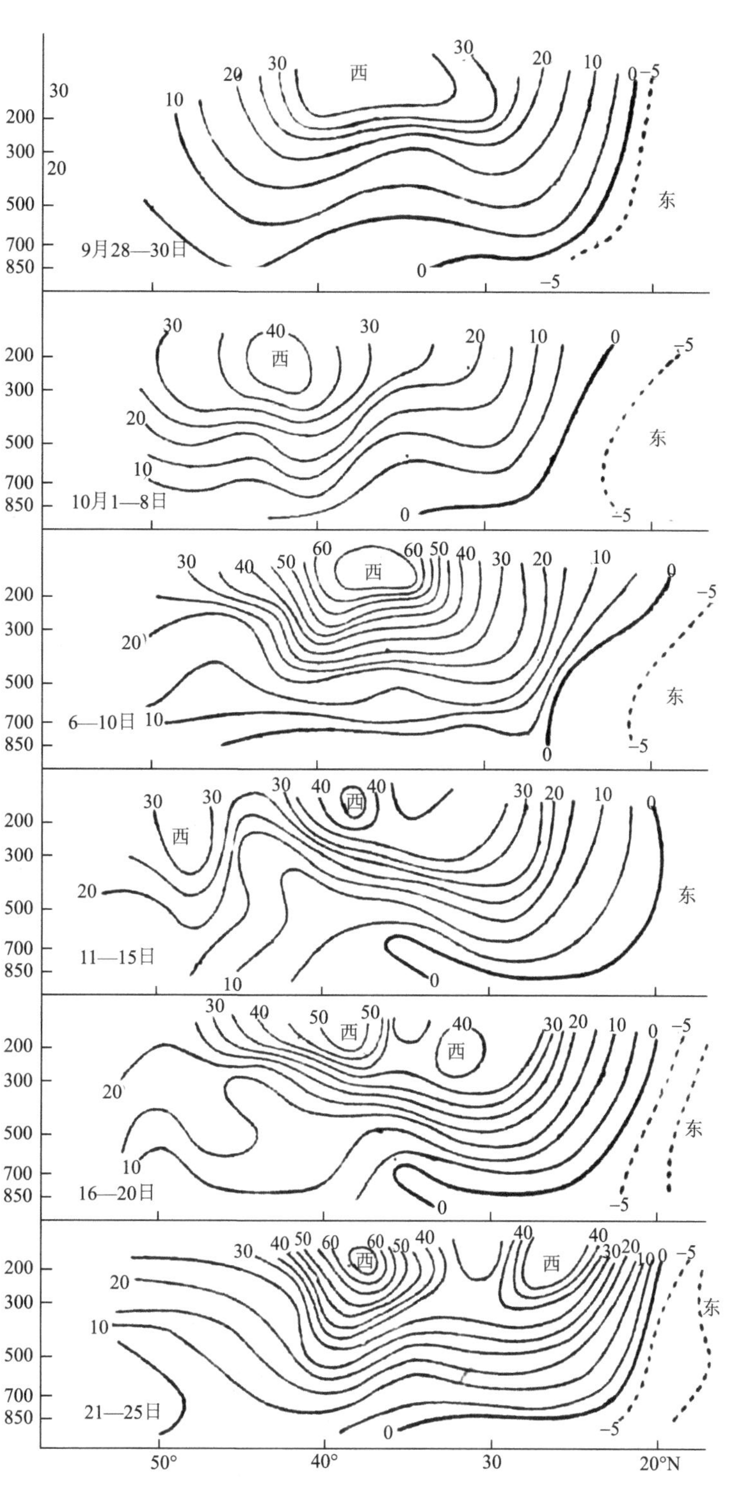

图 9　1956 年 10—11 月东亚海岸（沿 125°E）每 5 天纬向平均风速（m/s）的垂直剖面图

图 10 代表同时期中 165°E 经线的剖面。从图 10 上我们发现像在 6 月一样低纬度地区出现有高空西风气流，除开这支西风气流外，在 10 月 16—20 日以前高空西风气流只偶尔向南伸展到 131 测站（大约在 24°N），而且高空的东风气流在 25°N 以北很盛行，但在 10 月 16—20 日以后，高层对流层中的东风气流不再出现在 25°N 以北。这个日期可用作为太平洋上从夏季环流转入冬季环流的转变日期。

从北美洲的剖面（图 11），看起来似乎在 10 月 21—25 日是夏季环流转入冬季环流的时期，因为从这个时候起，高空的主要西风急流出现在比较南的位置（在 30°N 附近），而并不在比较高的纬度（40°N 附近）。

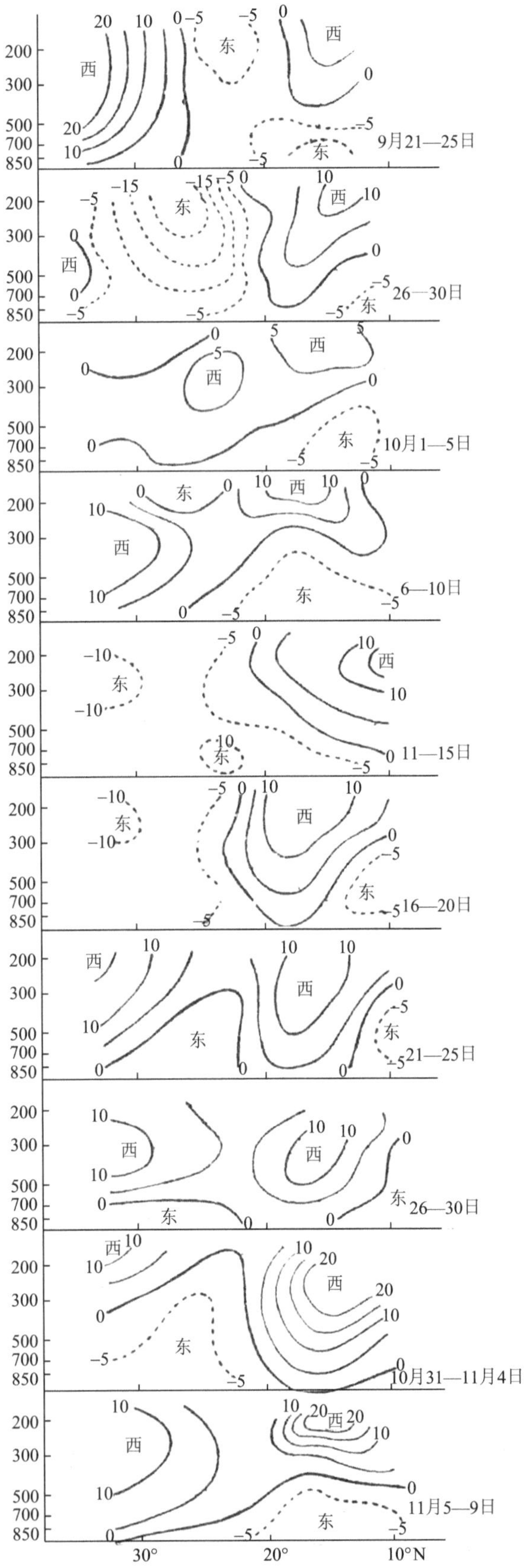

图 10　1956 年 10—11 月太平洋（沿 165°E）每 5 天纬向平均风速（m/s）的垂直剖面图

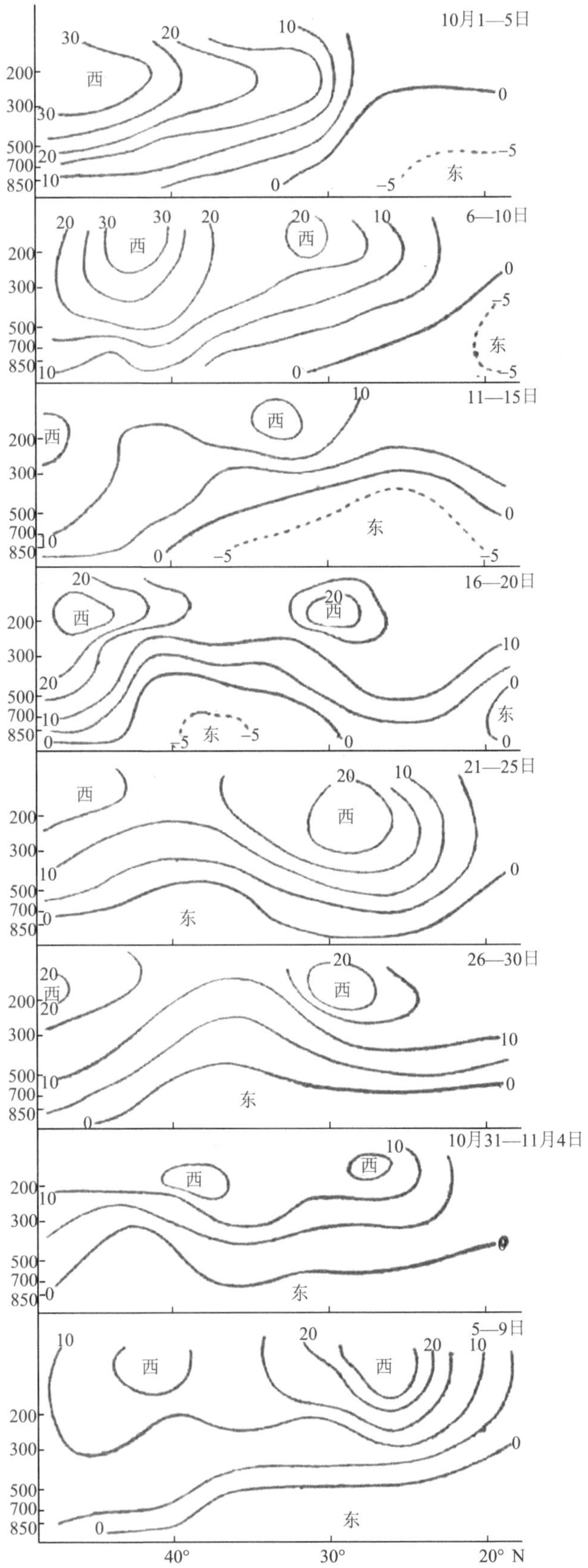

图 11　1956 年 10—11 月北美洲（沿 80°W）每 5 天纬向平均风速（m/s）的垂直剖面图

上面所定出的太平洋和北美洲地区从夏季环流转变成冬季环流的日期，与亚洲转变的日期相当一致。但是从船舶站 15V 及北美洲 317 测站的高空温度变化分析，便会得出不同的日期。图 12 表示这两站高空温度变化的情况，并指出在 10 月 6 日附近温度表现突然降低，这个日期比由风场决定出来的日期要早一个多星期。

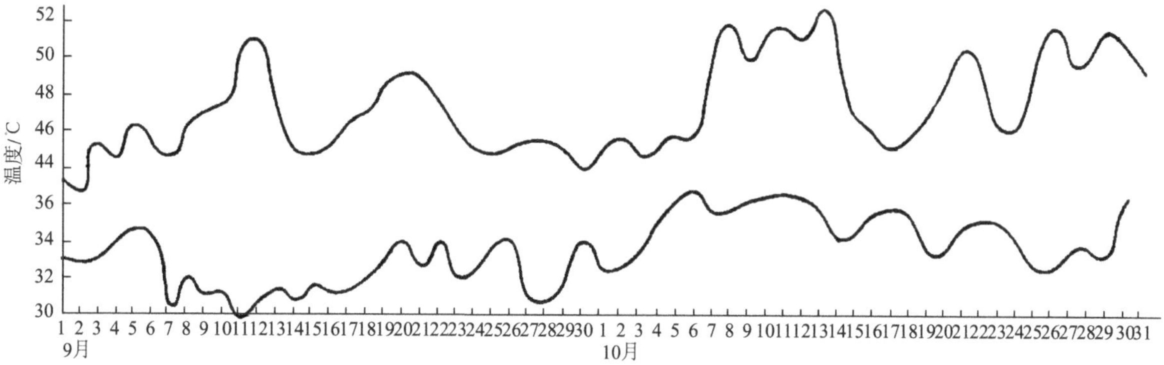

图 12　船舶 15V 及北美洲 317 两测站的高空温度变化

在本文开头曾提到，我们所以选择 1956 年作例子，并非因为该年的变化最典型，而是因为对我们来说各地区的资料比较最多。因为在 1956 年北美洲上空的变化并不非常显著，所以这里还可以举出另外一个例子。图 13 表示 1955 年 10 月沿 80°W 高空东西风的变化。从图上看出，在 10 月 1—7 日以前，在 30°N 以南高空盛行东风，但在这个日期以后，高空西风气流迅速建立。这时候高空西风急流建立了，而且高空东风气流不再在 20°N 以北出现了。

从这一系列的剖面图，我们得出结论：从夏季的纬向环流转变成冬季的纬向环流同样亦是很突然的。根据我们所研究的一些年份来看，转变日期在亚洲相当确切，大约出现在 10 月的中旬，但在北美洲转变日期变化便很大。在 1949 年出现比较早，大约在 9 月底。在亚洲不但转变日期很确切，转变的情况亦比在北美洲显著得多。

按罗士培 1939 年的理论，环流的型式多少是西风带强度的一种反映。在冬季西风带的风速比夏季强，所以冬季的流型与夏季流型就不一样。在中高纬度冬季北半球有三个主槽而夏季有四个主槽。我们值得去研究在何时以及怎样由夏季的流型转变成冬季的流型或者由冬季的流型转变成夏季的流型。前面已经指出，在 6 月和 10 月中纬度的高空西风带有突变，所以可以预期在这二个转变时期高空的流型应该会有变化。

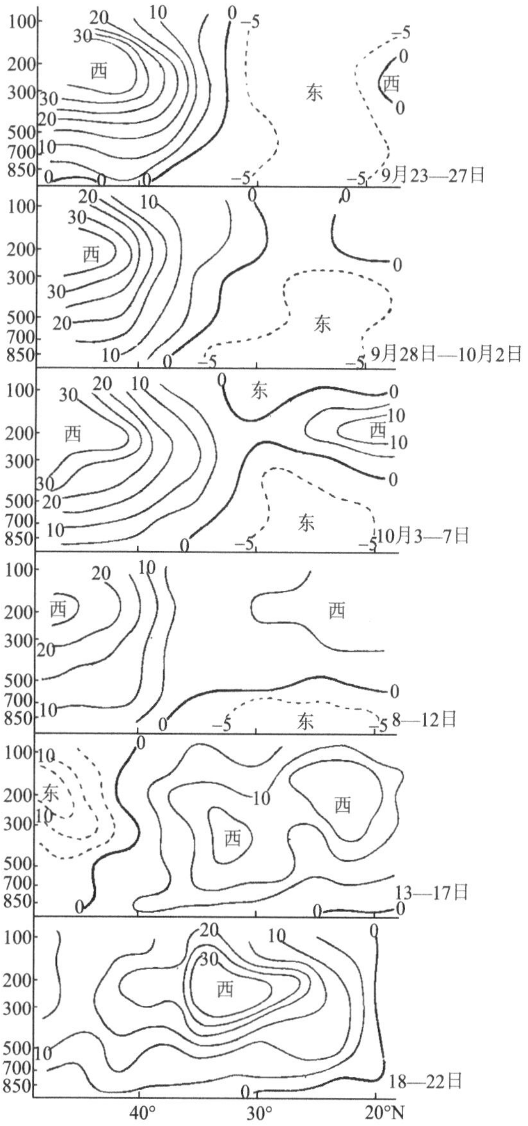

图 13　1955 年 10 月沿 80°W 高空东西风的变化

10.3　对流层中部流型的改变

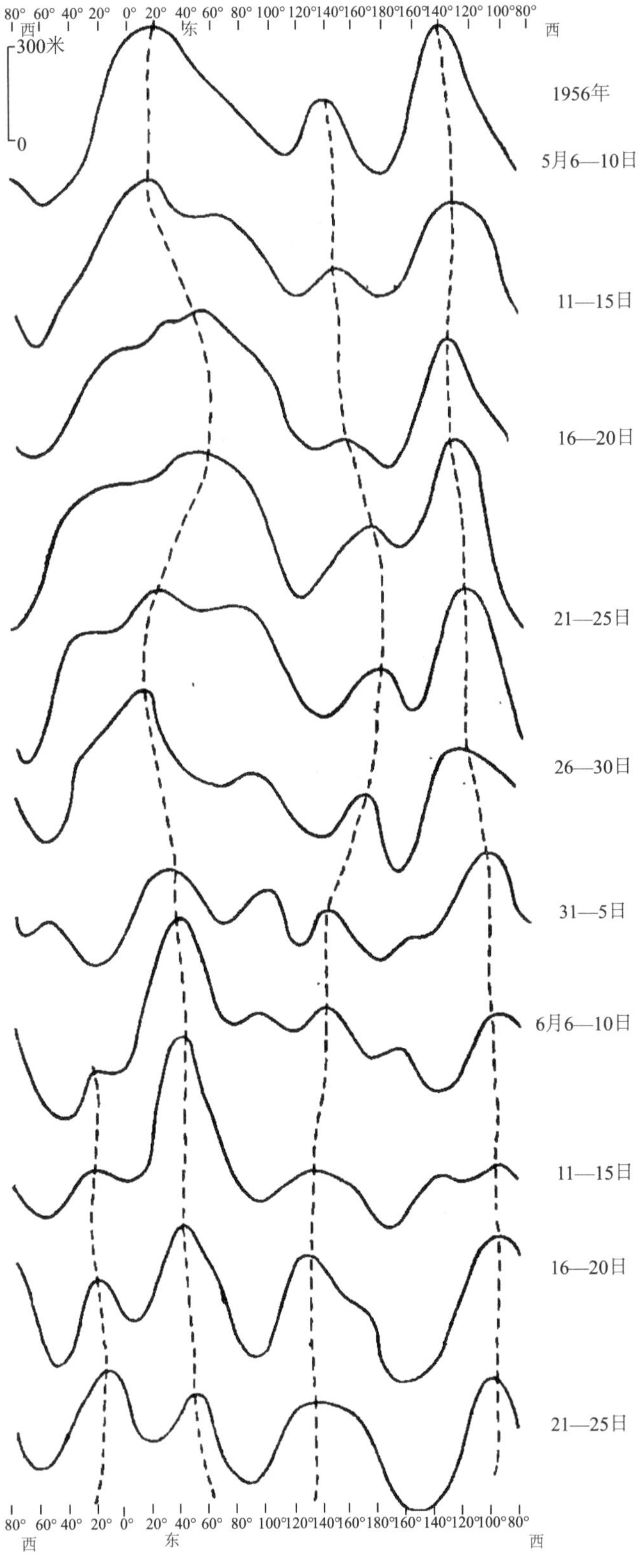

图 14　1956 年 5—6 月每 5 天 50°—70°N 500 hPa 平均高度随经度的分布图

图 14 是 1956 年 5—6 月每 5 天 50°—70°N 500hPa 平均高度随经度的分布图。从图上首先可以看出，在突变以前，500 hPa 的流型表现有三个主要脊，其位置在中欧、西太平洋和北美。但到 6 月 10 日以后，亦即在北半球高空大气环流发生突变以后，就改变成了四个主要脊，即相当于夏季平均的波的数目。而且在过渡时期中即 5 月 26 日—6 月 10 日间，槽脊的型式很不明显。图 14 上另外还有个特点，在 6 月 10 日以后，西藏高原的经度范围内 500 hPa 面上出现了一个主槽，这是典型的亚洲 500 hPa 的流型因为冬季在这个范围内是个脊的区域。此外，在高空大气环流跃变时期中，主要的槽脊位置发生了一次大调整。

图 15 表示 1956 年 9—10 月 40°—60°N 平均高度随经度的分布图。从图上看出，在 10 月 15—25 日以前及以后主要槽脊位置的差异，十分分明。在高空大气环流突变时期，500 hPa 流型便显得十分模糊，以致我们很难从图上定出长波的位置及数目来。就在这个时期，北半球高空的大气环流变化最为剧烈。此外，有几点值得提一提：第一，在 10 月 6 日以前，在西藏高原的经度范围内是个槽的位置，这是表示夏季流型的特征。在这个日期以后，低槽逐渐从这个地区移去，并且经过一个波型很乱的时期之后，便建立了典型的冬季流型。第二，在转变时期以后，欧洲西海岸的主脊以及白海槽开始建立了。在 10 月 21—25 日这两个长波系统的位置便很稳定了。亚洲东岸的大槽在 10 月 11—15 日开始在冬季平均位置上建立，并且在 10 月 26—30 日后便很稳定了，所有这些事实都清楚地指出，在 10 月中以后流型的变化很大。这种变化与高空东西风带的突变是同时发生的。

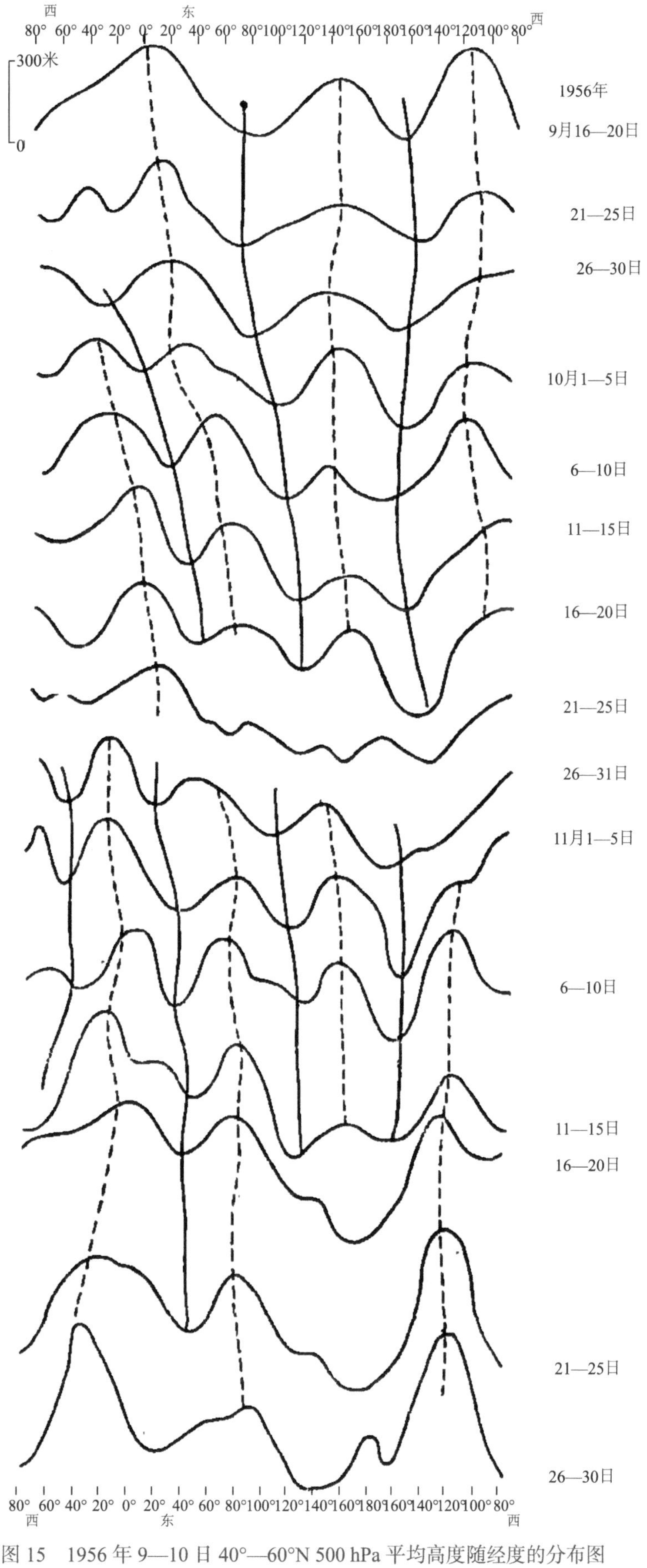

图 15 1956 年 9—10 日 40°—60°N 500 hPa 平均高度随经度的分布图

10.4 在跃变时期亚洲南部天气的过程

10.4.1 印度西南季风和梅雨的来临

为了研究与六月初高空大气环流跃变相联系的亚洲南部的天气过程。我们分析了这个地区的 3 km 流线图。图 16a—16g 给出 1956 年 5 月 18 日—6 月 8 日的流线图。在 5 月 18 日以前，印度和巴基斯坦上空盛行反气旋性环流，而在这个反气旋区域以北一直到西藏高原盛行着西风环流，这是印度夏季风爆发以前典型的流型。在中国 25°—30°N 间，在 3 km 流线图上是一条东西走向的切变线。当一个高空槽由亚洲西部移往中国海和日本时，高空槽线逐渐倾斜，最后其尾部变成切变线。这是低空的现象，在 500 hPa 面上便不显著了，这条切变线在地面与极锋相联系。在此时中国大陆上的降水主要集中于切变线所在 25°—30°N 间窄长地带内。从这天以后，印度和巴基斯坦上空的反气旋向北移动，同时西南季风及与其相连的赤道辐合线（以后简写成 ICZ）移入印度。从 5 月 20 日（图 16b）起，西南季风开始出现在 12°N 以南的马拉巴海岸（Malabar coast），而在 5 月 28 日以后（图 16d）到达 20°N 的西海岸。至此，西南季风便稳固地建立在印度西海岸。从 5 月 24 日起，孟加拉湾的一支西南季风也开始向北推进。这支季风在 5 月 28 日孟加拉湾有个强气旋发展的时候向北伸展最厉害，这个气旋在形成以后向东巴基斯坦和印度东北部移去，紧接着这个气旋，西南季风便侵入这里。于是在 5 月底西南季风在东巴基斯坦和印度东北部已稳固地建立了。

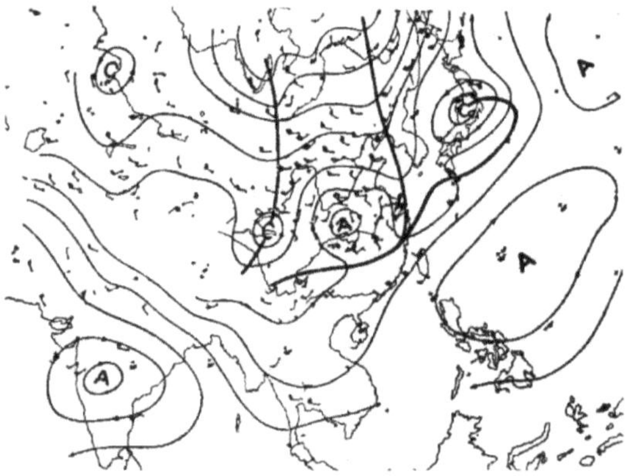

图 16a　1956 年 5 月 18 日 1500 GMT 的流线图

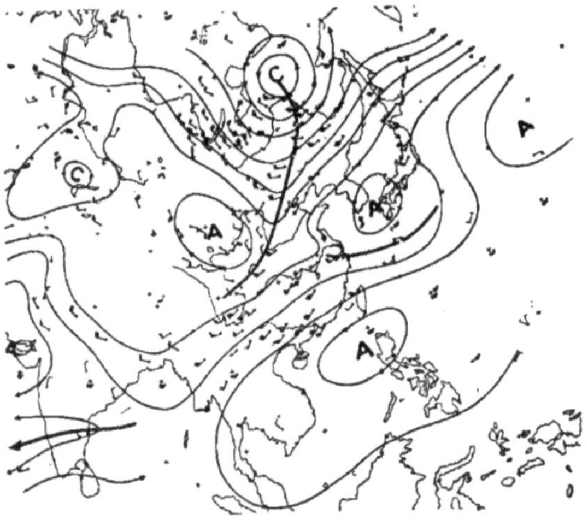

图 16b　1956 年 5 月 20 日 1500 GMT 的流线图

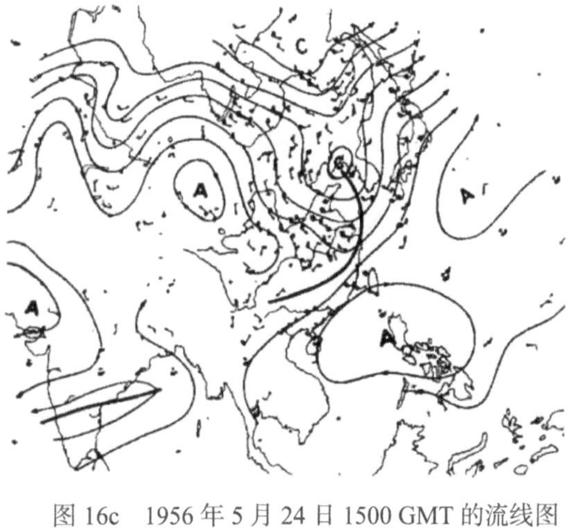

图 16c　1956 年 5 月 24 日 1500 GMT 的流线图

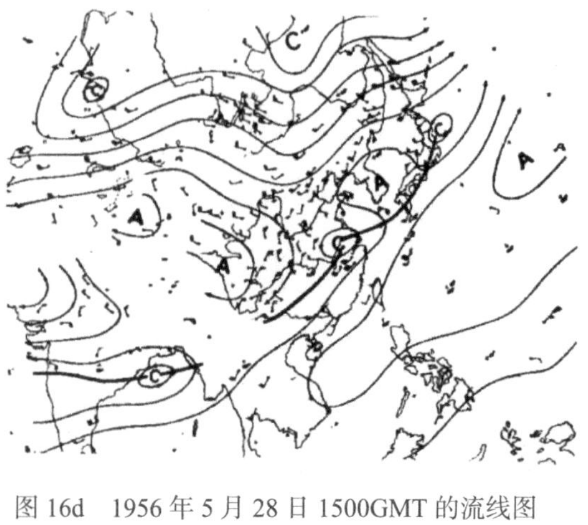

图 16d　1956 年 5 月 28 日 1500GMT 的流线图

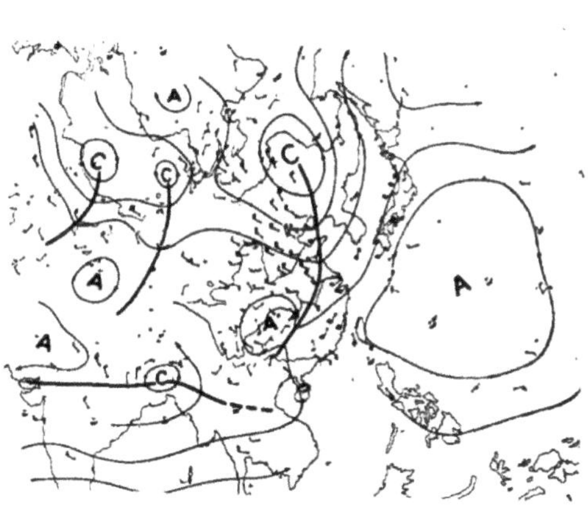

图 16e 1956 年 6 月 4 日 1500 GMT 的流线图

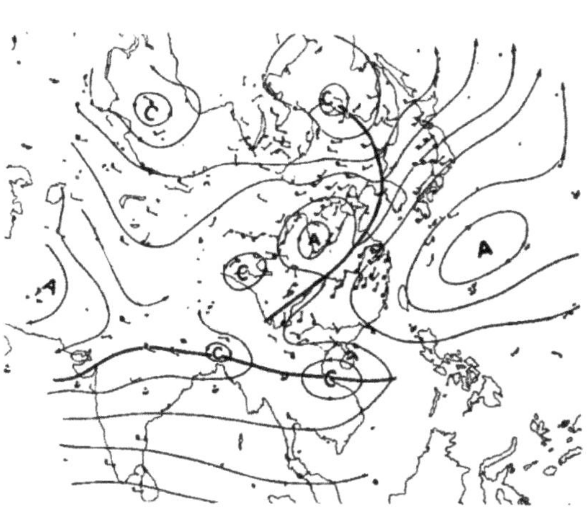

图 16f 1956 年 6 月 6 日 1500 GMT 的流线图

图 16g 1956 年 6 月 8 日 1500 GMT 的流线图

值得指出，正值西南季风向北推进之际，ICZ 区以最大速度向北移动。这时候亦正是西藏高原南边南支西风急流突然撤退（或消失）的时期（图 13）。到 6 月 4 日以后，ICZ 的位置已稳定地在 25°N 附近摆动了。

在这个时期，中国上空流型的变化也大为可观的。上面所说过的切变线原来在 25°—30°N 间（图 16a）摆动，但到了 6 月初（图 16d—16e），通过几次不连续的移动，切变线便到达 30°—35°N。这时候正是中国和日本梅雨期开始的时期。

假若我们比较图 16a—16b 和图 16f—16g，那么就可以看出它们的差异是很大的。除了在印度的 ICZ 和中国的切变线的位置有显著变化以外，印度北部和巴基斯坦北部的高空西风不再出现。同时在西太平洋上副热带高压向北移动也很多。

上面给出的西南季风和爆发的日期，与印度气象局根据降水资料给出的日期完全一致。梅雨来临日期也与日本气象局用其他方法所给出的日期一致。其他各年分析与上面的例子十分相似。

10.4.2 西南季风及 ICZ 的撤退

与 5 月底到 6 月初的情况很相似，在 10 月中旬，当高空冬季西风环流突然建立之时，印度和巴基斯坦流型也有一定的变化，但在中国低空流场的变化却不十分明显。中国低空的环流在 9 月中已有一次明显的由气旋式向反气旋式环流的突然改变。自此以后反气旋不断地侵入中国，降水减少而出现所谓“秋高气爽”的晴朗天气。极锋日益向南推进，汤姆孙（Thompson，1951）指出，在 10 月中左右，极锋开始到达香港附近。在 1956 年亦是如此，在 10 月 12 日（图 17a）地面锋开始经过香港。

在10月12日（图17a），在印度和巴基斯坦仍然为夏季季风的流型，ICZ的位置由印度中部迁过孟加拉湾一直伸到南中国海，在10月10日（图未给出），有一个气旋在远离孟买湾海岸的阿拉伯海形成。这个气旋10月12日侵入印度大陆，到10月14日（图17b）到达印度西北的山区，由这以后气旋便到达消亡阶段。由于这个气旋的影响，在10月14日（图17b）在印度西海岸季风加强，特别在印度西北部季风加强很大。以后，高空有一个西风扰动沿着喜马拉雅山的南麓由亚洲西部进入印度。紧接着高空西风扰动之后，大陆干燥空气由西北方向侵入印度，此时ICZ的位置便迅速南撤。到10月16日（图17c）印度西海岸的季风已经南移到20°N左右。随着高空西风槽的东移，印度东北部的夏季风也开始撤退，到10月18日（图17d）。仅仅在一小部分印度和巴基斯坦地区中盛行夏季风。在10月20日（图17e），夏季风的踪迹在印度已消失了，于是在这里便开始冬季盛行的西北气流的流型了。

应该指出，上述印度北部高空西风扰动的出现，是与10月中西藏高原南边南支西风急流突然建立密切相连的（图8）。在夏季印度北部这种西风扰动是极稀少的。只有在高空西风的引导气流下，扰动才能到达印度北部。印度气象学者（Pisharoty and Desai，1956）曾经指出，印度西南季风的撤退，是与印度北部的西风扰动相关联。1956年情况是相符合的。

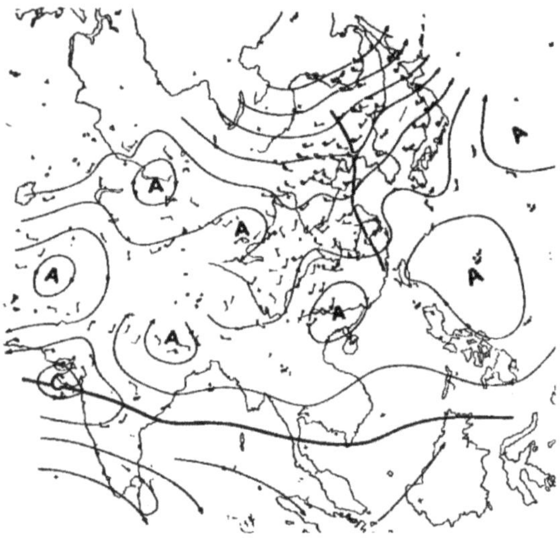

图17a　1956年10月12日0300 GMT的流线图

图17b　1956年10月14日0300 GMT的流线图

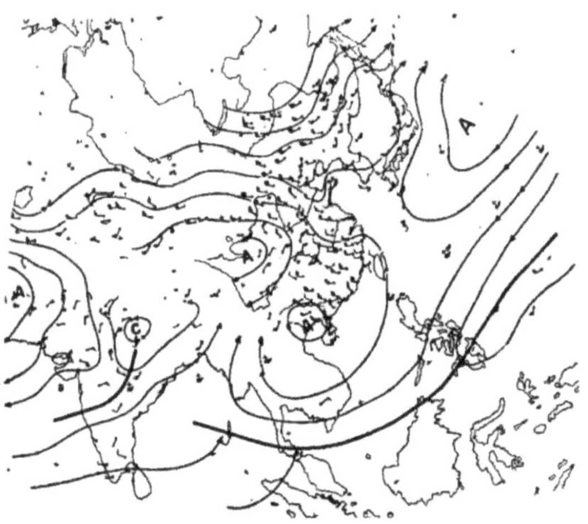

图17c　1956年10月16日0300 GMT的流线图

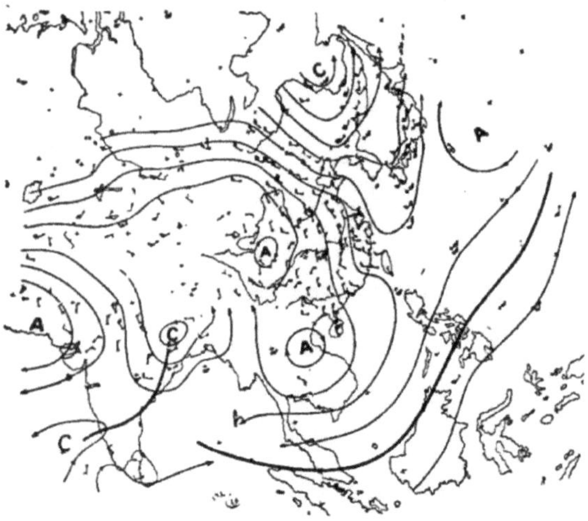

图17d　1956年10月18日0300 GMT的流线图

图 17e 1956 年 10 月 20 日 0300 GMT 的流线图

值得注意，赤道辐合线不但在印度而且在南中国海上都表现迅速退却。若比较第一张图 17a 及最后一张图 17e，我们可以发现赤道辐合线的位置有很大的变化。

从上面一系列的分析，可以看出夏季风及赤道辐合线的退却，是北半球大气环流季节变化的一个主要组成部分。

10.5 结论

上面所讨论的现象，不仅是 1956 年一年的情况，而是根据几年情况研究的结果。所以，虽然在某些个别年份中表现得并不十分清楚，但我们可以肯定地说，本文中所提出的现象是十分有代表性意义的。因此，从本文中高空的环流情况而论，在一年中只有两个自然季节，即冬季和夏季。在这两个季节中间的过渡时期是相当短促的。从一个季节过渡到另一个季节变化是相当剧骤的。在这两个季节中，冬季比夏季长得许多。但是因为我们的分析并未包括全年，所以很可能还出现有另外高空大气环流的突变情况。假如果真如此，则大气环流的季节变化表现有一系列的突变现象。

当高空大气环流从夏季转变成冬季或者从冬季转变成夏季的环流的时期，在低层对流层大气中出现有一定型式的天气过程，至少在亚洲是如此的。在夏季的高空大气环流建立时期，印度的西南季风开始爆发，亚洲南部的 ICZ 向北推进，以及中国和日本的梅雨期开始，Suda 和 Asakura（1955）也曾经指出，日本梅雨期的开始和印度季风的建立有关系。当冬季的高空环流建立时，印度的西南季风撤退，ICZ 并从亚洲大陆上最北的位置向南撤退。作者推想在北美洲出现的“Indian Summer”天气以及在欧洲出现的“Old Woman Summer”天气可能亦与 10 月里高空大气的转变有关。所以，我们值得对其他地区，亦像对亚洲南部一样，分析在这种转变时期低空天气过程的特点，并且探究高空和低空大气环流变化的相互关系。

至于为什么会发生这种突变，我们提出下面的一些初步看法：

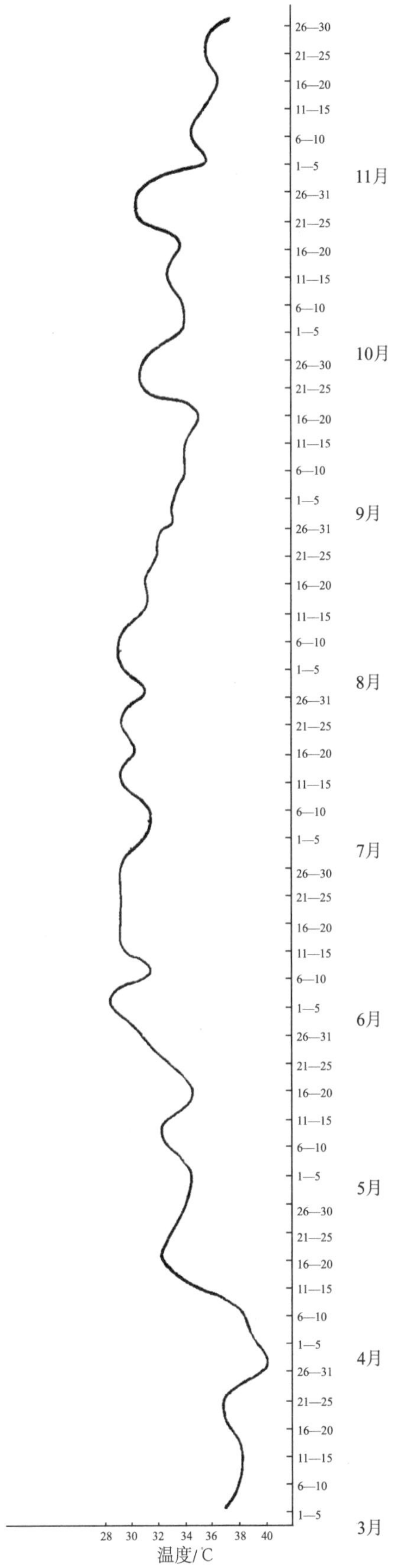

图 18　由 120°E 至 150°W 地区南太平洋上副热带高压脊平均纬度位置的变化（1932—1934 年）

由冬到夏，太阳倾斜度在北半球慢慢地增高，于是赤道和极地间的温差逐渐减少，当此温度对比减低到一定的临界值时，便会发生大气环流中的“不稳定性”，于是高空大气的环流就骤剧地变化。而由夏季过渡到冬季时，便会发生相反的变化。因为温度场与速度场是相互关联着的，温度场的突变必然伴随着风场上的剧变。

假若上面的理由是成立的话，那么南半球必然也有这种剧变。但是遗憾的是因为我们缺乏南半球的资料，不能作同样的分析。但按 Radok 和 Grant（1957）的文章看，在南太平洋上，高空西风带的季节性进退表现亦是很骤然的，假如我们只满足于地面的情况，我们可以研究分隔东西风带的副热带高压脊线的季节位移情况。我们根据手头所有三年（1931—1934 年）南半球地面图，分析了南太平洋 125°E—150°W 范围内副热带高压脊每五天平均的纬度位置。图 18 是 3 月到 11 月副热带高压脊线平均位置的曲线图，由这条曲线我们可以看出副热带高压脊的位置有二次向北突然推进。第一次是在四月，第二次是在五月底，每次都向北跃进了 4°—6° 个纬度，这是十分大的移动。此外，副热带高压南移，也有两次比较明显，第一次是八月底，第二次是十月底，最有兴趣的是五月底的一次变化刚好与北半球高空西风带变化时期大致相一致，但在北半球 10 月中的高空大气环流变化在图 18 上并未出现这个对应的变化，应该注意图 18 所指出的情况是指地面情况，所以单从图 18 上还不能就推论说在 10 月里南半球并无像北半球一样的变化情况，这个问题留在南半球有相当高空风的资料时再解决。

为了要使上面的解释能够得到结论，我们建议下面一个模型试验，这个试验像 Fultz（1949，1951），Long（1952）以及其他人（Hide，1953）的试验一样，是在旋转球面或圆盘的模型实验。我们在它们的外部和内部不同地加热，慢慢地升高或降低其加热的差额，并观察它是否有如实际大气中所观测到的那种环流的跃变现象。

参考文献

陶诗言、陈隆勋: 夏季亚洲上空大气环流的结构. 气象学报, 28(1957), 234-246.

陶诗言: 中国之梅雨. 中央气象局论文集. 第四号, 1958.

谢义炳、陈玉樵: 西太平洋和东亚冬季流场和温度场. 中国地球物理学报, 9(1951), 278-298.

叶笃正: The circulation of high troposphere over China in winter of 1945-1946. *Tellus*, 2(1950), 173-183.

叶笃正、高由禧、刘匡南: A study of onset and retreat of jet stream over Southern Asia and SW United States of America in 1945-1946. *J. Chinese Geophy. Soc.*, 2(1951), 255-278.

叶笃正、朱抱真: 从大气环流变化论东亚过渡季节的来临. 气象学报, 26(1955), 71-88.

叶笃正、顾震潮: 论西藏高原对东亚大气环流和天气的影响. 中国科学, 1955, 29-33.

Fultz, D., Preliminary report on experiments with thermally produced laterol mixing in a rotating hemispherical shell of liquid. *J. Meteor.*, 6 (1949), 17-33.

Fultz, D., 1951: Experimental analogies to atmospheric motion. *Compendium o f Meteorology, Amer. Meteor. Soc.*, 1235-1248.

Hide, R., 1953: Some experiment on thermal convection in a rotating fluid. *Quart. J. Roy. Meteor. Soc.*, 79 (1953), 161.

Long, R. R., The flow of a liquid past a barrier in a rotating spherical shell. *J. Meteor.*, 9(1952), 187-199.

Pisharoty, P. R. and B. N. Desai, Western disturbances and India weather. *Ind. J. Meteor. and Geophy.*, 7(1956), 333-338.

Radok, U. and A. M. Grant, Variations in the high troposphere mean flow over Australia and New Zealand. *J. Meteor.*, 14(1957), 141-149.

Rossby, C. G. and Collaborators, Relation between variations in the intensity of zonal circulation of atmosphere and the displacement of semi-permanent centers of action. *J. Marine. Res.*, 2(1939), 38-55.

Staff members of Institute of Geophysics and meteorology. Academia Sinica 1957: On the general circulation over Eastern Asia. *Tellus*.

Suda, K. and A. Asakura, A study in the unusual "Bain Season" in 1954 by means of northern hemispherical upper-air mean charts. *J. Meteor. Soc. Japan*, 33(1955), 233-244.

Sutcliffe and Bannon, Seasonal Changes in upper-air condition in the Mediterranean—Middle East Asia. *Sci. pro. International* Association of meteorology Rome, 1954, 322-334.

Yin M. T., A Synoptic-aerological study of the onset of the summer monsoon over India and Burma. *J. Meteor.*, 6 (1949), 393-400.

THE ABRUPT CHANGE OF CIRCULATION OVER NORTHERN HEMISPHERE DURING JUNE AND OCTOBER

Yeh Tu-cheng, Dao Shih-yen and Li mei tsiun
(Institute of Geophysics and Meteorology, Academia Sinica)

ABSTRACT

In this paper we have shown that there is an abrupt change of upper-air circulation over Northern Hemisphere in June and October. In June the abrupt change is characterized by a sudden northward shift of westerlies and easterlies. With this there is a big change in upper flow pattern. After this variation the typical summer circulation is established. In October the abrupt change is characterized by a sudden southward shift of westerlies and easterlies. This is also accompanied by a marked variation in upper flow pattern. After this variation the typical upper winter circulation is established.

With the onset of summer circulation is the outburst of SW monsoon in India and of Mai-yü in China and Japan and a rapid northward rush of the intertropical convergence zone （ICZ）. With the onset of winter circulation is the retreat of SW monsoon and ICZ. The synoptic sequence of these developments are described.

吕建华 中山大学教授 | 专家解读 |

这篇文章的英文版以“The abrupt change of the circulation over the Northern Hemisphere during June and October”为题于1959年被收录在具有经典意义的《罗斯贝纪念文集》中，所以这篇文章的内容很早就已经被国际大气科学界所知晓。我国气象科学家后续就这一重要问题也开展了很多相关的研究工作。21世纪初，国际上年轻一代的理论工作者重新开展了对季节突变的研究。回望叶笃正先生等在文章里对季节突变机制的理论猜想，来自加州理工学院的优秀理论家Tapio Schneider认为叶笃正先生等的观点领先于他们所处的时代数十年。

在全面分析和总结季节突变现象的基础上，叶笃正先生等认为季节突变并非季风区特有的现象，而是一种全球性现象。在此基础上，他们进一步提出一个理论假设，即随着热带和极地之间温差随太阳辐射的逐步变化，整个半球的大气环流形态会产生不稳定，从而发生季节突变。他们并在文章最后提出一个在旋转球面或圆盘上模型试验的建议，即通过缓慢升高或降低外部和内部加热的差别，观察有无大气环流的突变现象。

值得注意的是，在叶笃正先生在这篇文章提出的模型试验建议里，并没有提到要求海陆差异和地形的存在，这在理论观点上是非常超前的。一直要到2008年才由Tapio Schneider研究组用数值模式做了叶笃正先生所建议的模型试验，证实了他们的理论猜想是正确的。区域性海陆差异与地形对季节突变的影响是值得进一步研究的问题。

11

十年来我国对东亚寒潮的研究*

|陶诗言|　中国科学院地球物理研究所

陶诗言（1919—2012 年），中国共产党党员。天气学家、动力气象学家，中国科学院院士，中国科学院大气物理研究所代所长、研究员、博士生导师。是我国现代天气预报理论和方法的开拓者和奠基人之一，是国际知名的季风领域专家。善于将气象理论与预报实践相结合，在国家重大建设与国防需求等重要气象保障任务中做出了历史性贡献。在许多领域研究成果卓著，为国内外气象界所公认。

■　曾任中国气象学会理事长，《气象学报》第十六届理事会编辑委员会编辑委员；第十八、十九、二十届理事会《气象学报》编辑（审）委员会委员，第二十一届理事会《气象学报》编审委员会顾问。

■　发表在《气象学报》的著名论著还包括：《中国近地面层大气之运行》（1949 年）、《中国各地水分需要量之分析与中国气候区域之新分类》（1949 年）、《冬季由印缅来的低槽对华南天气的影响》（1951 年）、《苏联的中期预告法》（1953 年）、《冬季中国上空平直西风环流条件下的西风波动》（1956 年）、《阻塞形势破坏时期的东亚一次寒潮过程》（1957 年）、《夏季亚洲大陆上空大气环流的结构》（1957 年）、《东亚的梅雨期与亚洲上空大气环流季节变化的关系》（1958 年）、《十年来我国气候学研究的成就》（1959 年）、《夏季东亚热带和副热带地区经向和纬向环流型的特征》（1962 年）、《夏季亚洲南部 100 毫巴流型的变化及其与西太平洋副热带高压进退的关系》（1964 年）、《东亚对流层上部和平流层中下部大气环流的初步研究》（1965 年）、《论我国的气象站中期天气预报》（1966 年）、《四年来我国气象卫星资料分析应用研究》（1983 年）、《夏季北太平洋副热带高压系统的活动》（2001 年）等。

新中国成立后十年来，随着天气预报业务的建立，天气预报的研究也有了迅速的发展，其中寒潮研究的论文占据相当大的数量。这是可以理解的，因为东亚的寒潮活动不但会引起灾害性天气，而且寒潮的活动往往同许多重要天气系统的发生和发展相联系。本文的目的，就想将最近十年来有关东亚寒潮活动的一些问题，例如寒潮的过程和爆发条件，寒潮冷锋的结构，以及寒潮和天气等，做一简短的总结。下面准备就五个方面来讨论这个问题。

11.1　东亚寒潮的发源地

侵袭中国的寒潮，绝大多数是溯源于北冰洋。根据我们做寒潮预报的经验，几乎所有引起严重降

* 陶诗言. 1959. 十年来我国对东亚寒潮的研究. 气象学报，30（3）：226-230.

温的寒潮天气，都可以追溯到北冰洋面。此外，在冬季西伯利亚和蒙古人民共和国境内，在有一种大天气形势下，也可成为冷空气的发源地。当欧洲或乌拉尔上空有一阻塞形势维持，而在下游西伯利亚上空维持一高空冷槽时，就在这冷槽的位置上积聚着一堆冷空气。这堆冷空气受着辐射冷却作用一天比一天变冷。在以后随着阻塞形势的破坏，这一堆积聚相当时日的冷气团便向我国侵袭，并引起一次寒潮天气。

在冬季各月中，中国大陆上冷空气的活动是很频繁的，但每一次冷空气活动不一定都引起寒潮天气。一般所指的寒潮是指由于冷空气侵袭所引起的急骤的降温和大风天气，并且这类降温和大风天气是可以引起灾害的，降温的标准视地区和季节的不同而有变动。在我国，寒潮警报的发布标准尚未有明文规定。一般在短期预报方面，以 24 小时降温达 10℃以上者为寒潮。在中期预报方面，则以较大地区温度距平在 – 4℃以下的称作寒潮。到目前还没有对中国境内寒潮所引起的各种降温情况做统计的研究。这类研究是需要的。

11.2　寒潮爆发的路径和条件

根据预报的经验[1-4]侵入中国的寒潮有三条主要的路径：第一，冷空气从新地岛以西的巴伦支海侵入苏联欧洲部分，然后向东南经西伯利亚和蒙古人民共和国侵入我国。这类寒潮路径预报员称作西北型寒潮。第二，冷空气从新地岛以东的喀拉海向南侵入西部西伯利亚，然后大约在 55°N 折向东南方向移动并侵入我国。这是相当于苏联长期预报学派所称的超极地轴寒潮路径。第三，冷空气沿贝加尔湖以东的地区自北向南侵入我国。这类寒潮只影响我国沿海的一些省份。

寒潮爆发的机制，在目前不论在天气学上或动力气象学上还是个没有解决的问题。在我们做寒潮预报的经验中，摸索出了一些关于在寒潮爆发时东亚大型天气过程的特点。我们发现在寒潮爆发的时期，亚欧大陆上空有以下四类大型过程：

第一类大型过程相当于上述第一类寒潮路径。在这类寒潮爆发的初期，首先在斯堪的纳维亚半岛和新地岛之间的海面有一个对流层的冷空气舌自北向南伸入大陆。这个冷舌平均每天以 15 个经度向东推动。在其向东移动的过程中，冷舌的势力不断在增强着，而且最强烈的发展则出现在 120°E 附近。这个冷槽最后发展成一个深厚的长波槽。这一类的寒潮过程，以在当时北半球的大形势接近于冬季的 500 毫巴①平均形势时，最容易出现。因为在冬季 500 毫巴的平均形势表现在亚欧大陆上的特点是：在亚洲东海岸有个常定槽，在斯堪的纳维亚半岛和新地岛之间另有一个比较平浅的槽，而在西部西伯利亚上空则是个平浅的高脊。这个定常形势的维持，是靠着亚洲东海岸高空大槽一次次的再生过程来维持的。高空槽的每次再生过程引起东亚一次比较强烈的冷空气活动。这类再生过程的表现是这样的，即原有的高空大槽向东移动并迅速削弱，最后则变成一个高空短波槽进入北美洲。当东海岸的大槽东移并削弱的时期，在大陆上便有一次强烈的高空不稳定短波槽的发展。这个高空短波槽最后便变成新的东海岸上空的大槽。寒潮的爆发便是在高空不稳定槽发展最猛烈的时期发生的。根据罗斯倍（Rossby）关于行星波的波长和纬向风速的关系式，在亚欧上空大形势维持不变的条件下，纬向风速也是常定的。在这个时期从西欧上空的高空槽到亚洲东海岸上空大槽间的波长相应也不变。所以，当东海岸上空的大槽往东移动并削弱时，单从动力学的条件讲，必须在东海岸上空重新有长波槽建立。

第二类大型过程是出现在东欧或乌拉尔上空阻塞形势发生崩溃的时期。在乌拉尔地区常常有阻塞形势发生和维持。阻塞形势的崩溃常常出现在东半球环流指数自低指数变成高指数环流的时期，在这个时期东半球上空的长波系统发生向东移动，并且长波的数目也同时减少。在这个时期东亚上空便有一次冷空气的活动，其中势力强大的可以达到寒潮的强度。在阻塞形势破坏的时期，冷空气一方面来自北冰洋；另一方面，原先堆积在阻塞形势东边的冷空气块则最先侵入我国。由于冷空气自准静止状态突然向南爆

① 毫巴（mb）为气压单位，1 毫巴 ＝100 帕，1 mb = 100 Pa。

发，所以在预报上往往不容易掌握。

根据最近的研究[5,6]，在东半球西风环流指数自低变高的时期，不一定都是出现在阻塞形势破坏的时期，但在这个环流指数转变的时期，东亚上空有一次较强烈的冷空气活动却是极常见的事实。

第三类大型天气过程是出现在亚洲上空一脊一槽的形势下，高空脊的位置大约在 60°—100°E，高空槽的位置位于 110°—130°E 之间。在这类形势维持的时期，高空的短波槽一个个沿着高空高压脊的东缘向东南方移入长波槽里面。在小槽和大槽相合并的时期，长波槽表现暂时的加强，同时在中国大陆上便出现一次冷空气活动。如果并入长波槽中的高空短波槽是迅速在加深着的，则冷空气侵袭的势力也愈猛烈。这类高空短波槽的迅速发展，一般是跟西方准静止长波脊的加强有联系，当亚洲西部准静止的高空脊发生加强时，这一方面增强了短波槽后冷空气的供应，另一方面也提供了低压系统加深的动力学条件。所以，在这类寒潮过程的预报中，应该注意上游高空高脊的加强问题。而这个高压脊的加强，又往往跟西欧方面强烈的气旋性发展相联系。

在这类稳定形势的维持期间，亚洲西部上空的高脊和东亚上空的主槽同样有再生的过程。在每一次再生过程中，与原先的系统发生，前进并削弱的时期，亦可以引起中国大陆上一次冷空气活动，但势力一般并不很强。

另外，在这类型势维持的时期，亚洲高纬度地区维持显著的经向环流。但在纬度 50°以南，却维持比较平直的纬向环流，并且高空的锋区逐渐向南推移至 40°N 上空。在这种形势下，来自北冰洋的一股股冷空气向南侵入我国境内。随着一次次寒潮的南下，高空锋区逐渐亦向南推动，结果会造成我国冬季江淮流域酷寒的阴雪天气。

在第三类大型天气过程中，视亚洲西部长波脊位置的偏东或偏西，冷空气的路径亦表现不同。但虽然在路径上表现偏东或偏西，但都是属于超极地轴的寒潮过程。

在冬季北美洲强大的寒潮，都是出现在长波的前进或后退的时期，但在东亚情况便不如此。由于西藏高原的存在，冬季从亚洲往东移动的高空长波槽往往受地形影响发生折断过程。槽的北部沿高原北缘迅速往东移去，并迅速减弱其强度。槽的南段则缓缓越过高原往东移，其强度也是趋于削弱的。至于长波槽的后退在东亚的范围内比较少见。因为在冬季亚洲的范围内，只在贝加尔湖以东的地区才是低气压系统最多发展的地带，而在贝加尔湖以西高空槽的发展比较少见。至于在贝加尔湖以东高空低槽的发展一般是反应亚洲东海岸大槽的重建过程。根据我们的经验，引起严重寒潮的高空槽，一般是来自西北或北方的。从西方移过来的高空槽一般不能引起严重的寒潮天气。

关于在西藏高原上有没有寒潮活动，在早先看法并不一致。有人以为高原的海拔甚高，冷空气不容易越过高原；也有认为由于高原的屏障作用天气系统不容易在高原上经过。根据最近这两三年的资料看来，在冬季高原上空低压槽的活动很频繁。在高原上不但常常出现冷锋天气，并且也有强烈的寒潮活动。我们发现[7]冬季高原上的寒潮过程，几乎都是出现在南北两个高空槽相合并的过程中。前面说过，从亚洲西部移过来的高空槽一般在高原西缘分裂成两部分，北部沿高原的北缘移去。南部则往往停滞在高原的西南方一些时间后再向东移去。这类系统的移动速度一般均在 5—10 个经度。当南方的高空槽开始向东移动的时期，如果从西北方有一个势力深厚的高空槽向东南方移来，这类系统的移动速度平均每天 10—15 个经度。所以，北方的高空槽一般可以追上南方的高空槽。如果北方和南方的高空槽正好在高原上空发生合并，这便引起高原上经向度的加大，因而导致冷空气侵入高原的东南部，并引起一次寒潮天气。但这种合并过程只是暂时的，经过合并以后，北方的槽很快往东移去，南部的槽则落在后面。

这类南北两个槽相合并的过程，也可以在长江中下游地区发生，并引起在高空槽前地面的气旋波发生过程。

因为寒潮的活动是大范围气团间的交换过程，并且寒潮的活动常常跟大范围的环流变化有关系，所以每一次在东亚发生的寒潮过程，亦可以同时在北半球的其他区域发生。有时候亚洲和北美洲可以同时发生寒潮。作者曾分析 1957 年 1 月初的一次在北美洲和东亚的寒潮[6]，并发现这两地寒潮的同时发生，跟在北极上空环流作反气旋性的转变有联系。由于在北极上空建立一条从格陵兰伸至阿拉斯加的暖高气压带，这使得北极的冷中心分别移入北美洲和亚洲大陆，因而引起在两地同时发生寒潮。

11.3 寒潮冷锋的结构及其在中国境内的锋生过程

寒潮是个大型的扰动，它是大气中热量交换的执行者。因此，除开弄清楚寒潮爆发的过程和条件以外，对于寒潮的结构问题，也是重要的研究对象。研究寒潮的结构，包括有三度空间流场和温度场的特点与锋生条件。在我国最近十年来，对于寒潮冷锋的结构和其锋生过程研究甚多。

关于东亚寒潮冷锋的结构，早在 1951 年谢义炳等[8]指出，在日本上空可以出现两层锋，每个锋区各有对应的急流。北边的锋区就是极锋锋区，南边的锋区则是高空副热带锋区，在以后的工作中[9]同样也发现这个事实。

在冬季寒潮冷锋南下时，冷锋的坡度逐渐转平，并趋于锋消[10,11]，而在冷锋的南方则另有一个冷锋形成。这种情况在我们日常分析中遇见甚多。

寒潮冷锋的强烈锋生过程，有时会导致锋面活动突然变强，并造成大风灾害[12]，这种锋生过程的特点是值得深入研究的。

11.4 寒潮和天气

寒潮是一种危险天气。在我国大范围的早霜和晚霜天气，都与寒潮的爆发相连。在海上，寒潮的侵袭常常是渔民的严重威胁。在寒潮预报的工作中，一方面要准确估计出寒潮爆发的条件，同时还须判断在寒潮爆发时所引起的降温和大风的情况。最近十年来，有关寒潮和天气的研究著作颇不少。在本节中只提一提比较重要的一些研究结果。

寒潮与大面积的早霜和晚霜。顾震潮[13]曾对我国大范围早霜和晚霜形成的条件做过研究。他指出，在我国大范围的初霜和晚霜常常是冷平流和辐射冷却的双重结果，其中尤其以冷平流起主要的作用。强烈的冷平流都是在大寒潮的形势下出现的。因此，在做大范围的霜冻预报时，一方面要判断寒潮南下的势力和其移动的情况，同时还得结合 24 小时变温的大小和当时最低气温的实际分布估计出未来最低气温。顾震潮根据春季和冬季东亚寒潮的特点和霜区的分布，将我国划成四个主要霜区，此外，各气象台根据这个方案并结合当地的具体特点，做出了更细致的霜区的划分。这种工作对于区域性的霜冻预报是有参考意义的。

寒潮爆发所引起的急骤降温的严重程度，除开跟冷空气的势力和引起寒潮爆发的条件有关外，还和下垫面的性质及寒潮爆发前的天气性质有关。若是在寒潮来临以前，出现一次热浪天气，大范围地区中气温普遍升高到超出平均最高温度之上，然后却紧接来了一次寒潮。在这种情况下，温度的骤降非常强烈。这类现象以在我国春季的晚霜天气中最是常见。在三、四月间，当大范围地区有热浪天气出现时，作物或果树的开花期提前，如果接着来了一次寒潮，便可以造成严重冻灾。

在新中国成立以后，由于航运事业的迅速发展，关于北中国的河流封冻也被列入气象预报的项目中。刘匡南等[14]最先研究了北中国河流封冻的气象条件和其预报问题。他们发现北中国河流的封冻都跟大寒潮的爆发有密切关系，其中尤以来自喀拉海的超极地轴路径的寒潮影响最严重。

在我国大范围的风灾，一部分除开跟台风和低压有关外，多数是跟寒潮的南下有联系。程纯枢[15]根据上海徐家汇气象台 1953 年的记录，分析长江中下游的寒潮活动。他发现在冬季的某些日期最容易出现寒潮。他又将这些日期跟舟山渔民的经验（即在渔民中所流传的冬季海上风暴的日历）作比较，发现两者之间有良好的对应性，这说明在海上寒潮的活动往往引起风暴。在大陆上寒潮冷锋南下时的强烈锋生作用，也会引起严重的大风灾害[12]。所以在做寒潮预报的时候，同时要考虑到冷锋的锋生条件。

关于我国各地区在寒潮出现时的具体天气特点，广大的预报员做过大量的研究或总结工作。这是由于篇幅有限不能一一提及了。

11.5 尚待研究的一些问题

寒潮预报研究的中心问题，在于解决带状大气环流的不稳定性问题。关于这个问题，目前不仅在理论上还没解决，而且在经验方面也没有发现任何事实或征兆。这方面的问题也是中期预报研究的对象。其次有关东亚寒潮爆发的天气过程仍值得继续进行。因为弄清楚寒潮的过程，对于预报是有用处的。关于天气过程的分析，应该不限制在描述方面，同时应该注意在寒潮爆发过程中某些物理量变化的特点。寒潮冷锋在长江流域的锋生问题，影响灾害性天气的为害程度，所以也值得深入研究。最后，过去十年来有关东亚寒潮的研究，重点是放在冬季的寒潮，夏季的寒潮活动研究却很少。这一方面也应该研究的。

参 考 文 献

[1] 陶诗言: 中国冬季寒潮前后变演过程的分析, 天气月刊 1952 年, 10 月号.
[2] 陶诗言: 1951 年 11 月 20 日的大寒潮. 天气月刊, 1952 年, 11 月号.
[3] 陶诗言: 东亚冬半年冷空气活动的经验研究. 中央气象台油印本(1955).
[4] 中央气象科学研究所中长期科: 冬半年寒潮天气过程的分析研究. 1958 年出版.
[5] 陶诗言: 阻塞形势破坏时期东亚的一次寒潮过程. 气象学报, 28(1957), 1 期.
[6] 陶诗言: 1957 年冬季环流的特点. 天气月刊, 1958 年 5 月号.
[7] 杨鉴初等: 西藏高原的气象学. 1958 年, 北京: 科学出版社.
[8] 谢义炳、陈玉樵: 西太平洋及东亚大陆在冬季上空的流场及温度场. 中国地球物理学报, 2(1951), 279-297.
[9] 张镡: 东亚寒潮结构的个例分析. 气象学报, 29(1958), 274-286.
[10] 仇永炎: 在一种寒潮情况下水平温度场及冷锋构造. 气象学报, 28(1953), 13-26.
[11] 夏平: 冬季水平稳定层与南岭锋生. 中央气象局油印本(1957).
[12] 言文(陶诗言): 论寒潮冷锋南下时的锋生过程. 天气月刊, 1957 年 3 月号.
[13] 顾震潮: 我国早霜和晚霜区的区域预报问题. 天气月刊, 1954 年 10 月号.
[14] 刘匡南、章震越: 北中国河流封冻天气条件的初步探讨. 地球物理研究所专刊, 甲种第 2 号(1955).
[15] 程纯枢: 有关长江下游的若干统计. 气象学报 26(1955), 1-2 期.

吕建华 中山大学教授

| 专家解读 |

新中国成立以后不久，陶诗言先生担任“联合天气分析预报中心”副主任，和顾震潮先生一起，为我国天气预报业务体系的建立做出了重要贡献。在以后的数十年中，陶先生长期专注于天气学方面的业务和研究，对我国的暴雨、季风等方面研究做出了开创性贡献。正如赵九章先生所总结的那样，在新中国成立以后，响应“科学结合需要，理论联系实际”的号召，根据“天气分析必须结合中国天气实际”和服务于国民经济的原则，中国的天气学发展对寒潮、霜冻、台风、暴雨等灾害性天气给予了高度关注，并取得了系统的认识和成果。陶先生的这篇文章就是对建国十年以来寒潮研究的一个系统总结。

陶诗言先生在文中首先总结了寒潮侵入中国的三条主要路径，以及寒潮爆发时东亚大型天气过程的四种类型。然后他又总结了寒潮天气的三维流场和温度场结构，尤其是冷锋结构和锋生过程，以及和寒潮相伴随的灾害天气现象。

陶诗言先生在天气学领域撰写的文章绝非对天气现象的简单罗列，而总是条分缕析、层次分明。虽然专长于天气学，陶诗言先生却擅长把大尺度环流的动力学背景和天气学特征有机地结合起来，同时又能深入地刻画天气尺度和锋生等中尺度过程的特征，从而把不同尺度的物理和动力学过程看成一个相互联系的有机整体。他在文章中所表现出的这种天气学观点对我国天气学后来的发展起到了很重要的促进作用。

12

十年来我国的农业气象科学研究工作*

| 吕　炯　段化戈　冯秀藻 |　中国科学院地理研究所，中国农业科学院，中央气象局

吕炯（1902—1985 年），德国柏林大学博士，气象学家、海洋气象与农业气象专家、教育家。新中国成立前曾任中央研究院专任研究员，兼任中央大学、浙江大学气象学教授。开创了我国海洋气象学的研究，是我国海洋气象学与农业气象学的先驱。历任中国气象学会理事、中国地理学会理事兼《地理学报》编委、《中国海洋湖沼学报》编委、国家科委气象组成员。

■　曾任《气象学报》第十一届理事会编辑委员会特约编辑，与涂长望先生共同担任第十三届理事会编辑委员会总编辑，第十二、十四、十六届理事会理事会编辑委员会编辑委员；中华人民共和国成立后第一、二、三届编译（辑）委员会委员（编译委员）。

■　发表在《气象学报》的著名论著还包括：《气压之变动》（1930 年）、《高空测探》（1931 年）、《气象与航空》（1935 年）、《气象与航海》（1936 年）、《军事气象之中心工作——弹道风之测算法》（1936 年）、《波兰农业气象概况》（1937 年）、《中国东南沿海风信力学的意义及其对于温度的影响》（1941 年）、《波浪操纵说》（1942 年）、《巴山夜雨》（1942 年）、《关于西域及西蜀之古气候与古地理》（1942 年）、《西藏高原上各地气压之年变化》（1943 年）、《二十年来我国气象事业之回顾与前瞻》（1944 年）、《生物气候学导论》（1944 年）等。

12.1　我国农业气象研究工作发展简况

农业气象作为一门科学来讲，在旧中国是毫无基础的。历代的反动政府从来就不会想到要建立为农业生产服务的农业气象科学，因此，新中国成立前，无论在气象部门或者在农业部门，都没有人研究农业气象这门科学。但是，我国农业生产有着悠久的历史，几千年来，农民在生产过程中，对于天气和气候影响农作物生长发育和农事活动的规律方面，都积累了极为丰富的经验。这些经验在当时固然起了指导农业生产的作用，就是在今天，流传在广大农民中的许多农谚和相应的田间管理方法也仍然是很有用的。一些古代书籍如《吕氏春秋》、《氾胜之书》、《四民月令》、《齐民要术》、《农政全书》等，不仅是很丰富的农业生产实践的经验结晶，而且也包含有极为丰富的农业气象知识与经验。无论是农作物生长发育所需的农业气象条件，改善农田气候状况的农业技术措施，农业灾害性天气的预报和防御，农作物播种期、收获期和发育期的农业气象预报以及农业气候，在这些书籍中莫不琳琅满目，美

* 吕炯，段化戈，冯秀藻. 1959. 十年来我国的农业气象科学研究工作. 气象学报，30（3）：277-285.

不胜收[1-4]。廿四节气和根据具体情况指导农业生产的农谚都是我国农业气象的宝库。但在解放以前，在反动阶级统治下，这些经验不能得到应有的重视，更谈不上发展与提高。

新中国成立以后，由于农业生产实践的需要，并根据苏联专家的建议，农业气象研究工作最先开始建立起来。1953 年 3 月，中国科学院地球物理研究所与前华北农业科学研究所合作，设立了农业气象组，这是国内第一个农业气象组织。几年来，在试验研究工作方面，对于冬小麦与棉花几个主要品种生长发育条件的农业气象鉴定，农业气象观测方法的研究，农业气象仪器的仿制与改进以及农业气候资源的研究等，都取得了一些成绩。此外，在组织翻译苏联农业气象文献方面，也做了不少工作，翻译农业气象书籍约 20 种以上和有关的国际农业气象文献数十篇，这对学习苏联先进经验，探索我国农业气象的发展方向起了一定的作用。

1957 年 1 月中华人民共和国农业部、中国科学院与中央气象局三方面合作，以农业气象组为基础，扩大成立了农业气象研究室，并作为中国农业科学院的一个组成部分。人员陆续增加，并在前几年工作的基础上，根据我国 12 年科学远景规划提出的有关农业气象部分的主要内容进行试验研究工作，因此，试验研究工作有了进一步的开展。研究项目有主要粮棉作物稻麦棉等主要品种的温度鉴定、华北地区农业气候热量资源和霜冻的农业气候的研究、稻麦棉物候观测、土壤农业水文特性测定、土壤蒸发，以及农田小气候观测等方法的试验研究等，都获得了一些成果。在这期间的前后，农业部门一些农业科学研究所先后成立了农业气象试验研究机构；中央气象局、各省（区）气象局也都相继成立了农业气象研究机构，并在一些地点成立了农业气象试验站。根据农业生产需要，试验研究项目不断增加，内容逐渐深入。例如农业灾害性天气如霜冻的防御方法及其气象效应的试验研究，农业气象预报方法的研究以及各种农业气象报道方法的研究都得到广泛的开展，也有一些成果。

随着农业合作化的逐渐完成，合作化的优越性与社会主义农业的计划性，为农业气象工作的开展提供了广泛的社会条件与经济条件，农民迫切需要农业气象工作的保证，因此，在党和政府的领导与关怀下，苏联专家的无私帮助下，农业气象业务工作也迅速建立起来。1955 年中央气象局成立了农业气象业务机构，在全国开始建立了第一批农业气象观测网，并不断扩大，观测项目不断增加，农业气象服务工作也从无到有，迅速建立与发展起来。1958 年农业气象研究工作的广泛开展。各省市县农业研究所、各省（区）气象局和部分气象站、气象哨大都根据需要因时、因地、因作物制宜，广泛地从事了农业气象的试验研究工作，并在生产上起到了一定效果。现在农业气象研究工作已如雨后春笋，在全国范围内普遍开展起来。

1958 年 11 月中央气象局与中国农业科学院在南京共同召开了全国第一次农业气象会议。会议总结了几年来农业气象工作的成果及存在的问题，并明确了今后农业气象工作必须从农业生产需要出发，从农业生产方针与农业八字宪法出发；必须依靠全党全民，以农业生产服务为纲，土洋结合、大中小并举，全面开展群众性的农业气象工作。在农业气象研究方面，必须从生产需要出发，以公社为基础，以大面积丰产田为阵地，以因时、因地、因事制宜的原则，广泛进行农业气象试验研究工作。

七年来，农业气象试验研究工作，在党的领导与关怀下，在气象部门与农业部门的大力支持、领导与协作下，在苏联专家的指导下，由于全体农业气象工作者的积极努力，取得了不少的成绩，概括说来，有如下六个方面。

12.2 农作物生长发育条件的农业气象鉴定

在自然界中，植物的生长与发育是受着外界环境条件的影响的。植物的外界环境条件主要是气候和土壤，而土壤中温度和水分的变化，又是随气象条件而转移，并成为重要的农业气象条件之一，所以气象条件对于植物生长发育极为重要，是植物生长发育的根本条件和主要自然资源。农业气象鉴定是农业气象研究的基础工作，是鉴定农作物各个生长发育时期适宜的和不适宜的气象条件（温度、水分、光照等）。如果不明了农作物对气象条件的具体要求，那么，在农作物的栽培与引种上，要充分利用有利的气候资源，采取有效的栽培措施来避免和防止不利的气象条件，都将不可能顺利地进行。有了农作物各发育时期的温度和水分指标，就可以判断农作物发育的速度，水分需要的情况，结合中长期天气预报，进而编制农作物播种期，收获期和发育期来临以及土壤水分的各种农业气象预报，并对农作物产量做出正确的估计和评定。同时，也为农业气候和农业气候区划工作提供依据。这些农业气象指标还可以直接用到农业生产上，以便采取农业措施，安排生产计划。所以进行农作物的农业气象鉴定对于农业生产，对于农业气象学本身的发展，具有重大的理论与实际意义。

几年来各地农业气象有关单位分别采用分期播种法，地理分期播种法，地理播种法和自然分期播种法等进行平行观测，研究了冬小麦、棉花、水稻、大豆等作物主要品种各生育期所要求的温度条件，在采用相同的农业技术措施并在其他气象因子都能得到满足的情况下，鉴定这些作物的各个生长发育时期与温度的定量关系，从而确定了这些作物各个发育期的生物学下限温度，有效积温，适宜播种期以及收获期等的温度指标，这些指标已经在农业生产上和农业气象预报上得到应用。在运用 T. Д. 李森科的公式 $A+Bn=\Sigma t$ 以求得 A、B 值时，整理了目前所采用的几种求算方法，进行了比较，并说明无论用那一种方法求出的 A、B 值都是在一定的范围内变动着。并证明了有些求解 A、B 值的公式是基于同一原理，是一种方法的几种不同的表达式。对如何求算 A、B 值的一些具体问题也有阐述[5-9]。

水稻是短日照作物，品种间对光照长度反应不同。尤其晚稻在三叶到小穗分化期间，感光最为敏锐。为此，在水稻温度指标的试验研究中，初步确定了水稻的感光阶段进行的迟速，对生育期长短有着极大的影响。特别是对于晚稻品种，日照长度在通过感光阶段的作用比温度更大，应用 T. Д. 李森科公式（$A+Bn=\Sigma t$）常常不能求出结果。为了求得符合感光阶段的温度指标，除温度因素外，必需考虑到日照长度与感光阶段通过速度间的定量关系[7,8,61]。

研究农作物产量和质量与整个生长期各个气象要素的关系，也初步得出来一些科学成果。例如，晚稻开花期气温低于 20℃，则空壳率增多[9,10,62]；东北地区七、八月间降水充足，则糖用甜菜产量和质量都有所提高，等等。对于棉花落蕾落铃的农业气象问题、水稻倒伏问题[63]也进行了研究。

应该指出，过去无论在农业研究上或是农民的经验上，所确定的某种作物的适宜播种期，都是以固定日期为指标的。由于每年的气候条件不同，作物所要求的是适宜的气候条件，而固定的日期不可能对每一年都是适宜的。所以适宜播种期，应该以农业气象指标为依据。每年都应该根据播种期预报来进行播种，而不是固定在一个日期（或节气）上。

根据播种期温度指标来确定作物的适宜播种期，打破了一些地区的老习惯，使棉花适时地提早播种，因生长期延长而增产；早稻适时早播早插，使双季稻的推广获得了科学依据[7,9]。

水稻、小麦、棉花、大豆等作物各发育期耗水量与需水量在水利部门和农田水利部门已作了许多试验，近年来农业气象部门也开始研究这个问题，得到了一些初步结果。

12.3 农业气象观测方法及仪器的研究

农业气象观测方法及仪器的研究，是保证获得有价值的农业气象观测资料的重要工作。1953 年就开始了农业气象观测方法及仪器的试验研究，其中有物候观测，土壤农业水文特性测定，土壤蒸发和农田小气候观测方法以及农田小气候观测仪器等的试验研究工作。以后的几年，中央和各省（区）的农业气象研究机构也相继对上述项目进行了较为系统的研究。在学习苏联先进经验的基础上，总结各台站观测经验和试验研究成果，1956 年底，编制了我国第一本统一的农业气象观测方法[9]，这对全国农业气象观测工作的进一步开展，起了很大的推动和指导作用。

物候观测是农业气象观测最基本的工作。首先对小麦、棉花、水稻等主要作物和主要果树、蔬菜等的物候观测方法进行了比较详细的研究。与此同时，还组织了有关各省部分台站对这些农作物和果树、蔬菜的物候期进行了全面的鉴定试验。此外，由于我国作物种类繁多，各地根据当地的需要还进行了某些特种作物观测方法的研究，并编写了某些特种作物的物候观测方法。

土壤农业水文特性测定的试验研究工作，一开始就得到各方面很大的重视，在学习苏联先进经验的基础上，对某些测定规程作了不少的改进，如在测定土壤湿度方面，创造了简易烘箱，这种烘箱在没有电力设备的农村，解决了烤土的问题。应用同位素钴 60（Co^{60}）的 γ 射线测定土壤湿度工作，现已试验成功。目前已编写出土壤农业水文特性测定方法供各地参考。

对农田小气候的观测方法也开展了广泛的试验研究工作。对多种观测农田小气候的护罩形式和农田小气候观测仪器的安装高度、安装方法、观测顺序和次数，边际影响以及观测时间等问题都有了一些成果[11]。

在土壤蒸发的试验研究方面，也取得了一定的成果。中国农业科学院农业气象研究室和北京、南京、广州、泾阳等农业气象试验站，对苏式波波夫、ГГИ-500 型及换土蒸发器等土壤蒸发器，以及水分平衡法和梯度观测法作了比较详细的研究。首先对波波夫土壤蒸发器及 ГГИ-500 型土壤蒸发器的物理特性和使用方法进行了试验[12]。明确了该仪器的可靠程度和存在的缺点等。同时还提出了调换土样的时间间隔。此外，对于适用于测定株间蒸发的换土蒸发器，在观测的具体操作上，也作了不少改进。

1958 年，农田小气候的试验研究工作，在全国各地广泛的开展起来，各地广泛要求有更多而且廉价的遥测农田小气候观测仪器。中国农业科学院和中央气象局农业气象研究室与有关单位协作都开展了这方面的试验研究工作，获得了较好的成果。试验成功了半导体和电阻土壤温度遥测仪器以及电阻法遥测土壤湿度仪器。这种土壤湿度遥测仪器，不仅构造简单，使用方便，其所能测定的湿度范围也比较大。同时这种仪器还改用了交流电流，并用耳机作为平衡指示器。这样，一方面避免了元件的极化作用，从而提高精确度，另一方面，大大降低了仪器的造价，使这种土壤湿度遥测仪器具有广泛的使用价值。但目前还存在读数困难的缺点，正继续研究改进中。

农田小气候的观测，往往需要同时观测几种气象要素，根据这个特点，经过研究，初步试制成如遥测空气温度、湿度、风速以及地温、土壤湿度要素的综合小气候仪器。

为了取得高度密植下作物株间光照强度的资料，过去一般使用的光照计，由于体积太大，不适用于测定作物株间光照，中国农业科学院农业气象研究室和中国科学院地理研究所均试制了微型光照计。这种光照计感应部分体积很小（比纽扣还小），用这种光照计测定株间光照时，不致破坏作物的自然状况。

12.4 农业技术措施的农业气象效应

新中国成立前，我国在这方面的工作很少研究。新中国成立后，尤其是近年来，由于农业技术措施的不断革新，田间小气候也随着有所变化。因此，为了寻找关于农业丰产的农业气象依据，农业技术措施的气象效应的研究已引起了普遍的重视。不同的农业技术措施所产生的气象效应，对作物的生育来说可能是有利的，也可能是不利的，充分利用其有利的方面，削弱或消除其不利的方面，这就是研究农业技术措施的农业气象效应的最终目的。

为了适应农业生产的要求，各地分别对流传在我国农民中的一些农业技术措施，如灌冬水、风障、早春耙地、镇压、抗旱保墒等都初步进行了农业气象效应的鉴定。

适时冬灌可以调剂土壤温度，保护冬小麦安全越冬；增加土壤含水量，供给小麦返青用水。这对经常发生春旱的冬麦地区，意义更大。经过研究分析，适宜的冬灌期，由于气象条件的变化而各年有异，一般以夜冻昼消的时期为适宜，结合气候资料分析，得知此时日平均气温约为 5℃。

北方地区，冬季气温低，露地条件不宜蔬菜生长。解决冬季和春季蔬菜生产的方法之一，是使用保温栽培。其中以风障防寒的促成栽培和温室栽培法运用最广。

风障不仅可以削弱寒风的威胁，减弱有效辐射，还破坏了近地气层中的涡动交换，使气象要素的垂直分布发生变化，从而提高温度，延长生长季节。有些地区用风障保温育秧及防止幼年果树越冬的死亡已取得一些成效，并鉴定了风障的小气候效应[13,48]。

北京菜农对温室栽培的经验极为丰富但缺乏科学的说明。这对指导生产就有其一定的局限性。因而对温室小气候进行了研究，系统分析了温室内温度、光照、湿度的分布情况及其对蔬菜生长发育的影响[14]。

平垄作耕作方法的气象效果的研究，在黑龙江、吉林等省都得出了初步的结果。由于垄作改变了太阳光线与土壤表面的交角，土壤温度增高，加速了作物苗期的生长。

在水利化尚未完成以前，某些地区，特别是华北地区，年年都会发生不同程度的春旱。而这时候正是小麦生长发育需水最多的时期，如何从栽培上来保持土壤水分或减少土壤水分的丧失，是一个极其重要的问题。农民的经验是采用早春耙地和镇压保墒。早春耙地使表土疏松，改变了土壤气候，促使地温上升，并防止土壤水分大量蒸发，为作物返青及其后期生育，创造了良好的环境条件。镇压保墒在北方多在冬季和早春进行，这方面群众经验很多，它可防止根拔现象，保持土壤水分，使土壤密接，土壤导热性加大，减小了温度变化的日振幅，减轻了冻害。结合抗旱保墒进行的气象条件的鉴定，找到了适时耕耙，镇压的科学根据[15]。

1958 年后产生了许多新的农业气象问题，在这方面也开始进行了一些研究工作。

合理提高植株密度是我国 1958 年粮食生产大丰收的中心环节。密植是有一定限度的。超过这个限度，由于通风透光不良，植株生长减弱，容易倒伏，造成减产。密植以后，植物间温湿度也发生了变化，对作物的发育速度产生一定的影响。关于不同程度的密植对通风透光的影响，已做了一些研究，并获得初步结果[16]。合理的密植打破了植物利用光能效率的保守思想[17]。过去认为植物对光能利用率很低，约为投入地面阳光的 1%，一般不会超过 3%—5%。但我国丰产的水稻、甘薯等光能利用率已远远超过了这个数值。这在农业科学上具有巨大的理论和实际意义。

随着农业生产的不断跃进，农村的普遍水利化已成为农业生产中保证丰产的主要措施之一。灌溉效应的好坏和持续时间的长短，受着许多因子的影响，如灌溉方法、灌溉量、灌溉地段的面积、作物种类、耕作方法、地区、季节、天气条件以及一天中不同时段等。只有对这些因子进行详细的研究，才能确定灌溉后田间小气候效应预期的变化，从而拟定合理和正确的灌溉制度。因此进行了灌溉地的小气候状况的研究，并已初步找出了灌溉所引起的土壤上层和近地面-气层小气候的变化[18]。

铺砂种棉是农民保证棉花增产的措施之一。铺砂可以减少农田蒸发，保墒防旱，提高地温，促进棉花早熟。为了定量地鉴定棉田铺砂的气象效应，1958 年山西省进行了这方面的研究[19]。

双季稻区早稻早播早栽，提早成熟是增产的关键之一。因此，近年来各种秧田保温措施已开始在生产上发挥作用。因为保温育秧可以避免早稻烂秧，加速秧苗生长，培养健壮秧苗，达到早稻早播早熟丰产的目的。为了科学而系统地鉴定这些措施及不同保温材料的效应，1958 年春季，许多地区都进行了各种秧田保温措施的小气候效应，并已取得一些成果[7]。

12.5 农业灾害性天气防御方法的研究

霜冻是我国农业生产上最常发生的灾害性天气之一。我国除海南岛全年无霜冻外，其余地区作物每年都可能遭受不同程度的霜冻危害。为了能有效地防御霜冻，在这方面，首先对霜冻发生的天气条件和预报方法做了研究[20,21]。经调查研究及根据各方面报告，对小麦春霜冻做了探讨与总结[22-24]，明确了预防冬小麦霜冻危害的重要。为了找出霜冻发生的气候特征及其在地理上的分布与危害情况，以提供农业生产和预报霜冻时的参考，针对霜冻进行了气候上的分析[25,26]。由于霜冻的危害随地形而有所区别，也从这方面做了分析[27]，这些为正确地防御霜冻准备了条件。试验研究结果证明：熏烟防霜，霜前灌水都是预防霜冻的有效方法[28,58]，并从防霜的气象效应上做了鉴定。

2 月至 4 月为南北水稻地区先后育秧时期，此时天气很不稳定，低温和连绵阴雨是造成水稻烂秧的主要因素。经调查研究，认为应根据本地早期的气候特点，以及寒潮发生的规律，在几个“冷尾暖头”的时期内分批抢晴播种早稻，就可以减少烂秧现象[29,30,57]。

春旱是我国北方地区的气候特点，在小麦开始乳熟以后，大风和干旱风能使小麦不正常提早成熟，籽粒不饱满并发生脱粒现象，造成小麦减产[31,65]。

森林火灾是森林的最可怕的敌人，森林着火与蔓延的危险程度是和气象要素的综合影响密切相关的。中国科学院林业土壤研究所曾在这方面做了多方面的研究，于 1958 年制定了我国东北林区着火指标与林火蔓延指标。沈阳气象台于 1957 年初对影响东北森林火灾发生的天气形势进行了初步分析，这些都为预防森林火灾起了重要的作用[32,33]。

预防灾害性天气的为害，需要从多方面着手，栽培、育种、水利、气象以及林业等部门的通力协作一定能得到恰当的解决办法。营造防护林对减轻风害和水旱灾害具有重大的作用。在防护林的效能方面已获得初步结果[34]。

12.6　农业气象预报方法的研究

自从农业生产走入高度集体化与计划经济的道路以后，开展农业气象预报，已成为农业部门的普遍要求。他们要求预先鉴定对农作物生长发育与农事操作有影响的未来的农业气象条件以及它们之间的相互关系，以便帮助农业单位预先做好准备和及时采取必要措施，从而保证最大限度地减少不利的农业气象条件的影响，并最合理的利用有利的农业气象条件，以获得农业的丰产丰收。近年来，农业气象工作者在作物的农业气象指标缺乏与农业气象资料不足的条件下，由于党的领导与鼓舞，克服了种种迷信思想与保守思想，对农业气象预报方法进行了多方面的研究，并取得了一定的成果。

农作物的增产与丰收，在很大程度上取决于播种是否适时，而适时播种，则首先要求对未来天气对作物的生长发育的影响做出正确的鉴定，因而对我国几种主要作物水稻、小麦、棉花、玉米、大豆等的播种期预报方法进行了研究，提出了初步的方法。这些方法，已在日常服务工作中得到了广泛的应用，并获得了显著的效果[35-37]。

为了对农作物未来的发育速度作出鉴定，帮助农业部门事先了解作物发育日期的到来，以便合理安排农事工作、调配劳动力、对不利气象条件采取有效措施，因而研究了水稻、小麦、棉花、油菜等作物的开花期与收获期预报方法[38-40]。

某些病虫害的发生与发展与气象条件的关系至为密切，为了彻底消灭病虫害，确保农作物丰产丰收，对几种主要作物的主要病虫害预报方法作了初步探讨与总结[41,42]。

土壤水分也是作物生长发育的重要条件之一，目前对土壤水分的预报方法也开始进行研究。

需要指出：在当前中国农业气象科学水平的基础上，要开展农业气象预报工作，并达到最高效果，是有一定困难的。为了克服这个困难，在党的正确领导下，创造性地提出了“四结合”加“两关”的农业气象预报的原则与方法。所谓“四结合”，就是：农业气象预报必须在补充天气预报和农作物特性的基础上，结合农民经验，历年气候资料，最近期间的观测实况，进行分析研究而做出的。加“两关”，就是：在做农业气象预报之前，必须先到农民群众中经过调查访问“关”，挖掘与总结有关农业气象预报的经验[3]；做好以后，还必须到农民群众中去过征求意见“关”，补充订正，提高预报的实用性。对于做好农业气象预报，又提出必须贯彻“目的明确，任务具体，依据充分，措施细致”的原则[64]。目前这些原则，正贯彻到全国各个台站的实际农业气象预报服务工作中，初步解决了当前农业气象指标与农业气象资料缺乏的困难，同时，有了这些原则，也将掀起一个群众性的开展农业气象预报的高潮。

12.7 农业气候的研究

研究各个地区的农业气候特征，充分发掘和利用农业气候资源，对发展农业生产具有重大的意义。

我国古代的劳动人民，已经注意到气候对农业生产的重要性，制定了二十四节气和极其丰富的农业谚语。长久以来，在指导农业生产上曾起了很大的作用。但在历代反动统治之下，农业气候不可能得到发展。新中国成立后，在党的领导下，农业生产得到了蓬勃的发展，农业气候研究工作随着农业气象研究机构的相继建立，才有了建立与发展的可能。但由于农业气象事业刚刚建立，缺乏农业气象资料和结合农业需要而进行整理统计的气候资料，因此只有从现有气候资料按农业需要进行分析研究着手，已取得了一些成就。发展我国的棉区是一个重要的课题，曾有人进行了这方面的研究[43-46]，对新疆和其他棉区的发展起了一定的作用。水稻在我国粮食生产中占重要地位，所以对水稻增产的农业气候问题和水稻播种期进行了研究[47-50]。确定春季低温对水稻生长的影响，提出了适宜的播种期。

随着生产进一步发展，要求农业气候研究工作，不仅是对个别生产问题进行研究，同时还要求了解和合理利用全国的农业气候资源，并进行农业气候区划。江苏省农业气候研究，讨论了该省热量、水分资源和气象灾害的发生规律，并初步做出了农业气候分区[7]。农业指标温度和农业气候热量资源方面的一些研究[51-53]，详细的分析了各种农业指标温度始现、终现日期，持续日数，界限温度以上的积温和保证率，并结合生产进行了一些分析。“春播时期土壤温度的分析”[54]讨论了全国各地 10 cm 地温到达 5℃及 12℃的开始日期，在不同地温情况下土壤湿润与干燥时气温、5 cm 及 10 cm 地温的关系以及 5 cm 与 10 cm 地温到达 5℃及 12℃开始日期间的关系。对农业工作者选择春播作物的适宜播种期，不同时期的播种深度，安排生产、调度劳动力等工作具有一定的参考作用。“晚霜冻的初步分析”[26]，分析了我国不同强度终霜冻日期的地理分布、不同强度终霜冻日期间距天数以及不同湿润情况下最后两次出现白霜时气温与地温的关系。“华北霜冻气候特征”[25]讨论了华北地区初、终霜冻的平均日期，无霜冻期的平均持续期，华北霜冻气候特点及对农业危害的气候评定。在华南方面，也做出了冬季降温基本特征[55]。中国科学院地理研究所曾做出了全国农业气候资源图 20 余幅，对今后进一步进行农业气候研究有很大帮助。

为了帮助农业气象综合调查工作的顺利开展，以便总结几千年来农民的农业气象经验和解决当前农业气象资料缺乏的困难，研究并提出了农业气象综合调查的内容和调查资料的整理与分析方法[56]。全国各省（区）在 1959 年自下而上，发动群众全面地进行了农业气象调查，利用农民经验，结合气候资料，已算出一些农作物的农业气候指标，为当前开展农业气象预报与农业气候工作提供了有利条件[60]。许多省（区）已对农业气象调查进行了总结，个别省（区）还进一步开始进行省的农业气候区划研究工作。

此外我们对于特种经济作物的农业气象也作了不少的研究。

* * *

我国的近代农业气象实际上是在新中国成立后才建立起来的。但从上面的介绍可以看出，在这短短的几年中，随着我国农业的集体化，我们的农业气象科学研究的发展是极快的。毫无疑问，我国社会主义农业建设前途是无限广阔的，是无限美好的，我们的农业气象工作也必然随着农业生产不断发展的需要而更快、更好、更全面地向前发展。

参考文献

[1] 竺可桢：中国过去在气象学上的成就. 气象学报, 22(1951), 7-10.
[2] 丁慰群：我国古代的农业气象科学知识. 天气月刊, 1958 年 2 月号.
[3] 程德瑜、仲崇儒：我国农谚中的农业气象预报知识. 天气月刊, 1959 年 5 月号.
[4] 崔读昌：我国古代的物候. 农业学报, 10(1959), 52-58.

[5] 宛敏渭、刘明孝、崔读昌: 冬小麦播种期与生长发育条件的农业气象鉴定. 1958 年, 北京: 科学出版社.
[6] 彭究成: 四川几种冬小麦与气象条件的关系的初步研究. 天气月刊, 1958 年 5 月号和 6 月号.
[7] 华东农业科学研究所、南京农业气象试验站: 农业气象研究报告汇编. 1958 年.
[8] 华东农业科学研究所: 中国水稻品种对光照长度反应特性的研究. 农业科学通报, 1957 年 8 月号.
[9] 高亮之、阳体冰、蔡显圣: 双季稻的农业气象问题. 天气月刊, 1958 年 9 月号.
[10] 中央气象局: 农业气象观测方法. 1956 年 12 月.
[11] 中央气象局农业气象研究室试验研究科: 关于农田小气候观测中的几个问题. 天气月刊, 1959 年 6 月号.
[12] 中国农业科学院农业气象研究室: 苏式波波夫土壤蒸发器观测试验的初步总结. 天气月刊, 1958 年 10 月号.
[13] 山西太原农业气象试验站: 幼年果树越冬死亡原因之研究. 天气月刊, 1958 年 12 月号.
[14] 蒋名川、师惠芬: 北京黄瓜温室性能的研究. 农业学报, 8(1957), 330-346.
[15] 刘明孝、崔读昌: 冬小麦田间实施耕作保墒后气象效应的研究. 华北农业科学 1(1957), 第 1 期.
[16] 中国农业科学院江苏分院: 关于小麦合理密植基本原则的商讨. 农业科学情况快报, 1959 年第 8 期.
[17] 熊毅等: 我国农业高额丰产在生物科学上的巨大意义. 人民日报, 1959 年 1 月 14 日.
[18] 卢其尧: 灌溉地的小气候. 地理学报, 23(1957), 437-445.
[19] 山西农业科学研究所太原农业气象试验站: 铺沙种棉促进早熟的小气候特点. 天气月刊, 1958 年第 12 期.
[20] 顾震潮: 我国早霜冻和晚霜冻的区域预报问题. 天气月刊, 1953 年 8,9 月号.
[21] 施尚文、梁奇先: 霜. 天气月刊, 1953 年 8 月号.
[22] 吕炯: 关于小麦春冻的初步探讨. 科学通报, 1953 年 8 月号.
[23] 卜慕华: 1953—1954 年山西小麦冻害调查研究. 1957 年, 北京: 中国财经出版社.
[24] 华东农业科学研究所、安徽省农业厅淮北小麦工作组: 安徽省宿县地区 1954 年 4 月 20 日春霜冻调查. 天气月刊, 1955 年 3 月号.
[25] 郑斯中: 华北霜冻的气候特征. 地理学报 24(1958), 59-66.
[26] 尖兵: 晚霜冻的初步分析. 天气月刊, 1959 年 3 月号.
[27] 吕炯: 地形与霜冻. 地理学报 22(1956), 第 2 期.
[28] 安徽合肥气候站: 防御小麦霜冻试验初步总结. 天气月刊, 1958 年 12 月号.
[29] 中国农业科学院中央气象局农业气象研究室: 孝感地区双季早稻育秧调查. 天气月刊, 1958 年 12 月号.
[30] 韦继学: 根据气象资料提早水稻播种期的经验. 天气月刊, 1958 年 10 月号.
[31] 仲崇儒: 大风使小麦减产的初步观察. 天气月刊, 1956 年 6 月号.
[32] 中国科学院林业土壤研究所: 护林防火研究报告汇编. 1957 年, 北京: 科学出版社.
[33] 王正飞: 森林火灾危险性预告与天气条件. 林业集刊第 1 号, 1958 年, 北京: 科学出版社.
[34] 何叔真、江爱良、肖前椿: 防护林效能的研究. 热带作物研究所通讯, 1954 年 4 月.
[35] 中央气象局农业气象研究室: 利用温度指标作冬小麦播种期预报的初步试验. 天气月刊, 1958 年 11 月号.
[36] 中央气象局农业气象研究室服务科: 双季早稻播种期预报方法. 天气月刊, 1959 年 2 月号.
[37] 中央气象局农业气象研究室服务科: 棉花播种期预报的编制方法. 天气月刊, 1959 年 2 月号.
[38] 中央气象局农业气象研究室服务科: 冬小麦开花期和收获期预报方法讨论. 天气月刊, 1959 年 4 月号.
[39] 中央气象局农业气象研究室服务科: 介绍用“四结合”加“两关”的方法作棉花开花期的简易预报. 天气月刊, 1959 年 5 月号.
[40] 集成: 棉花落蕾落铃农业气象指标的初步探讨. 天气月刊, 1959 年 6 月号.
[41] 济南气象台预报组: 根据天气形势预报病虫害的经验. 天气月刊, 1959 年 3 月号.
[42] 陈进民: 水稻螟虫气温、积温预测法初步探讨. 天气月刊, 1959 年 3 月号.
[43] 黄滋康: 美棉生长习性及其与气候的关系. 农业学报, 1(1950), 第 2 期.
[44] 陈树仁: 1955、我国棉作物的气候条件及其发育前途. 地理学报, 21(1955), 第 1 期.
[45] 许萱: 从分析新疆玛纳斯河流域的气候与棉花生长发育的关系上对苏联铁托夫专家创造性植棉技术的体会. 西北农学院学报. 1956 年 1, 2 期.
[46] 习耀国: 从河西走廊的气候条件探讨发展棉花的前途. 气象学报 30(1959), 137-149.
[47] 阳体冰: 南京五个地区水稻播种期间的气候特征. 华东农业通讯, 1955 年 3 期.
[48] 韩效黎、王家珍: 水稻烂秧与气候的关系探讨. 天气月刊, 1956 年 9 月号.
[49] 梁光商: 粤北的气候条件与水稻增产关键. 广东农业通讯, 1956 年 10, 11 期.
[50] 周熙彬: 从气候资料看南昌地区双季稻、早稻播种期问题. 华中农业科学, 1958 年第 1 期.
[51] 么枕生: 中国境内农业指标温度的出现日期、持续日数与积算温度. 地理学报, 23(1957), 第 2 期.
[52] 卢其尧: 华北地区农业气候热量资源的分析. 农业学报, 9(1958), 第 3 期.
[53] 杨荣祥: 陕西农业气候指标温度的讨论. 地理学报 24(1958), 第 4 期.

[54] 中央气象局农业气象研究室: 春播时期土壤温度的分析. 天气月刊, 1959 年 2 期.
[55] 江爱良: 华南冬季降温的基本特征. 地理学报, 25(1959), 第 1 期.
[56] 中央气象局农业气象研究室: 关于农业气象综合调查的内容和资料整理方法的讨论. 天气月刊, 1959 年 3 期.
[57] 尹光显: 水稻烂秧死苗防止办法的小气候研究. 天气月刊, 1959 年 1 月号.
[58] 江苏省流动气象台: 泗阳县 1958 年秋大面积防霜冻技术总结. 天气月刊, 1959 年, 2 月号.
[59] 河南省气象局: 河南省 1958 年棉花丰产的农业气象问题. 天气月刊, 1959 年, 5 月号.
[60] 河南省气象局: 根据调查到的资料确定温度及水分指标. 天气月刊, 1959 年, 6 月号.
[61] 华东农业科学研究所农业气象组, 南京农业气象试验站: 用光温系数法求算温度指标及作出预报. 天气月刊, 1959 年, 6 月号.
[62] 高亮之、庞燕琦、蔡显圣: 影响晚稻结实率的低温条件研究. 天气月刊, 1959 年, 8 月号.
[63] 黄祥熙、李孔奈、梁栓周: 关于水稻倒伏问题的初步探讨. 天气月刊, 1959 年, 8 月号.
[64] 饶兴: 全面开展与提高农业气象预报工作. 天气月刊, 1959 年, 5 月号.
[65] 徐州专区气象台: 徐州地区干旱风对小麦影响的初步探讨. 天气月刊, 1959 年, 7 月号.

王春乙　中国气象科学研究院研究员　| 专家解读 |

本文全面回顾和总结了我国农业气象科学研究在中华人民共和国成立后十年间取得的丰硕成果。文章阐述了农业气象研究从萌芽、建立、发展到壮大的发展历程，指出中国农业气象科学研究经历了从新中国成立前的一片空白到新中国成立后的迅速崛起，并在全国范围迅速蔓延的过程，为后续研究者提供了宝贵的历史资料和研究思路。

该文在农业气象学科发展史上占据着举足轻重的地位。它系统地梳理了农业气象研究在六个关键领域取得的成绩，包括作物生长发育条件的农业气象指标确定、农业气象观测方法及仪器研究、农业生产技术措施的气象效应、农业灾害性天气的预防方法、农业气象预报方法、农业气候资源的挖掘和利用。这些内容构建了现代农业气象科学研究和业务服务的雏形，是我国农业气象学科发展的重要里程碑。

文章中提到的农业气象观测规范、农业气象预报和灾害防御方法、农业技术措施的气象效应研究等关键技术手段，为深入理解农作物的生长习性、合理规划农业生产的种植布局、减轻农业生产的灾害影响、积累第一手的观测资料等提供了坚实的科学依据。同时，这些成果也推动了新中国成立后农业生产的蓬勃发展，为新中国成立后解决民众的温饱问题提供了坚实的科学保障。也有力推动了农业气象学科建设和专业人才培养。

本文引文全面，是一篇不可多得的综述文章。时至今日，文中提到的各项关键技术，经过 60 多年的发展，仍是现代农业气象科学研究关注的热点问题。该文前瞻性地为农业气象科学研究的创新发展和技术的迭代升级提供了方向指引，有力地推动了我国农业气象科学技术的进步。

13

夏季江淮流域持久性旱涝现象的环流特征*

|陶诗言　徐淑英|　中国科学院地球物理研究所

陶诗言（1919—2012 年），中国共产党党员。天气学家、动力气象学家，中国科学院院士，中国科学院大气物理研究所代所长、研究员、博士生导师。是我国现代天气预报理论和方法的开拓者和奠基人之一，是国际知名的季风领域专家。善于将气象理论与预报实践相结合，在国家重大建设与国防需求等重要气象保障任务中做出了历史性贡献。在许多领域研究成果卓著，为国内外气象界所公认。

■　曾任中国气象学会理事长，《气象学报》第十六届理事会编辑委员会编辑委员；第十八、十九、二十届理事会《气象学报》编辑（审）委员会委员，第二十一届理事会《气象学报》编审委员会顾问。

■　发表在《气象学报》的著名论著还包括：《中国近地面层大气之运行》（1949 年）、《中国各地水分需要量之分析与中国气候区域之新分类》（1949 年）、《冬季由印缅来的低槽对华南天气的影响》（1951 年）、《苏联的中期预告法》（1953 年）、《冬季中国上空平直西风环流条件下的西风波动》（1956 年）、《阻塞形势破坏时期的东亚一次寒潮过程》（1957 年）、《夏季亚洲大陆上空大气环流的结构》（1957 年）、《东亚的梅雨期与亚洲上空大气环流季节变化的关系》（1958 年）、《十年来我国气候学研究的成就》（1959 年）、《夏季东亚热带和副热带地区经向和纬向环流型的特征》（1962 年）、《夏季亚洲南部 100 毫巴流型的变化及其与西太平洋副热带高压进退的关系》（1964 年）、《东亚对流层上部和平流层中下部大气环流的初步研究》（1965 年）、《论我国的气象站中期天气预报》（1966 年）、《四年来我国气象卫星资料分析应用研究》（1983 年）、《夏季北太平洋副热带高压系统的活动》（2001 年）等。

摘　要

本文根据 1954 年、1959 年、1961 年等三年 7 月江淮流域持久性严重旱涝的天气现象（图 1a—1c），分析中纬度和副热带地区环流的特征。

分析指出，在江淮流域持久性干旱时期，在中纬度 500 hPa 的高度场表现有一定的流型。高度距平的分布也有一定的型式。在副热带地区流型也有一定的特点。不论在中纬度和副热带地区流型的稳定度均甚大。

在江淮流域大水时期，表现在该年大气环流上季节变化推迟一个月，而且在大水持续期间，环流型式的稳定度也很显著。

最后，用简单的两层模式，计算了 1954 年和 1959 年 7 月北半球加热场的分布，并将计算

* 本文 1961 年 10 月 16 日收到。陶诗言，徐淑英. 1962. 夏季江淮流域持久性旱涝现象的环流特征. 气象学报，32（1）：1-10.

结果和多年平均情形比较，发现两者的偏差甚大。例如 1959 年 7 月加热场的分布和平均情况完全相反，在 1954 年 7 月加热场的分布却和多年平均的 6 月情况相近。加热场的分布和该两月稳定的长波型式很相配合。

13.1 引言

夏季（5—8 月）是江淮流域降水量最多的时期，也是主要农作物生长的关键时期。如果在这个时期出现了持久性的旱涝现象，这对农业生产会有严重的影响。例如，1954 年 7 月的大水和 1959 年 7—8 月严重的旱灾，都影响了该两年农业的歉收。造成持久性旱涝现象的原因，从气象学的条件来看，这是由于大气环流出现了反常的现象。在夏季江淮流域出现严重的旱涝现象期间，高空的环流（长波系统）表现有一定的型式，并且有着显著的稳定性。这就是说在某一地区上空持续出现着某一种长波系统，而在另一地区上空却持续出现着另一种长波系统。这种长波的配置，从一天到另一天，或者从这星期到另一星期，变化甚小。即使有时候原有的长波发生暂时的破坏，但在短时间以后，仍恢复原来的情况。在这种情况下，地面的锋带和气旋的路径以及主要的降水带便表现有集中和稳定的趋势。因此，夏季持久性的旱涝现象，不过是某种稳定的高空环流形势的反应。要想做好这类灾害性天气的预报，首先应该对与这类天气现象相关联的大气环流特征，作比较全面的认识。

关于江淮流域持久性的旱涝现象，过去曾经有不少研究。例如，涂长望和牛天任[1]曾经用北半球地面平均天气图上的材料对 1931 年 7 月长江流域的大水和 1934 年 7 月华中的大旱做过分析。吕炯和宛敏渭[2]曾经分析了长江流域夏季洪水时期和干旱时期地面月平均气压场的特点。陈汉耀[3]曾对 1954 年 6、7 月长江流域的大水做过分析。由于资料条件的限制，上述这些工作，并未充分揭发在大水和大旱时期的环流特征。

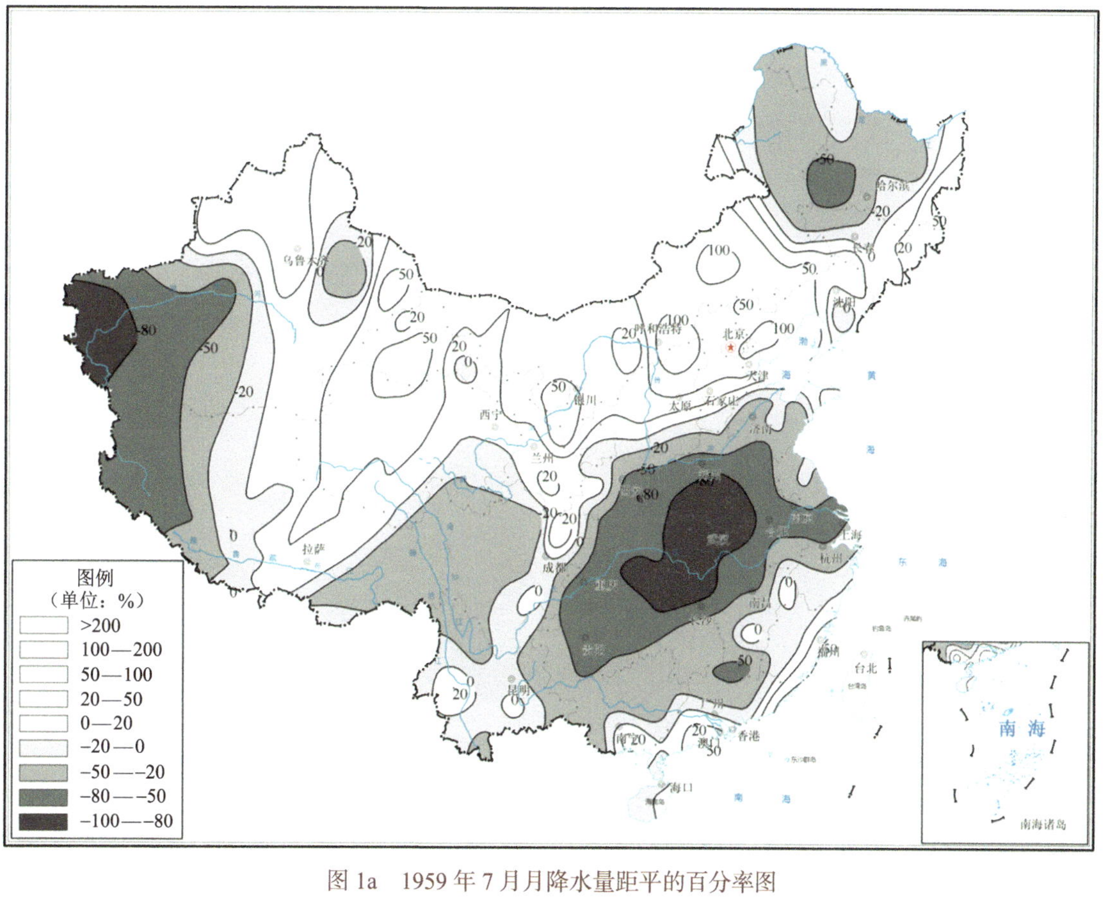

图 1a　1959 年 7 月月降水量距平的百分率图

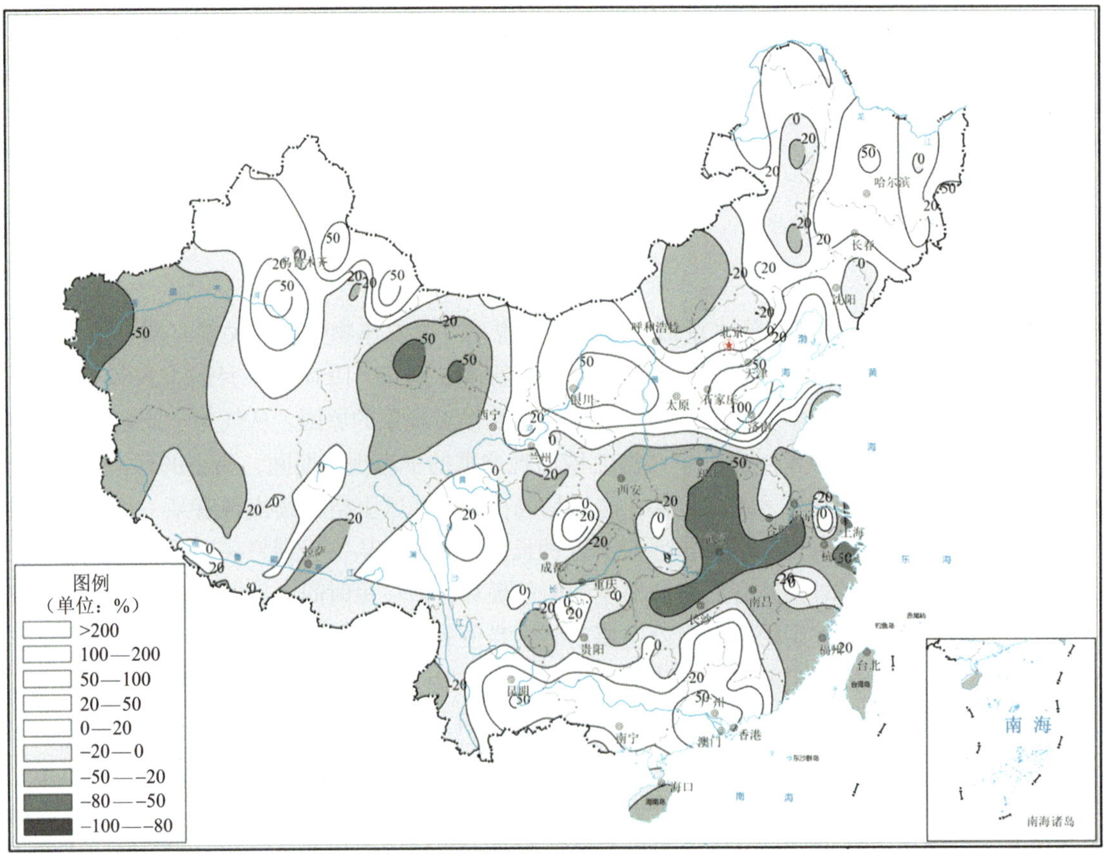

图 1b　1961 年 7 月月降水量距平的百分率图

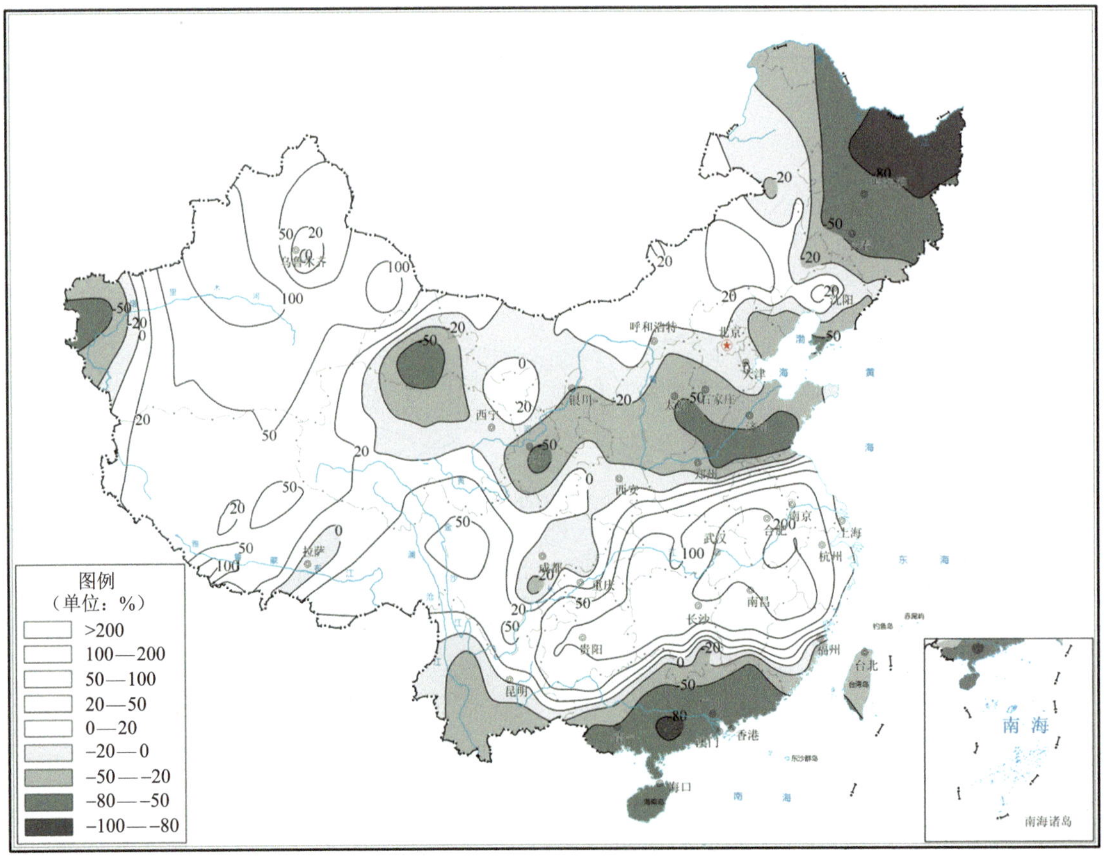

图 1c　1954 年 7 月月降水量距平的百分率图

本文的目的，想从 500 hPa 环流反常的特征来分析夏季江淮流域持久性的旱涝现象，尤其着重分析在旱涝持续的期间中纬度和副热带流型的稳定性特征。

13.2 江淮流域的持久性干旱现象

1959 年 7 月和 1961 年 6 月中旬到 7 月中旬，长江流域出现了显著的干旱现象。图 1a 和图 1b 是 1959 和 1961 年 7 月全月降水总量的距平百分率图。从图中可以看出，在 1959 年 7 月长江流域的旱象最是严重，1961 年 7 月的旱象也很显著。我们选取该两月作为代表，分析在旱象持续期间，大气环流的特征。图 2 是 1959 年 7 月 500 hPa 平均等高线图，图 3 则代表 1961 年 6 月 16 日至 7 月 15 日共 31 天的 500 hPa 等高线图。我们所以取这个时段，这是因为在 1961 年长江流域最严重的干旱现象出现在 6 月中到 7 月中旬这个时段内。可以看出，在这两个时期，长江流域均为副热带高气压系统所盘踞。但两者稍有差异，前者属西太平洋副热带高气压向西伸入大陆，而后者则在大陆上出现孤立的副热带高压中心。至于中纬度的流型，两者也甚类似，尤其在高度距平的等值线分布上非常相似。假如我们先着眼于亚洲及其邻近海洋上该两月 500 hPa 面上偏距的特征，在副热带的范围内，出现正偏距区域，这表示副热带高气压的活动比往年更是活跃，而在 45°N 以北出现东西向的负偏距区域。这种样子的正负高度偏距区域的分布，表示在该两月 40°—50°N 出现比往年更强烈的西风风速。关于这一点也可以从图 4 的地转风西风分速的平均廓线图看出。例如，1959 年 7 月 60°—150°E 经度范围内，最强的平均地转风西风分速出现在 40°—45°N 之间，其位置和多年平均的位置相近，但风速的数值则超出多年平均值甚多。1961 年的情况和 1959 年 7 月相类似。由于在亚洲大陆 40°—50°N 纬度上空盛行强西风环流，而经向环流则比较弱，所以西风气流中的气旋性扰动以及相连的冷空气活动，一般不容易影响到 40°N 以南的副热带地区。该两月高度距平的型式也反映了长波型式的特点。例如在往年 7 月 130°—140°E 上空最常出现高空高压脊，而在该两月却是低压槽的位置。此外，在 70°N 以北是片广大的正偏距区域，这个正偏距区域和高空暖高压脊活动的频繁是相联系的；由于在亚洲的北冰洋沿岸暖高压脊活动甚为频繁，这使得北半球的冷极偏居于西半球，因而在亚洲上空来自北极的冷空气活动相应比西半球要不活跃些。这种环流的特征可能和长江流域的大旱现象有关联的。

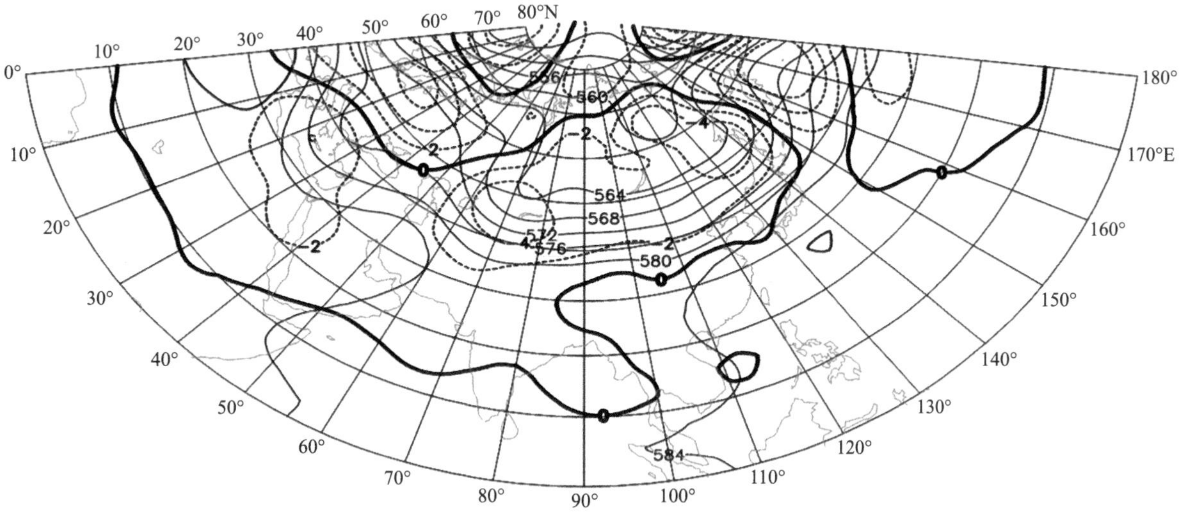

图 2　1959 年 7 月 500 hPa 平均图

实线为等高线，虚线为偏距线，粗实线为偏距零线，单位为位势什米①

① 1 位势什米=10 位势米，位势米是单位质量的空气块在重力加速度为 9.8 m/s^2 的情况下上升 1 m 克服重力所做的功。

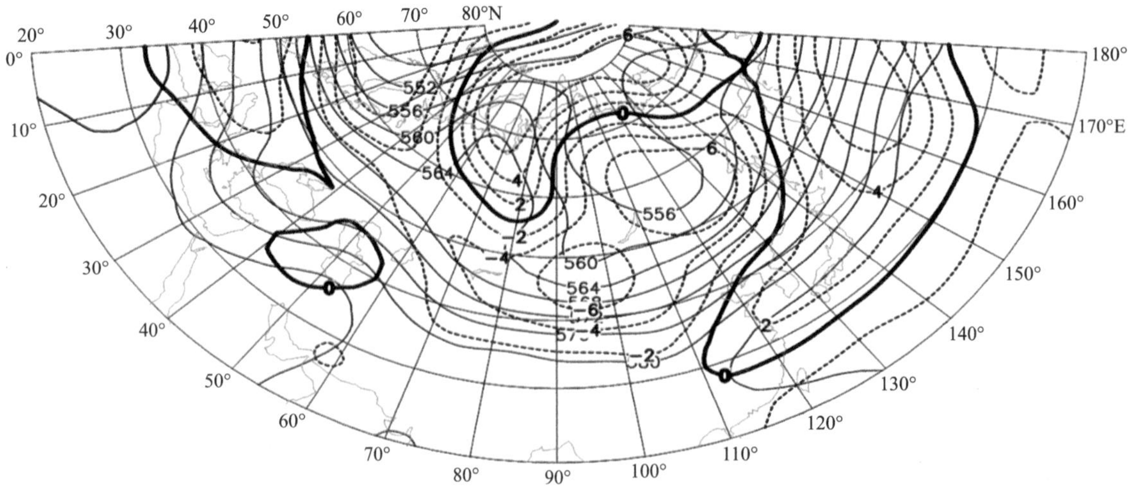

图 3　1961 年 6 月 16 日—7 月 15 日 500 hPa 图（说明同图 2）

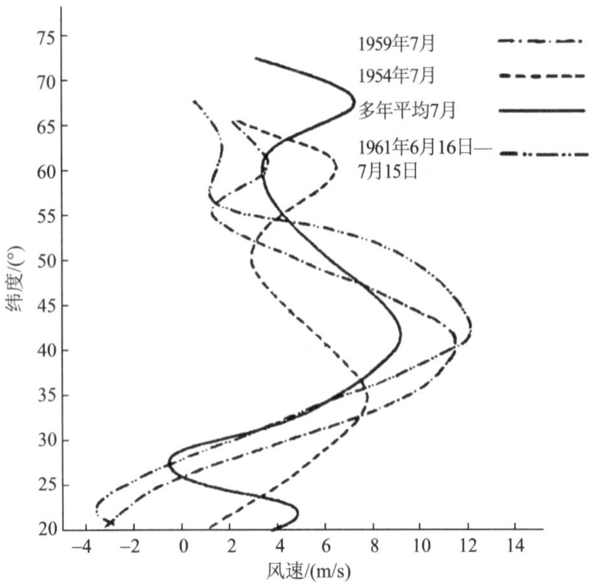

图 4　西风风速随纬度变化的分布图

环流型式的稳定性，是该两月环流的重要特征之一。500 hPa 月平均等高线图（图 2，图 3）上的型式大致也代表了该两月每 5 天平均图上流型的特征。我们曾经选择月平均图上主要槽脊线的经线上，观察每天 500 hPa 天气图上在这些经线上出现和月平均图上的槽脊线符号相反的日数。如果反号的日数愈小，则表示该月的环流最稳定，结果发现在苏联巴尔喀什湖和日本北海道附近，符号相反的日数均小于五天，这说明在这两个地区月平均图上的长波槽位置是最稳定。这两个稳定的系统可以看成是大气中的“锚槽”。由于“锚槽”的位置稳定少变，这使得在东亚上空维持一个平浅的高压脊，副热带高压便稳定在这个高压脊的南面。由于在巴尔喀什湖的经线上有稳定的低压槽维持，槽前的暖平流可以扩展到西伯利亚中部，这阻碍了北方的冷气团大量侵入 40°N 以南的地区。并且在蒙古人民共和国和我国东北境内，正好是两股不同来源的气流相汇合的地区，故在 40°—50°N 范围内形成强西风环流，这就使高空的引导气流是纬向的。因而使得中高纬度的一次次冷空气活动不容易影响到长江流域。

上述 1959 年和 1961 年 7 月的 500 hPa 长波型式和高度偏距的分布，是不是对江淮流域的持久性干旱现象有代表性呢？为此，我们从 1954 年到 1961 年共 8 年的 7、8 月中，选择在 500 hPa 候（五天）平均图上在巴尔喀什湖的经度以东有低压槽出现同时有高度负偏距区中心出现，而在江淮流域则出现干旱现象的 36 个候，做出其平均等高线图和高度的距平图（图 5）。可以看出，在图 5 上不论等高线的型式和偏距的型式，均和图 3、图 4 上的情况一致。这说明上述 500 hPa 面上环流的特征，对江淮流域的干旱现象是有代表性的。

在 1959 年、1961 年 7 月江淮流域严重的干旱期间，北半球副热带（25°—45°N）的流型也反映了一定的型式和很大的稳定性。图 6a 和图 6b 代表在该两月 25°—45°N 纬度带内，每天槽脊的分布图（即 Hovmöller 图解）。图上的数值代表各个经线上每天 25°—45°N 的平均高度。为了节省篇幅，我们只切取东半球的范围。从图上可以看出以下几点有意思的事实。第一，在长江流域梅雨期结束以前，在 25°—45°N 的副热带范围内都是一些移动性的低槽和高脊系统。例如，在 1959 年 7 月 5 日以前和在 1961

年 6 月 18 日以前，槽脊的相继移动非常显著。但在这两个日期以后，副热带的流型便变成比较稳定的系统。这两个日期大体上对应于该两年长江流域梅雨结束的日期。在梅雨期结束以后，副热带的脊槽系统往往要维持好几天以后，才发生一次调整，其中高压脊相当于副热带高气压的系统。第二，在长江流域干旱持续的期间，110°—120°E 的范围内总是为副热带高气压系统所盘踞，在每天的天气图上，这表现在西太平洋的副热带高压系统向西伸至中国大陆，或者在大陆单独发展出一个副热带高压中心来。这类副热带高压系统的稳定性甚大，虽则有时候在短时间内这类系统暂时被破坏，并且在长江流域出现气旋性的系统，但其时间甚短促，接下去又恢复了原来稳定的副热带高压系统。第三，根据我们对这两年以及其他年份的分析[4]。在盛夏（7—8 月）副热带流型的稳定波长平均约为 50—60 个经度，并推论出在夏季北半球共有 6 个或 7 个分裂的副热带高压中心。

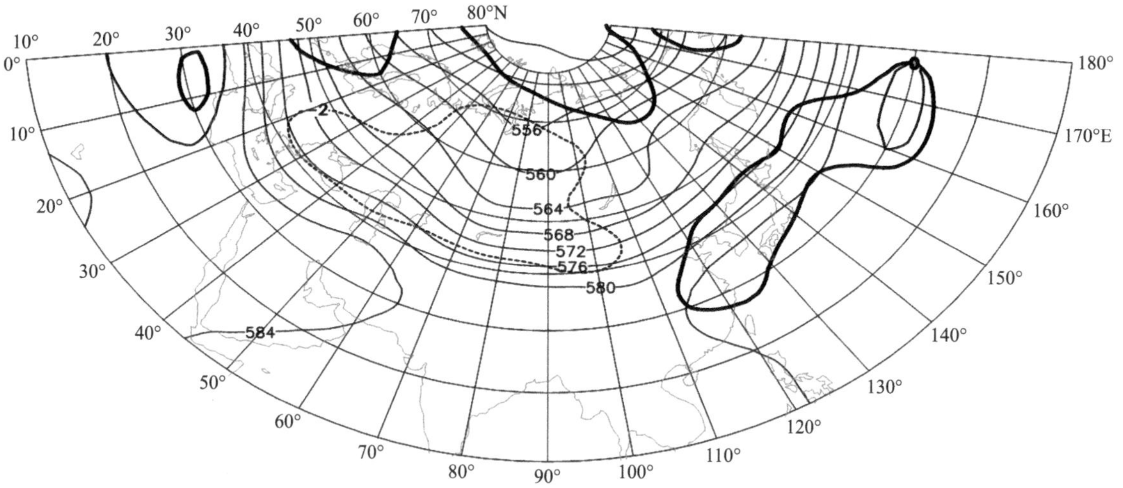

图 5 1954—1961 年 7、8 月干旱时期 36 个候的 500 hPa 平均图（说明同图 2）

夏季副热带的流型怎样会影响江淮流域的干旱现象呢？从气候的平均情况而论，从晚春到盛夏，中国大陆上的主要降雨带随着季节逐渐向北推移。从 6 月中旬到 7 月中旬，主要雨带徘徊在长江流域，这时候也正是长江流域的梅雨季节。在 7 月中旬以后，雨带便移至黄河流域。雨带的北移，和亚洲上空的大气环流季节变化有着联系。在 7 月中以前 500 hPa 上的西风急流位于 35°N，而在 7 月中以后，急流位置便移至 40°N 以北。这时候在 40°N 以南便受到副热带流型的影响。上面讲过，夏季副热带高压系统往往分裂成 6 个或 7 个中心，在各个高压中心之间是低槽区域。这些低压槽系统不像中纬度的低槽一样，都是很平浅的。相反高压系统却反应很显著，一般都有闭合的高压中心。这些高低系统组成了副热带的波系。对于东亚大陆影响最大的副热带高压系统，就是西太平洋的副热带高压系统和西藏高原上的副热带高压系统。在 7 月西太平洋的副热带高压系统的脊线已控制长江中下游，在西藏高原上则另有一个副热带高压中心，两个副热带高压系统中间的低压槽则位于四川盆地上空，并逐渐向东北方向伸展。这时候大陆上的雨带便集中在这条西南-东北向的低槽内。但副热带的流型不断在调整着，有时候西藏高原上的副热带高压系统向东移，并稳定在华中上空，或者四川上空的低槽往西移至高原上，而西太平洋上的副热带高压系统则西伸控制整个长江中下游。当这两类流型维持的期间，江淮流域便出现干燥的天气。假如这两类流型维持时间愈久，江淮流域便出现严重的旱象。因此，夏季江淮流域持久性干旱现象，主要由副热带流型的配置和其稳定性决定。在 1959 年 7、8 月，副热带高压系统控制长江流域上空达 45 天，1961 年 6、7 月副热带高压持续的时间达一月之久。在其他年份副热带的流型稳定性则比较小。例如，在 1958 年 7 月，上半月和下半月的副热带流域完全相反。在 1958 年 7 月上半月，副热带高压系统稳定在高原上和海洋上，大陆上却是深广的低槽区域，但在下半月副热带的流型便反过来。所以上半月和下半月的雨情便相反。作者认为，要做好夏季 40°N 以南副热带大陆上的天气预报，应该着重研究副热带流型的特征，其稳定性和转变的征兆等问题。

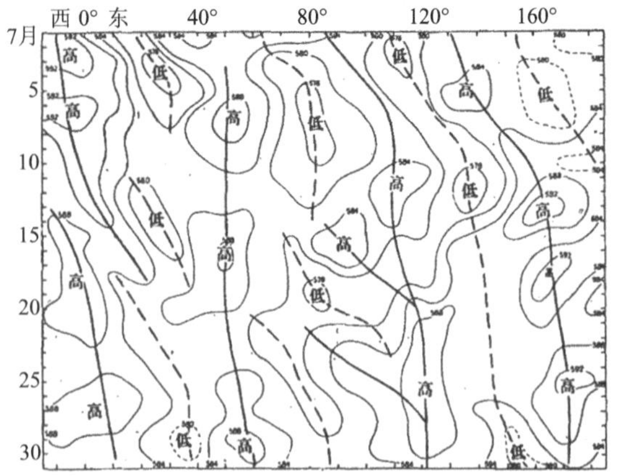

图 6a　1959 年 7 月 500 hPa 25°—45°N 范围内槽脊分布图

细实线为等高线，粗实线为脊线，粗虚线为槽线，单位为位势什米

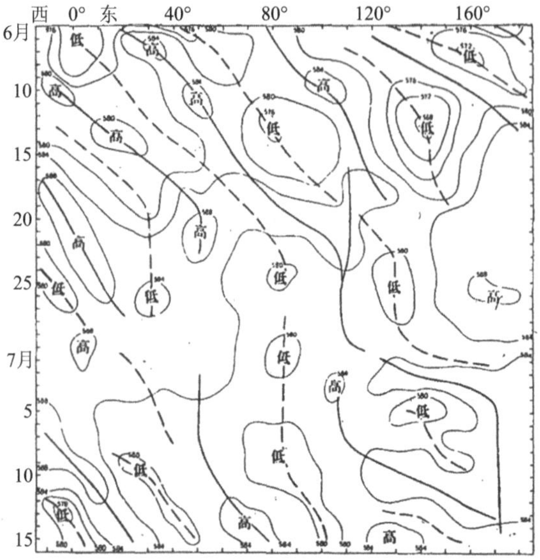

图 6b　1961 年 6—7 月中旬 500 hPa 25°—45°N 范围内槽脊线分布图（说明同图 6a）

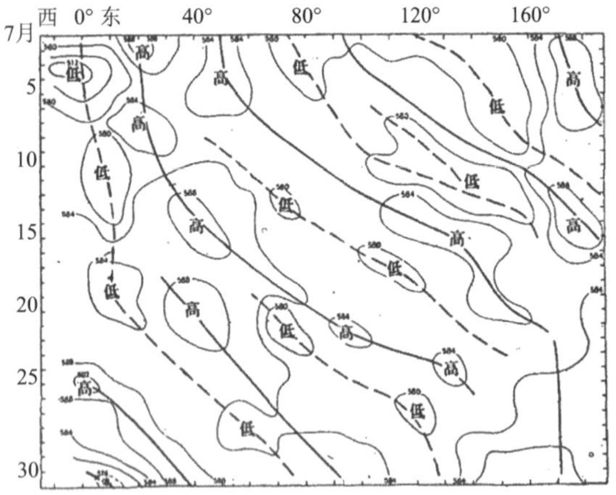

图 6c　1954 年 7 月 500 hPa 25°—45°N 范围内槽脊线分布图（说明同图 6a）

13.3　夏季江淮流域大水时期的环流特征

1954 年 7 月江淮流域出现严重的水灾（图 1c），在这个时期，500 hPa 面上环流的型式和 1959 年和 1961 年 7 月的情况有显著的差异，但环流的稳定度却和该两月相似。图 7 是 1954 年 7 月 500 hPa 月平均等高线图。图上最显著的特征，反映在副热带高压系统的位置上。在该月副热带高压脊线位于纬度 20°附近，这是相当于往年 6 月副热带高压脊线的位置。在中纬度长波的型式属于预报员所熟悉的梅雨形势。从高度偏距的分析看，在东亚大陆上中纬度为正偏距区域。这是由于在苏联滨海边区和我国东北部经常有阻塞高压出现，这种偏距型式和 1959 和 1961 年 7 月相反。在 40°N 以南的副热带大陆上为负偏距区域，也和 1959 年和 1961 年 7 月的情况相反。这片负偏距区域的出现和江淮流域上空低槽活动非常频繁是相联系的。东亚大陆上由于在中纬度出现正偏距区域而在副热带大陆上出现负偏距区域，这使得该月在 500 hPa 面上西风带的位置也较往年偏南。从图 4 上 1954 年 7 月平均地转风西风分速的廓线图也可以看出这一点。在该月 500 hPa 上西风急流的轴位于 32.5°N，而多年平均的 7 月西风急流轴位于 42.5°N，比平均情况偏南 10 个纬度。因此，在 1954 年 7 月 40°N 以南的副热带大陆上仍旧处在西风气流的支配下。高纬度地区的高度偏距的分布大体上表现正负区域相间出现。这和 1959 年和 1961 年 7 月不同。在该两月正负偏距区域的分布成纬向分布的，在 70°N 以北是一片正偏距区域，而在 45°—70°N 的纬度带内则出现负偏距区域。由于这种正负偏距的分布，就使得在东亚大陆上 40°—50°N 间盛行强西风环流。在 1954 年 7 月情形便不同了，在乌拉尔地区出现经向的正偏距区域，而在西伯利亚中部则有

经向的负偏距区域，这种分布一方面表示亚洲上空中纬度经向环流盛行，另一方面表示在西部西伯利亚上空出现着强烈的偏北风分量，因而冷空气向南爆发非常频繁。这一点和 1959 年和 1961 年 7 月情况也是相反的。

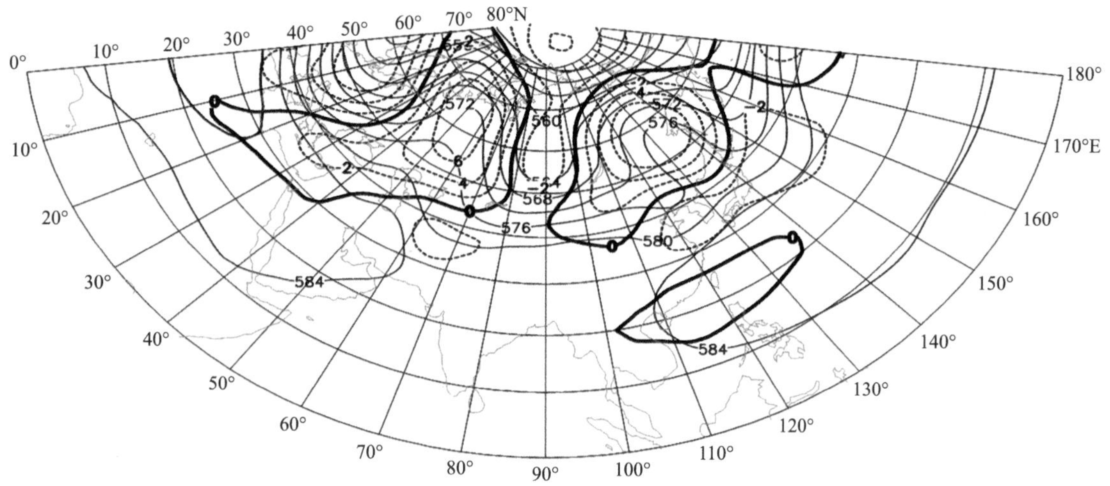

图 7　1954 年 7 月 500 hPa 平均图（说明同图 2）

在 1954 年 7 月副热带的流型和 1959 年和 1961 年 7 月的情况完全相反。图 6c 代表 1954 年 7 月 25°—45°N 范围内槽脊的分布图。上面讲过，在该月副热带高压脊线的位置在 20°N 附近，而西风带也偏南，在 25°—45°N 的范围内仍处在西风带环流的影响下。所以在图 6c 上都是一些高低压相间的移动系统，平均 3—4 天就有一个高空低槽过境。这种移动的流型一直维持到 8 月初，在这以后才建立比较稳定的副热带流型。这也说明在 1954 年长江流域的梅雨一直维持到 8 月初。而该年梅雨期的开始则在 6 月上旬，梅雨期维持的时间达两月之久，因而造成严重的水灾。

像 1959 年和 1961 年 7 月一样，1954 年 7 月中高纬度的环流稳定度甚大。我们也像 1959 年和 1961 年 7 月一样，观察 1954 年 7 月东亚每天 500 hPa 图上槽脊的位置和月平均图上槽脊位置反号的日数，结果得到在反号天数最多的地区，并不超过 12 天，这就是说有 20 天的时期，维持同一环流形势。尤其是图 7 上在苏联西伯利亚和我国东北境内的低气压系统其反号的日数不超过 4 天，此外，苏联滨海边区的阻塞高压也非常稳定，其反号日数不超过 5 天。因此，在 1954 年 7 月，不论月平均等高线图和 5 天平均等高线图，甚至每天的等高线图都有着很大的相似性。由于中纬度的长波和副热带高压有很大的稳定性。地面的锋带、气旋路径和主要降雨带（图 1c）也就长时期集中在江淮流域。这便是造成 1954 年 7 月大水的直接原因。

13.4　关于环流异常的讨论

从上面的分析看出，夏季我国副热带地区持久性的旱涝现象和大气环流的反常现象有密切联系，尤其是表现在中纬度和副热带地区的流型有很大的稳定性。为什么这三年 7 月的流型如此稳定呢？为什么 1954 年 7 月的流型相当于往年 6 月的环流形势。这两个问题关联到大气环流异常的研究，在目前还不能很好的解答，因为这需要知道太阳活动的变化、海洋环流的变化、海洋环流和大气环流的相互作用、以及大气内部的变化等等因素。

近年来的研究指出，大气环流和大气中加热场的分布和山脉的作用有密切联系。大气环流的反常现象，也应该在加热场的分布和山脉的作用上有反常的现象。山脉的作用一般不容易估计，故在这里我们只讨论 1954 年和 1959 年 7 月北半球加热场分布的特征。加热场的计算采用朱抱真、纪立人等[5,6]所用过的方法，即根据简单的两层模式，并考虑了地面摩擦和地形的强迫垂直运动，计算该两月对流层下半部热源、热汇的分布。图 8 表示该两月 40°—60°N 500 hPa 平均高度的廓线和 40°—60°N 纬度带内主要冷热源中心的分布。取向上的箭头代表热源，向下的箭头代表冷源，括号内的箭头代表多年平均图上冷热源中心的位置（采自朱抱真等人的材料[5]）。可以看出，加热场的分布和长波的型式很相对应，热源位于高空槽的东边，冷源位于高压脊的东边，这和一般所预期的情况相符合。在 1959 年 7 月加热场的分布和多年平均图上加热场的分布几乎完全相反（图 8a）。例如，在 130°—160°E 内（日本和其邻近的洋面上），在多年平均的 7 月图上是个冷源所在，但在 1959 年 7 月却是热源。又如在 110°—120°E 的东亚大陆上，多年平均的情况应该是个热源所在，但在该年 7 月却是冷源。其他地区也是如此。加热场的分布既然和多年平均的情况相反，反映在 1959 年 7 月 500 hPa 月平均等高线图上的长波系统分布上（图 2）也恰好和多年平均 7 月的等高线图[7]相反。所以，1959 年 7 月环流的反常现象是非常显著的。在 1954 年 7 月东半球的 500 hPa 等高线形势和多年平均的 6 月份情况相似。我们把该月加热场的分布和多年平均的 6 月加热场相比较，发现加热场的分布很是接近。这也说明 1954 年的季节变化比往年推迟有一月左右。

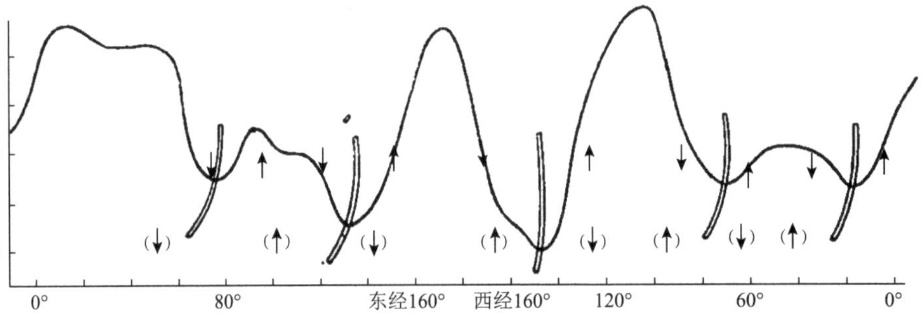

图 8a 1959 年 7 月北半球 40°—60°N 平均高度分布廓线与冷热源分布图

箭头向上为热源，向下为冷源；括号内箭头为多年平均 7 月（图 8b 中为 6 月）冷热源分布

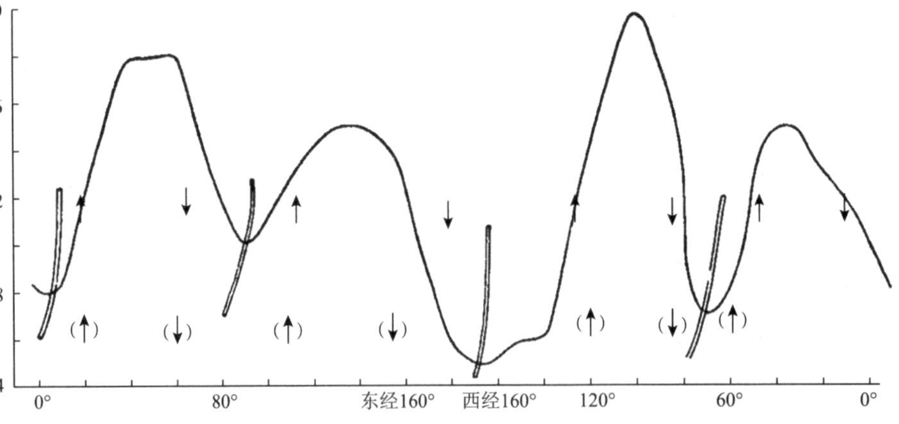

图 8b 1954 年 7 月北半球 40°—60°N 平均高度分布廓线与冷热源分布图（说明同图 8a）

上面的分析，只说明加热场的分布和流场之间有很好的对应，但不能完全用来说明反常环流的所以形成。关于大气环流反常的原因，本来不是本文的主要目的。本文只是想分析在持久性旱涝维持时期环流的一些特征。通过以上的讨论，我们发现环流的稳定性是主要关键问题。这给我们提出一个有意思的课题，即在怎样的条件下环流的稳定性最大。纳米阿斯（Namias）[8]曾从统计学上研究西半球上下月环流型的持续性问题。他得出在 4—5 月和 10—11 月环流的持续性最小，而在 7—8 月持续性最大。所以从气候学上讲，在夏季环流的型式最容易稳定。根据我们对东亚大陆上天气的经验，也有同样的看法。根据纳米阿斯[9]的 30 天预报经验，有两类环流型式最容易稳定，其中有一类相当于上面的情形，即在夏季西风带和副热带高压系统很偏北时，流型最容易稳定。因此，我们认为值得从天气学上去分析引起

环流稳定度的种种条件，或者确定在某个季节中那些流型最容易稳定，那些流型最不容易稳定。对动力气象学者却要求研究环流型的稳定度的判据，在目前人们都集中于注意环流的不稳定性问题，这对气压系统的发展预报固然是非常重要，但对和持久性旱涝现象相关联的环流而言，却要求注意相反的问题。假如我们能找出环流的稳定度的判据，这就将对持久性的旱涝预报有所贡献。

参 考 文 献

[1] 涂长望、牛天任, 中国夏季之水旱研究, 中国地球物理学报 2 (1950).

[2] 吕炯、宛敏渭, 江淮流域气候上的水旱类型, 地理学报, 21 (1955) , 245–259.

[3] 陈汉耀, 1954 年长江淮河流域洪水时期的环流特征, 气象学报, 28 (1957) , 1–12.

[4] 陶诗言、徐淑英等, 夏季东亚大陆上副热带高压活动的研究 (尚未发表).

[5] 朱抱真、纪立人, 北半球热源、热汇的月平均分布和环流年变的讨论//动力气象学论文集, 北京: 科学出版社, 1961.

[6] 纪立人、刘瑞芝, 个别年份冬季大气加热场及其环流特点的关系//动力气象学论文集, 北京: 科学出版社, 1961.

[7] 陶诗言, 北半球 500 毫巴图, 北京: 中央气象科学研究所, 1957.

[8] Namias, J. : The annual course of morth? to morth? persistence in climatic anomalies. *Bull. Amer. Met. Soc.* , 32 (1952), 279-285.

[9] Namias, J. : Persistence of mid-trospospheric circulations between adjacent months and seasons. The Atmosphere and the Sea in Motion, *The Rossby Memorial Volume*, pp. 240-248. 1959.

SOME ASPECTS OF THE CIRCULATION DURING THE PERIODS OF THE PERSISTFNT DROUGHT AND FLOOD IN YANGTZE AND HUAI-HE VALLEYS IN SUMMER

Tao Shihyen Hsu Shuying

(Institute of Geophysics and Meteorology, Academia Sinica)

ABSTRACT

In this paper an analysis is presented concerning the circulation characteristics during the periods of the persistent drought and flood in Yangtze and Huai-He Valleys in summer. It is found that during either the period of the drought or that of flood there is a definite pattern of anomalies in the general circulation both in middle latitudes and in subtropical latitudes, and the anomalies are extremely persistent. It is this high persistence of anomalies that is responsible for the extreme summertime drought and flood in Yangtze and Huai-He Valleys.

陈丽娟 国家气候中心首席预报员、正高级工程师 | 专家解读 |

新中国成立之初百废待兴，而农业生产是立国之本，受到党中央高度重视。江淮流域是我国粮食生产重要基地之一，其中夏季是主要农作物生长的关键时期，而新中国成立12年内长江流域出现1954年特大洪涝和1959年、1961年的严重干旱。

陶先生与合作者急国家经济发展建设之所需，利用当时有限的站点数据、探空资料和简单的两层模式，分析了造成这三年7月份江淮流域持久性严重涝（旱）现象的环流特征。明确指出中纬度地区和副热带地区环流的长期稳定是造成持续性涝或旱的直接原因，而北半球加热场的分布和中纬度长波型相对应，热源位于高空槽东侧，冷源位于高压脊东侧。文章在最后的讨论中提出环流在什么条件持续稳定的问题，如果找到环流稳定度的判据，将对持续性旱涝异常预报有贡献。

该研究奠定了我国天气气候异常降水事件分析的关注重点，即中高纬度环流型和副热带环流型的持续性异常特征和配置对旱涝异常的影响，该思路至今仍是天气预报和气候预测业务中考虑的重要因子。

该文在分析持续性旱涝异常时，不仅用到月平均资料，还通过逐日逐候的环流演变去判定环流异常型的稳定性，奠定了多时间尺度角度分析持续性异常事件的思路。文中讨论部分指出从太阳活动、海洋变化、海气相互作用、大气内部变率角度探讨环流持续稳定的原因，而这些问题至今仍是持续性气候异常研究领域的重要课题。

注：本文部分插图由国家气候中心正高级工程师李想依据原文重新绘制。

14

东南亚基本气流与台风发生的一些事实的统计与分析*

|谢义炳 陈受钧 张一良 黄寅亮| 北京大学地球物理系

谢义炳（1917—1995 年），美国芝加哥大学博士，九三学社成员。气象学家，中国科学院院士。从事气象教育与科学研究，致力于灾害性天气和气候研究，研究成果对中国天气分析预报实践起了指导作用，丰富和发展大气环流基本理论，是中国现代大气科学奠基人之一。曾任北京大学地球物理系主任。

■ 曾任中国气象学会副理事长、名誉理事长，《气象学报》第十六届理事会编辑委员会特约编辑；中华人民共和国成立后第一、二、三届理事会《气象学报》编译（辑）委员会委员（编译委员），第十八（调整后）、十九届理事会《气象学报》编辑委员会主任委员，第二十届理事会《气象学报》编审委员会委员，第二十一届理事会《气象学报》编审委员会顾问。

■ 发表在《气象学报》的著名论著还包括：《清代水旱灾之周期研究》（1943 年）、《近代天气学发展》（1951 年）、《高空注流强度的变化》（1951 年）、《冬季西太平洋及东亚大陆北部上空的温度场及流场》（1951 年）、《中国夏半年几种降水天气系统的分析研究》（1956 年）、《斜压大气中涡旋运动方程及其在天气预报中的应用》（1956 年）、《中国东部地区夏季水汽输送个例计算》（1959 年）、《十年来我国降水问题的研究工作》（1959 年）、《赤道辐合带上扰动不稳定性的简单理论分析》（1964 年）、《在给定热源与大型水平湍流影响下自由大气中的平均纬向风速与经圈环流》（1964 年）、《10—12 月低纬度东南亚和西太平洋上空流场特征》（1965 年）、《纬圈平均大气运动特征的振动》（1980 年）、《稳定的和不稳定的斜压行星波》（1981 年）、《斜压大气纬圈平均运动特征的振动》（1982 年）、《地球斜压大气纬圈平均运动特征的振动》（1986 年）、*The Oscillation of Certain Zonal Mean Characteristics of Motion on a Spheric Earth's Atmosphere*（1987 年）等。

摘　要

本文根据近年来的资料，对东南亚低纬度基本气流与台风发生的关系进行了统计与个例分析。结果指出，北半球夏季西太平洋绝大多数台风发生在赤道西风与北半球信风间交界面的东端。赤道西风尺度大，比较稳定，可视作夏季低纬度基本气流，而台风可视为这种基本气流与另一基本气流——信风——间交界面上的涡旋。台风发生的时间、地点及次数与低纬度基本气流的位置及强度有密切的关系。低纬度基本气流的位置与强度具有一个月以上的长周期式振动，

* 本文 1962 年 10 月 12 日收到。谢义炳，陈受钧，张一良，黄寅亮. 1963. 东南亚基本气流与台风发生的一些事实的统计与分析. 气象学报，33（2）：206-217.

因而可供台风发生频率的中期预报参考。

低纬度的信风和台风，是气象学最早的研究对象的一个方面。研究文献可追溯到气象学的萌芽时期。“赤道西风”的名称及其初步解释可能较晚，但也在百年以前[1]。由于种种原因，关于信风、赤道西风与台风的发生、发展和变化的概念与规律，仍是近代气象工作者探讨与争辩的重要问题。现有的成果也远不能满足实际工作的需要。

本文仅就东南亚基本气流(赤道西风与信风)与台风发生的关系进行一些统计与分析研究。目的在于揭露若干事实，作为今后继续从事这方面研究工作的出发点。

14.1 东南亚基本气流与台风发生的一些统计关系

信风作为低纬度基本气流早已为气象工作者所公认。赤道西风这个名称虽然出现较早，但其基本特征仍有待于进一步研究。十年前，人们把赤道西风作为一系列涡旋南边、由于涡旋流场平均结果而得出西风（即赤道逆流）的看法，仍很流行[2]。由于整理了新增加记录的结果，发现南北半球的夏季，低纬度西风约占赤道附近整个纬圈的五分之二[3,4]，并具有一定的稳定性，呈现基本气流的特征。陶诗言与陈隆勋[5]曾指出西风是低纬度的基本气流。就大范围来说，虽然气流是自西向东，而不是自西南向东北的，但他们在文中保留了西南季风这一名称。赤道西风被看作为基本气流的趋势似已逐步明确。认为在赤道西风与信风间的交界面——赤道辐合带①——上可能发生台风，这种看法起源也比较早。但由于赤道西风的概念并没有澄清，因此根据这种概念所绘制的台风发生模型，迄今仍仅限于台风附近的流场[6]，而没有阐明其与大范围流场变化的联系。关于太平洋大范围流场与台风发生的关系虽曾有人企图加以讨论[2,7]，但所根据的资料较旧或较少，同时忽略了来自印度洋赤道西风的作用。因此，关于这方面的认识还有待进一步深入探讨。

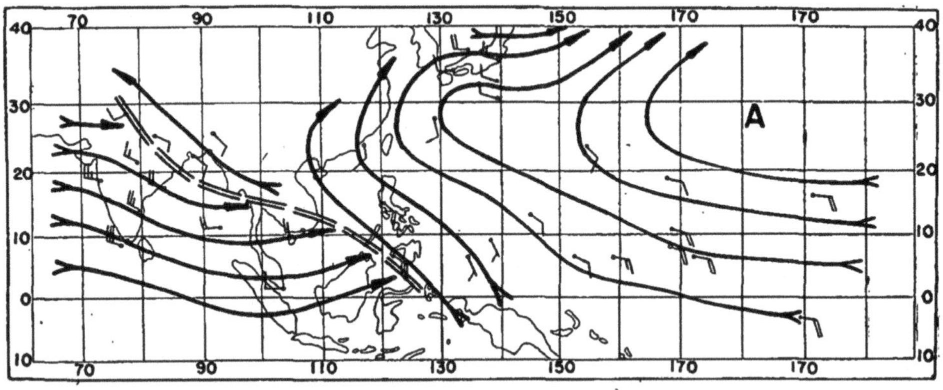

图 1a 1958 年 8 月 700 hPa 平均流线图

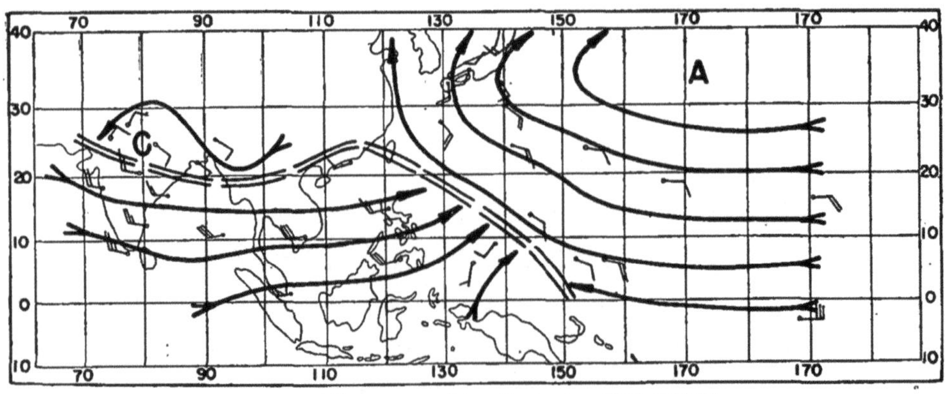

图 1b 1960 年 8 月 700 hPa 平均流线图

① 赤道辐合带有内热带辐合带（ICZ）、热带锋、内热带锋、赤道锋等名称。

图 1a、图 1b 依次为 1958 年与 1960 年 8 月份亚洲与西太平洋地区低纬度 700 hPa 上平均气流图。1958 年 8 月出现 4 个台风，而 1960 年 8 月份多至 9 个台风（均不计南海台风）①，可分别代表台风较少与较多月份，东南亚附近低纬度洋面夏季气流的一般情况，这两张图呈现两个重要的不同点：

（1）1958 年 8 月（台风较少的月份）西太平洋副热带反气旋偏南，脊线位置大致在北纬 27°。1960 年 8 月（台风较多的月份）西太平洋副热带反气旋偏北，脊线位置大致为北纬 33°，两者相差约 6 个纬度。

（2）1958 年 8 月（台风较少月份）赤道西风的东沿位于菲律宾以西的南中国海，而 1960 年 8 月（台风较多月份）赤道西风的东沿越过菲律宾，位于东经 140°附近，两者相差约 25 个经度。

可以注意，在这两张图上跨过赤道气流的强度并没有明显的差异。另外根据天气图统计结果，1958 年 8 月有 20 天呈现南海低压，1960 年 8 月则呈现 23 天，两者相差不多。

由此，西太平洋反气旋的南北移动与信风及赤道西风的东西向进退可能与台风的发生具有密切的关系。为了进一步考查这种关系，选择了印度半岛南端的 371 站，中印半岛的 900 站（西贡）与菲律宾群岛南沿的 836 站②，绘制了 1958 年、1959 年、1960 年三年的 6 月、7 月、8 月三个月 700 hPa 5 天平均实测东西向风速随时间变化曲线，并根据日本出版的气象要览[8]注出各次台风的发生日期（见图 2）。由图 2 上可以看出以下几点：

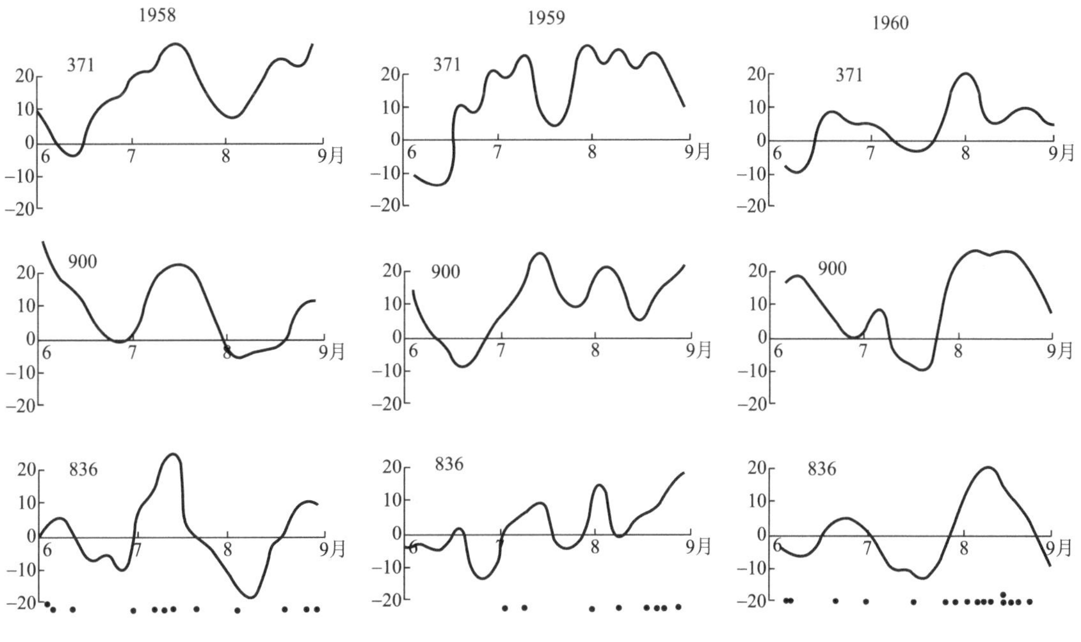

图 2 371、900 和 836 站 700 hPa 五天平均东西向风速（m/s）与台风发生日期

正值为西风，负值为东风，单位：米/秒，黑点为台风发生日期

（1）赤道西风强度的变化由印度到西太平洋基本上具有一致性，印度南部上空西风增强时，东南亚上空西风也增强。但由西到东变化时间有落后现象。

（2）在三年九个夏季月份中，共发生 36 个台风，其中 28 个是在赤道西风由西到东增强后，发生于赤道西风的东端与信风交界处的。只有 8 个（1958 年 8 月两次，1959 年 7 月和 8 月各一次，1960 年 6 月两次、7 月两次）即约占总数五分之一的台风例外，是在赤道西风减弱，900 站与 836 站出现东风或微弱西风时发生的。

（3）三个站的东西向风速的强度随时间变化具有一定的波状振动性质，振动周期相当长，约近一个半月，这可能有助于台风发生频率的中期预报。

① 1947—1956 年 10 年间 8 月西太平洋平均发生台风 6.2 个。

② 这三个站的大致位置：371 站在东经 77°、北纬 9°，900 站在东经 107°、北纬 11°，836 站在东经 122°、北纬 7°。

图 3 是由印度到中太平洋赤道附近各测站，1958 年 6 月到 9 月 700 hPa 上实测风的时间空间变化图。图中绘出了赤道西风与信风的交界区，并注出了台风发生的时间与经度。由图 3 可以看出：

（1）绝大多数台风（14 次中的 10 次）发生在东西风分界线附近。台风发生的时间地点取自日本气象要览，东西风分界线是由各站间的东西风强度内插定出的，都具有一定的误差，但绝大部分台风发生于东西风分界线附近的结论，仍具有一定的准确性。

（2）绝大部分台风是在赤道西风逐渐东伸越过菲律宾南端的 836 站以后才发生的。

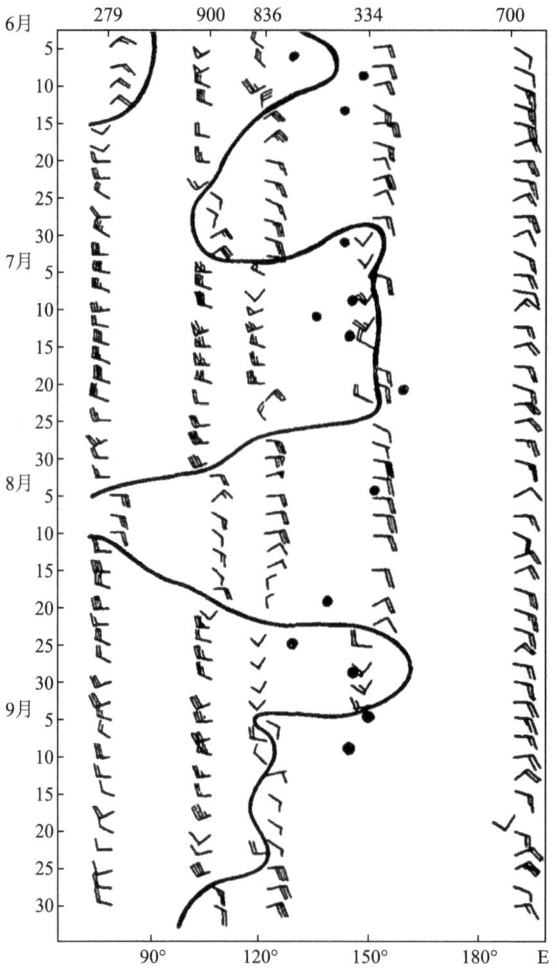

图 3　1958 年 6—9 月印度南端到太平洋赤道附近 700 hPa 东西风分界线与台风发生的关系

（3）东西风分界线随时间的东西向进退的长周期振动性质与图 2 相同。

14.2　台风发生的选例分析

为了比较深入了解赤道西风及信风与台风发生的关系，除了上述一些统计事实外，曾对 1958 年，1960 年及 1962 年部分台风进行了相当广泛的分析，下面选出四个实例作为代表。

例一　基本气流偏南时台风的发生；图 4a 表明，北半球西太平洋反气旋位置偏南，其西南端伸入中国南海，信风与赤道西风都偏南，西太平洋赤道西风处于北纬 10°以南地区。高纬度西风槽远在北纬 30°以北。南半球低纬度并没有强大的南北向气流。菲律宾与印度尼西亚的西伊里安之间确有跨过赤道的西南风，这不是南半球高纬度气流跨过赤道，而是赤道西风气流波状振动的结果。西太平洋地区的双赤道辐合带也相当明确。

图 4b 表明，南半球高纬度西风槽东移，澳大利亚大陆地区形成一个强大的反气旋，其北方东南信风比较完整，但根据记录很难认为已跨过赤道。赤道以北的流场变化不大，赤道西风的波状振动振幅稍弱于前一日，台风沿着牵引气流由东南向西北运行。

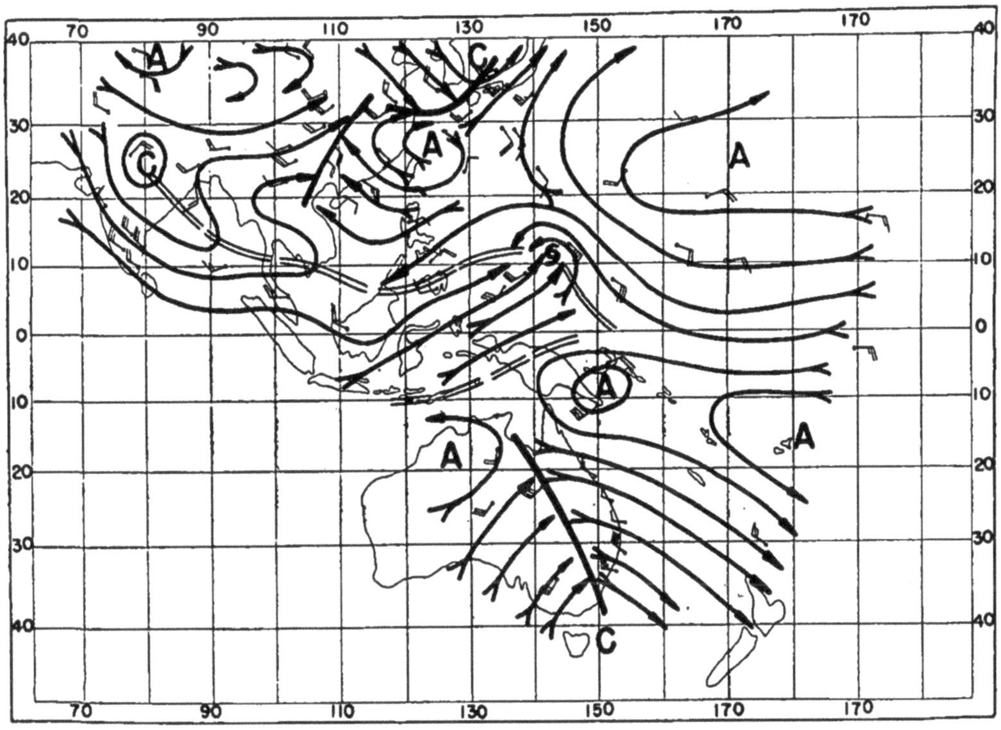

图 4a 1958 年 8 月 20 日 700 hPa 流线图

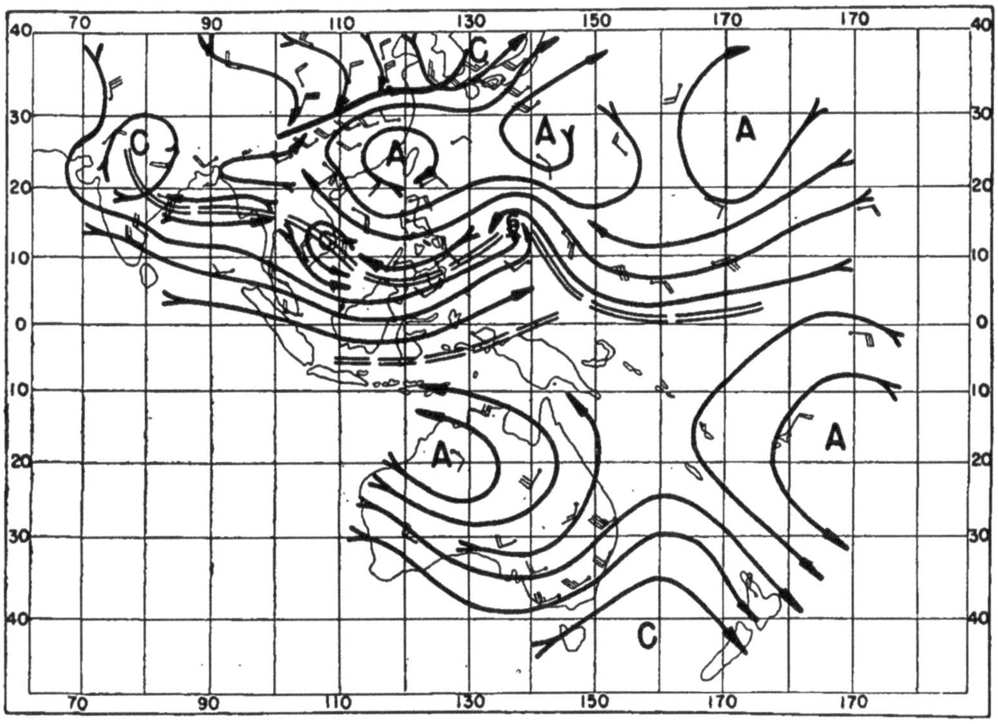

图 4b 1958 年 8 月 21 日 700 hPa 流线图

例二 当南半球大寒潮不跨过赤道时，一系列台风的发生。图 5a—图 5d 是 1958 年 8 月 28 日，29 日连续两天 00 世界时的 700 hPa 流场与地面图。南半球澳大利亚地区有强大的寒潮，但地面极锋并没有跨过澳大利亚的北端，距离赤道尚有 10 个纬度。赤道西风的位置比前面一个例子偏北，位于北半球。赤道西风与北半球信风间有一系列的台风。位于北纬 10°、东经 145°附近的台风是新发生的。赤道西风的东端位于北纬 7°、东经 160°附近，该处 700 hPa 的风场切变强，地面出现低压，呈现另一台风发生的象征。

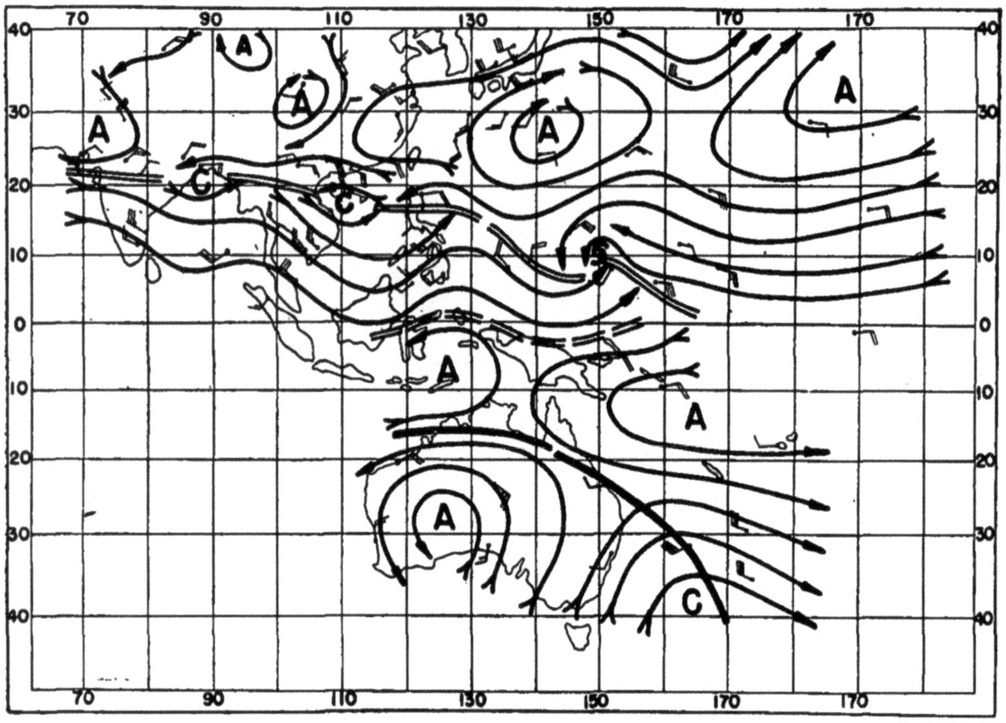

图 5a　1958 年 8 月 28 日 700 hPa 流线图

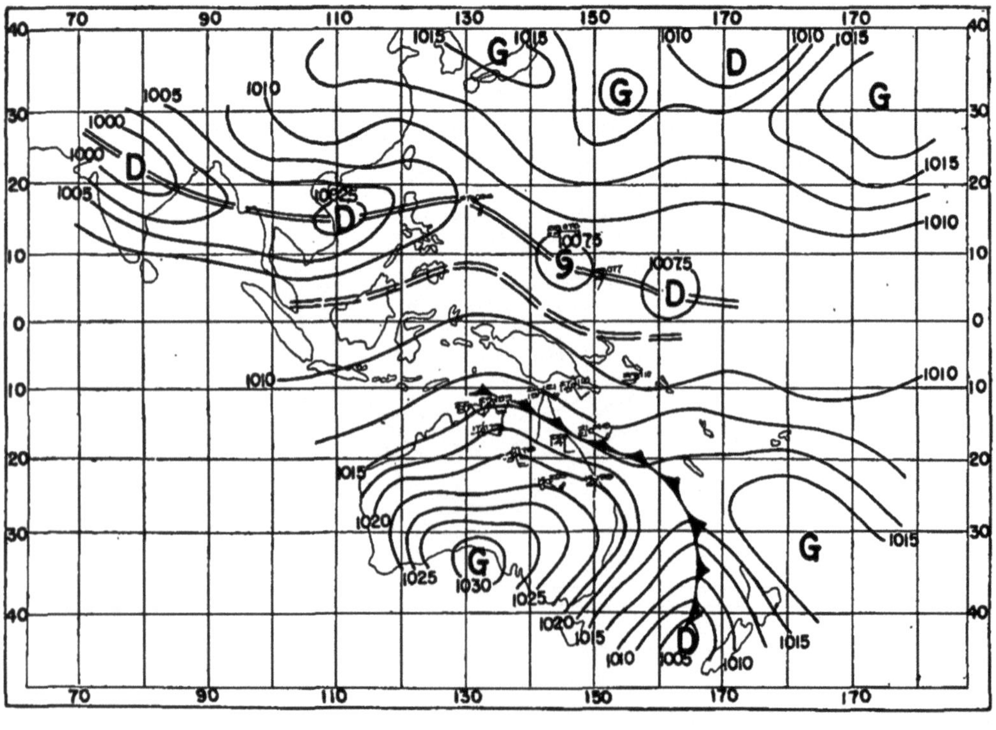

图 5b　1958 年 8 月 28 日地面图

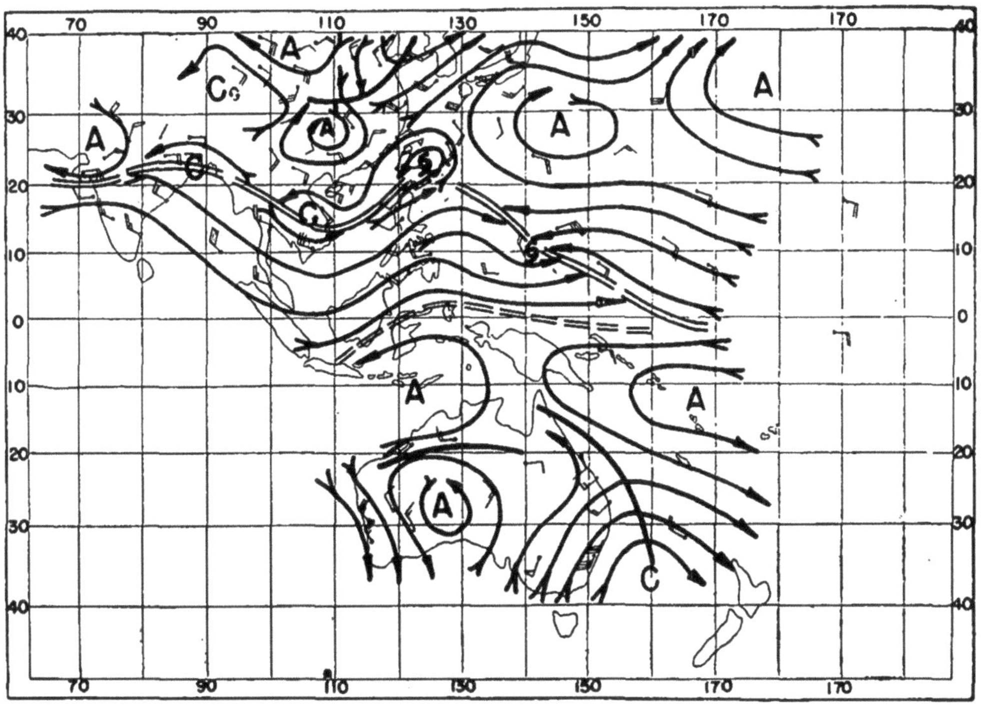

图 5c　1958 年 8 月 29 日 700 hPa 流线图

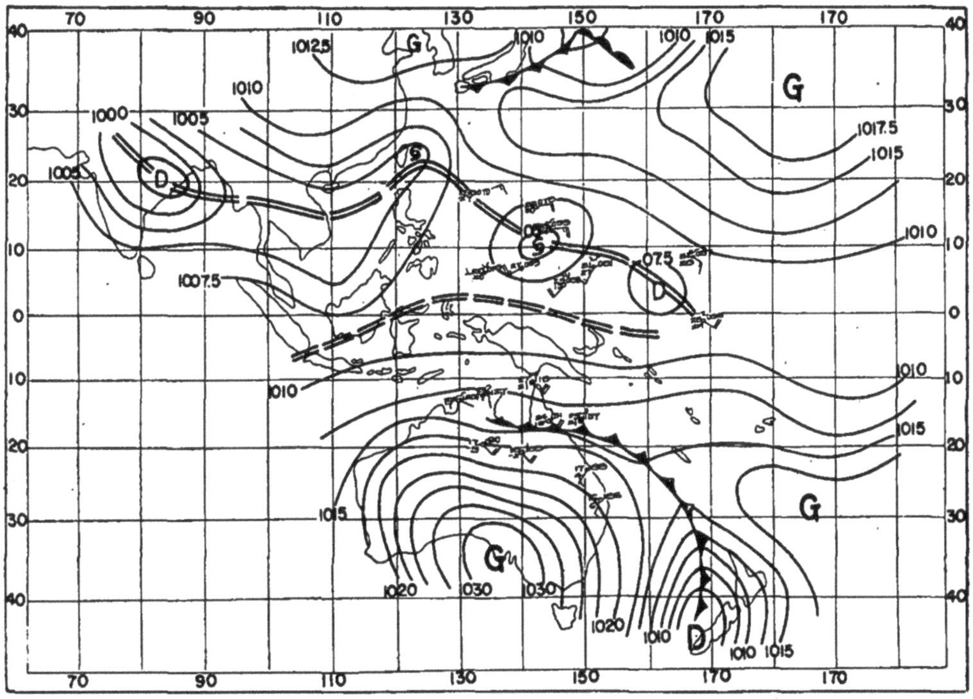

图 5d　1958 年 8 月 29 日地面图

在地面图上，赤道西风的南北宽度较小，也可能认为这是台风及低压南沿偏西风所组成，这或许就是“赤道逆流”名称的由来。但由 700 hPa 流场的情况可以看出，低纬度西风尺度显然较台风为大，把低纬度西风看作基本气流——赤道西风，而将台风看成是赤道西风与偏东信风间交界面上一系列的涡旋也许更为合理些。

例三　当风系位置较北，赤道西风强大时，一系列台风的发生。图 6a—图 6c 是 1960 年 8 月 14 日到 18 日间隔 48 小时的 700 hPa 流场。这一阶段中西太平洋反气旋偏北，由印度到东经 150°附近，由赤道到北纬 20°出现了强大并且稳定的赤道西风，其东端达到东经 150°附近，14 日只有一个台风（第 13

号），登陆后消失于中国大陆。16 日在北纬 22°，东经 145°处及北纬 21°，东经 127°处出现了两个台风（14 号及 15 号台风），都位于赤道西风的北沿。在 18 日天气图上，除上述两个台风外，还有另一个台风（16 号）出现在北纬 15°，东经 155°赤道西风的东端附近。

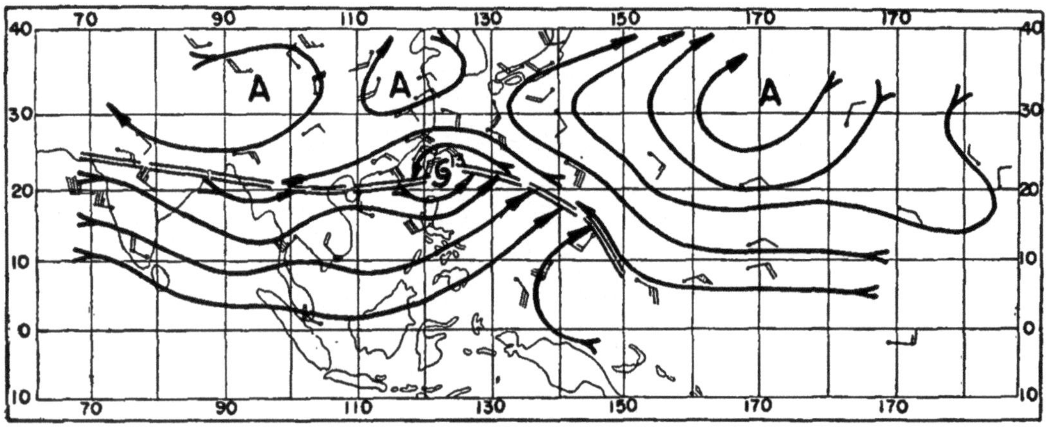

图 6a　1960 年 8 月 14 日 700 hPa 流线图

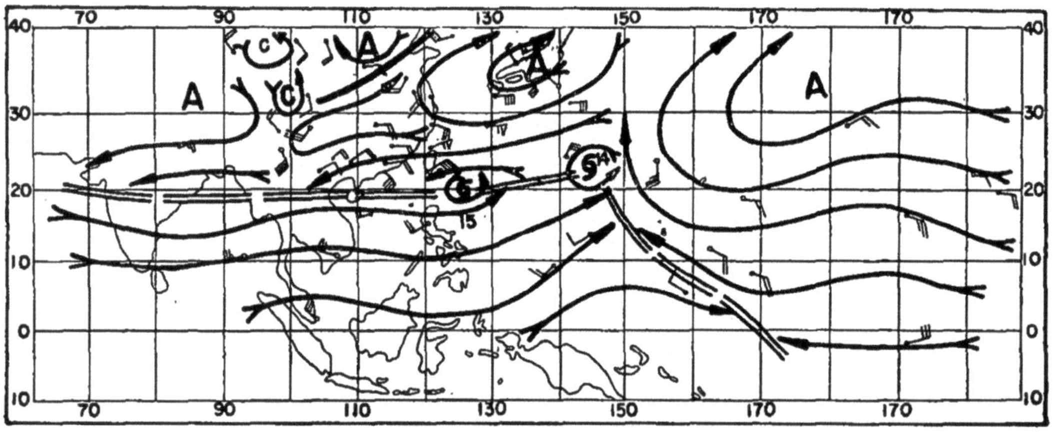

图 6b　1960 年 8 月 16 日 700 hPa 流线图

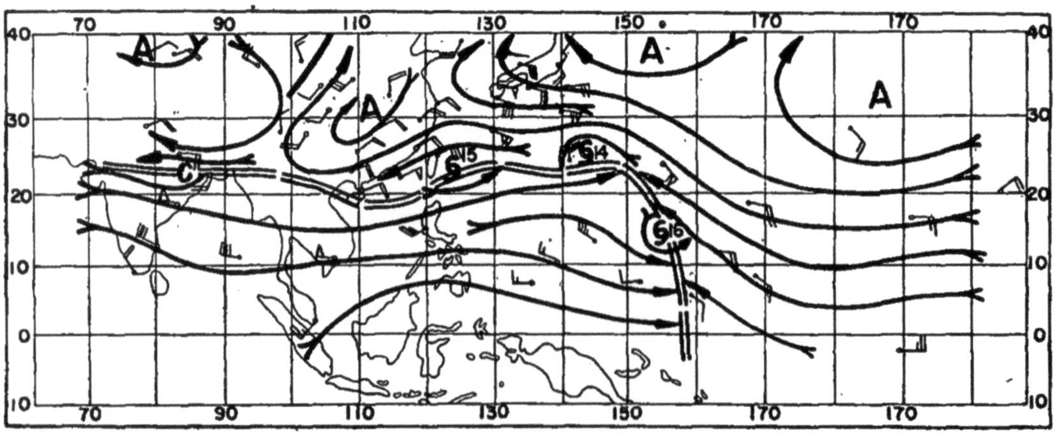

图 6c　1960 年 8 月 18 日 700 hPa 流线图

在图 6 中赤道西风与台风尺度的差别较图 5 更为明确。新生的三个台风是在赤道西风基本稳定情况下发生的。因此由这个例子很难做出因台风生成而引导低纬西风东伸的结论。

例四　台风发生时的 200 hPa 流场。图 7 是 1962 年 7 月一次台风在北纬 22°，东经 147°附近发生的实例。7 月 24 日的流场情况与前一日基本一样，24 日 850 hPa（图 7a）赤道西风由印度洋一直伸到东经 140°，其北沿位于北纬 20°以北，700 hPa 与 500 hPa 流场与 850 hPa 基本一致（图略）。在 200 hPa（图 7b）上空，西太平洋到东南亚是处于高空反气旋东南沿，风向偏东北。北纬 20°，东经 140°—160°间有一个微弱的风向转变带，气流具有微弱的单向辐合性质。由澳大利亚到中太平洋盛行西南风，可能是南半球冬季的西风涡旋气流的一部分，北半球这部分高层西风也被称为西南反信风。25 日 850 hPa 图上在北纬 22°，东经 147°附近的赤道西风北沿新生一台风，该处 200 hPa 高空（图 7d）由前一日微弱单向气流辐合，改变为比较明确的单向气流辐散。

这一台风发生的实例与 Riehl[9]所提出的 200 hPa 面辐散导致下层辐合与台风发生的假说相反，而与通常所说的、并为正野重方[10]的上层辐散是台风发展过程中所形成的概念相符合。

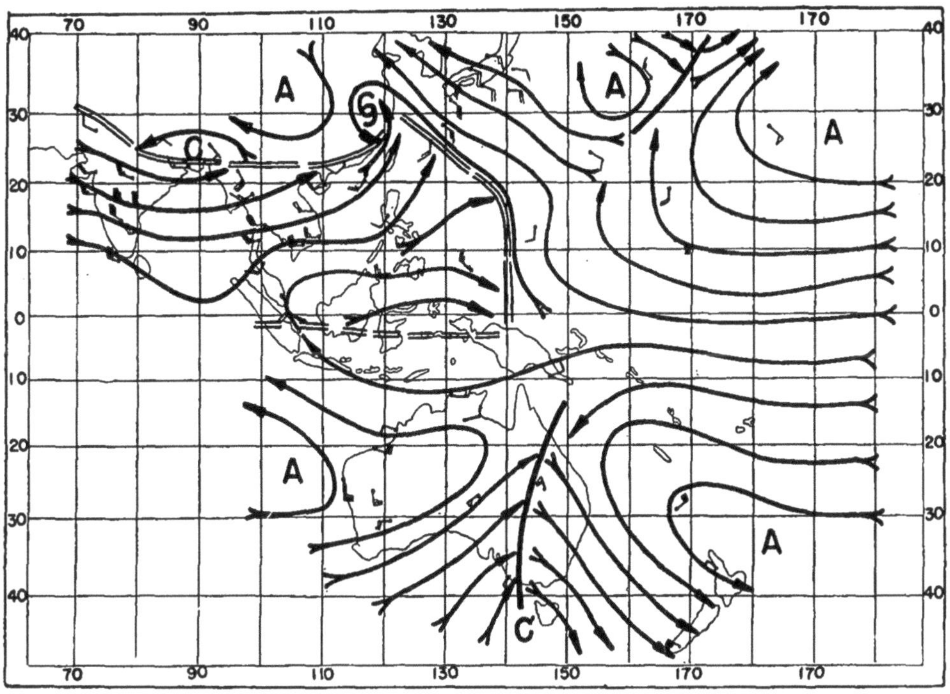

图 7a　1962 年 7 月 24 日 850 hPa 流线图

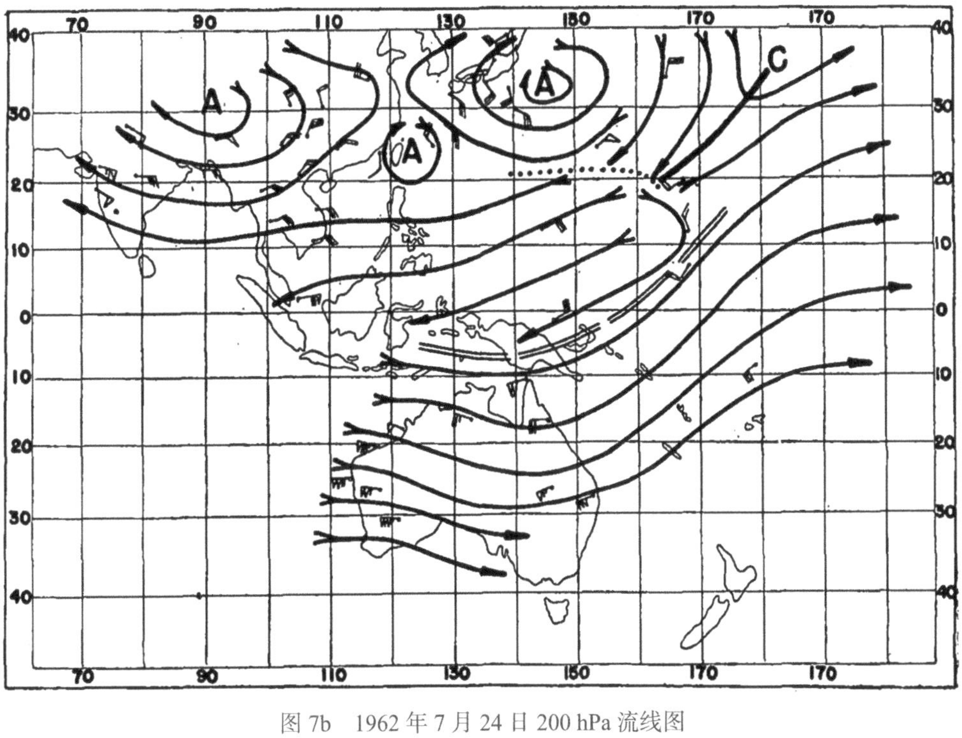

图 7b　1962 年 7 月 24 日 200 hPa 流线图

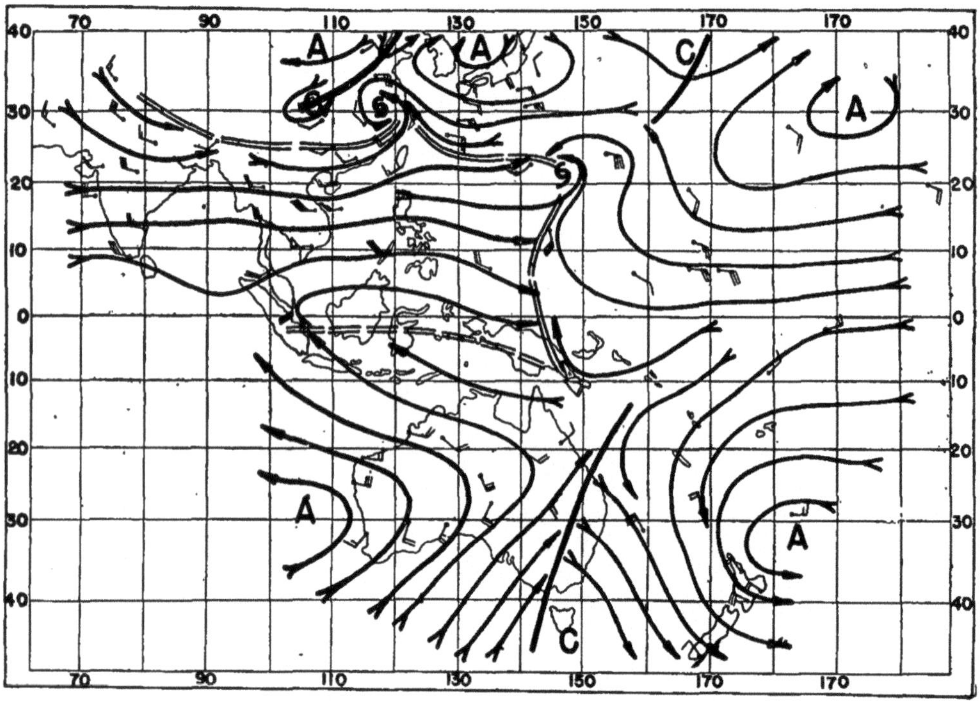

图 7c　1962 年 7 月 25 日 850 hPa 流线图

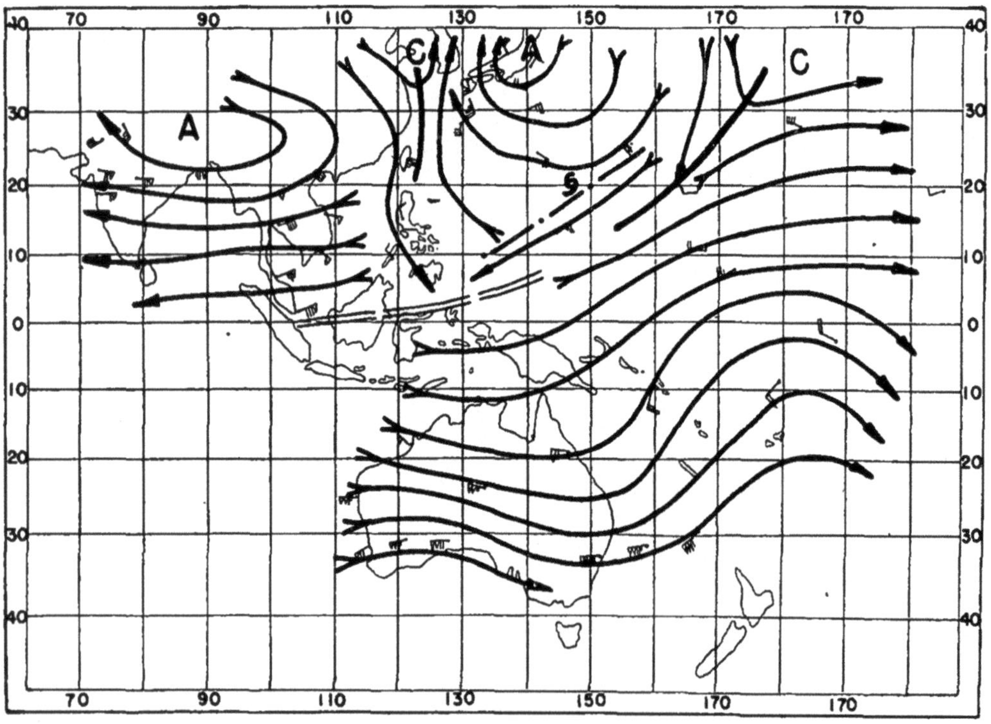

图 7d　1962 年 7 月 25 日 200 hPa 流线图

14.3　讨论

根据对以上事实的统计与分析，似可提出下述关于东南亚低纬度流场与台风发生的初步意见。

（1）夏季，北半球由印度洋到西太平洋低纬度地区的对流层下半部，盛行相当稳定的西风。其强度与范围具有一个月以上的长周期式振动。这种低纬度西风具有基本气流的特征。赤道西风或是比较恰当的名称。

（2）赤道西风的强度及范围的变化与另一低纬度基本气流——偏东信风，及西太平洋反气旋间具有密切的关系。西太平洋反气旋及信风位置偏南时，赤道西风也偏南、偏弱、东伸范围偏小；反之，赤道西风偏北、偏强、东伸范围偏大。

（3）极大部分西太平洋台风可视作为赤道西风与信风间交界面上的涡旋。赤道西风偏北，偏强，东伸范围偏大时，台风发生次数多，反之，台风发生次数少。这种关系与西风强度与范围的长周期式振动，可能对台风发生频率的中期预报有所帮助。

（4）Ramage[7]曾指出，北半球的台风有三分之二是发生在东经 130°—150°，并把其原因归于太平洋中部 200 hPa 上准静止槽的影响。从上述分析似乎可以认为，由于在东南亚赤道西风较北半球低纬度其他地区为稳定和强大，与信风之间的赤道辐合带位于东经 130°—150°，也是这一地区台风发生特别多的另一个因子。

（5）至少部分台风发生时 200 hPa 上空的辐散流场，可能是由于气旋式流场形成后继续发展时，上升气流所导致出来的，而不是上层辐散导致下层的辐合与气旋式流场的发展。

（6）本文目的仅在于揭露赤道西风及信风与台风发生的关系，虽然根据事实可以认为台风的发生与这两种气流间的切变与辐合具有密切的关系。但并不企图肯定这就是台风发生的唯一原因与机制，也不企图将西太平洋夏季的情况推论到其他季节与地区。低纬度的台风或正如高纬度的气旋一样，可能具有不同的类型与发生机制，例如东风波的不稳定，当能引导出另一类型台风。关于低纬度基本气流与扰动（包括台风）的问题很多，今后将从统计、分析与理论三方面继续从事研究，以便逐步深入了解低纬度流场与天气的变化。

致　谢：本文承蒙中国科学院地球物理研究所、中央气象局资料室和上海气象台提供各种资料；陶诗言先生提供宝贵意见；肖文俊、叶慧蓉、陈振华同志协助整理资料和绘制图例，谨此致以衷心感谢。

参 考 文 献

[1] Reid, W. , The law of storms, London. Weale, 1849.
[2] Dunn, G. E. , Tropical cyclones, Compendium of Meteoro. , Boston, 1951, 887-901.
[3] Mintz, Y. , Dean, G. , The observed mean field of motion of the atmosphere, Part 2, Report No. 7, Investigation of the general circulation of the atmosphere, U. C. L. A., 1951.
[4] Koteswaram, P. , The easterly jet stream in the tropics. *Tellus*, 10 (1958), 43-57.
[5] 陶诗言、陈隆勋, 夏季亚洲上空大气环流的结构. 气象学报, 28（1957）, 234-247.
[6] Riehl, H. , Tropical meteorology, 1954, 339.
[7] Ramage, C. S. , Hurricane development. *J. of Meteoro.*, 16(1959), 227-237.
[8] 气象要览, 1958, 1959, 1960, 日本气象协会.
[9] Riehl, H. , On the formation of typhoons, *J. of Meteoro.*, 5(1948), 247-264.
[10] Syono, S. , On the formation of tropical cyclones, *Tellus,* 5(1953), 179-195.

A PRELIMINARY STATISTIC AND SYNOPTIC STUDY ABOUT THE BASIC CURRENTS OVER SOUTHEASTERN ASIA AND THE INITIATION OF TYPHOONS

Hsieh Yiping, Chen Shoujun, Chang Iliang, Huang Yinliang
(Peking University)

ABSTRACT

The relation between the basic currents of the low latitudes and the initiation of typhoons is investigated statistically and synoptically by means of recent aerological data. It is shown that about 80% of typhoons developed in the eastern part of thc equatorial convergence zone between the equatorial westerlies and trade wind of West Pacific Ocean. The equatorial westerlies is a large scale and quasi-steady phenomenon therefore it is probably reasonable to be called "basic current" and typhoons are considered as vortices of smaller scale. There is a quite definite relationship between the time, position, frequency of the initiation of typhoons and the position, strength of the basic currents in the low latitudes. There is a quasi-periodical variation of the strength and position of the basic currents with a period longer than one month. This fact may be helpful for the extended forecast of the initiation and development of typhoons.

李天明 美国夏威夷大学教授 | 专家解读 |

马登-朱利安振荡（Madden-Julian oscillation，MJO）是 20 世纪热带大气研究中最重要的发现之一，Madden 和 Julian（1971）论文是现代气象学中被引用最多的文献之一。然而，在该成果发表的八年前，谢义炳教授在《气象学报》上以中文发表了他的研究成果（谢义炳等，1963），他利用世界气象组织（WMO）命名的五个热带气象站的探空气球数据，记录到了一个周期为 45 天的振荡信号，这些气象站分布在从印度洋到中太平洋的区域。相比之下，Madden 和 Julian（1971）仅使用了位于中太平洋的坎顿岛（Canton Island）单站的探空数据，而本论文分析了包括坎顿岛在内的五个气象站的数据。从本论文的图中可以直观地看到这个 40—50 天的信号，即使没有进行时间滤波也非常明显。

自 1990 以来，MJO 与热带气旋（TC）生成之间的关系受到特别关注（Hartmann et al.，1992；Liebmann et al.，1994）。Liebmann 等（1994）发现，在 MJO 对流活跃期，西北太平洋的热带气旋生成概率是平常的两倍。Maloney 和 Hartmann（1998，2000）指出，MJO 的西风可通过诱导气旋性涡度和减弱垂直风切变，为热带气旋的发展创造有利条件。而早在三十年前，谢义炳等（1963）就发现台风的生成在 MJO 的西风阶段更为频繁。

尽管这些发现的科学意义重大，谢义炳等（1963）的原始论文至今在国际学术界几乎不为人知，主要原因是该论文发表在中文杂志。Li 等（2018）通过在《美国气象学会会刊》（BAMS）上发表的一篇纪念文章，引起了气象学界对本论文及其原创性的关注。Li 等（2018）利用现代诊断工具和数据，证实了本论文所发现的显著季内振荡信号。

这里介绍该文的目的是让大气科学界认识到，谢义炳教授早在 Madden 和 Julian（1971）之前八年就识别出 40—50 天的振荡信号，并在三十年前发现了 MJO 与热带气旋生成频率之间的关系。值得指出的是，本论文对 40—50 天周期的识别并不像 Madden 和 Julian（1971，1972）那样细致、全面、严谨。本论文并未进行谱分析，仅通过有限的事件定性地推断这一时间尺度。尽管如此，国际大气科学界应当高度重视本论文的原创性和重要性。作为一门影响全球人民生活、由世界各地科学家共同探索的科学，气象学中必定还有许多早期发表在非英语期刊中的“被埋藏的宝石”尚未被国际社会发现，希望更多人挖掘此类珍贵研究。

15

副热带高压的东西向移动及其预报的研究*

|黄士松|　南京大学气象系

黄士松（1920—2017 年），美国加州大学洛杉矶分校硕士，博士毕业前放弃学位回国，中国共产党党员、九三学社成员。气象学家和气象教育家，中国现代气象学主要奠基人之一，南京大学教授、气象系原主任，任中国气象学会第十九、二十届理事会副理事长、中国气象学会名誉理事长。

■　曾任第十八（调整后）、十九届理事会《气象学报》编辑委员会委员，第二十届理事会《气象学报》编审委员会委员，以及第二十一届理事会《气象学报》编审委员会顾问。

■　发表在《气象学报》的著名论著还包括：《中国夏季风之进退》（涂长望、黄士松，1944 年）、《台风与中国之天气》（1944 年）、《J. Bjerknes 锋面波初生理论之介绍》（1951 年）、《论反气旋在大气中的作用》（1952 年）、《决定大气环流的基本因子》（1955 年）、《一个制作长期天气预报的前后相关图解方法》（1959 年）、《月天气过程序列连续相似二年的现象及其应用于长期天气预报的试验》（1960 年）、《副热带高压结构及其同大气环流有关若干问题的研究》（1962 年）、《西风带中槽脊的移动与发展的估计》（1965 年）、“Medium-Range Oscillation and Teleconnection of the Atmospheric Circulation Systems over the Northwest Pacific and South Indian Oceans”（1989 年）等。

摘　要

本文从副热带高压本身的形状、位置与风场结构研究高压单体的移动问题，求得了副热带高压在东西方向上的移速公式，提出根据高压的形状、位置及其南北两侧纬向风速分布廓线预报高压移动的具体办法，并讨论了外界环流系统及高压本身性状变化对高压移动的影响及其物理性质。

15.1　引言

西太平洋副热带高压（以下简称副高）的位置、性状的变动对我国天气影响极大，但对于副高位置、强度、性状等变化的短期中期预报，目前都缺乏比较具体而有效的办法。这个问题，为简单起见，首先

* 本文 1962 年 9 月 27 日收到。1963 年 2 月收到修改稿。黄士松. 1963. 副热带高压的东西向移动及其预报的研究. 气象学报，33（3）：320-332.

可从两方面的因子分别来研究，一是中高纬度西风带槽脊及低纬度热带低压活动的影响，即所谓外在因子；二是副高本身的性状结构的作用，即所谓内在因子。副高移行是由这两方面因子综合作用所决定。关于外在因子的影响，在实际预报工作中是一向被注意并广泛应用的。关于内在因子的作用，则过去注意得比较少。最近黄士松、余志豪、林元弼、汤明敏等[1]曾从副高的动力性质讨论了副高的变动，指出副高移行与它本身性状结构有关，副高单体恒有向负涡度平流区方向移动以及向速度辐散区方向移动的特性。该论证是有一定的实际意义的。我们知道，副高的移动有南北向和东西向的移动，但在某一月某一段时期中，副高恒将准稳定于某一纬度带内[2]，因此，在短期中期预报工作中，副高的东西向移行是首要解决的问题。为此，本文在以前工作的基础上专对副高的东西向进退问题作进一步的研究。研究结果不但阐明副高内在因子对它移动的作用，提出根据当时副高的形状、位置及其南北两侧纬向风速分布廓线用以预报副高移动的具体办法，而且亦指出内在因子与外在因子的相互联系性，通过内在因子的了解可进而说明外界环流系统影响的一些物理性质。

15.2　副高东西向移速公式的推求

考虑副高单体气流呈一近于椭圆形的流型，取 x 轴和副高单体的东西向轴（横轴）重合，y 轴和它南北向轴（纵轴）方向一致，令副高单体横半轴长度 a 为 $\frac{L_x}{4}$，纵半轴长度 b 为 $\frac{L_y}{4}$。如此，副热带高压内气流可设想为由某一基本气流 $\bar{u}$ 叠加上一个扰动 v 所构成，$\bar{u}$ 与 v 各为：

$$\bar{u} = -U\sin\frac{2\pi}{L_y}\alpha + U\sin\frac{2\pi}{L_y}(y+\alpha), \tag{1}$$

$$v = -V\cos\frac{2\pi}{L_y}y\sin\frac{2\pi}{L_x}(x-ct). \tag{2}$$

式中，U 与 V 皆为正值常数。由（1）式所示的基本气流，沿 x 轴风速为零，向南北两侧增大，南侧为东风，北侧为西风。式中的 α 值，对某一给定的基本气流来说亦为常数；但对于不同特性的基本气流，α 可有不同值，即根据副高南北两侧基本气流风速沿 y 方向的分布廓线如何，α 可为零值、负值或正值，如图 1 所示。当 $\alpha=0$ 时，基本气流特性是，风速廓线的转折点位于副高的横轴上，高压南北两侧的风速大小成对称的分布，在 $y=\pm\frac{L_y}{4}$ 处各出现最大风速。$\alpha<0$ 时，高压横轴位于风速廓线转折点之下 $|\alpha|$ 距离，高压北侧的西风风速大于南侧东风风速，在 $y=\pm\frac{L_y}{4}+|\alpha|$ 处各出现最大风速。$\alpha>0$ 时情况相反，高压横轴位于风速廓线转折点之上 α 距离，高压北侧的西风小于南侧的东风，在 $y=\pm\frac{L_y}{4}-\alpha$ 处各出现最大风速。极为明显，U 为南北两侧最大风速绝对值的平均值；$U\sin\frac{2\pi}{L_y}\alpha$ 为南侧东风最大速率减北侧西风最大速率的差值，当 $\alpha<0$ 时差值为负，$\alpha>0$ 时差值为正。通常副高的北缘为副热带西风急流的纬度位置所在，南缘为东风急流的纬度位置所在，$|\alpha|$ 一般是不会太大的，故最大西风与最大东风所在位置之间的距离 $\frac{L_y}{2}$ 即近似地取为副高纵轴的长度。由（2）式所示的扰动为一波长等于 L_x、以速度 c 沿 x 方向移行的波动，其振幅在 x 轴上最大而向南北两侧减小，在 $y=\pm\frac{L_y}{4}$ 处，$v=0$，该处乃盛行强大的平直东西向风。故 $\bar{u}$ 与 v 合成的流型约为椭圆形，如图 1 中虚线所示。极为明显，c 也就是椭圆形副高单体的移速。我们可以以下列的处理方法推求副高的移速。

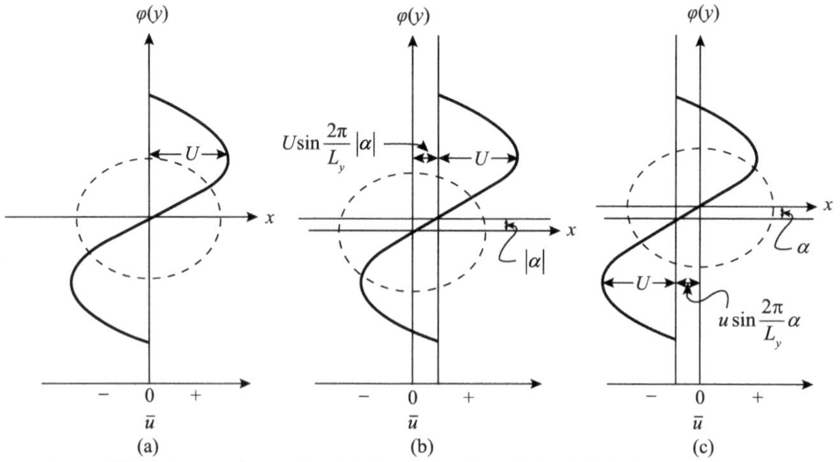

图 1　副热带高压区南北两侧基本气流风速沿 y 方向分布廓线的三种不同情况

（a）$\alpha=0$，南北两侧风速大小对称分布，（b）$\alpha<0$，北侧西风大于南侧东风，（c）$\alpha>0$，南侧东风大于北侧西风 $\bar{u}>0$ 为西风，$\bar{u}<0$ 为东风，虚线表示副高单体

设（1）、（2）式规定的流场为满足下列涡度方程的解

$$\frac{\partial \zeta}{\partial t}=-\boldsymbol{v}\cdot\nabla\zeta-\beta v-(f+\zeta)\nabla\cdot\boldsymbol{v}, \tag{3}$$

式中，$\boldsymbol{v}$ 为水平风速矢量，$\bar{u}$ 与 v 为其东西向及南北向的分量，ζ 为相对涡度的铅直分量，$f=2\Omega\sin\varphi$，$\beta=\frac{\partial f}{\partial y}=\frac{2\Omega\cos\varphi}{R}$，$\Omega$ 为地球自转角速率，R 为地球半径，φ 为纬度。

首先假定 c 为 x，y，t 的函数，由（1）、（2）式直接求出该流场的相对涡度与速度散度，随而求得涡度平流与涡度局地变化，之后，将求得各项代入（3）式，经整理后则得

$$\begin{aligned}
&\left(c+\frac{\partial c}{\partial t}t\right)\left(1-\frac{\partial c}{\partial x}t\right)=\frac{L_x}{2\pi}\left[\frac{\partial c}{\partial x}+\frac{\partial^2 c}{\partial x\partial t}t\right]\cot\frac{2\pi}{L_x}(x-ct)-\\
&U\left[\sin\frac{2\pi}{L_y}\alpha-\sin\frac{2\pi}{L_y}(y+\alpha)\right]\cdot\left[\left(1-\frac{\partial c}{\partial x}t\right)^2+\frac{L_x}{2\pi}\frac{\partial^2 c}{\partial x^2}t\cot\frac{2\pi}{L_x}(x-ct)\right]\\
&-V\left(1-\frac{\partial c}{\partial x}t\right)\left[\frac{L_x}{L_y}\sin\frac{2\pi}{L_y}y\cos\frac{2\pi}{L_x}(x-ct)-\frac{\partial c}{\partial y}t\cos\frac{2\pi}{L_y}y\sin\frac{2\pi}{L_x}(x-ct)\right]\\
&-V\frac{L_x}{2\pi}\frac{\partial^2 c}{\partial x\partial y}t\cos\frac{2\pi}{L_y}y\cos\frac{2\pi}{L_x}(x-ct)-U\frac{L_x^2}{L_y^2}\sin\frac{2\pi}{L_y}(y+\alpha)-\frac{\beta L_x^2}{4\pi^2}\\
&+\left[\frac{fL_x}{2\pi}-V\left(1-\frac{\partial c}{\partial x}t\right)\cos\frac{2\pi}{L_y}y\cos\frac{2\pi}{L_x}(x-ct)-U\frac{L_x}{L_y}\cos\frac{2\pi}{L_y}(y+\alpha)\right]\\
&\cdot\left[\frac{L_x}{L_y}\tan\frac{2\pi}{L_y}y+\frac{\partial c}{\partial y}t\cot\frac{2\pi}{L_x}(x-ct)\right].
\end{aligned}\tag{4}$$

为简单起见，考虑起始时刻的特殊情况。此时，令副高纵轴与 y 轴重合，令 $t=0$，则（4）式变为

$$\begin{aligned}
c=&\frac{L_x}{2\pi}\frac{\partial c}{\partial x}\cot\frac{2\pi}{L_x}x-U\left[\sin\frac{2\pi}{L_y}\alpha-\sin\frac{2\pi}{L_y}(y+\alpha)\right]\\
&-V\frac{L_x}{L_y}\sin\frac{2\pi}{L_y}y\cos\frac{2\pi}{L_x}x-U\frac{L_x^2}{L_y^2}\sin\frac{2\pi}{L_y}(y+\alpha)-\frac{\beta L_x^2}{4\pi^2}\\
&+\left[\frac{fL_x}{2\pi}-V\cos\frac{2\pi}{L_y}y\cos\frac{2\pi}{L_x}x-U\frac{L_x}{L_y}\cos\frac{2\pi}{L_y}(y+\alpha)\right]\frac{L_x}{L_y}\tan\frac{2\pi}{L_y}y,
\end{aligned}\tag{5}$$

现再考虑副高内任何与副高横轴平行的直线上各处的移速，为此，令

$$Q = U\left[\sin\frac{2\pi}{L_y}\alpha - \sin\frac{2\pi}{L_y}(y+\alpha)\right] + U\frac{L_x^2}{L_y^2}\sin\frac{2\pi}{L_y}(y+\alpha) + \frac{\beta L_x^2}{4\pi^2} - \left[\frac{fL_x}{2\pi} - U\frac{L_x}{L_y}\cos\frac{2\pi}{L_y}(y+\alpha)\right]\frac{L_x}{L_y}\tan\frac{2\pi}{L_y}y, \tag{6}$$

则对某一给定的与横轴平行的直线上，Q 为一常数，如此，（5）式可处理为一个简单的一阶线性常微分方程，即

$$\frac{\mathrm{d}c}{\mathrm{d}x} = c\frac{2\pi}{L_x}\tan\frac{2\pi}{L_x}x + 2V\frac{2\pi}{L_y}\sin\frac{2\pi}{L_y}y\sin\frac{2\pi}{L_x}x + Q\frac{2\pi}{L_x}\tan\frac{2\pi}{L_x}x, \tag{7}$$

求解得

$$c = -V\frac{L_x}{L_y}\sin\frac{2\pi}{L_y}y\cos\frac{2\pi}{L_x}x + K\sec\frac{2\pi}{L_x}x - Q. \tag{8}$$

式中，K 为积分常数，可以利用 $x=0$ 时的边界条件求得。由（7）式可知

$$x = 0\text{时}, \quad \frac{\mathrm{d}c}{\mathrm{d}x} = 0, \tag{9}$$

根据（9）式，由（5）式得

$$x = 0\text{时}, \quad c = -2V\frac{L_x}{L_y}\sin\frac{2\pi}{L_y}y - Q, \tag{10}$$

以此代入（8）式，则可求得积分常数为

$$K = -V\frac{L_x}{L_y}\sin\frac{2\pi}{L_y}y. \tag{11}$$

将（6）式与（11）式代入（8）式，最后求得副高的东西向移动速度为

$$c = -V\frac{L_x}{L_y}\left(\cos\frac{2\pi}{L_x}x + \sec\frac{2\pi}{L_x}x\right)\sin\frac{2\pi}{L_y}y - U\left[\sin\frac{2\pi}{L_y}\alpha - \sin\frac{2\pi}{L_y}(y+\alpha)\right] - U\frac{L_x^2}{L_y^2}\sin\frac{2\pi}{L_y}(y+\alpha) - \frac{\beta L_x^2}{4\pi^2} + \left[\frac{fL_x}{2\pi} - U\frac{L_x}{L_y}\cos\frac{2\pi}{L_y}(y+\alpha)\right]\frac{L_x}{L_y}\tan\frac{2\pi}{L_y}y. \tag{12}$$

（12）式说明副高移速不但取决于风场的结构特性与副高的形状位置，而且移速大小在副高内部亦是各处不同的。极为明显，在任何时刻的天气图上，只要副高形状呈椭圆形，取 y 轴与副高的纵轴重合，而将该时刻作为起始时刻，则副高的东西向进退问题均可利用（12）式来讨论。不过，我们注意到，上式示出，当 $x \to \pm\frac{L_x}{4}$ 或 $y \to \pm\frac{L_y}{4}$ 时，c 值将趋于正或负无穷大。实际上这种情况并不存在，上式不能应用于讨论副高外围的移动情况。但天气实践指出，副高中心的移动恒亦即示出整个高压单体的移动情况，因此，我们将着重讨论副高中心的移速。而在没有讨论之前，先看一看（12）式所示的移速在副高内部变异具有怎样的特性及其作用。

15.3 副高内部移速变异的特性

对某一定的基本气流与一定形状位置的副高，其内部移速的变异可从 c 在 x 方向与 y 方向的变化情况来了解。首先讨论 c 在 x 方向的变化，由（12）式，可求得

$$\frac{\partial c}{\partial x}=-V\frac{2\pi}{L_y}\sin\frac{2\pi}{L_y}y\sin\frac{2\pi}{L_x}x\tan^2\left(\frac{2\pi}{L_x}x\right). \tag{13}$$

由此可知，c 在副高的横轴（即 x 轴）上没有变化，而沿与横轴平行的各直线上在与纵轴交点处有极值，即在副高的东北与西南两象限内 c 沿 x 方向减小，而在东南与西北两象限内 c 沿 x 方向增大。当 $c>0$ 时，在副高的北侧，c 在纵轴上最大而向东西两方向减小；在南侧反之，c 在纵轴上最小而向东西两方向增大。当 $c<0$ 时，c 绝对值的分布与 $c>0$ 时的分布情况相反。这样，副高将发生变形，一个无论是向东或向西移行的副高，相对地说，其东北部分与西南部分将逐渐缩短，而其东南部分与西北部分将逐渐拉长。然而，事实上，（13）式所示的 c 在 x 方向的变化在 $x=\pm\frac{L_x}{4}$ 处之外是很小的。例如设 $L_x=5000$ km, $L_y=4000$ km, $V=5$ m/s, 则沿纵轴及其附近（$x\approx 0$），$\frac{\partial c}{\partial x}\approx 0$；当 $x=\frac{L_x}{12}$ 时，$y=\frac{L_y}{12}$ 时，$\frac{\partial c}{\partial x}=-6.2\times 10^{-4}$ m/(s·km)；当 $x=\frac{L_x}{6}$ 时，$y=\frac{L_y}{12}$ 时，$\frac{\partial c}{\partial x}=-97.2\times 10^{-4}$ m/(s·km)。因此，在日常天气图上并见不到明显地出现这样的变形现象。

至于 c 在 y 方向的改变，为简单起见，我们仅讨论 $\alpha=0$ 的情况，这样，由（12）式有

$$\begin{aligned}\frac{\partial c}{\partial y}=&2\pi\left[\frac{U}{L_y}-\frac{U}{L_x}\left(\cos\frac{2\pi}{L_x}x+\sec\frac{2\pi}{L_x}x\right)\right]\cos\frac{2\pi}{L_y}y\\&+\frac{L_x^2}{L_y^2}\left\{f-U\frac{2\pi}{L_y}\left[1+2\cos^3\left(\frac{2\pi}{L_y}y\right)-\cos\frac{2\pi}{L_y}y\right]\right\}\sec^2\left(\frac{2\pi}{L_y}y\right).\end{aligned} \tag{14}$$

上式示出，在一般情况下，在副高内部均为 $\frac{\partial c}{\partial y}>0$，而距横轴越远处 $\frac{\partial c}{\partial y}$ 越大。例如仍取 $L_x=5000$ km, $L_y=4000$ km, $U=20$ m/s, $V=5$ m/s, 并取 $\varphi=30°$N, $f=0.75\times 10^{-4}$/s, 则在副高中心附近可求得 $\frac{\partial c}{\partial y}\approx 2.4\times 10^{-2}$ m/(s·km)，在 $x=0$，$y=\pm\frac{L_y}{24}$ 处，$\frac{\partial c}{\partial y}\approx 42.9\times 10^{-3}$ m/(s·km)；在 $x=0$，$y=\pm\frac{L_y}{24}$ 处，$\frac{\partial c}{\partial y}\approx 75.3\times 10^{-3}$ m/(s·km)。故除在南北两侧边缘外，$\frac{\partial c}{\partial y}$ 值均不太大，但一般较 $\frac{\partial c}{\partial x}$ 要大得多。c 沿 y 方向增大的结果，不管副高是向东或向西移行，一个原为正椭圆形的副高单体，将变形为一个约自东北北向西南南向歪斜的椭圆形，这正是有时在日常天气图上可以见到的现象。这一点曾在以前工作[1]中指出过。

副高内部移速变异的特征，使副高本身在移动过程中不能保持形状不变而逐渐变形，是具有一定的重要意义的。但由上述计算的结果看来，除了副高边缘外，内部各处的移速变异毕竟是很小的，在目前的天气资料条件下，就目前所用比例尺的天气图上，是很难将这种由于内部因素所引起的变形清楚地显示出来。因此，除非受了外界环流系统的影响，副高很少表现出明显的变形情况。反之，天气图上示出，副高中心怎样移动，整个副高单体通常亦就随着副高中心而怎样移动。因此，在实际预报工作中，副高中心的移动的预报是头等重要的问题，而副高内部移速的变异情况一般可不考虑。下面我们将进而着重讨论副高中心的移动及其预报问题。

15.4 副高中心的移动

在副高中心，因 $x=y=0$，则由（12）式可求得副高中心的移速为

$$c=-\frac{L_x^2}{L_y^2}\left(U\sin\frac{2\pi}{L_y}\alpha+\frac{\beta L_y^2}{4\pi^2}\right), \tag{15}$$

上式示出，副高中心移动的快慢主要和副高横轴与纵轴之比成比例，而方向仅决定于 U、α 、L_y 与 φ，和副高横轴的长短无关。是则有

$$U\sin\frac{2\pi}{L_y}\alpha+\frac{\beta L_y^2}{4\pi^2}\gtreqless 0\text{ 时，}c\lesseqgtr 0. \tag{16}$$

因为 $\frac{\beta L_y^2}{4\pi^2}$ 永为正值，由上式可知，对某一定形状位置的副高单体，其移动方向可根据基本气流风速的经向分布廓线决定。当风速廓线对横轴呈对称、南侧东风与北侧西风大小相等时（即 $\alpha=0$ 时），或者风速廓线并不对称、但南侧东风大于北侧西风时（即 $\alpha>0$ 时），副高单体均向西移行（$c<0$）。反之，当风速廓线不对称，但北侧西风大于南侧东风时（即 $\alpha<0$ 时），c 的符号无定，视 α 值的大小决定，即

$$U\sin\frac{2\pi}{L_y}|\alpha|\lesseqgtr\frac{\beta L_y^2}{4\pi^2}\text{ 时，}c\lesseqgtr 0. \tag{17}$$

在前面 15.2 节讨论中指出，$U\sin\frac{2\pi}{L_y}\alpha$ 代表副高南侧最大东风速率与北侧最大西风速率之差值，因此，在 $\alpha<0$ 时，只有当副高北侧西风速率较南侧东风速率为大，并超过一定数值$\left(\frac{\beta L_y^2}{4\pi^2}\right)$时，副高单体中心方能向东移动。而在其他情况下，副高中心或可停滞不动或向西移行。由此也可知道，在北侧西风较南侧东风为大的某一给定风速廓线的基本气流下，副高单体凡纵轴大者（宽胖副高）将向西移，而纵轴甚小者（扁平副高）可向东移，移速大小与副高横纵轴长度之比成比例。这些结论显然是具有重要的预报实际意义的。

此外，由（12）式得知，（15）式并不仅仅代表副高中心的移速，且亦代表椭圆副高单体横轴上各部位的移速。换言之，副高横轴东端与西端各处均将同中心一道，以（15）式所示的速度整个移动。这个结论在讨论（13）式时已指出，是与实际情况甚为符合的。日常天气图上示出，副高中心的移动通常亦就是整个副高单体的移动情况，只有那些西缘或东缘极外围的等高线，其移动情况有时同副高中心部分的移动情况并不太一致，但这种情况比较少，而且，事实上，此时这些等高线已不能视为属于该完整闭合椭圆副高单体的范围了。因此，副高移动的预报问题主要在于对其中心移动的估计，而副高中心的移动可应用（15）式来计算。一连串试验结果证明了（15）式的正确性与应用价值。下面我将讨论（15）式的具体应用问题并列举若干实例予以说明。

15.5 预报应用

为了在实际预报工作中应用方便起见，我们可将（15）式的形式予以改变。前面已指出，$U\sin\frac{2\pi}{L_y}\alpha$ 为副高南侧最大东风与北侧最大西风速率之差值，现以 $\Delta\bar{u}$ 表之，又取 $L_x=4a$、$L_y=4b$ 代换，a 与 b 分别

为副高单体的横半轴与纵半轴，则当移速 c 以每 24 小时的纬距度数为单位表示时，（15）式乃可代换为

$$c=-\left(\frac{a}{b}\right)^2(0.78\Delta\bar{u}+0.09b^2\cos\varphi),\tag{18}$$

式中，φ 为副高中心的位置纬度，$\Delta\bar{u}$ 单位为 m/s，a 与 b 的单位为纬距度数，这样从当时天气图上读取 a、b 与 φ 值并求出 $\Delta\bar{u}$ 后，即可应用（18）式很容易地求出副高第二天的位置所在。

（18）式可应用于任何高空图上，例如 700 hPa、500 hPa、300 hPa 的图，只要副高呈明显的一个单体。考虑到目前国内着重分析 500 hPa 上副高的活动，我们曾对 500 hPa 情况进行一系列试验，结果极为良好。不过，在实际工作中，500 hPa 图等高线通常每隔 40 位势米分析一条，副高单体有时仅有一条闭合等高线，很自然要产生副高单体外形范围以及 a 与 b 如何确定的问题。根据试验，原则上，副高的南北宽度应尽量与全风速廓线南北向最大东风与最大西风之间的宽度一致。一般说，副高单体可用 5880 位势米等高线包围的范围为准，有时，亦需内插绘制等高线，以求得较有代表性的最外一条呈椭圆的闭合等高线。用 5880 位势米作为标准时，倘若高压中心不在副高单体的几何正中心，则 a 与 b 分别取用平均值，即各取整个横轴与纵轴的一半；当副高位于西太平洋沿岸，5880 线在副高的西侧与北侧可准确分析，而在东侧与南侧常不能准确确定，此时只得取用西侧的 a 与北侧的 b 进行计算，当然，这样难免要影响计算结果的精确程度。

此外，在海洋上和我国南方的国外地区，以及中亚、西亚地区，因高空资料不足，很难做出高压单体所在范围内南北整个经圈带区内各纬度平均纬向风速的南北分布廓线，准确地代表基本气流的特征。这是应用（18）式所遇到的一个较大困难。不过，根据试验结果，作为粗糙近似，我们可以仅仅考虑经过副高中心或其西（或东）侧距中心不太远处经圈附近约 5—6 个经度宽带区内的一些测站，求其 500 hPa 各纬度实际风的平均纬向风速的南北分布廓线作为 500 hPa 面上的基本气流。当然，这样的风速廓线与（1）式所示的理想廓线比较，有时是可以相差甚大的。因此，应用时对于（18）式中的 $\Delta\bar{u}$ 的取值需作适当的改变。根据经验，倘若取 5880 线为副高单体范围，副高南北两侧最大风速并不出现在副高南北方 5880 线附近时，则当最大风速均在 5880 线以外，$\Delta\bar{u}$ 一般可取为副高中心正南方 5880 线所在纬度的东风与中心正北方 5880 线所在纬度的西风速率之差。当风速廓线南北两个最大风速有一个出现在 5880 线之内，$\Delta\bar{u}$ 可取为该最大风速速率与另一侧 5880 线所在纬度的风速速率之差。当然，假若风速廓线的南北两个最大风速都出现在中心南北两方 5880 线附近，则 $\Delta\bar{u}$ 取为两个最大风速速率之差。现举若干实例说明如下。而为了便于说明，所取的例子均是接近我国大陆的情况，因为这样，在副高附近两侧能有足够的高空风资料。

第一个例子如图 2 与图 3 所示，为 1959 年 8 月 19 日至 21 日的情况。其中图 2a 中实线等高线表示当天的副高，虚线等高线表示第二天的副高情状；图 2b 为风速廓线，廓线的纵轴与某一经圈重合，表示为沿该经圈附近 5—6 个经度宽的经圈带内测站风速的平均风速廓线。图 2 示出，19 日副高中心位置约在 30.5°N，124.0°E，其横半轴取为副高中心与正西端 5880 线的距离，$a=13.6$ 个纬度，其纵半轴取为整个纵轴的平均值，即 $b=\dfrac{15.5}{2}$ 个纬度，取沿 120°E 经圈带区的平均风速廓线，南北最大风速均出现在副高单体内部 5880 线附近，最大东风为 11.0 m/s，最大西风为 15.6 m/s，故 $\Delta\bar{u}=-4.6$ m/s 是则由（18）式求得 $c=-3.7$ 纬度/天。实际上，20 日副高中心位于 31.0°N，119.5°E，故 19 日至 20 日 24 小时间副高中心向西移了 4 个多一点的纬度，与计算结果极为一致。而如图 3 所示，20 日副高的 $a=15$ 纬度，$b=\dfrac{14}{2}$ 纬度，沿 120°E 风速廓线南侧最大东风在副高单体内为 13.5 m/s，北侧最大西风在高压之外，因此取边缘 5880 线处纬度的风速为 17.5 m/s，这样 $\Delta\bar{u}=-4.0$ m/s，而由（18）式求得 $c=-3.1$ 纬度/天。实际上，21 日副高中心位于 31.0°N，17.5°E，20 日至 21 日 24 小时之间共向西移行约 2 个纬度，与计算结果亦颇一致。此外，由图 2a 和图 3a 可注意到，副高中心的移行情况亦揭示出了整个副高单体的移动情况。

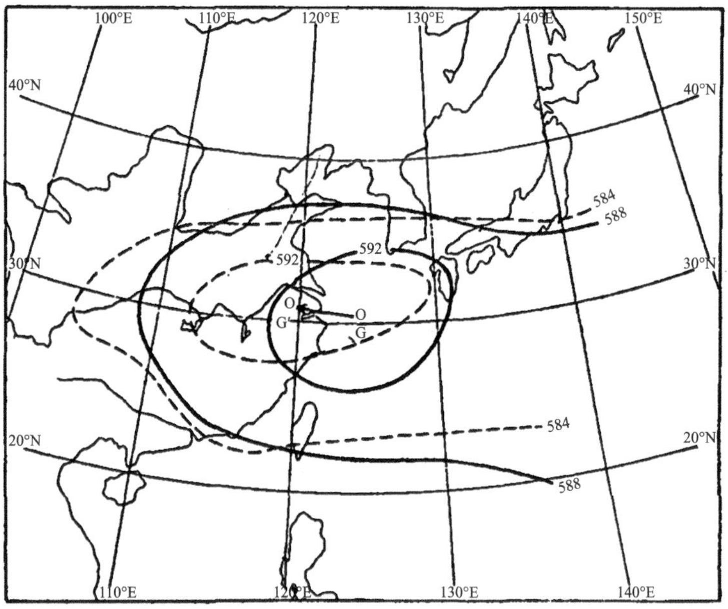

图 2a 1959 年 8 月 19 日 00Z（实线）与 20 日 00Z（虚线）500 hPa 副高性状位置

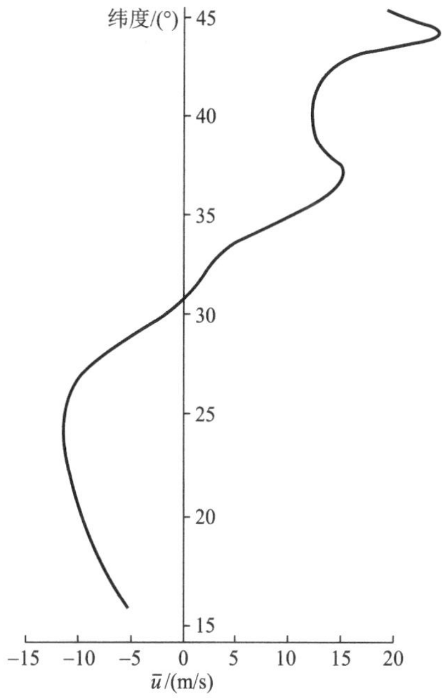

图 2b 1959 年 8 月 19 日 00Z 沿 120°E 经圈带区 500 hPa 平均风速廓线

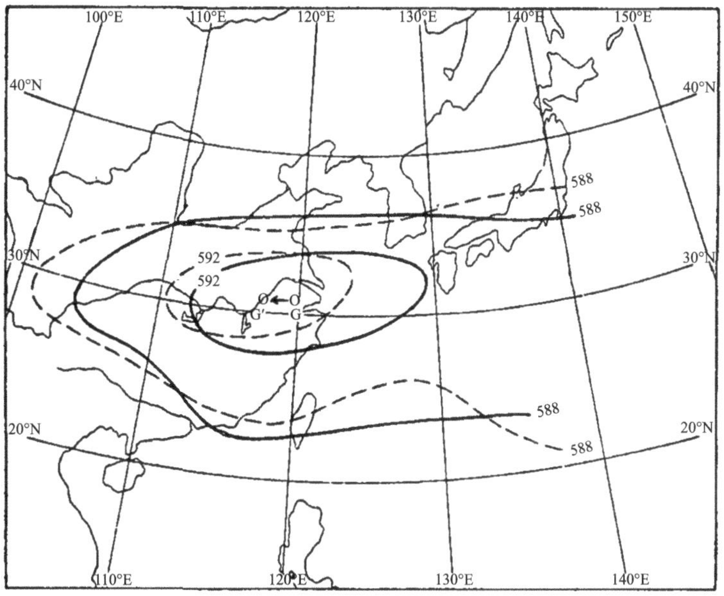

图 3a 1959 年 8 月 20 日 00Z（实线）与 21 日 00Z（虚线）500 hPa 副高性状位置

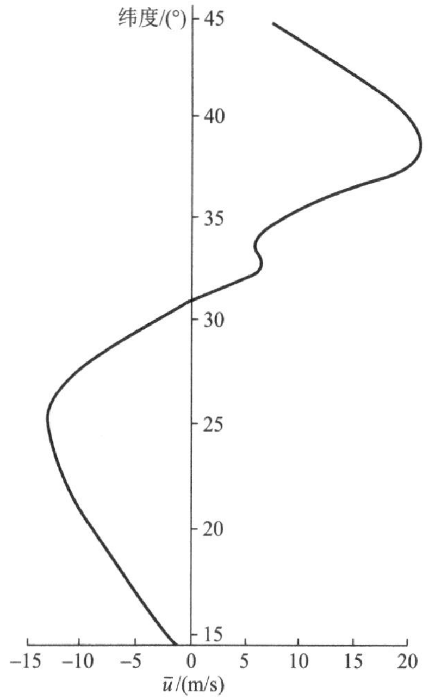

图 3b 1959 年 8 月 20 日 00Z 沿 120°E 经圈带区 500 hPa 平均风速廓线

第二个例子如图 4 所示，为 1959 年 8 月 27 日至 28 日的情况。27 日图上示出三个高压单体 G_1、G_2 与 G_3，其中心位置，G_1 约在 29.0°N，147.5°E，G_2 约在 26.5°N，117.5°E，G_3 约在 31.5°N，100.0°E。因 G_1 位于海洋上，风记录稀少，不能做出有代表性的基本气流风速廓线，因此，我们只对 G_2 与 G_3 分别沿 118°E 与沿 104°E 为准的经圈带做出风速廓线，予以计算。由图 4a 与图 4b，对于 G_2，$a = 6.0$ 纬度，$b = \frac{7.5}{2}$ 纬度，$\Delta\bar{u} = 6.0–8.0 = –2.0$ m/s，则 $c_2 = 1.2$ 纬度/天，向东移动很小。同理，由图 4a 与图 4c，对于 G_3，$a = 8.0$ 纬度，$b = 4.0$ 纬度，$\Delta\bar{u} =11.9–16.9 = –5.0$ m/s，是则 $c_3 = 10.8$ 纬度/天，向东移动很大。实际上，28 日在我国大陆上仅出现一个副高单体 G'_{2-3}，中心位于 31.0°N，116.0°E，这显然是 G_3 迅速东移使 G_2 北上，结果二者合并成一个高压单体 G'_{2-3} 了。G_2 与 G'_{2-3} 比较，表现出 G_2 向西移行半个纬度，实

际移动方向与计算结果正相反，这可能是 G_2 不能作为一个完整单体得应用（18）式计算之故，不过，计算的 c_2 其数值亦甚小，表示 G_2 将移动很小，这一点与实际情况一致。G_3 与 G'_{2-3} 比较，G_3 实际上东移了 13.5 个纬度，与计算结果甚为一致。由此可知，当同时有两个高压单体时，倘若计算结果一个变动较小，而另一个迅速移向该高压单体，则可考虑二者合并的可能性。

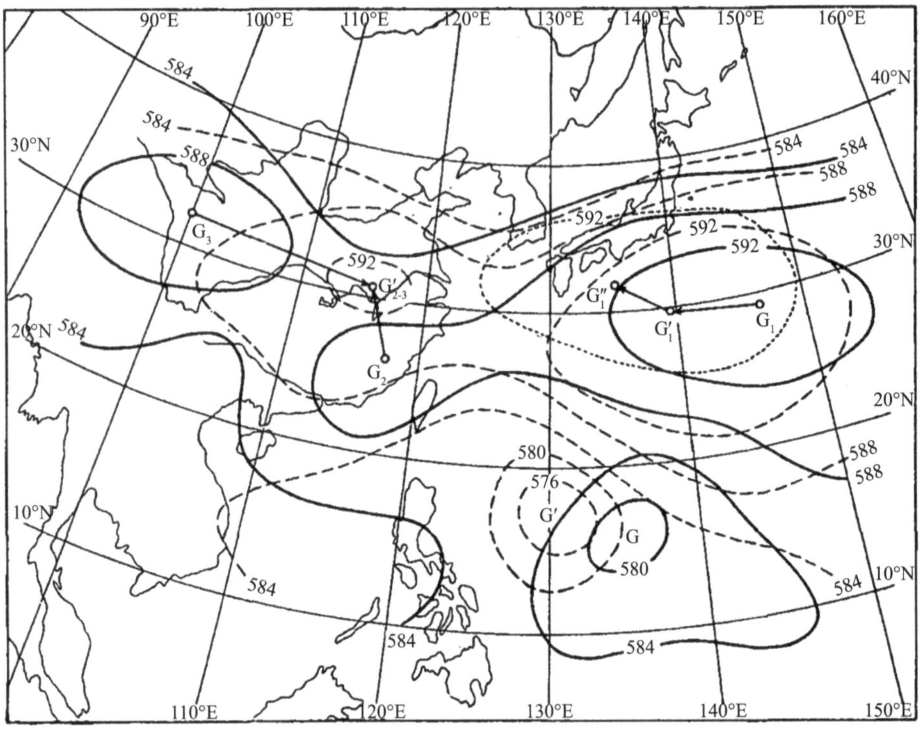

图 4a　1959 年 8 月 27 日 00Z（实线）与 28 日 00Z（虚线）及 29 日 00Z（细点线）500 hPa 副高性状位置

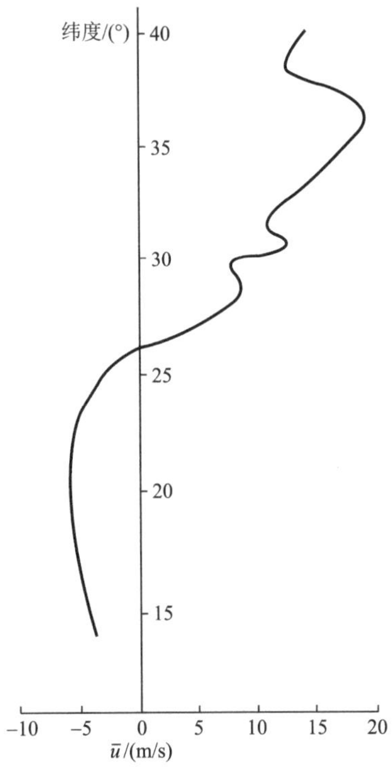

图 4b　1959 年 8 月 27 日 00Z 沿 118°E 经圈带区 500 hPa 平均风速廓线

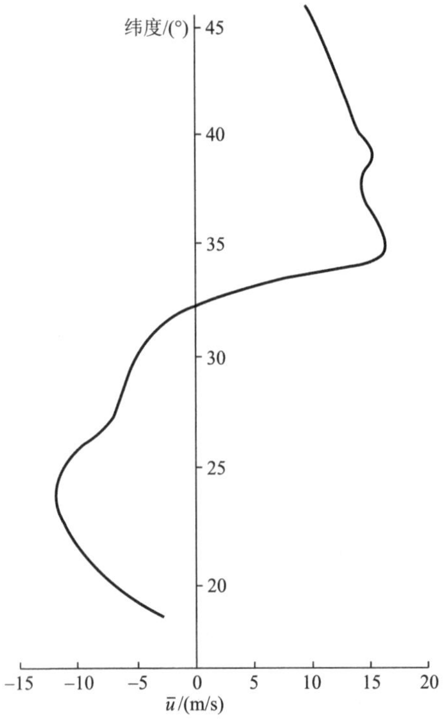

图 4c　1958 年 8 月 27 日 00Z 沿 104°E 经圈带区 500 hPa 平均风速廓线

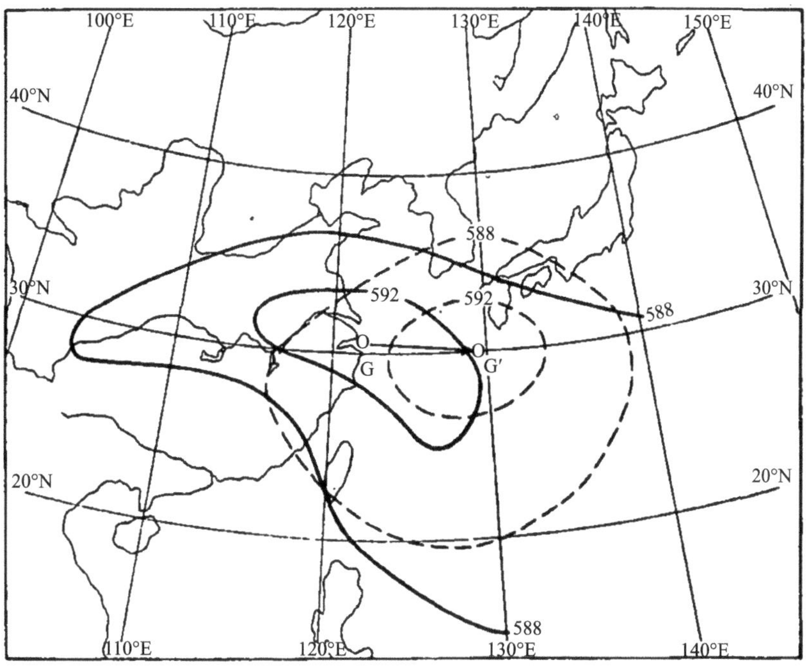

图 5a 1959 年 8 月 24 日 00Z（实线）与 25 日 00Z（虚线）500 hPa 副高性状位置

第三个例子如图 5 所示，为 1959 年 8 月 24 日大陆沿岸的副高，其中心位置为 30.5°N，122.0°E。就沿 120°E 经圈带的平均风速廓线看来，副高北侧西风较南侧东风大得多了，很明显地表现出副高将向东移行。虽然，此副高的形状已不是正椭圆形了，但应用（18）式计算结果确亦是东移。因副高北侧仅有一个明显的最大西风 24.6 m/s，位于副高 5880 线所在纬度的附近，故副高范围，北面取 5880 线为标准，南面范围较难考虑，于是（18）式中右端括号内的 b 就取中心与北缘 5880 线间距离的值为代表，即 $b = 6.5$ 个纬度。同时，因 5880 线在副高的西部畸变得太甚了，（18）式右端括号外的 $\frac{a}{b}$ 的比值则按 5920 线外形的西侧与北侧情况估计，即 $\frac{a}{b}=\frac{6}{3}$。南面的东风即取用其最大值 7.5 m/s，而北面西风取中心正北 5880 线所在纬度处的风速 14.0 m/s，故 $\Delta\bar{u} = -6.5$ m/s，是则求得 c = 7.2 纬度/天。实际上，第二天中心位置为 30.0°N，129.0°E，24 小时移行了 6.5 个纬距，与计算结果甚为一致。

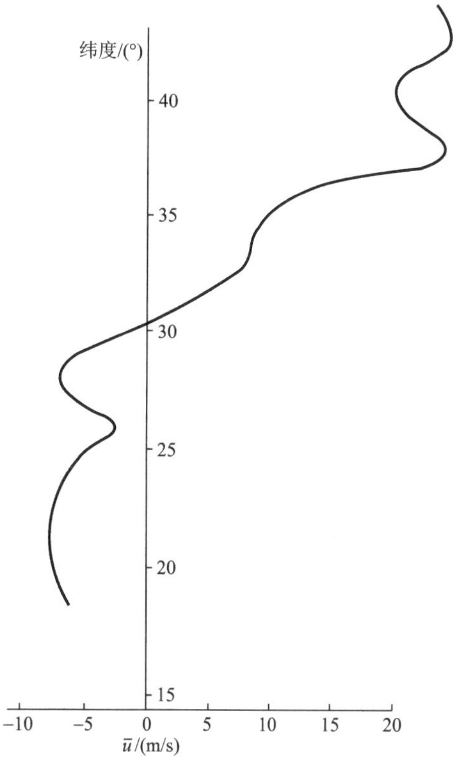

图 5b 1959 年 8 月 24 日 00Z 沿 120°E 经圈带区 500 hPa 平均风速廓线

从以上的实例看来，（18）式是可简易地且有效地应用于实际预报的。但是也就上面例子看来，在实际应用时，参数 a 值、b 值与 $\Delta\bar{u}$ 值都必须尽量符合（1）式、（2）式所示的模式原则按副高不同的性状结构进行抉择计算。上述例子虽然提供了一些有关参数取决的规则，但为了在实际工作中广泛应用，需要对更多的实例进行深入的试验研究，找出更多的取决原则，以便在遇到一些特殊情况时仍能做出正确的预报及预报考虑。

15.6 讨论

最后，我们将讨论一下（5）式或（12）式及（15）或（18）式的物理意义，以及外界环流系统影响与副高本身结构变化作用的物理意义。

（1）移速公式的物理意义

为简单起见，考虑基本气流为 $a=0$ 的情形，同时考虑起始状态，将（13）式代入（5）式，则得移速公式为

$$
\begin{aligned}
c=&-V\frac{L_x}{L_y}\sin\frac{2\pi}{L_y}y\tan^2\left(\frac{2\pi}{L_x}x\right)\cos\frac{2\pi}{L_x}x-\left(V\frac{L_x}{L_y}\cos\frac{2\pi}{L_x}x+U\frac{L_x^2-L_y^2}{L_y^2}\right)\sin\frac{2\pi}{L_y}y\\
&-\frac{\beta L_x^2}{4\pi^2}+\left(\frac{fL_x}{2\pi}-V\cos\frac{2\pi}{L_y}y\cos\frac{2\pi}{L_x}x-U\frac{L_x}{L_y}\cos\frac{2\pi}{L_y}y\right)\frac{L_x}{L_y}\tan\frac{2\pi}{L_y}y,
\end{aligned}
\qquad (19)
$$

考虑副高中心邻近范围，显然上式右端第一项要较后三项小得多了，故可略去不计。在一般情况下，$L_x \geqslant L_y$，第二大项使副高的北部向西移，使南部向东移，第三项使副高整个向西移，第四大项，因括号内第一小项占优势，乃使副高北部向东移，使副高南部向西移。但由（3）与（4）式可知，（19）式的第二大项表示相对涡度平流作用，第三项表示地旋涡度平流作用，第四大项表示速度散度作用。而此时涡度平流与速度散度分别为

$$
\left.\begin{aligned}
&-\boldsymbol{v}\cdot\nabla\zeta=4\pi^2V\left(\frac{V}{L_xL_y}\cos\frac{2\pi}{L_x}x+U\frac{L_x^2-L_y^2}{L_x^2L_y^2}\right)\cos\frac{2\pi}{L_y}y\sin\frac{2\pi}{L_y}y\sin\frac{2\pi}{L_x}x,\\
&\nabla\cdot\boldsymbol{v}=2\pi V\frac{1}{L_y}\sin\frac{2\pi}{L_y}y\sin\frac{2\pi}{L_x}x.
\end{aligned}\right\}
\qquad (20)
$$

则知在副高的东北与西南象限内有正相对涡度平流与正速度散度，在东南与西北象限内均有负涡度平流与负速度散度；而地旋涡度平流的分布很明显在副高东半部为正，在西半部为负。故副高有向负涡度平流区及向速度辐散区移动的特性，这也曾在前一研究中[1]指出过。由此可知，（12）式所示的副高移动速度实际上主要就是流场中涡度平流与速度散度的作用的表达式。关于（15）式所示的副高中心及其横轴的移速，由（4）式或（12）式得知只是地旋涡度平流与部分相对涡度平流起作用了。而天气实践经验以及 16.5 节的例子结果指出，副高中心移动情况恒为整个副高单体的移动情况，这说明对于副高的移动，涡度场作用恒占优势的控制地位，这与以前实际分析试验的结果甚为一致[1]。极为明显，这个结果对副热带高压移行数值预报的建立模式问题的考虑甚有参考意义。

（2）外界环流系统的作用与副高本身结构变化的影响

上述（12）式和（15）式明显地示出副高两侧纬向风场结构与副高本身形状位置对它东西向移行的内在联系，但是无论副高两侧的风速与它本身的形状位置都会在移动过程中变化，这种变化可以由于外界因子或副高本身因素的改变而引起。例如当中高纬度西风带低槽活跃南伸或当广大范围内整个锋区南压时，我们可见副高单体原呈停滞者变为向东移动，或原向东移动者出现加速现象。反之，当副高北方西风带低槽减弱移出或有高压脊移入，或当极锋锋区整个北撤，或在副高南侧低纬度有热带低压发展时，则可见副高单体原呈停滞者变为向西移动，或原向西移动者出现加速现象。其物理意义由（15）式是容易理解的，前者显然是副高北侧西风加强使其大大超过南侧东风风速，或同时使高压变平以致 b 变小的缘故，而后者乃是副高北侧西风减弱或南侧东风增大，使副高南北两侧风速大小相差变小或同时高压变宽的结果：在低纬度台风发展的同时出现副高继续西移的情况，图 4 中的 G_1 即为一个实例。此外，在北非、西亚与中亚地区，副高单体恒向东移动，而在中国大陆及西太平洋地区，副高单体则既有东移亦

有西移，这个现象也是容易解释的。从高空天气图（例如 500 hPa 图，而且在 300 hPa 图上尤为明显）上，我们见到在前些地区内，极锋锋区恒紧接位于副高单体的北缘，而在后些地区内则不然，因此，前者在副高北侧的西风恒大大超过南侧的东风，遂副高多东移；而后者则不一定。由此可知，从（15）式所讨论的上述结果，对于有关外界环流系统的演变对副高东西进退影响的预报问题的考虑提供了一个重要的物理根据，是具有很大的实用意义的。而从这个讨论我们也可看出影响副高移动的内在因子与外在因子之间的联系性与统一性。

此外，极为明显的是，影响副高的移行活动，并不限于外界的环流系统，副高本身的变化也很重要。由（15）式或（18）式可知，即使四周气流没有改变，当副高范围逐渐扩大、变胖（纵轴长度增大）时，则副高可转变为向西或加速向西移行，反之，当副高范围逐渐缩小、变扁（纵轴长度减小）时，副高可转变为向东或加速向东移行。除此之外，副高亦可出现强度增大或减小，等高线增密或减疏及发生偏心的现象，这一些也都会引起副高南北两侧风速的改变，结果导致移速的变化。例如，假使原来副高结构对称，高压中心位于副高单体的正中心，而在演变过程中，倘高压中心变移至偏于副高的南面，则副高单体可转变为向西或加速向西移动，反之，倘若高压中心变移至偏于副高的北面，则副高单体可转变为向东或加速向东移动。这一些正都是实际中可见到的现象。

由上讨论可知，（15）式或（18）式不但对副高进退的短期预报重要，而且在中期预报上亦具有重要的实际意义。然而，以上讨论也明显表明，副高的东西进退并不是一个孤立的现象，要想很好地解决副高进退的中期预报问题，对于中高纬度西风带锋区及槽脊的活动、低纬度热带低压的生消、副高本身强度结构性状的变化规律我们都必须进行深入研究。只有很好地掌握了这些外界因子与内部因素变化的物理规律，副高进退的中期预报问题才能获得彻底的解决。

参 考 文 献

[1] 黄士松、林元弼、余志豪、汤明敏等，涡度场散度场对副热带高压及台风短期变动的预报，南京大学学报（气象学），1962 年第一期，1-16.

[2] 黄士松、汤明敏等，副热带高压位置一年中南北变动的一些特征及其意义，南京大学学报（气象学），1962 年第二期，41-56.

A STUDY OF THE LONGITUDINAL MOVEMENT AND ITS FORECASTING OF SUBTROPICAL ANTICYCLONES

Shi Song Hwang

（Department of Meteorology, Nanking University）

ABSTRACT

The aim of this paper is to study the longitudinal movement of a subtropical anticyclone cell in relation to the feature and structure of the anticyclone itself, and to develop method by means of which the movement of subtropical anticyclones can be computed. The velocity formula obtained, shows that the velocity of longitudinal movement is determined by the characteristics of latitudinal distribution of the zonal currents and the feature and position of the anticyclone itself, and that it even varies from point to point within the anticyclone. The movement of the anticyclone center is particularly investigated, and the application of the velocity formula in daily forecasting work is illustrated by synoptic examples. By the way, the physical effect of the activity of westerly troughs and ridges in high latitudes and tropical depressions in low latitudes, and the effect of the variation of the feature and intensity of anticyclone itself, on the movement of subtropical anticyclones are also discussed.

张庆云 中国科学院大气物理研究所研究员

专家解读

中国现代气象学主要奠基人之一黄士松先生所著《副热带高压的东西向移动及其预报的研究》一文，奠定了数值预报模式中关于副热带高压形态、位置、移动等数值模型的理论基础，为副热带高压的学术研究指明了方向，更为科研成果业务化应用树立了典范，堪称副热带高压研究领域的经典之作。

该文首次利用数学方法建立多组数学模型对副热带高压东西向移动特征及其变化趋势进行了客观化、定量化的判别，其建立的多组数学模型既有明确的天气学意义，又有清楚的物理过程，为日后关于副热带高压形态、位置及移动趋势数值预报模型的建立提供了重要理论基础。根据数学理论模型计算判别得到的副热带高压形态、位置及其变化趋势与实际天气过程相吻合，提升了业务技术人员对副热带高压形态、位置、移动趋势定量化的预测能力。

该文根据建立的数学理论模型解析了副热带高压南北侧纬向风场结构及副高本身形状位置与副热带高压东西向移行的内在联系的天气动力过程及物理机制，指出副热带高压东西向移动不仅与副热带高压自身结构有关，还受副热带高压北侧中高纬度西风带环流及其南侧热带环流的影响。文章强调必须加强中高纬度西风带锋区及槽脊活动、低纬度热带低压的生消、副高本身强度结构形状变化规律的研究，只有很好掌握了这些外界因子与内部因子变化的物理规律，副热带高压进退的中期预报问题才能获得彻底地解决。这一重要学术思想引领了近60多年来副热带高压的研究方向。

该文除了研究方法及学术思想的引领外，还给我们重要启示：科研工作一定要结合业务需求，注重把实际业务工作中的难点问题，凝练出相关的科学问题进行深入研究，再用以提高实际业务的能力建设。该文的研究理念为科研工作者树立了榜样。

16

积云发展问题的数值试验*

|周晓平　李兴生　张耀科　龚增锦|　中国科学院地球物理研究所，中国科学院计算技术研究所

周晓平（1934—2015 年），中国共产党党员、著名气象学家、中国科学院大气物理研究所研究员，历任大气物理研究所第六研究室主任、副所长。是中国大气对流动力学和天气数值模拟研究的先驱，是暴雨和强风暴数值模式研究的开拓者，也是我国中小尺度天气动力学及其数值预报研究的奠基人之一。

■　发表在《气象学报》的著名论著还包括：《亚洲中纬度区域阻塞形势的统计研究》（1957 年）、《大地形对高空行星波传播的影响》（1958 年）等。

摘　要

本文给出了一个三维轴对称的积云发展模式，考虑了凝结对流场的反馈影响，并假定环境的温度递减率和相对湿度随高度减小。在电子计算机上求得的数值解表明：当大气中有 1℃左右的温度扰动时，则在 20 min 以内就可以发展成一块 5—6 km 厚的积云。在积云下部形成一个变化不大的湿绝热不稳定区，流场和温度场在积云发展后期变化也不大。而在积云上部的稳定层结中，流场和温度场随时间变化则比较大，从云中下部上升的对流泡到顶部形成波动。这与观测结果是相像的。

16.1　引言

预报员的经验和观测资料都表明[1]①，积云发展时大气中经常有一个湿不稳定层，这意味着水汽对积云发展的作用是不可忽视的。要讨论积云的发展问题，就必须考虑凝结反馈作用。但是，云中水分的输送和凝结过程又依赖于云中运动场及温度场。因此，在积云发展或维持的过程中，水汽和运动场是紧密地相互制约着的；而考虑这种制约关系是积云动力学研究的一个重要方面。

在过去的一些积云模式中，往往把大气的某一层看作是在水平方向上具有同样层结参数的不稳定层[2,3]，显然这只有在没有凝结潜热释放的条件下才有可能。在另一些文献中[4,5]，采用了所谓条件性不稳定（上升不稳定，下沉稳定），这和积云的实际情况是有些相似的。但是，由于其中不稳定度的数值不是由水汽和运动场相互制约的过程来决定的，因而不能十分正确地反映积云发展过程。Mason[6]、

* 本文 1964 年 3 月 15 日收到。周晓平，李兴生，张耀科，龚增锦. 1964. 积云发展问题的数值试验. 气象学报，34（4）：475-485.

① 参见陈瑞荣，“1961 年夏季南岳宏观云物理观测分析”（手稿）。

Haltiner[7]、Squires 等[8]以及浅井富雄[9]虽引进了水分凝结反馈作用并引进了水汽输送方程，但是他们所用的是“气块”或“夹卷”模式。实际上积云本身与云外四周大气是一个统一的整体，云内外在动力上是相互紧密地制约着。把积云发展看成是一个完整的流体力学场的问题来加以处理的有浅井[10]的二维模式和李兴生等[11]的三维轴对称模式，前者给出了积云发展初期的特征，后者在地面不均匀加热的条件下形成了砧状积云。

从现有的积云观测资料看来，积云云底平坦少变，而云顶却总是在变化着[12]，那里有一个个云泡在不断地交替发展。然而，这些现象在以上的模式中都没有很好地反映出来。为了进一步弄清楚积云发展过程中的一些现象，在本文中给出了一个水汽与运动相互制约条件下三维轴对称的积云发展模式，并利用这个模式计算了一个温度扰动在温度递减率和湿度随高度减小的大气中发展成为深厚积云的过程。

16.2 积云动力学方程组

由于我们主要是讨论在水汽凝结反馈作用下积云发展过程中的一些特征，所以暂不考虑风速垂直切变。这样，在柱坐标中描写轴对称积云发展的运动和连续方程是

$$\frac{\partial v}{\partial t}+v\frac{\partial v}{\partial r}+w\frac{\partial v}{\partial z}=-\frac{1}{\rho_0}\frac{\partial p'}{\partial r}+k\left[\Delta v-\frac{v}{r^2}\right], \tag{1}$$

$$\frac{\partial w}{\partial t}+v\frac{\partial w}{\partial r}+w\frac{\partial w}{\partial z}=\frac{1}{\rho_0}\frac{\partial p'}{\partial z}+\frac{g}{\overline{T}_0}\theta'+k\Delta w, \tag{2}$$

$$\frac{\partial rv}{\partial r}+\frac{\partial rw}{\partial z}=0. \tag{3}$$

这里：t 是时间，r、z 是水平经向坐标和垂直坐标，v 和 w 是相应的速度分量。P'和 θ'是相对于静力平衡的气压偏差和位温偏差。$\Delta=\frac{1}{r}\frac{\partial}{\partial r}r\frac{\partial}{\partial r}+\frac{\partial^2}{\partial r^2}$，$\rho_0$ 和 $\overline{T}_0$ 是大气平均密度和平均温度，g 是重力加速度，k 是动量湍流交换系数。

由连续方程（3）引进流函数 ψ，我们有

$$v=-\frac{1}{r}\frac{\partial\psi}{\partial z}, \tag{4}$$

$$w=\frac{1}{r}\frac{\partial\psi}{\partial r}. \tag{5}$$

由（1）式，（2）式可得涡度方程：

$$\frac{\partial\Omega}{\partial t}+\frac{\partial v\Omega}{\partial r}+\frac{\partial w\Omega}{\partial z}=\frac{g}{\overline{T}_0}+\frac{\partial\theta'}{\partial r}+k\left(\Delta\Omega-\frac{\Omega}{r^2}\right). \tag{6}$$

这里 Ω是涡度的水平分量，其表达式为

$$\Omega=\frac{\partial w}{\partial r}-\frac{\partial v}{\partial z}=\frac{1}{r}\left(r\frac{\partial}{\partial r}\frac{1}{r}\frac{\partial\psi}{\partial r}+\frac{\partial^2\psi}{\partial z^2}\right). \tag{7}$$

如果我们假定云中水汽一达到饱和就凝结，而凝结后的液态水滴不蒸发。那么，水汽输送方程可以写成

$$\left.\begin{aligned}&\frac{\partial q}{\partial t}+v\frac{\partial q}{\partial r}+w\frac{\partial q}{\partial z}=k'\Delta q, \quad q<q_s\\&q=q_s, \qquad\qquad\qquad\qquad\quad q\geqslant q_s\end{aligned}\right\} \tag{8}$$

这里 q 是比湿，q_s 是饱和比湿。按 Clausius-Clapeyron 公式，我们有

$$q_s(T,p)=\frac{3.80}{p}\exp[17.13(T-273)/(T-38)]. \tag{9}$$

此处 p 和 T 是大气压力和绝对温度。考虑到公式（3）后，（8）式可以写成

$$\left.\begin{aligned}&\frac{\partial q}{\partial t}+\frac{1}{r}\frac{\partial rvq}{\partial r}+\frac{\partial wq}{\partial z}=k'\Delta q, \quad q<q_s\\&q=q_s, \qquad\qquad\qquad\qquad\quad q\geqslant q_s\end{aligned}\right\} \tag{10}$$

热流入量方程是

$$\frac{\partial\theta'}{\partial t}+v\frac{\partial\theta'}{\partial r}+w\frac{\partial\theta'}{\partial z}=\alpha w+k''\Delta\theta'. \tag{11}$$

其中，k''是温度湍流交换系数；α 是层结稳定度参数，其表达式为

$$\alpha=\left(\gamma-\gamma_a\frac{1+\delta Lq_s/RT}{1+\delta(L/RT-1)Lq_s/c_pT}\right), \tag{12}$$

$$\delta=\begin{cases}1 & q\geqslant q_s,\\0 & q<q_s.\end{cases}$$

这里，γ 是大气垂直温度递减率。假设只是高度 z 的函数，γ_a 是干绝热个别温度递减率，L、R 和 c_p 分别是单位质量水汽的凝结潜热、空气的气体常数和定压比热。

把方程（3）和方程（11）相结合，可以得到

$$\frac{\partial\theta'}{\partial t}+\frac{1}{r}\frac{\partial rv\theta'}{\partial r}+\frac{\partial w\theta'}{\partial z}=\alpha w+k''\Delta\theta'. \tag{13}$$

至此，我们得到了关于 v、w、ψ、Ω、θ'和 q 的闭合方程组（4）—（7），方程（10）和方程（13）。方程组的初始条件是

$$\left.\begin{aligned}&t=0, \ \psi=v=w=\Omega=0,\\&\theta'=\theta_0'(r,z)\neq 0,\\&q=\bar{q}(z)<q_s(T,p).\end{aligned}\right\} \tag{14}$$

这个条件意味着：在初始时刻比湿在水平方向上是均匀的，整个大气处于静止状态，只有一个轴对称的温度扰动存在。

方程组在地面上的边界条件是

$$\left.\begin{aligned}&z=0 \quad \psi=v=w=\Omega=\theta'=0,\\&q=\bar{q}(0)=\text{常数}.\end{aligned}\right\} \tag{15}$$

在这里我们假定了自由大气中积云发展时间是这样的短，它不可能影响地面温度的变化，因而可以认为地面温度偏差为零。由于考虑了湍流，在对称轴上运动不可能产生零阶和一阶的间断，因而有如下的条件：

$$r=0,\quad \psi = v = \frac{\partial w}{\partial r} = \Omega = \frac{\partial \theta'}{\partial r} = \frac{\partial q}{\partial r} = 0. \tag{16}$$

在无穷远处，我们有

$$\left.\begin{array}{c}\sqrt{r^2+z^2}\to\infty,\ \psi、\ \Omega、\theta'\to 0\\ q\text{有界}.\end{array}\right\} \tag{17}$$

16.3　差分方程

上述微分方程组在电子计算机上求解时，为了节省存储单元，我们采用了时间和空间中心差分的“跳点”方案[4,13]。代替方程组（4）—（7），方程（10）和方程（13）的差分方程是

$$\begin{aligned}\Omega_{i,j}^{(n+1)} = \Omega_{i,j}^{(n-1)} + \frac{\Delta t}{h}\Bigg[&\frac{g}{T_0}(\theta'_{i+1,j}-\theta'_{i-1,j}) + (v\Omega)_{i-1,j} - (v\Omega)_{i+1,j}\\ &+(w\Omega)_{i,j-1} - (w\Omega)_{i,j+1}\Bigg]^{(n)} + 2\Delta t k\left(\triangle\Omega_{i,j}^{(n)} - \frac{\Omega_{i,j}^{(n-1)}}{r_{i,j}}\right),\end{aligned} \tag{18}$$

$$\begin{aligned}\theta_{i,j}'^{(n+1)} = \theta_{i,j}'^{(n-1)} + \frac{\Delta t}{hr_{i,j}}[&(rv\theta')_{i-1,j} - (rv\theta')_{i+1,j} + (rv\theta')_{i,j-1}\\ &-(rw\theta')_{i,j+1}]^{(n)} + 2\Delta t\overline{(\alpha w)}_{i,j} + 2\Delta t k''\triangle\theta_{i,j}'^{(n)},\end{aligned} \tag{19}$$

$$\begin{aligned}&q_{i,j}^{(n+1)} = q_{i,j}^{(n-1)} + \frac{\Delta t}{hr_{i,j}}[(rvq)_{i-1,j} - (rvq)_{i+1,j}\\ &\left.\begin{array}{ll}\quad +(rwq)_{i,j-1} - (rwq)_{i,j+1}]^{(n)} + 2\Delta t k'\triangle q_{i,j}^{(n)}, & q_{i,j}^{(n)} < q_{si,j}^{(n)}\\ q_{i,j}^{(n+1)} = q_{si,j}^{(n+1)}(T,p), & q_{i,j}^{(n+1)} \geqslant q_{si,j}^{(n+1)}\end{array}\right\}\end{aligned} \tag{20}$$

$$\begin{aligned}\psi_{i,j}^{v+1} = \psi_{i,j}^{v} - \varepsilon\Bigg[&\psi_{i,j}^{v} - \frac{1}{4}(\psi_{i+1,j+1}^{v} + \psi_{i-1,j+1}^{v} + \psi_{i-1,j-1}^{v} + \psi_{i+1,j-1}^{v})\\ &+\frac{h}{8r_{i,j}}(\psi_{i+1,j+1}^{v} - \psi_{i-1,j+1}^{v} - \psi_{i-1,j-1}^{v+1} + \psi_{i+1,j-1}^{v+1})\\ &+\frac{h^2 r_{i,j}}{8}(\Omega_{i+1,j} + \Omega_{i,j+1} + \Omega_{i-1,j} + \Omega_{i,j-1})\Bigg],\end{aligned} \tag{21}$$

$$v_{i,j}^{(n)} = \frac{1}{2hr_{i,j}}(\psi_{i,j-1} - \psi_{i,j+1})^{(n)}, \tag{22}$$

$$w_{i,j}^{(n)} = \frac{1}{2hr_{i,j}}(\psi_{i+1,j} - \psi_{i-1,j})^{(n)}. \tag{23}$$

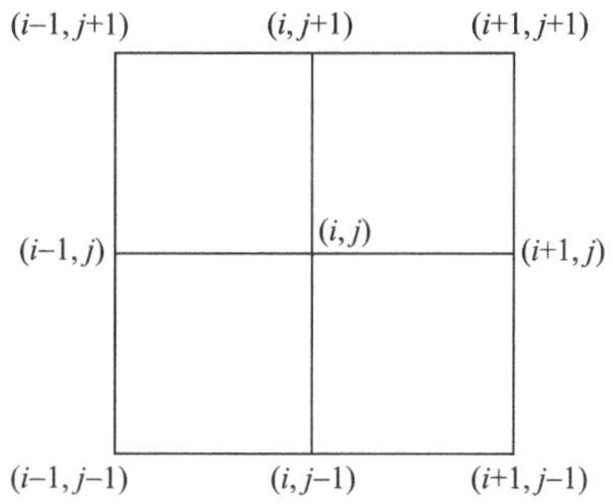

图 1　差分网格示意图

这里：上指标“（n）”表示时间的步数，下指标“i,j”相应地表示 r 和 z 的空间位置（参看图 1）。方程（23）中，上指标 v 表示迭代次数。Δt 和 h 是时间和空间步长。ε 是迭代松弛因子。而算子“$\triangle(\quad)_{i,j}^{(n)}$”则是

$$\triangle(\quad)_{i,j}^{(n)}=\frac{1}{h^2}\left\{(\quad)_{i+1,j}^{(n)}+(\quad)_{i,j+1}^{(n)}+(\quad)_{i-1,j}^{(n)}+(\quad)_{i,j-1}^{(n)}+\frac{h}{2r_{i,j}}\left[(\quad)_{i+1,j}^{(n)}-(\quad)_{i-1,j}^{(n)}\right]-4(\quad)_{i,j}^{(n-1)}\right\} \tag{24}$$

在跳点方案中，当计算第（n+1）步点（i, j）上的值时，我们并没有第（n）步点（i, j）上的值，而只有在（i,j）四周点上的值。因而在方程（19）中，$(\alpha w)^{i,j}$ 只好用四周点上的平均值 $\overline{(\alpha w)}_{i,j}$ 来代替。另外，我们在算子“$\triangle(\quad)_{i,j}^{(n)}$”的表达式（24）中的 $(\quad)_{i,j}^{(n)}$，以及方程（18）中的 $\Omega_{i,j}^{(n)}$ 则用了 $(\quad)_{i,j}^{(n-1)}$ 和 $\Omega_{i,j}^{(n-1)}$ 来代替。这是因为在拉普拉斯算子中心点是不可以用平均值来代替的。这样做对于积云发展的本质没有影响，只对湍流有所影响。而差分方程组总的截断误差为 $O(h^2)+O(\Delta t^2)$。

在柱坐标系统里，轴线是一条奇异线。当 $r=0$ 时，ψ、$\frac{\partial\psi}{\partial r}$ 和 $\frac{\partial w}{\partial r}$ 以及由此而来的 v 和 Q 都等于零。这样，微分方程（5）、方程（10）和方程（13）在对称轴上我们就得到一些 $\frac{0}{0}$ 型的不定式。因而就要求对这些方程做一些处理才能求得在对称轴上相应的差分方程。我们先来求方程（13）在以 $r=0$ 为中心，以 h 为半径，高度为 $2h$ 的柱体中的体积平均，即

$$\frac{1}{2\pi h^3}\int_0^{2x}\mathrm{d}\theta\int_{z-h}^{x+h}\mathrm{d}z\int_0^h\left(\frac{\partial\theta'}{\partial t}+\frac{1}{r}\frac{\partial rv\theta'}{\partial r}+\frac{\partial w\theta'}{\partial z}-\alpha w-k''\Delta\theta'\right)r\mathrm{d}r=0,$$

积分上式后得到

$$\frac{\partial\overline{\theta}'}{\partial t}+\overline{(v\theta')}^{(1)}\frac{2}{h}+\frac{1}{2h}[\overline{(w\theta')}_{0,j+1}^{(2)}-\overline{(w\theta')}_{0,j-1}^{(2)}]-\overline{\alpha w}-\frac{k''}{2h^2}(\overline{\theta}'^{(2)}_{0,j-1}+\overline{\theta}'^{(2)}_{0,j+1}+4\overline{\theta}'^{(1)}-6\overline{\theta}'^{(1)}_{0,j})=0.$$

这里：“$\overline{(\quad)}$”表示对整个柱体的体积平均，“$\overline{(\quad)}^{(1)}$”表示对柱体侧面积的面积平均，而“$\overline{(\quad)}_{0,j}^{(2)}$”则表示对柱体上底或下底面的面积平均。如果我们把整个柱体的平均值来代替对称轴上中心点的值，把上（下）底上的平均值代替上（下）底中心点上的值，把侧边界上的平均值代替侧边界上高度为 $h/2$ 处的值，例如：

$$\overline{(\theta')}=(\theta')_{0,j},$$
$$\overline{(\theta')}^{(1)}=(\theta')_{1,j},$$
$$\overline{(\theta')}^{(2)}=(\theta')_{0,j}.$$

我们就得到在轴上与方程（11）相应的差分方程：

$$r=0,\theta'^{(n+1)}_{0,j}=\theta'_{0,j}-\frac{2\Delta t}{h}\left[2(v\theta')_{1,j}+\frac{1}{2}(w\theta')_{0,j+1}-\frac{1}{2}(w\theta')_{0,j-1}\right]^{(n)}+2\Delta t\overline{(\alpha w)}_{0,j}+\frac{k''\Delta t}{h^2}(\theta'^{(n)}_{0,j+1}+\theta'^{(n)}_{0,j-1}+4\theta'^{(n)}_{1,j}-6\theta'^{(n-1)}_{0,j}).$$

同理，我们也可以得到关于 q 在对称轴上的差分方程：

$$\left.\begin{aligned}&r=0,q_{0,j}^{(n+1)}=q_{0,j}^{(n-1)}-\frac{2\Delta t}{h}\left[2(vq)_{1,j}+\frac{1}{2}(wq)_{0,j+1}-\frac{1}{2}(wq)_{0,j-1}\right]^{(n)}\\&\quad+\frac{k'\Delta t}{h^2}(q_{0,j+1}^{(n)}+q_{0,j-1}^{(n)}+4q_{1,j}^{(n)}-6q_{0,j}^{(n-1)},\qquad q_{0,j}^{(n)}<q_{s0,j}^{(n)}(T,p)\\&\quad q_{0,j}^{(n+1)}=q_{s0,j}^{(n+1)}(T,p).\qquad\qquad q_{0,j}^{(n)}\geqslant q_{s0,j}^{(n)}(T,p)\end{aligned}\right\}$$

为了求得在对称轴上计算垂直速度的公式，我们利用了对称条件：

$$r=0,\frac{\partial w}{\partial r}=0.$$

把方程（5）代入这个条件后得到：

$$\frac{\partial}{\partial r}\frac{1}{r}\frac{\partial\psi}{\partial r}=\frac{1}{r}\frac{\partial^2\psi}{\partial r^2}-\frac{1}{r^2}\frac{\partial\psi}{\partial r}=\frac{1}{r}\frac{\partial^2\psi}{\partial r^2}-\frac{w}{r}=0.$$

这样，我们就有

$$r=0,w=\frac{\partial^2\psi}{\partial r^2}.$$

其相应的差分公式是

$$r=0,w_{0,j}^{(n)}=\frac{1}{12h^2}(32\psi_{1,j}-\psi_{2,j+1}-\psi_{2,j-1})^{(n)}.$$

差分方程的定解条件同样可由式（14）和式（15）给出。需要指出的是，在实际计算中，我们用了有限区间（20×20 个网格点）来代替积云发展所在的无限空间。这样，就应该在这个有限区间的外边界上给定一个条件来代替条件（17）。如果在外边界上给定的条件是齐次的[4,10]，那就等于把积云的发展限定在一个固定的区域里。为了避免这种不合理性，我们曾用过外推方法[3]，在这里我们将采用了一种对区域内部解的影响不大而又对迭代过程是收敛的加权外推方法，即对于侧边界上的点有

$$\varphi_{20,j}=a_1\varphi_{18,j}+a_2\varphi_{16,j},$$

而对于上边界点则有

$$\varphi_{i,20}=a_1\varphi_{i,18}+a_2\varphi_{i,16}.$$

此处 φ 代表 v、w、θ'、ψ 和 q。a_1 和 a_2 是权重，必须满足条件：

$$a_1+a_2\leqslant 1.$$

16.4 数值试验的一个例子

应用上述模式，我们对积云发展过程做了一些数值试验，这里先报告其中一个例子。在这个例子中，初始的温度扰动场是给在对称轴上离地面 1 km 高处有一个中心为一度，范围为 1.5 km 的正温度偏差；相对湿度在 1.5 km 以下为 95%，1.5 km 以上为 70%。其他参数则给成：

地面温度 $T_0=293$ K，

平均温度 $\overline{T}_0=273$ K，

大气垂直温度递减率 $\gamma=0.65-0.03z$（z 以 km 表示），

湍流交换（扩散）系数 $k=k'=k''=500\ \mathrm{m^2/s}$。

计算所选取的空间步长 h 为 500 m，根据线性计算稳定性判据，假定云内外风速小于 30 m/s，时间

步长 Δt 应小于 8.3 s。

图 2 给出了计算所得积云发展各时刻的情况，我们把粗断线所包围的凝结区当作云界。云中阴影部分是湿绝热不稳定区，带箭头的线是流线。从图上我们可以看出下面几点事实。

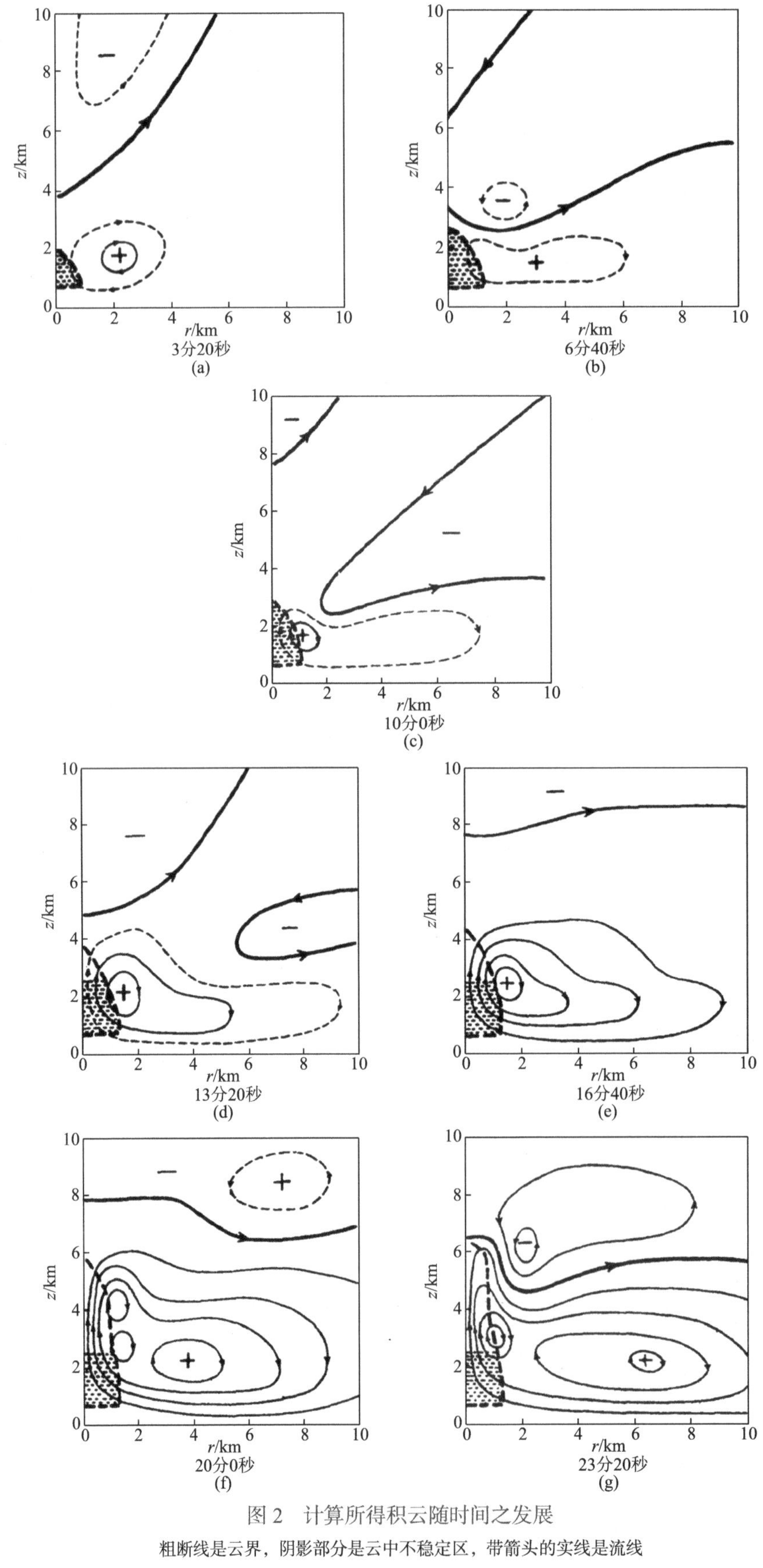

图 2　计算所得积云随时间之发展

粗断线是云界，阴影部分是云中不稳定区，带箭头的实线是流线

（1）积云发展速度很快。在我们所给的初始条件下，3 min 即可发展到厚 1 km、宽 2 km 的积云。前 10 min 内就达到 2 km 厚，而在后 10 min 内积云厚度可超过 5 km，但水平尺度的变化则不大。

（2）云中湿不稳定区发展到 2 km 厚就不再继续发展，这虽和我们所给的地面温度、大气垂直温度递减率和比湿之分布有关，但也可说明积云的厚度和云中湿不稳定层的厚度有时是可以相差很多的。

（3）积云内部与积云四周的流场是相当复杂的。在发展初期就形成了一个涡环，靠近对称轴处是涡环的上升部分，也就是云中上升部分；在这里有较强的水平温度梯度，是涡环涡度增加的主要原因。这个涡环随着积云的发展不断地增加强度。和积云云体的发展相反，它在水平方向的伸延比垂直方向要快，最后慢慢地变成了一个椭圆。第 17 min 以后，涡环中心分成两个：在上面的一个涡环中心是由我们所给的初始热力泡演变而来，第 10 min 以后逐渐消失；另一个中心则停滞在 2 km 高处缓慢地向外移动。此外，在积云发展初期 2 min 以后，在积云顶以上发展了一个微弱的反环流，积云顶上面是下沉气流。此后这个反环流逐渐向外移动而消失，让位给一个正环流，但不久又出现一个反环流。这种正反环流交替出现后，都一个个地向外移动。各个反环流出现相隔的时间，和一个空气质点在稳定层中做干绝热运动的运动周期差不多长，约为 4—8 min。

从图 3 温度偏差的分布可以看出，积云下半部总是正的温度偏差，其中心最高正偏差可达 2.5℃。而在积云顶部和云顶以上，则经常是负的温度偏差，其中心最高可达–1.5℃左右。

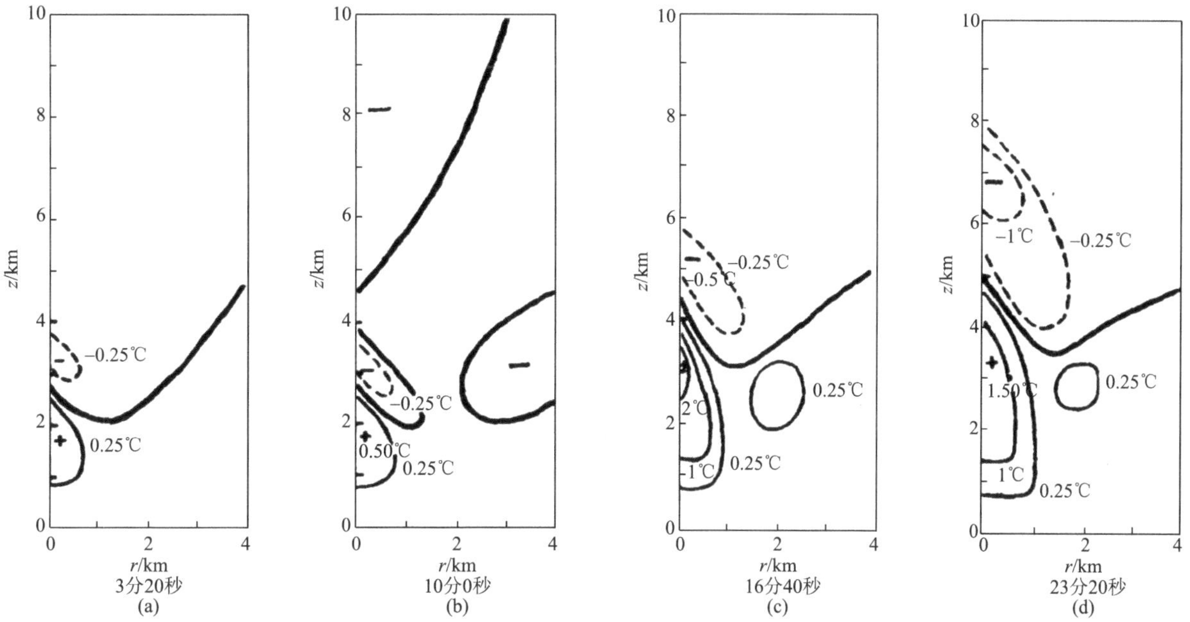

图 3　积云内外温度偏差分布

实线是正温度偏差，点线是负温度偏差，粗线是零温度偏差线

积云中垂直气流的发展相应地也很快（图 4）。第 10 min 时，在对称轴上 2 km 高处的最大垂直风速为 5 m/s；而到第 20 min 时，最大垂直风速向上移到 5 km 高处，其数值是 20 m/s。在第 12 min 以后，2 km 以下的垂直速度和位温偏差随时间几乎都没有什么变化、

归纳上面计算所得到的一些结果，我们大致可以把在发展时的积云分成上下两个部分；在积云的下半部，当水汽供应充分时，可以形成条件性不稳定区，这个湿不稳定区的稳定度数值及区域大小的变化都很小。同时，在这个区域内流场和温度场也逐渐趋于定常，形成柱状定常的上升气流。这和观测所得的云底平坦少变并有定常的上升气流是一致的。

积云之顶部和上部对于湿绝热过程是稳定的，在那里计算所得的积云流场、温度场，以及层结稳定度随时间都有很大变化，这和观测所得的云顶起伏多变是有相似之处的。一般说来，在稳定层结中对流运动不会得到发展，这在理论上是很明显的，而在试验[14]以及数值试验[3]中亦都表明了对流单体在稳定层中的运动具有重力振荡的形式。在我们所计算的这个例子中，在积云顶可以清楚地看到也有一种振荡

存在；根据分析出来的周期（4—8 min）推断，这可能也是一种类似于内重力波性质的运动。

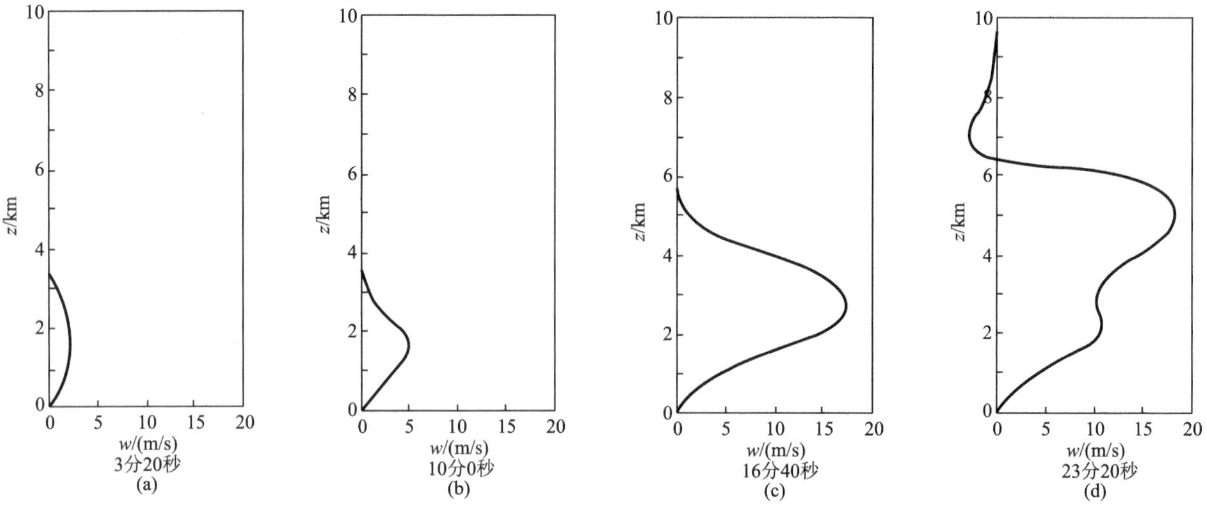

图 4　对称轴上垂直风速随时间的变化

在实际积云发展过程中，上述积云的两个部分是紧密地联系在一起的，因而积云发展是一个十分复杂的过程，决不单纯是“气块”模式或是“夹卷”模式所能概括得了的。

16.5　结论

积云的发展在很大程度上依赖于水汽的供应，当供应充分时，积云的发展十分迅速，一般在 10—20 min 内就可以达到极盛阶段。当水分供应稳定时，积云底部可以形成定常柱状气流。维持积云流场的能量主要也是从积云下部取得。而积云顶部则是一种类似于内重力波性质的运动。

我们在这里只报告了数值试验的初步结果，以后还应进行一系列数值试验，研究各种不同类型的积云对各种参数的依赖，搞清楚层结、水分以及湍流等在积云发展过程中的作用。另外，中小尺度天气现象的动力作用对于积云发展有很大影响，这也是应该考虑的。总之，这些问题的研究对今后进一步改进预报以及人工降水作业都十分重要，因而都需要积极进行。

致　谢：本文承顾震潮先生指导，冯康先生看过一遍手稿并提出意见，和巢纪平同志进行了有益的讨论，作者对此致以衷心的感谢。

参 考 文 献

[1] Селезнева Е. С. 等, *Труды ГГО*, вып. 102 (1960), 3-20.
[2] Гутман Л. Н. , *Изв. АН СССР сер. леофцз.* , 1962, 1040-1084.
[3] 周晓平, *Изв. АН СССР сер. леофцз.* , 1962, 548-557.
[4] Lilly, D. K. , *Tellus*, 14 (1962), 148-172.
[5] Kuo, H. L. (郭晓岚), *Tellus*, 13 (1961), 441-459.
[6] Mason, B. J. ,等, *Quart. J. R. Meteor. Soc.* 87 (1961), 212-222.
[7] Haltiner, G. J. , *Tellus*, 11 (1959), 4-15.
[8] Squires, P. ,等, *Tellus*, 14 (1962), 422-434.
[9] Asai, T. (浅井富雄), Symposium on Numerical Weather Prediction in Tokyo, November 7–13 1960, (1962), 469-476.
[10] 浅井富雄, 气象研究 丿一卜, 12 (1962), 316-322.
[11] 李兴生等, 气象学报 34 (1964), 225-232.

[12] 陈瑞荣, 气象学报, 33 (1963), 257-270.
[13] Smagorinsky, J. , *Monthly Weather Review*, 86 (1958), 457-466.
[14] Saunders, P. M. , *Tellus*, 14 (1962), 451-467.

A NUMERICAL EXPERIMENT OF CUMULUS DEVELOPMENT

Chou Shiaoping and Li Shingshen
(Institute of Geophysics and Meteorology, Academia Sinica)
Chang Yaoko and Gung Chenjing
(Institute of Computational Technology, Academia Sinica)

ABSTRACT

A three-dimensional axial-symmetric model of cumulus development is here presented, with consideration of the effect of condensation feedback on the field of motion. A computational scheme of the system of equations concerned is given. For a case with initial temperature disturbance 1℃ and the vertical lapse rate of circumstances is slightly decreased with height, a calculation computed by the electric computer shows that a cumulus with a thickness more than 5—6 km could be developed in about 20 minutes. In the lower part of the cloud there is a moist-unstable region ($\alpha > 0$) which becomes quasi-steady in its intensity and size. The field of motion and that of temperature are also approximately steady in this region. But in the upper moist-stable region of the cloud, the flow and temperature fluctuate greatly; in this region the convective element from the lower part of the cloud oscillates and gradually dissipates. All these characteristics are in accord with the phenomena observed in the atmosphere, i.e., the cumulus has a steady and flat base but an ever-changing top.

郭学良 中国科学院大气物理研究所研究员

专家解读

这篇论文应该是我国有关积云发展数值模式的最早的研究成果，具有标志性意义。周晓平先生在这篇论文中，提出了低层水汽的动力输送、凝结反馈作用对积云快速发展具有重要作用，认为积云发展受水汽和运动场相互制约的影响，从而奠定了积云动力学研究的重要基础和研究方向。

同时期，国际上关于水汽凝结反馈过程对积云发展作用的大多数研究，主要是通过气块模式或积云夹卷过程，没有将积云与周围环境场视为一个完整统一的流体场考虑，不能很好地反映积云结构的一些特征，如积云底一般为平坦少变，而在积云顶，具有多变的对流泡的结构特征。为此，周先生提出了一个水汽与运动场相互制约条件下的三维轴对称积云发展模式，并利用该模式计算了在温度和湿度随高度减小的大气环境下，温度扰动能成功促生和发展形成深厚积云过程。模式能成功模拟出观测的积云结构和积云顶的振荡特征，认为是一直类似内重力波性质的运动。

这些研究成果，对于推动积云动力学研究具有划时代的作用。后来发展的积云模式湿热泡启动方式，与这一结果具有高度的相似性。另外，积云发展过程中在其云顶促发的向上传播的重力波，被认为是低层能量和物质向高层输送的重要方式，对全球能量平衡具有重要作用，是目前热带对流研究的热点问题。

17

近五百年我国气候的几种振动及其相互关系*

| 张家诚　张先恭 |　中央气象局气象科学研究院天气气候研究所

张家诚（1927—2020 年），苏联列宁格勒水文气象学院副博士，中国共产党党员。气象学家，历任中央气象台预报科副科长，国家气象局气象科学研究所所长，气象科学研究院副院长、研究员，中国气象学会第十九至二十一届理事。主要从事长期天气预报和气候变迁的研究。主持完成的中国历史气候普迁规律的研究，1982 年获国家自然科学奖四等奖。

■ 曾任第十八（调整后）、十九届理事会《气象学报》编辑委员会委员。

■ 发表在《气象学报》的著名论著还包括：《苏联天气学文献》（1951 年）、《关于中国季风性质的几个问题》（1959 年）、《用车贝雪夫多项式研究月平均 500 毫巴等压面位势场的初步结果》（1963 年）、《划分大型天气过程的一个客观标志》（1965 年）、《经向海陆分布对大气环流的热力作用》（1980 年）等。

摘　要

本文根据近年来整理出来的大量气候史料，特别是近五百年来干湿、冷暖的变化，说明在我国气候变化中，除了 2—5 年的振动外，还有明显的 20—40 年、200 年以及 400 年等周期。作者分析了这些气候周期与太阳活动周期之间的对应关系、各种尺度周期之间的关联以及干湿和冷暖之间的联系，指出：各种尺度变化过程之间既有联系又有相对独立的规律性。这种相对的独立性，也反映在物理原因和各气候要素之间的组合上，具有一定的预报意义。最后，展望了干湿、冷暖的变化趋势。

我国古籍中丰富的气候记载，是弄清我国历史时期气候的珍贵资料。竺可桢曾应用这些记载和考古材料，成功地阐述了我国近五千年气候的主要特点，为我国现代气候变化的研究奠定了一定的基础[1]。但是，历史气候记载是十分浩繁的，由于当时人力限制还不可能完成全国性的、连续性的资料整理，因而也无法进行全面的、细致的研究。“文化大革命”后，我国气象工作者开展了协作，通过对我国古代文献中气候资料的整理以及树木年轮的分析，把文字记载数量化，做成各地旱涝和冷暖序列，现已完成全国旱涝序列和《全国近五百年旱涝等级分布图》（草图）①。运用这些新的资料有可能进一步了解我国气候变化的实况，为我国气候变化研究准备了新的条件。本文拟根据这些资料，对近五百年来我国气

* 本文于 1979 年 1 月 16 日收到。张家诚，张先恭. 1979. 近五百年我国气候的几种振动及其相互关系. 气象学报，37（2）：49-57.

① 此项工作由中央气象局气象科学研究院主持，各省、市、自治区气象局、长江流域规划办公室水文处、中国科学院地理研究所、江苏省地理研究所参加，于 1975 年、1978 年先后在北京大学和南京大学组织了协作，共同完成。

候变化的某些特征及其相互联系做一些初步分析。

17.1 干湿变化

竺可桢曾统计了纪元以来各世纪旱灾和水灾次数及其比率，给出了我国历史上干湿变迁的大致轮廓[2]。郑斯中等计算了我国 40°N 以南和 100°E 以东地区从公元开始到 1900 年每五年的湿润指数[3]。图 1 是根据纪元以来各干湿期指数绘制的。可以明显看出：我国近两千年来存在着长度为 100—200 年的干湿期，它们组成了 10 个由干湿位相交替出现的 200—400 年的准周期性振动。这两方面的研究成果虽还是初步的，但可作为近五百年我国干湿变化的背景资料。

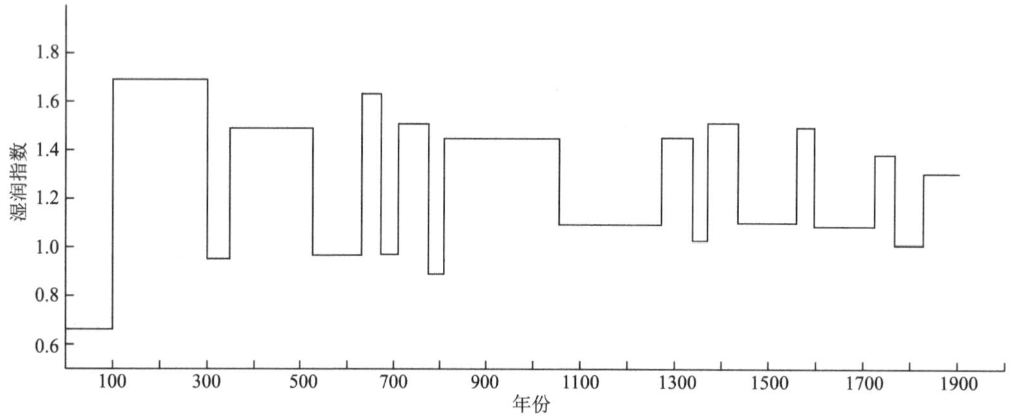

图 1　我国东南地区湿润指数的变化

我们从全国近五百年旱涝等级资料中，选取了 100 个站的旱涝等级值，计算了 1470—1977 年逐年干旱指数[4]：

$$I_D = 2D/N$$

其中，D 为某年出现 5 级（旱）和 4 级（偏旱）站数的和；N 为该年总站数。图 2 为我国东部地区 1470—1977 年干旱指数每 10 年平均值的变化，表示出近五百年期间大致可划分为 3 个阶段：1479—1691 年为干旱期，共 213 年；1692—1890 年为湿润期，共 199 年；1891 年以后的干旱期，至今已有 87 年。这与竺可桢指出的 16、17 世纪比较干燥和 18、19 世纪比较湿润的结果是一致的；而与郑斯中等所得的结果比较，虽在具体划分上有一些出入，但周期的长度在 400 年左右，则是比较接近的。

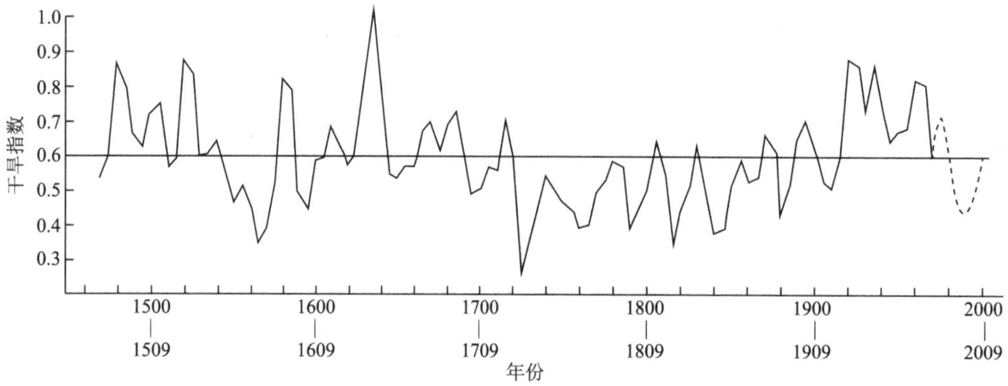

图 2　1470—1977 年我国东部地区干旱指数十年滑动平均曲线（每隔 5 年取一点）

表 1 是根据各阶段的干旱指数划分出的干湿期，可以看出这三个阶段之间有显著的不同，即干

旱指数在干期中显著地高于湿期。值得注意的是，无论在干期或湿期还存在着相当数量的长度约为20—40年的准周期性振动。如果比较20—40年准周期和400年准周期，我们就会发现一系列有意义的现象。

首先，后一种周期的阶段是由多个性质相近的前一种准周期振动所组成，即大阶段为小周期所组成。反过来说，在一个大阶段的控制下，各个小周期的性质是相近的。大阶段发生了变化，小周期的性质也发生相应的变化。这种现象从表2中也可以看到。在五百年干旱指数所显示的199年的湿润期中，所有各个小振动的干期干旱指数都小于与其相邻的干旱期中各个小振动的干期干旱指数，平均起来约小0.2。在湿期中的干旱指数也有相应的差别，但不到0.2。由此可见，在这两种时期影响下，干湿性质的差别在干旱方面的反映要比潮湿方面明显。另外，在湿润期中的小周期长度一般要小于干旱期。当然，这并不意味着所有的干旱期（或湿润期）之间小周期振动的性质完全一样。它们之间会有所不同，只不过由于资料的不足，在这里无法做进一步的分析。

表1 三阶段的干湿期及干旱指数

	干期			湿期		
	年份/年	I_D	持续期/年	年份/年	I_D	持续期/年
干旱期（213年）	1479—1490	0.87	12	1491—1503	0.58	13
	1504—1513	0.81	10	1514—1520	0.45	7
	1521—1545	0.76	25	1546—1580	0.43	35
	1581—1590	0.90	10	1591—1633	0.56	43
	1634—1643	1.06	10	1644—1677	0.57	34
	1678—1691	0.77	14	—	—	—
	平均	0.84	13.5	平均	0.52	26.4
湿润期（199年）				1692—1702	0.47	11
	1703—1723	0.64	21	1724—1741	0.34	18
	1742—1748	0.61	7	1749—1776	0.40	28
	1777—1787	0.68	11	1788—1801	0.37	14
	1802—1814	0.63	13	1815—1831	0.39	17
	1832—1838	0.70	7	1839—1855	0.29	17
	1856—1870	0.59	15	1871—1890	0.52	20
	平均	0.64	12.3	平均	0.40	17.9
干旱期（87年）	1891—1902	0.73	12	1903—1924	0.54	22
	1925—1945	0.85	21	1946—1962	0.62	17
	1963—1972	0.85	10	1973—	—	—
	平均	0.82	14.3	平均	0.58	20

在20—40年的准周期性振动中，各个阶段（位相）也同样存在着更小尺度的振动。图3是上海年降水量及其10年滑动平均值的平滑曲线。从这张图上可以看出，上海年降水量存在明显的35年左右准周期性，这就是20—40年周期在上海局地条件下的具体表现形式。同时，在上海也存在着明显的2—5年周期。我们也发现，在35年左右准周期振动的多雨阶段与少雨阶段各个2—5年周期的特点是不一样的。

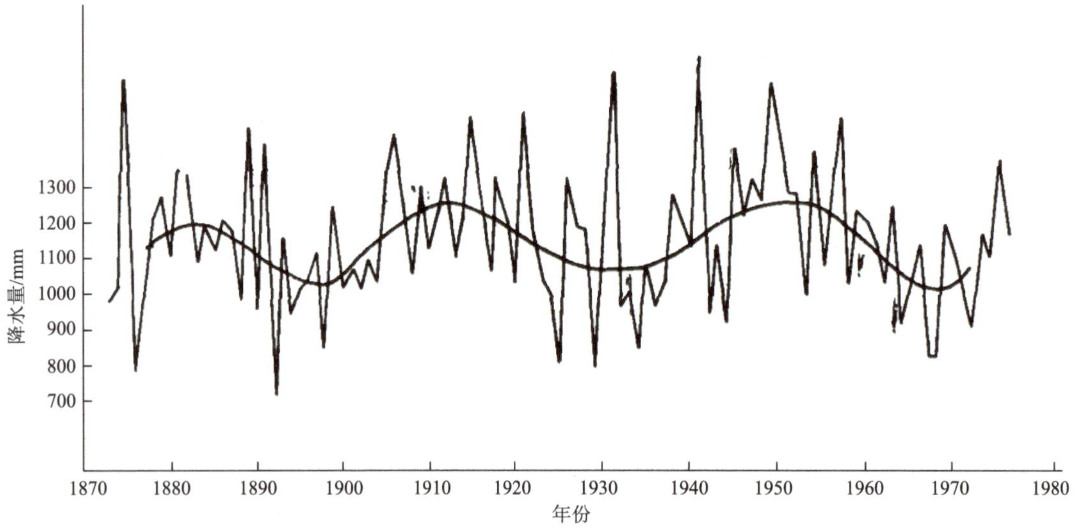

图 3 上海年降水量及其 10 年滑动平均值的平滑曲线

表 2 各时段多雨与少雨年数

时段/年	年数	多雨年数	少雨年数	时段/年	年数	多雨年数	少雨年数
1877—1891	15	5	2	1892—1904	13	1	7
1905—1922	18	8	3	1923—1944	22	4	11
1945—1960	16	10	2	1961—1974	14	1	6

从表 2 可以看出：在这两种阶段里，多雨年频数和少雨年频数的差值是很显著的。在多雨阶段中，各个 2—5 年周期的峰值一般都达到多雨水平（正距平≥100 mm），而谷值却达不到少雨水平（负距平≤-100 mm）；在少雨阶段则相反，峰值达不到多雨水平，谷值却一般能达到少雨水平。

总之，上面所谈三种准周期性（400 年、20—40 年、2—5 年）并不是平列的，而是一个 400 年周期包含着约 10—20 个 20—40 年周期；一个 20—40 年周期又包含着约 10 个左右的 2—5 年周期。同时我们还可以发现，在一个 400 年周期中，大致可以分为一个多雨的阶段和一个少雨的阶段（或者说这个 400 年周期是由一个少雨位相和一个多雨位相所组成）。在多雨阶段中和在少雨阶段中分别所包含的 20—40 年周期，其雨量的分布和极值都是不同的。同样，在 20—40 年周期中也可分为一个多雨的阶段和少雨的阶段，在这两个阶段中的 2—5 年周期也各不相同。因此，大周期的阶段就是小周期的背景，小周期之间的变化也可反映大周期演变的趋势。这种尺度不同的周期之间的关系，也可以在其他长周期之间出现[5]。不过，这不属于本文讨论的范围，在这里就不详述了。

17.2 冷暖变化

图 4（b）为祁连山圆柏年轮指数曲线，它很好地反映了我国近千年来的冷暖状况[6]。指数序列有明显的 26 年、180—220 年以及 300—400 年左右的周期。

最近，张德二等[7]根据明、清两代地方志中冷暖记载，研究并建立了近五百年来我国南方每十年冬季温度指数序列，也发现冷暖变化有 200 年左右的周期（图 5）。所得结果与竺可桢的曲线大致相似。有意义的是，从我国东部 110°—120°E，30°N 附近的冬温指数距平与拉姆（H. Lamb 1961，1966）计算的欧洲 50°N 附近及日本 36°N 附近的寒冬指数的关系如表 3。表中 W 表示偏暖，G 表示偏冷，X 表示不能确定。它们排列的次序是：西欧、东欧、中国、日本。由表中可见，欧洲与东亚的冬温变化大的趋势也是一致的，都有过三次大的起伏，其冷暖分布的组合也反映出有二百年左右的双世纪周期。但各地之间位相上仍稍有差异，每一个最冷的时期，似乎始于西欧、东欧，然后才见于中国。不过，日本和东欧在位相上却是一致的。这一点和竺可桢[1]所指出的最冷时期先在东亚太平洋出现，然后见于欧洲的结论不同。

20 世纪以来，我国温度等级平均值的变化 22 年左右的周期也是十分明显的[8]。图 6 是我国温度等级的逐年变化曲线，它比较清楚地表现了最近两个阶段，即 1919—1949 年为高温阶段，平均等级约 2.80；1950 年以后为低温阶段，平均等级为 3.40。在这两个阶段都存在 2—5 年准周期性振动。这种 2—5 年周期的峰值和谷值的数量均有明显差异，显示着高层次阶段对低层次周期的显著影响。

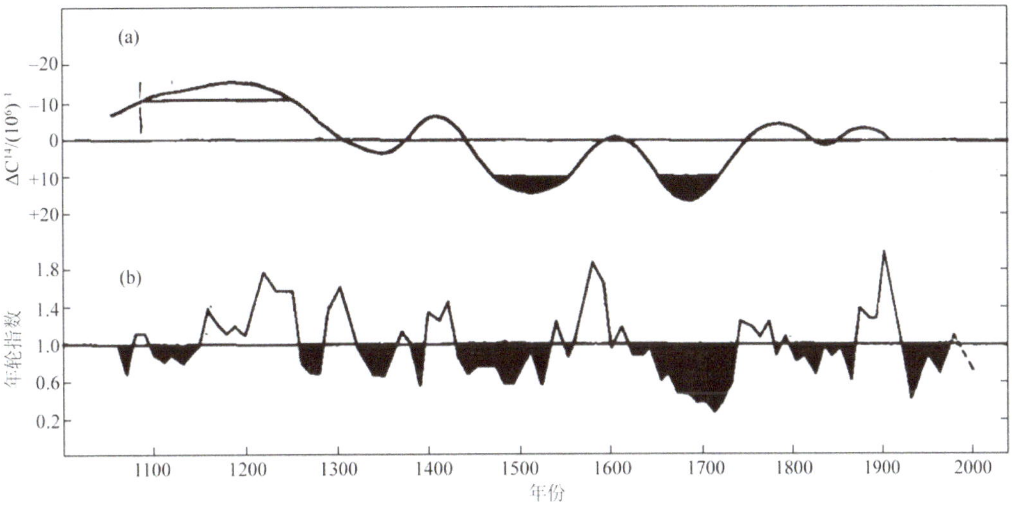

图 4 （a）从树木年轮中分析出的 1050—1900 年大气中 C^{14} 含量的变化（取自 John A. Eddy，1976）；（b）祁连山圆柏年轮指数十年滑动平均值每十年变化曲线（1603—1975 年）

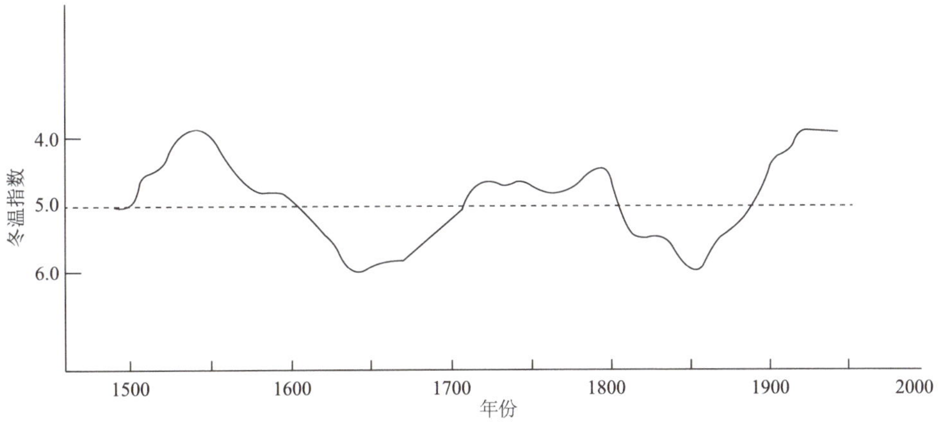

图 5 长江下游冬温指数的 50 年滑动平均曲线

表 3 西欧、东欧、中国、日本近五百年的寒冬指数

年代/年	1510—1550	1550—1610	1610—1650	1650—1690	1690—1750	1750—1810	1810—1850	1850—1890	1890—1940
持续年数	40	60	40	40	60	60	40	40	50
组合型	WWWW	CCWC	CCCC	WCCC	WWWW	CCWC	CCCC	WCCX	WWWW

因此，在我国冷暖变化上也与干湿变化一样存在着多层次的结构。

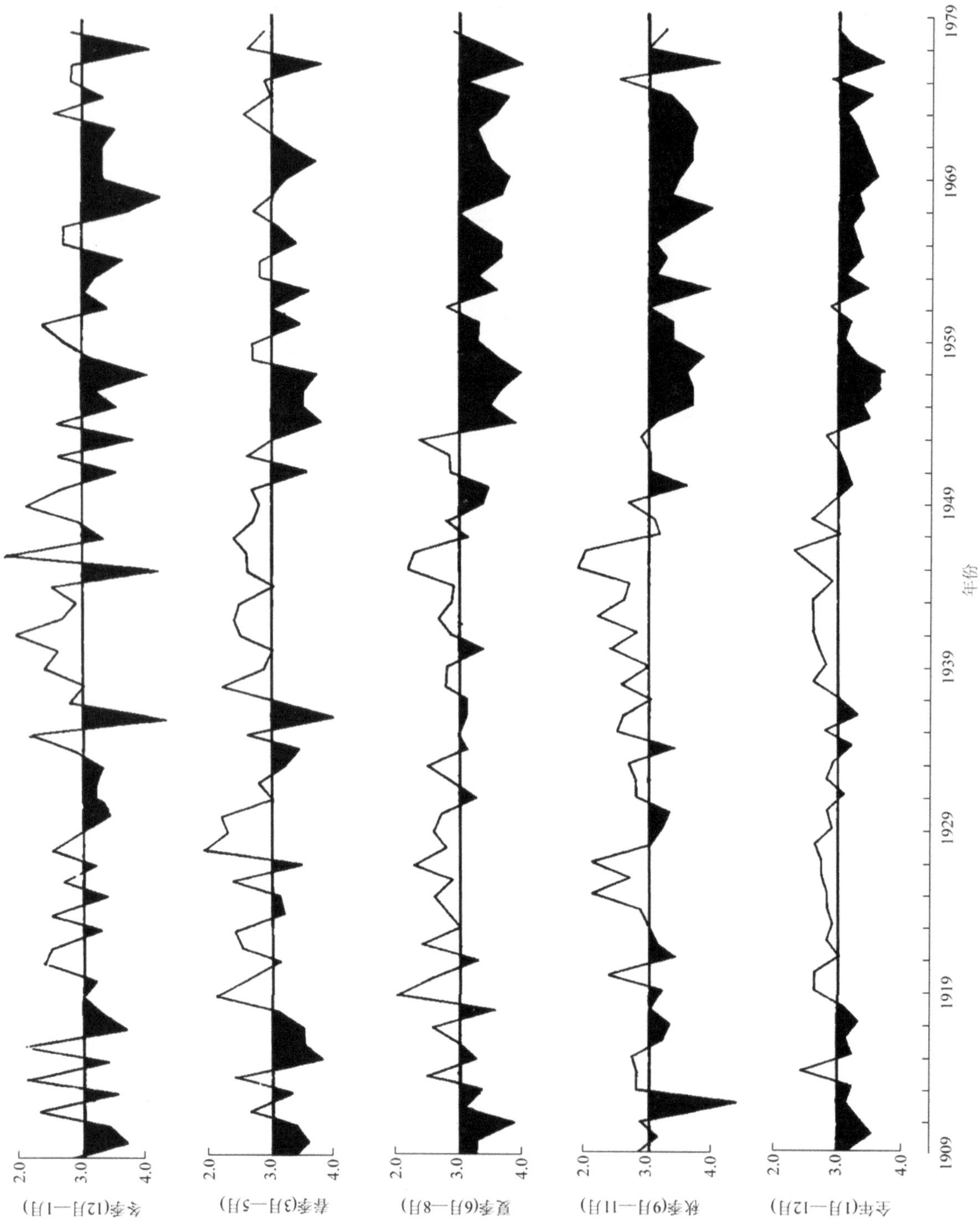

图6　我国温度等级的逐年变化

17.3 各层次准周期性的物理原因以及干湿和冷暖变化之间的关系

形成任一层次的准周期性大气过程的物理因子也具有与其相近的尺度。由于资料所限，我们当前只能从天文因子方面进行一些探讨。

从太阳黑子和大气中放射性碳（C^{14}）含量的变化来看，近五百年的寒冷期正好是太阳活动处于低水平时期[图 4（a）]。过去的 3 次冷期均对应着太阳黑子不活跃时期。第一次冷期出现在明成化至正德年间（1470—1520 年），对应着 1460—1550 年的史波尔极小期（Spörer minimum）。第二次冷期出现在明万历至清康熙年间（1600—1720 年），对应着 1645—1715 年的蒙德尔极小期（Maunder minimum）。第三次冷期出现在清道光至光绪年间（1840—1890 年），也对应着一次较弱的太阳活动期。特别在第二次冷期的 1650—1700 年的五十年中，我国太湖、汉水、淮河曾结冰 4 次，洞庭湖结冰 3 次，是近五百年来最冷的时间段，当时太阳活动也最弱，黑子几乎消失[6]。

尺度较小的冷暖变化，则与尺度较小的太阳现象相联系。我国东北地区，新中国成立后出现的六个低温和冷害年（1954 年、1957 年、1964 年、1969 年、1972 年、1976 年）中的五年，都是在太阳活动 11 年周期的极值年附近，只有一个冷害年（1972 年）出现在太阳活动的相对高值年。这个关系对预报冷害是有用的。

在旱涝与太阳活动方面，也同样地可以从相近尺度的现象中找到联系。在 170—180 年太阳活动行星周期减弱阶段的世纪周期里，大旱年的频次显著增多；而在其增强阶段的世纪周期里，大旱年频次则相应减少。我国长江流域降水的 35 年左右的准周期，可能与太阳活动的世纪周期有关。因为，它包括了 3 个或 4 个 11 年周期，其长度约为世纪周期的一半。但是，目前还没有发现太阳活动有 30—40 年的周期。

此外，太阳活动的海尔周期对旱涝也有一定影响。如在太阳活动双周的极值年，干旱指数较大。近五百年中五十年一遇的旱年，绝大部分（15/18）出现在这两个位相；在太阳活动单周的极值年，干旱指数则较小。20 世纪以来，我国东部大部分地区的降水在太阳活动的单周和双周是相反的。双周低值位相前后是降水偏少占优势的时期，而单周低值位相前后则是降水偏多占优势的时期[4, 9]。

我国的干湿和冷暖之间也存在一定联系，寻找这些联系对于全面了解我国气候变化的特点和分析其物理过程是有意义的。我们感到，在各种不同的时间尺度上，二者的联系具有不同的表现形式。例如，从两千年来我国温度变化的总趋势看，11 世纪由一个较高温时期转入一个较低温时期，而在同一世纪我国东部 40°N 以南地区的湿润指数由干期短、湿期长的特征转变为湿期短、干期长的特征[10]。

在历史上，干旱时期与寒冷时期重合的机会较多。例如：1 世纪、4—6 世纪、11 世纪中叶至 13 世纪末、15 世纪末至 16 世纪初、17 世纪及 19 世纪后期等干旱时期均为寒冷时期。纪元以来的逐渐变干的趋势同温度变低的趋势也是一致的[3]。

将五百年来的三个干、湿阶段（表 1）和冬温指数（图 5）比较，可以看到，每个干、湿阶段都可分解成一个较暖的阶段在前、而一个较冷阶段随后出现的两个阶段。

在更短的尺度里，在 20 世纪有器测气象记录的年代，这两种变化组成每 10 年交替出现的趋势（表 4）[11]。

由于几千年来干冷、湿暖组合较多出现，故表 4 所示的规律性可能只是一个时期内的特征。显然，它的出现是受着更长尺度的周期所支配的。

从各尺度的物理原因及干湿和冷暖的关系中不难看出，虽然各个尺度的变化过程之间有着重要的联系，但不同尺度过程具有相对独立的规律性。这不仅反映在它的准周期性变化上，而且也反映在物理原因和各气候要素之间的组合上。

表 4 各时段的降水、温度特征

年代/年	1901—1910	1911—1920	1921—1930	1931—1940	1941—1950	1951—1960	1961—1970
降水	干	湿	干	湿	干	湿	干
温度	暖	冷	暖	冷	暖	冷	冷

17.4 今后干湿、冷暖变化的趋势

上面谈到，我国气候变化是以各种不同尺度的冷暖阶段交替和干湿阶段交替的准周期性变化为特征。那么，一个很初步的预报思路就是根据这些阶段交替的顺序性，从目前所处的阶段向前外推。当前，国内外的一些超长期预报的试验大都以此为基础，并取得了一定的成效[12,13]。

为了保持阶段外推的合理性，所依据的初始阶段和预报阶段、预报时效和其他因子的时间尺度都应当是相近的，这就是各预报要素之间的尺度对应原理。它保持了对一个层次周期性分析的相对独立性，避免了尺度的混乱，保证了外推的合理基础。

20 世纪以来，我国大范围冷暖的变化，基本上与全球气温变化趋势是一致的[11]。20 世纪前半期，全球性的增暖是从 19 世纪 80 年代开始，到 40 年代达到顶点，增暖过程约为 70 多年。从 50 年代初期开始气温下降，在 50 年代末和 60 年代初虽有一个短暂的回升，但从 1963 年开始又重新变冷，而且夏、秋季比冬、春季更明显（图 6）。60 年代以来，我国东北及长江流域双季稻区域冷害日益频繁。北京的生长季缩短了五天，上海则缩短 8—10 天[14]。70 年代以来，连续出现了五个暖冬（1972—1973 年、1974—1975 年、1975—1976 年、1977—1978 年、1978—1979 年），冬温有所回升。

根据以上情况，从 20 世纪初以来气温演变的特点分析，很明显地存在着两个层次的准周期性。一个是从 19 世纪 80 年代到 20 世纪 40 年代的升温，在它们后面对应着相近尺度的降温过程。这个降温过程显然尚未结束，这个结果也符合太阳活动将继续减弱的估计[6]。50 年代末到 60 年代初和 70 年代初的回升，则是下降阶段的两个较小尺度的振动。在大的降温过程尚未结束前，这样小尺度振动还会重复出现。根据这样的分析，可以估计直到下世纪初将仍是一个冷期，其中存在着较小尺度的起伏。

对今后降水变化的趋势也可做类似的估计。例如在 1973 年全国旱灾较多的时期，我们根据 35 年周期已到谷点附近，而 2—5 年周期在 1972 年出现一个明显的低点，故估计次年降水要增多、并随之出现降水量增加的长期趋势，这与近年来的实际情况是一致的[11]。

根据以上的分析，我们可以对任何尺度的气候变化做出初步估计，但是气候预报不能到此为止。因为，这里所谓的周期性，只是准周期性，它的长度和强度是不确定的。同时它还依赖于其他条件，例如，某一尺度的准周期性振动的特点受更大尺度大周期的支配，同时还受到太阳活动与海陆关系的影响。所以，仅只依靠周期性作形态的外推，只能是初步的估计，还需要深入研究形成这些周期的原因以及更大尺度周期的演变规律，才有可能做出较好的气候预报。

致　谢：本文插图由杨蕴华同志协助绘制，特此致谢。

参 考 文 献

[1] 竺可桢, 中国近五千年来气候变迁的初步研究, 中国科学, 1973 年第 2 期.
[2] 竺可桢, 中国历史时代的气候变迁//气象学 1919—1949, 北京: 科学出版社, 1955.
[3] 郑斯中、张福春、龚高法, 我国东南部地区近两千年气候湿润状况的变化//气候变迁和超长期预报文集, 北京: 科学出版社, 1977.
[4] 张先恭, 中国东半部地区近五百年干旱指数的分析//1978 年全国气候变化讨论会文集, 北京: 科学出版社, 1981.
[5] 张家诚, 气候变化的基本概念及其预报问题的讨论//1978 年全国气候变化讨论会文集, 北京: 科学出版社, 1981.
[6] 张先恭、赵溱、徐瑞珍, 祁连山园柏年轮与我国气候变化的趋势//1978 年全国气候变化讨论会文集, 北京: 科学出版社, 1981.
[7] 张德二、朱淑兰, 近五百年来我国南部冬季温度状况的初步分析//1978 年全国气候变化讨论会文集, 北京: 科学出版社, 1981.
[8] 张家诚等, 气候变迁及其原因, 北京: 科学出版社, 1976.
[9] 张先恭、徐瑞珍, 我国大范围旱涝与太阳活动关系的初步分析及未来旱涝趋势//气候变迁及超长期预报文集, 北京: 科

学出版社, 1977.
[10] 张家诚, 气候变迁研究现状的几个问题, 大气科学, 1977 年第 3 期.
[11] 张家诚、朱明道、张先恭, 气候变迁的初步探讨, 科学通报, 1974 年第 4 期.
[12] Lamb,: H. H. et al.,: Climatic fluctuation and the problems of foresight,: *Final Report of a Working group of CAS*,: 1972.
[13] 中央气象局研究所, 气候变迁和超长期预报文集, 北京: 科学出版社, 1977.
[14] 龚高法、陈恩久, 全球性的降温是否会持续下去, 遗传和育种, 1977 年第 6 期.

CLIMATIC FLUCTUATIONS DURING THE LAST 500-YEAR IN CHINA AND THEIR INTERDEPENDENCE

Zhang Jia-cheng Zhang Xian-gong
(Academy of Meteorology, the Central Meteorological Service)

ABSTRACT

Analysis of the dry/wet and cold/warm periods in the last 500-year based on a great amount of historical materials reveals fluctuations of 2-5-year, 20-40-year, 200-year and 400-year periods. The interdependence of these periods has been investigated and used as guide for tentative climatic forecasting.

周天军 中国科学院大气物理研究所研究员

专家解读

在气候变化研究领域，历史时期的气候因为是现代气候变化的背景而具有重要研究意义。我国古籍中有丰富的气候记载，是独特的气候记录遗产。竺可桢曾利用古籍记录，揭示了我国近五千年气候的主要特点，为现代气候变化研究奠定了基础。本文是继竺可桢先生工作之后，我国在历史气候研究的另一重要进展。作者基于我国气象工作者通过协作整理、把文字记载数量化等最终完成的《我国近五百年旱涝等级分布图》，对近五百年来我国气候变迁中的不同时间尺度振荡特征及其相互关系进行了讨论。作者发现我国近500年来的干湿和冷暖变化，具有2—5年、20—40年乃至更长时间尺度的周期变化，并围绕着准周期性振荡的物理成因从太阳黑子等变化的联系进行了讨论。

从历史的角度看，该文最早揭示了我国气候的年代际变化特征。年代际气候变化研究是现代气候学研究的热点领域，世界气候研究计划（world climate research programme，WCRP）于1995年设立了“气候和海洋：变率、变化及可预测性”国际计划（Climate and Ocean-variability，predictability and change，CLIVAR），目的是推动国际年代际气候变化研究。该文的发表比CLIVAR的正式设立早了整整16年。现在我们知道，中国气候的年代际振荡，实际上受到太平洋年代际变率模态（pacific decadal oscillation，PDO）位相转换的影响，而国际上发现PDO现象的时间是1997年。从几个时间节点上，可以看出该文科学观点的前瞻性。

该文还讨论了中国冷暖转换时间与全球不同区域的关系，以及基于新的史料事实所揭示的特征与竺可桢先生早期文章的异同，在此基础上，从太阳黑子变化的周期的角度来解释冷暖转换。现在从过去千年气候演变的角度，我们利用太阳辐照度资料和火山气溶胶资料来驱动气候模式，已经能够真实再现史料中所记载的主要冷暖期的振荡特征，对于该文关注较多的冷期（即小冰期）的成因，已经有较为成熟的共识性解释，其中蒙德尔极小期、史波尔极小期等期间太阳辐照度减少的重要驱动作用，已经被数值模拟试验所证实。因此，该文对于我国的千年气候变化研究，从事实特征和机理假说上具有重要推动作用。

18

远距离台风影响西风带特大暴雨的过程模式*

| 蒋尚城 | 北京大学地球物理系

蒋尚城（1935—2007年），中国共产党党员，我国卫星气象事业的开拓者之一，中国气象学会卫星气象委员会副主任。长期从事卫星气象及灾害性天气、气候的科研和教学工作，以开拓性科研与教学实践，奠定中国卫星气象学基础，成果卓著，多次获奖，并为促进国际及海峡两岸大气科学的学术交流做出了积极贡献。

■ 发表在《气象学报》的著名论著还包括：《登陆北上减弱的台风所导致的暴雨-半热带系统暴雨》（1981年）、《卫星观测的中国区域气候》（1991年）等。

摘　要

本文对于中低纬系统相互作用的过程之一，即远距离台风与西风槽的作用在北方产生的特大暴雨过程进行了分析，概括了这种过程模式。着重指出台风与太平洋副热带高压之间的东南低空急流的特征和作用，尤其是与中高纬度高空西风急流之间的联系。讨论了这支低空急流和梅雨锋低空急流的不同，分析了台风东侧的低空急流与西风带冷空气的相互作用而形成的暴雨锋区的三层特殊结构，强调指出这种特殊结构可能是这种特大暴雨系统的一种重要特征。

18.1　引言

中低纬环流系统的相互作用对于整个大气环流的影响以及相互作用下所产生的严重天气都是极为重要的。强调中低纬系统的相互作用已是我们做暴雨预报的基本观点[1,2]。在文献[1]中，虽已给出了联结中高纬度西风带和热带辐合带的总环流模型，并列举了六种典型的相互作用的型式。但这毕竟只是一个轮廓。为了进一步研究暴雨，需要对中低纬系统相互作用下各类暴雨产生的物理过程作更深入细致的分析，以利于了解其产生的机制，做好暴雨预报。本文即是这一研究的继续。这里选择了远距离（1000 km以外）台风影响北方特大暴雨的过程。这类过程由于台风相距较远，等压面图上直接产生暴雨的系统又不明显（如在图1中仅在850 hPa上反映为一条弱切变线），而暴雨却能突然发生，强度很大，范围也不小（图1），预报时很难掌握。1977年7月下旬，位于福建的4号台风影响河北、辽宁

* 本文于1981年8月13日收到，1982年3月8日收到修改稿。蒋尚城. 1983. 远距离台风影响西风带特大暴雨的过程模式. 气象学报，41（2）：147-158.

的特大暴雨即属这类过程。对此过程，我们虽已有初步的分析[3]，为了概括出这类过程的模式，故在此基础上再作进一步的分析。

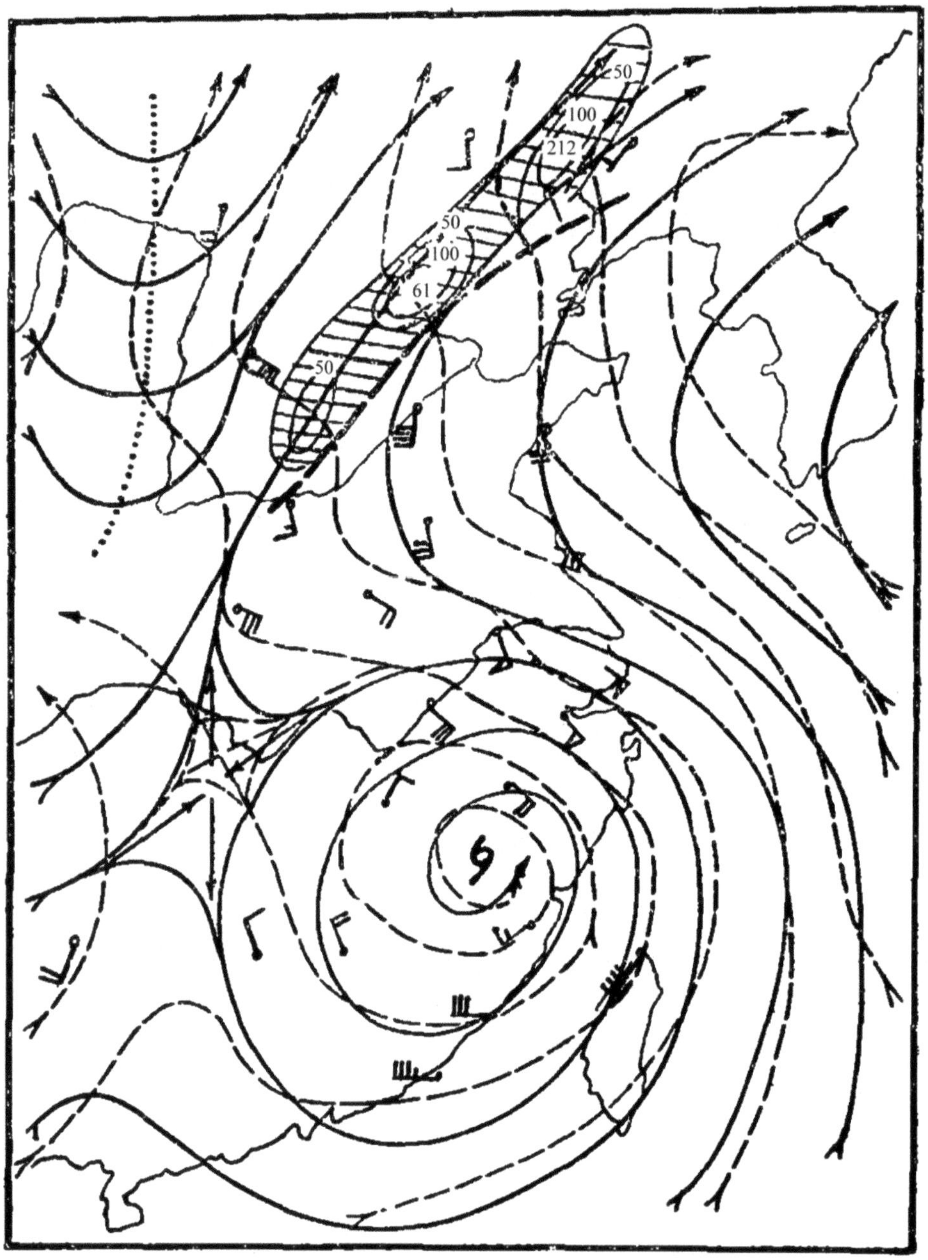

图1　1977年7月26日08时500 hPa（实矢线），850 hPa（虚矢线）流线图

点线为500 hPa槽线，虚线为850 hPa切变线，影线区为未来24小时雨区

18.2　台风活动及其伴随的东南低空急流特征

1. 台风活动与东南低空急流

台风在我国东南沿海登陆时与太平洋副热带高压之间有一支东南低空急流，这支急流的活动与北方暴雨密切相关，而此急流的生消又与台风活动紧密相关。图2为上海单站测风时间剖面图，7月25日08时台风在台湾省高雄登陆以前，在上海1 km高度以下有两次低空急流中心出现。它的高度低（600 m附近）且有明显的日变化，是边界层内的夜间低空急流，从25日08时到20时，台风从台湾省高雄移到福

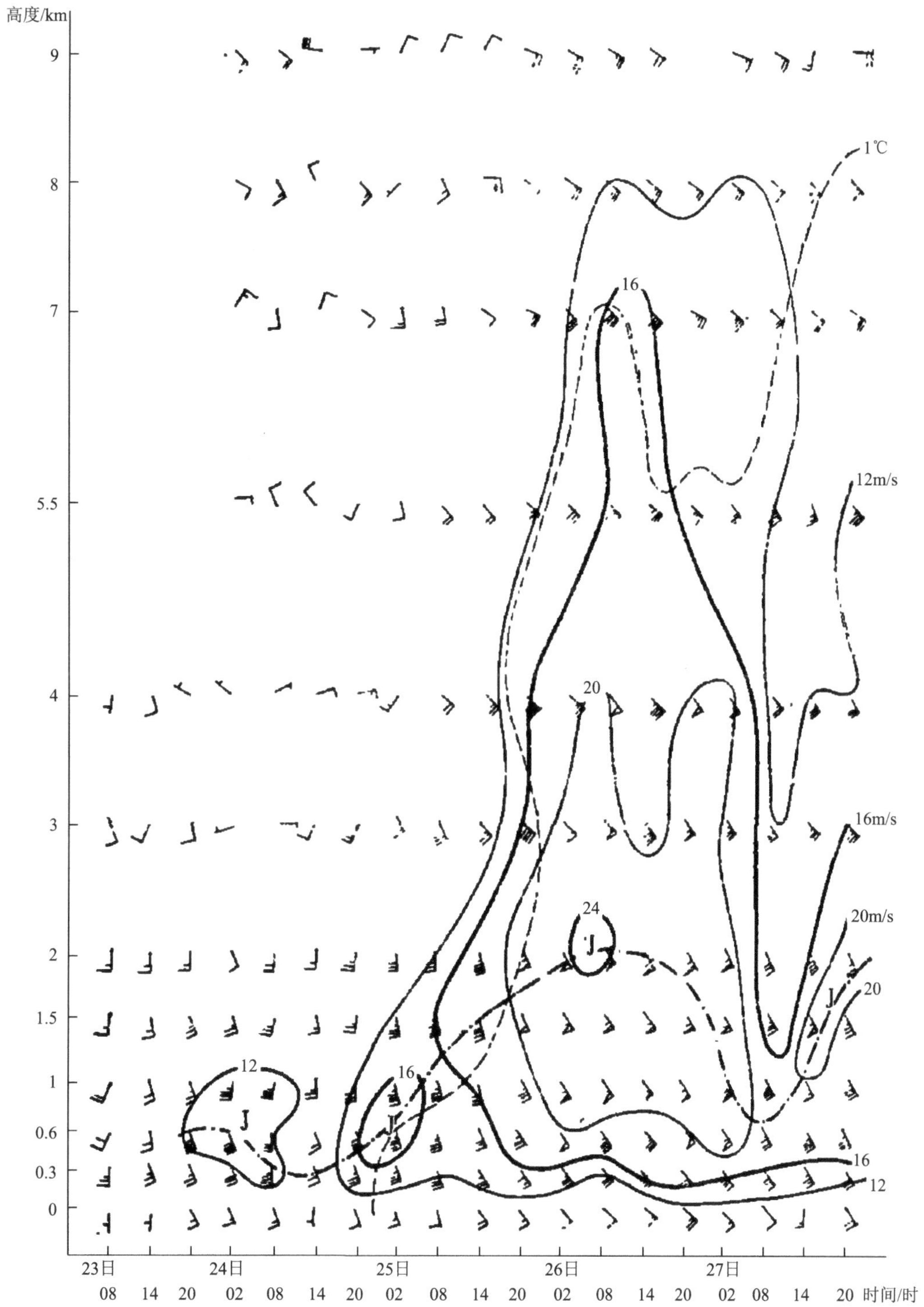

图 2 上海单站风时间剖面图

实线为等风速线，虚线为等（$T-T_d$）线，点虚线为急流轴线

建省福清，上海低空急流中心抬升到 2 km 高，强度增大到 21 m/s，上海开始受台风环流的影响。从 25 日 20 时到 26 日 08 时，随着台风的进一步逼近，上海低空急流进一步增强（最大强度达 24 m/s），同时 16 m/s 的等风速线从 3 km 急剧伸展到 7 km 高，而 $T-T_d$ 为 4℃（近于饱和）的等值线也伸展到相应的高度，显示出台风所伴随的这支东南低空急流（虽然东南风伸展的高度较高，但由于最强风速轴线仍位于 2 km 以下，故仍称它为低空急流。）是一深厚饱和的强风速层。26 日 08—20 时，台风缓慢北移，急流高度略有降低，26 日 20 时到 27 日 08 时台风北移到皖西南，这时上海急流高度迅速降低，说明台风的影响在消失。这种台风活动与低空急流的关系在图 3 中可以看得更清楚。25 日 20 时到 26 日 08 时，

台风与上海的距离 d 缩短到将近 500 km，而且台风与上海 850 hPa 上风向垂直线的夹角 α 趋于零，这说明台风位于低空急流中心上海的正交方向，故相应的气压梯度力及地转风速也应最大，实际计算表明这时地转风速占了实测风速的绝大部分（98%），也就是说，对于这支低空急流，质量场和速度场之间是处于准平衡状态，与一般产生暴雨时的低空急流中有很强的非地转成分不同[4]。在其他的个例分析[5]中，也发现急流是随着台风一起移动的，这都说明了这支低空急流和台风活动的密切相关。

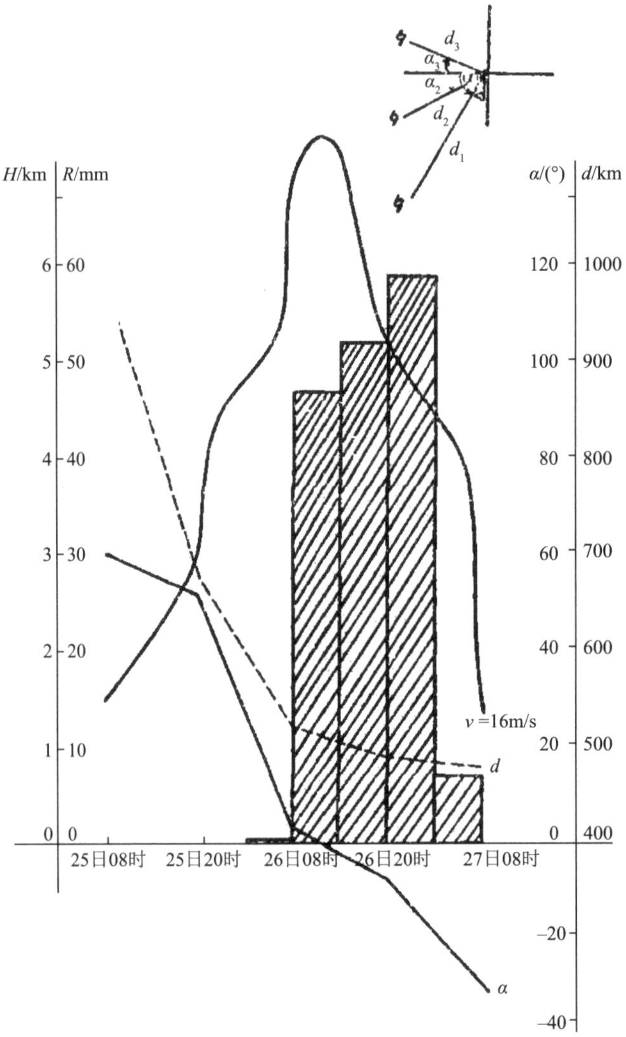

图 3　台风的相对位置与低空急流及北方暴雨的关系

d. 台风中心与上海的距离（km）；α. 台风与上海 850 hPa 上风向垂直线的夹角（°）；H. 上海 V = 16 m/s 等风速线所伸展的高度（km）；R. 北方暴雨区内天津、唐山、塘沽、坝县、柏各庄、青龙六站的 6 小时平均雨量（mm）

2. 低空急流和北方暴雨

从图 3 还可以看到登陆台风的北上，上海低空急流的加强及河北天津、唐山一带暴雨的发生三者之间的密切联系。26 日 08 时上海的东南低空急流突然增强，华北暴雨也随之发生。08—20 时 12 小时内暴雨区中六个站的平均雨量达 100 mm，20 时急流仍较强，以后的六小时内又下了 60 mm 的降水。27 日 02 时以后急流明显减弱，降水也剧减。竺可桢早就指出上海东南季风强度与北京的雨量有正相关，强调了东南季风对我国夏季降水的重要性[6]，由于当时资料和观测条件的限制，对于降水的物理过程无法进一步分析，本例的分析将有助于我们弄清东南季风导致暴雨的物理过程。事实上，上述东南低空急流与华北降水的明显关系首先是由于急流对水汽的输送作用。图 4 为这支低空急流中心附近的上海、南京、射阳三个站的平均风速廓线及水汽输送的垂直分布。可以看到两者的分布廓线很相似，25 日 20 时[图 4（a）]到 26 日 08 时[图 4（b）]，急流的平均最大风速及水汽输送激增达最大值，这对于北方暴雨的产生起了重要作用。除此以外，这支急流与中纬度冷空气的相互作用形成低层辐合和湿斜压锋生并在暴雨区造成强的对流不稳定条件，还有急流上的南风风速脉动对中尺度扰动的触发作用[3]，这都说明台风东侧的这支低空急流对暴雨的作用是多方面的，有热力作用，也有动力作用，不仅有大尺度的作用，还有中尺度的作用。下面再就它与中高纬度高空西风急流的相互联系作进一步分析。

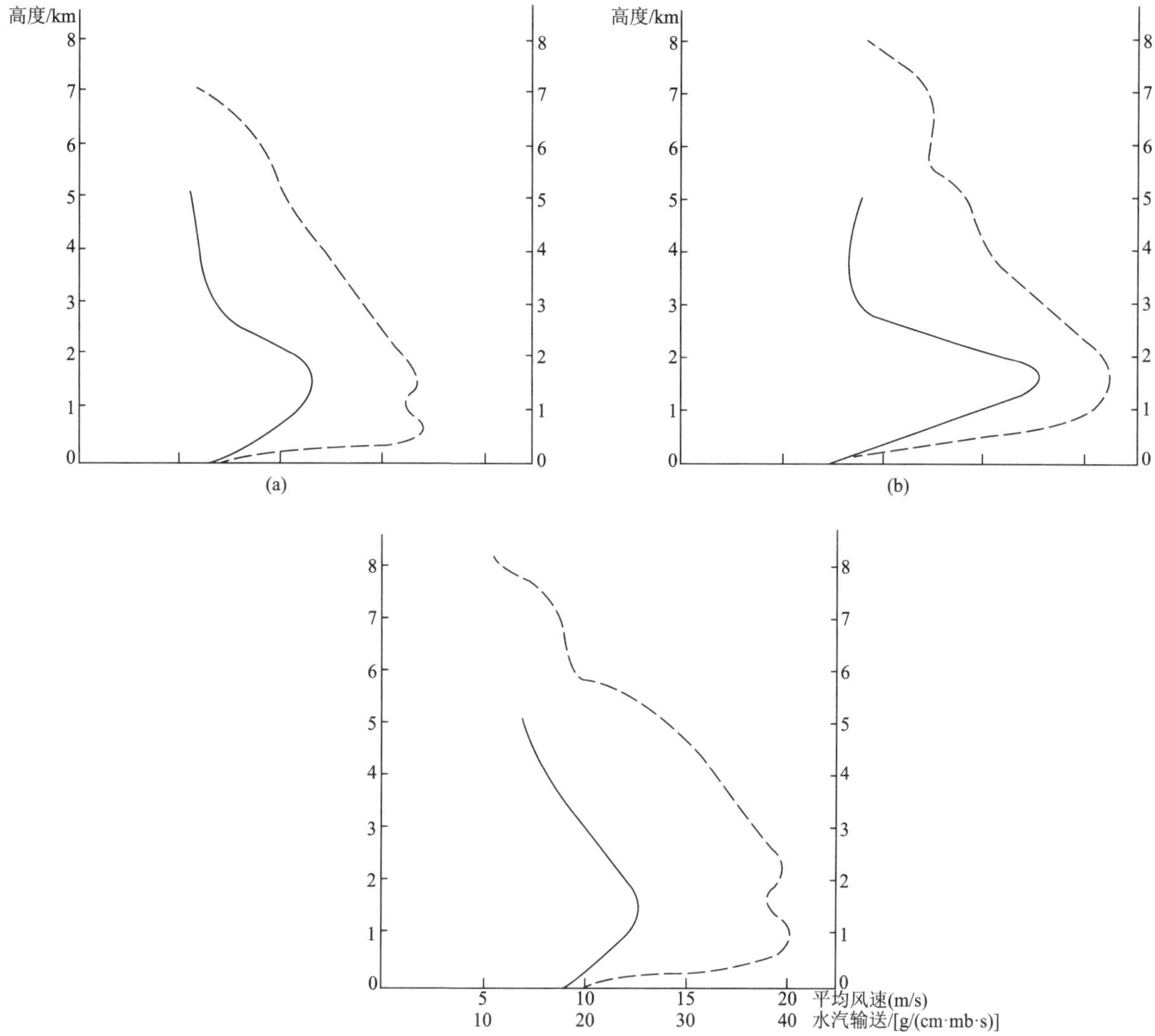

图 4 急流中心（上海、南京、射阳）平均风速（$\overline{V}$：实线）和水汽输送（$\frac{\overline{Vq}}{g}$：虚线）的垂直廓线图

（a）25 日 20 时，（b）26 日 08 时，（c）26 日 20 时

3. 低空急流和高空急流的联系

台风东侧所伴随的低空急流和西风槽前所伴随的高空急流似是中低纬度系统相互作用产生暴雨的重要条件。过去人们比较注意这两支急流所伴随的辐合与辐散中心的叠加对暴雨所起的作用，而对这两支急流的相互联系却很少研究。陶祖钰[7]曾经分析了一次暴雨过程中西南低空急流自下而上的斜穿整个对流层与高空急流连在一起的湿急流。在本例分析中又发现在暴雨过程中这支东南低空急流与高空西风急流也是相互连在一起的。图 5（a）为台风刚登陆时尚未影响北方暴雨的急流高度分布图，这时台风位于福建的福清，其伴随的东南低空急流最大中心在 2 km 高，位于上海、杭州一带。北京以北是偏西风的高空急流，主要急流高度在 12 km，位于二连浩特到伊春一线。在高低空急流之间，从济南到北京急流高度相差 13.4 km，风向相反，说明北边西风槽的高空急流和南边台风的低空急流之间毫无联系。到了 26 日 08 时，台风移到福建的七仙山（27°57″N，117°57″E）附近，济南的风向由东风转成

了南东南（顺转了 60°），高度由 0.6 km 上升到 4 km。而北京除了在 14 km 处依然维持一个西风急流外（风向不变，仅风速减小 2 m/s）9 km 高度处又出现一个新的偏南风急流（205°，22 m/s），它与台风东侧副高西缘上海来的低空急流轴方向很一致，亦即沿着低空急流轴到高空急流轴的方向，发生了急流高度不断上升，风向顺转，风速加大的现象[图 5（a）—5（b）]，尤其是在济南到北京的转向地区，急流高度差最大，这个地区正是低层能量锋区和暴雨中心所在，这里也正是上升运动区，由修正的连续方程计算得该地区 4—9 km 的平均 $\overline{\omega}$ 为 4 cm/s，如果空气运动在短时间内是定常的，则可以求出从济南的急流高度（4 km）上的空气质点到达北京时将上升 7 km，而北京 9 km 高度上的南风急流从风向来说与济南的南东南风很一致，高度上升了 5 km，两者也基本一致。另外从沿低空急流轴到高空急流轴的垂直剖面图（剖面基线即图 5（b）的矢线，是沿着副高西缘转向的）可以更清楚地看到：25 日 20 时[图 6（a）]上海到济南低空有一近于饱和的湿急流，从赤峰到伊春的高空则有一干的偏西风急流，两者完全割裂。到 26 日 08 时[图 6（b）]，台风与西风槽相互作用时，低空急流轴不断升高、转向并与高空西风急流轴连在一起，而且与饱和凝结区基本上相重合。谢义炳[8]指出湿空气质点在湿不稳定大气中有按湿绝热过程上升、转向、加速的过程。这里所揭示的观测事实似说明这种过程的存在。另外，这里所揭示的台风与西风槽相互作用而产生特大暴雨时的高低空急流相互关系与日本松元、二宫[9]等人所分析的暴雨时的高低空急流关系很不相同。他们认为暴雨时的低空急流是由于对流混合的作用使高空动量向低空输送的结果。而这里揭示的东南低空急流所带来的水汽在暴雨区上升、转向、加速，26 日 20 时在 200 hPa 上与西风槽前的高空急流合并加强，最大风速增大到 50 m/s（图略），这与动量向下输送的机理完全不同。高空急流的加强，一方面增强了高空的辐散，一方面又把暴雨区上空的凝结热迅速带走，使暴雨区的不稳定得以不断重建，而使暴雨得以维持和加强。所以高空急流也是暴雨产

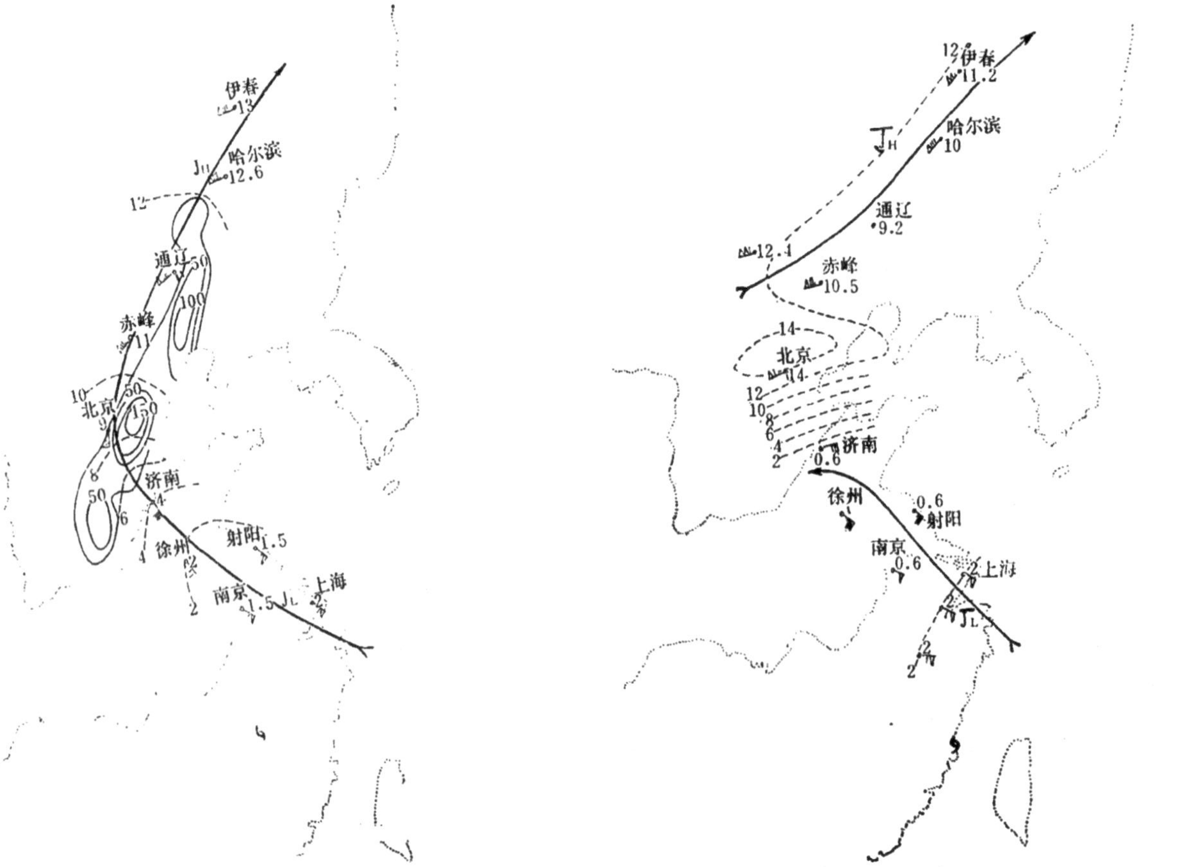

(a) 1977年7月25日20时　　(b) 1977年7月26日08时

图 5　沿高低空急流轴的急流高度分布图

数字为最大风速所在的高度（km），虚线为急流高度等值线，细实线为未来 24 小时的暴雨区

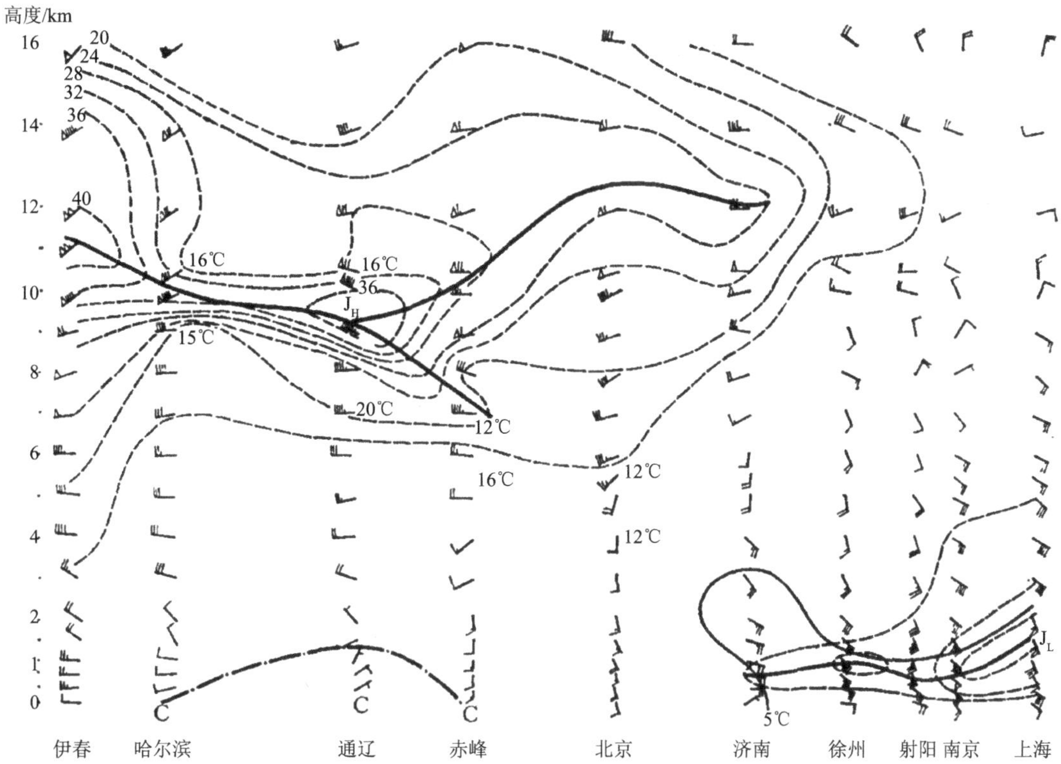

(a) 1977年7月25日20时

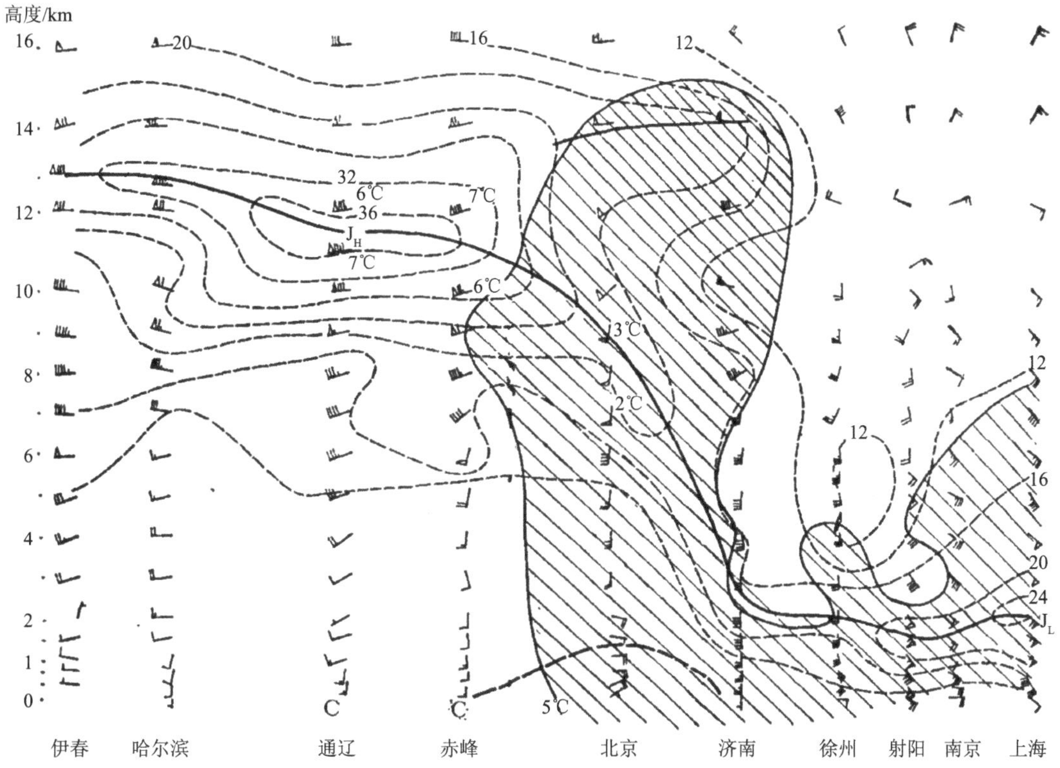

(b) 1977年7月26日08时

图 6 沿着从低空急流轴到高空急流轴的垂直剖面图

标有℃的数字为温度露点差；细虚线：等风速线（m/s）；粗实线：急流轴线；粗虚线：浅薄冷空气堆

生的重要条件，但是高空急流的出现不一定都伴有暴雨的产生，往往是它与低纬（下同）系统所伴随的低空急流共同作用时更易产生暴雨。总之，暴雨期间高低空急流之间有较显著的联系，这是一个十分有意思的问题，其详细的物理机制值得进一步研究。

18.3　中低纬系统相互作用下暴雨锋区的特殊结构

中低纬系统相互作用下的暴雨一般都比较强，经常造成特大暴雨。从水平方向（各等压面图）来看直接下暴雨的系统特征与一般降水的系统往往并无明显不同，而从垂直方向看却有显著特征。图 7（a）为垂直于暴雨区的剖面图。图上最明显的特征是暴雨区的锋区在垂直方向上具有三层结构。第一层为 900 hPa 以下的边界层内，锋区向冷侧倾斜，锋后为一浅薄的冷堆，这是上次冷锋过程中的冷空气变性残存下来的。第二层为从 900—700 hPa，主要以 850 hPa 为代表，由于台风所伴随的东南低空急流带来的暖湿空气与北方的冷干空气在有利的变形场形势下造成强烈的锋生[10]，这个锋区强度大，湿斜压性明显并向暖区一侧倾斜，我们曾称之为半热带锋区[5]，再向上，从 600—300 hPa，有一西风槽所伴随的向冷区倾斜的高空锋，这个锋区主要是温度对比明显，其上伴随一支高空急流，显然这种特殊的三层锋区结构并不是单纯的某一西风带系统所伴随的，而是中纬度系统（西风槽）和低纬度系统（台风）相互作用的产物。这种特殊结构的锋区对产生特大暴雨又是非常有利的。图 9 给出了图 7（a）剖面上的散度场和三维流场，可以看出边界层内，北京、邢台附近的浅薄冷堆是比较稳定的，暖湿空气沿此冷堆辐合上升，得到一个起始的上升速度，虽然这时上升速度很小，但再往上到 700 hPa 之间有一个强的向南倾斜的湿斜压锋，那里由于对流不稳定能量的释放而使上升运动大大加速，再向上由于高空锋区上的斜压位能的释放和凝结加热而继续加速，到 500—400 hPa 之间达最大。再往上，在其继续上升过程中垂直于剖面的偏西风分量越来越大，到急流中心为 39 m/s，同时在急流轴南侧在北京上空有一强辐散中心，这说明南方由低空急流输送过来的大量水汽是通过这种特殊的多重结构的锋区逐级上升加速，再加上高空有着有利的质量流出场而造成强烈的降水，有意思的是这种三层锋区结构并不是仅在这一个例中才有，在 7805 号台风倒槽[5]中也有这种型式的结构[图 7（b）]，更有意思的是在雷雨顺[11]的 10 次经向型持续性大暴雨（其南方均有台风低压的影响）的合成分析垂直剖面图上，也可以清楚地看出这种三层结构（见图 8 中的 T_σ 60℃到 66℃线）。因此，很可能三层锋区结构是这类中低纬系统相互作用下产生特大暴雨系统的重要特征。

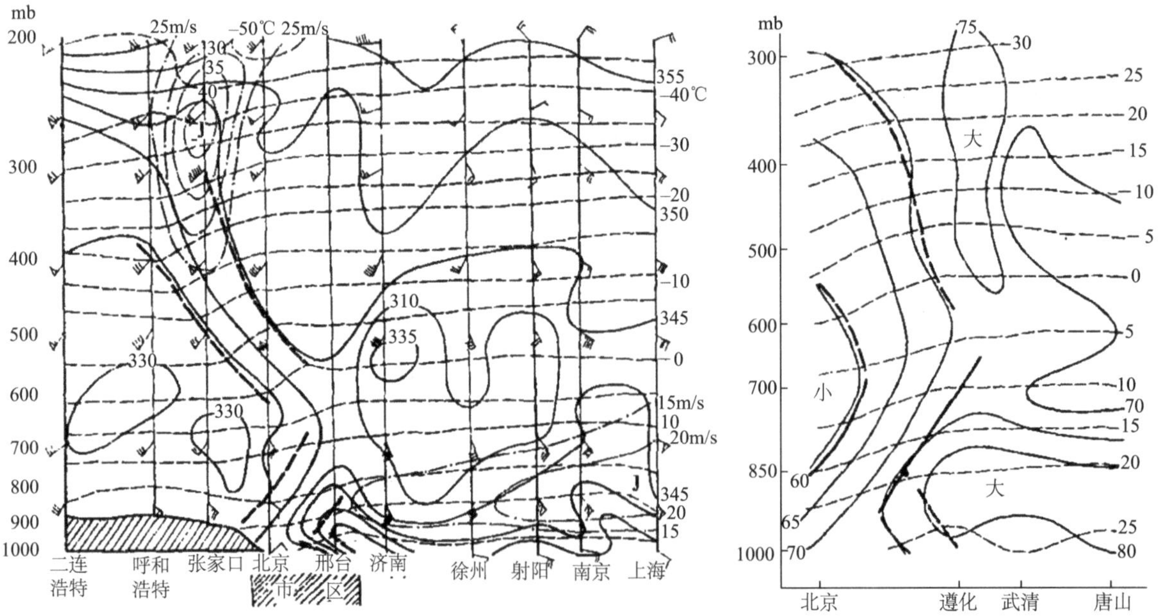

(a) 1977年7月26日08时　　(b) 1978年7月25日02时[5]

图 7　三层锋区的剖面实例图

θ_{se}：实线；T：虚线；等风速线：点虚线

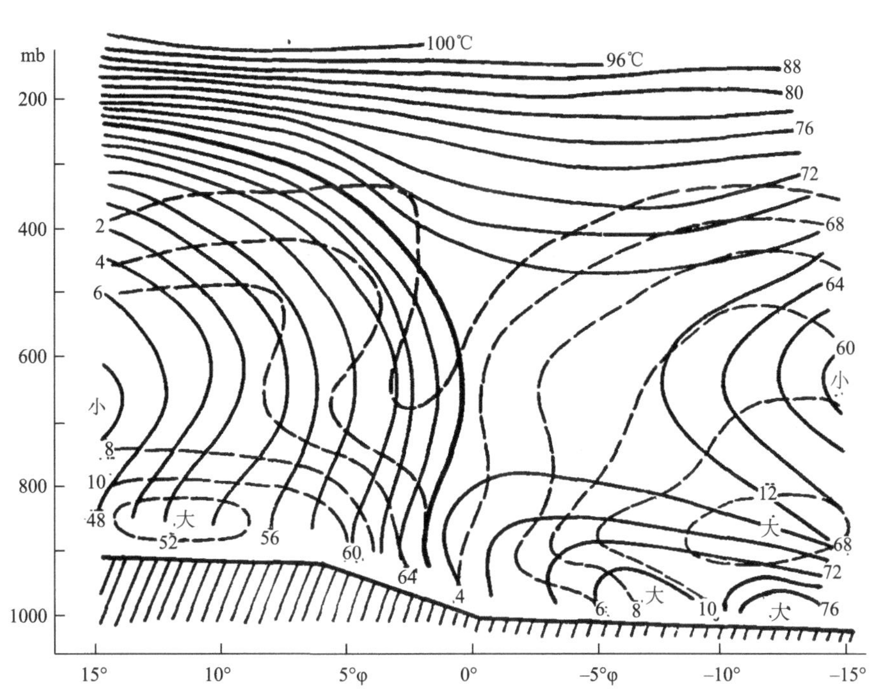

图 8　十次经向型持续性特大暴雨的合成剖面[11]

T_σ：实线；$\frac{L}{c_p}(q_s-q)$：虚线；$T_{\sigma=66℃}$线：粗线

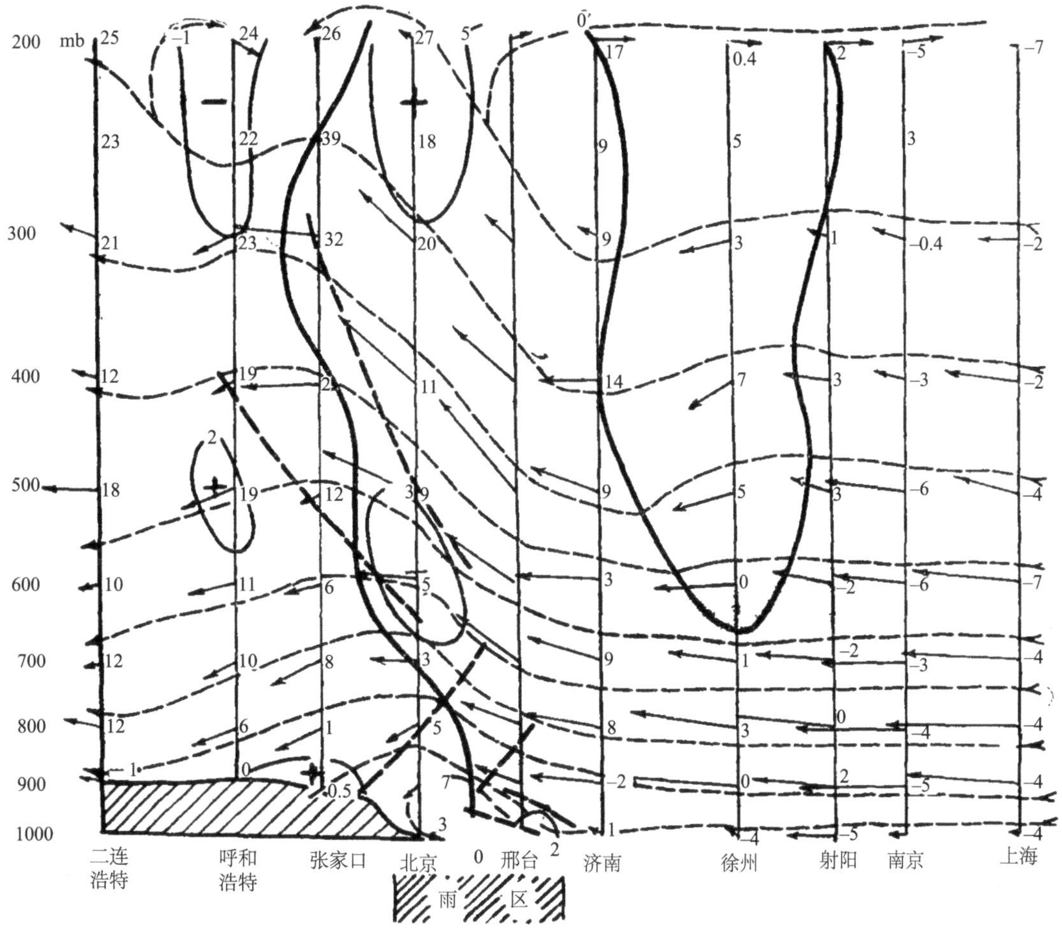

图 9　同图 7a 剖面上的流场及散度分布图

粗线：W零线；+：辐散中心；−：辐合中心；箭头：剖面上的风矢量，数字为垂直于剖面的水平风速，正值为偏西风分量，负值为偏东风分量

18.4 远距离台风影响下西风带特大暴雨的模式

根据上述分析，我们可以把这种远距离台风影响西风带特大暴雨的过程模式概括如图 10，这个模式说明台风在北上时与副热带高压之间形成一支强劲的东南风低空急流，把低纬洋面上的大量水汽往北输送，在近地面边界层内，遇残存的弱冷空气辐合抬升，在对流层中、下层，由于急流的影响，在有利的变形场内产生强烈的锋生，而且这个锋区是向暖区一侧倾斜$\left(\frac{\partial\theta_{se}}{\partial z}<0\right)$，故通过边界层顶向上输送的水汽，由于这里的对流不稳定能量的释放而得到加速，到对流层中、上层，又有高空锋区的斜压位能的释放而进一步加速，同时对流凝结潜热的释放增暖高空大气而导致对暴雨的反馈作用。另外低空急流所带来的水汽上升、加速，转向并与高空急流合并，增强了高空急流，也促使低层辐合的加强与暴雨的加强。这样就构成了西风带内特大暴雨的极为有利的条件。

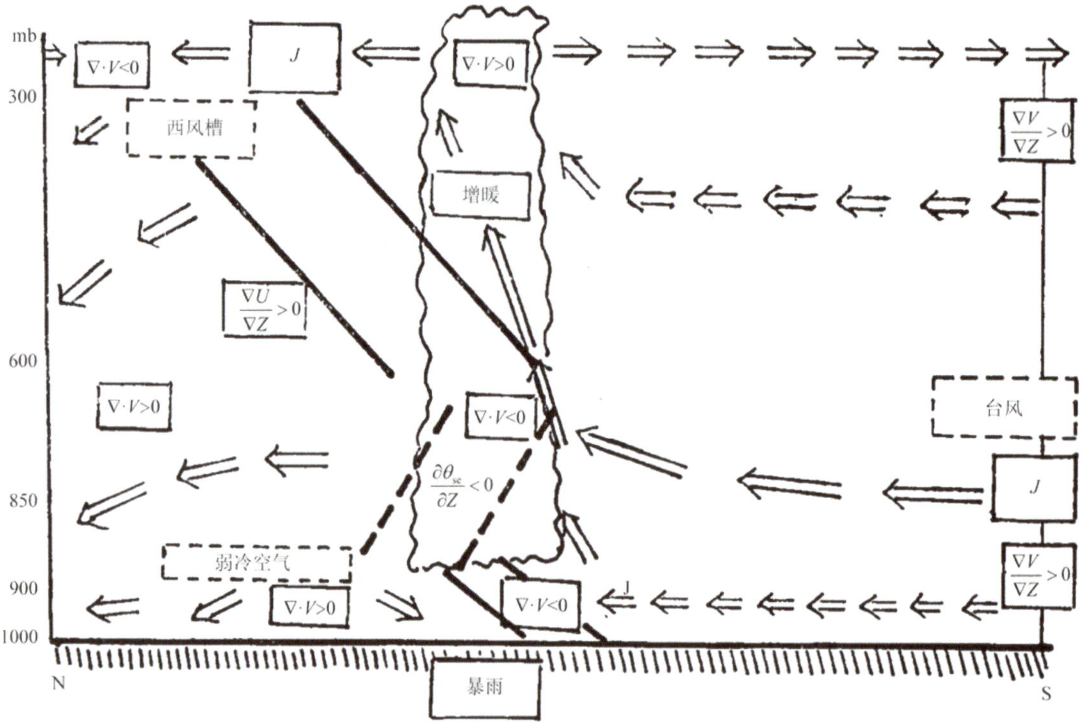

图 10 远距离台风影响西风带特大暴雨的模式

18.5 结论和讨论

(1)台风对相距较远的西风槽的相互作用，主要通过台风与太平洋副热带高压之间的东南低空急流来实现的，这支低空急流是东南向的，准地转的并与台风活动紧密联系的，这是与梅雨锋相联系的西南风低空急流是不同的，另外它与梅雨锋上中尺度扰动相伴随的低空急流也是不同的，除了水平尺度不同以外，前者先于降水出现，对降水预报有先兆性[12]，后者则几乎与降水同时出现[9]，前者由于水汽的作用在能量锋处急剧地上升、加速并沿副高边缘转向成西南风使高空风速加大，这似乎说明了湿斜压大气中水汽的主动作用的观点[8]，而这与松本等研究梅雨锋中所提出的由于对流混合作用使高空动量下传产生低空急流的观点[13]是不同的。

(2)中低纬系统相互作用下特大暴雨中的能量锋区的三重结构表明了夏季直接产生大暴雨的系统尽管在水平方向上特征并不比一般降水系统更明显，但是如果注意到更大范围的中低纬环流系统的相互作用，及由此形成的暴雨系统的垂直结构特征确是十分清楚的。因此似乎应把中低纬系统的相互作用及系统的垂直结构作为认识和分析大暴雨系统的重要方面。此外，三层锋区表明不能用准地转的中纬度斜压大气特征来描述和解释夏季大暴雨系统的结构，在夏季，实际上存在着 1 km 以下的边界层，850—700 hPa 的对流层中下层，及 700—300 hPa 的对流层中上层的三层系统。因此，在夏季的暴雨预报中，似乎不能像其他季节的中纬度天气预报那样主要抓地面及 500 hPa 二层系统。实际上我们的气象工作者已分别注意到这三层系统在暴雨预报中的重要性，除了 850 hPa（或 700 hPa）上的低空急流、切变线和能量锋区以外，人们对于边界层中的辐合线、能量锋及 300 hPa（或 200 hPa）上的高空急流与暴雨的关系均已引起了重视。但如何以中低纬系统相互作用为线索，把这三层系统的相互联系和配置构成新的天气模式，这可能对于改善暴雨预报的能力，尤其对于提高特大暴雨的预报能力会有很大好处的。本文只是这方面的初步探索，许多分析还仅限于天气学的定性的讨论，有些事实可能还需要用数值试验的方法来进一步研究，以便使得这种天气模式更加接近于客观实际，并作为改善暴雨数值预报的重要依据。

致　谢：本文承谢义炳教授审阅与指导，张镡、陈受钧同志提出宝贵意见，特此表示深切感谢。

参 考 文 献

[1] 北大地球物理系气象专业, 初论西风带和热带辐合带环流系统的相互作用, 大气科学, 1977, 2, 132-137.
[2] 谢义炳、张镡、蒋尚城, 暴雨中短期预报的观点和思路, 气象科技, 1979, 2, 2-5.
[3] 张廷治, 杨扬、蒋尚城, 1977 年 4 号台风与北方特大暴雨, 北方天气文集, 第二集, 1-8, 北京: 北京大学出版社, 1982.
[4] 陶诗言等, 中国之暴雨, 北京: 科学出版社.
[5] 蒋尚城、张镡、周鸣盛、刘盎然, 登陆北上减弱的台风所导致的暴雨——半热带系统暴雨, 气象学报, 39, No.1, 18-27, 1981.
[6] 竺可桢, 东南季风与中国之雨量, 地理学报, 1934 年.
[7] 陶祖钰, 湿急流的构成及形成过程, 气象学报, 38, No.4, 331-340, 1980.
[8] 谢义炳, 湿斜压大气的天气动力学问题, 暴雨文集, 长春: 吉林人民出版社, 1980.
[9] 二宫洸三, 梅雨前线带の豪雨, 第 6 章, 气象研究. 第(138)号, 1979.
[10] 张元箴, 变形场和能量锋锋生, 本期 p219-222.
[11] 雷雨顺, 经向型持续性特大暴雨的合成分析, 气象学报, 39, No.2, 168-181, 1981.
[12] 蒋尚城, 谢安, 西太平洋台风和北方暴雨, 北方灾害性天气文集, 6-10, 北京: 气象出版社.
[13] Matsumoto S.,: K. Ninomiya and S. Yoshizumi,: Characteristic Features of "bai-u" Front Associated with Heavy Rainfall,: *J. Met. Soc. Japan*. 49. 267-281,: 1971.

A SYNOPTIC MODEL OF THE HARDRAIN STORM IN WESTLY BELT AFFECTED BY THE FAR DISTANT TYPHOON

Jiang Shangcheng
(Department of Gephysics, Peking University)

ABSTRACT

In this paper, one of the interaction processes between the mid- and low-latitude systems——

hardrain storm process caused by interaction between the westerly trough and the far distant typhoon was analyzed and a model was presented.

The characteristics and the role of the SE low-level jet between typhoon and Pacific subtropic high especially the connection between SE low-level jet and the westerly high level jet were revealed. The differences contrasted with baiu front low jet were discussed. It was shown that the hardrain storm front, which was generated by the interaction between the cold air in westerly belt and low-level jet in company with typhoon, possessed particular three-layer structure. It was emphasized that this particular structure of front may be an important characteristic feature of the hard rainfall bearing systems.

孙建华 中国科学院大气物理研究所研究员

专家解读

文章深入分析了远距离台风与西风槽相互作用导致北方特大暴雨的过程，揭示了台风与太平洋副热带高压之间的东南低空急流的特征及其在暴雨形成中的关键作用。文章强调了中低纬环流系统相互作用对暴雨产生的重要作用，改变了以往主要关注单一系统或中纬度系统的研究视角，这种新视角为研究其他复杂天气现象提供了新的思路和方法。文章提出了暴雨锋区的三层特殊结构理论，并指出这种结构是中低纬系统相互作用的产物，对特大暴雨的形成至关重要。

在 20 世纪 80 年代，对远距离台风与西风槽相互作用导致暴雨的研究还相对较少。这篇文章通过对具体案例的深入分析，开创性地揭示了这种相互作用的过程和机制，为后续相关研究奠定了基础。文章提出的暴雨锋区三层结构理论和中低纬系统相互作用的观点，丰富和完善了当时的暴雨理论体系。这些理论成果为气象学界提供了新的理论框架，促进了暴雨研究的深入发展。

文章的研究成果推动了气象学中关于暴雨形成机制和中低纬系统相互作用理论的发展。文章的研究成果激发了后续大量相关研究的开展。文章提出新的暴雨预报思路，促使气象业务工作者更加注重中低纬系统相互作用和暴雨系统的垂直结构特征在暴雨预报中的应用。

19

层状云对积云发展和降水的影响
——一种云与云之间影响的数值模拟*

|黄美元　洪延超　徐华英　周　恒①|　中国科学院大气物理研究所

黄美元（1934—2010 年），著名大气物理学家、中国科学院大气物理研究所研究员。一生从事大气物理学和大气环境研究，在云物理学、人工影响天气、酸雨成因、大气污染物输送研究等领域做出了卓越的贡献。特别注重科研与国家需求紧密结合，为我国的人工影响天气科研业务事业建立了不可磨灭的功勋。

■ 发表在《气象学报》的著名论著还包括：《地面连续云滴谱仪》（1965 年）、《暖性层积云中大云滴分布特征》（1983 年）、《在梅雨锋云系内层状云回波结构及其降水的不均匀性》（1984 年）等。

摘　要

利用我们已建立的二维积云降水模式，在相同的大气层结条件下，模拟了孤立积云和层状云中积云的发展和降水情况。结果表明，层状云的存在对积云的发展有显著的促进作用，降水量可加大到几到几十倍，从而认为积层混合云系可能是产生大雨和暴雨的一种重要机构，这与梅雨锋里锋区混合云系常产生暴雨的观测事实比较符合。

19.1　引言

人们已注意到，云与云之间的影响对云的发展和降水量变化有重大作用。观测[1,2]和数值模拟[3,4]表明，积云之间的并合，可以强烈地促进云的发展，降水量可加大到几到几十倍。另外的研究[5]也指出，当上下有两层云存在时，就构成播种云——供应云体系，此时降水量也会加大。在文献[6]中我们提出了云之间影响的第三种类型，即积云和层状云并存时层状云对积云发展的影响问题。根据对梅雨锋云系和降水的研究[7-10]，大雨和暴雨主要发生在锋区范围内，产生这种降水的云型主要是积云和层状云的混合云。观测还表明，层状云中对流云回波生命期一般比孤立对流云长，降水强度和降水量也较大。本文

* 本文于 1985 年 4 月 11 日收到，1985 年 9 月 10 日收到修改稿。黄美元，洪延超，徐华英，周恒. 1987. 层状云对积云发展和降水的影响——一种云与云之间影响的数值模拟. 气象学报，45（1）：72-77.

① 南京气象学院 1984 年毕业生。

将利用数值模式进一步计算和讨论层状云对积云发展的影响。

19.2 计算和分析

设想积云是在高度和厚度可以改变的层状云中产生和发展的，利用已建立的二维非定常平面对称积云降水模式[11,12]，把初始给定的层状云只作为含水量层，不考虑它内部的上升气流和微物理过程。计算时分别取在低层（1.5—3.5 km）中层（3.0—5.0 km）和高层（5.5—7.5 km）以及整层（1.5—5.0 km 和 1.5—7.5 km）加层状云四种情况，为了更接近实际，层状云顶部加一逆温层。分别讨论强弱两种积云在层状云中的发展情况。计算时取刚性边界，气流、云水等为零，下边界雨水取其上方相邻网格点之值，温度和湿度的边界值等于环境值，初始条件、扰动条件除同文献[11]之外还要加上 $t = 0$ 时，云水含量 $M = 0.2\ \mathrm{g/m^3}$。大气温度直减率 $\gamma = 0.60 - 0.001Z$，Z 为高度以 100 m 计之，γ 以℃/100 m 为单位。逆温层厚 0.5 km，其内 $\gamma = -0.6$℃/100 m。湿度分布是，在 2 km 高度及其以上，相对湿度 $f = 0.70$，2 km 之下 $f = 0.90$（对于强积云）和 $f = 0.80$（对于弱积云）。

19.2.1 层状云的并存对积云发展的影响

表 1 给出层状云影响下，原来较弱积云的主要参量值。为了便于比较，同时给出顶部有和无逆温层的层状云中积云的参量值。总的来说，不论层状云顶部有无逆温层，它对积云发展和降水都有明显的促进作用，其内积云各参量值明显比孤立积云大。下面就不同方面进行分析。

表 1 有无层状云时弱积云的发展情况（数值模拟结果）

积云参量	孤立积云	层状云高度及厚度/km				
		1.5—3.5	3.0—5.0	5.5—7.5	1.5—5.0	1.5—7.5
最大上升速度/（m/s）	2.1	2.2/1.2*	2.6/2.2	2.1/2.1	3.8/2.2	4.3/4.0
最大云水含量/（$\mathrm{g/m^3}$）	1.2	1.6/1.4	1.7/1.6	1.2/1.2	1.7/1.6	1.7/1.7
最大雨水含量/（$\mathrm{g/m^3}$）	0.2	1.0/0.4	1.2/0.9	0.2/0.2	1.8/1.3	2.1/2.0
最大回波强度/dBz	29	42/35	43/42	29/29	47/44	48/48
最大雨强/（mm/h）	1.3	12.7/4.5	13.0/10.1	1.3/1.4	24.0/17.2	28.1/27.7
总凝结量/（t/m）	291	2115/2698	2069/2994	291/291	3744/4327	5235/5824
总降水量/（t/m）	70	1311/824	1436/1176	70/70	2841/2232	3982/3875
降水效率/%	24	64/31	69/39	24/24	76/52	76/67

* 有逆温层时的值。

云中心轴上的最大上升气流速度（$W_{\max}$）是反映积云发展程度的重要参量。从表 1 看到，孤立积云中，$W_{\max} = 2.1$ m/s，中层和整层有层状云时，$W_{\max}$ 都加大，层状云愈厚，加大值愈大。虽然逆温层对上升气流发展有阻碍作用，但此时层状云中积云仍比孤立积云发展强大。层状云的积云处在一种饱和且有含水量的环境中，积云侧边界上的湍流和夹卷作用，不再使积云损失水汽和热量而耗散其发展的能量，积云云顶也不会进入非饱和空间造成云滴蒸发而使云中浮力减小；另外，层状云存在也使流入积云内的空气比较潮湿。所有这些因素促使积云凝结量增加，因此释放出的潜热增多，上升气流加强，入流水汽量加大，从而进一步增大凝结量、云水和雨水量。由于存在这种正反馈作用，积云发展旺盛，降水量增加。在本例中，高层（5.5—7.5 km）加层状云对积云中上升气流影响不明显，这是由于积云较弱，流场基本没有到达层状云高度。

图 1 是不同层状云情况下积云中心轴上最大上升气流速度 $W_{\max}$ 随时间演变情况。可见除低层有层

状云并有逆温层情况而外，层状云中积云的 W_{max} 峰值比孤立积云大。另外上升气流随时间分布形式也有不同。孤立积云中，上升气流增大和减小很快，最大上升速度维持时间很短；而有层状云时，往往强上升气流能较稳定地维持一段时间，特别明显的是云生命期延长，一般延长 2 倍。有逆温层时，虽然 W_{max} 的峰值小于无逆温层时情况，但积云寿命都差不多。

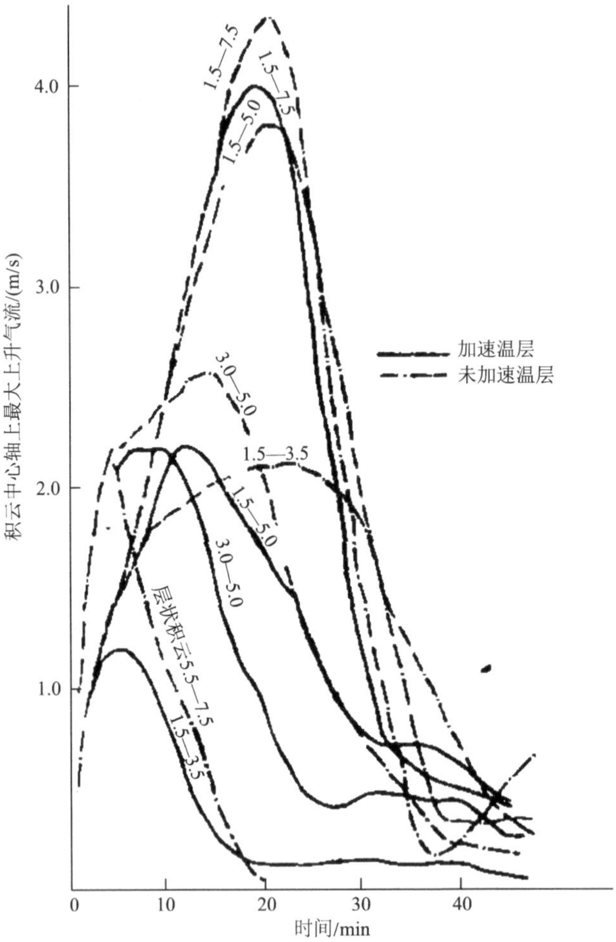

图 1　各种情况下积云中心轴上最大上升气流速度的时间变化（曲线上数字是层状云所在高度）

逆温层高度不同对 W_{max} 影响也不同。在 1.5—7.5 km 为层状云时，逆温层在 7.0—7.5 km，W_{max} 值及其分布形式与无逆温层时差别不大，这是因为积云中 W_{max} 在 5 km 处，逆温层对流场影响不大。当中层 3.0—5.0 km 为层状云时，W_{max} 在 4.0 km 附近，此时逆温层对积云流场就有较大影响，使 W_{max} 分布中的峰值减小并提前下降。1.5—5.0 km 为层状云时也是如此。可见中层有逆温层时对嵌入层状云的积云发展有明显压制作用，但此时的积云仍比孤立积云强。在 1.5—3.5 km 有层状云时，由于逆温层高度低，严重地抑制了积云上升气流的发展，结果 W_{max} 减小，不仅小于无逆温层时的值，也小于孤立积云值。

另外，凡底高为 1.5 km 的层状云中，积云的初始上升气流值都比较小，而对于底高在 3.0 km 以上的层状云中的积云，上升气流初始值都较大且和孤立积云相同。其主要原因是层状云中含水量的拖带作用：尽管含水量不大（只有 0.2 g/m^3），但在积云发展的初始时刻，扰动产生的上升气流速度很小，相对而言云水拖带作用影响就大。总之，低层存在薄的（如厚度为 1 km）层状云，特别顶部有一逆温层时对积云发展是很不利的。

19.2.2　层状云和逆温层对积云结构和流场影响

我们通过一例来分析这个问题。图 2 给出三个时刻和三种情况下积云的结构和流场。在发展初期，流函数最大值所在高度都基本相同，但由于逆温层的抑制作用，上升-下沉环流区的上界高度不同，云中含水量分布的差别尤为明显。初始，孤立积云中含水量稍大，中心低范围也小；有层状云时（$2b_1$，

$2c_1$），含水量中心升高，范围（0.3 g/m^{3}的等值线）已扩大到 4 km 高度；有逆温层时（$2c_1$），由于向上输送的水汽和随之凝结的水量被压制在逆温层下，层状云顶部积聚并出现了以 0.5 g/m^{3}为中心的含水量闭合区。12 min 时，比较 $2a_2$ 和 $2b_2$ 可以看出，和孤立积云大不相同，层状云中积云发展旺盛，云顶已达 6 km，云水和雨水含量中心区在云中部，值比前者大得多，上升气流扩展到 5—6 km 高度，云外中高层出现补偿性下沉气流，周围层状云已消散。另外有逆温层时（$2c_2$），云的结构明显不同。由于上升气流不能突破逆温层，只在逆温层底部辐散开，所以流场上界流线平直，这里的层状云也未消散，随着积云发展形成积云的云砧。24 min 时，孤立积云（$2a_3$）已为下沉气流所控制，处于消散阶段；而层状云中积云（$2b_3$）的上升气流和含水量区上抬，云顶向上发展到 8 km，产生强烈降水，成为一块成熟的积雨云，低层已出现反环流；有逆温层时（$2c_3$）情况有所不同，积云不向高处发展，云顶和含水量中心（0.9 g/m^3）被限制在逆温层之下，云体变得粗壮。由于上升气流输送的水汽在逆温层受阻并凝结，云砧得到加强，其含水量达 0.5 g/m^3，但这里雨水含量却很小，说明云雨转换过程很弱。云下是一片较宽的降水区。其他计算例子也说明，与孤立积云相比，中层和整层有层状云时积云发展旺盛，云体高大，降水强而雨区宽广，层状云顶部逆温层虽然抑制了积云的发展，使积云形成明显的云砧，但积云仍比孤立积云强大。

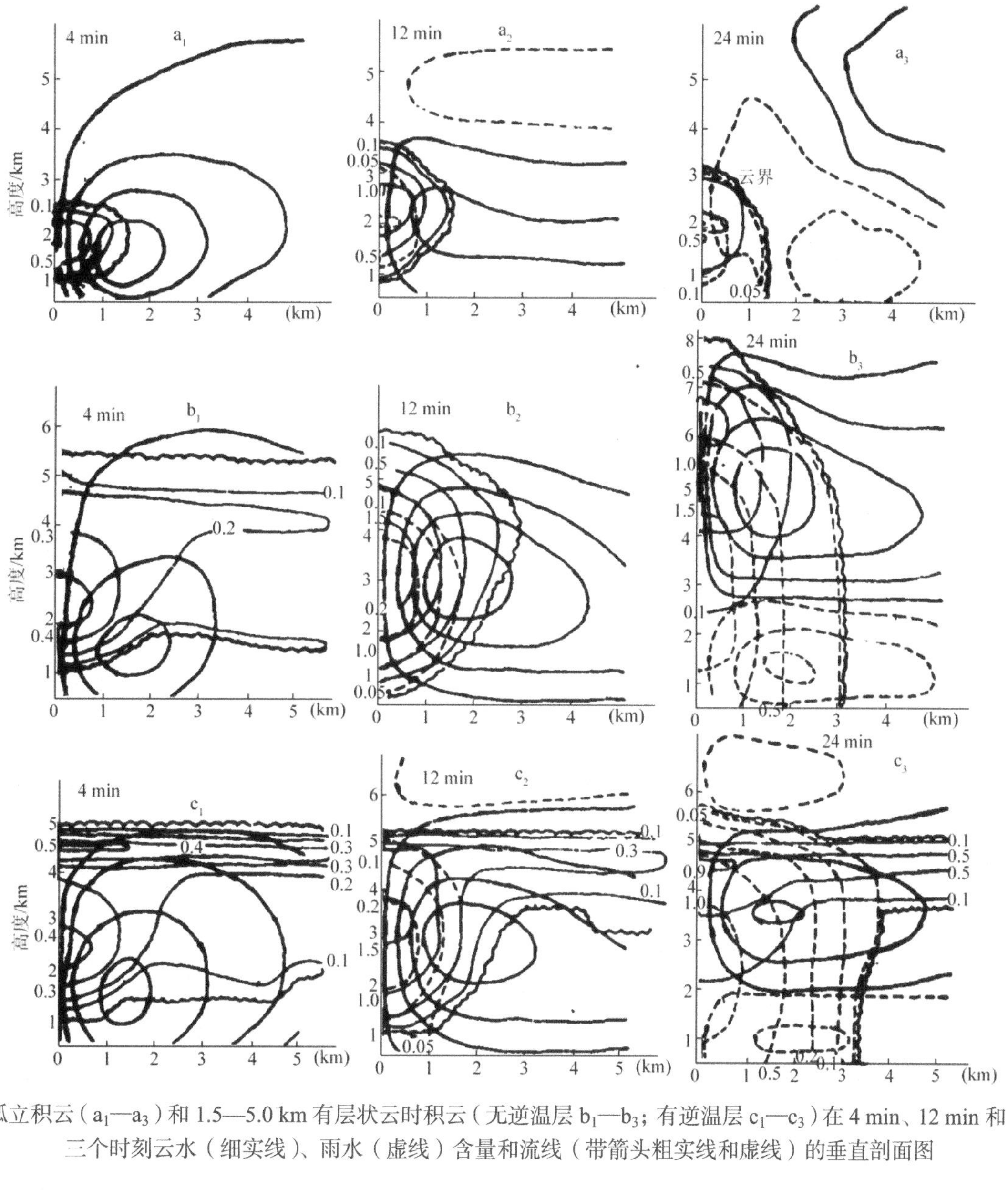

图 2　孤立积云（a_1—a_3）和 1.5—5.0 km 有层状云时积云（无逆温层 b_1—b_3；有逆温层 c_1—c_3）在 4 min、12 min 和 24 min 三个时刻云水（细实线）、雨水（虚线）含量和流线（带箭头粗实线和虚线）的垂直剖面图

19.2.3 层状云和逆温层对积云降水的影响

从表 1 可以看到，层状云，除了太高（在 5.5—7.5 km）外，无论顶上有无逆温层对积云降水都有明显加大作用。与孤立积云相比，总降水量增加了 19—57 倍。层状云愈厚，积云降水量增加愈多，中层的层状云比低层层状云对降水促进作用更大。在有逆温层的层状云中，由于逆温层的抑制作用，积云降水有所减弱但仍比孤立积云总降水量大 12—55 倍。值得注意的是，1.5—3.5 km 为层状云并有逆温层时，积云 W_{max}（1.2 m/s）小于孤立积云之值（2.1 m/s），但云中的总凝结量却比孤立积云大 9.3 倍，相应的云水和雨水含量也大，云的生命期长，结果降水量显著加大。层状云中积云的总凝结量都显著大于孤立积云，增大范围在 7.3—18.0 倍（无逆温层时）和 9.3—20.0 倍（有逆温层时）。这进一步说明，层状云对积云发展的促进作用主要表现为它提供的饱和水汽环境减少了积云中水汽的损失，增加了凝结量。有逆温层时，积云中水汽损失更小，凝结量比无逆温时还大，但水量分散在云砧之中，积云最大含水量值并不大，加以上升气流有所减小，总降水量小于无逆温层时积云的值。

表 1 中的降水效率定义为云的总降水量与总凝结量之比。层状云的存在使积云降水效率明显提高，从 24%提高到 64%—76%（无逆温时）和 31%—67%（有逆温时）。最大降雨强度也从 1.3 mm/h 增大到 7.0—28.1 mm/h 和 4.5—27.7 mm/h。

对积云的降水情况也可以进行另一种比较，即看孤立积云与层状云中积云厚度相同时的降水量和降水效率。例如表 1 中孤立积云与 1.5—3.5 km 带逆温层的层状云中积云顶高均在 3.5 km 附近，但总降水量明显不同，前者为 70 t/m，后者为 824 t/m，降水效率也有所提高。

这些模拟计算结果一定程度上能解释梅雨锋里的大雨和暴雨主要产生在积层混合云系的观测事实。

19.2.4 层状云对强积云发展的影响

以上讨论的是较弱积云在层状云中发展的情况，有必要对较强的孤立积云作同样的分析，孤立积云发展的顶高为 7.0 km。

表 2 有无层状云时强积云的发展情况（数值模拟结果）

积云参量	孤立积云	层状云高度和厚度（有逆温层）/km			
		1.5—3.5	3.0—5.0	5.5—7.5	1.5—7.5
最大上升速度/（m/s）	2.4	1.6	4.4	3.0	8.5
最大云水量/（g/m^3）	2.0	2.0	2.6	2.0	2.8
最大雨水量/（g/m^3）	0.7	0.8	2.0	0.9	3.8
最大回波强度/dBz	40	41	48	42	53
最大雨强/（mm/h）	8.2	12.4	25.2	10.1	51.4
总凝结量/（t/m）	1924	5574	5319	3588	10006
总降水量/（t/m）	943	2252	2598	1568	6774
降水效率/%	49	40	49	44	68

从表 2 看，强积云的基本结果类同于弱积云的情况。由于这块积云强，云顶达 7.0 km 高度，不仅低层和中层层状云对它有明显影响，高层（5.5—7.5 km）层状云也有显著促进作用，云中最大上升气流从 2.4 m/s 加大到 3.0 m/s，总降水量增加到 1.7 倍。但与表 1 结果对比表明，层状云存在对不同强度的积云降水的加大作用是不同的。对于较强的积云，层状云对降水加大作用减小，在表 2 中只加大到 1.7—7.2 倍，比对弱积云的加大作用小得多。另外对于相同厚度高度不同的层状云来说，中层层状云最有利于积云的发展，云中上升气流和总降水量都有较大的增加。高层层状云对强积云发展虽有较大促进，但对总降水量加大不多，低层层状云则与此相反。在中低层有逆温层时，层状云中积云降水

效率都降低，主要原因是孤立强积云本身降水效率较高，而聚积在逆温层下云砧中的云水转换成雨水的效率较低。

通过以上数值模拟计算及其分析，可以认为，首先，在所讨论的积层混合云中，层状云对积云发展和降水的增大有显著的促进作用，降水量可加大几到几十倍，从而认为，积层混合云系可能是产生大雨和暴雨的重要机构，在作降水和暴雨预报时应予以注意。梅雨锋里的暴雨常发生在积层混合云系中的观测事实，一定程度上也可以用这一机制加以解释。其次，层状云存在对积云降水促进作用的大小，依赖于层状云的厚度和所在高度以及逆温层强度，也依赖于积云本身的强弱（亦即大气的温湿和层结条件等）。层状云愈厚，促进作用愈大。相对来说，中层层状云对积云降水影响大于高云和低云；层状云对弱积云影响更为显著。

参 考 文 献

[1] 黄美元、王昂生等. 人工防雹导论. 北京: 科学出版社. 145-147, 1980.

[2] Simpson,: J,: N. E. Westtott. R. J. Clerman and R. A. Pielke,: On cumulus mergers,: *Arck. Meleor Geopkys. Bicklis*,: 29,: 1-40,: 1980.

[3] Orville,: H. D.,: Y-H Kuo,: R. D. Ferley and C. S. Hwang,: Numerical Simulation of cloud Interactions. *J. Rech. Atmos*.,: 14,: 499-516,: 1980.

[4] Turpeineu,: O.,: Merging of moderate-sized convective cells on day 261 of GATE,: Conference on Cloud Physics,: 242-245. Chicago. 1982.

[5] Rutledge,: S. A.,: and P. V. Hobbs,: A model for the "Seeder-Feeder" process in warm-frontal rain-bands. *J. Atmos. Sci*.,: 40,: 1185-1206,: 1983.

[6] 黄美元、徐华英、洪延超, 混合云系中层状云的存在对对流云发展的影响的数值模拟研究, 南方云物理和人工降水会议文集(2), 广州, 22 页, 1983.

[7] 黄美元、洪延超, 锋面云系和降水回波特征, 近代气象雷达及其应用, 四川省气象科学研究所, 241-268 页, 1984.

[8] 黄美元、洪延超、吴玉霞, 梅雨云系若干雷达回波特征, 南方云物理和积云降水会议, 长沙, 1982.

[9] 洪延超、黄美元等, 梅雨云系的回波结构、降水特征及层结状况分析, 同[6], 21 页, 1983.

[10] 赵云清、李子华、周文贤, 梅雨锋中尺度雨带的形成和演变, 南方云物理和人工降水会议文集(1), 6 页, 1983.

[11] 徐华英、李桂忱、郝京甫, 积云降水过程数值模拟研究, 全国人工降水会议, 黄山, 1980.

[12] 徐华英、郝京甫, 盐粉催化积云降水的数值模拟, 大气科学, 7, 403-410, 1983.

THE EFFECTS OF THE EXISTENCE OF STRATIFORM CLOUD ON THE DEVELOPMENT OF CUMULUS CLOUD AND ITS PRECIPITATION

Huang Meiyuan Hong Yanchao Xu Huaying Zhou Heng
(Institute of Atmospheric Physies, Academia Sinica)

ABSTRACT

Based on the two-dimentional slab-symmetric model of cumulus cloud given by the authors, the development of cumulus cloud and its precipitation in environments with and without stratiform cloud has simulated numerically in the nearly same atmospheric stratification. The results show that the existence of stratiform cloud has significant effect on the development of cumulus cloud and the increase of its precipitation. The rainfall may increase for several to tens times. It is believed that the convective-stratiform mixed cloud system may be important for producing heavy rainfall which fact has been observed in Mei-yu frontal cloud system in recent investigation.

郭学良 中国科学院大气物理研究所研究员

专家解读

早期的观测研究发现，伴随梅雨锋的大雨、暴雨主要由积层混合云产生，而不是由孤立积云产生，但对其形成机理一直不清楚。黄美元先生在这篇论文中，通过数值模拟研究提出了一种新的云与云相互作用的机制：在积层混合云中，层状云对积云发展及其降水形成具有重要的促进作用，可延长云生命期2倍，显著增加积云强度，可使云的最大降雨强度从小雨增加到暴雨，总降水量增加几十倍，从而解释了积层混合云系产生大雨、暴雨的原因。

同时期国际上的研究提出，积层混合云中的积云由于具有较强的上升气流，可使降水量显著增加，但并没有考虑层云对积云发展及其降水的显著促进作用。由此提出，在暴雨预报中需要考虑云与云相互作用过程。即使现在，这一研究发现对于提高暴雨形成机理的认识和预报水平，仍然具有很重要的价值。

在云与云相互作用方面，国际上先后提出了积云并合、高层云对低层云的播撒作用可促进云的发展和增加降水，因此，本文提出的积层混合云中层状云对积云的促进作用，不仅丰富了云与云相互作用的机制，而且对云和降水学科的发展具有重要的推动作用。

另外，这一研究结果也具有很重要的应用价值。由于积层混合云是我国北方的主要降水云系，也是飞机人工增雨作业的主要对象，这一研究发现对于我国积层混合云人工增雨作业方案设计，提升作业效果，具有很重要的指导意义。

20

山地气候要素空间分布的模拟*

|傅抱璞|　南京大学大气科学系

傅抱璞（1924—2021 年），教授，中国共产党党员、九三学社成员。在小气候学和山地气候领域造诣深厚，是我国小气候和山地气候研究的开拓者之一，治学严谨，一丝不苟，科研成果斐然。中国气象学会气候与长期预报专业委员会副主任，中国地理学会气候专业委员会副主任，第五、六届江苏省政协委员。著有《山地气候》。曾 5 次获得国家、部委和省级科技成果奖。

■ 曾任新中国成立后《气象学报》第二十、二十一、二十二届理事会《气象学报》编审委员会委员。

■ 发表在《气象学报》的著名论著还包括：《关于大气中水分循环的规律》（1956 年）、《关于计算可能最大冻结深度及可能最低土温的问题》（1958 年）、《坡地方位对小气候的影响》（1962 年）、《河谷内的风速》（1963 年）、《起伏地形中辐射平衡各分量的计算》（1964 年）、《土壤蒸发的计算》（1981 年）、《关于山地气候资料的延长和推算问题》（1982 年）、《气流通过水域时的变性》（1997 年）等。

摘　要

本文提出了使用半经验半理论方法对山区各气候要素的空间分布进行数学模拟的有效方法。根据对福建省建阳地区及沙溪流域的计算，模拟结果与实际情况相符合。

20.1　引言

我国是一个多山的国家，山地和丘陵面积约占全国总面积的三分之二。为了更好地合理开发利用我国丰富的山地气候资源，需要了解山区各地气候的详细情况，而山区地形复杂，变化无穷，其气候的空间分布也是错综复杂、随着地形变化而不同的，仅根据现有气象台站的观测资料远远不能满足工农业生产建设等各方面的需要。如何将各种气候要素的空间分布进行数学模拟，找出它们与诸影响因子之间的定量关系，以便根据现有气象台站资料进行气候计算，推知无观测地方的气候状况，不仅是气候学中的一个重要理论问题，也是综合开发利用山区亟待解决的实际问题。

关于气候要素空间分布的模拟，通常有理论模拟与经验模拟两种方法。理论方法虽然物理基础强，

* 本文于 1986 年 6 月 27 日收到，于 1987 年 1 月 27 日收到最后修改稿。本文为国家教委科学基金资助课题。
傅抱璞. 1988. 山地气候要素空间分布的模拟. 气象学报，46（3）：319-326.

推导严谨，但由于影响气候的自然因子复杂，特别是在山区地形变化无穷，植被不一，不可能用数学函数如实地表示下垫面的自然变化，总是要作一系列理想化和简单化的假定，将方程式和边界条件进行简化才能求解。这样所给出的结果，往往与实际情况具有量级上的差异。只有风场和流场，因为边界条件简单（在地面总是风速为零），在某些理想地形情况下尚能得到较好结果。经验方法虽然比较简单容易，有时也能解决实际问题，但往往带有较大局限性和片面性。

作者认为在目前情况下，比较切实可行且能得到比较符合实际的结果或实用价值较大的气候模拟方法，还是半经验半理论的方法。这种方法既有一定物理基础，又尽量利用现有可能利用的实际观测资料。它虽没有纯理论方法那样严谨，但因尽可能利用了现有的实际资料，能比较客观地反映现实情况；它虽然也带有经验性，但又有一定物理基础，可以避免纯经验方法的片面性。

20.2 气候要素空间分布的模拟

在文献[1]、[2]中，我们曾讨论了山地气候的研究方法和无观测地方气候资料的推算问题，而且文献[2]中所提出的“分离综合法”实际上是一种推算气候要素空间分布的方法。但分离综合法所用的是分析法，不便直接使用现在大家已广泛应用的计算机作气候要素的空间分布图，而且主要适用于温度和降水等要素。现在我们试图用半经验半理论的方法来建立一种适用性更大的、便于使用计算机进行计算和作图的气候要素的空间分布模式。

大家知道，在山区影响气候的因素有地理位置（经度 λ 和纬度 φ）、宏观地形或大地形因素（包括山的走向、总体高度和长度等）、局地海拔高度（z）和微观地形因素（包括坡地方位、地形形态、植被、土壤等）。宏观地形因为在空间上的分布具有一定规律，故其影响气候的空间分布也有一定规律，可以认为是空间坐标（λ, φ, z）的函数。局地海拔高度虽变化无穷，但它对气候的影响却是比较有规律的，对一定地区来说，可以表示为 z 的函数。微观地形因素不仅在空间的分布漫无规律，而且它们对气候的影响各不相同，一般不可能用函数形式来表达它们对气候空间分布的影响，只能根据各地具体地形情况，具体确定其对该地气候的影响。但是在山区，微观地形因素对气候的影响与宏观地形和海拔高度总的影响相比是相对的小，而后者都和空间位置有关，可以表示为 λ, φ, z 的函数，前者可以作为对后者影响的订正。因此，在一定地区范围内各种气候要素 y 的空间分布可以表示为

$$y = F(\lambda, \varphi, z) + \Delta y_m \tag{1}$$

其中 $F(\lambda, \varphi, z)$ 代表某气候要素 y 受地理位置、宏观地形和局地海拔高度影响的空间分布变化，Δy_m 为微观地形因素对该要素影响的订正值（为简便起见，以下简称为小地形影响订正）。

当 $\Delta y_m = 0$ 时，则（1）式变为

$$y^* = F(\lambda, \varphi, z) \tag{2}$$

因此 y^* 是表示在没有小地形影响情况下的气候要素 y 的值（以下简称宏观本底值）。$F(\lambda, \varphi, z)$ 是在没有小地形影响的情况下 y 的空间分布函数。

由（1）式和（2）式，有

$$y = y^* + \Delta y_m \tag{3}$$

$$\Delta y_m = y - y^* \tag{4}$$

要利用（3）式计算气候要素的空间分布，主要是要求出决定 y^* 的分布函数 $F(\lambda, \varphi, z)$ 及各种小地形影响的订正值 Δy_m，而在利用（4）式确定 Δy_m 时除需要有各种小地形下的实际气象观测资料或实验资料 y 外，还要知道宏观本底值 y^*，所以最主要的问题还是确定空间分布函数 $F(\lambda, \varphi, z)$。

对于确定空间分布函数 $F(\lambda, \varphi, z)$，我们可以利用气象台站观测资料。在平原地区，一般气象台站都设在开阔的平地，可以视为没有小地形影响。在山区，真正开阔的平地是很少或没有的，一般气象台站都只能设在周围遮蔽较小的凸出地形或小山头上，虽不能完全忽略其小地形影响，但总的说来，可以把它们的小地形看成基本相似，其对各气候要素的影响基本相同，即对每种气候要素来说，Δy_m 可以近似地视为常数，若把这个常数包含到 $F(\lambda, \varphi, z)$ 中去，则根据一般山区气象台站实际观测资料所求出的分布函数 $F(\lambda, \varphi, z)$，是表示气候要素在相当于一般气象台站所在地形情况下的空间分布，这时（1）式或（3）式中的小地形影响订正值 Δy_m 也应是相对于气象台站所在地形下的订正值。这样，不论在山区或平原就都可以根据一般气象台站（但要把个别明显受小地形影响的台站剔除）的实测资料利用（2）式来确定空间分布函数 $F(\lambda, \varphi, z)$。

由于不同气候要素可以具有不同的空间变化规律，所以其空间分布函数 $F(\lambda, \varphi, z)$ 也有不同形式。例如，对水汽压来说，我们知道在没有小地形影响的情况下，它随海拔高度的变化具有以下公认的关系：

$$E = E_h e^{-c(z-h)} \tag{5}$$

或

$$E = E_h f(z-h) \tag{6}$$

这里 E 为在海拔高度 z 处的水汽压；E_h 为在海拔高度 h 处的水汽压（但在同一水平面上 E_h 可以各地不同，即 E_h 可以随 λ, φ 而变化）；c 对于一定地区来说是一常数；$f(z-h)$ 为相对高度 $(z-h)$ 的某种函数，或简称高度分布函数。

同样，对于风速 v 也具有与（6）式相类似的变化关系：

$$v = v_h f(z-h) \tag{7}$$

根据文献[3—5]，对于辐射收支各分量也具有像（7）式所表示的分布形式。因此，对水汽压、风速和辐射等要素来说，我们可以将（2）式的空间分布函数 $F(\lambda, \varphi, z)$ 表示为函数 $\psi_h(\lambda, \varphi)$ 和函数 $f(z-h)$ 之乘积，即可将（2）式写成

$$y^* = \psi_h(\lambda, \varphi) \cdot f(z-h) \tag{8}$$

其中 $\psi_h(\lambda, \varphi)$ 为气候要素 y 在某一固定海拔高度或基准高度 h 上的宏观水平分布函数。因为当 $z=h$ 时，$y^* = \psi_h(\lambda, \varphi)$，所以 $f(z-h)$ 应满足边界条件 $f(0)=1$。

另外，大家知道，对于空气温度 T 一般可以表示为

$$T = T_h - \gamma(z-h) \tag{9}$$

或

$$T = T_h + f_T(z-h) \tag{10}$$

对于降水 P 一般可表示为

$$P = P_h + a(z-h) + b(z-h)^2 \tag{11}$$

或

$$P = P_h + f_p(z-h) \tag{12}$$

这里 T_h 和 P_h 为随地方而变的基准高度 h 处的温度和降水；γ 为温度随海拔高度变化的递减率；$f_T(z-h)$

和 f_p（$z–h$）为温度和降水的高度变化函数；a, b 为经验常数。因此，对于这类要素来说，（2）式的空间分布函数 F（λ, φ, z）一般可以表示为函数 ψ_h（λ, φ）与函数 f（$z–h$）之和，即

$$y^* = \psi_h(\lambda,\ \varphi) + f(z-h) \tag{13}$$

若选取研究地区中心的经度 λ_0 和纬度 φ_0 作为基准经纬度，而将其他任意点的经度 λ 和纬度 φ 表示为

$$\lambda = \lambda_0 + \Delta\lambda,\ \varphi = \varphi_0 + \Delta\varphi$$

则

$$\psi_h(\lambda,\ \varphi) = \psi_h(\lambda_0 + \Delta\lambda,\ \varphi_0 + \Delta\varphi) \tag{14}$$

对于属于同一气候区的范围不大的一定地区来说，由于 $\Delta\lambda$ 和 $\Delta\varphi$ 都比较小，我们可以将未知函数 $\psi_h(\lambda, \varphi)$ 用幂级数展开如下：

$$\psi_h(\lambda,\ \varphi) = a_0 + a_1\Delta\varphi + a_2\Delta\lambda + a_3\Delta\varphi^2 + a_4\Delta\varphi \cdot \Delta\lambda + a_5\Delta\lambda^2 + \cdots \tag{15}$$

其中 a_i（$i = 0, 1, 2, \cdots$）为待定常数。

令

$$x_i = \Delta\varphi^{\beta - i}\Delta\lambda^{i - \gamma} \tag{16}$$

$\beta = 2$，（2+3），（2+3+4），（2+3+4+5），$\cdots = 2, 5, 9, 14, \cdots$

$\gamma = 1$，（1+2），（1+2+3），（1+2+3+4），$\cdots = 1, 3, 6, 10, \cdots$

在 x_i 中取 $\beta \geqslant i$ 而又紧靠近 i 的值，取 $\gamma \leqslant i$ 而又紧靠近 i 的值。例如，当 i 在 1—2 之间时，应取 $\beta = 2$，$\gamma = 1$；当 i 在 3—5 之间时，应取 $\beta = 5$，$\gamma = 3$。将（15）式写成

$$\psi_h(\lambda, \varphi) = a_0 + \sum_{i=1}^{k} a_i x_i = a_0 + a_1 x_1 + a_2 x_2 + \cdots + a_k x_k \tag{17}$$

现在剩下需要解决的问题是如何确定（8）式或（13）式中的高度分布函数 f（$z–h$）。因为除个别地方专门布点观测外，一些位于不同海拔高度上而相对高差较大的气象台站一般都彼此相隔较远或很远，各台站气候要素的宏观本底值不同，不能直接用其观测数值来求得气候要素的高度变化，而必须设法消除其地理位置不同的影响。

凡是适合于用（13）式表示其空间分布，且其高度分布适宜于用高度的 n 次多项式表示的气候要素（如温度、降水和相对湿度等），其空间分布函数 F（λ，φ，z）或 y^* 可以表示为

$$y^* = a_0 + a_1x_1 + \cdots + a_kx_k + a_{k+1}(z-h) + a_{k+2}(z-h)^2 + \cdots + a_{k+n}(z-h)^n$$

或

$$y^* = a_0 + a_1x_1 + \cdots + a_ix_i + \cdots + a_mx_m \tag{18}$$

其中 $m = k+n$。当 $i \leqslant k$ 时，x_i 由（16）式表示；当 $i > k$ 时，$x_i = (z-h)^{i-k}$。

因为 x_i 是 λ，φ 或 z 的已知函数，y^* 是气象台站观测的气候要素值，每一个台站都有一个 y^* 值和一组 x_i 值，于是就有一个相应于（18）式的方程。如果在研究地区有 N 个可以利用的气象台站，就有 N 个方程。若 $N > m+1$，我们可用最小二乘法求出 $m+1$ 个与未知量数目相同的正规方程，利用现代计算工具（计算机）解此方程组，很容易确定（18）式中的待定常数 a_i，因而也就可以确定高度分布函数

$f(z-h)=[a_{k+1}(z-h)+a_{k+2}(z-h)^2+\cdots+a_m(z-h)^{m-k}]$。

但是，对于像水汽压、风速和辐射等适合于用（8）式表示其宏观分布的气候要素，以上方法就不适用。在这种情况下，我们将由（17）式所表示的 $\psi_h(\lambda,\varphi)$ 代入方程（8），并将它改写为

$$\frac{1}{f(z-h)}y^*=\psi_h(\lambda,\varphi)=a_0+a_1x_1+a_2x_2+\ldots+a_kx_k \tag{19}$$

令

$$\frac{1}{f(z-h)}=g(z-h) \tag{20}$$

也可将（19）式写为

$$y^*g(z-h)=\psi_h(\lambda,\varphi)=a_0+a_1x_1+a_2x_2+\cdots+a_kx_k \tag{21}$$

这里 $g(z-h)$ 是一新的未知函数并满足条件 $g(0)=1$[因 $f(0)=1$]。如果我们尽量选用高差较小的气象台站的观测资料，并以这些台站的中心高度作为基准高度 h，则因变量（$z-h$）小，可以将函数 $g(z-h)$ 用（$z-h$）的幂级数表示，即

$$g(z-h)=1+b_1(z-h)+b_2(z-h)2+\cdots$$

以此代入方程（21），有

$$y^*=a_0+a_1x_1+\cdots+a_ix_i+\cdots+a_kx_k+a_{k+1}x_{k+1}+\cdots \tag{22}$$

其中 $a_{k+n}=-b_n$（$n=1,2,\cdots$）；当 $i\leqslant k$ 时 x_i 由（16）式表示，当 $i>k$ 时 $x_{k+n}=y^*(z-h)^n$。

这样就可利用在基准高度 h 附近的气象台站的观测资料确定方程（22）中的待定常数 a_i（$i=0,1,2,\cdots$）。于是也就确定了宏观水平分布函数

$$\psi_h(\lambda,\varphi)=a_0+a_1x_1+a_2x_2+\cdots+a_kx_k \tag{23}$$

和高度分布函数

$$f(z-h)=\frac{1}{g(z-h)}=\frac{1}{1-[a_{k+1}(z-h)+a_{k+2}(z-h)^2+\cdots]} \tag{24}$$

显然，这里在基准高度上的宏观水平分布函数 $\psi_h(\lambda,\varphi)$ 虽然是利用在基准高度 h 附近的气象台站的资料求出的，但它也同样适用于其他远离基准高度的台站点。因为在一定高度上气候要素的宏观水平分布只是水平位置 λ，φ 的函数，而与各点的实际海拔高度无关。但是这里所得出的高度分布函数 $f(z-h)$，则只能适用于在基准高度 h 附近的高度范围，因为它是将 $g(z-h)$ 在 h 高度附近用幂级数展开并利用在 h 高度附近的气象站的观测资料确定其中的参数的。为了求得适应于研究地区所有高度的气候要素的高度分布函数，我们可以利用已经确定了的宏观水平分布函数（23）。为此我们将（8）式改写为

$$\frac{y^*}{\psi_h(\lambda,\varphi)}=f(z-h) \tag{25}$$

因为对每个气象台站来说，$y^*/\psi_h(\lambda,\varphi)$ 是已知量，它只与台站的海拔高度有关，而不受台站地理位置的影响。这样就可以根据气象台站的 λ、φ 和实际观测资料 y^* 求出每个台站的 $\dfrac{y^*}{\psi_h(\lambda,\varphi)}$，分析它们随海拔高度的变化，确定高度分布函数 $f(z-h)$。现试以福建省建阳地区（包括周围一部分邻近地区在内）1959—1960 年 7 月平均水汽压的空间分布为例来说明具体做法（选取这两年，是因为在此

期间武夷山有 6 个分布在不同海拔高度上的专门气象观测点，可以更好地检验在较大高度范围内模拟计算的结果）。

1）在 1959—1960 年期间建阳地区可以利用的 22 个气象站点都在 117°—119°E 和 26°—28°N 之间，其海拔高度变化范围是 105—2158 m。首先我们选择海拔高度在 100—400 m 之间的 15 个站点求宏观水平分布函数的第一近似式。取这 15 个站点的中心高度 $h = 250$ m 作为基准高度，并取 $\lambda_0 = 118°$，$\varphi = 27°$ 作为基准经纬度。于是根据这些站点的气象观测资料确定方程（23）中的常数 a_i（$i = 0, 1, 2, \cdots$），可以得出建阳地区 7 月水汽压的宏观水平分布函数为

$$\psi_h(\lambda,\varphi) = 28.987+2.009x_1-1.552x_2+0.577x_3+0.567x_4+3.292x_5$$
$$-2.466x_6+3.483x_7-4.272x_8-2.102x_9\ (\text{hPa}) \tag{26}$$

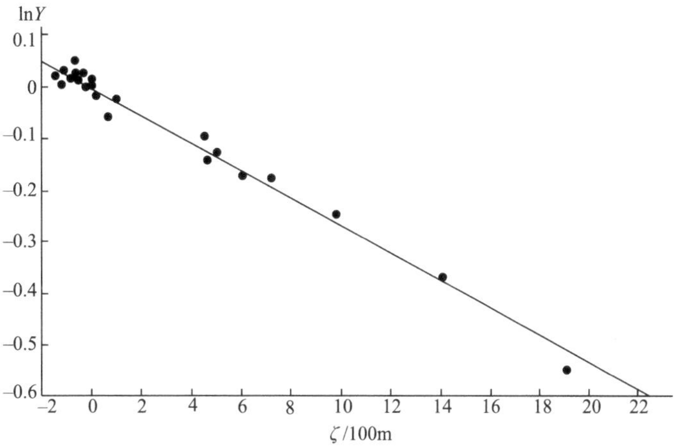

图 1　在半对数坐标中 7 月水汽压随海拔高度的变化

2）根据建阳地区各气象站点的地理位置（λ, φ）和实测水汽压资料算出各站点的 $\psi_h(\lambda,\varphi)$，$Y[Y = y^*/\psi_h(\lambda,\varphi)]$和 ζ（$\zeta = z-2.5$，以 100 m 为单位）。

3）以 ln$Y$ 为纵坐标，ζ 为横坐标，将各站点的 ζ 和 Y 点在图上（图 1），可以看出，所有点都几乎集中在一条通过原点而斜率为负数的直线上，这条直线的斜率可以表示为

$$\ln Y = -c\zeta \tag{27}$$

由此得到

$$Y = e^{-c\zeta} \tag{28}$$

函数的形式既定，就可根据各气象站点的 Y 和 ζ 资料用最小二乘方法确定直线方程（28）中的常数 $c = 0.0224$，于是

$$Y = \frac{y^*}{\psi_h(\lambda,\varphi)} = e^{-0.0224\zeta}\text{或}y^* = \psi_h(\lambda,\varphi)e^{-0.0224\zeta} \tag{29}$$

这就确定了建阳地区水汽压的高度分布函数为

$$f(z-h) = e^{-0.0224(z-2.5)} \tag{30}$$

于是可将方程（30）改写为

$$y^* e^{0.0224(z-2.5)} = \psi_h(\lambda,\varphi)$$

或

$$w = a_0+a_1x_1+a_2x_2+\cdots+a_kx_k \tag{31}$$

这里

$$w = y^* e^{0.0224(z-2.5)} \tag{32}$$

为已知量，于是可以根据建阳地区 22 个气象站点的观测资料重新更精确地确定方程（32）中的常数 $a_0, a_1, a_2, \cdots$。由此得到建阳地区 1959—1960 年期间 7 月平均水汽压的空间分布函数为

$$y^* = (28.75+1.696x_1-1.494x_2+0.275x_3+0.657x_4+4.206x_5 \\ -0.952x_6+1.699x_7-3.493x_8-0.603x_9)\, e^{-0.0224(z-2.5)} \tag{33}$$

如果某气候要素的空间分布函数是适合于用（13）式所表示的形式，但其高度分布函数 $f(z-h)$ 的形式未定，也可采取与上面相似的方法来确定 $\psi_h(\lambda, \varphi)$ 和 $f(z-h)$，即首先将 $f(z-h)$ 和 $\psi_h(\lambda, \varphi)$ 用幂级数展开，把（13）式写成（18）式的形式，然后利用在基准高度 h 附近的气象台站的观测资料确定方程（18）式中的常数 a_i，从而确定宏观水平分布函数 $\psi_h(\lambda, \varphi) = a_0+a_1x_1+a_2x_2+\cdots+a_kx_k$。然后将（13）式改写为

$$Y = f(z-h) \tag{34}$$

这里

$$Y = y^*-\psi_h(\lambda, \varphi) = y^*-(a_0+a_1x_1+\cdots+a_kx_k) \tag{35}$$

是已知量，于是可像上面求水汽压的高度分布函数那样，根据研究地区所有气象台站的实际观测资料确定高度分布函数 $f(z-h)$。然后再将（13）式改写为

$$y^*-f(z-h) = \psi_h(\lambda, \varphi)$$

或

$$\omega = a_0+a_1x_1+a_2x_2+\cdots+a_kx_k \tag{36}$$

现在

$$\omega = y^*-f(z-h) \tag{37}$$

为已知量，于是又可根据所有可利用的气象台站的实际观测资料重新更精确地确定（37）式中的常数 a_i，最后得到该气候要素空间分布函数的表示式：

$$y^* = (a_0+a_1x_1+a_2x_2+\cdots+a_kx_k)+f(z-h)$$

有了 y^*的数学表示式，就可根据绘有等高线的地形图利用计算机或微机在绘图仪上直接做出研究地区在没有小地形影响情况各气候要素的空间分布图。如再考虑小地形影响订正值 Δy_m，也可以做出气候要素的实际分布图，其具体做法将另文讨论。

20.3 模拟结果

利用上述方法我们求出了福建省建阳地区 1959—1960 年期间各气候要素 1 月和 7 月的空间分布模式，其基本形式如下：

对温度和相对湿度是

$$y^* = a_0+a_1x_1+\cdots+a_kx_k+a_{k+1}(z-h)+a_{k+2}(z-h)^2$$

对水汽压是

$$E^* = (a_0+a_1x_1+\cdots+a_kx_k)\, e^{-c(z-h)}$$

对风速是

$$v^* = (a_0+a_1x_1+\cdots+a_kx_k)\,\{1+\ln[1+b(z-h)]\}$$

用以上模式计算建阳地区各气候要素的结果，对月平均气温和平均最低气温的误差平均为0.1—0.2℃，个别最大误差为0.4—0.5℃；计算水汽压的相对误差1月平均为1.7%，最大为9.5%；7月平均为0.7%—1.1%，最大为1.6%—2.7%；风速的计算误差平均为0.2 m/s，最大为0.4 m/s。另外，我们还用以上方法计算了福建沙溪流域1961—1980年各气候要素的年、月平均值和极值，其结果也具有与建阳地区相同的精度，而计算年降水量的平均误差小于2%，最大误差不超过4%。

最后需要附带说明一下，按照统计学的要求，对于一般纯经验方程来说，为了求得方程中经验常数的稳定值，样本的容量N应远大于方程中的因子数m。但对于一些具有一定理论根据所得出的方程，当测量数据的点分布比较均匀时（气象站的分布基本具有这个特点），实际所需要的样本容量就可以相对地减少。例如，人们在拟合多年平均的年温变化曲线时，总是用12个月的月平均温度（$N=12$）来确定2—3个甚至更多个谐波的振幅和位相，并得到很好的拟合效果。如取3个谐波，则拟合方程含有6个因子（即$m=6$），这时$N=2m$就远小于统计学所要求的样本容量数。

关于$\psi_h(\lambda, \varphi)$的表示式的右边究竟要取多少项，应根据大地形的复杂性和可有的样本容量等具体情况而定，可以多取，也可以少取。本文对建阳地区的$\psi_h(\lambda, \varphi)$取了9项，只是作为计算例子。

参考文献

[1] 傅抱璞, 山地气候研究的若干问题, 山地气候文集, 15-22, 北京: 气象出版社, 1984.

[2] 傅抱璞, 关于山地气候资料的延长和推算问题, 气象学报, 40, 4, 453-463, 1982.

[3] 傅抱璞、潘裕强、王月莲、李兆元, 秦岭太白山的辐射状况, 地理研究, 2, 3, 44-53, 1983.

[4] Борзенкова, И. И., О некоторых закономерностях изменения составляющнх раднацнонного теплового балансов в горных рацнонных, Труды ГГ О, 179, 186-197, 1965.

[5] Борзенкова, И. И., К методике расчета суммарный радиаций для условий горного плато, *Труды ГГО*, 179, 98-107, 1965.

SIMULATION OF THE DISTRIBUTION OF CLIMATIC ELEMENTS IN MOUNTAINOUS AREAS

Fu Baopu

(Department of Atmospheric Sciences, Nanjing University)

ABSTRACT

In this paper, an effective method of simulating the distributions of climatic elements in mountainous areas by using semiempirical theory is presented. As an example, the distributions of temperature, vapour pressure, relative humidity, wind velocity and precipitation in Jianyang region and the Shaxi basin of Fujian province are computed with this method, and are quite in good agreement with the observed results.

戴永久 中山大学教授、中国科学院院士

专家解读

傅抱璞先生是我国小气候研究的开拓者，在山地气候学、坡地辐射、水文气象等领域独树一帜。于 1988 年发表于《气象学报》的《山地气候要素空间分布的模拟》提出半经验半理论方法，针对山区气象观测站点稀疏数据缺乏，难以满足山区气候资源开发的需求，为山区气候模拟提供了一个高效方法。

论文将气候要素的空间分布分解为两部分：由地理位置（经纬度λ,φ）和海拔高度（z）决定的宏观本底值，表示为函数$y^*=F(\lambda,\varphi,z)$；由局地地形细节（如坡向、植被等）引起的微观地形订正值，表示为Δy_m，即$y=y^*+\Delta y_m$。基于此，四个主要气候要素（温度、水汽压、风速、降水）的数学表达为：

1）水汽压E：采用指数衰减模型$E=\psi_h(\lambda,\varphi)e^{-c(z-h)}$，其中$\psi_h(\lambda,\varphi)$为基准高度的水平分布函数，$h$为基准高度，$c$为经验常量。

2）温度T：线性递减模型$T=\psi_h(\lambda,\varphi)-\gamma(z-h)$，$\gamma$为温度垂直递减率。

3）降水 P：多项式模型$P=\psi_h(\lambda,\varphi)+a(z-h)+b(z-h)^2$，$a$、$b$ 为经验常量。

4）风速 v：对数模型$v=\psi_h(\lambda,\varphi)\ln[1+b(z-h)]$，$b$为经验常量。

然后，利用气象台站观测数据，通过最小二乘法拟合模型参数。不同的气候要素以其不同的宏观分布函数$\psi_h(\lambda,\varphi)$分别展开为经纬度偏移量的幂级数，结合海拔高度项分别构建多元回归方程。以福建省建阳地区为例，验证了模型在温度、水汽压、降水和风速的适用性，月平均温度误差 0.1—0.2℃，水汽压相对误差 0.7%—1.1%，风速的计算误差平均为 0.2%。模型在建阳地区和沙溪流域两个复杂地形区保持较好的一致性。

论文研究的拟合参数强烈依赖观测数据，缺乏普适性。随着观测、数值模式、计算机算力和人工智能巨大进步，山区气候模拟已有更好的方法。即使如此，本文对理解和解决源头问题仍提供了很有价值的科学思想和科学方法借鉴。

21

长期天气预报的一种客观方案*

|章基嘉　孙照渤　张邦林|　国家气象局，南京气象学院

章基嘉（1930—1995 年），苏联列宁格勒水文气象学院副博士，中国共产党党员，大气科学专家，中国工程院院士，长期从事大气环流和长期天气预报业务、教学和科研工作。开拓了中国长期气候预报和短期气候振动的研究领域，系统地研究了亚洲自然区域内自然天气季节的客观划分及各自然天气季节内气候平均环流的客观分型问题，并以此为基础提出了一种长期天气预报的客观方法。曾任北京气象学院院长、南京气象学院副院长、中国气象局副局长。

■ 曾任中国气象学会理事长、《气象学报》第十八（调整后）至二十三届理事会《气象学报》编辑（审）委员会委员。

■ 发表在《气象学报》的著名论著还包括：《苏联穆尔坦诺夫斯基学派长期天气预告天气学方法之发展》（1958 年）、《对自然正交函数稳定性条件的讨论》（1981 年）、《亚洲 500 毫巴候平均环流与我国候平均气温之关系的时空结构》（1981 年）、《应用自然正交函数逐年划分东亚自然天气季节的尝试》（1984 年）、《应用 K 均值聚类法对东亚各自然天气季节 500 毫巴候平均环流的分型试验》（1984 年）、《“六月突变”中的波纬相互作用》（1988 年）、《1991 年江淮暴雨期间环流异常的动力延伸预报试验》（1994 年）等。

提　要

本文叙述了用天气-统计学方法制作中长期亚洲范围内大气环流型预报的一种客观方案。本方案是以统计学方法划分自然天气季节和对每个自然天气季节内的候平均环流型进行分类为基础的，着重点在于强调以认识大气中的物理过程为基础来选择预报因子。本文的结果指出，用经验方法制作长期天气预报是可行的。

21.1　引言

众所周知，有效的长期天气预报依赖于预报的物理基础。各方面的研究进展表明，用大气环流模式[1-4]，距平模式[5]和某些简单模式制作月和季时间尺度上的大气变量的动力预报正在展示出相当的前景。然而，在实际预报中几乎所有的月和季的预报目前还是使用统计学方法和天气-统计学方法这样的经验方

* 文于 1987 年 4 月 2 日收到，1987 年 9 月 26 日收到修改稿。章基嘉，孙照渤，张邦林. 1989. 长期天气预报的一种客观方案. 气象学报，47（1）：43-51.

法，并应用历史气象记录做出来的。

如果历史记录足够长，它就能反映大气与边界强迫之间相互作用和反馈的结果。通过对这些记录的分析，就可以识别边界强迫的各种假设分量和其后的大气环流发展之间的联系，而时间平均环流型的特征序列就可以看成为长期天气预报的“初始状态”。

海面温度的变化作为一种边界层的强迫作用，代表着大气热量和水汽的源和汇。理论研究、观测分析和数值模式试验[6-8]均指出，海面温度异常能引起大气的显著变化。

根据当前对气象观测记录和海面温度表现出来的边界强迫作用和初始状态的认识，指导我们去发现预报因子和预报关系，而这些结果就是建立比较可靠的业务长期预报的物理基础。

本方案就是在上述设想的基础上建立的。

21.2 本方案的主要阶段

在本方案中有下列三个主要程序阶段，它们构成了我们的天气-统计学模式的基础，并在图 1 中概括地表示出来。

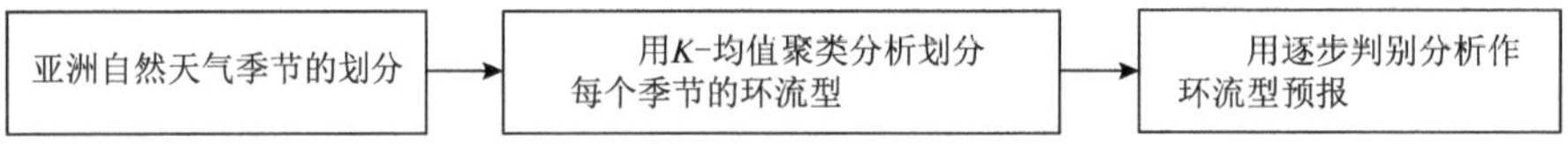

图 1 本长期天气预报方案的步骤

（1）本方案的准备阶段是划分自然天气季节（NSS），以便把 500 hPa 候平均环流型分为不同阶段，在这些阶段中，边界强迫作用以及大气和外部条件之间的相互作用具有相似属性，本方案中使用特征向量分析方法来研究自然天气季节的划分问题。

（2）本方案的第二阶段是由 *K*-均值聚类法对每个自然天气季节内部的 500 hPa 候平均位势高度场进行分类。因为对每个自然天气季节来说，候平均环流型表现出了不同的特性，这种分型是有价值的。因为在同一个型内的特性是相似的，同一型内的样本方差也就减小了。在本方案中，这种型被当作预报对象，而长期预报的分类数目则是由经验确定的。

（3）在预报阶段，为使同预报问题相匹配，将亚洲地区取为预报区，而把预报对象取为未来数候的候平均环流型，而这些环流型有候平均地面温度场和降水量的分布与之相对应。使用基于贝叶斯（Bayes）准则的逐步判别分析方法去选择最相似的类型。

21.3 本方案的基础工作

预报区域必须与预报问题相匹配。平均而论，一个很大的预报区域可以包含更多的天气气候系统，但这将使对该地区的预报更加困难。从另一个方面看，预报区域取得太小又可能无法代表大气运动的大尺度特征，以至于不能提供有关环流演变的足够信息。按照自然天气区域的概念，取亚洲地区（20°—70°N，60°—140°E）作为预报区域（图 5）。预报区域的环流型就是预报对象。

本方案的基础工作包括了上述的前 2 个阶段，即划分自然天气季节和对每个自然天气季节内的候平均环流型进行分类。

由于亚洲地区的地形和环流型的复杂性，划分自然天气季节是十分困难的。在本方案中是用特征向量分析来研究自然天气季节的划分的。作为一个例子，图 2 给出 1964 年平均 500 hPa 高度场的前两个特征向量（EOF），它们占了总方差的 94%以上。这前两个特征向量表示出亚洲季风区域典型的冬季和夏季的环流特征。图 3 中给出的前两个特征向量对应的时间系数曲线表示冬季和夏季环流型随时间的变化，它们可以用来将一年划分为 6 个自然天气季节。在这两条时间曲线上，一共有两对极值和四个交点，它们就是划分自然天气季节的界限，这六个自然天气季节依次是：春、初夏、盛夏、秋、前冬和后冬。章基嘉、孙照渤和陈松军[9,10]使用了这种方法，已经对每一年都得出了对自然天气季节的划分结果。图 4 给出 500 hPa 高度场六个自然天气季节的平均候平均环流型，据此已对每个自然天气季节的天气特征做了一一分析。

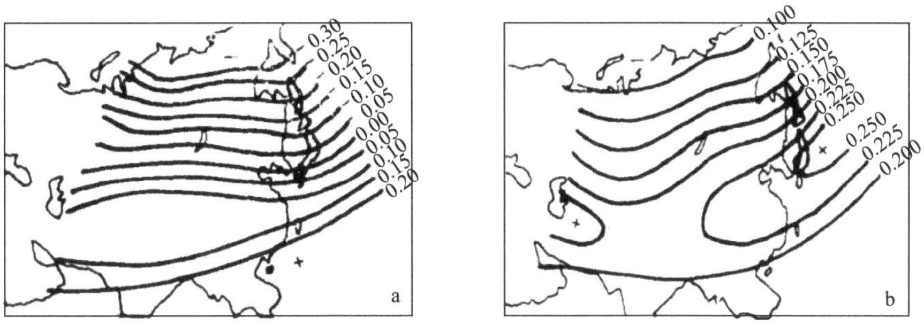

图 2　1964 年亚洲地区候平均环流的特征向量

a. 第一特征向量；b. 第二特征向量

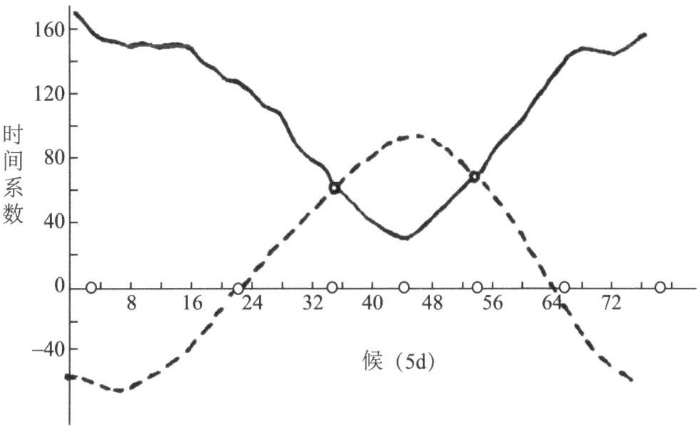

图 3　前两个特征向量对应的时间系数曲线

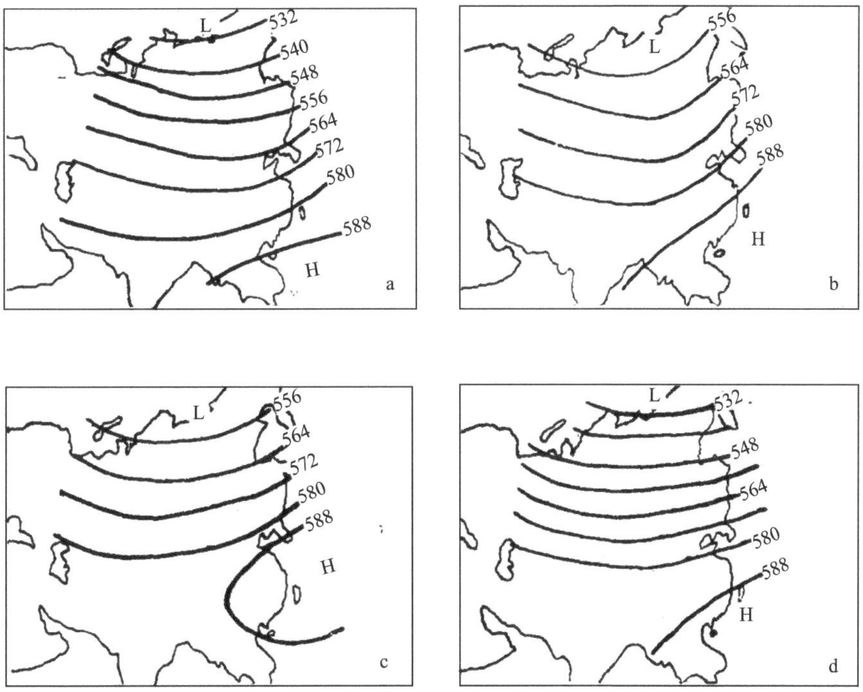

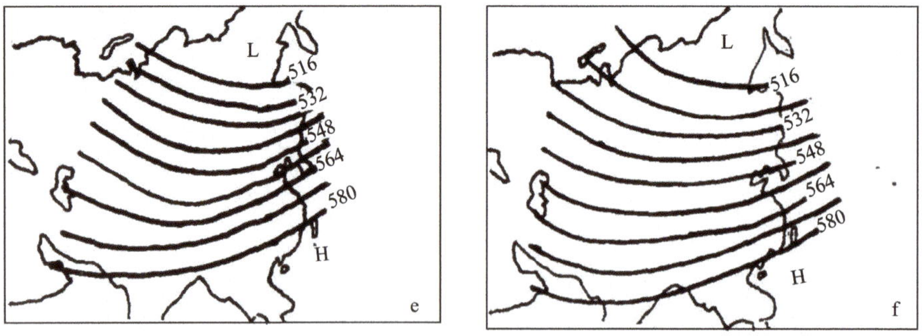

图 4　每个自然天气季节的平均环流型

a. 春季；b. 初夏；c. 盛夏；d. 秋季；e. 前冬；f. 后冬

对于每个自然天气季节而言，在一定时期，预报区域内都存在不同的优势环流系统，从而造成不同的天气型。因此必须对每个季节划分出不同的环流型。目前已有好几种统计学方法可用于这种分类。在本研究中采用 K-均值聚类分析来建立每个自然天气季节的 500 hPa 候平均环流的类型。应该指出，这种分类并非自然地组成离散的类型，所以它们也带有某种程度的人为性。事实上，从统计学观点看，这些类型之间的差异在统计上是显著的。对本方案来说，我们对六个自然天气季节共选定了 18 种候平均环流型（表 1），它们具有典型意义，并在 1984 年作过详细讨论[11]。

表 1　每个自然天气季节的分型数

春季	初夏	盛夏	秋季	前冬	后冬
3	3	2	3	3	4

21.4　预报阶段

本方案所取的预报区是亚洲地区，而预报量是这个地区未来数候的平均环流型，对这些环流型都有与其相对应的降水和温度的分布[9,12,13]。

众所周知，选择有效的预报因子变量对于成功地制作长期天气预报来说是最重要的一步。对于一定的时空尺度而言，预报因子必须与预报问题匹配，并且预报因子变量必须暗示着某种物理意义。

北半球大部分区域的候平均 500 hPa 位势高度场和海平面气压场的观测记录使这些资料成为可能预报因子的自然选择。这些资料可以看成是大气与外部强迫作用之间的相互作用和反馈的结果。在不同区域之间，大气实际波型方面的差别表明，北半球可以划分为三个扇形区域（图 5）。在每个扇形区域内，从 1964 年到 1980 年共计有 1224 个候的平均海平面气压场和 500 hPa 高度场的记录，用这些记录对每个区计算了特征向量及其时间系数。这三个扇形区域的时间系数分别表示了候平均海平面气压场和 500 hPa 高度场随时间的变化，因此可以选作为可能的预报因子变量。

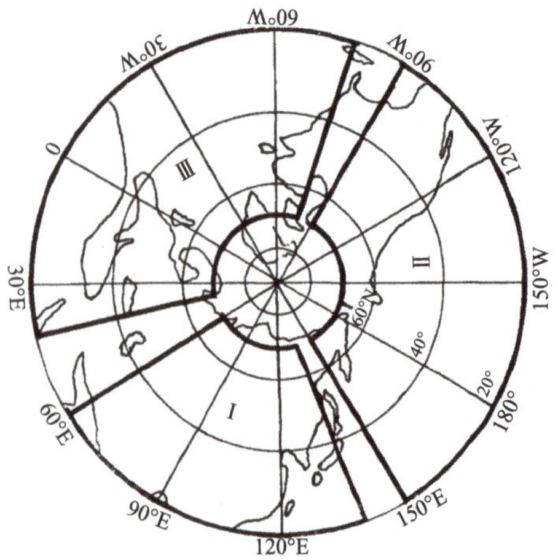

图 5　特征向量分析作为可能预报因子所使用的三个扇形区域（其中 I 区还是预报区）

此外，太平洋选定区域中得到的海表温度距平用来表示边界强迫作用（图 6）。由于海表温度距平时常有异常发展，所以月的海面温度资料有很强的持续性，同时大尺度的海气相互作用又常常表现得相对缓慢。正是由于海面温度资料在时间和空间上表现出很强的持续性，因而可对太平洋的 5 个区域（图 6）计算出海面温度距平值作为可能的预报因子。选择这 5 个区域，一方面是考虑了有无可使用的资料，另一方面也要根据海面温度距平和大气环流之间是否存在联系。

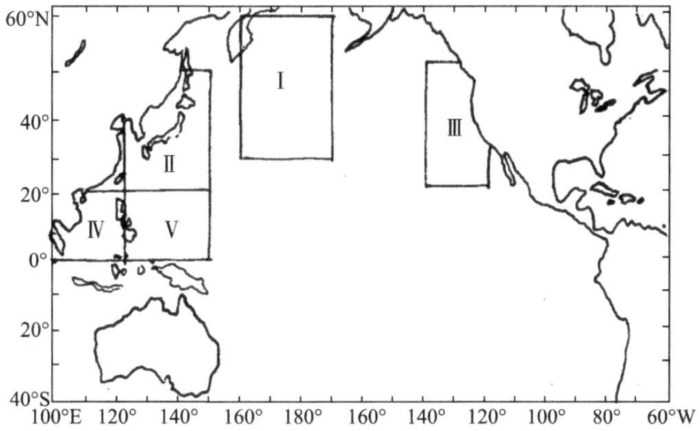

图 6 用于计算空间海面温度距平的太平洋 5 个地区

预报阶段的最后一部分是根据贝叶斯准则通过逐步判别分析对一个自然天气季节内部未来数候选择适合的环流类别作为预报环流型。为了把一个新个例划分到合适的类型中，可以用贝叶斯概率原理推导出线性判别函数[14]。多变量预报因子可以表示成向量形式 $X=(x_1, x_2, \cdots, x_m)'$，如果相应于某一类的第 i 个母体 X_i 取为多维正态分布 $N(X_i, S)$，其均值为向量 $\overline{X}_i$，公共离差阵为 S，那么对于 G 个母体的 G 个线性判别函数可以写为

$$Y_i = \ln P_i - \frac{1}{2}\overline{X}'_i S^{-1}\overline{X}_i + X'S^{-1}\overline{X}_i$$
$$i = 1, 2, \cdots, G$$

其中，G 是母体的个数，它表示了分类的个数，P_i 是第 i 类的先验概率，它是已经实际测量到的并表示第 i 个母体在总母体中出现的相对频率。在这个表达式中，前两项对于每个类别来说是常数；而 $S^{-1}\overline{X}_i$ 是判别函数系数，它能用来度量 X 的分量作为判别因子的相对重要性，这些系数可以用气象观测资料求出估计值。

如果在第 i 个母体中第 j 个因子的第 k 次观测值记为 x_{jik}：

$$j = 1, 2, \cdots, m$$
$$i = 1, 2, \cdots, G$$
$$k = 1, 2, \cdots, n_i$$

其中，m 是预报因子数，n_i 是第 i 类别中的观测次数，$N = n_1 + n_2 + \cdots + n_G$ 是观测的总数目，那么平均值向量 $\overline{X}_i$ 和离差矩阵 S 可以用历史资料估计出来

$$\overline{X}_i = (\overline{X}_{1i}, \overline{X}_{2i}, \cdots, \overline{X}_{mi})$$

$$S = \begin{pmatrix} S_{11} & S_{12} & \cdots & S_{1m} \\ S_{21} & S_{22} & \cdots & S_{2m} \\ \cdots & \cdots & \cdots & \cdots \\ S_{m1} & S_{m2} & \cdots & S_{mm} \end{pmatrix}$$

其中

$$\overline{X}_{ji}=\frac{1}{n_i}\sum_{k=1}^{n_i}X_{jik}$$

$$S_{jl}=\frac{1}{N-G}\sum_{i=1}^{G}\sum_{k=1}^{n_i}(X_{jik}-\overline{X}_{ji})(X_{lik}-\overline{X}_{li})$$

$$i=1,2\cdots G$$

$$k=1,2\cdots n_i$$

$$j,l=1,2\cdots m$$

对于一个新个例 $X_c=(X_{c1},X_{c2},\cdots,X_{cm})'$，可以计算出 $Y_1(X_c),Y_2(X_c),\cdots,Y_G(X_c)$，如果有

$$y_{i*}(X_e)=\max_{1\leqslant i\leqslant G}\{Y_i(X_c)\}$$

$$i=1,2,\cdots,G$$

那么就把 X_c 划归到第 i^* 个母体中。

个例 x 属于 G 个母体中第 i 个母体的后验概率为

$$P_{(x)}=\frac{P_i\exp\left(-\frac{1}{2}D_i^2\right)}{\sum_{j=1}^{G}P_j\exp\left(-\frac{1}{2}D_j^2\right)}$$

其中 D_i^2 的表达式为 $(X_i-\overline{X}_i)'S^{-1}(X_i-\overline{X}_i)$，称为马氏距离。关于判别分析的详细内容可以参见 Rao[14] 和 Anderson[15]的著作。

为了从所有可能的预报因子中选取有效的预报因子，在我们的方案中采用逐步判别分析，因此，在每一步中对分辨聚类贡献最大的因子被选进判别函数中，而对已经包含在判别函数中的因子，其中贡献最小的因子就被剔除，引进和剔除的临界标准是 F 水平，表 2 给出了 F 水平值。最后，包含在判别函数中的预报因子变量是在 F 水平上统计显著的。文献[16]和[17]详细地讨论了逐步判别分析问题。

表 2 本方案的长期天气预报效果估计

季节	项目	1	2	3	4	5	6
春季	FL	2.44	2.44	2.44	2.53	2.26	2.44
	NP	10	10	10	9	7	10
	AF	82.9	85.4	81.0	81.6	83.5	83.5
	AP	73.0	59.0	48.1	34.2	23.4	13.3
初夏	FL	2.93	2.57	2.48	2.48	2.67	2.93
	NP	6	9	10	10	8	6
	AF	84.8	88.8	91.2	90.4	86.4	87.2
	AP	70.0	55.0	39.2	28.8	17.6	11.2
盛夏	FL	2.67	2.57	2.57	2.57	3.16	2.48
	NP	8	9	9	9	5	10
	AF	82.3	82.3	82.3	88.7	72.6	82.3
	AP	69.0	48.0	39.5	25.8	16.9	10.5
秋季	FL	2.64	2.77	2.54	2.44	2.44	2.54
	NP	8	7	9	10	10	9
	AF	77.0	77.0	81.6	79.6	80.3	79.6
	AP	72.0	64.0	44.7	33.6	20.4	9.9

续表

季节	项目	1	2	3	4	5	6
前冬	FL	2.53	2.44	2.44	2.53	2.44	2.63
	NP	9	10	10	9	10	8
	AF	64.5	68.6	67.5	65.1	66.9	72.2
	AP	59.0	53.0	36.1	30.2	27.2	22.5
后冬	FL	2.73	2.41	2.50	2.50	2.41	2.41
	NP	7	10	9	9	10	10
	AF	61.1	67.8	66.8	66.8	63.0	64.9
	AP	59.0	42.0	30.8	24.0	30.8	30.3

注：FL. 统计检验F临界值；NP. 挑选的预报因子数；AF. 长期天气预报的拟合准确率（%）；AP. 持续性预报的准确率（%）。

为了估计由逐步判别分析方法求得的预报关系的技巧，表 2 给出了未来六个候的拟合结果。表 2 的数据表明，随着预报时效的增长，本方案的预报效果远好于持续性预报的效果，虽然我们还没有用独立资料得到对本方案的技巧评分，但表 2 的结果清楚表明，这种方案是可用的。

21.5 讨论

目前公认，预报技巧估计可以通过与持续性预报作对比来获得。至少在数值模式的预报技巧取得比经验长期天气预报的技巧更好之前，在业务长期预报中经验长期预报还是有用的。对本方案来说，在方案结构和资料两方面还有许多值得改进的地方，当然作这种改进可能相当困难，而且或许是很有限的。例如，对每个自然天气季节的环流分型还应做更多的研究，海表温度距平的时空分布还应做进一步的处理，探讨有无其他海域或其他表示遥相关的方法具有更大的预报潜力。另一种改进的途径也许是像 Roads 和 Barnett[18]做的那样，把天气-统计学方法同动力学方法结合起来。

目前已经证明，长期天气预报的重大改进有赖于我们对大气过程认识水平的提高，没有这一点，长期天气预报就不可能有坚实的基础。在现阶段，注意力应该集中到研究长期天气变化的性质和原因上来，而使用数值模拟必定能增长我们关于大气变化，海气相互作用或大气与其他边界条件相互作用的认识，这就会给有用的长期天气预报提供坚实的物理基础。

本工作是由“长期天气预报理论、方法和资料库的建立研究”课题所支持的。

参考文献

[1] Corby, G. A. , P. R. Rowntree and A. Gilchrist, United Kingdom Meteorological Office five-level general circulation model, *Methods Comp. Physics*, 17, 67—110, Academic Press, 1977.

[2] Bengtsson, L. , Numerical prediction of atmospheric blocking——A case study, *Tellus*, 33, 19—42, 1981.

[3] Miyakoda, K. , T. Gordon, R. Caverly, W. Stern, J. Sirutis and W. Bourke, Simulation of a blocking event in January 1977, *Mon. Wea. Rev.* , 111, 4, 846—869, 1983.

[4] Shukla, J. , Dynamical predictability of monthly means, *J. Atmos. Sci.* , 38, 2574—2572, 1981.

[5] Chao, J-P. , C. -C. Jih, C. -H. Ho, K. -W. Liu, Y-H. Lu, C. -F. Chou, C. -T. Pei, H. -S. Pan, T. -W. Hsuan, M. -H. Hung, Y. -C. Chung and H. Wei, On the physical basis of a model of long-range-numerical weather forecasting, *Scientia Sinica*, XX, 3, 377—390, 1977.

[6] Gill, A. E. , Some simple solutions for heat-induced tropical circulation, *Quart. J. Roy. Meteor. Soc.* , 106, 447—462, 1980.

[7] Horel, J. D. , and J. M. Wallace, Planetary-scale atmospheric phenomena associated with the interannual variability of sea surface temperature in the equatorial Pacific, *Mon. Wea. Rev.* , 109, 813—829, 1981.

[8] Rasmusson, E. M. , and T. H. Carpenter, Variations in tropical sea surface temperature and surface wind fields associated with the Southern Oscilation/El Niño, *Mon. Wea. Rev.* , 110, 354—384, 1982.

[9] 章基嘉、孙照渤、陈松军, 亚洲自然天气季节的气候学特征, 地理研究, 2, 1, 1983.
[10] ——, ——, 应用自然正交函数逐年划分东亚自然天气季节的尝试, 气象学报, 42, 1, 46—56, 1984.
[11] ——, ——, 应用 K 均值聚类法对东亚各自然天气季节 500 毫巴候平均环流的分型试验, 气象学报, 42, 3, 311—319, 1984.
[12] ——, ——, 我国候降水量与亚州 500 毫巴候平均环流相互关系的时空结构, 南京气象学院学报, 1981 年第 1 期.
[13] ——, ——, 亚洲 500 毫巴候平均环流与我国候平均气温之关系的时空结构, 气象学报, 39, 3, 332—340, 1981.
[14] Rao, C. R. , Linear Statistical Inference and Its Applications (Chap. 8), John Wiley, 1965.
[15] Anderson, T. W. , Introduction to Multivariate Statistical Analysis, Wiley, New York, 1958.
[16] Afifi, A. A. , and S. P. Azen, Statistical Analysis: A Computer Oriented Approach, Academic Press, New York, 1979.
[17] 中国科学院计算中心概率统计组, 概率统计计算, 182—233, 北京: 科学出版社, 1979.
[18] Roads, J. O. , and T. P. Barnett, Forecast of the 500 mb heights using a dynamically oriented statistical model, *Mon. Wea. Rev.* , 112, 1354, 1984.

AN OBJECTIVE SCHEME FOR LONG RANGE FORECAST

Zhang Jijia
(State Meteorological Administration)
Sun Zhaobo and Zhang Banglin
(Nanjing Institute of Meteorology)

ABSTRACT

An objective scheme for forecasting the atmospheric circulation patterns over Asia at medium to long range by the synoptic-statistical method is described. The scheme is based on the division of Natural Synoptic Season (NSS) and classification of the circulation patterns for each NSS by statistical methods. The emphasis for this scheme is laid on the selection of predictor variables on the basis of understanding the physical processes in the atmosphere. It is pointed that long range forecast by empirical methods is achievable.

李维京 国家气候中心研究员 | 专家解读 |

本文利用现代数理统计方法，系统地研究了亚洲自然区域内自然天气季节的客观划分及各自然天气季节内气候平均环流的客观分型问题，并以此为基础提出了一种环流长期天气预报的客观方法。首先对500 hPa候平均环流型使用特征向量分析方法来进行自然天气季节的划分，然后利用 K 均值聚类法对每个自然天气季节内部的候平均位势高度场进行分类；强调以认识大气中的物理过程为基础来选择预报因子，选择了太平洋5个关键区海温异常作为影响亚洲区域环流异常的影响因子，根据贝叶斯准则通过逐步判别分析对一个自然天气季节内部未来数候选择适合的环流类别作为预报环流型，建立了客观的天气-统计大气环流型预报方法。在当时没有气候动力模式环流预报的状况下，该方法是具有物理基础的环流客观预报方法，对我国气候预测业务发展具有重要意义。

章基嘉先生是我国气候预测（长期天气预报）的主要开拓者之一。首次研究了1891年以来北半球大气环流的长期演变规律及中国演变、降水异常的关系，在20世纪80年代，他主持了多项国家重点项目以及部门“七五”重点研究项目“长期数值天气预报理论、方法和资料库”的建设等，本文就是该项目的研究成果之一。他的许多研究成果已在业务实践中得到推广应用，至今在我国气候预测业务中仍然发挥着重要作用，为中国的气候预测（长期天气预报）理论基础和业务水平的提高做出了重要贡献。

22

从单 Doppler 速度场反演风矢量场的 VAP 方法*

| **陶祖钰** |　北京大学地球物理系

陶祖钰（1939—2025 年），中国共产党党员、著名气象学家，北京大学物理学院教授。主要从事天气学、中尺度数值预报研究，研究成果曾获国家教委科技进步奖一等奖、国家自然科学奖二等奖、中国科学院自然科学奖二等奖、国家“八五”科技攻关先进个人奖、中国气象局气象科技进步二等奖。

■ 曾任新中国成立后《气象学报》第二十五届理事会《气象学报》编审委员会编辑委员。

■ 发表在《气象学报》的著名论著还包括：《湿急流的结构及形成过程》（1980 年）、《京津冀地区闪电的气候分析》（1992 年）、《大暴雨过程中与急流相关气块的三维运动分析》（1994 年）、《1995 年中国的中 α 尺度对流系统》（1998 年）等。

摘　要

从单多普勒（Doppler）速度场反演风矢量场的速度方位处理（Velocity Azimuth Processing，VAP）方法是在假定相邻方位角的风矢量相等的前提下，从单部 Doppler 雷达所测得的各个距离圈上的径向速度随方位角分布的廓线推算风向和风速的方法。这个假定可以保证反演所得的风矢量场中仍保留次天气尺度的风场信息。

对 VAP 方法反演公式的误差分析表明，反演出的风向误差为 20°—30°，与常规测风的误差相近。风速误差一般为 10^0 m/s，但在某些特定的情况下可达到与风速相同的量级（10^1 m/s）。

用 VAP 方法反演风矢量场前必须首先消除原始 Doppler 速度资料中的脉动。它可以通过简单的一维线性平滑实现。

文中给出了一个反演实例，从中可以分析出次天气尺度的切变线和辐合线。常规天气图和超高频（ultra high frequency，UHF）雷达的风廓线观测表明，这些次天气尺度系统是存在的。它们与反射率因子分布的配置还表明这些次天气尺度系统是和降水相联系的。

22.1　引言

众所周知，Doppler 雷达只能测得径向速度分量。为了获得水平风矢量场，必须用两部或三部 Doppler

* 本文于 1990 年 8 月 10 日收到，1990 年 10 月 28 日收到修改稿。陶祖钰. 1992. 从单 Doppler 速度场反演风矢量场的 VAP 方法. 气象学报，50（1）：81-90.

雷达同时进行观测[1]。由于 Doppler 雷达价格昂贵，不少气象工作者致力于从单部 Doppler 雷达的观测中提取水平风场信息。Lhermitte 和 Atlas（1961）提出了 VAD（velocity azimuth display）方法[2]。这种方法只能从单 Doppler 速度场反演出平均风向和风速。Caton（1963）[3]，Browning 和 Wexler（1968）[4]在风场线性分布的假定下，从单 Doppler 速度场中进一步提取出风场的平均散度、伸长变形和切变变形。为了从单 Doppler 速度场反演出风矢量场，Waldteufel 和 Corbin（1979）提出了体积速度处理（volume velocity processing，VVP）方法[5]。Koscielny，Doviak 和 Rabin（1982）用简化了的 VVP 方法（假设每个分析体积中的风矢量均一）反演出一个静止锋形势下的行星边界层风场[6]。VVP 方法要求进行多达七个仰角的立体扫描，并要对每个约为 30°的扇形体积中的数千个数据进行最小二乘法拟合。无论在观测还是资料处理方面，VVP 方法的工作量都非常大，而反演出来的风场的空间分辨率却只有 10^1 km。因此，在中尺度气象的研究和超短时预报中，VVP 方法至今尚未得到广泛应用。

本文将提出一个从单部 Doppler 雷达测得的径向速度随方位分布中反演风矢量场的 VAP（velocity azimuth processing）方法，并从理论上讨论了此方法的误差和指出对原始 Doppler 速度资料进行预处理的必要性。最后给出一个反演的实例，并将它和其他资料进行了对比，证明反演的结果是合理的。

22.2 反演原理

如果水平风矢量 $\boldsymbol{V}$ 用矢量的大小 V 和矢量的方向与向径之间的夹角 α 来表示，并规定从向径方向到风矢量方向为顺时针方向转动时，$\alpha > 0$（如图 1 所示），则水平风矢量和水平径向速度 C 之间有下述关系式：

$$C = -V\cos\alpha \tag{1}$$

由于 α 的取值范围为（$-\pi$，π），故 $C > 0$ 表示趋近雷达的运动，$C < 0$ 为远离雷达的运动①。

只要假定在同一距离圈上，相邻方位角两点的风矢量相同，即可从（1）式导出从水平径向速度反演风矢量的公式。相邻方位角两点间的距离 $\Delta d = r\times\Delta\theta$（$r$ 为距雷达的距离）。本文所用的资料取自京津冀中尺度气象试验基地的 CAMS Doppler 雷达。其相邻方位角 $\Delta\theta = 1°$，最大不模糊距离为 150 km，故 Δd 不大于 2.6 km。因此，上述假定能够满足分析 10^1—10^2 km 的次天气尺度系统的要求。

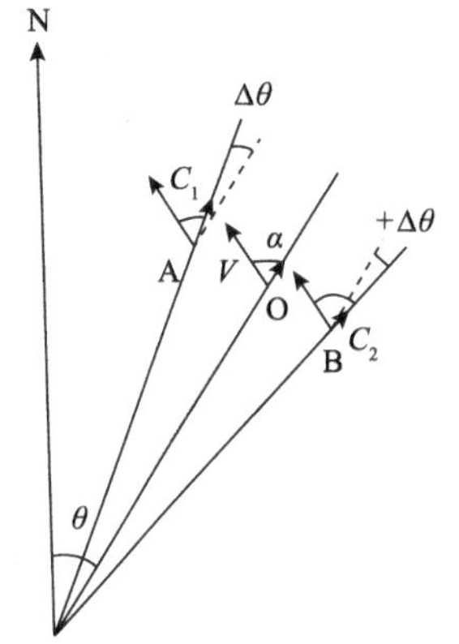

图 1 风矢量 $\boldsymbol{V}$ 和水平径向速度 C 之间的关系

在上述假定下，很容易导出从相邻方位角水平径向速度的差异计算风矢量的公式。设 A、B 两点分别与 O 点相邻 1°方位角。其水平径向速度分别为

$$C_1 = -V\cos\alpha_1,\ C_2 = -V\cos\alpha_2 \tag{2}$$

从图 1 不难看出

$$\alpha_1 = \alpha+\Delta\theta,\ \alpha_2 = \alpha-\Delta\theta$$

利用三角函数的加法公式，（2）式可展开成

$$\begin{cases} C_1 = -V(\cos\alpha\cos\Delta\theta - \sin\alpha\sin\Delta\theta) \\ C_2 = -V(\cos\alpha\cos\Delta\theta + \sin\alpha\sin\Delta\theta) \end{cases} \tag{3}$$

① 以上定义是为了和原始 Doppler 速度资料中大于零的值表示趋近运动相一致。

当雷达天线的仰角很小时，如 1°，则所测得的 Doppler 速度 v_r 和水平径向速度 C 之间的差异不到 2%。因此，（3）式中的 C_1 和 C_2 可以用低仰角的 Doppler 速度 v_{T_1} 和 v_{T_2} 代替。于是便可从（3）式解出计算风矢量相对于向径的偏角 α 和风速 V 的表达式：

$$\tan\alpha = -\frac{v_r - v_{r_2}}{v_{r_1} + v_{r_2}}\cot\Delta\theta \tag{4}$$

$$V = \left|\frac{v_r + v_{r_2}}{2\cos\alpha\cos\Delta\theta}\right| \tag{5a}$$

或

$$V = \frac{v_{r_1} - v_{r_2}}{2\sin\alpha\sin\Delta\theta}\Bigg| \tag{5b}$$

只要知道每个距离圈上 Doppler 速度 v_r 随方位角的分布廓线，就可以按（4）式和（5）式计算出各方位上的风矢量。为此，把上述方法简称为 VAP（velocity azimuth processing）。

必须指出，由于反正切函数的主值范围为（−π/2，π/2），不同于（1）式中 α 的范围（−π，π），因此在计算风矢量 $V = ui+vj$ 的 u，v 分量时，必须按如下公式计算：

当 $v_{r_1} + v_{r_2} < 0$ 时，

$$u = V\sin(\theta+\alpha)$$

$$v = V\cos(\theta+\alpha)$$

当 $v_{r_1} + v_{r_2} > 0$ 时，

$$u = V\sin(\theta+\pi+\alpha)$$

$$v = V\cos(\theta+\pi+\alpha)$$

其意义相当于当 Doppler 速度为趋近运动时，向径的方向为指向雷达，如图 2 所示。

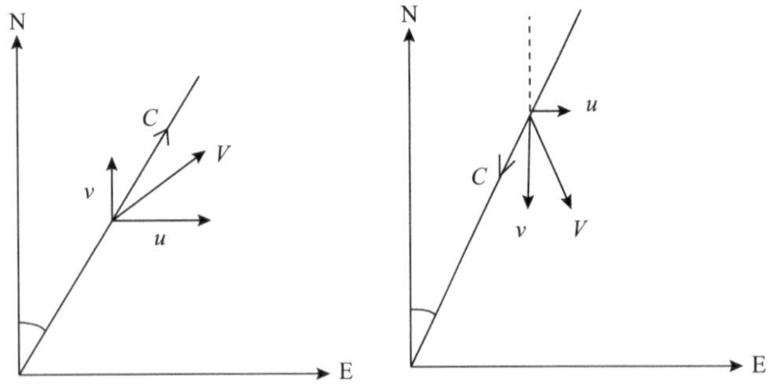

图 2　风矢量 V，径向速度 C 和 u，v 分量之间的关系

从（1）式、（4）式、（5）式还可以得出一些分析 Doppler 速度场的定性规则：

①根据（1）式，当 $V\neq0$ 而 $v_r=0$（即 $C=0$）时，$\alpha = \pm\pi/2$。因此，Doppler 速度为零处的风向和该处的向径垂直（如图 3 所示）。

②根据（4）式，当 $v_{r_1} + v_{r_2} \neq 0$，而 $v_{r_1} - v_{r_2} = 0$ 时，$\alpha = 0$。由于在 Doppler 速度的极值中心两侧，$v_{r_1} \approx v_{r_2}$，因此 Doppler 速度极值处的风向应和向径平行，且 $V=|v_r|$。

③根据（4）式，当 v_{r_1} 和 $v_{r_2}>0$，若 $v_{r_1}>v_{r_2}$，则 $\alpha<0$；若 $v_{r_1}<v_{r_2}$，则 $\alpha>0$。因此在 Doppler 速度场的趋近中心处 $\partial\alpha/\partial\theta<0$，即在趋近运动中心两侧的风向相对于向径有向外辐散的特征。同理，在远离中心两侧的风向有相对于向径向内辐合的特征。由于 $|\tan\alpha| \propto |v_{r_1} - v_{r_2}|$，因此 Doppler 速度中心两侧的切向梯度越大，风向的辐合或辐散越显著。

④根据（5）式，V 和 $|v_{r_1} - v_{r_2}|$ 成正比，因此在 Doppler 速度切向梯度大的地方，风速较大。

22.3 误差分析和资料的预处理

在用 VAP 方法反演风矢量场前，有必要先讨论一下（4）式和（5）式对 Doppler 速度观测误差的敏感性。首先讨论风矢量方向对误差的敏感性。（4）式可改写成

$$\alpha = \mathrm{arctg}x$$

其中

$$x = -\frac{v_{r_1} - v_{r_2}}{v_{r_1} + v_{r_2}} \cot\Delta\theta$$

由微分公式可知

$$\mathrm{d}\alpha = \frac{1}{1+x^2}\mathrm{d}x \tag{6}$$

由于 $1/(1+x^2)$ 恒小于 1，故风向 α 对 v_r 的误差不敏感。例如取 $v_{r_1} + v_{r_2} = 20$ m/s，根据 CAMS Doppler 雷达的测速精度 0.2 m/s，取 $v_{r_1} - v_{r_2}$ 分别为 0.5 m/s 和 0.7 m/s，则由（6）式计算出来的 dα 值为 20°到 30°。可见，VAP 方法反演出来的风向误差和常规高空风观测的风向误差相近。

其次讨论风速对误差的敏感性。将（5a）式和（5b）式分别对 $\left(v_{r_1} + v_{r_2}\right)$ 和 $\left(v_{r_1} - v_{r_2}\right)$ 求微分可得

$$\mathrm{d}V = \frac{1}{2\cos\alpha\cos\Delta\theta}\mathrm{d}(v_{r_1} + v_{r_2}) \tag{7a}$$

$$\mathrm{d}V = \frac{1}{2\sin\alpha\sin\Delta\theta}\mathrm{d}(v_{r_1} - v_{r_2}) \tag{7b}$$

按照 v_r 的测量精度可知，$\mathrm{d}(v_{r_1} + v_{r_2})$ 的量级为 10^{-1} m/s。由（7a）式可知，风速误差 dV 的量级取决于 1/（2cosαcos$\Delta\theta$）的量级，其中 cos$\Delta\theta\approx$1。当$|\alpha|\leqslant$87°时，2cosαcos$\Delta\theta$ 的量级为 10^{-1} 到 10^0，故 dV 的量级为 10^{-1}—10^0 m/s。可见，在大多数情况下，V 对 v_r 的误差也不敏感，按（5a）式反演出来的风速误差和常规高空风观测的风速误差相近。但是，当 α 很接近±90°时，由于 cosα 接近于零，故 v_r 的观测误差将被强烈地放大，dV 的量级可达 10^1 m/s 以上。由（5a）式可知，当 $\alpha\to\pm$90°时，风速 V 将趋于无穷大。为了避免在用（5a）式反演风速时出现计算溢出现象，必须规定一个临界值 α_c（例如取 α_c=89.5°）。对于$|\alpha|\geqslant\alpha_c$的点不反演其风速值。

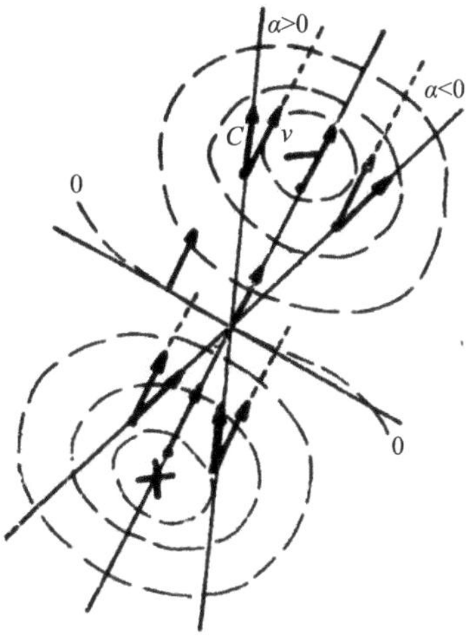

图 3　Doppler 速度极值附近风矢量相对于向径的偏角

在（7b）中，sin$\Delta\theta$ 的量级为 10^{-2}，因此 dV 对 $v_{r_1} - v_{r_2}$ 的误差非常敏感。而且当 $\alpha\to$0 时，由于 sin$\alpha\to$0，V 将趋于无穷大。但是反演实例表明，按（5a）式和（5b）式反演出来的风矢量场几乎完全相同。在 v_r 的极值处，尽管 α 的值很小，但反演出来的风速值 V 和 v_r 的值非常接近，说明即使在 α 很小的情况下，按（5b）式反演出来的风速仍是相当精确的。其原因是，在 v_r 的极值处，由于 $v_{r_1} - v_{r_2}$ 接近于零，由（4）式可知反演所得的风向有很高的精度。同时由于如下面将要介绍的在反演前先对原始资料进行了平滑处理，尽管此时 sinα 的值非常小，但是 $v_{r_1} - v_{r_2}$ 的值也非常小，因此在 v_r 的极值附近按（5b）式反演所得的风速仍有较高的精度。当然，在按（5b）式反演风速时，为了避免出现计算溢出现象也需规定

一个临界值 α_c（例如取 $\alpha_c = 0.5°$）。

上述误差分析表明，Doppler 雷达的测速精度满足用 VAP 方法反演风矢量的要求，反演出来的风矢量的误差和常规高空风观测的误差相近。但是，实测 Doppler 速度资料中不仅包含 10^1—10^2 km 的次天气尺度的风场信息，而且也包含尺度非常小的大气运动的信息，如湍流。从图 4（a）所给的 1989 年 7 月 21 日 20 时 43 分观测到的每隔 9.6 km 的十个距离圈上原始 Doppler 速度随方位角的分布廓线可见，v_r 的脉动非常明显。如 Doviak 等（1984）所指出的，v_r 的脉动是由湍流及大小雨滴降落速度不同等原因引起的[1]。脉动使原始资料中 $v_{r_1} - v_{r_2}$ 的量级达到 10^0 m/s。如果不消除脉动现象，将使反演出来的风向发生严重的摆动，风速将达到 10^2 m/s 的量级。

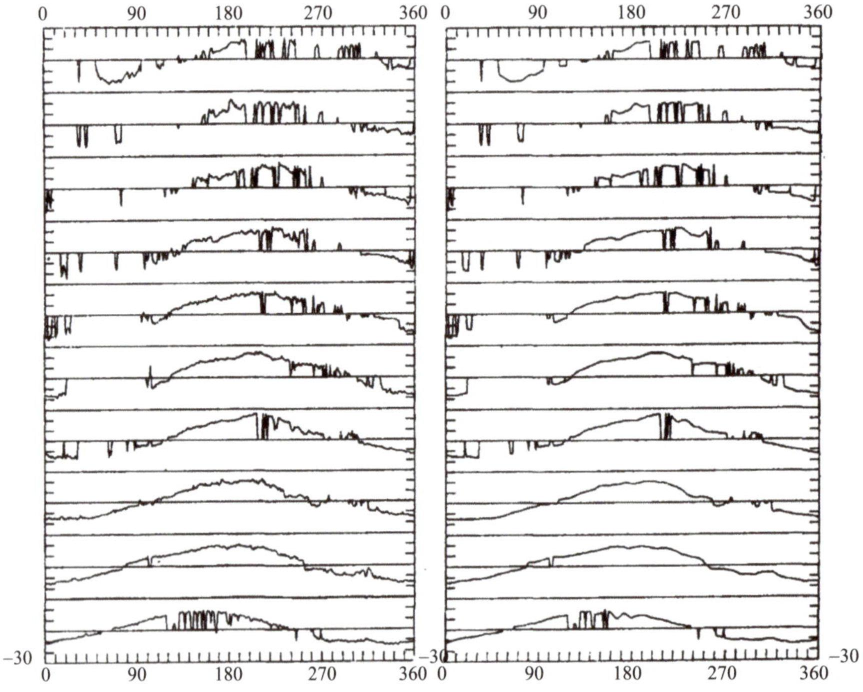

图 4　1989 年 7 月 21 日 20 时 43 分从 9.6 km 到 96.0 km（从下向上）十个距离圈上的 Doppler 速度廓线

（a）为原始资料的廓线，（b）为经过 9 次一维线性平滑后的廓线；天线仰角 1°，纵坐标上每一小格为 10 m/s，横坐标上每一小格为 10°

对原始 Doppler 速度场沿切线方向进行一维线性平滑即可消除廓线中的脉动现象。表 1 给出平滑 0—9 次的 $\left|v_{r_1} - v_{r_2}\right|$ 的平均值 $\overline{\Delta v_r}$。未平滑时 $\overline{\Delta v_r}$ 为 1.396 m/s。随着平滑次数的增加，$\overline{\Delta v_r}$ 迅速减小。当平滑到 8 次时，$\overline{\Delta v_r}$ 已减小到 0.517 m/s，且随着平滑次数的增加 $\overline{\Delta v_r}$ 的变化不到 0.02 m/s，表明 v_r 的脉动已基本消除。

表 1　Doppler 速度廓线上 v_r 的偏差 $\overline{\Delta v_r}$ 随平滑次数 K 的变化

K	0	1	2	3	4	5	6	7	8	9
$\overline{\Delta v_r}$ / (m/s)	1.396	0.954	0.774	0.679	0.621	0.583	0.555	0.534	0.517	0.503

必须指出，在 Doppler 雷达的速度观测中存在许多缺测点，缺测点的 v_r 值都取为零。从图 4a 可见，几乎在每个距离圈上都存在缺测现象，有的是成片的，有的是孤立的。为了避免缺测记录通过平滑过程影响周围 v_r 的分布特征，凡是 $v_r = 0$ 的点均不参与平滑。从图 4（b）可见，平滑 9 次后的廓线在缺测点仍保持为零，而在 $v_r \neq 0$ 的区域，廓线中已看不到脉动现象，而 v_r 随方位角分布的尺度为 10^1—10^2 km 的特征仍得以保持。

22.4 反演实例和讨论

图 5 为根据图 4（b）中的 Doppler 速度分布廓线用 VAP 方法反演得到的风矢量场。必须指出，由于观测时天线的仰角为 1°，10 个距离圈所对应的高度是不同的，如表 2 所示。因此，图 5 中的风矢量反映了 168 m 到 1676 m 高度间的风场结构。

表 2 图 4 中 10 条廓线的距离圈及其对应高度

距离圈	1	2	3	4	5	6	7	8	9	10
距离/km	9.6	19.2	28.8	38.4	48.0	57.6	67.2	76.8	86.4	96.0
高度/m	168	335	503	671	838	1006	1173	1341	1509	1676

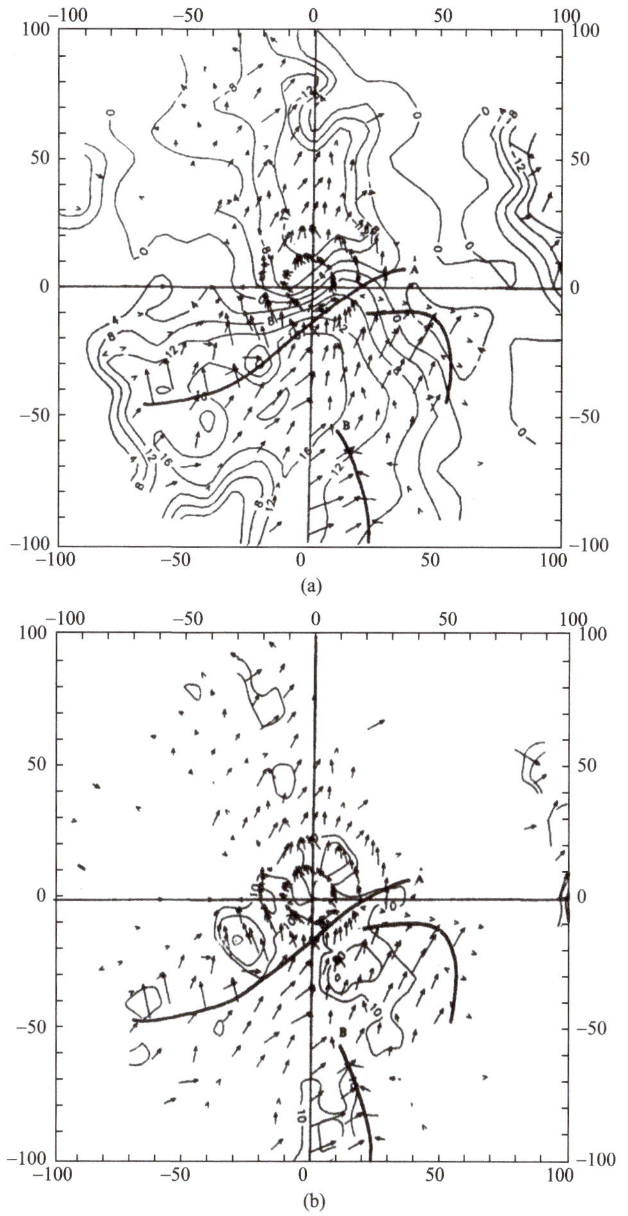

图 5 根据图 4（b）反演出的 100 km 范围内的风矢量场

（a）中的等值线为 Doppler 速度，间隔 4 m/s，（b）中的等值线为大于 10 dBz 的反射率因子[①]

① 原文此后已丢失，无法判断表意是否准确，请读者理解并审慎阅读。

为了考察反演结果是否反映了实际风场，有必要将它和常规天气资料及 UHF 风廓线资料进行比较。UHF 雷达位于 CAMS Doppler 雷达以南约 20 km。

从图 6（a）所给的 7 月 21 日 20 时 850 hPa 图可见，北京位于河套低涡和西太平洋副热带高压之间的偏南气流中。反演出来的风矢量也基本上为 SSW 风。此反演结果是由图 5（a）中 Doppler 速度的趋近区和远离区大致与原点对称及零线通过原点呈 300°到 120°走向的特征所决定的。在图 4 中也可以看到，从 38.4 km 到 76.8 km 的 7 条廓线上零点的方位角都在 120°和 300°附近。它也表明高度 1000 m 附近的风向均为 SSW 风。但是在 9.6 km 距离圈上，零点位于 60°和 240°附近，同时图 5（a）中原点附近的零线也相应地呈 WSW—ESE 走向。因此，原点附近反演出来的风矢量（反映 200 m 以下近地面层中的风）也有偏东分量。它与图 6（b）所给的地面图上北京附近为偏东风相符。在图 4 中还可看到在 19.2 km 和 28.8 km 圈上，零点位于 80°—90°和 260°—270°附近，因此反演出来的风矢量也相应地近于南风（代表 300—500 m 高度的风向）。上述风矢量方向的垂直结构，在图 6（c）所给的 19 时 00 分的 UHF 雷达测得的垂直方向风廓线图上可以得到证实。

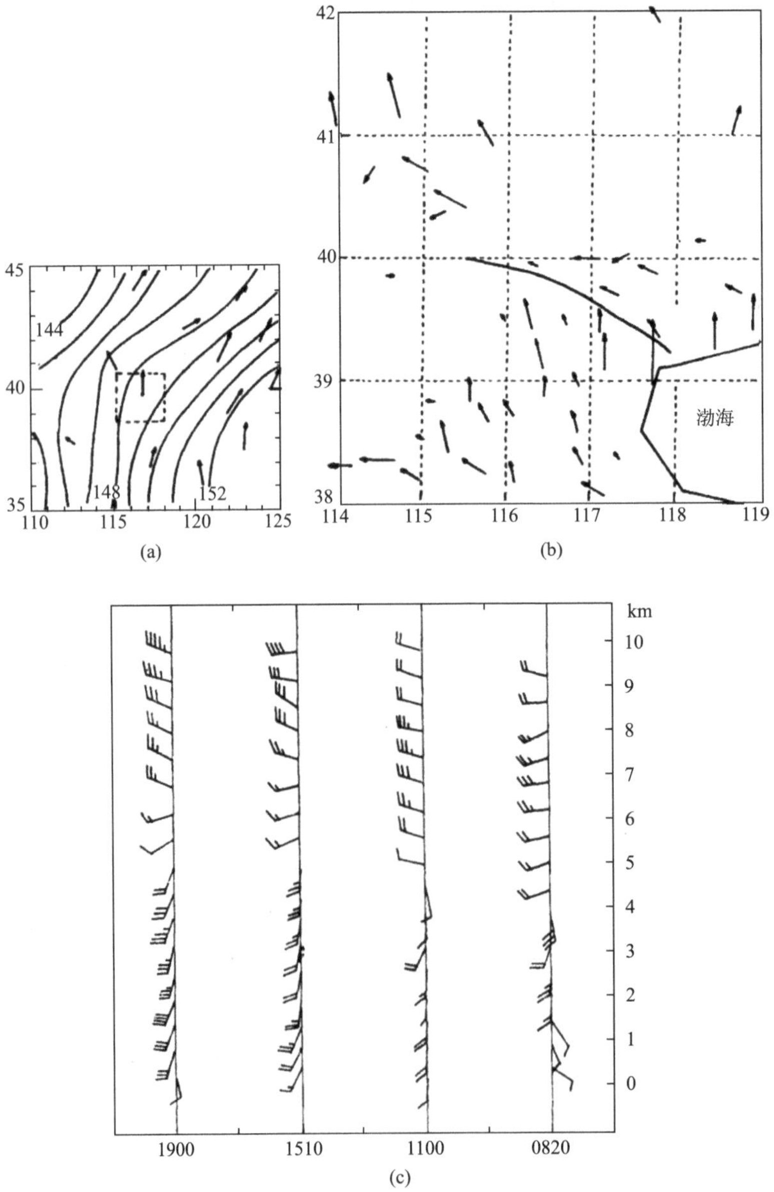

图 6　1989 年 7 月 21 日 20 时的 850 hPa 图（a）、地面图（b）及 08 时 20 分到 19 时 00 分的 UHF 垂直风廓线图（c）

值得特别指出的是，在图 5 的风矢量场上还可以分析出 A，B 两条风向不连续线。A 为由 SW 风和 SSE 风构成的暖锋式切变线，它位于雷达以南 30—50 km。B 为由 WSW 风和 SE 风构成的辐合线，它位于雷达以南 70—100 km。根据第二节中所指出的 Doppler 速度极值附近风向相对于向径的偏角的规律可知，A 和 B 这两条风向不连续线是分别由图 4 的廓线上 180°到 230°附近的极大值及 170°附近的一个相对极小值区所决定的。在图 6（b）的地面图上，北京以南 30 km 左右的一条 EW 走向的暖锋式切变线证实了不连续线 A 确实存在，虽然由于两者不在同一高度上，因此其走向及其两侧的风向并不完全相同。由于高空风测站间的距离太大，在 850 hPa 图上［图 6（a）］分析不出这条暖性切变线。但是，在图 6（c）所给的 UHF 风廓线随时间的变化中，可以从 1500 m 以下的风向有 SSE 到 SSW 之间的转变推断在行星边界层中确有暖锋式切变线活动。

从图 5（b）所给的反射率因子分布还可以发现，A，B 两条风向不连续线均与较强的雷达回波相配合。它进一步表明反演出来的风矢量场所揭示的次天气尺度系统与降水密切相连。切变线 A 是引起北京地区降水的系统。辐合线 B 则可能是中尺度对流系统在流场上的反映。

此外，在雷达东南方 20—40 km 还有一块中心强度超过 30 dBz 的回波。在其前沿，也可看到风矢量场的不连续现象。它发生在图 5a 中一个 $v_r < -4$ m/s 的远离运动区中，因此也符合 22.2 节中的规律之三。但是由于这条不连续线位于资料缺测区附近，所以在图 4 的 48.0 km 和 57.6 km 的廓线上仅表现为在 100°—110°方位间有一个小范围的 v_r 负值区。

我们用 VAP 方法对 1989 年 5 月 31 日到 8 月 19 日的 6 次降水过程中京津冀中尺度气象试验基地观测到的 20 个 Doppler 速度场进行了反演。结果表明，用 VAP 方法反演出来的风矢量场除了能揭示上述实例中的暖锋式切变线和辐合线外，还可揭示出冷锋和飑线的中尺度流场结构。由于篇幅所限本文中不再给出。总之从经过一维线性平滑后的 Doppler 速度场用 VAP 方法反演出来的风矢量场是合理的。它可以揭示出与降水相联系的 10^1—10^2 km 的中尺度流场系统。

22.5 结论

（1）VAP 方法是在假定相邻方位角风矢量相等的前提下，从低仰角测得的 Doppler 速度随方位角分布的廓线反演风矢量场的简便而有效的方法。反演出来的风场中保留了 10^1—10^2 km 尺度的风场结构。它可以用于对 Doppler 雷达观测结果进行中尺度流场的实时分析。

（2）对反演公式的误差分析和对反演实例的考察都表明用 VAP 方法揭示出来的中尺度系统是可信的，并且是与降水相联系的。

（3）在用 VAP 方法反演风矢量场前，必须首先消除原始 Doppler 速度资料中的脉动，它可以通过一维线性平滑实现。

致　谢：作者感谢北京大学毛节泰同志提供的宝贵意见及中国气象科学研究院葛润生、张沛源和石定朴等同志为本研究提供的资料和帮助。

参 考 文 献

[1] Doviak, R. J. , and D. S. Zrnic, Doppler radar and weather observations, Academic Press, 1984.

[2] Lhermitte, R. M. , and D. Atlas. Precipitation motion by pulse Doppler, Preprints Ninth Weather Radar Conf. , Amer. Meteor. Soc. , 218—223, 1961.

[3] Caton, P. G. , The measurement of wind and convergence by Doppler radar, Preprints Tenth Weather Radar Conf. , Amer. Meteor. Soc. , 290—296, 1963.

[4] Browning, K. A. , and R. Wexler, The determination of kinematic properties of a wind field using Doppler radar, *J. Appl.*

Meteor., 7, 105—113, 1968.
[5] Waldteufel, P., and H. Corbin, On the analysis of single Doppler data, *J. Appl. Meteor.*, 18, 532—542,1979.
[6] Koscielny, A. J., R. J. Doviak and R. Rabin, Statistical considerations in the estimation of divergence from single-Doppler radar and application to prestorm boundary-layer observations, *J. Appl. Meteor.*, 21, 197—210, 1982.

THE VAP METHOD TO RETRIEVE THE WIND VECTOR FIELD BASED ON SINGLE-DOPPLER VELOCITY FIELD

Tao Zuyu
(Department of Geophysics, Peking University)

ABSTRACT

Under the assumption that the wind vectors of two contiguous azimuth are same, the VAP (Velocity Azimuth Processing) method is proposed to retrieve the wind vector field from the distributions of Doppler velocity on the distance circle. The information of sub-synoptic scale can be maintained in the retrieved wind field. The error analysis indicates that the error of retrieved wind direction is about 20 to 30 degree, and the scale of the wind speed error is 10^0 m/s (it could reach to 10^1 m/s in special situation). The pulsation in the original data of Doppler velocity has to be removed before the retrieval. It can be brought into being by one-demension linear smooth.

The shear line and convergent line with sub-synoptic scale are revealed in a case of retrieved wind field and confirmed by the synoptic charts and the wind profile observed by UHF radar. The disposition of radar echo in the retrieved wind field suggests that the rainfall is associated with those mesoscale synoptic systems.

梁旭东 中国气象科学研究院研究员 | 专家解读 |

Doppler 天气雷达实现了对大范围的三维风场的快速观测，但是由于单部 Doppler 雷达只能观测到任意一点的风的一个方向的分量，因此难以直接使用。为了得到完整的风场信息就发展了风场反演算法。在 20 世纪 60—80 年代，Doppler 天气雷达逐渐被使用起来，相应的风场反演算法也逐渐发展起来，但是基于单部 Doppler 雷达的风场反演主要是获得雷达观测范围内的平均风及散度、拉伸形变和切变形变（VAP 算法），所得到的风的空间分辨率很低。

20 世纪 80 年代左右发展起来的基于单 Doppler 雷达的更高分辨率的反演算法是 VVP 算法，该算法在理论上比较完善，但是不能直接求解（定解条件不够），在应用中需要进行简化，同时该算法计算量大，资料处理复杂，应用也就较少。

陶祖钰提出的 VAP 算法不采用前人使用的大范围的观测资料拟合的方式，而是采用局部的观测资料（相邻两个观测）来反演局地的风，从而显著提高了反演风场的空间分辨率，同时计算也大大简化，使得单 Doppler 雷达风场反演算法和反演的风场具有了很强的实用性。

VAP 方法和几乎同期由 Persson 等提出的 UW 方法成为基于单 Doppler 雷达反演高分辨率风场的主要方法，大大推进了雷达风场观测资料的应用，促进了基于单 Doppler 雷达风场对中尺度天气系统的观测和分析。从 VAD 和 VAP 方法的对比可以看到，这两者采用了截然不同的技术路线，从 VAD 到发展出 VAP 是一种另辟蹊径的创新思维。

23

自然云中冰晶生成的核化过程及雪晶对过冷云滴的撞冻*

| 游来光　李炎辉　刘玉宝 | 中国气象科学研究院人工影响天气研究所

游来光（1935—2005 年），中国人工影响天气领域的先驱科学家之一，其研究覆盖了人工影响天气的理论探索、技术试验及业务化应用，尤其在层状云人工增雨领域贡献显著。他的工作为中国应对干旱、冰雹等气象灾害提供了重要技术支撑，并为后续国际合作与技术进步奠定了基础。

■ 曾任新中国成立后《气象学报》第二十一、二十二届理事会《气象学报》编审委员会委员。

■ 发表在《气象学报》的著名论著还包括：《北京地区 1963 年春季冰核浓度变化特点的观测分析》（1964 年）、《春季吉林地区层状冷云中冰晶的形成与雪晶增长特点》（1965 年）、《新疆冬季降雪微结构及其增长过程的初步研究》（1989 年）、《1995 和 1996 年春季北京地区大气冰核浓度的观测与研究》（2002 年）等。

鉴于冰晶过程在自然降水形成中的作用十分重要，对冰晶形成的物理过程曾进行过大量研究[1,2]。由于自然云中冰晶的生成受大气热力、动力学条件及微物理过程等多因子制约，因而在自然云中研究冰晶的形成过程有很大困难，至今有关冰晶生成的核化过程的外场研究仍极少。室内实验可以在控制某些云物理条件下进行，但有些条件（过冷云维持时间、过冷云滴谱等）很难进行逼真的模拟。雪晶对过冷云滴的撞冻是雪粒子的重要增长过程之一；有关雪晶对过冷云滴的撞冻效率，已持续进行多年的室内实验与理论研究。这些研究工作中，都对雪晶形状做了不同程度的简化，对自然云中的雪晶撞冻过程的研究仍极少。

本文根据对新疆冬季降雪过程中的飞机与地面降雪雪晶微结构观测资料，分析讨论了有关冰晶生成的核化过程特点、影响这些过程的环境条件、冻结与凝华核化过程的相对重要性。根据枝片状雪晶表面所带冻滴的尺度谱及云中云滴谱资料计算了雪晶对云滴的撞冻效率，并与已有的室内实验和理论研究结果进行了比较。

23.1　云与雪微结构的观测

新疆冬季降雪天气有两种类型：一类在冬季强逆温层下的低云中形成，云层稳定少变，持续时间可

* 本文于 1989 年 9 月 6 日收到，1990 年 1 月 20 日收到修改稿。游来光，李炎辉，刘玉宝. 1992. 自然云中冰晶生成的核化过程及雪晶对过冷云滴的撞冻. 气象学报，50（2）：232-238.

达数日，但降雪量甚少[3,4]；另一类降雪伴随冷空气入侵，在冷锋后形成，降水时间一般不超过 24 小时，但降雪量及降雪强度均较大[5,6]。1982 年至 1984 年间，利用飞机所装载的粒子测量系统观测云中云滴及冰、雪粒子谱，同时利用显微摄影及有机溶液复制法观测地面降雪雪晶微结构；共收集了三次低云降雪、两次冷锋降雪过程中的雪微结构资料。根据雪晶中心晶胚的微结构特征判断雪晶胚心形成的核化过程，分析雪晶胚心冻滴的尺度谱和其表面撞冻的冻滴尺度谱，结合飞机观测的云结构资料计算过冷云滴的冻结概率及雪晶对过冷云滴的撞冻效率。上述各项特征只对枝片状雪晶才能明确分辨；因此所选择的降雪云云顶温度都在−14℃至−18℃间，以及云中没有强烈撞冻过程发生的时段。

23.2　雪晶的胚心结构与核化过程

雪晶胚心结构可分为两类，即以小冰晶为胚心的雪晶和以冻滴为胚心的雪晶，其晶心形态特点见图 1。晶胚表明冰相通过凝华过程形成，冻滴胚表明冰相通过冻结核化形成[7,8]。因此，雪晶晶心结构特征直观地反映出上述两种核化过程在自然云中冰晶形成上的相对贡献大小。表 1 为 5 次降雪过程中晶胚和冻滴胚所占百分比。按云的特征分别统计，则低云降雪中，冻滴为胚心的雪晶平均占雪晶总数的 82.4%；冷锋降雪中平均为 51.4%。分析的雪晶晶心总数为 1961 个。

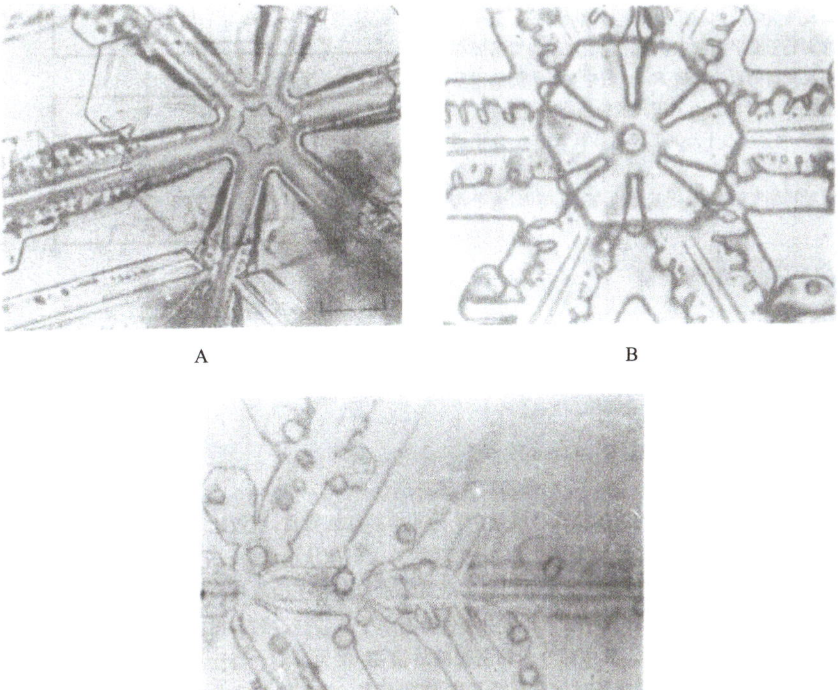

A　　B

C

图 1　雪晶胚心形态特征

A 为冰晶胚心，B 为冻滴胚心，C 为雪晶表面上撞冻的过冷云滴

表 1　雪晶胚心结构分类统计

云型	观测日期/（年/月/日）	冰晶心胚/%	冻滴心胚/%	不明/%
低云	82/11/24	22.2	77.8	0
	83/1/6	12.0	88.0	0
	83/1/7	17.5	80.5	2.5
冷锋云	84/12/1	48.2	51.4	0.5
	84/12/10	47.4	51.4	1.2

图 2 为 1984 年 12 月 1 日至 2 日冷锋降雪过程中、后期，冻滴胚雪晶所占百分比随时间的变化。该图表明滴心雪晶所占百分比从开始时的 60%左右降至降水后期的 10%；降水后期的降水强度减小，雪晶中同时出现有侧片状雪晶，雪晶上的撞冻特点消失，这说明高层存在引晶云使下层云中水饱和条件受到破坏，低层过冷水云已处消亡阶段，从而抑制了冰核的冻结核化过程。据此推测，某些自然降雪情况下的冻结核化比例降低是由于云中水饱和条件并非普遍存在所引起的。表 1 表明，在有过冷水持续存在的低云降雪情况下，冻结核化（含接触核化）占绝对优势，其相对核化量高达 90%左右，凝华核化仅占约 10%。

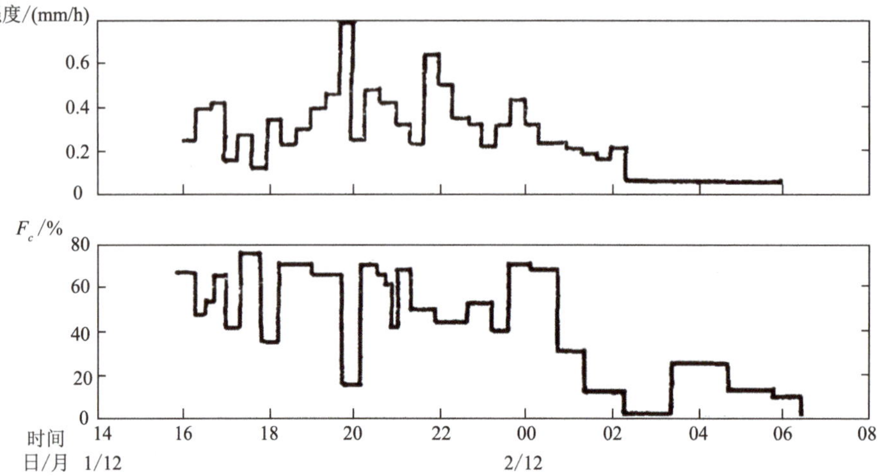

图 2 1984 年 12 月 1 日至 2 日冷锋降雪中、后期，冻滴胚的雪晶所占百分比（下）及降雪强度（上）随时间的演变

室内实验表明，在低于水饱和的环境条件下，冰核活化的浓度 N 与环境的冰面过饱和度 S 间有如下关系：$N = CS^{\alpha}$，其中 C 与 α 是与核的性质有关的系数，α 值在 2 至 8 的范围内[9,10]，平均可取 4.7。根据自然云冰晶浓度与过饱和度的观测资料[8]，估算的 α 值为 4.03，与上述值接近。近来已有实验表明[11]，在水饱和条件附近，冰核活化数目有不连续的跃增，这反映出上述关系式仅表达了凝华核化数目与冰面过饱和度的关系。采用冷云室法观测大气冰核浓度，冰核是在过冷云中通过凝华、冻结两种过程活化的；利用这些资料估算在水饱和与冰饱和之间的不同湿度条件下的冰核活化数，应扣除其中冻结核部分再按上式计算。按本文上述观测结果，凝华核化所占比例系数为 0.1，则当冰面过饱和度为 S 时的冰核活化数 N 可按下式计算：$N = 0.1N_{\omega}(S/S_{\omega})^{\alpha}$，其中 $N_{\omega} = N_0\exp(-\beta T)$ 为冷云室法（水面饱和）观测的大气冰核浓度的温度谱，S_{ω} 为温度为 T 时，水饱和条件下的冰面过饱和度。如上述，α 值平均取 4.7，根据乌鲁木齐地区冬季低云天气下的大气冰核浓度资料按上式计算的不同温度与冰面过饱和度下的冰核活化数如表 2。据表 2 可以看出，在自然过冷云中随过冷度增加冰核活化的数目迅速增加，冰晶增长耗尽云中过冷水使冰面过饱和度降低，则冰核的进一步活化又受到强烈抑制，是自然云中一种自调整的适应过程。

表 2 不同温度下湿度为水饱和与冰面过饱和为 10%时的冰核活化数（l^{-1}）

温度/℃	−15	−20	−25	−30
N_{ω}	0.7	9.3	124	1630
$N(S=10)$	0.077	0.186	0.98	3.96
N/N_{ω}	0.11	0.02	0.0079	0.0024

23.3 云中过冷水滴的冻结概率

图 3 为云中滴谱、雪晶中心冻滴尺度谱和雪晶表面上撞冻的云滴谱。几条谱线的比较表明，雪晶中

心的冻滴胚是由较大的云滴冻结生成的。

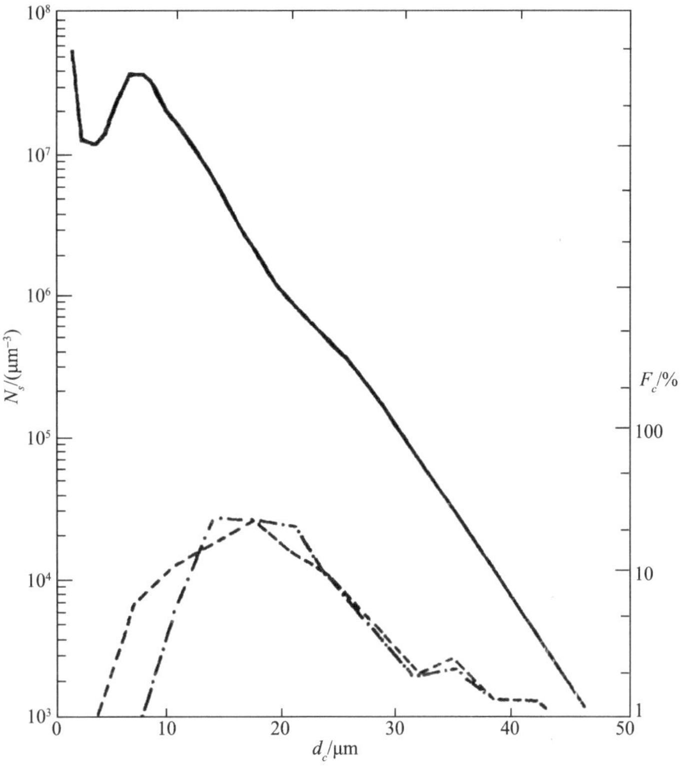

图 3 低云中的云滴谱（dN_c/dD）、雪晶胚心冻滴谱（点划线）和雪晶撞冻的冻滴谱（虚线）

低云降雪微结构稳定少变、持续时间长，云中水分收支处于准平衡状态。根据地面观测的雪晶胚心冻滴尺度谱的百分比值 F_c、云中飞机实测的雪晶浓度值 N_s，计算云中不同尺度的胚心冻滴数目 N_sF_e（$m^{-3}\cdot\mu m^{-1}$）；由于云滴沉降是影响云中水分平衡的重要过程[4]，考虑到云滴与胚心冻滴（即雪晶）通量差对其浓度的影响，则云滴的冻结概率 E_f 由下式计算：

$$E_f=\frac{\text{冻滴数目}n_s}{\text{云滴数目}n_c}=\frac{N_sF_cW_s}{N_cW_c}$$

N_c 为飞机实测直径为 d_c 的云滴浓度，N_s 为云中雪晶浓度，W_s 为雪晶落速，平均取 30 cm/s，W_c 为云滴的落速。按文献[2]所给数据，按上式计算的过冷云滴冻结概率随云滴直径 d_c（μm）及云滴体积 V_c（mm^3）的变化如图 4，其相关表达式为：

$$E_f=6.89\ 10^{-9}d_c^{\ 3.007}\ \text{或}\ E_f=13.8\ V_c^{\ 1.003}$$

$$r=0.9232\qquad\qquad r=0.9230$$

据上式，$n_s=13.8n_cV_c$，n_cV_c 表示尺度为 d_c 的云滴的总体积或总质量，n_s 为其中的冻滴数目，系数 13.8 具有每单位质量云水中所包含的冻结核数的含义。低云天气下观测的−15℃时的大气冰核浓度为 0.7 个/l；低云含水量平均取 0.1g/m^3，设大气冰核全部包含在云水中，则每毫克云水包含有 7 个冰核，这与上述相关式中的系数基本一致。当 $E_f=1$ 时，表示平均每个云滴中都包含有一个冻结核，则其相应的云滴直径 $D_c=(6/13.8\pi)^{1/3}$；云滴直径大于 D_c 时，其中部分云滴所含冻结核数将大于 1，当云滴冻结时就有可能形成多晶胚结构。多晶胚冻滴在外延生长时就有可能长成空间状晶体（侧片、柱束或空间枝状等）。按上式估算，在本文所分析的低云情况下，D_c 为 517 μm。根据实测大气冰核的温度活性谱斜率推算，温度为−20℃、−25℃、−30℃、−35℃时，D_c 分别为 218 μm、92 μm、39 μm 和 16 μm。上述推测表明当温度低于−25℃时，在云滴尺度范围内才可能有多晶胚冻滴出现；这与空间状晶体常出生于−25℃至

−30℃云层的观测结果相符。

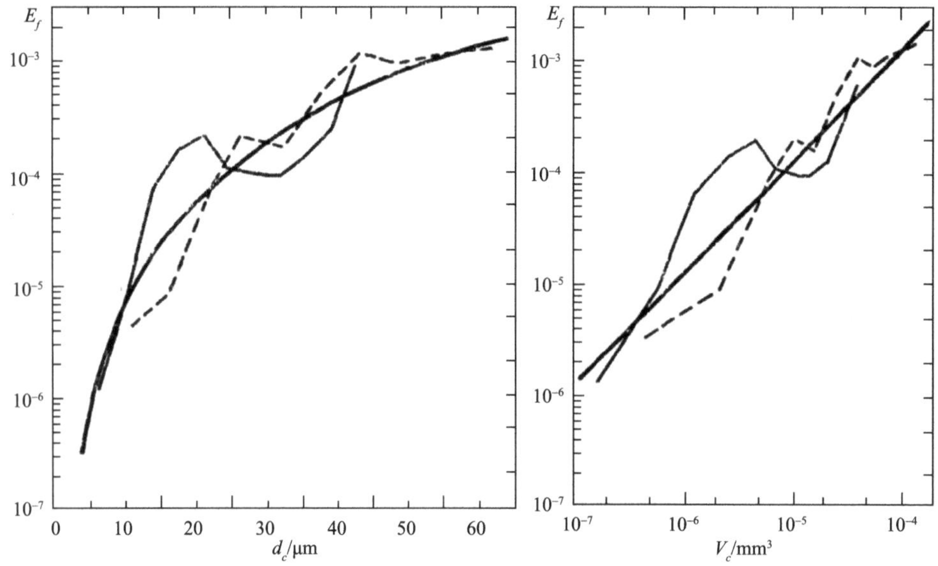

图 4　过冷云滴冻结概率 E_f 与云滴直径 d_c（左）及云滴体积 V_c（右）的相关

23.4　雪晶对过冷水滴的撞冻

根据 1982 年 11 月 24 日低云降雪天气下飞机观测时段中，在地面所观测的雪晶样片，分析了在 13 个尺度为 1.4 mm 至 4.8 mm 的枝片状雪晶表面上撞冻的 2214 个冻滴的尺度。该例中云厚为 550 m，云滴谱随距云底的高度增加而变宽；为计算雪晶撞冻云滴的效率，将云分为 4 层，将雪晶考虑为以雪晶最大尺度为直径的圆盘形，按下式计算雪晶对过冷云滴的撞冻效率 E_a：

$$E_a = \frac{N_{si}}{\sum \Delta H_i N_{ci} S}$$

式中 N_{si} 为雪晶表面上直径为 d_c 的冻滴数目，ΔH_i 为云层厚度，N_{ci} 为该层云中 d_c 大小的云滴浓度，S 为雪晶截面积。

计算结果表明（见图 5）：①在云滴直径为 20 μm 至 40 μm 的区间存在一个 E_a 值的高值区，②雪晶对小于 20 μm 的云滴的撞冻效率急降，③对 5 μm 以下的云滴几乎不发生撞冻，④随雪晶直径增大具有高 E_a 值的云滴尺度范围有增大的趋势。

图 6 为撞冻效率随无因次量 Ψ 值的变化，同时给出 Ranz 和 Wong 早期得出的理论值和室内模拟实验结果[12]。无因次量 $\Psi = (A\rho W_s/18\mu D_s)\, d_c^2$，其中 ρ 为滴的密度，W_s 为雪晶落速，μ 为空气黏性系数，D_s 为雪晶直径，d_c 为云滴直径，A 为一经验修正因子，通常取为 1。图 6 表明，在小滴与大滴两侧的 E_a 值都低于文献[12]的实验结果与理论值；但与近期的理论计算值趋势相似[1]，即 E_a 存在一个峰值区，且存在一个大约 5 μm 的撞冻云滴下限直径。理论计算及室内模拟实验中采用圆盘形或正六边形雪晶模型；本文则是对枝片状雪晶按圆盘形计算截面，从而高估了碰撞截面。由于在−15℃附近温度条件下，有撞冻过程发生时，云中是水饱和的，雪晶以枝状形态增长；因此，如将这类雪晶做圆盘形考虑，则本文所给出的 E_a 值可能更接近实际情况。图 6 中的数据点在较宽的范围内离散，可能与自然云和自然条件下雪晶运动的复杂性有关。

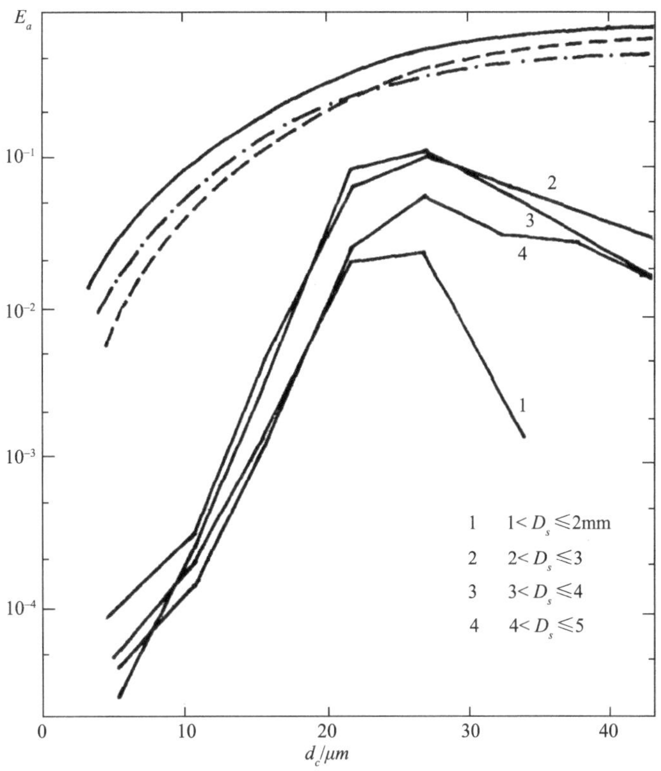

图 5　雪晶对过冷云滴的撞冻效率

折线 1 雪晶直径为 1 mm 至 2 mm；折线 2、3、4 雪晶直径为 2 mm 至 5 mm；图上部曲线为室内实验结果

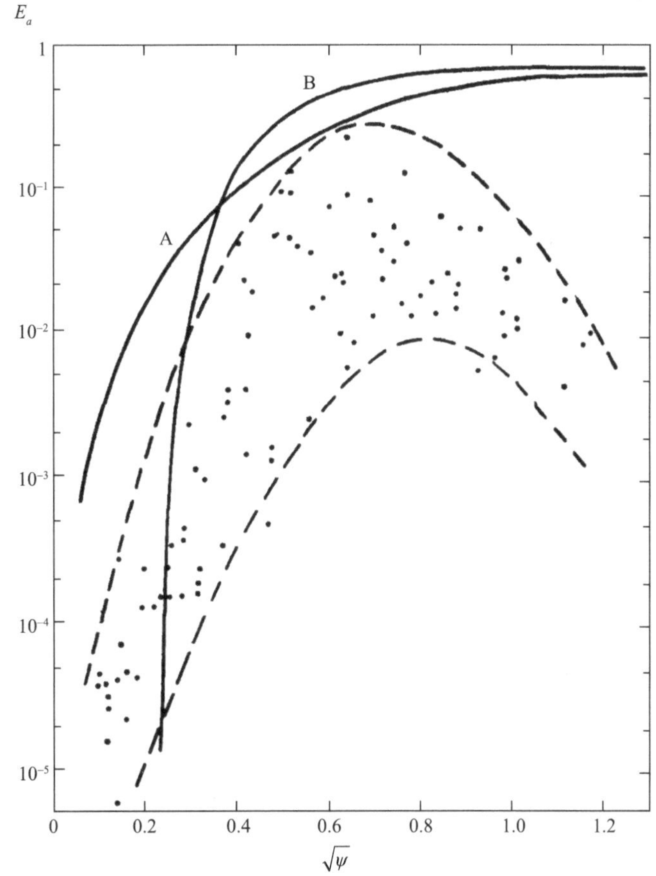

图 6　雪晶对过冷云滴的撞冻效率 E_a 随无因次量 Ψ 值的变化

虚线为本文所得到的各数据点的廓线，线 A 为室内实验值，线 B 为理论值[12]

参 考 文 献

[1] Pruppacher, H. R., and J. D. Klett, Microphysics of clouds and precipitation, Reidel Pub. Co., 714, 1978.
[2] Mason, B. J., 中国科学院大气物理研究所译, 云物理学, 677, 北京: 科学出版社, 1978.
[3] 游来光、马培民, 我国人工降水资源研究进展, 气象科学技术集刊, 第 9 期, 1—10, 气象出版社, 1985.
[4] 王谦等, 新疆乌鲁木齐地区冬季层积云研究——个例观测结果与分析, 气象学报, 45, 1, 2—12, 1987.
[5] 刘玉宝等, 新疆准噶尔盆地冬季系统性降水研究 1, 降水模型, 气象科学研究院院刊, 3, 1, 36—44, 1988.
[6] 游来光等, 新疆冬季降雪微结构及其增长过程的初步研究, 气象学报, 47, 1, 73—81, 1989.
[7] Auer, A. H. , Jr., Observation of ice crystal nucleation by droplet freezing in natural clouds, *J. Atmos. Sci.*, 28,285—290, 1971.
[8] Auer, A. H., Jr., Inferences about ice nucleation from ice crystal observation, *J. Atmos. Sci.*, 29, 311—317, 1982.
[9] Huffman, P. J., Supersaturation spectra of AgI and natural ice nuclei, *J. App. Meteor.*, 12,1080—1082, 1973.
[10] Zamurs, J., and J. Jiusto, Factors affecting ice nucleus concentration measurements with a static vapor-diffusion chamber, *J. App. Meteor.*, 16, 419—424, 1977.
[11] 章澄昌, 静力扩散云室中用滤膜测定自然冰核活化数的过饱和谱和温度谱, 南京气象学院学报, 10, 1, 1—8, 1987.
[12] Kajikawa, M., On the collection efficiency of snow crystals for cloud droplets, *J. Meteor. Soc. Japan*, 52, 3, 328—336, 1974.

ON THE NUCLEATION PROCESSES OF ICE CRYSTAL AND THE COLLISION EFFICIENCY BETWEEN THE DENDRITIC SNOW CRYSTAL AND DROPLETS IN NATURAL CLOUDS

You Laiguang Li Yanhui Liu Yubao
(Chinese Academy of Meteorological Sciences)

ABSTRACT

A study on the structure of snow crystal center (crystal with frozen droplet center or with crystal germ center) was conducted from the snow crystal data collected in five snow events. The relative importance of freezing nucleation and deposition nucleation in natural clouds have been discussed.

郑国光 中国灾害防御协会第五届理事会会长 | 专家解读 |

冰晶过程是自然降水形成中十分重要的过程。冰晶既可以胚核撞冻云中过冷云滴增长，也可以通过冰晶繁生过程快速增长。关于冰晶生长过程在实验室通过控制某些云物理条件进行研究，但由于冰晶生长受热力、动力及云微物理过程等多因子影响，在自然云中研究冰晶生长过程极少。该文利用飞机和地面观测资料，深入研究我国北方地区自然云中冰晶生长过程和雪晶对过冷云滴的撞冻过程，给出了云中云滴谱、冰晶谱、雪晶谱、冰晶胚心冻结谱、雪晶撞冻的冻滴谱、雪晶对过冷云滴的冻结核化率和撞冻效率等定量化关系，对于深入了解我国自然云降水形成机理、科学开展人工增雨（雪）作业，以及改进云降水数值模式参数化，进而改进数值天气预报模式具有重要的学术价值和业务应用价值。

受制于飞机观测仪器，20 世纪 70 年代前我国外场飞机云物理观测很少，对自然云降水形成过程的研究很难深入。20 世纪 80 年代初，我国引进机载云物理数字化自动观测仪器（如 FSSP、2D-C、2D-P、冰核和含水量等），该文主要作者游来光研究员牵头设计并组织在新疆等地开展飞机和地面联合观测，这在我国历史上是第一次。利用所获取的大量数据和分析，深入系统研究自然云降水形成微物理过程，也是第一次。其研究方法和研究成果显著推进了我国云物理学研究，也促进了我国人工影响天气作业步入科学轨道。

该文是游来光研究员系列研究成果的代表作，他的研究成果带动了云物理数值模式参数化的本地化、人工影响天气业务的科学化，并广泛应用于研究、教育、业务等领域，对我国云物理研究、云微物理模式的发展和业务应用、人工影响天气业务发展，以及云物理学科建设等均起到推动作用。

24

近百年气候变化与变率的诊断研究*

| 王绍武 |　北京大学地球物理系

王绍武（1932—2015 年），中国共产党党员，著名气候学家，北京大学教授，中国气候科学领域奠基者之一。长期专注于气候形成、古气候重建、气候诊断及预测研究，开创中国古气候研究体系，系统重建千年气候序列。对厄尔尼诺现象与中国气候的关系的研究颇有造诣。曾任中国国家气候委员会副主任，参与国家气候政策制定。

■　曾任中国气象学会常务理事，《气象学报》第二十至二十四届理事会《气象学报》编审委员会副主任委员。

■　发表在《气象学报》的著名论著还包括：《大气活动中心的多年变化》（1962 年）、《东亚大气活动中心的多年变化与我国的气候振动》（1962 年）、《上海气候振动的分析》（1962 年）、《北半球 500 毫巴月平均环流特征及演变规律的研究——西风指数》（1963 年）、《近 90 年大气环流的振动（上）》（1964 年）、《近 90 年大气环流的振动（下）》（1964 年）、《我国旱涝 36 年周期及其产生的机制》（1979 年）、《月平均环流异常的持续性与韵律性和海气相互作用》（1983 年）、《赤道太平洋降水与厄·尼诺》（1986 年）、《1470 年以来我国华东四季与年平均气温变化的研究》（1990 年）、《PAGES 计划与 CLIVAR 计划中的交叉科学问题》（1997 年）等。

摘　要

总结了近百年来气候变化与变率的诊断研究结果，包括全球平均气温及降水量、中国平均气温及降水量，以及 ENSO 及 QBO。指出全球有变暖趋势，1980 年代是最暖的 10 年。但中国的情况有所不同，1920 年代及 1940 年代最暖，而 1980 年代接近常年。全球降水量有增加趋势，但气温与降水的 10 年尺度变化并不完全一致。1950 年代及 1970 年代为多雨期，1980 年代降水反而减少。中国夏季降水变化的主要特征是冷湿、暖干。1920 年代及 1940 年代是近百年最干的时期。1871—1993 年共发生厄尔尼诺事件 28 次，拉尼娜 21 次。气候变暖时厄尔尼诺强，气候较冷时拉尼娜频率高。1951—1993 年赤道平流层纬向风准两年振荡的平均长度为 28.7 个月，比 1950 年代末的估计（26.3 个月）要长。1951 年以前的周期长度可能在 29 个月左右。未发现 QBO 与气候变化有明显关系。

关键词：气候变化，气候变率，诊断研究，全球气候。

* 1994 年 3 月 21 日收到原稿，1994 年 4 月 23 日收到修改稿。王绍武. 1994. 近百年气候变化与变率的诊断研究. 气象学报，52（3）：261-273.

24.1 引言

20 世纪即将结束，全球公众对气候变化的关注与日俱增，气候变化已成为大气科学研究的一个热点。本文的目的是回顾近百年来的气候变化与变率。这对认识气候变化形成的原因及作未来气候变化的预测有重要意义。

然而，不同地区的气候变化各有其特点，不可能在一篇文章中全加以讨论。所以，我们将集中研究全球的变化趋势。然后，把中国的气候变化与全球的变化进行对比。此外，过去研究气候变化时，很少涉及气候的年际变率。本文尝试把它们联系在一起，不过，气候的年际变率内容也十分广泛。这里只限于分析 ENSO 及 QBO，而且只着重研究它们的频率变化。

尽管如此，文章涉及的面还是比较广的。因此，只能引用最新的或最主要的文献。

24.2 全球气候变暖

20 世纪气候的变暖已经成为公认的事实。但是，要具体说明这个现象却也不容易。因为研究近百年气候变暖，主要的依据是气温观测资料。然而，气温观测资料有两个严重的缺陷，一是观测条件及方法变化，二是资料覆盖面不足。再加上计算全球或半球平均的方法差异，不同作者的结果往往有一定出入。

几十年来，前前后后大约至少有超过 30 位作者试图求半球或全球平均气温序列。看来比较成功的有三个序列，即：Vinnikov[1]、Jones[2]及 Hansen[3]，分别代表了苏联、英国及美国的研究。这三个序列之中又以 Jones 的序列最受欢迎。他应用了大约 1 亿个陆地测站的数据，及 6 千万个海洋船舶观测数据。对海温观测方法改变及城市热岛效应的影响均作了适当处理。后来 IPCC 公布了新的序列[4]。这个序列是在 Jones 序列的基础上，对海温做了订正，并用海洋大气综合数据(comprehensive ocean-atmosphere data set，COADS) 资料作了补充，使 19 世纪末资料覆盖面从 40%增加到约 60%，计算格点气温的方法也稍有改进。但是比较这四个序列，依然是 Jones 的序列与其他序列相关较大，可能它比较适中（表 1）。图 1 给出北半球、南半球及全球 Jones 的序列[5]。对以上四位作者，半球及全球共 12 个序列计算增暖的直线趋势，数值在 0.45℃/100a—0.65℃/100a 之间。因此，可以粗略地说，近百年全球气温平均上升 0.5℃左右。

表 1 不同地面温度序列之间的相关系数①

北半球					南半球					全球					中国
	I	V	J	H		I	V	J	H		I	V	J	H	C
I	1.00	0.92	0.97	0.94	I	1.00	0.89	0.95	0.86	I	1.00	0.93	0.96	0.91	0.31
V		1.00	0.96	0.98	V		1.00	0.93	0.95	V		1.00	0.96	0.98	0.39
J			1.00	0.97	J			1.00	0.92	J			1.00	0.96	0.32
H				1.00	H				1.00	H				1.00	0.41

注：I 为 IPCC，V 为 Vinnikov，J 为 Jones，H 为 Hansen，C 为中国。

① 王绍武、叶瑾琳，近百年全球气候变暖的分析，即将发表。

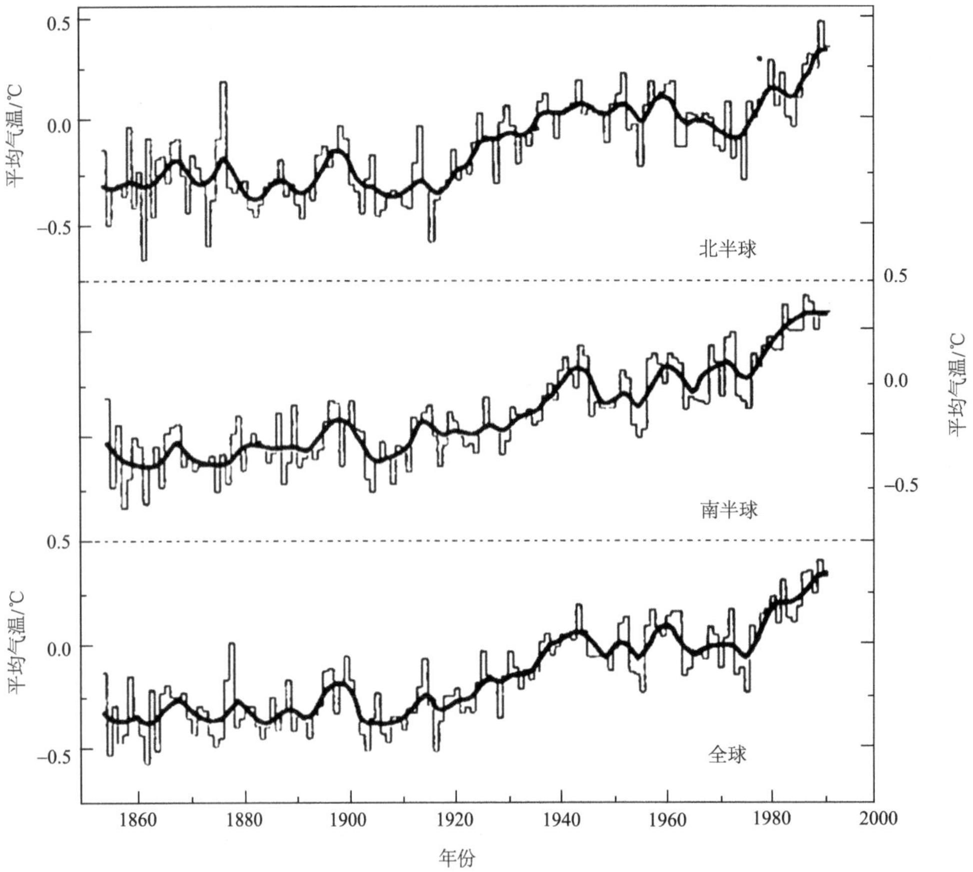

图 1 北半球、南半球及全球平均气温

对 1950—1979 年平均距平；曲线为低通滤波值

不过，这个变暖并不是均匀的。分析表明，有三次突变式的增温，发生在 1895 年、1925 年及 1980 年前后[6]。三次分别增温 0.15℃、0.25℃及 0.20℃。但从 1940 年代到 1970 年代气温又下降 0.05℃。所以从 1880 年到 1990 年，110a 增温 0.55℃。正好平均每 100a 上升 0.5℃。

图 1 中的资料终止于 1991 年。1992 年全球地面平均气温比 1991 年下降 0.12℃。从 1991 年到 1992 年对流层气温可能下降 0.5℃。如果扣除 ENSO 的影响，可能相当于下降 0.75℃[7]。因此，变暖的势头暂时有所缓和。这个分析得到了卫星观测资料的证实[8]。卫星观测资料覆盖面最完全，虽然垂直分辨率不高，但对于求全球平均却有较好的代表性。图 2 给出平流层下层及对流层平均气温。从 5 个月滑动平均来看，对流层气温从 1991 年到 1992 年下降约 0.5℃，但 1993 年又回升 0.3℃左右。

24.3 中国的气温变化

由于缺少系统性的中国气温观测，所以很难建立一条有代表性的气温曲线。图 3 只是一个初步尝试[9]。这条曲线是这样建立的：1911—1993 年根据中国气象局中央气象台中国气温等级，按级差温度转换为气温距平。1911 年以前根据哈尔滨、北京、上海及广州 4 个站平均，其中哈尔滨及广州的缺测分别用根室及香港的资料插补，最后对 1880—1979 年平均求距平。与图 1 比较可以看出：中国的气温变化与北半球并不完全一致。从表 1 中的相关系数亦可知，与全球平均气温的相关在 0.3—0.4 之间。从变化过程来看，20 世纪 20 年代到 40 年代的变暖是一致的。但从 20 世纪 40 年代到 70 年代的降温则激烈得多。20 世纪 50 年代中期及 20 世纪 60 年代末期寒冷的程度超过了 20 世纪初的水平。所以 20 世纪 80 年代虽然有所回升，但仍略低于近百年平均。近百年的直线增暖趋势只有 0.09℃/100a。

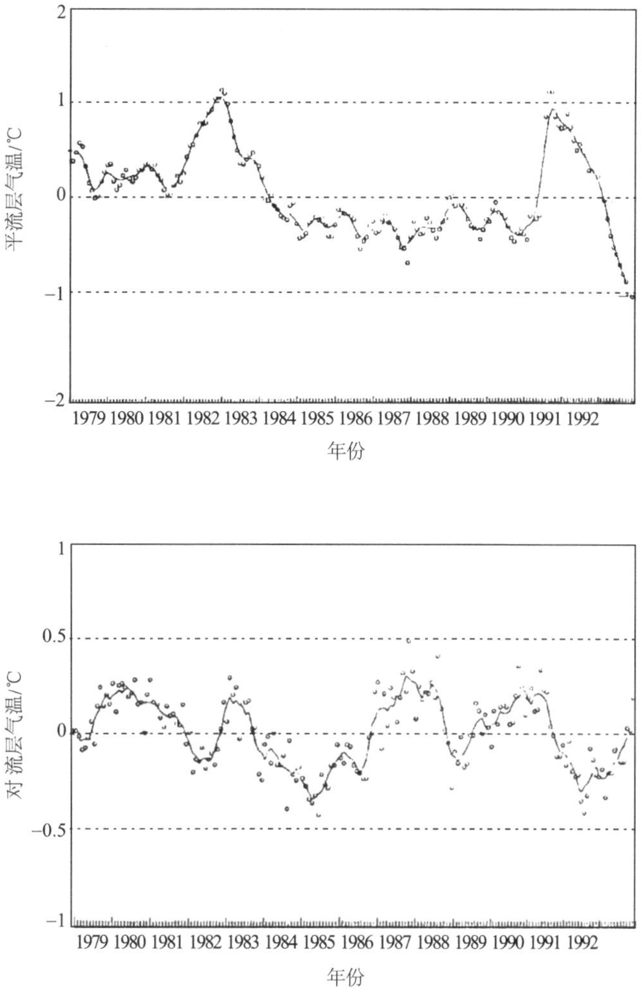

图 2　平流层下层（上）与对流层（下）平均气温

对 1982—1991 年平均距平；曲线为 5 个月滑动平均值

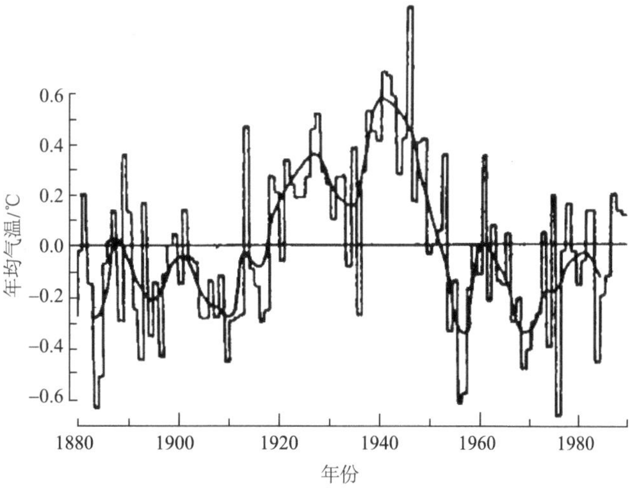

图 3　中国年平均气温

对 1880—1979 年平均距平；曲线为低通滤波值

实际上 20 世纪 80 年代中国北部还是变暖的。图 4 为 20 世纪 80 年代中国气温距平对 1951—1980 年平均的偏差。这是直接用 160 个站气温观测值计算的，因此，不可能有更早期的资料。由此也可以看出，中国东北、华北及新疆的变暖可能与北半球一致，但长江流域气温反而有所下降。这表明，在预测中国的气候变化时，仅仅考虑全球的变化趋势是不够的。

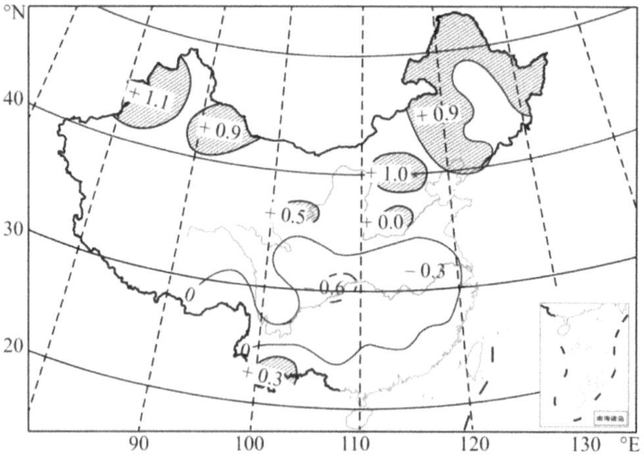

图4 1980年代中国气温距平
对1951—1980年平均偏差

24.4 全球降水变化

如上所述，求得一个有代表性的全球平均气温序列已有很大难度。求全球平均降水量序列就更加困难了。其主要原因就是降水量变化空间尺度小。因此，为了求得有代表性的序列，就要求使用更多测站的资料。近十几年来，已经有一些作者试图讨论全球的降水量变化[1,10,11]。但一般只用数千个测站。估计全球在1900年前后大约有2万个降水测站。目前，约有4万个气象站观测降水，并有14万个雨量站。可惜大约其中只有5%有数字化资料可用。图5给出NOAA环境实验室气候研究组提供的一条全球降水量变化曲线[5]。使用了大约5000个测站的资料，是第一次提出的一个较有代表性的全球陆地平均降水量序列。从图5可以看出，从19世纪末到20世纪前15年降水偏少。以后虽有波动，但无明显的多雨期。1950年代到1960年代前半，及1970年代到1980年代初为多雨期。从长期趋势看，近百年有变湿的倾向。这似乎与温室效应的理论一致，即全球气候变暖、水分循环加强、降水量增加。但是仔细比较图5与图1就会发现年代际的变化并不完全一致。1950年代与1970年代与1940年代比较，气温要略低一些，但降水却明显增加。1980年代是最暖的10年，而降水又下降到接近多年平均。因此，要得到近百年气候变暖的同时变湿的结论还为时过早。

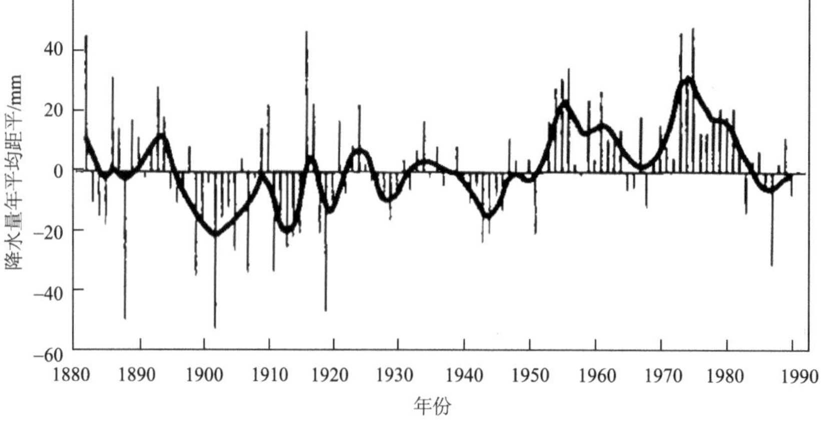

图5 全球平均陆地降水量年平均距平（1882—1990年）

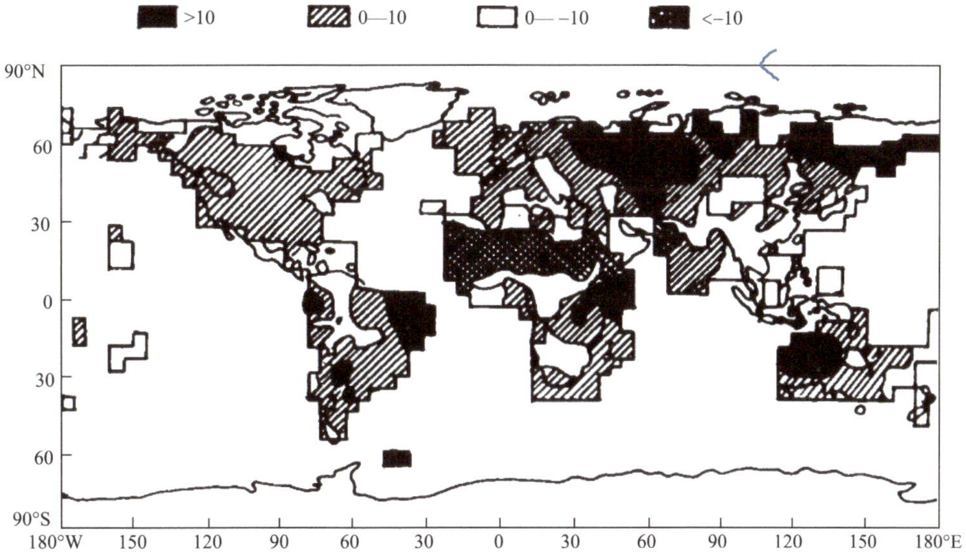

图 6 1931—1960 年到 1961—1990 年平均降水量的变化

更重要的是降水的增加是不均匀的。有资料表明，自 19 世纪末到 20 世纪 60—80 年代，35°—70°N 降水有增加趋势[10]。1960 年之后比 1931—1960 年平均增加约 10 个百分点。但同时 5°—35°N 的热带及副热带却减少 10 个百分点[10]。Hulme[11]作了 1931—1960 年及 1961—1990 年两段时间的全球降水量差（图 6）。北半球热带与副热带的变化非常突出。近 30 年降水减少最明显的是北非、中东到东亚。降水增加最多的是苏联、北欧、北美、巴西及澳大利亚西部。高纬降水量增加与温室效应的数值模拟结果一致，值得注意。

24.5 中国旱涝变化趋势

虽然 1951 年以前中国的降水观测资料比气温资料稍多，但也不足以研究近百年的气候变化。幸好丰富的史料填补了这个空白。其主要成果之一，即出版了《五百年旱涝图集》[12]。旱涝分 5 级，主要反映夏季降水的异常。旱涝图的资料终止于 1979 年。此后，用 6—8 月降水距平图续补。5 级之间的界限以±25%及±50%为准。旱涝共分为 6 种类型[13]（表 2）。

表 2 旱涝类型的特征

旱涝类型	旱涝特征
1a	长江多雨，全国偏多
1b	长江多雨，华北、华南少雨
2	南多北少
3	长江少雨，华北、华南多雨
4	北多南少
5	全国少雨

1980 年代是一个 1b 型占优势的时期[14]。图 7 给出 1979—1993 年旱涝分布示意图。图的左下角标注的是旱涝型。可见自 1979 年到 1991 年这 13 年中共出现 8 次 1b 型，频率达到 60%以上。约为多年平均频率（14.7%）的 4 倍。历史分析表明，这不仅是 20 世纪，也是近千年来 1b 型频率最高的时期。

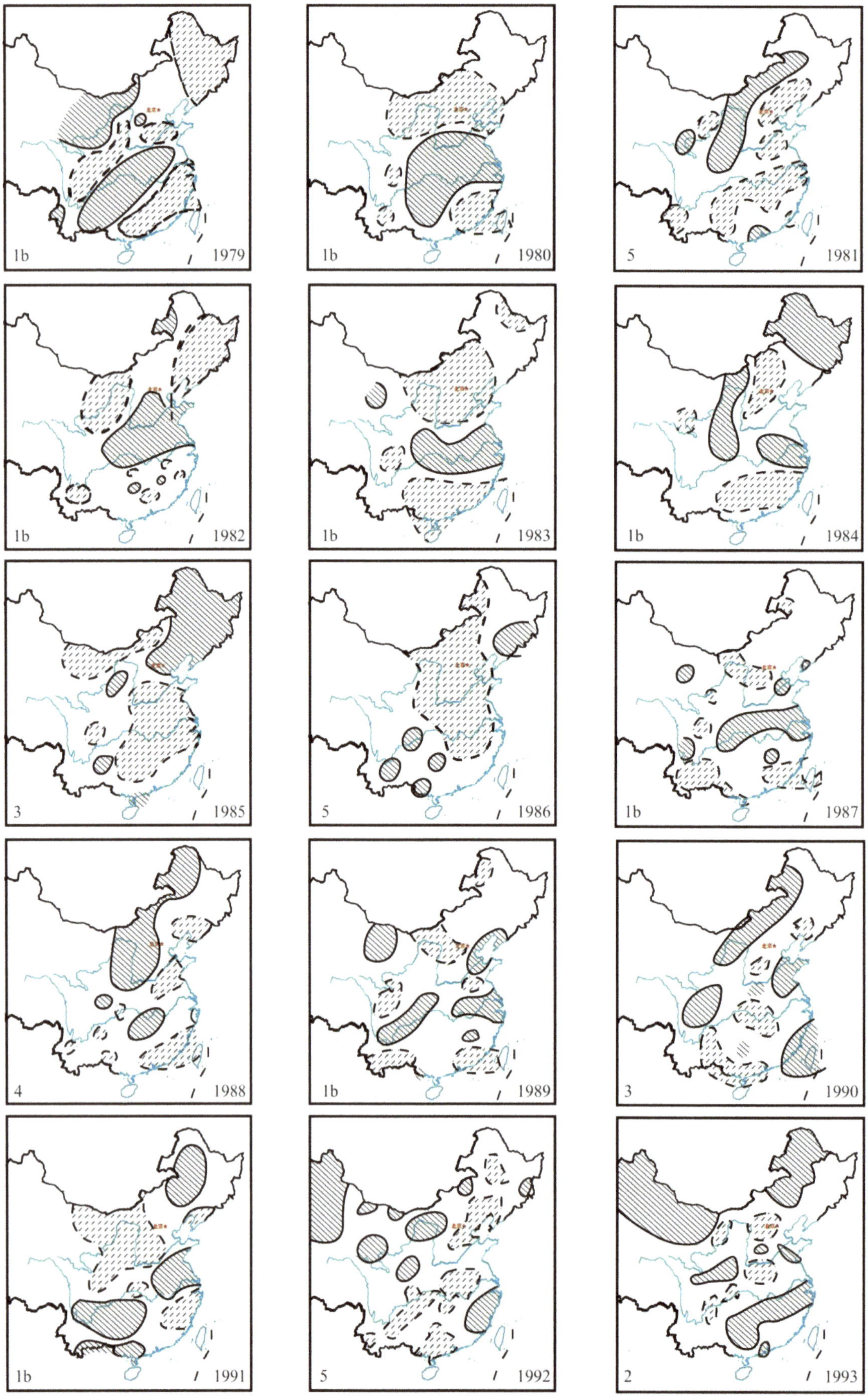

图 7　1979—1993 年旱涝分布示意图

实线区为涝，虚线区为旱

20 世纪旱涝变化的另一个特征是 1920 年代中到 1930 年代中的干旱（表 3）。自 1925 年到 1934 年 10 年之内出现 6 次 5 型，即全国干旱型的频率也达到 60%。而 5 型的气候概率只有 10.5%，即这段时期 5 型频率达到气候值的 5—6 倍。

表 3　1880—1993 年中国东部旱涝型

年代	旱涝型										旱涝型出现次数/次					
	第 0 年	第 1 年	第 2 年	第 3 年	第 4 年	第 5 年	第 6 年	第 7 年	第 8 年	第 9 年	第 1a 年	第 1b 年	第 2 年	第 3 年	第 4 年	第 5 年
1880	2	2	1b	4	4	1a	1a	4	3	1a	3	1	2	1	3	0
1890	3	3	3	4	4	4	4	4	3	2	0	0	1	4	5	0
1900	5	1a	5	1a	3	1b	1a	5	2	1b	3	2	1	1	0	3
1910	4	1a	1b	3	3	1a	1b	4	3	2	2	2	1	3	2	0
1920	2	4	3	4	2	5	1b	5	5	5	0	1	2	1	2	4
1930	5	1b	3	4	5	2	2	3	1b	2	0	2	3	2	1	2
1940	4	5	2	2	3	5	2	3	2	3	0	0	4	3	1	2
1950	3	5	2	3	1a	2	4	1b	4	3	1	1	2	3	2	1
1960	5	5	1a	4	4	5	5	4	2	1b	1	1	1	0	3	4
1970	2	4	5	3	5	2	3	3	3	1b	0	1	2	4	1	2
1980	1b	5	1b	1b	1b	3	5	1b	4	1b	0	6	0	2	1	1
1990	3	1b	5	2	—	—	—	—	—	—	0	1	1	1	0	1

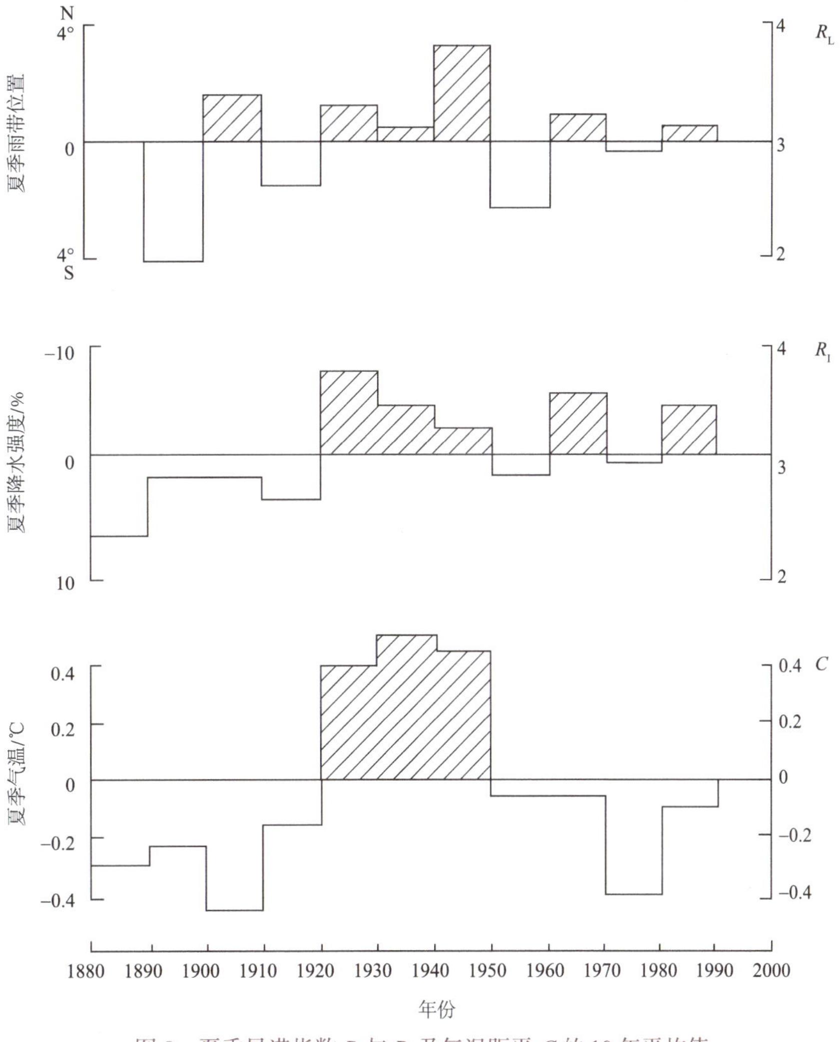

图 8　夏季旱涝指数 R_I 与 R_L 及气温距平 C 的 10 年平均值

表 4　夏季旱涝指数 R_I 与 R_L 的定义

级	R_I	R_L
	平均降水距平	最大降水正距平位置
1	20%	37°—40°N，华北
2	10%	33°—37°N，黄河
3	0	29°—33°N，江淮
4	−10%	25°—29°N，江南
5	−20%	25°N 以南，华南

不过以上讨论的主要是旱涝的空间分布。为了得到中国东部旱涝变化的整体概念，提出两个指数 R_I 与 R_L①（表 4）。根据五百年旱涝图（1979 年之后用夏季降水距平图），定出 1880 年以来的 R_I 与 R_L。图 8 为 10 年平均 R_I 与 R_L，图中同时给出中国东部夏季气温[15]。可见中国夏季的气候变化大体上是暖干、冷湿。20 世纪 20—40 年代是最暖的时期，也是最旱的时期。并且与全球的趋势相一致。1950 年代及 1970 年代降水偏多也和全球趋势基本相同。但 19 世纪末到 20 世纪初雨水偏多则与全球的趋势相反。一般少雨时雨带偏南，多雨时雨带偏北。

24.6　近百年的 ENSO

ENSO 是气候年际变率中的一个重要分量。特别是近百年资料比较丰富。对这段时期 ENSO 进行诊断研究，对认识 ENSO 的变化规律及建立预测模式有重要意义。赤道东太平洋海面温度（SST）用 Angell 的定义域，即 0°—10°S，180°—90°W。由于月的资料噪声较大，这里以季为基本单位。凡 SST 连续两个季度达到 0.5℃的定为厄尔尼诺年，而相邻年至少有一个季 SST 持续在 0.5℃，也定为厄尔尼诺年，但算作一次厄尼诺事件。拉尼娜（或称反厄尔尼诺）年定义方法相同，但 SST 的标准为−0.5℃。

表 5　SST 与 SOI 的交叉相关

落后季	−4	−3	−2	−1	0	1	2	3	4
新 SOI	−0.23	−0.37	−0.46	−0.58	−0.65	−0.50	−0.41	−0.18	−0.06
老 SOI	−0.12	−0.26	−0.36	−0.52	−0.56	−0.49	−0.36	−0.17	0.02

注：正落后表示 SST 超前，负落后表示 SOI 超前。

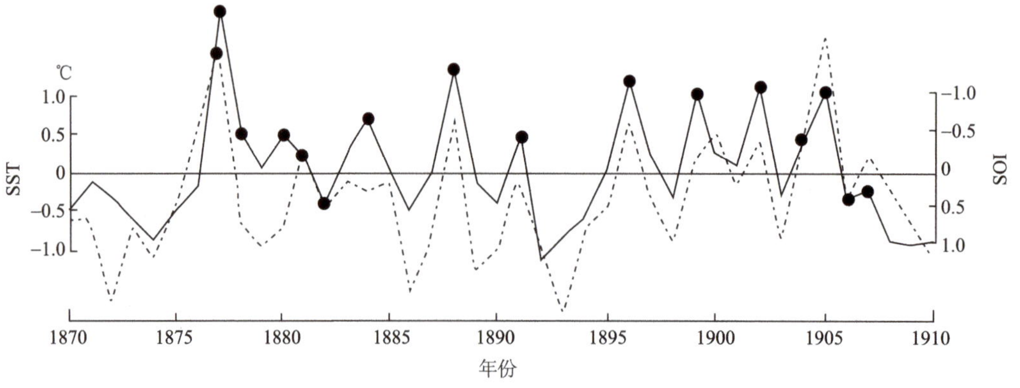

① 王绍武，叶瑾琳，龚道溢，等. 1998. 中国东部夏季降水型的研究. 应用气象学报. S1:10。

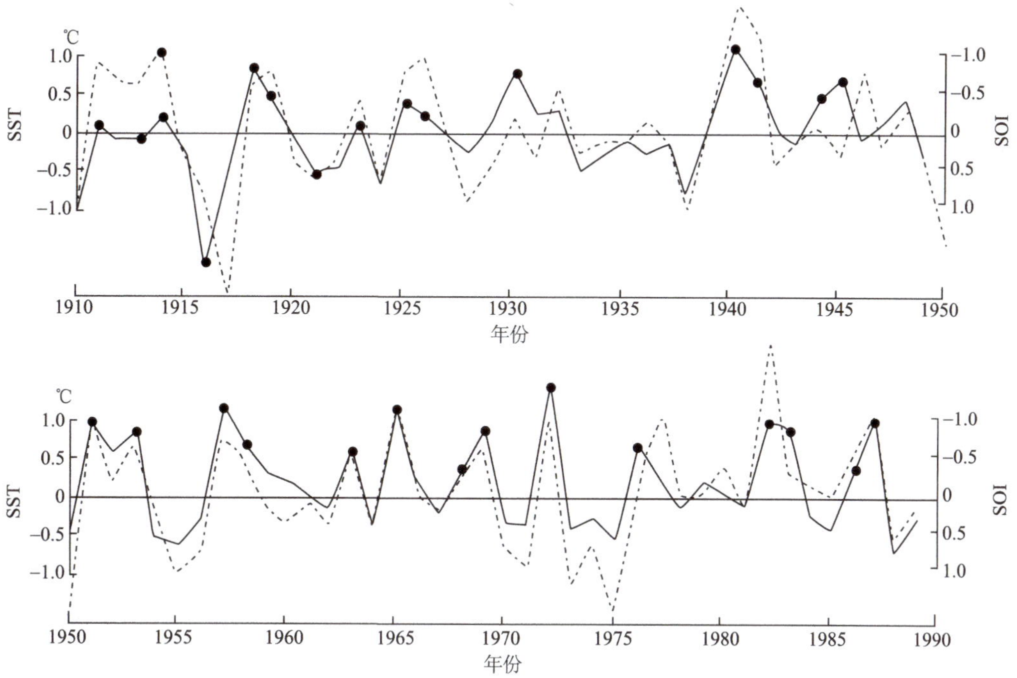

图 9 1870—1989 年 SST（实线）及 SOI（虚线）

黑点为厄尔尼诺年，纵轴左为 SST；右为 SOI

一般公认厄尔尼诺（EN）与南方涛动（SO）有密切关系，所以才统称 ENSO。因此南方涛动指数（SOI）也用来作为定义厄尔尼诺及拉尼娜的参考指标。现在，通常都用塔希提岛与达尔文港的气压差来定义 SOI。并作两次标准化，即先对两个站的气压分别标准化，然后求出差值后再标准化。后来发现如果不是对每个月分别标准化，而是对全年统一标准化，效果更好。从 1989 年 9 月开始，美国气候分析中心的气候诊断公报开始采用新定义[16]。王绍武与石伟利用插补的资料，使 SOI 序列向前延伸到 1857 年[17]。发现用新定义的 SOI 与 SST 求相关，比用老定义效果显著要好(表 5)。图 9 给出 1870—1989 年的 SST 与 SOI[18]。图中黑点为厄尔尼诺年。其中 1913—1914 年 SST 并不很高，但 SOI 负值明显，故也定为厄尔尼诺年。

1980 年代以来，不少作者都倾向于把厄尔尼诺进行分类。王绍武与石伟[17]按事件开始的季节把厄尔尼诺及拉尼娜均分为两类。事件开始于上半年的定为一类，用 E 及 A 表示。开始于下半年的为二类，用 E*及 A*表示。图 10 为两类厄尔尼诺及两类拉尼娜的 SST 及 SOI 合成图。每一类合成均用了 1872—1989 年期间的全部个例。表 6 给出 1872—1993 年 ENSO 的年表。其中厄尔尼诺的相邻年及拉尼娜的相邻年分别用“→”及“⇒”表示。

表 6 1872—1993 年 ENSO 年表

年代	第 0 年	第 1 年	第 2 年	第 3 年	第 4 年	第 5 年	第 6 年	第 7 年	第 8 年	第 9 年
1870			A	⇒	A	⇒		E	→	
1880	E	→	A*		E		A*	⇒	E	A*
1890	⇒	E	A	⇒	⇒		E*		A	E*
1900	→		E	A*	→	E*	A*		A	⇒
1910	⇒	E*		→	E*		A	⇒	E*	→
1920		⇒	A		A*	E*	→			
1930	E*			A*	⇒				A	
1940	→	E			E*	→				A*
1950	⇒	E		E	A*	⇒	⇒	E	→	
1960				E*	A*	E			→	E*
1970	A*	⇒	E	A*	⇒	⇒	E*			
1980			E*	→			→	E*	A*	⇒
1990		E*	→	E						

24.7 准两年振荡

20 世纪 50 年代末，由于积累了数年的赤道平流层风观测，发现了平流层纬向风的隔年交替现象。由于平均周期为 26.3 个月，所以称为准两年周期振荡（quasi-biennial oscillation），缩写为 QBO。本来 QBO 是专指赤道平流层纬向风的振荡。后来，发现对流层许多气候要素也有隔年交替现象，有时人们也称为 QBO[19]。但是，需要注意，对流层的准两年振荡平均周期长度可能与赤道平流层纬向风的平均周期长度不同①。因为，即使两种周期长度仅差 2 个月，14—15 年后位相也会变得相反。所以，研究对流层气候要素与平流层纬向风的关系时，要严格考虑后者的位相，而不能只笼统看是否对流层要素也有 2 年多的周期。

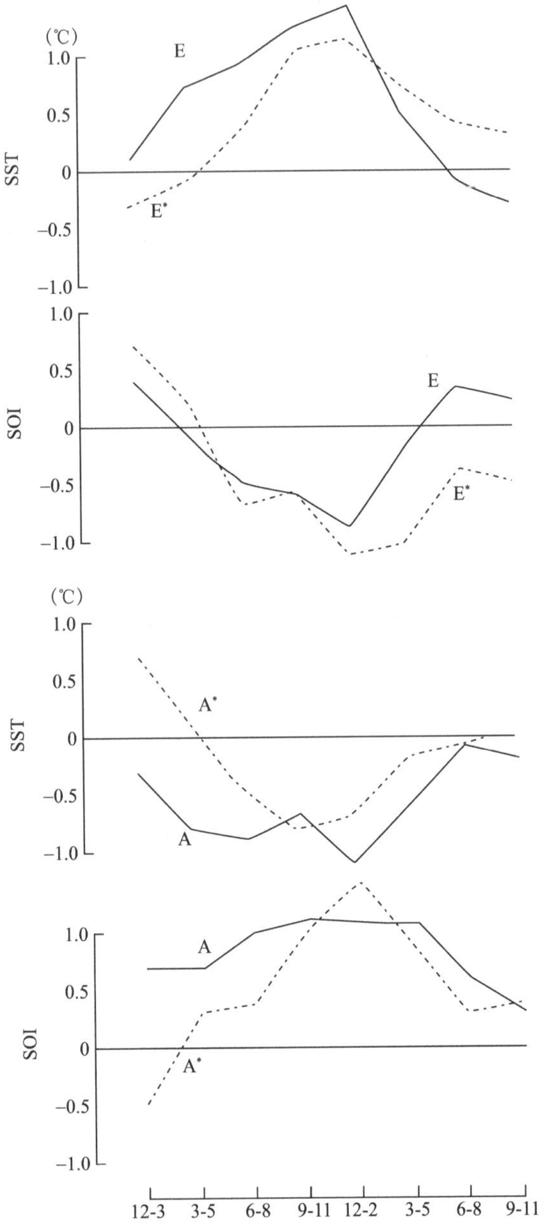

图 10　E、E*、A、A*的 SST 及 SOI 合成曲线

研究表明北半球夏半年与平流层纬向风关系最密切的有两个要素，即北大西洋热带气旋活动与印度夏季风降水。前者 Gray 已做了很多研究[20]，后者是近几年才提出来的[21]。为了比较确切说明这两者的关系给出图 11。其中印度夏季风降水取自文献[22]。北大西洋热带气旋为去掉趋势后的热带气旋数②。图中方格表示西风位相（W），斜线表示东风位相（E）。平流层纬向风的位相是根据新加坡与巴尔博亚观测建立的订正到巴尔博亚的 30 hPa 纬向风序列③（图 12）。季风降水与热带气旋与平流层风的相关系数为 0.41 及 0.39，均达到 95%信度。而热带气旋与季风降水的相关仅 0.12，具有相对的独立性。因此，根据近百年的北大西洋热带气旋数及印度季风降水，重建了赤道平流层纬向风 QBO 的位相序列（表 7）。从图 12 及表 7 可以看出 20 世纪 50 年代 QBO 周期较短。1951—1961 年共 11 年包括 5 个由 E 到 W 的循环。平均周期长 2.2 年或 26.4 个月，与 20 世纪 50 年代后期人们得到的结论一致。但 1962—1993 年共 32 年，包括 13 个 E 到 W 的循环，平均周期长 2.46 年，或 29.5 个月。1873—1950 年共 78 年。根据重建的序列共 32 个循环，平均周期长 2.43 年，或 29.3 个月，与 20 世纪 50 年代后的情况类似。1883 年克拉卡托火山爆发，火山灰自东向西沿赤道漂移说明是 E 位相，1908 年在非洲观测到西风说明是 W 位相[19]，均与重建结果一致，亦可作为重建 QBO 序列可靠性的旁证。

① 吴晓红、王绍武. 1996. 对流层大气环流的甚低频振荡. 气象学报，54（4）：427-436.

② 李富勤、王绍武，近百年全球热带气旋活动，尚未发表.

③ 王绍武、李富勤、吴晓红，近百年 QBO 的诊断研究，即将发表.

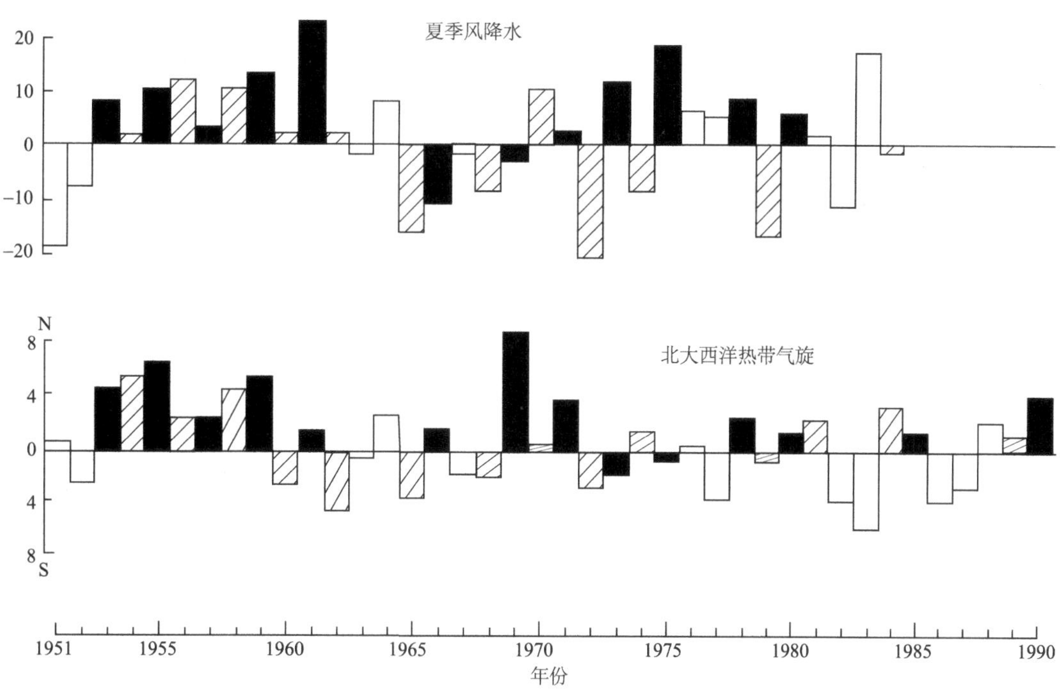

图 11 印度夏季风降水（%）与北大西洋热带气旋数距平

涂黑区为 W 位相；斜线区为 E 位相

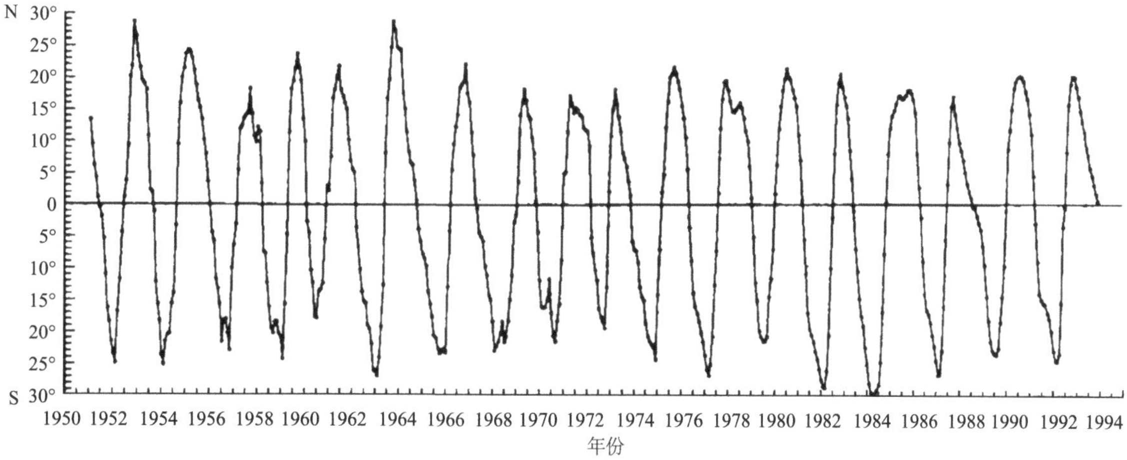

图 12 巴尔博亚 30 hPa 纬向风

1974 年之前用新加坡资料插补

24.8 结论

（1）近百年来全球气候变化的主要特征是变暖，趋势为 0.5℃/100a。

（2）近百年全球平均降水量也有增加的趋势，幅度为 21 mm/100a。

（3）全球气温与降水的年际及年代际变化并不完全一致。20 世纪 50 年代及 70 年代降水最多，但气温不是最高。20 世纪 80 年代为最暖的 10 年，降水量却接近多年平均。全球平均气温与降水年平均值的相关系数只有 0.05。

（4）中国的气候变化与全球有相同的时候，却并不总是一致。中国与全球气温的相关系数在 0.3—0.4 之间。中国 20 世纪 40 年代的少雨及 50 年代与 70 年代的多雨是与全球共同的，但 20 世纪初是全球最少雨时期，而中国的降水却略偏多。

（5）全球气候暖时厄尔尼诺年较多，冷时拉尼娜年较多。但未发现 QBO 频率与气候变化有明显的关系。

表 7　1873—1990 年赤道平流层纬向风 QBO 重建序列

年代	第 0 年	第 1 年	第 2 年	第 3 年	第 4 年	第 5 年	第 6 年	第 7 年	第 8 年	第 9 年
1870				E	W			E	W	
1880		E	W	E	W			W	E	W
1890	E	W	E	W				E	W	E
1900	W		E	W	E		W	E	W	
1910		E	W	E		E	W			
1920	E	W		E	W	E	W			
1930	E	W	E	W		E	W			E
1940	W	E	W			W	E	W		E
1950	W			W	E	W	E	W	E	W
1960	E	W	E			E	W		E	W
1970	E	W	E	W	E	W			W	E
1980	W	E			E	W				E
1990	W	E		W						

参 考 文 献

[1] Vinnikov K Ya, Groisman P Ya and Lugina K M. Empirical on contemporary global climate changes (temperature and precipitation). J Clim, 1990, 3: 662-677.

[2] Jones P D. The influence of ENSO on global temperatures. Climate Monitor, 1988, 17: 80-89.

[3] Hansen J and Lebedeff S. Global trends of measured surface air temperature. J Geophy Rev, 1987, 92 (D11): 13, 345-13, 372.

[4] Houghton J T et al. Climate Change 1992. The Supplementary Report to the IPCC Scientific Assessment, Cambridge University Press, Edited, 1992, pp 200.

[5] The Global Climate System, Climate System Monitoring, December 1988—May 1991, WMO, WCDMP, UNEP, 1992.

[6] Wang Shaowu and Ye Duzheng. An analysis of global warming during the last one hundred years. Proceedings of International Workshop on Climate Variabilities. 13-17 July 1992, Beijing, China, edited by Ye Duzheng et al, China Meteorological Press, 1993, 23-32.

[7] Halpert M S et al. 1993, 1992 brings return to moderate global temperature. EOS, 74 (38): September 21, 1993.

[8] Climate Diagnostic Bulletin. Nov, 1993, p. 72, U. S. Dept. of Commerce, NOAA, NWS, NMC.

[9] Yi Yuhong and Wang Shaowu. Abrupt warming of global climate in 1980s. Chinese Science Bulletin, 1992, 37: 528-531.

[10] Bradley R S et al. Precipitation fluctuations over Northern Hemisphere land area since the mid-19th century. Science, 1987, 237: 171-175.

[11] Hulme M, Marsh R and Jones P D. Global changes in a humidity index between 1931—60 and 1961—90. Climate Research, 1992, 2: 1-22.

[12] 天气气候所，中央气象台. 中国气温等级图. 北京：气象出版社，1984，1911-2980.

[13] Wang Shaowu and Zhao Zongci. Droughts and floods in China, 1470—1979. in Wigley, et al, (eds), Climate and History, Cambridge University Press, 1981, 271-288.

[14] 王绍武. 当前气候变化及其演变趋势，旱涝气候研究进展，叶笃正，黄荣辉主编，北京：气象出版社，1990，1-9.

[15] Wang Shaowu. Reconstruction of paleo-temperature series in China from the 1380s to the 1980s. Wurzlourger Geographischl Arbeiten, 1991, 80: 1-19.

[16] Climate Diagnostic Bulletin, September 1989. Climate analysis Center, U. S. Department of Commerce, NOAA, NWS, NMC.

[17] 王绍武，石伟. 两类 ENSO 及其对中国夏季降水的不同影响. 海洋对气候变化调节与控制作用学术讨论会论文集，

1992, 76-87.
[18] Wang Shaowu. Reconstruction of El Niño event chronology for the last 600 year period. Acta Meteorologica Sinica, 1992, 6: 47-57.
[19] 王绍武, 赵宗慈. 长期天气预报基础. 上海: 上海科学技术出版社, 42-49.
[20] Gray W M. Atlantic seasonal hurricane frequency, Part I: El Niño and 30mb Quasi-Biennial Oscillation Influences. Mon Wea Rev, 1984, 112: 1649-1667.
[21] Kuaff J A, Gray W M and Sheaffer J D. The modulation of monsoon intensity by stratospheric QBO. Proceedings of the Seventeenth Annual Climate Diagnostic Workshop, 19-23 October, 1992. 1993, 306-311.
[22] The Global Climate System. Climate System Monitoring. Autumn 1984—Spring 1986. WCDP, WMO, 49.

DIAGNOSTIC STUDIES ON THE CLIMATE CHANGE AND VARIABILITY FOR THE PERIOD OF 1880—1990

Wang Shaowu
(Department of Geophysics, Peking University, Beijing, 100871)

ABSTRACT

Diagnostic studies on the climate change and variability were reviewed. The main subjects were the global mean temperature and precipitation, temperature and precipitation in China, ENSO and QBO. It was indicated that global mean temperature experienced a warming during the 20th century. The 1980's was the warmest decade since the instrumental observations became available. However, the temperature change in China differed from the global one. The warmest decade in China was the 1920's and 1940's. Mean temperature of the 1980's was near normal. Global mean precipitation showed also an increasing trend. But, the greater positive anomaly was found in 1950's and 1970's. Mean precipitation anomaly of 1980's was near normal. The main climatic characteristics of China was cold/wet or warm/dry during the last one hundred years or so. The decade of 1920's and 1940's was the driest in China for this period. The ENSO events were identified according to SST and SOI from 1871 to 1993. 28 El Niño and 21 La Niña events were found. The frequency of El Niño increased somewhat when the global temperature was higher than the normal, and that of La Niña increased in the cold periods. The mean length of QBO of the equatorial zonal wind in the stratosphere from 1951 to 1993 was 28.7 months. The QBO phases were reconstructed for the period of 1873—1950 according to the numbers of subtropical cyclone in North Atlantic and Indian monsoon rainfall. No evidence was found to show any significant relationship between the QBO and the global climate change.

Key words: Climate change, Climate variability, Diagnostic study, Global climate.

翟盘茂 中国气象科学研究院研究员

| 专家解读 |

王绍武先生《近百年气候变化与气候变率的诊断研究》发表于 1994 年 8 月，是我国早期基于仪器观测的系统性研究全球与中国气候变化特征和原因的综合分析论文。论文引言开头就明确指出气候变化已经成为大气科学研究的一个热点，并指出气候变化具有区域特点。论文在以下几方面具有重要的前瞻性：

①利用全球 1850—1991 年温度序列，指出 20 世纪气候变暖已成公认事实，但其变化具有阶段性；基于 1998—1990 年全球陆地降水序列，认为在气候变暖背景下，全球平均降水量有增加趋势。同时，论文指出，为了揭示长期的气候变化观测事实需要克服许多气候数据观测条件和方法和空间覆盖方面的不足等问题。这些分析结论至今仍然成立，也对我国开展全球气候变化观测序列构建，气候变化信号的检测研究，以及加强气候变化科学认识等方面工作具有重要意义。

②利用多种数据来源构建了 1880—1993 年中国气温变化序列，并与全球和半球温度序列的相关性进行了比较，发现相关性仅有 0.31—0.41。这一结论为我国后期百年序列的偏差订正、非均一性研究及温度序列的研发奠定了基础。

③文章关注了近百年年际气候变率特别是 ENSO 事件，以及全球与中国旱涝变化趋势之间的联系。这一研究对于提高对气候系统内部变率的影响的认识，更好地理解全球气候变化与区域气候变化之间的关系具有重要的科学意义。

25

论大气模式的设计*

廖洞贤　国家气象中心

廖洞贤（1926—2018 年），气象学家，我国数值天气预报工作的先驱。历任中央气象台预报员、中央气象局气象科学研究所数值预报组组长、气象科学研究院数值预报室主任、北京气象中心研究员。

■　曾任第十八（调整后）、十九届理事会《气象学报》编辑委员会委员，第二十届理事会《气象学报》编审委员会主任委员，第二十一、二十二、二十四届理事会《气象学报》编审委员会委员。

■　发表在《气象学报》的著名论著还包括：《简化的两个参变数模型的图解数值预报》（1956 年）、《一个简单的二层模式及其推广》（1958 年）、《一个考虑了地形作用的正压模式》（1958 年）、《关于平衡方程的差分解法》（1962 年）、《论气压波和温度波的移动》（1963 年）、《切变涡度和曲率涡度在正压大气中的相互转化及其在天气预报中的应用》（1963 年）、《关于处理初始资料和取某些参数的问题》（1980 年）、《一个直接用观测资料计算大范围散度、涡度和垂直速度的方案》（1980 年）、《有限区域预报中的一些问题》（1982 年）、《最优测站距离、最优垂直分层和最优观测时间间隔的决定》（1985 年）、《正压过滤模式大气中的对称运动和非对称运动》（1986 年）、《在正压过滤模式大气中地形和水平扩散对非对称运动形成的作用》（1989 年）、《近 10 年我国数值天气预报的进展（1980—1989）》（1990 年）、《大气对称运动和反对称运动的物理性质以及它们之间的能量转换》（1990 年）、《一个分析大气谱模式的合理性的定性方法》（1992 年）、《再论水平和垂直分辨率之间的协调》（1995 年）、《论大气模式的垂直离散》（1996 年）、《大气模式垂直离散的比较研究》（1997 年）等。

摘　要

文中提出了设计大气模式的原则：包含有可能达到目的的有关制约大气过程的物理因子和物理机制；模式整体性质合理；计算稳定，精确；有合适的网格和分辨率；适当的计算域和模式各部分之间协调。并分别对它们进行了讨论。最后，特别强调了设计目的和模式的一致，还对各不同预报模式中所考虑的因子、物理过程的相对重要性进行了讨论。

关键词：模式设计，整体性质，物理过程，协调性。

* 初稿时间：1998 年 5 月 8 日；修改稿时间：1998 年 8 月 17 日。廖洞贤. 1999. 论大气模式的设计. 气象学报，57（5）：513-524.

25.1 设计的目的

所谓大气模式设计，是指利用描写大气运动和大气性质的、完全的基本方程组，根据实际情况，针对我们制作某种数值预报或数值模拟的目的进行简化，使之成为便于应用的数学模型的过程。模式设计是一个庞大的系统工程，设计应当紧紧围绕目的进行。只有这样，所设计的模式才能发挥效力，起到应有的作用。比如，我们要设计一个能预报东亚地区 24 h 降水的模式，设计时就应当考虑到：这个模式能预报出造成降水的天气系统的发生、发展及其位置，从而准确地预报出其相应的降水区及降水强度。对于这种预报，我们可以不考虑第二代系统的发生、发展，以及环流的季节变化等。由于目的明确，模式中所考虑的物理因素和机制有所侧重，即使并不完善，但只要能达到目的就足够了。也就是说，我们应当根据设计目的，突出本质的、所侧重的因子，使其能充分地、恰如其分地起到作用。而对于其他因子则可以少考虑或不予考虑。

25.2 设计的原则

针对设计的目的，按照完全的基本方程组，我们可以应用大气动力学、热力学和有关的数学物理方法来设计大气模式。但是，如果要使设计的目的能完满地达到，则还需要遵循如下的原则：

（1）模式包含有可能达到目的的有关制约大气过程（如环流过程和天气过程等）的物理因子和物理机制；

（2）模式整体性质合理；

（3）计算稳定，精确；

（4）有合适的网格和分辨率；

（5）有合适的计算域；

（6）模式各部分之间协调。

为了能较细致地了解并应用上面的原则，下面将逐条进行讨论。

25.3 制约大气过程的物理因子和物理机制

我们将大气过程分为大尺度运动和中尺度运动来进行讨论。

25.3.1 *大尺度运动*

所谓大尺度运动，本文是指天气尺度以上的运动，其中包括超长波系统和天气尺度系统。对于这种运动，可以采用静力近似。按数值预报和数值模拟一般的划分，可以分为短期、中期和长期天气预报 3 种。

25.3.1.1 短期天气预报

短期预报时段小于或等于 48 h。控制这个时段的环流和天气的系统主要是天气尺度的系统。考虑到一般天气过程的平均周期约为 6 d[1]，它比短期预报（或模拟，以下同）的时段长，因而，只能预报天气系统发展的某一阶段，如发生、发展、维持或削弱的阶段，或其中两个阶段之间的变化。

在天气系统发生、发展阶段，扰动动能增长的条件是重要的。虽然正压不稳定可以导致平均动能向扰动动能转换，但除热带地区外，一般远不及斜压不稳定导致的扰动有效位能向扰动动能的转换大。所以，模式应当是斜压的，并应当恰当地描写这些转换。在热带地区，正压不稳定在发展阶段是重要的；在发展阶段，第二类条件不稳定（conditional instability of the Second kind，CISK）机制是重要的。至于耗散作用，从系统一开始就相伴而生，并随发展而增大，从而抑制其发展；在发展和耗散作用相平衡时，系统维持，以后随发展作用的减少，以至为耗散作用超过时系统削弱。这些过程说明，作为预报模式，发展机制和耗散机制都应当包含在模式之内。

非绝热和地形作用也很重要。Nitta 等[2]指出，与潜热释放相结合的斜压强迫对气旋的发展，远比单纯的斜压不稳定作用大。这时，扰动发展的能量不仅有来自扰动有效位能的释放，使扰动增长率增加，而且，凝结潜热的释放也制造扰动位能，使所能转换的扰动动能增大。

至于地形作用，众所周知，背风坡容易产生气旋，这是明显的例证。考虑新生波，锋生和水汽集中与非线性作用关系密切，在预报新生系统——锋面气旋和暴雨时，应对其作用给予足够的关注。

如果预报天气，模式还应包含较完善的物理过程。其中最重要的是稳定性凝结、积云对流与边界层湍流交换，其次是辐射和云等。如果所关注的是热带地区，则积云对流最重要。

25.3.1.2 中期天气预报

中期预报时段一般是指 2 d 以上至 10 d 左右，在这个时段，控制系统主要是超长波和天气尺度的波。这个时段比天气系统的平均周期长，因而，预报不仅须报出天气系统的全过程，而且要报出第二代天气系统的发生与发展。这样就需要报出大环流型和高低环流指数的维持和转换[3]。这些环流型包括超长波和与之相当的副热带高压、阻塞高压等。它们的维持可以造成某些天气过程的重复出现，它们的转换可以造成某些天气过程的结束和显著变化。因而，对它们的预报是中期预报成败的关键。研究表明：它们的演变和加热中心、地形和气流的相对位置和分布有关。这样，就要求准确地描写外力强迫，特别是一些持续时间较长的外力强迫，如海气之间的感热交换和大地形等。而且，流场和地形，加热和地形作用之间的非线性作用[4]也很重要。之所以如此，是因为地形引起的上升气流，如引起降水，其释放的潜热会使气温和位能增加，密度变小，通过能量转换的非线性作用，使动能增加，环流加强，从而又可能使地形作用加强。也可能因加热使温度场改变，通过 $RT\nabla \ln p^*$，使流场发生变化。

预报出了大环流型或高低指数，只解决背景预报问题，要制作具体的预报，还需要有天气尺度系统和天气的预报。因此，短期天气预报模式所考虑的物理因子和机制，原则上在中期预报模式中也应考虑。

25.3.1.3 长期天气预报

长期天气预报的时段一般是指一个月至一个季度。这个时段比一般确定性预报可预报期的上限要长，因而，作为初值问题，像中、短期预报那样用数值方法预报具体的天气系统有困难。在现有水平下，至少是行不通的。但是，就不同尺度的波来说，其可预报期是不同的，超长波最长，短波最短[5]。由于天气尺度的波和短波都是行进波，与其相伴的预报误差，对固定地点来说，是随时间正负相间出现的，而超长波则持续时间长。在这种情况下，如果提供的不是逐日预报，而是预报时段或预报期内几个时段的平均，则可预报性会大大增加。不过，由于超长波的振动周期为 10 d 左右，长的可达 2～3 周，它和天气尺度系统的平均周期都比一个月小，不到一个数量级。尽管经过平均，这种预报在相当程度上仍带有超长波和天气系统的特性，持续时间较长的系统，或盛行的天气波群可能起到决定性的作用。因此，超长波、阻塞高压等仍是主要的预报对象，而季风期内的低频振荡、南北半球的相互作用等则更是必须考虑的。此外，根据试验，月、季预报和初始条件有关[1]，只是由于初值的衰减作用，影响不如短期预报那样大而已。另一方面，持续时间较长的外强迫，如大地形，海气之间的感热和水汽交换、冰雪覆盖等的作用可以很充分地影响上述系统的演变，因而，它们应给予比在中期预报情况更多的注意。如果条件许可，应把海气之间的交换等包括在预报范围内。这样，就需要用大气、海洋和陆面的耦合模式。必须指出，这种预报由于积分时间长，要特别注意加热和耗散之间的准平衡，否则，容易出现系统性的误差。

25.3.2 中尺度运动

众所周知，中尺度运动牵涉的范围很广，包括从尺度为 2 km 到 2500 km 的运动[5]，大小相差 3 个数量级。如细分还有中-α 尺度（2500—250 km），中-β 尺度（250—25 km）和中-γ 尺度（25—2.5 km）。如预报和模式的针对性较强，模式设计也应区分。关键问题是对垂直运动方程的处理。如果我们侧重深厚系统（如深对流等）引起的天气过程，我们不妨把特征垂直尺度 Lz 和大气标高 H 均取作 10^4m，针对中-α，中-β 和中-γ 尺度运动，分别用 10^6、10^5 和 10^4m 作为特征水平尺度 L，据 Pielke[6]，以垂直气压梯度力为 1，则垂直运动方程各项的数量级如下所示。

$$\frac{\mathrm{d}w}{\mathrm{d}t}=-\frac{1}{\rho}\frac{\partial p}{\partial z}-g+2\Omega u\cos\varphi \tag{1}$$

	$\frac{u^2L_zH}{L^2RT}$	1	$\frac{gH}{RT}$	$2\Omega u\frac{H}{RT}$
中-α	10^{-7}	1	1	10^{-4}
中-β	10^{-5}	1	1	10^{-4}
中-γ	10^{-3}	1	1	10^{-4}

其中水平特征速度 u、$2\Omega\cos\varphi$、R、T、g 各取作 10 m/s、10 m/s^4、287 J/（K·kg)、300 K 和 10 m/s^2，可见，对于中-α 和中-β 尺度，可以采用静力近似；对于中-γ 尺度，可以采用方程：

$$\frac{\mathrm{d}w}{\mathrm{d}t}=-\frac{1}{\rho}\frac{\partial p}{\partial z}-g \tag{2}$$

但是，作为预报问题，由于在计算域内，随着流场、温压场和静力稳定度等的变化，静力近似的程度也会发生变化，作为中-β 以下的模式，描写垂直运动的方程仍以采用式（1）为宜。在这种情况下，在水平运动方程中的 fw 也应考虑，否则能量不守恒。这时，水平运动方程应当是

$$\frac{\partial u}{\partial t}+u\frac{\partial u}{\partial x}+v\frac{\partial u}{\partial y}+w\frac{\partial u}{\partial z}=-\frac{1}{\rho}\frac{\partial p}{\partial x}+fv-fw \tag{3}$$

$$\frac{\partial v}{\partial t}+u\frac{\partial v}{\partial x}+v\frac{\partial v}{\partial y}+w\frac{\partial v}{\partial z}=-\frac{1}{\rho}\frac{\partial p}{\partial y}+fu \tag{4}$$

其中，$f=2\Omega\cos\varphi$。

在静力近似和非静力近似下，大气波动的物理性质可以有较大的差异：在后一近似下重力惯性内波的频率总不大于 Brunt-Vasala 频率，而在前一近似下却可以超过，会出现虚假的高频振荡[7]；而且，其传播速度和群速度也不相同。非静力近似可以描写垂直气压梯度力和重力之间的不平衡和浮力等引起的垂直加速度，而静力近似则不能。

至于预报天气，仍需要设计湿模式，特别要包含积云对流。不过，除对中-α 尺度运动可以采用参数化方法以外，由于积云尺度和中-γ 尺度相近，对这种尺度参数化很不恰当；即使对于中-β 尺度运动，由于尺度接近，次网格随机过程不明显，也给参数化带来困难。为此，近年来很多人用显式方法，或部分显式方法，把一些参数或云的特征通过描写积云对流的方程确定，并把在云物理过程中的水汽、云水和冰晶等作为预报量处理。另一方面，参数化高度依赖于尺度差，尺度差越大，次网格随机过程越明显，参数化才可能可靠。这些都是在选用物理过程参数化时应当注意的。此外，地形、日变化、下垫面状态等对局地天气的影响很大，也应给予充分的注意。

25.4 整体性质

模式设计好以后，鉴别其是否合理的一个方法是看它是否符合完全方程组所表达的物理规律。但是，由于模式方程组往往是在它的基础上简化而来的，要它完全符合其物理规律几乎是不可能的。我们只能要求模式方程组能表达完全方程组所表达的某些主要的物理规律。比如，就整个大气来说，某些重要的物理量没有虚假的生灭等。在计算时，还要求在离散情况，这些物理规律也能满足。

现在，我们把用描写大气运动和性质的完全方程组和静力近似下的一些重要的大气整体性质写在下面，以便讨论[8]。

25.4.1 完全方程组

25.4.1.1 总质量守恒

$$\frac{\partial}{\partial t}\int_G\int_{Z_s}^{\infty}\rho\mathrm{d}z\mathrm{d}A=0 \tag{5}$$

其中 G 表示全球面，$\mathrm{d}A$ 是面积元素，Z_s 是地面海拔高度。

25.4.1.2 总能量守恒

$$\frac{\partial}{\partial t}(P+K)=\int_G\int_{Z_s}^{\infty}\rho(V_3\cdot F+Q)\mathrm{d}z\mathrm{d}A \tag{6}$$

而

$$\frac{\partial}{\partial t}K=-\int_G\int_{Z_s}^{\infty}\left(\rho gw+\frac{p}{\rho}\frac{\mathrm{d}\rho}{\mathrm{d}t}-\rho V_3\cdot F\right)\mathrm{d}z\mathrm{d}A \tag{7}$$

$$\frac{\partial}{\partial t}P=-\int_G\int_{Z_s}^{\infty}\left(\rho gw+\frac{p}{\rho}\frac{\mathrm{d}\rho}{\mathrm{d}t}+\rho Q\right)\mathrm{d}z\mathrm{d}A \tag{8}$$

其中 V_3，Q，F 表示三维风速，非绝热加热和耗散力；K，P 各表示大气总动能和总全位能，

$$K=\int_G\int_{Z_s}^{\infty}\frac{1}{2}\rho(u^2+v^2+w^2)\mathrm{d}z\mathrm{d}A \tag{9}$$

$$P=\int_G\int_{Z_s}^{\infty}\rho(C_vT+gz)\mathrm{d}z\mathrm{d}A \tag{10}$$

25.4.1.3 总绝对角动量守恒

$$\frac{\partial}{\partial t}\int_G\int_{Z_s}^{\infty}\rho M\mathrm{d}z\mathrm{d}A=\int_G\int_{Z_s}^{\infty}\left\{-\frac{\partial P}{\partial\lambda}+\rho a\cos\varphi\cdot F_\lambda\right\}\mathrm{d}z\mathrm{d}A \tag{11}$$

其中 $M=a\,(a\Omega\cos\varphi+u)\cos\varphi$，$F_\lambda$ 是 F 沿 λ 方向的分量。

25.4.2 静力近似的原始方程模式方程组

25.4.2.1 总质量守恒

$$\frac{\partial}{\partial t}\int_G p^*\mathrm{d}A=0 \tag{12}$$

25.4.2.2 总能量守恒

$$\frac{\partial}{\partial t}(P_\sigma + K_\sigma + P_s) = \int_G \int_0^1 \frac{1}{g}(V \cdot F + Q) p^* \mathrm{d}\sigma \mathrm{d}A \tag{13}$$

其中

$$P_s = \int_G Z_s p^* \mathrm{d}A$$

$$P_\sigma = \frac{1}{g}\int_G \int_0^1 c_p T p^* \mathrm{d}\sigma \mathrm{d}A \tag{14}$$

$$K_\sigma = \frac{1}{g}\int_G \int_0^1 \frac{1}{2}(u^2 + v^2) p^* \mathrm{d}\sigma \mathrm{d}A \tag{15}$$

V 是水平风速，p^* 是地面气压，而且

$$\frac{\partial}{\partial}(K_\sigma + P_s) = -\frac{1}{g}\int_G \int_0^1 p^* \alpha\omega \mathrm{d}\sigma \mathrm{d}A + \frac{1}{g}\int_G \int_0^1 p^* V \cdot F \mathrm{d}\sigma \mathrm{d}A \tag{16}$$

$$\frac{\partial P_\sigma}{\partial t} = \frac{1}{g}\int_G \int_0^1 p^* \alpha\omega \mathrm{d}\sigma \mathrm{d}A + \frac{1}{g}\int_G \int_0^1 p^* Q \mathrm{d}\sigma \mathrm{d}A \tag{17}$$

如果采用有效位能，在绝热无耗散情况下，在气压沿等熵面的平均值 $\widehat{p}$ 随时间的变化为零的条件下还有

$$K_\sigma + A_\sigma = \text{常数}$$

其中 $\kappa = R/c_p$，p_0 是标准海平面气压。

$$A_\sigma = \frac{c_p p_0^{-\kappa}}{g}\int_G \int_0^1 (p^\kappa - \widehat{p}^\kappa)\theta p^* \mathrm{d}\sigma \mathrm{d}A \tag{18}$$

$$\frac{\partial}{\partial t} = \int_G \int_0^1 M p^* \mathrm{d}\sigma \mathrm{d}A = -\int_G \int_0^1 \left(\frac{\partial \phi}{\partial \lambda} + \frac{RT}{p^*}\frac{\partial p}{\partial \lambda} - a\cos\varphi \cdot F_\lambda \right) p^* \mathrm{d}\sigma \mathrm{d}A \tag{19}$$

从上面式（5）—（17）和式（19）可以看出：除质量守恒外，所有的守恒性都要求其右端项为零，如式（6）、式（11）、式（13）和式（19）。而且，在静力近似下，K_σ，P_σ 定义和 K，P 的定义并不相同，值得注意。

25.5 计算稳定性和精确度

模式需要计算，而只有计算稳定才有意义，否则一切都无从谈起。计算稳定性可以从时间积分方案看出。常用的稳定的时间积分方案有 4 种，即蛙跃格式、半隐式格式、分解算法和半拉格朗日法，现分别进行讨论。

蛙跃格式简单、直观，但受到计算稳定性判据的限制较严，须取较短的时间步长，计算量较大，还有计算解出现，须进行时间滤波。半隐式格式受到的限制较少，可以取几倍于蛙跃格式的时间步长，在谱模式中应用特别方便；但在计算 Helmholtz 方程的有关项中不便考虑水汽对虚温的贡献，且快波项的时间截断误差也较大。分解算法近年来有较大发展，不仅用在静力模式，也用在非静力模式，而且，已从分解方程的方法发展到不分解方程而仅在同一方程中针对不同过程采用不同时间步长的方法，其物理

意义明确；但方程中有不稳定解，须采取一些措施，如“辐散阻尼”和“时间滤波”等才能克服。半拉格朗日法计算稳定，没有非线性不稳定，能突破 CFL 判据的限制，特别是和半隐式格式相结合后允许取大时间步长；但在现有的方案中，能较好考虑整体性质，特别是平方守恒性质的还较少；而且，在山区的预报也较差，须采用非中心差分才能加以改善。总之，这些方法都各有其优缺点，都有待进一步提高。应用时应根据具体情况选用。近年来，季仲贞、王斌、曾庆存曾设计出“完全平方守恒格式”，在显式情况，也可以达到完全平方守恒，是一个很有希望的方法，值得注意[9]。

此外，对于谱模式，为了避免混淆导致的非线性不稳定，在三角截断时常令纬圈网格点数 N_λ 和经圈网格点数 N_ϕ满足不等式

$$N_\lambda \geqslant 3M+1 \tag{20}$$

$$N_\phi \geqslant \frac{1}{2}(3M+1) \tag{21}$$

以滤去易引起混淆的短波。其中 M 是纬圈方向的最大波数。但是，在垂直方向一般仍用差分，也没有作和水平方向类似的处理；只有用 Tschhebysheff 多项式作垂直展开的谱模式才采用[10]

$$N_\sigma \geqslant \frac{1}{2}(3L-2) \tag{22}$$

滤波。这里 N_σ是模式的层数；$L-1$ 是最大多项式阶数。

必须指出：虽然到目前为止，计算稳定性问题已在很大程度上得到解决，但问题并没有彻底解决，在有些情况下仍然有不稳定出现[11]。因此，在模式初步设计好以后，还应当通过多个例子的试验，在理论指导下选取最佳时间步长。

还必须指出：计算稳定和保持整体性质和完全方程组的一致，是我们所希望的；但是，不应当忘记，预报的目的在于报准天气，提供精确的预报。所以，计算精度很重要，任何时候都不可忽视。我们不能盲目追求大时间步长，以节省计算量；也不能用强加的方法追求整体性质的一致（如 Sasaki 用变分方法调整预报量，使满足能量守恒的约束等）而牺牲预报量的精度。我们应当在高精度的条件下，力求整体性质的一致并适当加大时间步长。

25.6 网格和分辨率

任何模式都要经过离散才能计算，因而，需要网格设计。计算精度和网格分辨率有关，模式中所能分辨的波因网格而异；而且，网格不同，预报量的配置也不同，所能采用的计算方法也受到限制。

下面我们将依次就在天气学和计算精度方面的考虑，以及垂直分辨率和水平分辨率之间的协调等进行讨论。

25.6.1 天气学和计算精度方面的考虑

任何一个模式其网格不可能分辨大气中所有的波，其可分辨的是有限的。对一个长宽几千千米的区域模式来说，在水平面上，它可分辨的最长波小于超长波，最短的为天气尺度的短波。前者受到计算范围的限制，而后者则可以从预报的需要来考虑。一旦可分辨的最短波长决定，即可以从计算的精度出发来设计网格的分辨率。在这方面，很早已有结论：要取得梯度和波速 93%以上的计算精度，网格距应小于最短波长的 1/10[9]。在考虑资料误差的情况，网格距还可以稍大。

在垂直方向，Kasahara 指出：垂直分层数 $N_\sigma<20$ 时，不稳定性增长和相速度对 N_σ很敏感，只有在 $N_\sigma>20$ 时，两者随 N_σ的变化才不大。至于模式顶高度，根据张可苏的研究，要表示好超长波 1 波，须

取在 10 hPa 以上，最好在 0.01 hPa。

25.6.2 水平分辨率和垂直分辨率的协调

在大气问题的偏微分方程中，除水平微商外，一般还有垂直微商和时间微商，如果都用差商表示，则因时间截断误差一般很小，方程总的截断误差取决于水平和垂直截断误差的大小和它们的符号。如果提高水平分辨率，以致其相应项的截断误差远小于方程的垂直截断误差，方程总的截断误差并没有降低，因而不可能改善数值解的精度。看来，只有在水平截断误差是总截断误差的主要部分时，单纯提高水平分辨率，才能达到减少总截断误差，改善数值解的精度的目的；否则，一般在提高水平分辨率的同时，也应该提高垂直分辨率。

针对平流方程，如水平和垂直微商均用中央差代替，而时间微商不变，在计算域面积不变的约束下，可以求得总截断误差的平方极小的最优的 Δz 和 Δx 的关系[12]，即

$$\Delta z_{(2)} = \sqrt{\frac{U}{W}\left(\frac{L_z}{L_x}\right)^{\frac{3}{2}}}\,\Delta x \tag{23}$$

其中 L_x、L_z 各是 x 和 z 方向的波长；下标（2）表示 2 阶差商；U、W 各是沿 x 和 z 方向的基本速度。对于任意 q 阶差商的情形还可以得到和式（23）相似的结果，即

$$\Delta z_{(q)} = \left(\frac{U}{W}\right)^{\frac{1}{2q}}\left(\frac{L_z}{L_x}\right)^{\frac{2q+1}{2q}}\cdot\Delta x \tag{24}$$

如令 $q\to\infty$，并令 $\Delta z_{(q)}$的极限值为 Δz，则

$$\Delta z = \frac{L_z}{L_x}\Delta x \tag{25}$$

这说明在水平分辨率增加时，垂直分辨率也应增加，它们之间的比正比于垂直和水平波长之比。当然，这只是单波的情况，但可以利用式（25）和最短水平波长与最短垂直波长之比由 Δx 决定 Δz，不过，在实际工作中，由于模式方程组的复杂性，Δx 和 Δz 之间的关系不可能像式（25）那样简单，但用它做参考，通过试验决定还是可以的。根据研究，垂直分辨率对天气形势演变的影响没有水平分辨率那样大，但前者对斜压带和次级环流的结构的确有正的影响。而且，水平和垂直分辨率的影响是叠加的[13]。

不过，为了较好地表示地表通量和模拟地表边界层，以及平流层中某些气象要素大的变率，很多气象中心都采用不等距分层，使边界层和平流层的分辨率较高，而对流层中部较小。研究指出：只有充分的垂直分辨率的模式才能正确地研究准定常超长波的机制[1]。也有人指出：增加平流层垂直分辨率有助于改善 15 d 左右对流层的低频变率，描写好平流层和对流层的局地相互作用[14]。

25.7 计算域

模式设计不同，计算域应该有所不同。为了方便，我们不妨按不同的预报时段来讨论。

25.7.1 短期预报

这时，计算域可以是有限区。

考虑气象要素主要按基本气流传播[15]，如基本气流速度为 10 m/s，则预报中心区域距边界至少应大于 1700 km，在 48 h 内中心区域预报才不会受边界误差的影响，也就是说，计算域长宽应大于 3400 km；

考虑天气实际，东西长度还应大于南北长度。考虑在急流出现时，基本气流速度远大于 10 m/s，为了稳妥，这个范围还应当扩大。这样的计算域，对短期预报起主要作用的天气尺度系统虽然能充分表示，但超长波却无法分解，因而，也就不能恰当地考虑它的作用。这样，在大环流型或环流指数有突然变化时，预报准确率会受到影响。不过，在作嵌套网格预报时，这个问题会得到缓解。

25.7.2 中期预报

这时，超长波的预报很重要，计算域应为全球，至少为半球。不过，在半球的情况下，南北半球环流相互作用的影响无法考虑，这对于中国夏季南方暴雨、台风和季风的预报是不利的，是一个缺点。

25.7.3 长期预报

计算域应为全球。

25.7.4 中尺度预报

如预报时段不大于 12 h，计算域长宽最好不小于 1000 km；为了稳妥，还应再大些。

25.8 模式各部分之间的协调

模式虽然由动力框架和物理过程等许多部分组成，但它是一个整体，应力求在物理上和数学上协调，譬如，在动力框架各部分之间，在动力框架和物理过程之间，在各物理过程之间等。下面我们分别对它们进行讨论。

25.8.1 动力框架各部分之间的协调

在动力框架中，各部分是相互联系，又相互制约的。譬如，在静力模式中，静力方程沿垂直方向积分的误差会引起水平气压梯度的计算误差，又会导致绝对角动量的虚假变化；另一方面，静力方程的离散又和能量有关，会影响能量的守恒性。Arakawa 等研究了能保持能量守恒的静力积分公式[16]，Simmons 等研究了可以避免虚假绝对角动量增长的同类公式和水平气压梯度力的表达式[17]，两者都可以作为参考。不过，Arakawa 等构造的公式精度较差[18]，是一个缺点，而 Simmons 就注意到这一点，因而精度较高。

25.8.2 动力框架和物理过程之间的协调

物理过程受到动力框架部分许多预报量和参数的影响。在边界层中，要描述好与垂直离散有关的物理过程，如垂直扩散等，需要较高的垂直分辨率和精度较高的计算方法。虽然，很多模式在边界层的分辨率都很高，但计算垂直扩散的方法很差，精度只达到一阶①。这是亟待改进的。根据研究，积云对流对分辨率的依赖性也很大。Molinari 建议用如下关系处理凝结问题（图 1）[19]。

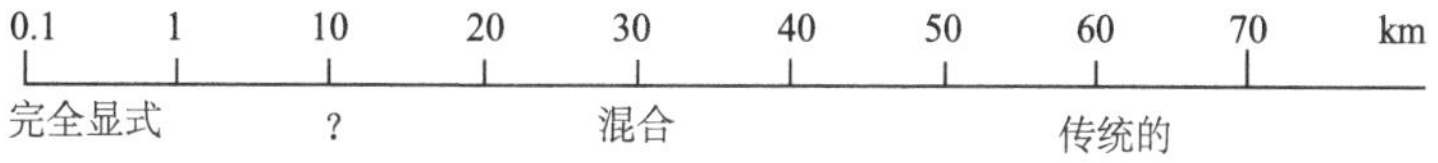

图 1

横坐标是网格距；“完全显式”指不管稳定性如何都用显式方法；“混合”指介于两者之间，如对上升流和下降流参数化，而对其他用显式方法等；“？”指不肯定；“传统的”指只在对流不稳定点，用积云对流参数化，在对流稳定点用非参数化凝结法

又如计算中常有所谓“负水汽”问题，这是计算方法和水汽平流过程之间的不协调。近十几年来，

① 廖洞贤，朱艳秋. 1995. Tschebyscheff 函数在大气模式垂直离散问题中的应用. 应用气象学报，6（2）：213-219.

经过大量研究，已有一些有效的方法问世，并为不少气象中心所采用，但他们的工艺性太强，也较烦琐，用在球坐标的极点附近，尚有不少问题[20]。

25.8.3 物理过程之间的协调

当前常用的许多物理过程，大多是单独提出的。在提出的过程中，有时未考虑其他物理过程的需要以及它们之间的相互联系。因此，在选用这些过程时需要小心，务使所选用的物理过程彼此协调，否则将产生严重误差。譬如，大尺度凝结和对流降水就是如此。显然，对于单纯的对流降水，而网格点又满足大尺度凝结条件时，水汽凝结量就可能重复计算；这时，我们应区分凝结是稳定性的还是对流性的；如属于后者，则大尺度凝结方案应不予计算。

25.9 结束语

从上面可以看出：尽管模式各式各样，但它们都有许多共同的地方。例如，它们所用的基本方程是相同的，计算方法是相似的，特别是长、中、短期预报模式，都是在静力近似下的含有线性和非线性项的原始方程模式，其物理过程也有许多相似之处，但是针对不同的目的，各模式又各有所侧重。为什么长中短期预报模式方程都是含有线性和非线性项的原始方程而不是线性化方程？之所以如此，是因为线性化方程只有在初始时刻附近才是正确的，一旦波幅增大到相当程度，原被略去的项就可能和线性项相当，使线性化方程不再适用，但含有非线性和线性项的方程由于受到一些守恒量的限制，则可以表现出系统发生发展的全过程，高低指数循环、系统的合并和斜槽的产生等，与实际观测颇为一致。

另一方面，就模式所侧重的来说，在动力方面，预报期长的模式，误差积累是一个问题，尤其是系统性误差的积累，这时，整体性质的维持显得特别重要；而预报期短的模式，短波对产生天气的贡献明显，要求有较高的分辨率，使计算精确。但是，初值对这些预报的影响却各不相同，根据研究，时间越短，影响越大。

至于物理过程，概括地说，持续性越久的过程（如海气交换），或在重要地区经常出现的过程（如热带的积云对流）对预报时间越长的模式越重要。有些过程，本身既包含长周期，又包含短周期（如辐射），这时长周期对预报期长的模式重要，短周期对预报期短的重要。对有些具体问题，如辐射中的Rayleigh散射，云和气溶胶的吸收和散射，则在中短期预报中比在长期预报中重要；而在长期预报中，气体的吸收很重要。

对于中尺度模式，如何描写好非静力作用，云的微物理过程、日变化、局地热状况和地形，设计适合网格距小的物理过程等，都需要特别关注。

必须指出，模式因设计目的的不同，可以有很大差别。如果目的仅在于模拟某些物理作用产生的环流和天气过程，则只要模式能恰当地包含并描写这些作用就可以了。比如正压模式合适就用正压模式，不一定都用湿模式，如果目的在于做预报，或做过程较复杂的数值模拟，则其所考虑的因子和机制应完全些，应包括所有重要的，在时间积分期内可能影响会出现的天气系统和天气的物理作用。

必须说明，上面的原则，由于受到认识，知识和客观条件的限制，不一定合适，今后还应当不断修正。另一方面，目前的模式尚难以完全符合上述原则。为了使所设计的模式能稳妥地运行，还需要试算，并对计算结果用实际资料反复检验，修改，直到获得较为满意的结果为止。这样得到的模式才算是设计好的模式，也才可以投入使用。

参考文献

[1] 叶笃正, 曾庆存, 郭裕福. 当代气候研究. 北京: 气象出版社, 1991, 173-177.

[2] Nitta T. Ogura Y. Numerical simulation of the development of the intermediate-scale cyclone in a moist model atmosphere. J

Atmos Sci. , 1972, 29: 1011-1024.
[3] Lorenz E N. Maximum simplification of the dynamic equations. Tellus, 1960, 12 （3）: 243-254.
[4] 廖洞贤, 王向东. 对 1991 年全球越赤道气流的分析和数值模拟. 大气科学, 1998, 22（1）: 97-109.
[5] 程麟生. 中尺度大气数值模式和模拟. 北京: 气象出版社, 1994, 492-498.
[6] Pielke R A. Mesoscale Meteorological Modeling. Academic Press, 1984.
[7] 张可苏, 周晓平. 非静力平衡模式中重力惯性波的频谱结构和传播特征. 第二次全国数值天气预报会议论文集. 北京: 科学出版社, 1980, 196-206.
[8] 廖洞贤, 王两铭. 数值天气预报原理及其应用. 北京: 气象出版社, 1986, 75-93, 171-172.
[9] 廖洞贤. 柳崇健. 数值天气预报中的若干新技术. 北京: 气象出版社, 1995, 1-25, 26-46.
[10] Liao Dongxian and Hu Ming. Design of a three-dimensional spectral primitive equation model. Acta Meteor Sinica, 1997, 11(4): 416-431.
[11] Simmons A J, Hoskins B J, Burridge D M. Stability of the semi-implicit time scheme. Mon Wea Rev, 1978, 106, 405-412.
[12] 廖洞贤, 朱艳秋. 再论水平和垂直分辨率之间的协调. 气象学报, 1995, 53 (2): 129-137.
[13] Houghton D D. Spatial resolution impacts on National Weather Service nested grid model simulation. Ninth Conferenc on NWP. AMS, 1991, 23-25.
[14] Tsuyuki T. Impact of increased stratospheric vertical resolution of dynamical extended-range forecasts. Tenth Conference on NWP, AMS, 1994, 18-22.
[15] Syono S, Boundary errors in numerical weather prediction. J Meteor Soc Japan, 1957, 35, 242-248.
[16] Arakawa A, Lamb V R. Computational design of the basic dynamical processes of the UCLA general criculation model. Methods in Computational Physics, Academic Press, 1977, 17, 174-265.
[17] Simmons A J, Burridge D M. An energy and angular momentum conserving vertical finite-difference scheme and hybrid vertical coordinates. Mon Wea Rev, 1981, 109, 758-766.
[18] Brenners. Acomparison of various numerical solutions of the hydrostatic equation. The 8th Conference on NWP, AMS, 1988, 438-441.
[19] Molinari J. An overview of cumulus parameterization in mesoscale models. Ninth Conference on NWP, AMS, 1992, 36-37
[20] Rasch P J. Conservative shape preserving two-dimensional transport on a spherical reduced grid. Mon Wea Rev, 1994, 122, 2633-2642.

ON THE DESIGN OF THE ATMOSPHERIC MODEL

Liao Dongxian
(National Meteorogical Center, Beijing, 100081)

ABSTRACT

Several principles for designing the atmospheric model are suggested, namely, inclusion of the physical factors and physical mechanisms which can restrict the related atmospheric processes to possibly achieve the aim of the design; reasonable overall properties; stable and accurate computation; appropriate grid resolution and computational domain and the various parts of the model being consistent. Also discussions are made for them respectively.

Finally, special stress is put on the consistency between the design aim and the model, and the relative importance between factors and physical processes incorporated in the model with different forecast periods are discussed in detail.

Key words: Model design, Overall property, Physical process, Consistency.

薛纪善　中国气象科学研究院研究员　| 专家解读 |

廖洞贤先生发表于《气象学报》的论文《论大气模式的设计》，全面论述了数值预报模式开发所应遵循的科学原则。本文发表于新旧世纪之交，正值国际上有一定研发能力的国家都在致力于新的数值预报模式研发，而我国的数值预报业务也处于从主要依赖于国外引进技术向自主研发为主转变的转折点，本文对我国天气、气候数值预报模式的研发沿着正确、科学的方向发展有重要的指导。

特别是当时国内的学者对于我国新一代数值预报模式研发的技术路线争议较大，本文对于重要问题都有明确的阐述，例如他明确提出发展海气、地气耦合模式解决气候预测问题；还指出模式采用传统的静力平衡假定的消极影响，从而支持了发展非静力模式的技术路线；他还力主中尺度模式中云物理过程的水汽、云水、冰晶都应作为预报量，推荐模式采用显式方案处理对流。在我国老一辈的科学家中这些观念是很“前卫”的，二十多年后再回头看廖先生当时的论述，其中相当大的部分都能经得起历史的检验。

本文发表不久，为了进一步明确我国数值预报发展的技术路线，中国气象局又组织了对发展数值预报的相关问题进行预研究与多国调研，廖先生因年事已高，并未参加这些调研与研究，但他的意见与调研获得的国际上数值预报的发展动态很接近，增强了我国形成自身技术路线的信心，本文所提出的模式发展所应遵循的理论原则也被我国新一代数值预报模式发展所吸收。

26

台风螺旋雨带——涡旋 Rossby 波*

|余志豪|　南京大学大气科学系

余志豪（1935—2022 年），著名气象学家，南京大学大气科学学院资深教授。长期从事天气动力学的教学和科研工作，在行星尺度和中小尺度天气系统的动力学特征等研究方面做出了突出贡献，对影响我国天气的副热带高压活动的动力学问题做出了创新性的研究，研究成果对改进我国高影响天气的预报具有重要的实际应用价值。

■　发表在《气象学报》的著名论著还有：《副热带高压结构及其同大气环流有关若干问题的研究》（黄士松，余志豪，1962 年）、《桂北 76.7 暴雨分析》（1979 年）、《非线性斜压不稳定问题中的摩擦和对流凝结加热作用》（郑维忠，余志豪，1987 年）、《中尺度地形背风波的作用及其应用》（朱民，余志豪，陆汉城，1999 年）等。

摘　　要

台风中的螺旋云雨带是由多种探测手段被观测到的现象，是为大家所共识的不争事实。但是，对它的形成、维持的理论解释，虽有多种学说，一直以来人们都倾向于重力惯性波说。而重力惯性波说有一个致命的弱点，即波的相速理论值为 10^1 m/s 量级，它要比螺旋云雨带实测移速只有 10^0 m/s 几乎大一个量级。于是从前几年开始，人们又回到 30 多年前提出的涡旋-Rossby 波说那里去寻找合适的解释。经典的 Rossby 波是 $\beta=(\mathrm{d}f/\mathrm{d}y)$ 作用的大尺度波动，而适用于台风中螺旋云雨带的涡旋——Rossby 波乃是 f 平面（$\beta=0$）上的中尺度波动。那么，对这两类尺度不同和成波机理不同的波动，何以均冠予 Rossby 波一词？本文试图从动力学等价原理上，对此做统一联系的说明。其结果是：台风基本气流的涡度 $\bar{\zeta}$ 随径向（r）变化的梯度 $\dfrac{\mathrm{d}\bar{\zeta}}{\mathrm{d}r}=\dfrac{1}{r}\dfrac{\partial}{\partial r}(r\bar{v}\lambda)$，在动力学上等价于科氏参数 f 随纬度变化的梯度即 $\beta=\mathrm{d}f/\mathrm{d}y$；或者说它们在绝对涡度守恒的前提下，作为波扰动的成波机理是等价的。

关键词：台风，螺旋云雨带，涡旋 Rossby 波。

1999 年 12 月在苏州召开的十一届全国热带气旋科学讨论会（文集 50—51 页）及 2001 年 4 月在扬州召开的第五届全国动力气象学术会议，学者王玉清博士的两次报告对台风中螺旋雨带均提到了可用涡旋 Rossby 波来解释，但在这两次会上有教授对此质疑。分歧的焦点是 Rossby 波的基本概念。此概念在动力气象教科书中是属经典内容，给人很深印象。然而在近代大气科学进展中，Rossby 波概念已被“借

* 初稿时间：2002 年 4 月 20 日，修改稿时间：2002 年 8 月 10 日。余志豪.2002.台风螺旋雨带——涡旋 Rossby 波.气象学报，60（4）：502-507.

用”或延伸扩展。此 Rossby 波已非彼 Rossby 波，但两者在成波机理方面仍有其一定的等价性。还有一个原因，是很长一段时期来台风螺旋雨带几乎都是用重力惯性波来说明的。这表明大气科学高等教学内容，要及时反映这些新发展，不能墨守 Rossby 波固有的概念，要注入新的学术含义。为此，本文拟简单地概括综合和补充当前教学内容对 Rossby 波新理解的不足。主要将说明两个问题：①台风中的涡旋 Rossby 波与经典 Rossby 波的异同；②台风螺旋雨带如何从重力惯性波说发展到目前的涡旋 Rossby 波说。

26.1　台风螺旋雨带

用地面观测、雷达回波、卫星云图和飞机探测等，均观测和分析到台风中存在着螺旋云雨带。Deperman[1], Simpson[2]较早地用自记气压计记录分析到了螺旋带。Maymard[3], Wexler[4]用雷达回波发现了螺旋雨带；Ligda[5]，Tatehira[6]，Willoughby[7]还分别确定了雨带沿径向向外传播速为 10 m/s、4 m/s、6 m/s。1960 年实验气象卫星泰罗斯-1 号拍摄到第一张热带气旋云图照片（Miller[8]），见到了螺旋雨带，并从此开始了卫星探测台风的新纪元。最早飞机探测台风是在 1943 年，之后多次飞机探测有的沿着雨带，有的垂直雨带。因此，从 20 世纪 40 年代就已被探测分析到的台风螺旋云雨带，再经过半个多世纪来多种探测新技术的观测结果，人们对它的认识就更加深入、细致了。

26.2　重力惯性波说

从 20 世纪 40 年代到 80 年代的很长一段时间内，人们对台风中的螺旋雨带形成、移动是用螺旋重力惯性波来解释的。对此有大量的分析研究工作，还有一些专著和教科书对此也做了介绍。

26.2.1　诊断研究

主要分析了台风螺旋云雨带中的扰动垂直速度 w 波与扰动气压 p' 波，经常大致相差 $\pi/2$ 位相，这与浅水重力波中的 w' 和 p' 匹配关系非常近于一致，从而认为螺旋云雨带具有重力惯性波特征（Wexler[4], Ligda[9], Tatehira[6]）。

26.2.2　分析解研究

许多学者将台风环流取成圆对称定常基本流，然后构成了不同形式的重力惯性波扰动的动力数学模型，解得频散关系式或相、群速（即 C 和 C_g）等，把它们用来讨论解释台风螺旋雨带的形成和活动。代表性工作有：

（1）Tepper[10]，最先提出用重力惯性波解释螺旋带概念。

（2）Abdullah[11]，在两层模式中解得 $C\approx 83$ m/s。

（3）Willoughby[12]，理论结果中视频太高或传播速 C 太快。

（4）黄浦新等[13]，理论经向群速 $C_{gr}\approx 90$ km/h = 25 m/s。

（5）刘式适等[14]，在眼壁附近的传播速 C_0 = 24—32 m/s。

26.2.3　数值模拟研究

有许多工作较完美地模拟出台风内部结构的螺旋雨带，并沿经向向外传播。认为是正压不稳定引起的旋转不稳定，以重力波向四周频散能量。早期有代表性的工作是由 Anthes[15,16]和 Kurihara[17,18]完成的。

26.2.4 有关书籍

陈联寿等[19]、伍荣生和余志豪等[20]、钮学新[21]、Anthes[22]与 Elsberry[23]均著书阐述台风螺旋云雨带及其解释的内容。

Anthes[22]和 Elsberry[23]的著书中，较全面地提出了螺旋雨带的几种可能解释，其中提到了涡旋 Rossby 波，可是作者们还是倾向于用重力惯性波来解释。前 3 本国内的书籍中，在介绍台风螺旋雨带时，基本上都倾向于用重力惯性波解释。

归纳所述台风螺旋雨带的重力惯性波说有一个通病，那就是所有已发表工作，其重力惯性波理论传播速度 C（大于 10^1 m/s），都要比由雷达实测的螺旋带移速（近于 10^0 m/s）快得多，这是美中不足的。

26.3 涡旋 Rossby 波说

重力波说的缺陷，其理论传播速度远比实际螺旋带径向移速要快。为了对螺旋带另找更合适的解释，从 20 世纪 90 年代开始，涡旋 Rossby 波说又被旧事重提，且出现了较多的研究报告。

MacDanald[24]最早发现台风基本气流中的螺旋雨带，和北半球绕极大气环流（即基本流）上的槽脊或 Rossby 波相比较，在许多方面的特征有着惊人的相似。它们不仅在流型外观上相似，在能量转换和动量输送方面也有一定的相似。于是，他把台风中的螺旋雨带称作类-Rossby 波（Rossby-like waves）。

当 MacDanald 在 20 世纪 60 年代中期提出类-Rossby 波时，正值重力波说处在热点时期。因此，在类-Rossby 波说面世后即不再有紧接着的后续工作。只是到了 20 世纪 90 年代，几乎是在 30 年后对此才重新进行了继续研究。尽管此后的这些研究，其动力学基础是一致的，但在称谓方面却是在不断发展的，并日臻贴切。先后有以下称谓：位涡波[25]、“边缘”Rossby 波[26]、涡旋 Rossby 波[27]、对流强迫涡旋 Rossby 波[28]。

由此可知涡旋 Rossby 波的称呼，最初是由 Montgomery 提出来的。提出以上这些称谓的研究报告，有的是动力分析解工作，更多的是数值模式计算工作。由这些研究工作进展来看，涡旋 Rossby 波的称谓已日渐共识，台风螺旋雨带的涡旋 Rossby 波说似乎也较合理，已日趋被人接受。最主要之点，它克服了重力惯性波说的缺陷，使涡旋 Rossby 波的理论传播速的量级与螺旋雨带的移速相吻合。

26.4 涡旋 Rossby 波动力学

Smith 和 Montgomery[26]则认为完全的原始方程组是研究强涡旋三维对称动力学的有用工具。因为，Shapiro 和 Montgomery[29]指出三维对称平衡理论在高速旋转区既保留了惯性作用（即 f 作用），同时又可滤去重力惯性波。为了突出问题，Montgomery[27]在涡旋 Rossby 波理论中，采用了如下简单的线性涡度方程，即

$$\left(\frac{\partial}{\partial t}+\frac{\bar{v}\lambda}{r}\frac{\partial}{\partial \lambda}\right)\zeta'+v_r'\frac{\mathrm{d}\bar{\eta}}{\mathrm{d}r}=0 \tag{1}$$

式中取静止柱坐标（r, λ, z）。$\bar{v}\lambda(r)$ 为涡旋切向基本流，及径向基本流 $\bar{v}_r=0$；$\bar{\eta}(r)=f+\dfrac{1}{r}\dfrac{\partial}{\partial r}(r\bar{v}\lambda)$ 为基本流绝对涡度，科氏参数 f= 常数，即取 f 平面。所以，涡旋或风暴的基本流是定常、圆对称的。v_r' 和 ζ' 分别为扰动波流的径向速和涡度。在文献[27]中他介绍了 Smith 和 Rasenbluth 对式（1）所求的分析解。先对式（1）作傅氏变换并作无量纲化处理，其中台风基本流取 Rankine-涡分布（即 $\mathrm{d}\bar{\eta}/\mathrm{d}r<0$），

它的最大切向风速半径取为特征长度，即 $L = 0.5\times10^2$ km，最大切向风速（V_λ）$_{max}$ = 10^2 km/h 取作特征速度，故时间尺度为 $L/V = 10^0$ h 以及漏度特征量 $V/L = 10^{-3}$—10^{-4} s^{-1}。然后，给出了如图 1 所示的 Smith-Rasenbluth 的分析解。图 1 中的初场为 1 波即初始扰动涡度 ζ'分布是个偶极子。随着时间的推移，它不仅出现了涡度的螺旋带，而且该螺旋带不断地顺时针旋转并向外传播，这就是涡旋 Rossby 波。相应于图 1，再作出其移动波包位置的（r，t）分布图（略），由此可估计出该涡旋 Rossby 波的理论传播速度约为 3—5 km/h，即 10^0 m/s 的量级，与台风中的螺旋云雨带移速的量级一致。因此，在复杂的台风数值模式中，只要该模式中含有类似（1）式中的台风涡旋基本流的涡度梯度项即 $v_r'\mathrm{d}\bar{\eta}/\mathrm{d}r$，它就能激发出涡旋 Rossby 波。例如，文中开始指出的王玉清博士关于台风螺旋云雨带数值模拟工作中，就是因为在他的模式方程中含有涡旋基本流的涡度径向梯度项，模拟结果就自然出现了跟螺旋云雨带相应的涡旋 Rossby 波。

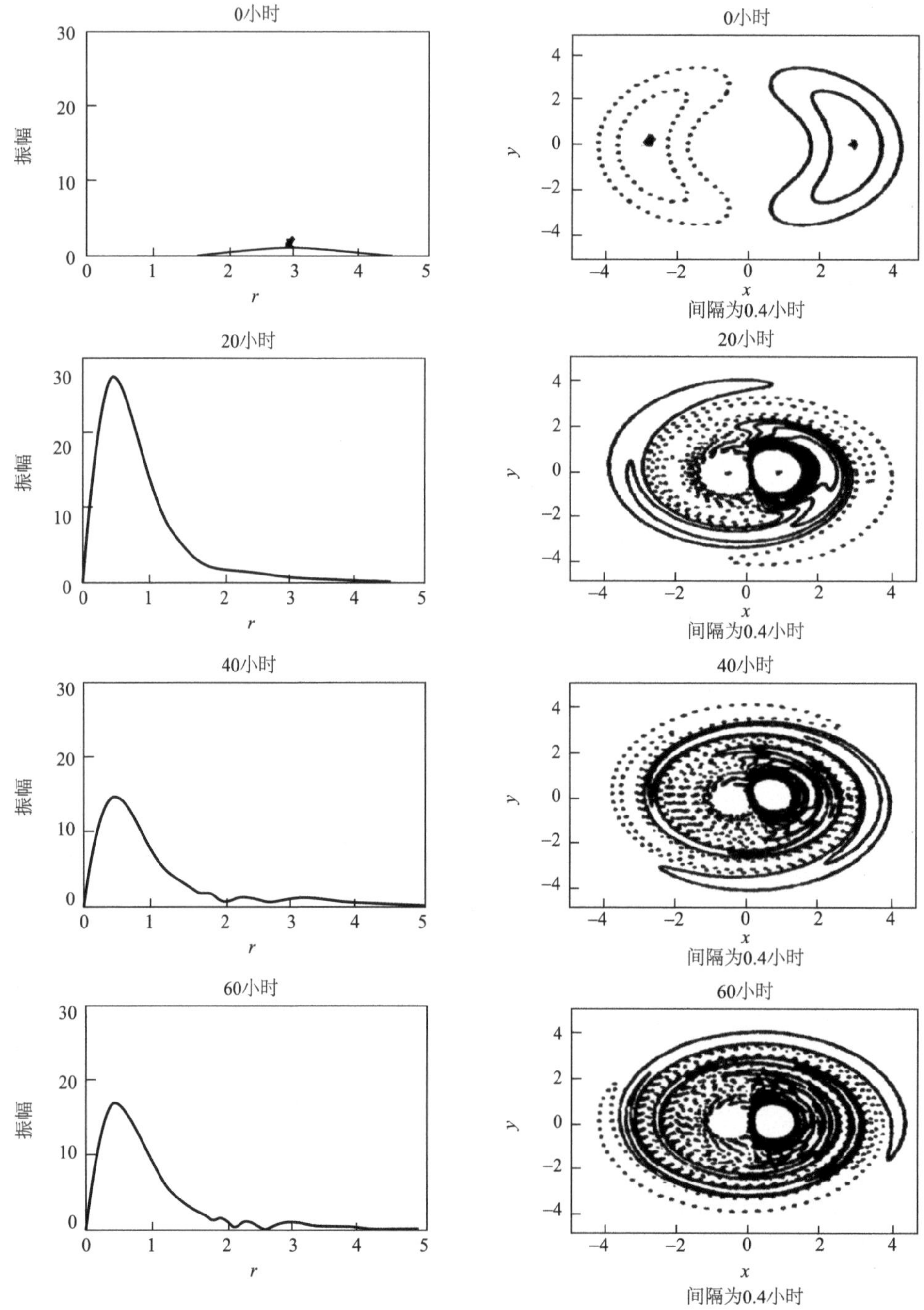

图 1　Smith-Rasenbluth 分析解中一波扰动的傅氏系数|ζ（r，t）|的径向分布（r，左侧）和扰动涡度 ζ 的水平分布（x，y；右侧）[27]，（ζ和 ζ'及时空变量均为无量纲量）

26.5 行星 Rossby 波和涡旋 Rossby 波

前节指出，在 f 平面的绝对涡度涡度守恒方程中，若替含有涡旋基本流的径向涡度梯度项，则将产生“涡旋 Rossby 波”。之所以引入这样一个名词称呼，是由于该波的成波机理与经典 Rossby 波的成波机理是等价的，但具体又是不同的，故称作 Rossby 波并冠以“涡旋”作为区别。

例如将式（1）左端第三项 $\mathrm{d}\bar{\eta}/\mathrm{d}r$ 的涡旋基本流的涡度梯度置换成 $\beta=\mathrm{d}f/\mathrm{d}y$ 科氏参数随纬度的变化，并取局地笛卡儿坐标，则式（1）即成了经典的西风带 Rossby 波方程。为了区别起见，将 $\beta=\mathrm{d}f/\mathrm{d}y$ 项作为成波机理的波称作行星 Rossby 波（Planetary Rossby waves），即经典 Rossby 波。而由式（1）所确定的，即由 $\mathrm{d}\bar{\eta}/\mathrm{d}r$ 项作为成波机理的波被称作涡旋 Rossby 波。显然，这是概念和名称的借用、延伸扩展。这种由于成波机理等价性采用的 Rossby 波名称的借用，在地球物理流体动力学中的地形 Rossby 波早已有之[30]。由此可见，不论何种 Rossby 波，它们的动力学基础都是绝对涡度或位涡守恒原理。为了便于说明问题或者从等价性角度，把这些 Rossby 波所遵循的绝对（或位势）涡度守恒式，从形式上把它们合并在一起，给出如下：

f 平面的涡旋Rossby波

$$\frac{\mathrm{d}}{\mathrm{d}t}\left[(f_0+\beta y)+\mathrm{S}\frac{f_0}{L}y+\bar{\zeta}+\zeta'\right]=0 \tag{2}$$

β 平面的行星Rossby波

f 平面的涡旋Rossby波

式中，$\bar{\zeta}$ 是基本流相对涡度及 $\bar{\eta}=f+\bar{\zeta}$，对于台风尺度取 $\bar{\zeta}=-\dfrac{1}{r}\dfrac{\partial}{\partial r}(r\bar{v}\lambda)$，它的梯度独立成为涡旋 Rossby 波的成波机理；对于大尺度西风基本流取 $\bar{\zeta}=-\partial\bar{u}/\partial y$，它的梯度 $-\partial^2\bar{u}/\partial y^2$ 与 β 项结合在一起可作为具有切变基本流的行星 Rossby 的成波机理。式（2）中的扰动涡度 ζ 也就是相对涡度（对不同的具体问题，可取相应不同尺度流场的值），它跟环境涡度相加构成了绝对（或位势）涡度。在式（2）中，环境涡度有 3 类：①大尺度问题中的行星牵连涡度（$f_0+\beta_y$），即形成 β 平面上的行星 Rossby 波；②地形倾斜率 S（常数），由涡管伸缩或散度项改写而来的地形环境涡度，它形成了 f 平面的地形 Rossby 波；③台风尺度的 $\bar{\zeta}=-\dfrac{1}{r}\dfrac{\partial}{\partial r}(r\bar{v}\lambda)$，即取台风涡旋自身的基本流涡度作为环境涡度，它形成了本文所指的涡旋 Rossby 波，也就是台风涡旋基本流的涡度梯度是涡旋 Rossby 波的成波机理。所以，取不同的环境涡度项作为成波机理，即形成了如式（3）“外加线”所示的不同的 Rossby 波。再次指出，它们分别由三项构成，f_0 和 ζ' 是 3 类波各具有的相同两项，另一项则取环境涡度 β_y 或 $S_{l_0}^{f}$ 或 $\bar{\zeta}$ 中的一项即分别对应着 3 类不同的 Rossby 波。图 2 是对这 3 类不同环境涡度所形成的 Rossby 波的振荡恢复机理示意图。图中的（1）和（2）表示相应的环境位置，及箭号↗和↘分别表示定性增加和减少。它们均表示了在环境位置（1）和（2）上，由于环境涡度值的不同，在绝对（或位势）涡度守恒条件下，相对涡度 ζ 值必须作相应的变化。例如对于图 2（c）涡旋 Rossby 波，向中心移至位置（1）上基本流涡度 $\bar{\zeta}$ 变大，相对涡度 ζ' 相应变小，于是向台风中心位移的扰动就返回向外位移，到了位置（2）上 $\bar{\zeta}$ 变小，则相应 ζ 变大，向外的扰动位移又重新折返向中心移动，如此循环往返于是形成了波动振荡。

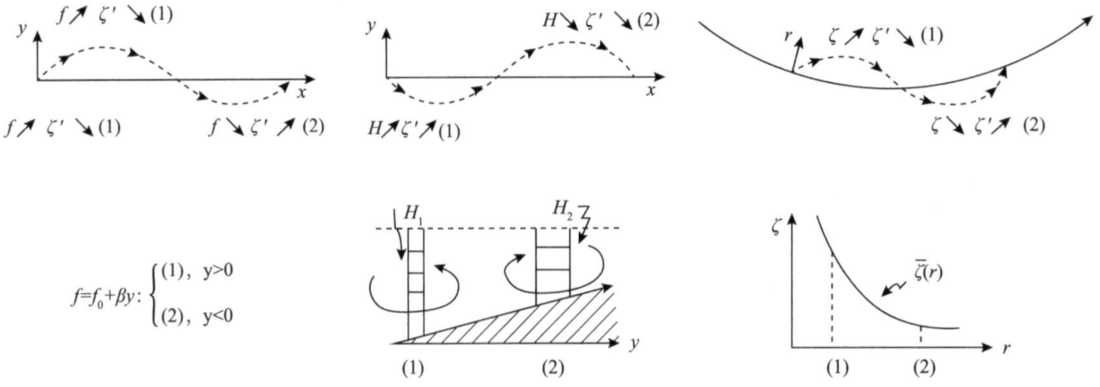

图 2　3 类不同环境涡度所形成的 Rossby 波的振荡恢复机理示意图

（a）β 平面行星 Rossby 波；（b）f 平面地形 Rossby 波；（c）f 平面涡旋

26.6 结论

综观全文，本文开篇时指出的质疑：在 f 平面上的台风，怎么会出现中尺度 Rossby 波呢？实乃是台风螺旋波研究进展时，对 Rossby 波名词概念的借用、延伸扩展所带来的一点费解或误解。

同时，可以认为简单基本的 Rossby 波是旋转流体中的波动，在绝对涡度（或位涡）守恒原理支配下，它的成波机理是由环境涡度的变化造成的。当环境涡度取为科氏参数 f 随纬度变化，即 $\beta = \mathrm{d}f/\mathrm{d}y \neq 0$ 时，可出现经典（或行星）Rossby 波。考虑地形坡度 S=常数时，则相应的环境涡度为 $S^{f}_{l^0 y}$，由于它随 y 变化可出现 f 平面的地形 Rossby 波。当圆对称涡旋基本气流的涡度 $\bar{\zeta}$ 具有 $\mathrm{d}\zeta/\mathrm{d}r < 0$ 分布时，则在涡旋基本气流上可出现 f 平面的涡旋 Rossby 波。显然，在成波机理上这 3 类波是彼此（动力学）等价的。

参 考 文 献

[1] Deperrman C E. Some Characteristics of Philippine Typhoons. Manila, Bureau of printing, 1939.

[2] Simpson R H. On the structure of tropical cyclones as studied by aircraft reconnaissance. Proceedings of the UNESCO symposium of typhoons, Tokyo, 1955. 129-150.

[3] Maymard R H. Radar and Weather. J meteor, 1945, 2: 214-226.

[4] Wexler H. Structure of hurricanes as determined by radar. Ann N Y. Acad Sci, 1947, 48: 821-844.

[5] Ligda M G H. Analysis of small precipitation areas and bands in the hurricane of Aug. 23-25, 1949, Mass Inst of tech, Tech Note No. 3, Cambridge, Mass, 1955.

[6] Tatehira R. Analysis of small precipitation areas and bands, case study of typhoon "Hellen", 1958 Proc. Second Tech Conf. Hurricanes. Miami, Amer Meteor Soc, 1961, 115-126.

[7] Willoughby H E. A possible mechanism for the formation of hurricane rain bands. J Atmos Sci, 1978, 35: 838-848.

[8] Miller B I. Characteristics of hurricanes. Science, 1967, 157: 1389-1399.

[9] Ligda M G H. Hurricane Squall lines. Bull Amer Meteor Soc, 1958, 56-65.

[10] Tepper M. A theoretical model for hurricane radar bands, Preprints Seventh Weather Radar. Conf, Miami, Amer Meteor Soc, 1958, 56-65.

[11] Abdullah A J. The spiral bands of a hurricane: A possible dynamic explanation. J Atmos Sci, 1966, 23: 367-375.

[12] Willoughby H E. Inertia- buoyancy waves in hurricanes. J Atmos Sci, 1977, 34: 1028-1039.

[13] 黄浦新, 巢纪平. 台风中螺旋云带的线性理论. 大气科学, 1980, 4(2): 148-158.

[14] 刘式适, 扬大升. 台风的螺旋结构. 气象学报, 1980, 38(2): 193-204.

[15] Anthes R A. The development of asymmetries in a three- dimensional numerical model of the tropical cyclone. Mon Wea

Rev, 1972, 100: 461-476.
[16] Anthes R A. Hurricane model experiments with a new cumulus parameterization scheme. Mon Wea Rev, 1972, 105: 287-300.
[17] Kurihara Y, et al. Structure of a tropical cyclone developed in a three-dimensional numerical simulation model. J Atmos Sci, 1974, 31: 893-919.
[18] Kurihara Y, et al. On the development of spiral bands in a tropical cyclone. J Atmos Sci, 1976, 33: 940-958.
[19] 陈联寿, 丁一汇. 西太平洋台风概论. 北京: 科学出版社, 1979, 54-58.
[20] 伍荣生、余志豪等. 动力气象学. 上海: 上海科学出版社, 1983, 194.
[21] 钮学新. 热带气旋动力学. 北京: 气象出版社, 1992, 53-59.
[22] Anthes R A(1982, 李毓芳等译). 热带气旋的发展、结构和影响. 北京: 气象出版社, 1982, 46-47.
[23] Elsberry(1986, 陈联寿等译). 热带气旋全球观. 北京: 气象出版社, 1994, 72-75.
[24] MacDanald N J. The evidence for the existence of Rossby-like waves in the hurricane vortex. Tellus, 1968, 20: 138-150.
[25] Guinn T A, et al. Hurricane spiral bands. J Atmos Sci, 1993, 50: 3380-3403.
[26] Smith II G B, Montgomery M T. Vortex axisymmetrization: Dependence on azimuthal wave-number or asymmetric radial structure changes. Quart J Roy Meteor Soc, 1995, 121: 1615-1650.
[27] Montgomery M T, et al. A theory for vortex Rossby-wave and its application to spiral bands and intensity changes in hurricanes. Quart J Roy Meteor Soc, 1997, 123: 453-436.
[28] Montgomery M T, et al. Tropical cyclone via convectively forced Vortex Rossby-wave in a three-dimensional quasigeostrophic model. J Atmos Sci, 1998, 55: 3176-3207.
[29] Shapiro L J, Montgomery M T. A three-dimensional balance theory for rapidly rotating vortices. J Atmos Sci, 1993, 50: 3322-3335.
[30] 余志豪等. 地球物理流体动力动力学. 北京: 气象出版社, 1996. 83-92.

THE SPIRAL RAIN BANDS OF TROPICAL CYCLONE AND VORTEX ROSSBY WAVES

Yu Zhihao
(Department of Atmospheric Sciences, Nanjing University, Nanjing 210093)

ABSTRACT

The spiral rain bands of tropical cyclone and the vortex Rossby waves are reviewed. It is pointed specially that the axisymmetrizing disturbances on a vortex are accompanied by outward-propagating vortex Rossby waves whose restoring mechanism is associated with the gradient of storm vorticity, for the goal of elucidating the dynamics of outward-propagating spiral bands in tropical cyclone. The theoretical value of its outward-propagating speed is about O (10°m/s), almost to be consistent with observational one of spiral rain bands. Based on the principle of conservation of vorticity (or PV), the restoring mechanism of vortex Rossby wave is equivalent dynamically to the planetary Rossby wave.

Key words: Tropical cyclone, Spiral rain band, Vortex Rossby wave.

吴召华 美国佛罗里达州立大学教授 | 专家解读 |

余志豪先生是一位师者，一生的追求就是传道授业解惑。当涡旋 Rossby 波这个在当时的国内气象界还是相当新的概念，不仅年轻学者不理解，就连一些专家对用 Rossby 波来解释台风螺旋形雨带的成因与维持也有疑惑，因此余先生写了这篇短文。他写这篇文章的宗旨是："大气科学高等教育内容，要及时反映这些新发展，不能墨守 Rossby 波固有的概念，要注入新的学术含义。"这是一个师者的学术素养和良心！

在此文中，余先生从现象和过去的理论出发，强调它们之间的不一致性。余先生不被繁杂的现象所约束，而直面 Rossby 波的内在核心：背景场存在位涡梯度时，扰动引起的不平衡会在垂直于位涡梯度的方向传播。在这个动力学框架下，传统的 Rossby 波，地形 Rossby 波，和涡旋 Rossby 波并没有本质上的区别。这种纲举目张的处理方式，不仅使复杂的内容变得简单，清晰易懂，更是解释了台风雨带的结构符合 Rossby 波的逻辑严谨性与合理性。

这篇文章还有一个潜在的意义：强调科学所追求的统一性和简单性。把台风雨带的结构与演变称不称为 Rossby 波不重要，重要的是看到质点扰动引起的不平衡和在背景场下调整这种不平衡时质点所要遵循的守恒律以及在这种守恒律下的推论。这种波引起的螺旋状结构的成因早在 1964 年林家翘先生和徐遐生先生解释星系中恒星群的结构中已有很好的解释（DOI：10.1086/147955）。这种统一的理解才是余先生希望教师能教的和学生能学到的内容，也是后来的科学家从更基本面（机械-科里奥利振子）去理解 Rossby 波传播和各种 Rossby 波的统一的努力的意义，如蔡鸣博士和黄渤华博士 2013 年的工作（DOI：10.1175/JAS-D-12-094.1）。

第二部分
《气象学报》百年发展史

1

早期中国气象学会刊物的创办与出版（1925—1949年）

1.1 中国气象学会创建与民国气象期刊发展的历史背景

19世纪末至20世纪初，中国的气象观测工作主要由外国在华机构主导。当时，诸如上海徐家汇观象台、香港天文台等由外国人设立的观测机构，承担了气象数据收集与分析的主要任务。这些测候所采用西方的观测标准与技术，所产生的观测数据主要由设立机构管理，本土气象学者获取这些数据的渠道相对有限。

1912年，民国政府在北京筹办中央观象台，筹备设立气象科，台址设在现在北京东城建国门内泡子河北岸的全代侯台遗址。在高鲁、蒋丙然等人的共同努力下，经过两三年的筹备，人才、仪器设备得以充实，各项气象业务工作逐步走上正轨。1915年，气象科正式成立，蒋丙然亲自撰写制定了中央观象台气象科《气象观测规程》，标志着中国气象事业正式迈入近代化阶段。1914年，中央观象台发行了由中国人自己创办的最早的气象刊物《气象月刊》，直接面向社会传播气象知识，希望消除长期存在于民众中的关于天气现象的迷信思想。1915年，《气象月刊》全新改版为《观象丛报》，主要刊登天文、气象等方面的科普文章，成为一份综合性科技期刊。

1913年张謇任职北洋政府农林工商部总长，而后建立农商部测候总所，制定观测规范，倡导各省农林机构设立测候分所，为推动全国测候网络建设做出了尝试。此外，张謇创办了中国历史上最早的私人气象台，1906年，他在江苏南通博物苑建测候室，1917年正式建成南通军山气象台，全面开展气象观测、预报和出版中英文报表（季刊和年报），并与世界多个国家和地区的气象台或机关交流。

到了20世纪20年代，高鲁、蒋丙然、竺可桢等学人，在海外接受了先进的气象学教育，深刻认识到气象数据对于气象学发展的基础价值。他们目睹了西方气象学在完善观测体系支撑下的蓬勃发展，也深知中国气象学因数据缺失而面临的落后局面。他们清醒地意识到，中国气象学若要实现自主发展，就必须建立起属于自己的观测体系和学术交流平台。

1924年，高鲁、蒋丙然、竺可桢等气象学先驱以“科学救国”为己任，以“谋气象学术之进步与测候事业之发展”为宗旨，共同发起组织中国气象学会。学会以“收集中外观测资料，研究中国气象学理”为目标，在组织架构上大胆创新，首创“会员制”“年会制”“刊物制”，构建起中国现代学术共同体的雏形。“会员制”将会员分为团体会员和个人会员，抗日战争结束后，增加了仲会员（准会员）和名誉会员，广泛吸纳来自不同层次的专业人才和社会力量，为学会注入了多元化的活力；“年会制”定期组织学术交流活动，为会员们提供了分享研究成果、碰撞思想火花的平台，促进了学术的繁荣与发展；而“刊物制”，则被视为打破外籍学者学术垄断、推动中国气象学自主发展的关键突破口。

在学会成立大会上，即确定要编辑出版学会会刊，并设总编辑 1 人，编辑干事、编辑委员若干人，负责编纂每年一期的《中国气象学会会刊》。在中国气象学会成立后的第 8 天即 1924 年 10 月 18 日，学会首届理事会召开。在会上，高鲁提出：“欲促气象学之进步，非有专刊以发表研究成果不可。”这一观点得到了与会者的广泛认同，理事会即议决编纂出版发行《中国气象学会会刊》，并决议组建编辑委员会，推举高均为总编辑，设编辑干事 2 人（宋国模、熊昆山），编辑委员 9 人（包括竺可桢、高鲁、彭济群、蒋丙然、陈开源等），负责创建会刊。1925 年 7 月，《中国气象学会会刊》（以下简称《会刊》）创刊号正式出刊，彭济群升任总编辑，编辑委员增至 12 人。

1.2 《中国气象学会会刊》第一期创办历程

（1）创刊筹备

在 20 世纪 20 年代的中国，社会局势动荡不安，经济发展滞后，《会刊》的创刊之路注定充满坎坷。筹备初期，经费短缺，只能选择以手工油印的方式制作。经过多方努力，1925 年 7 月，《中国气象学会会刊》创刊号正式出刊，创刊号由学会在青岛胶澳商埠观象台编辑、发行，北京同文印书局印刷，在北京中央观象台、上海桑蚕改良会、青岛胶澳商埠观象台及中华书局设有代售处。

编辑部为了征集到优质稿件，更是历经艰辛。他们通过书信往来、个人拜访等方式，向全国的气象学者、研究机构发出征稿邀请。在那个通讯并不发达的年代，每一次与作者的沟通都需要耗费大量的时间和耐心。经过不懈努力，编辑部从众多投稿中反复筛选，最终确定了 1 篇发刊缘起、1 篇感想（高鲁，《中国气象学会成立以前感想》，该文曾在 1924 年 10 月 10 日中国气象学会成立大会上被宣读）、7 篇研究论文、1 篇署名中国气象学会的有关在中国各地兴办气象测候所的意见书、2 篇会务文献（含中国气象学会成立会议纪略、理事会纪事、学会章程、团体会员和个人会员名录等）、2 张天气图等稿件，这些稿件凝聚着作者们的智慧与心血，共同构成了长达 108 页的创刊号。

（2）内容特色

在首刊的第一页，记录了《会刊》的“发刊缘起”：“中国气象学会既于去秋成立于青岛，而同志散在四方，各羁职务，欲求会集一堂，从容讨论，其事为甚难。不有刊布，何以通声气而贡所知。缘由理事会议决，发行会刊一种，记载吾同会诸人气象学术之研究、气象事业之建议，与夫会务进行之经历。穷念近世气象之学，范围日广，新法日出；而国中言此学之专刊犹付阙如。本刊创立伊始，寡陋之忏，在所不免。倘吾同志，或以经验所得之记载，或以个人创获之新理，乃至气象学中偶见之现象，流传之谚语，写寄本刊，公之同好，俾本刊之精神日渐发皇，同志之研究益增兴味，而此学之常识普及于国人，则其裨益丰浅妙哉！”（摘自创刊号首页“发刊缘起”）。这段文字充分体现了《会刊》的办刊初心。

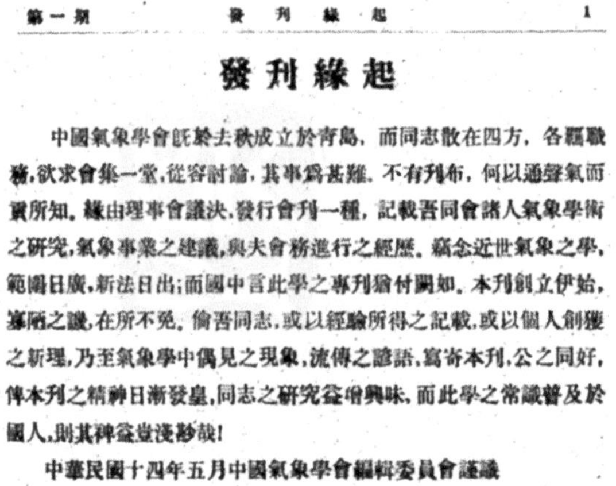

第一期　　發刊緣起　　1

發刊緣起

中國氣象學會既於去秋成立於青島，而同志散在四方，各羈職務，欲求會集一堂，從容討論，其事爲甚難。不有刊布，何以通聲氣而貢所知。緣由理事會議決，發行會刊一種，記載吾同會諸人氣象學術之研究，氣象事業之建議，與夫會務進行之經歷。竊念近世氣象之學，範圍日廣，新法日出；而國中言此學之專刊猶付闕如。本刊創立伊始，寡陋之譏，在所不免。倘吾同志，或以經驗所得之記載，或以個人創獲之新理，乃至氣象學中偶見之現象，流傳之諺語，寫寄本刊，公之同好，俾本刊之精神日漸發皇，同志之研究益增興味，而此學之常識普及於國人，則其裨益豈淺尠哉！

中華民國十四年五月中國氣象學會編輯委員會謹識

《中国气象学会会刊》创刊号第 1 页“发刊缘起”

研究论文部分占据了《会刊》首刊一半的篇幅，这些论文均是当时中国气象学界的前沿研究成果，具有极高的学术价值。具体刊发的论文/论著包括：《气象学与天文学》（高均，见下图）、《山东半岛飓风记》（蒋丙然）、《天气预报之统计的研究法》（陈展云）、《森林与旱灾之关系》（凌道扬）、《地震概说》（熊昆山）、《古代气候之考证》（L. W. Gregory 著，熊昆山译）、《仁川土地之倾冲于潮汐之影响》（关口鲤吉著，宋公楷译）。另外，首刊还刊载了《拟划庚款兴办中国各地气象测候所意见书》、《中国气象学会成立以前感想》（高鲁）及《会务纪要》和《会员录》。

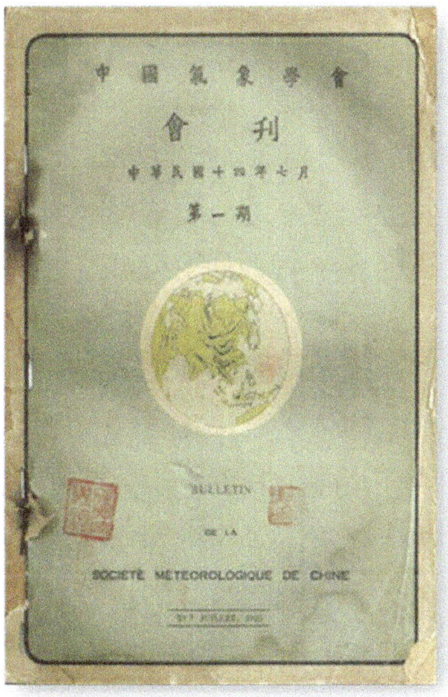

1925 年 7 月《中国气象学会会刊》

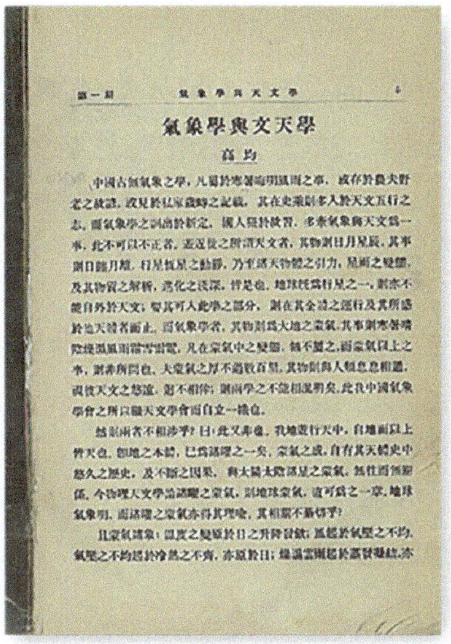

创刊号上的第一篇学术论文

《中国气象学会会刊：十周年纪念刊》

继首刊之后，《中国气象学会会刊》陆续开设《论著》《特载》《著述》《杂俎》《调查报告》《附录》《会务报告》《消息》等多样化栏目，其中《会务报告》栏目刊载会员录、职员录、学会章程、理事会记录、提案和议案、财务报告等，《消息》栏目刊载的是国外气象人物传记、国际气象法典、国内外气象会议情况、国外气象机构和气象学会、各国气候介绍等。

值得注意的是，创刊号发表了中国气象学会的《拟划庚款兴办中国各地气象测候所意见书》。高鲁、蒋丙然、竺可桢等气象学先驱深知，没有自己的气象台，中国气象和气候研究便无从谈起。1928 年中央研究院气象研究所的成立在当时有着国家层面促进气象研究和业务发展的背景意义，这标志着中国近代气象科技体系进一步形成。气象研究所分为气象观测和气象研究两组，气象观测组又分为测候值班、仪器管理与记录整理。除地面气象观测外，还先后开拓了高空气象观测、天气预报和气象广播、物候、日射、空中电气、微尘以及地震等多项观测业务和研究工作。1928 年，《会刊》发表了竺可桢的《全国设立气象测候所计划书》。同年，在竺可桢的倡议和交涉下，选取了南京城钦天山北极阁建立综合性的气象台，并于当年 10 月 1 日起正式观测。1928 年开始，气象研究所将其直属的气象台观测记录和各地测候记录以《气象季刊》（1929 年后为《气象月刊》）和《气象年报》的形式编辑出版。

气象研究所在南京还开设了四期气象学习班，学员中很多人成长为气象学家和气象管理人员，研究获得很大进展。到了 1933 年，得益于各地气象台的建立，中国气流运行的具体情形可以被准确表达出来，对于季风的认识也提高到了一个新的水平。至 1934 年，在竺可桢的领导下已经创办了上海测候所（1933 年 1 月）、峨眉山测候所（1932 年 8 月）、泰山测候所（1932 年 8 月）和肃州（酒泉）测候所（1934 年 7 月），同时接管了北平测候所（1929 年 6 月）。

观测报告是《会刊》的重要内容，以“观测优先”为核心原则，在内容编排上独具匠心，充分体现了当时中国气象学研究的特点和需求。1930 年蒋丙然在《会刊》发表《青岛观象台海洋观测纪略》，1932 年《会刊》特载了《全国气象观测实施规程》。观测报告（包括译著）涵盖了不同地区、不同时间段的气象观测信息，不仅公开了当时主要中外机构的观测成果，更搭建起了一个数据共享的平台。中国气象学者们得以在这个平台上，对不同来源的数据进行对比分析，发现数据之间的差异和联系，从而更深入地研究中国复杂的气象环境，为气象学研究提供了丰富而宝贵的数据支撑。

在这些观测报告的基础上，1936 年涂长望在《地理学报》发表了《中国雨量与世界气候》一文，搜集了中国各地夏季降雨量数据，并将之与世界各地气候进行比较，发现其中的相关关系。其中，得出了华北沿海区域的夏季降雨量与长江三角洲夏季降雨量之间存在反相关关系的结论。此结论为竺可桢论证东南季风强弱与中国南北方旱涝关系提供了重要的佐证与支持。

（3）发行影响

1925 年 7 月，《中国气象学会会刊》创刊号正式对外发行。虽然创刊号印刷册数有限，但在当时的条件下，这已经是学会竭尽全力所能达到的数量。在国内，这些刊物被精心包装后，赠阅给各大高校、政府部门以及学会会员。每一本刊物的送出，都代表着学会希望与国内各界建立联系、促进学术交流的诚意。通过这种方式，《会刊》在国内气象学界引起了强烈反响，激发了更多学者的研究热情，也促进了国内气象学术资源的共享与整合。

在国际上，《会刊》被寄往多个国家的学术机构，如同一张张中国气象学的名片，向世界展示着中国气象学的研究成果。日本《气象集志》在 1926 年对《会刊》给予了高度评价："中国气象学会会刊之发行，标志其气象学从零散记录迈向系统研究。"这一评价不仅是对《会刊》质量和学术价值的认可，更意味着中国气象学在国际学术舞台上开始获得关注和尊重，中国气象学从此迈出了走向世界的重要一步，逐渐摆脱了以往在国际气象学界边缘地位的困境。

1.3 前 10 年刊物的学术价值分析

（1）构建学术网络，培育专业人才

《会刊》的作者群体广泛分布于全国主要气象机构与高校，形成了一个以竺可桢、蒋丙然等为核心的庞大而紧密的学术网络。这些核心学者凭借着自身的学术影响力和人格魅力，吸引了众多青年学者和研究人员加入到《会刊》的作者队伍中来。在 1925—1935 年期间，《会刊》成为培养青年气象学者的摇篮，为他们提供了展示才华、交流学术的平台。

众多青年气象学者在《会刊》和《气象杂志》上发表论文，崭露头角。1935 年，朱炳海在《气象杂志》上发表《六月份全国天气概况》，论文剖析了六月期间全国气温变化状况及背后成因。1936 年，张宝堃在《气象杂志》上发表了论文《南京月令》，基于北极阁气象研究所 1929 年至 1935 年的观测记录，分析南京各月的降水和气温，得出相应的气候规律，并在竺可桢《中国气候之要素》、涂长望《中国雨量区域的分类》等若干文献的基础上，分述南京之天气与物候。后来，张宝堃在气象学领域不断钻研，深入研究中国气候特征，创立了"候平均气温"法。1935 年，涂长望在《气象杂志》上发表文章《我国的水灾可以避免吗？》，他的研究成果引起了学界的广泛关注。《会刊》通过促进学术交流与知识传承，成为了中国气象学自主发展的平台，为中国气象事业的持续发展注入了源源不断的动力。

（2）推动学科自主发展，奠定研究基础

《中国气象学会会刊》的出版，是中国气象学发展历程中的一个重要里程碑，标志着中国气象学从"数据殖民地"走向"自主研究"的新阶段。在《会刊》前 10 年（1925—1935 年）的发展历程中，积累了大量丰富而宝贵的观测数据和研究成果。

这些数据和成果为 1939 年卢鋈的《天气预告学》的编纂提供了翔实的资料。《会刊》积累的数据也为竺可桢和涂长望等人的季风系统研究奠定了坚实基础。东亚季风系统是影响中国气候和环境的重要因素，对其研究一直是气象学领域的重要课题。《会刊》中的观测数据和研究成果，为学者们深入研究东亚季风的形成机制、变化规律以及对中国气候和生态环境的影响提供了丰富的素材，推动了东亚季风系统研究的不断深入。

至 1935 年，《会刊》已成为国内气象学者发表成果的唯一专业平台。它见证了中国气象学从起步时的艰难探索到逐渐走向成熟的发展历程，在推动中国气象学学科建设、学术交流以及人才培养等方面发挥了不可替代的重要作用。《会刊》所积累的学术资源和研究成果，为新中国成立后中国气象事业的快速发展奠定了坚实基础，其历史意义和学术价值在中国气象学发展中占据着重要位置。

1.4 两次更名：时代浪潮下的转型之路

（1）第一次更名：《中国气象学会会刊》更名为《气象杂志》

20 世纪 30 年代中期，中国气象学科在经历十余年的数据积累与人才培育后，迎来了关键的发展节点。当时，国内气象研究机构逐步完善，高校气象专业不断培养新生力量，气象学术交流活动日益频繁，原有的《中国气象学会会刊》已难以满足学科发展需求。学会决策层敏锐察觉到气象学术交流与知识传播的迫切需求已远超《中国气象学会会刊》原有的定位。1935 年 4 月 11 日召开的第三十二次理事会决议，《中国气象学会会刊》改出月刊，推举涂长望为总编辑。《中国气象学会会刊》最后一期为《中国气象学会十周年纪念刊》。第 10 届理事会经过多轮研讨，在 1935 年 6 月 20 日召开的第三十三次理事会上，最终决议将会刊更名为《气象杂志》。此次更名并非简单的名称更换，而是学会主动打破学术交流壁垒，将期刊进一步从“学会内部资料”转型为“公开学术期刊”的重要战略决策。

《气象杂志》在组织架构与办刊模式上进行了大刀阔斧的改革。发行周期调整为月刊，由涂长望担任总编，由他聘请 4 位编辑组成编辑部。后编辑部陆续增至 9 人，另聘请了一批气象专家、学者为特约编辑。为能及时了解全国各地当月天气和气象灾害发生情况，还在各地聘请了特约通讯员数十人。

1935 年《中国气象学会会刊》更名为《气象杂志》

1935 年 7 月 25 日，《气象杂志》第 1 期出刊，卷号则接续《中国气象学会会刊》的卷号序列，为第 11 卷。该期《气象杂志》刊发了发刊词及竺可桢撰写的《十年来气象学之进步》等文章。

与《会刊》不同的是，《气象杂志》开始刊载全国天气情况，如各地逐月雨量、气压、温度记录、水位报告、气象要素平均等实用数据。

涂长望总编凭借其深厚的学术造诣和卓越的领导能力，为刊物的发展指明方向。在栏目设置上，最初将内容分为四栏：“1. 研究；2. 介绍；3. 天气；4. 杂俎”；之后在此基础上不断调整。1937 年，为更好地在气象方面服务于社会，编辑部决定从第 13 卷第 1 期开始增添“气象问答”一栏（实际开设于第 13 卷第 2 期），“借以解答一般人对于气象上的疑难”。1935 年《气象杂志》从第 11 卷第 1 期起，在目次中采用中英文对照的形式，上部分为中文，下部分为英文。《气象杂志》搭建起了一个兼具本土特色与国际视野的学术交流平台。

《气象杂志》在内容专业化方面取得了令人瞩目的成绩。研究论文占比提升，众多高质量学术成果纷纷涌现。1935 年第 11 卷第 3 期刊登的涂长望《我国的水灾可以避免吗？》，是这一时期的重要代表论文。

在制度建设上，《气象杂志》建立了严格规范的“编辑委员会审稿制”，在审稿过程中，对论文的创新性、科学性、逻辑性等方面进行严格把关。为进一步提升国际化水平，刊物引入英文摘要，并与美国、英国、法国等国学术期刊建立定期交换机制，有力推动了中国气象学术成果在国际的传播与交流。通过与国际期刊的交流，国内气象学者能够及时了解国际前沿研究动态，同时也让世界看到中国气象学的研究成果。

在发行方面，《气象杂志》实现了跨越式发展，发行量激增，大大促进了国内气象科技知识的传播与交流。杂志代售点遍布上海、南京、北平（今北京）等城市的高校、科研机构及书店。刊物的广泛传播，使得更多的气象学者能够获取最新的研究成果，促进了国内气象学术交流，也为中国气象学知识的普及与推广发挥了重要作用。许多高校将《气象杂志》作为重要的教学参考资料，学生们通过阅读刊物，拓宽了学术视野，了解到学科的前沿动态。

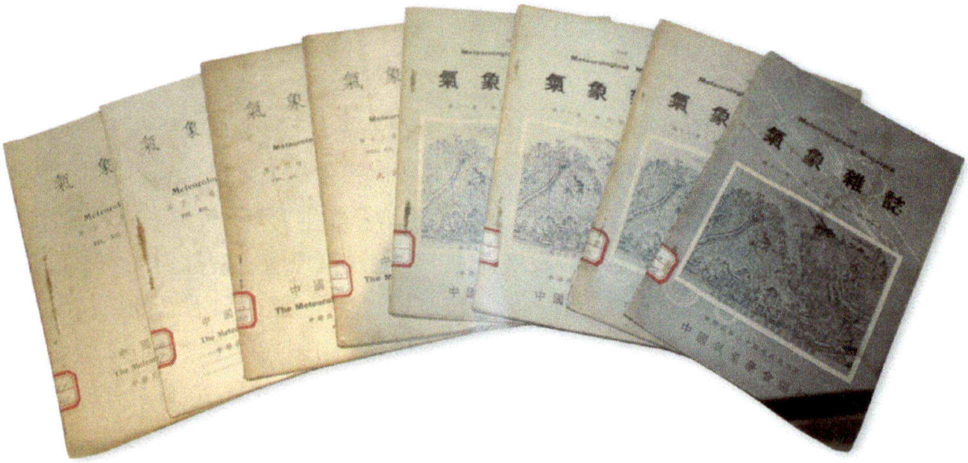

保存在中国气象学会诞生地——青岛观象台的《气象杂志》

至 1940 年 12 月，《气象杂志》共出刊 4 卷 37 期。从第 11 卷第 1 期开始，《气象杂志》目录部分以中、英两种文字刊出；1936 年 5 月出版的第 12 卷第 5 期为南京月令号、第 6 期为太湖流域雨量号。从 1937 年 8 月到 1940 年底约 3 年半的时间，《气象杂志》不能正常出版，只出刊 12 期，其中第 14 卷补编仅刊载了各地气象消息通讯和气象记录摘要表。

（2）第二次更名：《气象杂志》更名为《气象学报》

1937 年，抗日战争全面爆发，战火迅速蔓延至全国。中国气象学会编辑部随学会迁至重庆，在战争的阴霾下，办刊工作面临着前所未有的艰难险阻。设备损毁严重，许多珍贵的气象观测仪器与科研资料在战火中化为乌有；交通受阻，稿源极度短缺，众多气象学者或投身抗战，或因局势动荡难以开展科研工作，导致 1939 年 5 月至 1940 年 11 月完全停刊。然而，即便处于如此艰难的困境，中国气象学者们怀揣着科学救国的信念，始终坚守《气象杂志》这片学术阵地。

1941 年，为凝聚战时学术力量，为抗战提供科学支持，第十五届理事会毅然决定将刊物更名为《气象学报》。“学报”之名彰显了学会追求学术权威、推动气象学科发展的坚定决心。1941 年 4 月 2 日，中国气象学会在重庆曾家岩举行第四次编辑委员会会议。会议决定，《气象杂志》自第 15 卷起改名为《气象学报》，英文名照旧为 *Meteorological Magazine*，卷数与前顺序相接并附英文摘要，暂定每年出 4 期，照旧分寄各会员。新刊采用“简刊”形式，每期 30—40 页，聚焦战时急需的应用气象研究，将气象科学与国家命运紧密相连。在战火纷飞的年代，气象研究不仅仅是学术探索，更成为服务抗战、保障民生的重要力量。

改名后，《气象学报》仍延续《气象杂志》的风格，只是由于经费窘迫，常有合期出版的情况。至新中国成立前，《气象学报》出刊 6 卷共 9 本。其中，仅第 15 卷第 1、2 期单独出版，第 16 卷后均为合期出版。1944 年出版的第 18 卷第 1—4 期合刊为《中国气象学会二十周年纪念刊》，刊发了涂长望、黄仕松（后改名为黄士松）合著的《中国夏季风之进退》，文章率先提出东亚夏季风的进退有明显的跳跃特征，表明了东亚季风环流的非线性特点，这对我国季风与旱涝关系研究有重要意义。

在内容编排上，《气象学报》紧密围绕抗战需求进行调整。涂长望和黄仕松合著的《中国夏季风之进退》一文，为保障战时航空运输安全提供了关键的气象参考。在战争时期，航空运输对于军事行动和物资调配至关重要，吕炯的《气象与航空》为航空路线规划和飞行安全提供了科学依据。这一时期，应用气象研究涵盖农业气象、航空气象、灾害气象等多个领域，一定程度上满足了战时国家在军事、农业等方面对气象服务的迫切需求。

1949 年 5 月《气象学报》第 20 卷第 1—4 期合刊，并作为《竺可桢先生六旬寿辰纪念专刊》问世。赵九章、陶诗言、高由禧、张丙辰、朱炳海、程纯枢、顾震潮、杨鉴初、卢鋈等著名气象学家亲自撰稿，系统检视了当时国内气象科技所取得的进展，体现了当时国内气象研究的整体水平。

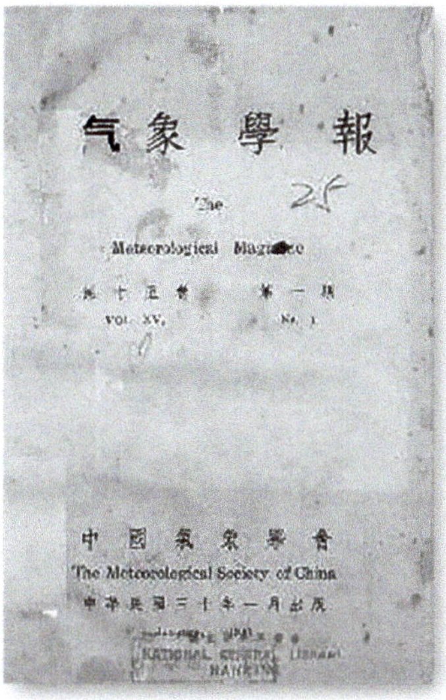

1941 年《气象杂志》更名为《气象学报》

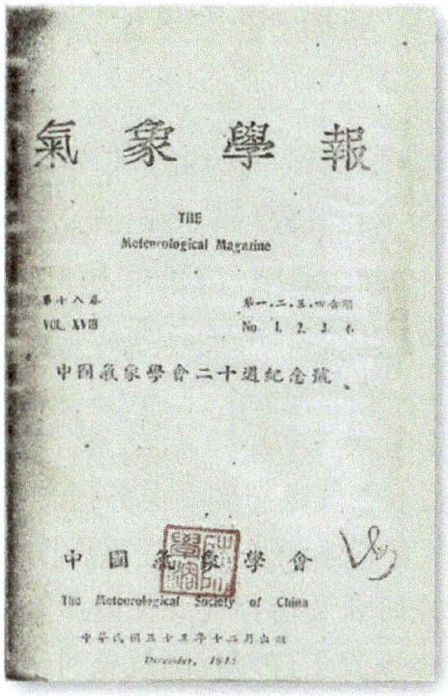

1944 年《中国气象学会二十周年纪念刊》

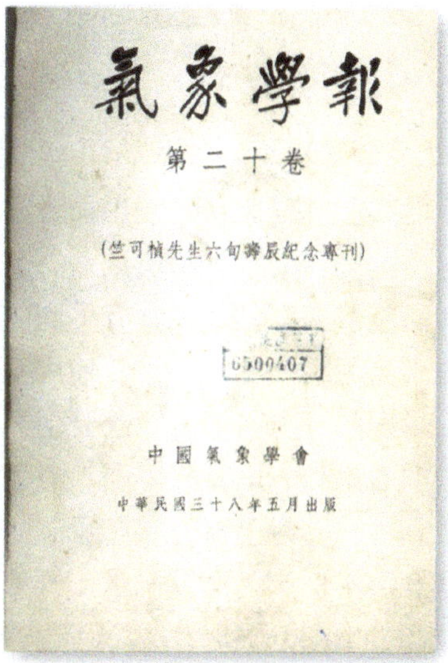

1949年《竺可桢先生六旬寿辰纪念专刊》

印刷发行方面，由于日军的封锁，办刊条件艰苦到了极点。纸张不得不改用土制“马粪纸”（粗糙的再生纸），这种纸张质地粗糙、易破损，严重影响印刷质量；油墨需从香港辗转运输才能抵达重庆，运输过程充满艰辛与风险，每期印刷册数非常有限。这些刊物主要供应给西南联大、重庆中央大学等高校以及军队系统，尽管发行范围有限，但在战时犹如黑暗中的点点星光，为气象科技的传播和应用提供了重要支撑，成为战时气象科技支撑的学术平台。在物资匮乏的情况下，编辑部的工作人员克服重重困难，确保刊物的按时出版和发行，他们的努力为抗战时期的气象研究和应用保留了珍贵的学术火种。

在国际交流近乎停滞的情况下，《气象学报》通过中立国瑞典向国际学界寄送刊物，顽强地保持着与国际学术的对话。1943 年，该刊论文被英国期刊 *Quarterly Journal of the Royal Meteorological Society* 摘要转载，这一成果向世界证明，即使在战争的艰难岁月里，中国气象学研究依然在不断前行，在国际学术领域占据着一席之地。这不仅提升了中国气象学的国际影响力，也为战后中国气象学的发展积累了国际资源。

（3）更名的逻辑主线

从《中国气象学会会刊》到《气象杂志》，再到《气象学报》，更名历程深刻反映了中国气象学在近代不同历史阶段的发展脉络与核心诉求。本质上，这是期刊定位从“资料汇编”到“学术平台”再到“权威期刊”的逐步升级，折射出中国气象学从数据积累期（1925—1935 年）、理论建构期（1935—1937 年）到应用服务期（1937—1949 年）的历史进程。

在数据积累期，《中国气象学会会刊》承担起整合国内气象观测数据的重任，通过收集、整理各地测候所的观测资料，为中国气象学研究搭建起基础框架，逐步摆脱对外籍机构数据的依赖。当时，国内气象观测体系尚不完善，《会刊》成为汇聚各方数据的重要平台，为后续的研究提供了宝贵的资料。而后《气象杂志》凭借其开放的办刊理念与国际化的视野，积极引入国际先进气象理论与研究方法，推动中国气象学与国际学术接轨，致力于构建具有本土特色的气象学理论体系。在这一时期，国内气象学者开始吸收国际先进经验，结合中国实际情况进行理论创新，为学科的发展奠定了理论基础。在应用服务期，《气象学报》则以服务抗战为首要目标，将气象研究成果紧密结合战时国家需求，在农业生产、军事作战等领域发挥了重要作用，实现了气象科学从理论研究向实际应用的重要转变。每次更名都与当时的时代需求，如学术自主、抗战救亡等，紧密相连，展现了中国气象学会刊物在不同历史时期的使命担当与价值追求。

1.5 早期的《气象学报》及其发表的经典论著

《气象学报》前身为《中国气象学会会刊》，于1925年7月在青岛诞生。它的创刊标志着我国气象事业的兴起、气象科学知识向大众的普及和气象科学理论研究的开展。1935年《中国气象学会会刊》改名为《气象杂志》（*Meteorological Magazine*）。1936年和1937年《气象杂志》改为月刊。抗日战争期间因经济来源枯竭，常有停刊的状况。在历经千辛万苦之后，《气象杂志》于1941年1月复刊，确定改刊名为《气象学报》，使用至今。

早期的《中国气象学会会刊》覆盖着天气学、气候学、海洋学、地震学及天文学等广阔领域。不仅刊登学术论著，也发表传记、调查、特载、气象新闻、会务报告和年会记录，介绍国际气象法典及气象学会章程。内容丰富，形式多样，为气象科学的普及与提高做出了重大贡献。更名为《气象杂志》后集中刊登学术论文，文章侧重于气象理论研究及指导气象预报业务。

20世纪30—40年代，《气象学报》发表了许多我国气象科学领域的开创性论文。竺可桢先生在《中国气象学会会刊》发表《论新月令》和《二十八宿起源之地点与时间》，前者在物候学研究中有创造性的贡献，后者基本解决了国际上100多年的争论，得到国内外学术界的高度评价。他发表的《南京三千公尺高空之风向与天气之预测》是利用本地高空之风及其随高度的变化，依据热成风的原理，推论冷暖平流，以进行单站天气预报，这个方法在战争时期缺乏各地气象报告时特别有用。他还在《气候与人生及其他生物之关系》中论述了气候和人生许多方面，如衣食住行等方面的密切关系，为进一步研究服装气候、饮食气候、建筑气候、交通气候、医药卫生气候等应用气候开创了一个很好的先例。

1936年，涂长望在《气象杂志》发表了《中国气候区域》等论文，首次引入年降水量分布形式，提出了气候分区的新方案。涂长望的研究不仅推动了中国气象学理论的发展，更为后续中国气象学与国际接轨奠定了坚实基础。涂长望毕业于伦敦大学帝国理工学院，留学期间，他系统学习了先进的气象学理论与研究方法，尤其对全球大气环流理论有深入钻研。归国后，他凭借深厚的学术功底与敏锐的科研洞察力，运用全球气象数据，对东亚大气环流与全球气候的内在关联展开深入研究，创新性地将中国气候研究置于全球气候系统框架下进行分析，揭示了大气环流与气温变化之间的定量关系，其研究方法与结论在当时的国际气象学界独树一帜。他在《会刊》和《气象杂志》发表了《长期天气预告的物理基础》《中国天气与世界大气浪动及其长期预告中国夏季旱涝之应用》《Koeppen范式的中国气候区域》等著名论著，提出了研究中国长期天气预报的理论基础和预报的途径。这些文章一经发表便引起广泛关注，被《自然》杂志高度评价为"将中国气候研究纳入国际科学体系的里程碑"。涂长望先生专长于长期天气预报和气候学的研究。在《中国夏季风之进退》一文中，他率先提出东亚夏季风的进退有明显的跳跃特征，表明了东亚季风环流的非线性特点，对我国季风与旱涝关系研究有重要指导意义。

以竺可桢、涂长望、赵九章等为代表的气象科学家，在中国的气候区划和中国季风、中国大气运行、中国气候研究等方面，做出了开拓性贡献。1934年《中国气象学会会刊》刊发最后一期《中国气象学会十周年纪念刊》。1935年7月起，《中国气象学会会刊》改名为《气象杂志》，涂长望任总编辑。胡焕庸、吕炯、张宝堃、郑子政等在气候变迁、小气候学、中国四季分布、树木年轮与雨量等方面展开了研究。1943年《气象学报》刊发谢义炳的文章《清代水旱灾之周期研究》，为气候变化研究提供了重要的历史资料和研究思路。

这一时期更多的经典论著，可见本书第一部分。

2

新中国成立后《气象学报》的发展（1949—1978年）

1949年11月9日，中国气象学会在北京召开第四十八次理事会，竺可桢、涂长望、朱炳海等出席。会议通过了整订会员资格案，敦促各地尽快建立分会案（拟在南京、北京、青岛、上海、东北、武汉设立分会）以及《气象学报》内容宜如何改善以适应目前需要案等。

新中国成立后的第一届理事会多次召集会议，研究学会在新的历史时期如何开展工作。1950年6月25日，在军委气象局召开第四十九次理事会，会议决议《气象学报》每年出4期（季刊），12月《气象学报》第21卷第1—4期合刊出版。1951年4月27日，在军委气象局局长办公室召开第一次常务理事会，决议《气象学报》出版办法等案，11月《气象学报》第22卷2—4期合刊出版。1952年5月11日，在军委气象局召开第四次常务理事会，会议在竺可桢主持下讨论了诸多事宜，其中之一就是《气象学报》和《地球物理学报》是否一样编印案，决议《气象学报》仍旧继续编印，半公开发售，与国外交换应通过政府。

1952年6月，《气象学报》第23卷第1、2期合刊出版。当时的编辑部设在北京北魏胡同17号。同年11月，为切实办好《气象学报》，及时调整编辑委员会组成人员，成员为赵九章、朱和周、朱岗崑、吕炯、徐尔灏、叶笃正、卢鋈、谢义炳、顾震潮。1953年5月，《气象学报》第24卷第1期正式出刊，由上海艺文书局铸字印刷厂印刷，邮电部北京邮局发行。1953年12月18日，在北京召开第八次常务理事会议，李宪之、竺可桢、涂长望、顾震潮、赵九章、张乃召（涂长望代）、张宝堃出席，冯秀藻、田明远列席，会议由竺可桢主持，决议继续编辑《气象学报》。

新中国成立以后，中国气象科学技术研究进入全面发展时期，气象科学技术研究队伍迅速壮大。《气象学报》作为国内气象领域唯一的专业气象学术刊物，成为刊载高水平学术论文的主体，发表了大量有关青藏高原气象学、东亚大气环流和东亚气候、西太平洋副热带高压和台风、中国降水和暴雨特征、寒潮以及中小尺度动力学和云雾物理等方面的文章。

尽管那时还没有出版英文版《气象学报》，但这些研究成果已深为国内外气象学者所注目。例如，在20世纪70年代初期，美国气象学会会刊就根据对《气象学报》刊载论文的分析结果，高度评价了中国气象科学所取得的成就。此外，《气象学报》也刊载过许多介绍国际气象学发展趋势、技术方法和重要成果的文章，这对于引导国内气象科学各分支学科的发展、提高天气预报准确率产生了极为重要的影响。

中国气象学会的学术期刊编辑出版工作迈入了新的发展阶段，一路上有阔步前行，也有波折起伏。1951年出版的《气象学报》第22卷第1期为中国气象学会第一次全国会员代表大会纪念专号，刊载了代表大会总结、中国气象学会章程等。同时，刊发了《中国气象学研究工作的回顾与前瞻》《现阶段的中国气象教育工作和将来展望》《近代动力气象学的进展》《近代大气环流研究的进展》《近代天气学的发展》《近代统计学在气象学上的应用及其前瞻》《近代海洋学的发展》和《漫谈大气物理学的新进展》等文章，系统分析和总结了当时中国气象科技的水平。

受多种原因影响，1951 年出版的《气象学报》第 22 卷第 2、3、4 期合刊出版，1952 年出版的《气象学报》第 23 卷第 1、2 期，1955 出版的《气象学报》第 26 卷第 1、2 期也为合刊，其余均为按季单期出版，再未出现合刊情况。1959 年出版的《气象学报》第 30 卷第 3 期为庆祝新中国成立 10 周年专刊，其中刊载了 16 篇综述性文章，就新中国成立 10 年来我国气象业务、气象教育、气象学研究、气象观测技术与仪器研究、锋面分析、降水研究、东亚寒潮研究、长期天气预报、数值预报、动力气象、气候学、东亚季风区域的气候研究、大气环流、农业气象学、人工降水试验、单站补充预报的进展进行系统的回顾和总结，给广大气象科技工作者极大鼓舞。

20 世纪 50 年代《气象学报》集中发表了叶笃正、顾震潮、陶诗言、杨鉴初、高由禧、朱抱真、巢纪平等气象学家的论文，比如叶笃正和陶诗言先生的《在六月和十月大气环流的突变现象》一文，以此为基础，叶笃正和陶诗言先生在国际学术期刊 *Tellus* 上连续发表了 3 篇关于东亚大气环流的论文。这些学者发表的论文比较早且系统地揭示了全球大气环流的基本特征及形成理论体系，为国内大气环流研究专著（如叶笃正先生和朱抱真先生合著于 50 年代的《大气环流的若干基本问题》）的出版奠定了坚实的基础，并且被国外著名的学者作为经典论著引用。

黄士松先生 1955 年在《气象学报》发表《决定大气环流的基本因子》，提出太阳辐射强度梯度的经向不均匀分布及其变异是决定大气环流的最基本因子的观点。20 世纪 60—80 年代，他系统地研究副热带高压，先后发表了《副热带高压结构及其同大气环流有关若干问题的研究》等 10 多篇论著，指出副热带高压的复杂结构、发展机制、活动特性及其变化原因，并提出南北半球副热带高压位置强度变化同步性理论。

顾震潮先生从 1951 年到 1964 年，在锋面和气旋、寒潮和降水天气预报、中小尺度系统、东亚大气环流及其与中国天气关系的研究、数值预报模式研发等多个方向先后在《气象学报》上发表了 20 多篇论文。这些论文从不同侧面阐述了中国近代天气学早期发展的主要研究成果，并开创了中国数值预报研究与业务之先河。1962 年刊发的竺可桢《历史时代世界气候的波动》一文，总结了世界各历史时期的气候变化，是气候变化研究的奠基性工作之一。此外，赵九章、曾庆存等著名科学家均在《气象学报》上发表过对学科历史产生重大影响的经典论文。

新中国成立后的几年内，《气象学报》用了较多篇幅来刊载对苏联气象水文工作的介绍，以及国内气象科技工作者学习借鉴苏联气象科研思路和方法所取得的成果。在庆祝苏联十月革命 40 周年时，《气象学报》1957 年第 28 卷第 4 期还特别发表了《感谢苏联对于中国气象事业的帮助》一文，但对西方发达国家的气象科技发展趋势与现状，《气象学报》很少涉及。这种现象的出现是由当时特定的政治背景所决定的，虽然具有一定的现实作用，但客观上也对后来国内气象科学研究的健康发展产生了一定的负面影响。

1960 年 5 月，《气象学报》曾一度停刊整顿，直至 1961 年 8 月 24 日中国气象学会才发出《关于〈气象学报〉复刊的通知》，致使 1961 年《气象学报》第 31 卷仅出版第 1、2 期，第 3、4 期延宕至 1962 年才出版。当时《气象学报》编委会会址迁至北京西郊五塔寺 7 号。

20 世纪 60 年代，《气象学报》登载以曾庆存、陈秋士等人为代表的中国年轻学者的论文，提出了大气适应的特征尺度、适应和演变过程的可分性、热成风适应理论，不仅与国外的研究并驾齐驱，而且辩证地纠正了国外某些适应理论方面的片面性，在气象学界引起很大反响。这也从一个侧面反映了我国老一辈气象学家对青年一代科学家的培养，以及这些青年科学家的迅速崛起。

新中国成立之前，不论是《会刊》、《气象杂志》，还是《气象学报》上，不少篇幅都是刊载会务消息及国内气象台站的通讯和观测资料，除论文外，也刊载一些翻译外国的气象文章。当时的论文以古典气候学和天气学方面居多。新中国成立后，《气象学报》转为专门的学术刊物，期数和篇幅逐渐增多，论文所涉及的内容广泛，有关动力气象、大气环流、大气物理、云雾物理、大气探测、长中短期天气预报以及人工影响天气等方面的论文不断增加，还增加了大气化学、大气环境学科、卫星气象学和雷达气象学等方面的新内容。

与此同时，《气象学报》的学术质量不断提高，有不少的论文确有独到之处。据 1985 年纪念《气象学报》创刊六十周年座谈会叶笃正发言记录：20 世纪 60 年代中期，美国气象学会会刊曾根据《气象学报》刊登的论文评价了我国动力气象学的进展，认为已经达到当时的国际水平；日本的一种气象刊物曾经把 50 年代中期到 60 年代中期长达 10 年的《气象学报》的论文目录全部刊印出来；苏联和美国每月出版的有关气象文摘杂志上也不断列举《气象学报》发表的论文摘要；70 年代中期到 80 年代中期，美国、英国、日本、德国、苏联等国均订有《气象学报》，亚洲各国订阅《气象学报》更为普遍（摘自纪念《气象学报》创刊六十周年座谈会叶笃正发言记录）。

1949—1966 年《气象学报》代表性封面

值得思考的是，随着“左”的思潮影响日益严重，国内气象学界一度把揭示自然规律的理论研究论文统称为脱离实际、脱离工农兵群众的“阳春白雪”，主张《气象学报》应主要刊载来自基层、具有实际经验的气象人员的文章。因此，《气象学报》1965 年第 36 卷第 1 期就成了登载以县气象站为主的有关单站天气预报的专辑。1966 年 6 月 30 日，经中央气象局批准，《气象学报》暂时停刊。1966 年 7 月 7 日，中国气象学会发出《气象学报》停刊通知。《气象学报》再一次留下了难以弥补的历史空白。值得一提的是，1949—1966 年《气象学报》由中国气象学会编辑、科学出版社出版。

新中国初期，中国气象学会在期刊编辑出版方面还有以下一些活动：①1951 年 1 月 27 日，中国气象学会设立《天气月刊》编辑委员会。卢鋈任主任委员，编辑委员有蒋金涛、张宝堃、秦善元、顾钧禧、谢光道、顾震潮、张丙辰和朱和周。该刊于 1958 年起改为公开发行。②1954 年，中国气象学会常务理事会决议编辑《气象译报》，由《气象学报》编译委员会负责编译，1954 年共编印两期。③1964 年 3 月，中国科学技术协会（中国科协）书记处转发中央宣传部第 28 号文件，批准中国气象学会创办《气象》月刊。《气象》月刊为中级综合性技术刊物，内容以天气学为主（包括气候、农业气象、大气物理、观测与仪器），刊登适合中级技术人员阅读的研究成果、经验总结、国家进展、书评、研究报道和学术会议简讯等。④1965 年，中国气象学会还曾负责编辑《气象译丛》，1966 年 6 月 30 日即宣告停刊。⑤1966 年 3 月，中国气象学会和中央气象局联合发出创办《中国气象》杂志的通知。该杂志经中宣部批准同意后，原本拟于 7 月创刊，并于 1966 年 5 月试刊出版。然而，随之而来的“文化大革命”使这一计划夭折。

“文化大革命”后期，鉴于广大气象科技工作者的强烈呼吁和发展气象事业的客观需要，根据中发〔1971〕43 号文件精神，中央气象局党组于 1973 年向农林部提出专题请示，希望恢复《气象学报》的出版。虽经同意，但由于各种干扰，《气象学报》暂未能复刊。

3

改革开放时期学会期刊发展（1978—2012年）

3.1 学会恢复活动与《气象学报》复刊

以1978年为起点，气象工作迈入了新的发展阶段，中国气象学会重新恢复活动被提上议事日程。1978年初，在中央气象局的指导下，中国气象学会开始重组组织领导机构，是中国科协系统最早着手恢复活动的学会之一。

1978年2月23日，中国气象学会秘书处正式组成。3月18日，中央气象局党组批复了中国气象学会关于调整后的第十八届理事会正、副理事长人选的报告，由叶笃正出任理事长。

1978年4月11日，中央气象局召开在京理事会议。中国科协、新华社、光明日报社派代表出席。会议传达了中国科协主席团扩大会议精神和中央领导同志批准的气象工作方针；讨论了常务理事会成员的调整；安排了1978年学会工作任务以及气象科普和《气象学报》恢复出版事宜。

在叶笃正理事长的主持下，学会组织机构的重建、《气象学报》的恢复出版以及学术交流活动的组织工作同步开展。1978年4月17日与9月13日，学会分别向中国科协和国家科委提出恢复《气象学报》出版的请示报告。7月18日召开的常务理事会研究，决定了调整后的第十八届理事会和《气象学报》编委会名单，并于8月10日向中国科协和中央气象局党组提出了专门报告。报告内容包括：《气象学报》由谢义炳担任主任编委，杜行远、朱抱真任副主任编委，编辑部设在学会秘书处，《气象学报》仍由科学出版社出版，16开本，每年4期，每期约10万字，国内外公开发行。1978年4月30日，《气象学报》编辑部发出自1966年7月7日停刊后的第一份征稿通知。

1978年12月8—18日，中国气象学会在河北邯郸隆重召开1978年年会暨全国会员代表大会，这是经历"文化大革命"停滞后学会召开的第一次代表大会。大会选举产生新一届理事会。理事会下设天气动力学、农业气象学、气候与长期天气预报、大气物理学、大气探测5个专业委员会和《气象学报》编委会。1978年年会暨全国会员代表大会的顺利召开，使《气象学报》的编辑出版工作进入了一个新的发展阶段。

1979年3月27日，中央气象局召开第十八次局办公会议，决定集中办好《气象》《气象科技》《气象知识》《气象学报》4种刊物和《气象工作情况》《气象科技动态》两种简报。出版工作由局办公室统一归口管理。明确《气象学报》和《气象知识》由中国气象学会负责编辑。

停刊13年（1966—1978年）后，1979年5月，《气象学报》恢复出刊，由原来的科学出版社改为由气象出版社出版，1979年全年共出版4期（5月，9月，11月，12月）。据1985年纪念《气象学报》创刊六十周年座谈会上谢义炳的发言记录，由于科学出版社不能承担复刊后《气象学报》的出版任务，为了落实《气象学报》的印刷和出版，气象出版社和学会秘书处做出了很大努力，复刊后的《气象学报》推迟到1979年6月下旬才出版第1期，但当年仍按计划出满4期。

虽然《气象学报》复刊是顺应我国气象科学技术发展的需要，也是顺应我国广大气象工作者的要求，但也面临着不少具体问题。比如编委会的编辑方针和工作条例问题。停刊 13 年后，积压了一批稿件，投稿人数也随学会会员人数的增加而大为增加，而《气象学报》容量有限，因此谢义炳主编领导的编委会制定了以下编辑方针和工作条例，并向常务理事会汇报后执行。①对各分支气象学科全面考虑，但也不人为地拉平；强调创作，尽量减少综合性的评述。②尊重各方不同的学术观点；作者与审稿者之间、不同审稿者之间在学术上完全平等，可以质疑与答题；在有争论时，提请编委会另请专家复审或组织讨论。③扶植地方气象工作者，每期至少发表一篇地方气象工作者的稿件，以体现学报的代表性；有内容而不合学报规格处，由编辑部帮助解决规格问题。④按照国际惯例规定，稿件可以引用未正式发表的文章内容；刊登稿件收稿日期，以保护作者的学术首创权。另外，《气象学报》还抢救了两篇停刊前已通过审稿但来不及发表并已遗失的论文。⑤严格规定并遵守审稿程序；定稿、退稿由编委会讨论决定，交主编签署后执行；主编不以个人身份推荐稿件和接受稿件；编辑部除编委会的决议外，不泄露或讨论任何审稿内容，不口头回答任何问题。编委会和编辑部抵制了形形色色的压力和关系稿件。⑥简化退稿手续；明显不合《气象学报》要求的稿件，由编辑部签署意见主编批准退稿；初审后，发现明显错误者，也由编辑部签署意见后，主编批准退稿。此外，投稿与发表时间间隔太长，仍然是一个问题，需要在撰稿、审稿、定稿、印刷和出版各个环节加以改进。

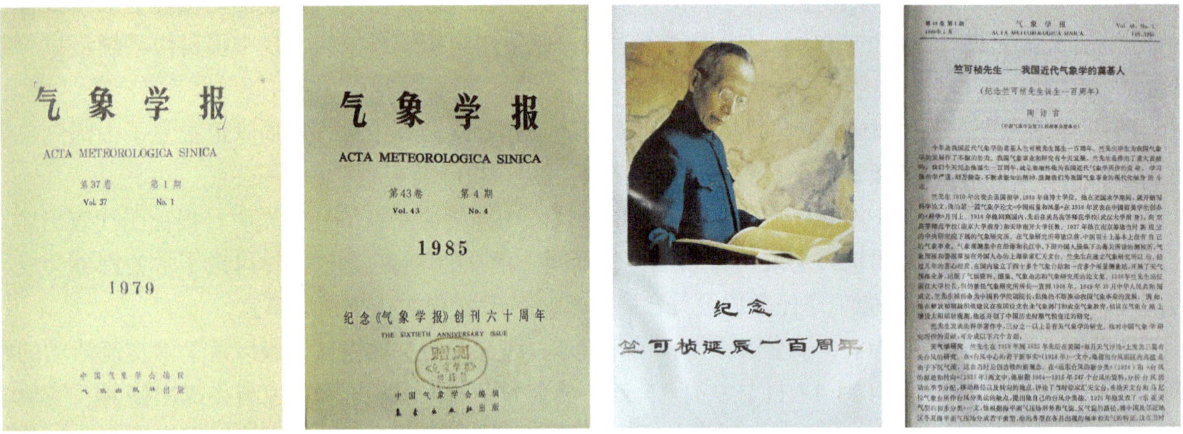

左 1 和左 2：《气象学报》1979 年第 1 期和 1985 年第 4 期封面

右 1 和右 2：1990 年《气象学报》“纪念竺可桢诞生一百周年”首页图和专刊序言

1982 年 10 月 25 日—11 月 3 日，中国气象学会历史上规模空前的全国会员代表大会暨 1982 年学术年会在四川成都召开。本次大会是中国气象学会发展史上一次具有里程碑性质的大会。代表大会期间，通过了新修订的《中国气象学会章程》《〈气象学报〉编辑部工作条例》及《〈气象知识〉编辑部工作条例》。

以上编辑方针和工作条例，保证了出版质量，为《气象学报》复刊后的进一步发展奠定了重要基础。

3.2 《气象学报》和《气象学报（英文版）》

编辑出版科技期刊是科技社团的标志性工作之一。改革开放以来，为适应气象科技快速发展和开展国内外气象学术交流的需要，学会文献期刊的编辑出版工作进入了新的发展时期。《气象学报》中文版的办刊水平和国际影响力逐年提高。同时为促进气象国际交流，学会在 1987 年创办了《气象学报（英文版）》（*Acta Meteorologica Sinica*），2014 年更名为 *Journal of Meteorological Research*（JMR）。中国气象学会主办的期刊始终坚持学术性、创新性、指导性、资料性、连续性、知识性和服务性，始终致力于推进期刊的国际化进程，始终保持稳定上升、健康发展的态势。

1.《气象学报》

随着改革开放的深入，中国气象科学蓬勃发展，学术研究成果和论文报告迅速增加，全国范围内先后创办了 40 种左右的气象期刊，《气象学报》在气象界已不再是一枝独秀，面临着改革发展的严峻挑战。为此，《气象学报》重新确立了“坚持把社会效益第一、及时反映我国在大气科学方面优秀的研究成果、促进国际学术交流、扩大我国大气科学工作的影响并提高学术地位放在首位”的办刊宗旨，在总结以往办刊经验的基础上，继续发扬《气象学报》的优势和特点，不断拓展学科范围，狠抓学术质量，努力使编排格式规范化、标准化，做到与国际高水平学术期刊接轨。同时坚持会员优先、价值优先和服务气象科技创新第一的原则，以提高期刊质量为中心，以缩短论文刊出周期为重点，使《气象学报》的国际知名度和影响力迅速提升。

为提高《气象学报》办刊质量，中国气象学会理事会适时调整《气象学报》编审委员会的组成，先后聘请北京大学地球物理系谢义炳院士、中国气象局廖洞贤研究员、中国气象科学研究院周秀骥院士、国家气候中心丁一汇院士 4 位国内外知名的气象学家担任编审委员会主任委员，主导《气象学报》的办刊方向和业务指导，并聘请多位活跃在气象科学前沿的华裔气象学家担任编委。

20 世纪 80 年代，刚刚复刊不久的《气象学报》迎来了“科学的春天”，所刊载的论文反映了我国气象科学各学术领域的全面复苏，无论在大气环流、各种尺度的大气动力学、季风气候学、大气物理学、卫星气象学等领域都呈现出欣欣向荣的局面。在 ENSO 动力学理论领域，Bjerkness 最早提出了 ENSO 是由于热带太平洋地区海-气相互作用所引起的假说。Philander 发现海-气相互作用使得海-气耦合系统中的扰动变为不稳定并且向东传播，Yamagata 指出此向东传递的不稳定扰动的产生是由于海-气相互作用使得海洋 Kelvin 波变为不稳定，但是实际上，ENSO 现象向东传的速度比 Kelvin 波要慢。我国学者巢纪平和张人禾在《气象学报》发表文章，采用流场和压力场之间的高阶平衡近似，过滤掉大气和海洋中的 Kelvin 波，同样得出向东传递的不稳定耦合波，指出了把热带耦合系统中向东传的扰动都归结为 Kelvin 波这种理论的片面性，数值试验结果也证实了他们的理论分析结果的正确性。

20 世纪 90 年代到 21 世纪初，《气象学报》在全面反映我国大气科学各个领域的研究快速发展的同时，还突出地反映了我国学者在亚洲季风气候、野外观测大型试验、季风动力学、非线性天气动力学、青藏高原和副热带高压、阻塞高压动力学研究领域的新进展，以及积极介入多学科交叉的全球变化和区域响应领域的新进展，真实地记录了我国引进、消化吸收、再创新的数值模式研究和业务化过程的显著进展。

在《气象学报》办刊发展历程中，其篇幅、刊期和版式经历过几次大的调整。1979 年，《气象学报》出刊 4 期，每期约 90 个页码，与恢复出刊前大致相同。1981 年出版的《气象学报》（季刊）将每期页码增加至 128 页，信息量增加了三分之一。1995 年 4 月 17 日召开的第二十三届理事会常务理事会第三次会议决定，《气象学报》由季刊改为双月刊。这一决定自 1996 年《气象学报》第 54 卷起开始执行，信息量再次增加。从 2002 年第 60 卷第 1 期开始，《气象学报》由小 16 开改为大 16 开，版式由通栏改为双栏。在栏目设置方面，除常规的“论文”栏目外，专门开辟“学术论坛”“论述”“短论”“信息”“综述”“简讯”“气象科技史”等栏目，增加了 20%信息量，同时缩短了论文的刊出周期；在此基础上，2003 年和 2004 年主要开发气象系统常用绘图软件的应用，使刊发文章用图的质量有了明显的提高；2005 年巩固、提高期刊整体质量，扩大英文信息量（增加中英文摘要长度、英文图表题、参考文献），促进期刊的国际交流。

进入 21 世纪，发挥优势、努力进取、办出特色，是中国气象学会理事会对《气象学报》的要求，也是《气象学报》改革、创新、发展的目标。为此，学会秘书处采取了多项措施：①制订编刊规划，加强工作的计划性；②强化组稿工作，除吸收作者自由撰写的高水平学术论文以外，根据特色要求，有计划地在国内外开展组稿工作，保证稿源特别是国际前沿、基础理论、技术创新，以及国家级大型重点科研项目和课题的稿件；③加强《气象学报》与中国气象学会所属各学科委员会的密切联系，组织撰写反映大气科学各分支学科领域内优秀研究成果和阶段性综合论述；④活跃学术思想，开展各种学术观点的交流；⑤加入清华同方中国知网和万方数据——数字化期刊群这两个在中国较有影响力的科技期刊网，提升影响力，扩大阅读群；⑥组织开展每年一度的《气象学报》优秀论文评选，并积极向中国科协推荐；⑦加强与各气象学术刊物及相关学科知名期刊的联系与合作；⑧围绕大气科学领域的核心及热点问题不定期编辑出版纪念刊和专刊等。

为了尽快地将大气科学领域创新性的重要研究成果和新现象、新理论、新方法、新技术向国内外报道，为作者及时争得首发权，从 2002 年第 5 期开始，《气象学报》开辟了“研究快讯”栏目，先后刊登了《纬向平均副热带高压和 Hadley 环流下沉支的关系》《19 世纪 80 年代到 20 世纪 90 年代中国年降水量的年代际变化》等论文。为了活跃学术讨论，鼓励各种学术观点的交流，使《气象学报》成为中国气象科技工作者百家争鸣的学术园地，2005 年第 5 期开始设置“综论”和“学术论坛”栏目，并在该期分别刊登了 10 篇综论和 3 篇学术论坛文章，鼓励对已有论文和专著持不同学术观点的讨论，论述当前国内外气象科学技术前沿动向，以开创自由、活跃、宽容而又严肃的学术讨论新局面。从 2005 年开始，要求英文摘要的长度为 400—500 字；图题、表题、中文参考文献一律为中英文对照，扩大英文信息量，便于国际交流。

2005 年，为纪念《气象学报》创刊 80 周年，组织了出版《气象学报》增刊、在 2005 年中国气象学会年会中开设“气象期刊改革与发展论坛”、召开纪念《气象学报》创刊 80 周年座谈会等系列活动。12 月 7 日上午，在北京召开纪念《气象学报》创刊八十周年座谈会，《气象学报》主编周秀骥院士主持座谈会，中国气象局、中国气象学会领导，《气象学报》本届全体编委会委员，中国气象学会各专业学科委员会主任，以及在京有关气象学术期刊编辑部负责人，共计近 60 人出席座谈会。与会人员认为，经过几代科学家与编辑的辛勤耕耘，《气象学报》走过了 80 个春秋，见证了近代、现代气象科学的发展历程，记录了中国气象科学几经沧桑的发展历史，刊载了一批对国内外大气科学发展具有先导性影响的优秀论文，扶植了众多的气象工作者从默默无闻走上前台。与会人员指出，要学习和发扬我国老一辈气象科学家们和《气象学报》历届编委艰苦创业和勇于开拓进取的精神，大力推进学报质量建设，把学术论文的质量和影响力作为提升刊物形象的核心要素来抓，高度关注中国气象科学发展的重大问题，专题研究中英文版的定位和发展问题，积极推进国际化进程。同时要加强编辑部自身能力建设，尽快完成电子审稿系统和网站的建设。

《气象学报》组建了业务素质高、技术能力强、具有相当水平的组稿和通联能力的编辑队伍，建设了专用网站，建立了《气象学报》期刊采编系统，并于 2007 年开始运行，实现了网上投稿、审稿、查询等功能。自 2007 年第 3 期起，《气象学报》开始彩图随文排，既方便读者阅读又美观大方。

通过一系列的改革措施，《气象学报》的办刊水平和质量明显提高，期刊各项评价指标一直在大气科学类期刊中位居前列，2003 年、2005 年获评第二届、第三届“国家期刊奖百种重点科技期刊”；被评为“百种中国杰出学术期刊”7 次，连续 6 届获评“中国精品科技期刊”。2007—2011 年获得“中国科协精品科技期刊工程”项目资助。

2003年1月获得了科技部和新闻出版署共同组织评选的“第二届国家期刊奖百名重点期刊”

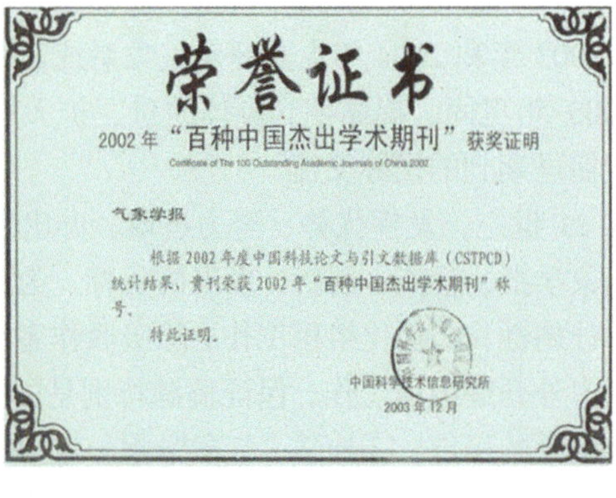
荣誉证书

2002 年“百种中国杰出学术期刊”获奖证明

Certificate of The 100 Outstanding Academic Journals of China 2002

气象学报

根据 2002 年度中国科技论文与引文数据库（CSTPCD）统计结果，贵刊荣获 2002 年“百种中国杰出学术期刊”称号。

特此证明。

中国科学技术信息研究所

2003 年 12 月

2002—2012 年《气象学报》的部分获奖证书

1996—2006 年，《气象学报》来稿大多数为国家自然科学基金资助的重大研究课题和国家攻关项目。统计表明，这一阶段发表论文中获省部级以上科学基金资助项目的论文数，从 1996 年的 51 篇（占全年发表论文数的 65%）到 2005 年的 93 篇（占全年发表论文数的 97%），其中国家自然科学基金资助的重大研究课题和国家攻关项目相关的论文占 90%以上。1997 年第 6 期的《气象学报》发表了中国科学院大气物理研究所研究员钟青的论文《物理守恒律保真格式构造与数值预报斜压原始方程传统谱模式改进研究》。由于这一成果的发表，钟青荣获 1998 年世界气象组织（WMO）“青年科学家奖”。在北京举办的颁奖仪式上，世界气象组织秘书长奥巴西高度评价了该成果的理论和应用价值。

1998 年世界气象组织（WMO）“青年科学家奖”获奖人钟青在颁奖仪式上发表获奖感言

2003 年，论文《ENSO 发生前和发展初期西太平洋赤道西风爆发的研究》的作者张祖强荣获 2003 年世界气象组织（WMO）“青年科学家奖”。崔晓鹏等的论文《西大西洋锋面气旋过程的数值模拟和等熵分析》（2004 年），刘屹岷等的论文《孟加拉湾季风爆发对南海季风爆发的影响》（2005 年），柳艳菊等的论文《1998 年南海季风爆发时期中尺度对流系统的研究：I 中尺度对流系统发生发展的大尺度条件》（2006 年），李巧萍等的论文《中国近代土地利用变化对区域气候影响的数值模拟》（2007 年）分别获评第二、三、四、五届“中国科协期刊优秀学术论文”。

随着我国气象科学学术领域的拓展，《气象学报》刊载的论文所涉及的研究内容越来越广泛，不仅有现代天气学、动力气象学、气候动力学、大气化学、大气环境、大气物理、云雾物理、人工影响天气、大气探测方面的内容，而且有现代气候学、全球气候变化、卫星气象学和雷达气象学等方面的内容。紧跟国家有关科技部门设立的国内或国际重大研究项目，《气象学报》即时刊登了有关全球气候变化、数值模式、季风、青藏高原气象、大气化学等研究的学术论文，为推动中国气象事业的发展做出了贡献。

2.《气象学报（英文版）》

《气象学报（英文版）》为《气象学报》的姊妹期刊，均由中国气象学会主办。创办《气象学报（英文版）》是中国气象学会改革发展的重要成果，也是中国气象学会逐步走向国际化的重要标志。

创办《气象学报（英文版）》的构想由时任中国气象学会常务理事的中国气象局局长邹竞蒙首先提出，并征求了理事长叶笃正的意见。叶笃正非常赞同，特别叮嘱要注意英文编辑队伍的水平。经过一段时间的酝酿，逐步形成了《气象学报（英文版）》筹备工作初步意见。1986 年 11 月 24 日召开的中国气象学会第二十届理事会常务理事会第十二次会议对此做出重要决议：为加强气象科技期刊的国际交流，于 1987 年起出版《气象学报（英文版）》。

出版《气象学报（英文版）》的筹备工作由中国气象学会兼职副秘书长、气象出版社总编辑纪乃晋负责。筹备工作任务包括《气象学报（英文版）》的定位和稿源的组织；在气象出版社内组建《气象学报（英文版）》编辑部；调入中国科学院大气物理研究所周诗健（原英文版《大气科学进展》执行主编）以加强编辑力量；向国家新闻出版署提出了出刊申请；与英国培格曼出版社签订《气象学报（英文版）》包销发行合同。由于《气象学报》中、英文版仅设一个编委会，为此，编委会决定特别增聘 10 位左右的国（境）外知名气象学家担任编委。上述筹备工作任务相继完成，为加快出版《气象学报（英文版）》创造了有利条件。在《气象学报（英文版）》的创刊过程中，始终得到了中国气象局和国内各主要气象机构的指导和帮助。

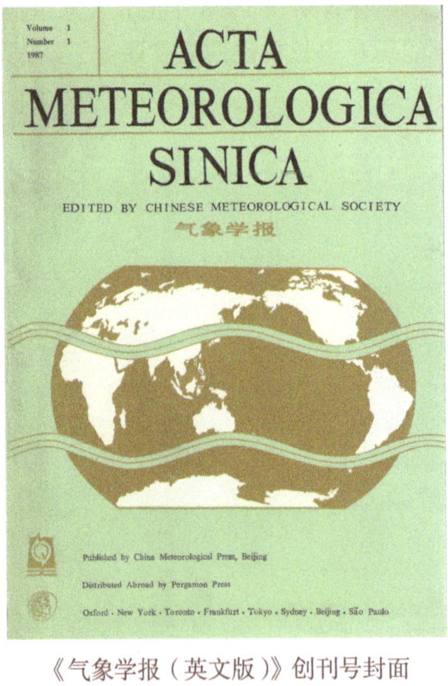

《气象学报（英文版）》创刊号封面

1987 年 4 月 15 日，国家新闻出版署新出总字 212 号文件批复《气象学报（英文版）》准予出版。短短 5 个月后，《气象学报（英文版）》于 1987 年 9 月正式出版创刊号，创刊号上刊登了中国气象局局长邹竞蒙、名誉理事长叶笃正和理事长陶诗言等的贺词。当年《气象学报（英文版）》出刊两期。

自 1988 年起，《气象学报（英文版）》按季刊定期出版。刊载的论文一部分是从《气象学报》中挑选出的学术水平高且有创新成果的文章，另外一部分则是来自国内外的作者投稿。

1992 年 5 月，《气象学报（英文版）》荣获国家气象局全国首届优秀气象期刊评选一等奖。1992 年 9 月，经中国科学技术协会首届优秀学术期刊评审委员会评定，《气象学报（英文版）》荣获三等奖。2005 年，《气象学报（英文版）》出版单位改为“《气象学报》期刊社”。

在办刊过程中发现，《气象学报》中、英文版虽同设一个编审委员会，但由于编辑部分别设在中国气象学会秘书处和气象出版社，多年来两刊实际上处于分离状况，由此产生了诸多不利影响。其一，稿源分散，整体影响力很难提升，影响了《气象学报》进入国际一流学术期刊的步伐；其二，不利于办刊经费、人力、物力等有限资源的合理配置和利用；其三，难以形成互利互补的强势竞争力。对此，许多老一辈气象学家和气象科技工作者也积极呼吁整合《气象学报》中、英文版。

根据各方面要求和建议，中国气象学会秘书处在调研部分同类学术团体通行的办刊方式，并多次与有关单位协商后，于 2004 年提出了《气象学报》中、英文版整合方案，将《气象学报（英文版）》编辑部转入中国气象学会秘书处。整合方案的核心是使《气象学报》有一个新的更高的起点，更快地提升《气象学报》在国内外的影响力，强化其在高水平气象学术刊物中的竞争力，并使其成为一本国际化、标志性的大气科学学术期刊。经中国气象学会理事会多次讨论修改后，交由《气象学报》主管单位中国气象局审核并得到批准。

2005 年初，《气象学报（英文版）》编辑部正式转入中国气象学会秘书处，并开展了《气象学报（英文版）》的改版工作，由原来的标准 16 开改为欧版大 16 开，内页为双栏，使用 LaTEX 排版软件，风格与国内外优秀英文期刊类似。转入后，《气象学报（英文版）》刊载的论文全部为从《气象学报》中挑选出的高水平文章。

2007 年，为推进《气象学报（英文版）》的改进工作，加快其进入 SCI 的进程，如何吸引国外作者投稿成为《气象学报（英文版）》走上国际化道路的非常重要的问题。为此，新一届编委会特别邀请美国国家航空航天局（NASA）气象研究负责人刘家铭（William K. M. Lau）和美国海军研究生院教授张智北（C. P. Chang）分别担任副主编和编委。

经广泛调研，中国气象学会秘书处拟订了《〈气象学报（英文版）〉改进方案》，经两次常务理事会会议审议后原则通过。改进方案提出，进一步明确《气象学报（英文版）》的定位与稿源，接纳作者的自由投稿。为防止短期内可能出现的稿源短缺现象，可先从中文版精选部分文稿，比例控制在三分之一以内，待稿源充足后完全实现自由投稿；为避免《气象学报》中、英文版出现较大重复，英文版以刊载研究快讯（Research Letter）为主，内容短小精悍，有新意或创新性；由施普林格（Springer）负责《气象学报（英文版）》的海外印刷版和网络版的发行；《气象学报（英文版）》加入全球最大的科学技术和医学领域学术资源平台 SpringerLink。

在《气象学报（英文版）》的编辑工作中，为提高质量，一方面着力加强编辑部建设，努力提高编辑人员自身英语和业务水平，特聘一位英语水平和编辑业务水平较高的学者严把稿件质量关，使英文表达做到通俗易懂，既符合外国人的习惯用法，又贴近作者所表达的意思，力求使文章能准确地表达；另一方面严格执行国际规范和标准，在广泛调研 20 多种国内外英文版学术期刊的基础上，着重对论文的页眉、注脚、正文题名、层次标题、摘要、参考文献作了分析，吸取国外学术期刊编排格式的长处，做到与国际接轨。此外，加强发行宣传力度，通过多种渠道进行宣传，并通过中国气象局国际合作司，定期向国外主要气象机构和学会各理事单位提供赠阅期刊。

经过几年的努力，由中国气象学会主办的《气象学报（英文版）》的面貌发生了根本性的变化。2008 年 5 月，汤姆森科技信息集团（Thomson Scientific）正式函告：《气象学报（英文版）》（*Acta Meteorologica*

Sinica）自 2007 年第 1 期（Vol. 21 No. 1）开始被 SCI 正式收录。这不仅实现了中国气象学会理事会和许多老一辈气象工作者多年的愿望，也为《气象学报（英文版）》的发展提供了新的机遇和空间。

2009 年起，英文版开始独立发展，SCI 影响因子提升到 1.55，获得中国科协等 6 部委“中国科技期刊国际影响力提升计划”项目第一、二期择优资助，国际影响力显著增长。

随着中国气象科研水平的不断提高，国际影响力不断扩大，英文稿件的直接投稿量逐年增加，这给办好《气象学报（英文版）》带来良好的机遇，也带来巨大的挑战。为适应期刊发展的时代要求，满足气象科技工作者的需求，《气象学报（英文版）》编委会曾在 2007 年酝酿刊物更名之事，拟将名称 *Acta Meteorologica Sinica* 改为 *Journal of The Chinese Meteorological Society*，并在 2007 年 9 月在福建厦门召开的第二十六届理事会常务理事会第三次全体会议上审议通过，之后经中国气象局同意后，呈报中国科协和新闻出版署，于 2008 年 8 月获得批复。

在等待各主管机构批复期间，2008 年 5 月编辑部接到汤姆森科技信息集团来函通知《气象学报（英文版）》已被 SCI 收录。考虑到刊物刚被收录就更名可能会对刊物的国际评价产生不良影响，2008 年 10 月编委会商议决定暂缓更名，故未去北京市新闻出版局办理变更登记手续。2009 年，《气象学报（英文版）》由季刊改为双月刊。2010 年底，《气象学报（英文版）》与 Springer 正式签订合作协议，2011 年第 1 期开始在 Springer 网站上发布。2012 年开始采用 ScholarOne Manuscripts 国际在线投审稿平台。

到 2012 年，《气象学报（英文版）》进入 SCI 已经 5 年，投稿数量不断增加，在业界的影响力也不断提高，国际评价比较稳定，经咨询 SCI 代表意见，编委会认为更名条件已经成熟，更名将更有利于刊物发展，建议重新启动更名事宜。考虑到 2008 年提出的名称地域性较强，国际吸引力不足，不利于刊物国际化发展，故编委会建议采用全新名称。经编委会主编、副主编和部分常务编委反复讨论，并最终在 2012 年 3 月《气象学报》中、英文版常务编委会第一次会议达成共识：将《气象学报（英文版）》英文名称改为 *Journal of Meteorological Research*（JMR），中文名称仍维持《气象学报》不变。此共识后经中国气象学会第二十七届理事会常务理事会第六次会议审议通过，于 2014 年 1 月起执行。新英文刊名涵盖领域广，科学性较强，与世界知名刊物 *Journal of Geophysical Research*（JGR）的刊名比较类似。

《气象学报（英文版）》2014 年更名为 *Journal of Meteorological Research*

4

新时代学会一流期刊建设（2012—2025年）

4.1 《气象学报》中、英文版融合发展

中国气象学会自成立以来，始终把学术期刊的发展放在首位。历任理事长和理事会对期刊工作均给予高度重视，始终将期刊工作纳入学会整体管理和发展规划。学会秘书处文献期刊部负责《气象学报》中、英文版的编辑出版工作，在工作中恪守学术引领、创新驱动、实践指导、知识传播与服务支撑的核心办刊原则，并同时做好本行业学术期刊集群的建设。

党的十八大以来，文献期刊部以“办好一流学术期刊，加强国内外学术交流”为使命任务，在出版转型、改革创新和日益激烈的国际竞争中，守正创新，积极推进期刊国际化、数字化进程，服务于国民经济和社会发展，不断扩大国际影响。结合气象/大气科学领域发展形势，《气象学报》和《气象学报（英文版）》（*Journal of Meteorological Research*，JMR）立足问题导向，首先确立“服务于气象预报预测业务发展”的专业特色定位，确定两本期刊的办刊宗旨分别是：

- 《气象学报》旨在反映我国大气科学领域的最新科研成果，为大气科学研究提供学术交流阵地，推动我国大气科学基础理论和应用研究的发展，为国家天气预报、气候预测及防灾减灾业务提供科技支撑，服务于我国气象现代化建设事业。
- 《气象学报（英文版）》（JMR）旨在反映天气预报和气候预测的基础理论、应用研究及业务预报中的前沿创新成果，重点刊发具有全球背景和区域特色的主题，通过搭建最新气象科技成果展示与知识交流服务平台，助力成果转化，推动中国气象科技创新和业务发展的国际传播。

在明确的办刊宗旨之上，两刊坚持正确的期刊出版政治导向，坚持一流的学术质量和出版水平，认真执行“精编、精校、精印”，牢固树立精品期刊形象，追求期刊的长期稳步发展。

《气象学报》2024年第2期封面

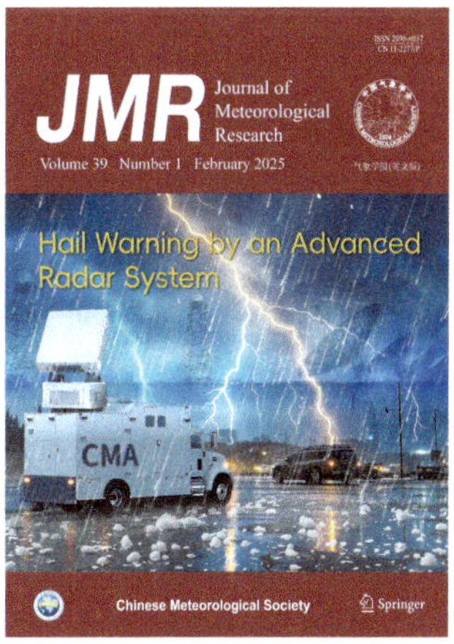

《气象学报（英文版）》2025年第1期封面

提升期刊质量的关键在于提升编委会的“含金量”。为办好《气象学报》中、英文版，文献期刊部不断加强编委会组建，于 2013 年成立了英文版（JMR）编委会，于 2014 年进行了中文版编委会换届，并吸纳更多的年轻科学家以提升编委的办刊活力。每年召开两次编委会，认真分析刊物存在的问题，听取科学家的批评建议，调整优化办刊策略。JMR 与国际办刊模式接轨，实施责任编委送审制，在热门研究领域壮大编委力量，国际编委比例超过 50%。2017 年起，JMR 每期更换封面。2024 年两刊加入清华大学出版社 SciOpen 集群化出版平台，以提升期刊的国际影响。

立足于服务国家重大需求，《气象学报》中、英文版优化了栏目设置，设立“预报论坛”“数据论文”“天气气候评述”等栏目，强化了对创新性研究的支持，适当增加了学术信息类和资讯类文章的刊载量，及时发表天气预报、气候预测业务及相关研究领域的最新成果。目前，《气象学报》两刊所刊发的文章涵盖了气候变化与极端天气、天气和气候动力学、数值预报、大气物理学、大气化学、大气探测、人工影响天气、人工智能应用及生态环境气象等多个方向。

稿件的质量直接决定期刊的质量。为此，《气象学报》中、英文版不断加强专刊（专栏、专题）的约稿工作。2014 年至 2025 年，围绕大气科学领域的核心及热点问题，精心策划和组织出版了 20 余个主题专刊（专栏），如《中国气象学会成立 90 周年纪念》专刊、《第三次青藏高原大气科学试验（TIPEX-III）》专刊、《气象卫星生态遥感应用》专栏、《中、英气候科学服务伙伴关系（CSSP China）项目》专栏、《新中国成立 70 周年气象科研业务进展》专栏、《新型城镇化背景下的城市气象研究》专栏等，详情请见本书第三部分大事记中的专刊（专栏）列表。

秉持“人民至上、生命至上”的理念，在组稿时及时关注、响应社会关切，如“21 · 7”河南极端暴雨发生后，学会立即组织中、英文版专栏，以“21 · 7 河南极端暴雨：机理、预报和服务挑战”为题，向一线科学家和首席预报员及资深专家邀约稿件。该专栏发表的文章在 SCI 数据库获得超高引用，成为极端暴雨研究的重要文献。

在日常编辑工作中，《气象学报》中、英文版两刊严格执行“三审制”，稿件均由 3 位及以上专业审稿人和本刊主编/编委把关，经过初审、复审和终审，反复推敲打磨而成。尤其是在编辑校对阶段，除了注重文章数据的真实性、可靠性及文章论证过程的逻辑严谨性之外，还注重文章标题的创新提炼、摘要的结构化呈现及科学表达。

学术期刊的时效性至关重要。针对出版周期长的问题，《气象学报》中、英文版提出“以质量为核心、以速度为命脉”的办刊原则。结合期刊实际，对稿件流程各阶段时滞特点进行分析，采取了以下措施：①优化审稿流程，随时终审定稿；②做好源头把关，加大预审退稿；③明确工作节点和时限目标，建立有序流程；④坚持月工作例会制度，量化时限考核；⑤进行网上预出版，缩短待刊时滞；⑥制定稿件格式标准，减少重复劳动；⑦强化编校重点，发挥人员特长；⑧加强数字化建设，提高工作效率。通过不断优化出刊流程，使编辑工作衔接有序，大大提高了办刊效率，文章在线出版周期缩短至 6 个月以内，纸刊出版周期缩短至 9 个月以内，处理作者咨询和刊物发行快速及时，期刊整体出版工作效率明显提升。两刊还改进和完善了网刊发布机制，投稿文章录用次日便可上线发布。JMR 在网刊公布从投稿到发表全流程的 8 个时间节点，出版时效信息更加透明和完整。

加强和各级学术会议的联动，有助于期刊扩展在专业领域内的影响力。文献期刊部对国内外学术会议非常重视，编辑部年均现场参会 10 场以上（含 1—3 场国际会议），并有针对性地提前规划重要学术会议的期刊宣传，参加学术会议时携带期刊与到会专家们交流，做到“刊跟会走，有会就有刊”。通过积极参加学术会议，期刊编辑与一线科学家、首席预报员及海内外资深专家建立起了良好的工作和社交联系。

在持续努力下，《气象学报》于 2015 年获得“中国科协精品科技期刊工程”项目资助，《气象学报（英文版）》于 2013—2018 年获得中国科协等 6 部委“中国科技期刊国际影响力提升计划”项目连续两期资助。2021 年，两刊获得中国科协“全国学会期刊出版能力提升计划”项目资助。2024 年，《气象学报》获得中国科技期刊卓越行动计划二期项目资助。2019 年、2023 年两刊入选“地球科学领域高质量科技期刊分级目录”T1 级期刊。2020 年以来，在中宣部出版局组织的科技期刊社会效益评价考核中，两刊连续 4 年获评“优秀”等级。

《气象学报》2012—2015 年获评“中国最具国际影响力学术期刊”，2016—2021 年、2024 年获评“中国国际影响力优秀学术期刊”，2013 年、2015 年、2017 年获评“百强报刊”，2013 年、2021 年荣获“中国出版政府奖期刊奖提名奖”。《气象学报（英文版）》2021 年入选中国科学技术信息研究所“中国科技论文核心期刊”；2012—2025 年多次获评“中国最具国际影响力学术期刊”和“中国国际影响力优秀学术期刊”。

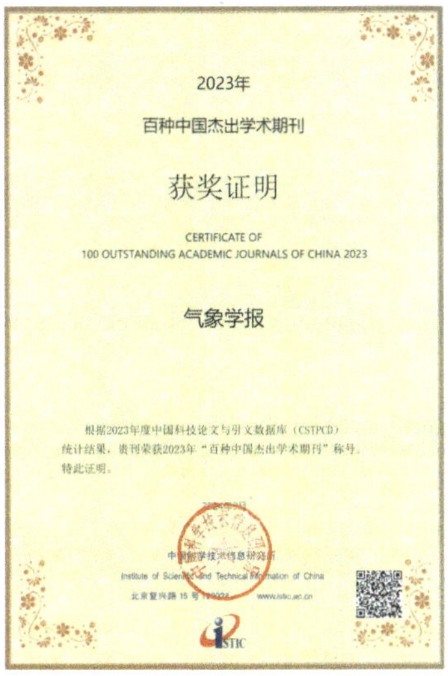

《气象学报》获评“百种中国杰出学术期刊”

《气象学报》入选“第 6 届中国精品科技期刊”

《气象学报》入选“中国科协精品科技期刊工程第四期（2015—2017 年）”

《气象学报》获评“百强报刊”

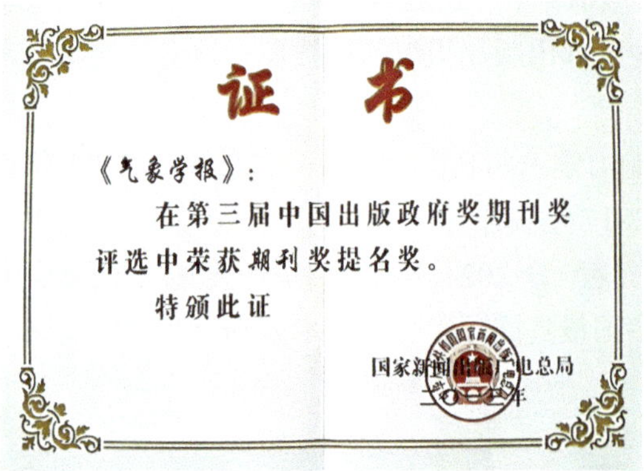
证 书

《气象学报》：

在第三届中国出版政府奖期刊奖评选中荣获期刊奖提名奖。

特颁此证

国家新闻出版广电总局

《气象学报》荣获第三届中国出版政府奖期刊奖提名奖

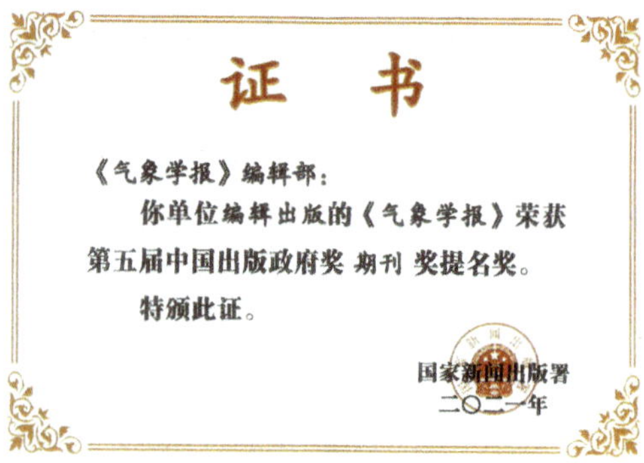
证 书

《气象学报》编辑部：

你单位编辑出版的《气象学报》荣获第五届中国出版政府奖期刊奖提名奖。

特颁此证。

国家新闻出版署

二〇二一年

《气象学报》荣获第五届中国出版政府奖期刊奖提名奖

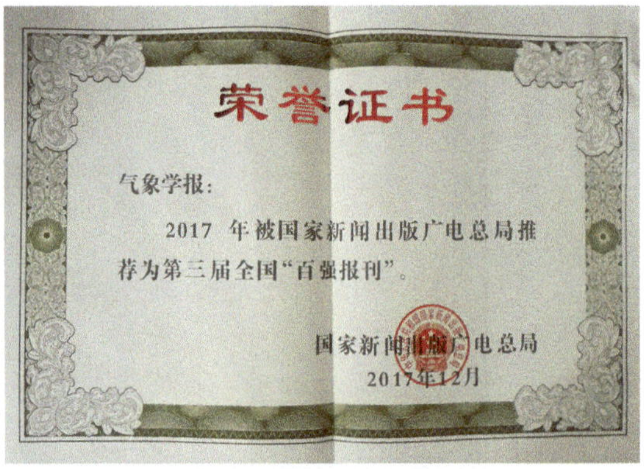
荣誉证书

气象学报：

2017 年被国家新闻出版广电总局推荐为第三届全国“百强报刊”。

国家新闻出版广电总局

2017年12月

《气象学报》入选第三届全国“百强报刊”

气象学报

2024中国国际影响力优秀学术期刊

《中国学术期刊（光盘版）》电子杂志社有限公司　清华大学图书馆　中国学术文献国际评价研究中心

2024年9月

《气象学报》获评“2024 中国国际影响力优秀学术期刊”

俞小鼎、周小刚、王秀明的论文《雷暴与强对流临近天气预报技术进展》（2016 年），李崇银、凌健、宋洁、潘静、田华、陈雄的论文《中国热带大气季节内振荡研究进展》（2017 年），宇如聪、李建的论文《中国大陆日降水峰值时间位相的区域特征分析》（2019 年）分别获评第一、二、四届“中国科协优秀科技论文”。

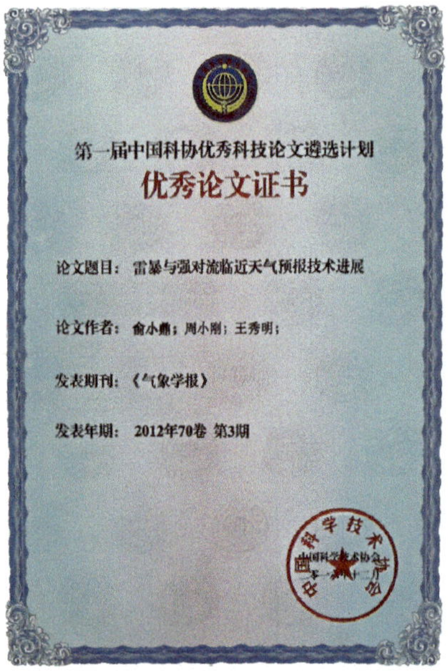
第一届中国科协优秀科技论文遴选计划

优秀论文证书

论文题目：雷暴与强对流临近天气预报技术进展

论文作者：俞小鼎；周小刚；王秀明；

发表期刊：《气象学报》

发表年期：2012年70卷 第3期

第四届中国科协优秀科技论文遴选计划

优秀论文证书

论文题目：中国大陆日降水峰值时间位相的区域特征分析

论文作者：宇如聪；李建

发表期刊：《气象学报》

发表年期：2016年74卷 第1期

中国科学技术协会

《气象学报》刊发论文获评“中国科协优秀科技论文”

左上：《气象学报（英文版）》获评“2020 中国最具国际影响力学术期刊”

左下：《气象学报（英文版）》封面设计获奖

右：《气象学报（英文版）》2020 年被中国科学技术信息研究所收录为“中国科技核心期刊”

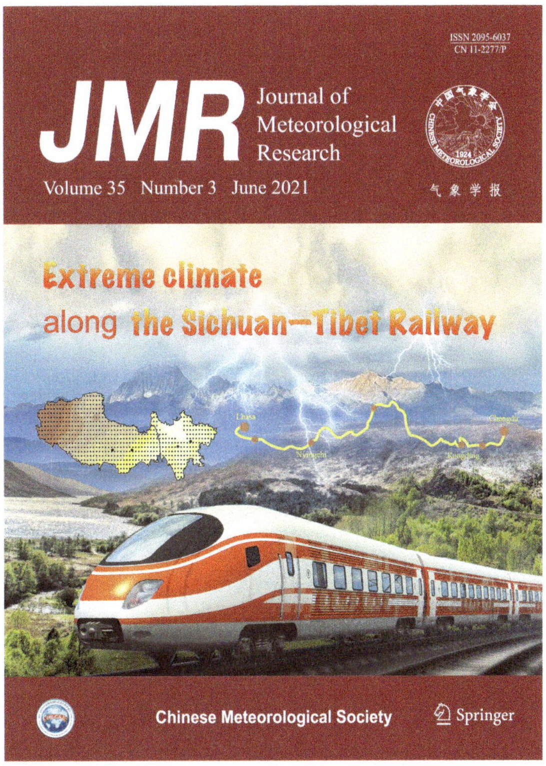

《气象学报（英文版）》获奖封面

翟盘茂、余荣、郭艳君等的论文“The Strong El Niño of 2015/16 and Its Dominant Impacts on Global and China's Climate”（2020 年），周康辉、郑永光、李波等的论文“Forecasting Different Types of Convective Weather: A Deep Learning Approach”（2023 年）分别获评第五届和第八届“中国科协优秀科技论文”。

《气象学报（英文版）》刊发论文获评“中国科协优秀科技论文”

2024 年，学会秘书处文献期刊部率领《气象学报》中、英文版编辑部，积极落实学会第二十九届理事会理事长办公会百年纪念相关活动部署要求，认真制定百年文集、百年专刊出版工作方案并向大批顶级学者发出邀稿信，收到热烈响应，按时完成《大气科学研究与应用百年进展纪念文集》（58 篇文章，1032 页）的编辑出版，为会员和广大气象工作者提供了宝贵的学术资料和研究参考。

编辑制作《大气科学研究与应用百年进展纪念文集（1924—2024）》，庆祝中国气象学会成立 100 周年

2024 年 8 月至 2025 年 2 月，圆满完成《气象学报》中、英文版两刊编委会主编、副主编、常务编委和编委的换届与整合，确保学报在行业顶级专家团队的领导下持续发展进步。《气象学报》与 JMR 的编委会合二为一，正式定名为“第二十九届《气象学报》和 JMR 编审委员会”，由谈哲敏院士担任

主编，顾问编委 25 人（均为院士），副主编、执行副主编及专职副主编 20 人，常务编委 61 人，编委 75 人，海外编委 14 人，合计 196 人（见本书第四部分编委会名录）。编委会确定了多项期刊整改和发展提升措施。两本期刊在新一届编委会的带领下，稳步向前迈进。

2024 年两刊编辑携期刊参会超过 10 场，期刊宣传材料在 27 场国内外学术会议中展示和赠阅。期刊足迹遍布全球各地，影响力得到有效提升。如美国气象学会 2024 年年会、辐射传输与卫星资料同化（RT4DA）国际研讨会、亚洲大洋洲地球科学年会（AOGS2024）、IAMAS 国际动力气象学委员会（ICDM）2024 年研讨会等。把握行业态势，广采信息，建立专家联系网络；主动约稿，紧跟学科发展前沿，提升期刊的学术影响力。

4.2 期刊技术平台建设与增强出版

数字化建设是一条崭新而宽广的期刊发展道路。文献期刊部积极探索数字化编辑出版模式，引入国际先进出版技术，建成了囊括 2 个网站、2 个审稿系统、2 个排版系统和 2 个微信公众号的数字出版体系，实现了从投稿、审稿、编辑加工到网刊发布和新媒体传播的全流程线上数字化办公。

两本期刊的网站采用了宽银幕、瀑布流、模块化展示和搜索引擎最优技术进行学术内容的展示，并增加了同类文章自动推介、资助课题自动链接等便捷功能。编辑部持续建设数字化编辑加工流程，形成编校流程“透明厨房”，与网刊发布捆绑，实时滚动更新，实现编辑与作者实时互动。2015 年和 2019 年，《气象学报》中、英文版进行了两次网站升级改版。

2012 年，《气象学报》中、英文版实现期刊出版电子化。对创刊以来的论文资料进行电子版制作，在中国知网上即可查阅《气象学报》中文版 1935 年以来所发表论文的全文，在万方数据上可查阅《气象学报》中文版 2000 年以来发表的全部论文，并可在中国气象局和中国气象学会网站上查阅到《气象学报》中、英文版的各期目录与论文摘要。2013 年，所有过刊文章的全文 PDF 上传至期刊网站，并配有文献解析和链接，供免费下载。

2013 年 4 月开始，编辑部在期刊网站增加录用稿全文在线预出版模块，弥补录用待刊过程所造成的信息传播损失，规范了稿件流向，缩短了论文发表周期。2015 年，建立了微信服务号和微平台发布，提供实时微信查稿服务。2016 年，利用微信平台推送最新期刊目次，在门户网站刊发了学术动态、学术会议等即时信息，加强与读者的互动。

2017 年起，《气象学报（英文版）》采用国际先进的 XML 排版技术，完成一体化排版流程定制，并建立云端工作模式，提高编辑出版效率。编辑校对全流程实现网络化、远程化和无纸化，支持多人在线同时修改，即改即现；文章可一次制作，多平台发布；文章网页版和 PDF 版均实现公式可编辑、图表和参考文献可链接跳转；文后参考文献全部提供 DOI 链接，方便检索对照及延伸阅读，提升了阅读体验和传播性能。其中，公式排版和在线发布水平超过同期美国气象学会期刊水平。编辑部与技术公司合作，制定智能排版规则，提高录排质量。改 3 人交叉校对为单稿负责制，在文末给责任编辑署名，增强责任意识。应用 XML 一体化智能排版系统后，编辑部提升了工作效率，JMR 的出刊时间缩短，出刊质量提升。同时，编辑部还开展了被引提示推送、文献引用推送、微信推送等增强出版活动。

在考察比较了十几家国际一流期刊的版式标准后，2017 年编辑部推出 JMR 全新版式。新版式与国际一流刊物版式媲美，给读者高端的阅读体验。同时，编辑们挑选精品文章，在每期封面上用美观通俗的图像展示文章的科学主题，每期封面展现一个“科学故事”，取得良好的传播效果。设计了 JMR 微信头像和期刊名片，树立 JMR 的国际品牌期刊形象。JMR 在 SpringerLink 网站的国际下载量持续升高，2017 年达 3.5 万次，较 2016 年翻了 3 倍，较 2012 年翻了 13 倍，期刊发行收入也得到增长。

自 2017 年起，JMR 每期更换封面，反映科学主题和创新发现

2020 年起，《气象学报》启用 XML 排版技术。两本期刊的编辑业务管理实现了更高程度的数字化和网络化，加快了稿件的采、审、编速度，编辑出版的效率和水平获得较大提高。

融媒体建设可打通学术内容到达读者视野的“最后一公里”，《气象学报》中、英文版将传统纸质期刊与网络媒体平台结合，打造了多元化的学术媒体矩阵。编辑部采取电子抽印本、文章引用智能推送服务、英文网刊发布中文题目和摘要等形式，扩大学术内容的受众；在微信公众号上挑选优秀论文进行解读，向订阅用户推送，加快了优质学术内容的传播扩散。JMR 微信公众号在 2023 年发布的原创推文《AI 气象大模型信息比较：JMR AI+气象文章汇总》，阅读量近 5000 次，被大量转载和延伸报道，取得良好的推广效果。2024 年采用数字主播作为期刊代言人，亮相百年风云讲坛和 RT4DA 国际会议，获得好评。JMR 还与国际流行新媒体学术传播平台（如 TrendMD）合作，跨平台智能化深度推广期刊内容，抵达 Science、PNAS 等顶尖期刊网站，跨平台引流返回万余次国际浏览量，扩大了期刊的国际影响力。

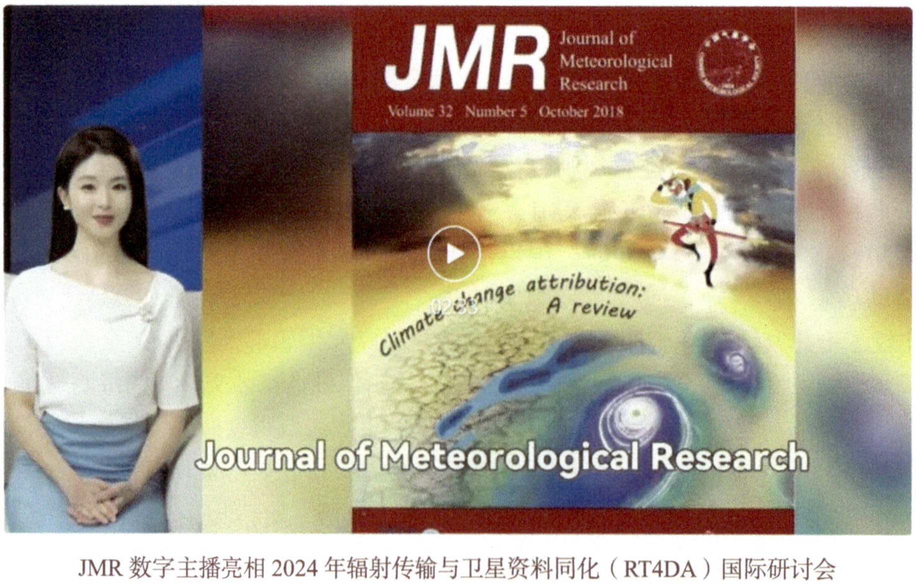

JMR 数字主播亮相 2024 年辐射传输与卫星资料同化（RT4DA）国际研讨会

《气象学报》中、英文版微信公众号二维码（扫码关注）

4.3 《气象学报（英文版）》的国际化进程

根据《气象学报》编委会提议并经中国气象学会第二十七届理事会常务理事会第六次会议审议通过，《气象学报（英文版）》从 2014 年第 1 期起正式启用新的英文刊名、国际刊号和封面。

要达到国际一流的办刊水准，必须加强与国际一流学术期刊的经验交流。自 2014 年起，JMR 在中国科协项目资助下，连续多年参加美国气象学会年会、展会及其出版委员会会议，把握国际前沿期刊出版态势，学习大气科学领域国际一流期刊的办刊和运营模式。对期刊进行国际宣传，加强与海外编委的联系，拓展国外稿源，提升期刊的国际影响力。

2014 年 2 月 2—6 日，应美国气象学会邀请，学会秘书处派员参加第 94 届美国气象学会年会，学会主办期刊 *Journal of Meteorological Research*（JMR）首次参加了美国气象学会年会及展会。2015 年 1 月 3—9 日，JMR 派员参加第 95 届美国气象学会年会及展会，深入了解美国气象学会年会和展会的运作机制，为中国气象学会的改革发展提供借鉴，为中美两国气象学会的合作交流拓展渠道。在“中国科技期刊国际影响力提升计划”项目资助下，JMR 编辑部两位代表在参加美国气象学会（AMS）年会和展会之余，与 AMS 秘书长和 3 位理事进行了会谈。会后通过邮件与 AMS 秘书长在会议纪要的基础上，商讨了在会员、文章发表、学术交流等方面进行深入合作的可能。

2015 年 1 月，JMR 编辑与美国气象学会 3 位理事长及其秘书长就中、美气象学会深入合作进行会谈

为进一步推进中、美气象科技工作者在学术交流、文献互换、期刊交流、会员互认等方面的工作，2015 年 3 月，中、美气象学会签署了合作协议。同年 10 月 13—18 日，美国气象学会 2014 年主席 William Gail 博士、美国气象学会秘书长 Keith Seitter 博士一行 8 人应邀访问中国气象学会，进行了为期 6 天的交流访问活动。期间，10 月 14—15 日，美国气象学会代表团成员应邀出席中国气象学会在天津主办的大气科学前沿发展暨 JMR/气象期刊编辑作者研讨会。会上，美国气象学会代表团成员介绍了美国气象期刊的总体情况和运作模式，中、美编辑同仁就期刊的出版周期、期刊影响力计量指标界定等问题进行

了互动交流。10 月 16 日，中、美两国气象学会召开座谈会，双方就会员、学术交流、期刊交流等方面的具体合作事项进行了深入探讨。

2015 年 10 月，张人禾院士、胡永云副理事长主持了大气科学前沿发展暨 JMR/气象期刊编辑作者研讨会。10 余位国际一流专家在会上做了精彩的前沿学术报告。美国气象学会出版委员会主任、出版部主任、部门经理和技术及文字总监等介绍美国气象期刊的总体情况和运作模式，包括同行评议的科学监管和协作、期刊生产制作、技术编辑和高质量出版、文字编辑等工作流程和发展方向等。会议扩大了国内气象期刊编辑的视野，也让国外同行认识到中、美气象科技期刊的发展面临同样的问题和挑战。会后双方产生了更多的合作和交流意向。

大气科学前沿发展暨 JMR/气象期刊编辑作者研讨会代表合影（2015 年，天津）

2016 年 1 月 10—14 日，文献期刊部派员参加第 96 届美国气象学会年会及展会。年会期间，中国气象学会副理事长胡永云教授、学会秘书处文献期刊部主任伊兰博士参加了国际气象学会论坛第四次会议（IFMS GM4），交流了中国气象学会近年来的工作进展，对成立国际气象学会有关事宜发表了看法。

2016 年 5 月 23—29 日，JMR 专职副主编应邀访问美国气象学会出版部，实地考察了其编辑生产加工环节，了解了 AMS 会刊的栏目设置之宗旨和理念；了解了 AMS 期刊的外包服务流程和先进的技术手段和数字出版趋势。通过此次访问，学习了 AMS 先进的管理理念、高效的工作流程、丰富的办刊经验、发达的生产技术和科学传播手段等，获得了 AMS 编辑出版规范（AMS style guide），了解了 AMS 期刊前沿出版态势和美国学术期刊出版机构的一些行业活动。另外，探讨了与 AMS 技术支持公司进行合作、提升 JMR 出版质量的可能性。

2017 年 1 月 22—26 日，编辑部派员参加第 97 届美国气象学会年会及展会。2018 年 1 月 7—11 日，派员参加第 98 届美国气象学会年会及展会，期间，中、美气象学会代表进行了交流会谈，商讨了未来中、美气象学会合作事宜，并就推动国际气象学会论坛（International Forum of Meteorological Societies，IFMS）发展有关事宜进行了探讨。2020 年 1 月 12—16 日，派员参加第 100 届美国气象学会年会及展会，作为独立参展单位，在展会现场设置期刊展位，进行期刊国际宣传，推介学会主办期刊，展示中国气象科学研究最新进展与成果，扩大中国气象学会及中国英文气象期刊的国际影响力。2021 年 3 月，中美气象学会就 2015 年签署的合作协议进行了续签。2024 年 1 月 28 日—2 月 1 日，派员参加第 104 届美国气象学会年会及展会，进行期刊国际宣传，学习、探索与国际气象组织联合举办国际研讨会的可能模式。期间，还与美国气象学会期刊部门负责人就双方刊物发展情况进行交流。

2025 年 1 月 12—17 日，派员参加第 105 届美国气象学会年会及展会，与 AMS 出版部主任 Gwendolyn Whittaker 女士、出版技术总监 Mike Friedman 先生、资深技术编辑 Mark Fernau 先生及 AMS 新闻运营经理 Melissa Fernau 女士进行了会谈，就双方刊物发展、面临的挑战与应对机制进行沟通交流。双方同意今后加强期刊出版和技术平台建设等方面的合作，希望借助《气象学报》期刊创刊百年活动契机，组织气象国际出版前沿交流会议，扩大中美双方气象期刊的国际影响。与 AMS 代理秘书长 Brian Papa 先生和出版部主任 Gwendolyn Whittaker 女士在展位进行了正式会谈。双方代表就中、美气象学会在 2024 年 11 月签署的谅解备忘录（MOU）基础上，进一步开展四个方面（气象科研、教育培训、科学普及和期刊出版）的深入合作进行了愉快沟通。中方代表希望 Brian Papa 先生向 AMS 主席 David Stensrud 教授转达中国气象学会的深入合作意向，同时邀请 David Stensrud 教授和 AMS 同行参加 2025 年中国气象学会年会。

JMR 编辑大力协助中国气象学会参与和主办国际交流活动，在国际气象学会论坛（IFMS）的组建和其后的几次全体会议中发挥了重要作用，在推动中、美气象学会深入合作、签署合作备忘录等工作中做出了积极的贡献。

JMR 采用全球领先的 ScholarOne Manuscripts 国际在线投审稿平台的英文原版采编系统和国内先进的 XML 一体化融合出版系统，建有独立网站，历史数据齐全，现刊实时发布、开放获取，提供快速在线预出版和多种形式的文章推送服务，国际发行量稳步提升，国际下载量成倍增长。JMR 自被 SCI 数据库收录以来，影响因子逐年增长，2023 年 SCI 影响因子为 3.2，由 Q3 区升入 Q2 区；Scopus 数据库影响因子由 3.9 增至 5.1，位列国际大气科学领域和海洋工程领域期刊排名双 Q2 区。

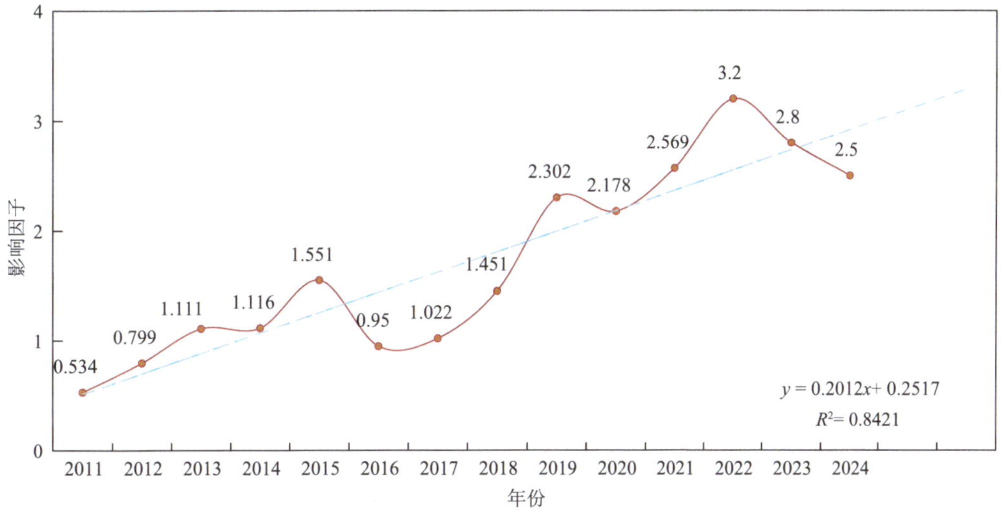

2011—2024 年《气象学报（英文版）》（JMR）SCI 影响因子的变化

4.4 学会期刊的发展和提升

中国气象学会始终把学术期刊的发展放在首位，期刊工作被纳入学会整体管理和发展规划，使学会期刊得到长期稳定发展，成为中国气象界公认的高质量学术期刊。近年来，《气象学报》中、英文版立足于服务国家重大需求，通过预报论坛、数据论文、综述、短论、简讯等多样化专栏和专刊，及时刊载天气预报、气候预测业务及相关研究领域（气候变化与极端天气、动力气象学、天气学、气候学、数值预报、大气物理学、大气化学、大气探测、人工影响天气等）的前沿成果，努力搭建最新成果展示和国际交流平台，推动科研成果向业务一线转化。

两刊坚持正确的出版方向和办刊宗旨，严格执行“三审三校”制度。制定多项岗位职责和流程制度，加强规范化管理；积极参加学术交流，抢抓优质稿源，出版重大主题专刊；持续优化完善技术平台，提升出版和传播水平。高质量完成编辑出版工作，在出版管理和办刊能力上均有较大提升，在学术质量、国际影响力、数字出版和传播等方面取得明显进步。2021 年，中国气象学会入选“中国科协全国学会期刊出版管理规范单位”。

中国气象学会入选中国科协“2021 年度全国学会期刊出版管理规范单位”

为迎接中国气象学会百年诞辰和《气象学报》创刊百年，在中国科协“全国学会期刊出版能力提升计划”项目的部分资助下，2022 年 4 月，启动“《气象学报》百年风云讲坛”，持续举办高端学术研讨。每 1—2 月举办一期，邀请学界泰斗、学科翘楚、青年才俊和一线业务专家，回顾大气科学和技术发展百年路，聚焦天气、气候、气候变化以及相关交叉学科领域重大业务和科研问题，深入交流研讨，引领把握前沿，促进学术繁荣和业务创新发展。讲坛主题策划坚持问题导向，聚焦前沿领域，注重产学协同发展，讲坛采用先进的线上会议技术平台，会议组织工作不断改进、严谨有序，报告专家精英荟萃，听众来源广泛，单期受众高达 2.0 万人次，互动活跃，交流效果显著，已成为气象界有重要影响力的线上学术活动，对气象科研和业务起到了推动作用。多位院士和海内外知名专家参与主讲和主持（如丁一汇院士、吴国雄院士和张人禾院士，以及谈哲敏院士、徐祥德院士、陈发虎院士、王会军院士、夏威夷大学的王斌教授等）。

2024 年《气象学报》百年风云讲坛系列活动

#主题	主持人	报告人
天气科学向何处去？		
气候变化的机理与模拟预估		
中国西北暖湿化		
卫星气象学		
极端天气气候		
第二次青藏高原科考		
青藏高原大气动力学		
人工影响天气科学技术研发进展		

#主题	主持人	报告人
季风的变异与预测		
大气再分析数据与AI应用		
地球系统数值模拟		
数值天气预报研发进展		
高影响天气预报实践与科学挑战		
雷达气象学		
城市气象学		
洪涝灾害与水文气象预报		
台风气象学		

《气象学报》百年风云讲坛—百余位报告人（“百年百人”）照片

主编和副主编分别以红色和紫色圆圈示意

“《气象学报》百年风云讲坛”自 2022 年开播以来，截至 2025 年 5 月，共有 109 位学界泰斗、青年才俊和一线专家作精彩报告，完成“百年百人”预定目标。讲坛自开播以来实时受众超 19 万人次，成为业界最具影响力的学术交流活动之一。学术报告通过多个媒体平台进行了直播，在《气象学报》和 JMR 视频号、B 站等平台开通回放功能，其中，中国气象学会官方网站设置的“《气象学报》百年风云讲坛专区”自开播以来，回看、浏览量已超过 36 万余次。

《气象学报》百年风云讲坛参会人数统计

中国气象学会的办刊之路已走过百年。在这充满艰辛和希望的学术之路上，两本期刊取得的成绩是令人瞩目的。经过不断探索和努力，《气象学报》和《气象学报（英文版）》（JMR）被《中国科技期刊引证报告》（Chinese S&T Journal Citation Reports，CJCR）、北京大学图书馆“中文核心期刊”、中国科学院文献情报中心“中国科学引文数据库（Chinese Science Citation Database，CSCD）、Web of Science（WoS）发布的《期刊引证报告》（Journal Citation Reports，JCR）和美国科学信息研究所创建的《科学引文索引》（Science Citation Index，SCI）等重要检索系统收录，在中国大气科学类期刊综合评价总分排名中一直名列前茅，被公认为高质量、高影响学术期刊。

当前，我国气象科技水平有了质的飞跃，2023 年国际上发表的气象科技论文数量，我国发表数量首次超过美国。而在国内气象科学领域，各类学术期刊也早已百花齐放，蓬勃发展。《气象学报》没有放下进取的信念躺在过往的“功劳簿”上。这份有着厚重历史，为中国气象发展史上的诸多重要学者提供过学术论文发表平台的百年老刊，依然在不断探索如何应对新时代气象科学发展的需求，如何将办刊质量提升到更高水平，如何找到并实现属于自己的新使命。未来，中国气象学会文献期刊部将继续坚持正确的期刊出版政治导向和办刊宗旨，充分发挥学会的学术资源优势和组织网络优势，进一步夯实和壮大学会期刊出版阵容和出版能力，推动期刊出版高质量创新发展，争创气象学科领域世界一流期刊，同时大力推动科研成果向一线业务应用转化，助力气象科技创新和气象强国建设。

5

气象期刊联盟

早在 2005 年，中国气象学会就在其学术年会中开设“气象期刊改革与发展论坛”。2010 年 10 月，在北京国家会议中心第 27 届中国气象学会年会上，学会文献期刊部主办《气象学报》创刊 85 周年纪念座谈会，同时与《气象知识》编辑部联合举办气象期刊发展论坛（作为年会的分会场之一）。论坛由《气象学报》的主编丁一汇院士和副主编吴国雄院士主持，外请四个特邀报告从国际期刊发展、中国期刊学术经营、部门级期刊进展及气象科技论文指标分析的角度出发，展示了国内外期刊的最新发展态势。本次会议集结了一批气象期刊进行创新研讨，为学会组建气象期刊工作委员会打下了基础，是气象期刊联盟的萌芽。

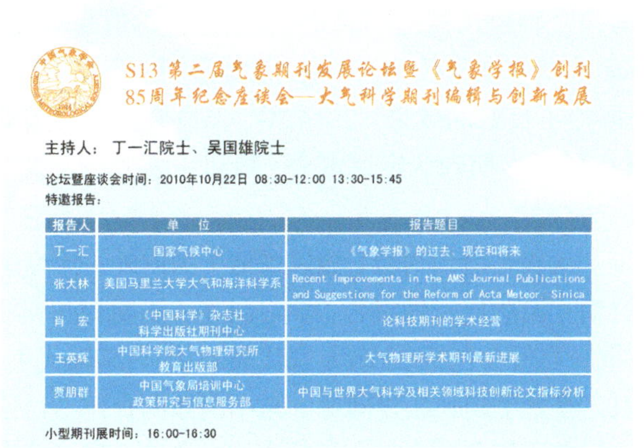

2010 年 10 月举办《气象学报》创刊 85 周年纪念座谈会和气象期刊发展论坛

2011 年 9 月，为尽快适应科技期刊的数字化、集团化和国际化态势，促进气象期刊的科学发展，推动气象科技创新研究，由中国气象学会文献期刊部牵头并作为挂靠单位，正式组建成立中国气象学会气象期刊工作委员会。全国 38 家气象科技期刊加盟，其中核心刊物有 14 家，委员会成员合计 74 人，气象科技期刊集群化建设取得新突破。

气象期刊工作委员会以加强气象类科技期刊的沟通和交流、引领和促进气象刊物的发展为宗旨，通过搭建交流平台、整合信息资源、推动协同行动，探讨气象期刊集团化和国际化发展的战略选择、气象刊物数字网络化建设的趋势与对策，了解和把握未来国内和国际期刊的改革与发展方向，提升我国气象期刊的总体发展水平，提高气象科技期刊编辑的业务能力，更好地服务和推动气象科技创新。

气象期刊工作委员会自成立以来，围绕气象科技期刊论文学术评价准则、气象期刊编校质量评价、气象期刊审稿和编校流程的优化和规范、气象期刊的数字化和网络化建设、气象期刊网上期刊联盟和刊物资源共享、气象期刊的国际化发展等方面开展工作。组织和引领气象行业期刊和同仁，共同商讨气象期刊的发展，提高了气象期刊的整体办刊水平，推动了气象期刊集团化和国际化发展。

2011年9月中国气象学会气象期刊工作委员会成立大会代表合影

气象期刊工作委员会面对气象行业近 50 家科技期刊，积极组建气象期刊联盟，征集确立了气象期刊联盟标识，建立、完善了期刊联盟网站，定期组织期刊展。先后在福建厦门、沈阳、北京等地举办气象期刊展、专题讲座和编校规范研讨会等活动，建立长效沟通机制，探讨并起草了气象期刊编校规范，组织优秀编辑为广大气象科技作者提供论文投稿和写作技巧讲座等，引领气象期刊集群化发展。

2013 年，委员会联合汤森路透集团举办以“快乐写作，轻松投稿——SCI 在科研中的价值与应用”为主题的讲座，汤森路透集团代表介绍了 Web of Science 数据库在科技论文写作中的应用和文献检索技巧，以及科研文献管理软件 Endnote 的使用方法，讲座取得了良好的效果。2014 年，委员会协助中国气象局办公室完成全国省级刊物调研，并联合召开中国气象局学术期刊认定评审会，顺利完成中国气象局学术期刊认定评审工作。

2015 年在天津举办大气科学前沿发展暨 JMR/气象期刊编辑作者研讨会，会议邀请了国内外一流专家作前沿学术报告，引领学科发展；同时邀请美国气象学会期刊出版同行做报告，学习国际一流期刊办刊经验，建立合作。2015 年完成气象期刊工作委员会换届，本届委员会包括 22 名专家代表和 43 名编辑代表，涵盖全国 48 家气象期刊。征集确立了气象期刊联盟标识，建立了期刊联盟网页。与中国知网合作，讨论制定了气象期刊优秀论文的评选标准。2015 年，在第 32 届中国气象学会年会期间组织举办期刊展，共有 11 家期刊参展，参展期刊通过海报、宣传册和样刊等，向与会代表宣传期刊，扩大期刊影响。美国气象学会期刊出版部也带来了样刊和宣传材料参展，期刊展成为中国气象学会年会及展会的重要组成部分。

2016 年 5 月，气象期刊工作委员会首次派员参加美国气象学会（AMS）出版委员会年会，会议共有来自美国气象学会的 70 余位代表参会。这个会议定位为工作会议，此前并不对外。2015 年 10 月 AMS 期刊出版代表团参加天津中国气象学会年会分会场之后，对中国气象期刊有了更多了解，并且看到了双方合作的潜势。期刊工作委员会这次应邀派 2 位代表参会属于回访，旨在进一步加强中、美气象期刊编辑同行在具体工作层面上的沟通和交流。会议期间，中国代表参加了 AMS 出版策略指导委员会会议，深入了解了目前 AMS 期刊出版的发展思路和改进举措；参加了 AMS 出版委员会年会，对其期刊出版的现状，其所属各知名期刊 2015 年的年度报告、工作计划和营销策划等有了更多的认识。两位代表实地考察了 AMS 出版部期刊编辑生产加工各个环节，与 AMS 编辑同行深度交流，充分了解其工作流程和工作效率。另外，还与 AMS 会刊主编 Jeff Rosenfeld 博士进行单独会谈，了解 BAMS 栏目设置背后的宗旨和理念及其独特的传播手段，并探讨中、美气象学会期刊开展合作的可能性。与 AMS 技术经理 Brian Papa 博士及 AMS 期刊生产制作公司 Sheridan 集团代表进行会谈，了解 AMS 期刊的外包服务流程、先进的技术手段及数字出版趋势。与部分 AMS 期刊的主编（如 *Journal of Atmospheric and*

Oceanic Technology 主编 William Emery 博士和 Luca Baldini 博士）进行交流。派出的两位代表深入学习了 AMS 先进的管理理念、高效的工作流程、丰富的办刊经验、前沿的生产技术和科学的传播手段，为中国气象期刊的发展带回诸多有益启示和借鉴。

2017 年，气象期刊工作委员会在河南郑州举办大气科学论文写作与创新研究讲座，讲座以专题报告和互动问答的形式开展，百余人参会。会后，20 多位气象类期刊的编辑参加了数字出版合作策略讨论会，参会代表讨论了与中国知网数字合作出版有关事宜，明确了与中国知网数字合作出版中可能出现的问题和应对策略等。

2015—2016 年气象期刊工作委员会与美国气象学会出版部进行互访，建立合作关系

2018 年，在安徽合肥组织召开“气象科技论文诊断会”，会议为参会代表提供了具体实用的科技论文写作指导，同时举办气象科技期刊展。开展气象期刊优秀审稿人推荐评审活动，加强气象期刊联盟建设。

随着学会期刊影响力不断提升，2015 年以后，有更多气象期刊加入了学会主办期刊队伍，学会作为第二和第三主办单位的期刊增至 6 本，包括《气象知识》《气象科技进展》《大气科学》《气候与环境研究》《大气科学进展》《大气与海洋科学快报》，其中《大气科学进展》的国际影响力表现优异，进入了 SCI 大气科学类期刊Q1 区。

2023 年，气象期刊工作委员会在广东珠海举办气象科技期刊发展提升交流研讨会，30 余种气象期刊参会，群策群力，共同探讨学术期刊高质量发展之路，共同绘制气象学术期刊发展的蓝图远景，思考如何将气象学术期刊融入国家发展大格局，更好地展现国家科技软实力。同时举办期刊海报展和“专家—作者—编辑”面对面座谈，加深期刊编辑与专家、作者及读者的交流，提升期刊的专业影响力。

2024 年 11 月 24 日，中国气象学会第二十九届理事会期刊编辑与出版工作委员会换届暨第一次工作会议在青岛成功召开，各会员期刊推荐的专家代表和责任编辑等 40 余人参加了会议。孟智勇主任委员解读了本届委员会的组建原则和委员入选标准，介绍了本届委员会的工作宗旨、目标、思路和年度工作计划，5 位副主任委员在会上作了精彩报告，与会委员围绕气象期刊发展现状及需求积极建言献策。会议建议：委员会将根据工作需要成立秘书组、项目组、标准组、宣传组等工作小组，充分调动每一位委员的积极性，保障各项工作及时有效地执行和落实。委员完成换届，注入新的活力。

2024 年 11 月 22—24 日，为纪念中国气象学会成立 100 周年，《气象学报》牵头联合多家气象科技期刊，在青岛纪念中国气象学会成立 100 周年暨气象科技现代化研讨会期间举办气象学术期刊展，14 种气象期刊从不同细分领域、不同层次回顾气象科技期刊发展历程，展示气象科技创新成果。气象学术期刊展受到中国气象局领导关注和肯定。中国气象局党组书记、局长陈振林，中国气象局党组成员、副局长熊绍员等参观气象学术期刊展，了解期刊集群发展情况。编辑出版人员围绕编校质量、稿源质量、审稿专家和作者沟通渠道等进行面对面交流，取他山之石，促进自身提高发展，对进一步合作达成共识。

2024 年中国气象学会第二十九届理事会期刊编辑与出版工作委员会换届暨第一次工作会议合影

2024 年 11 月参加气象学术期刊展的编辑代表合影

6 小　结

6.1 刊发历史概述

《气象学报》是中国气象学会主办的学术性期刊，至今创刊已经 100 周年。在一个世纪的时间里，共出版中文版 83 卷，英文版 39 卷，忠实地记录了我国气象科学发展的历史。

早在中国气象学会成立后的第 8 天，即 1924 年 10 月 18 日，首届理事会即议决出版发行《中国气象学会会刊》（下称《会刊》）。

1925 年 7 月，《会刊》诞生于青岛，每年出 1 期。《会刊》从 1925 年到 1934 年共出版 10 期，1935 年出版《中国气象学会十周年纪念刊》1 册，共登载各类文章、译作、观测报告、通讯等共计 116 篇。

20 世纪 30 年代中期，国内气象事业发展迅速，原每年出版 1 期的《会刊》难以满足气象事业发展的需求，经中国气象学会成立 10 周年纪念大会和第 32、33 次理事会议决定，自 1935 年 7 月起，《会刊》改为月刊，并更名为《气象杂志》（下称《杂志》），仍沿用《会刊》卷次继续出版，其创刊号即第 11 卷第 1 期。《杂志》在抗战前均能按计划出版，发行量增加，稿件内容增多，大大促进了学术交流和气象理论知识的传播。日寇侵华后，时局动荡，经费筹措艰难，《杂志》不能维持，停刊 3 年。1935—1940 年间只出 4 卷（第 11—14 卷），共计 37 册。

1941 年，中国气象学会力图《杂志》复刊。1941 年第 4 次编委会决定，自 1941 年第 15 卷起更名为《气象学报》（下称《学报》），每年出版 4 期，卷数与前衔接。其后，《学报》仍不能正常出版，1941—1949 年间只出 6 卷（第 15—20 卷），共计 9 册。

中华人民共和国成立后，《学报》获得了新生，迎来蓬勃发展的时期。1950 年从第 21 卷继续出版。关于学报内容，经第 48、49 次理事会议（1949 年 11 月、1950 年 6 月）决定，宜适应当时需要，刊登创作论文、系统性理论介绍和翻译作品。虽然当时国家经济困难，但《学报》出版基本正常。1955 年后，《学报》真正成为气象学术性期刊，到 20 世纪 60 年代中期，《学报》的论文数量和质量进入新的发展时期，年均发表学术性论文 50 多篇。1950 年至 1966 年上半年共出 16 卷（第 21—36 卷，1961 年未出），共计 54 册。1966 年“文化大革命”开始，从 1966 年下半年至 1978 年，《学报》被迫停刊 12 年多，使《学报》留下了无法填补的空白。

中共中央十一届三中全会后，“科学的春天”再次来到。1978 年，中国气象学会恢复活动，同年底第 19 届理事会决议《学报》复刊。1979 年，《学报》37 卷又与广大读者见面了，之后进入历史上最佳发展时期。1979—1994 年共出 16 卷（第 37—52 卷），共计 64 册，年均发表学术性论文 60 篇左右，做到了完全按计划出版发行。

为适应改革开放、国际交流日益频繁的需要，《气象学报（英文版）》（*Acta Meteorologica Sinica English Edition*）于 1987 年应运而生。此后，中、英文版的《学报》相互配合、互相补充、相得益彰，共同担负气象学术交流的重任，为推动气象科学的发展尽力尽责。

纵观《学报》前 70 年（1925—1995 年），前后几度停刊，几次更名，出刊 53 卷，合计 179 册，发表各类文章、报告、通讯、译作等共计 2081 篇，其中原创性学术论文达 1553 篇。

1996 年起，《气象学报》改为双月刊。1996—2025 年的 30 年间，《气象学报》进入稳步发展时期，刊载量大幅增加，出刊 30 卷，合计 180 册（相当于前 70 年的总和），发表各类文章约 2115 篇（超过前 70 年总和），其中绝大部分文章为原创论文。《气象学报（英文版）》自 1987 年创刊以来，出刊 39 卷，合计 189 册，共发文 2428 篇，原创论文占比 99%，其中，1996—2025 年发文 1972 篇。英文版自 2009 年起改为双月刊，开始接收独立英文投稿；2014 年更名为 JMR 后，英文稿源逐渐独立。两刊仅对重大主题专刊文章进行双语出版。

百年来，《气象学报》在①青藏高原的热力和动力作用，②东亚的季节突变、东亚季风系统的爆发和季节进退，③台风系统综合理论和寒潮的爆发与路径，④积云的观测、动力学、数值模拟研究和人工降雨试验，⑤中国主要天气系统尤其是降水系统和中尺度的研究，⑥数值天气预报模式的发展、模拟和应用、集合预报，⑦大气动力学和地转适应问题，⑧气候与气候变化研究等研究方向，刊发了众多原创性成果，获得国内外气象界的高度评价和广泛认可，成为气象科学研究和业务发展的基石。

6.2 发展阶段特征

《气象学报》创刊之早，历时之久，在我国现有四十余种气象期刊中独一无二，在全国自然科学领域各学科的学术期刊中也屈指可数。自《学报》创刊以来，我国气象学高水平的研究成果在《学报》上多有记载，因此，它能系统地、真实地反映气象科学各历史时期和总体的学术水平。可以说，《气象学报》的发展史就是我国气象科学发展史的缩影。我国气象科学的发展深受社会条件的影响，发展进程具有明显的阶段性，《学报》的发展也具有同样的特色。

1925—1935 年是我国气象学研究的萌芽时期，这 10 年中，《中国气象学会会刊》上发表的论文，以翻译作品和介绍性文章居多，称得上创造性论文的只有 27 篇。学术成果虽少，但标志着我国气象学研究事业正在起步，对我国气象学研究队伍的形成、壮大及其理论知识水平的提高，对未来的发展都有重要意义。

在 1925—1949 年的 25 年中，《气象学报》共发表学术论文 199 篇，从研究内容看，主要是天气学、气候学、大气环流和动力气象学等方面，大气物理学的研究尚处于萌芽时期，在整个气象学研究中比重很小。

中华人民共和国成立后，我国气象业务得到长足发展。《气象学报》也同时得到发展，出版的期数和篇幅逐渐增多。1950—1966 年间发表学术性论文 412 篇，是 1949 年以前 25 年的两倍多。论文所涉及的内容亦更广，动力气象、大气环流、大气物理、云雾物理、大气探测、长中短天气预报以及人工影响天气、农业气象学等方面的论文不断增加。同时还密切注意世界气象发展方向，又紧密结合我国气象特点，刊登我国气象学方面的新成果，例如，关于青藏高原气象学、东亚大气环流特点、西太平洋副热带高压和台风移动路径、我国降水和暴雨特征及寒潮活动规律等研究论文，深为国内外气象学者所重视。20 世纪 60 年代中期，美国气象学会会刊曾根据《气象学报》刊登的论文，评价了我国动力气象学的进展，认为已经达到当时的国际水平。这一时期，在《学报》上先后发表的不少有关我国灾害性天气的发生发展及预报研究论文，为国民经济建设提供了有效的服务。

《气象学报》在 1925—1966 年间的发展呈现出以下四大鲜明特点，①国际化视野：积极引进国际前沿成果，刊载大量翻译文章（源自苏联、美国、瑞士等国），并刊发中、英或中、俄双语摘要与目录。②学科交叉广泛：内容涵盖气象学核心领域及诸多交叉学科，如地震、海洋潮汐、农林气象、医学气象、航空气象等，创刊号即体现多元学科特色。③研究地域广阔：立足中国（如北京、南京、拉萨、巴山等诸多区域研究），兼具全球视角，关注海陆分布、地形水文等宏观尺度议题。④作者群体多元：汇聚科研人员、观测技术员、政府管理者等多方贡献，周恩来署名的工作指示和《人民日报》社论的刊发，凸显其学术与实践并重的特色。

进入改革开放时期，我国气象科学也蓬勃发展，学术成果累累。《学报》稿源丰富，择优刊用。1979—1994 年间，《学报》发表学术论文计 936 篇。论文的内容更新更广，增加了更多大气化学、大气环境科学、卫星气象学、雷达气象学、数值预报和数值模拟、海气相互作用等方面的内容，多是前沿科学的研究成果，对推动和引导我国气象研究，紧紧把握世界气象发展的新趋势，起到积极作用。

作为中国气象科学发展的核心学术载体，《气象学报》在 1995—2025 年的 30 年间，其研究领域、科学贡献和影响力均呈现出显著的时代特征，与早期阶段（如 1925—1949 年的萌芽期或 1950—1966 年的初步发展期）相比，研究深度、技术手段和应用范围均发生了质的飞跃，呈现出更加多元化、精细化和国际化的特点。

在数值天气预报与气候模拟领域，数值预报技术实现了自主可控，从单一的大气圈层研究发展到多圈层耦合（大气-海洋-陆面）模式，推动了气象预报从经验依赖向高精度计算的转变，在军事、航空等领域发挥了重要作用。卫星与雷达气象学研究在早期（1979—1994 年）主要集中于卫星和雷达的初步监测应用，而 1995—2025 年间，星载激光雷达等新技术的突破实现了三维大气环境的精细化监测，为生态遥感、环境治理和极端天气气候预警提供了强有力的支撑，比如 2020—2022 年在《气象学报（英文版）》（JMR）刊发的“气象卫星生态遥感应用”专栏、“风云气象卫星历史资料再处理”专栏等。

气候变化与极端天气研究在这一阶段也迈入了新高度，早期研究主要集中于气候现象的统计描述，如中国降水和寒潮的规律性分析；而 1995—2025 年间，《气象学报》发表了王会军院士团队多篇深入探讨气候变化的机制、气候预测的机理及极端天气气候发展变化的文章。在极端事件归因研究方面，JMR 组织刊发了“中国区域性极端天气气候事件的检测归因和预估”专栏。大气化学与环境气象学在这一时期崭露头角并走向成熟，成为独立的研究方向，如张小曳院士和黄建平院士在 JMR 组织的“京津冀区域 2016 年冬季重污染期间的雾-霾特征及形成机制”专刊。人工智能与大数据的结合也推动了气象研究的变革，“气象人工智能”专刊正在有序推进中。

在国际影响力方面，这一时期的研究成果得到了全球学术界的更多认可。早期的中国气象研究虽曾获得美国气象学会的评价（如 20 世纪 60 年代动力气象学达到国际水平），但整体国际影响力有限。而 1995—2025 年间，《气象学报（英文版）》通过 SpringerLink 向全球传播，《气象学报》通过中国知网和中国科协双语出版平台进行国际传播，两刊成为国内学者走向世界的重要平台。

总体而言，1995—2025 年的《气象学报》见证了中国气象科学从跟跑到并跑甚至部分领域领跑的跨越式发展。研究范畴从传统的天气学拓展至地球系统科学，技术方法从经验统计迈向数值化和智能化，应用场景也从基础业务延伸至国家安全、可持续发展等战略领域。未来，随着交叉学科的深度融合和智能化技术的进一步发展，《气象学报》将紧跟学科发展前沿，刊发更多的高质量精品文章，为推动中国和世界天气气候预报预测科学技术进步做出更大贡献。

6.3 编委会引领新航程

《气象学报》自创刊以来，始终以编委会为核心，汇聚了涂长望、赵九章、李宪之、叶笃正、谢义炳、廖洞贤、周秀骥、丁一汇、谈哲敏等一批杰出的科学家担任编委会主任（总编辑、主编）。这些学科带头人以深厚的学术造诣和热忱的奉献精神，为《气象学报》的生存与发展奠定了坚实基础，引领期刊不断攀登学术高峰。

《气象学报》始终坚持“内容新颖、见解独到”的选稿标准，优先发表具有理论创新和实践突破的优秀成果。继承老一辈科学家的优良学风，倡导学术民主，鼓励百家争鸣，为中国气象科学的蓬勃发展注入了持久活力。《气象学报（英文版）》（JMR）则以全球视野聚焦前沿成果，推动中国气象科技的国际传播与交流，成为连接中外气象学界的重要桥梁。

《气象学报》历任主编

百年历程中，《气象学报》凝聚了无数科学家的心血。从创刊至今，高均、彭济群、陈开源等先驱，到叶笃正、谢义炳、周秀骥等中坚力量，再到丁一汇、谈哲敏等当代领军人物，历任主编和编委以卓越的智慧和无私的奉献，铸就了《气象学报》的辉煌成就。著名科学家顾震潮、朱抱真、王绍武、周明煜、纪立人、吴国雄、谭本馗、张人禾、宇如聪、端义宏、William K. M. Lau、张大林、Tim Li、翁富忠等担任《气象学报》副主编，为学报的发展做出了重大贡献。近 20 年来，编委会队伍不断壮大，国际化程度显著提升，为期刊的持续发展注入了新动能。《气象学报》历任主编和相关简史见下表，并附上近 20 年（2005—2025 年）《气象学报》编审委员会换届会议的合影，以示感谢！

《气象学报》主任（总编辑、主编）、副主任（副主编）及相关信息

时间	刊名	姓名/称谓	学会理事会届次	期刊卷号	编辑部地址	备注
1924 年 10 月；1925 年 7 月	《中国气象学会会刊》	高均/编辑委员会总编辑；彭济群/编辑委员会总编辑	第一届、第二届	第 1 卷	青岛胶澳商埠观象台	1 年 1 期
1927 年 10 月		陈开源/编辑委员会总编辑	第四届	第 3 卷		1931 年 6 月，第二十五次理事会决议本年增刊 1 期共为 2 期。
1934 年 10 月			第十届	第 10 卷	南京北极阁	中国气象学会十周年纪念刊

续表

时间	刊名	姓名/称谓	学会理事会届次	期刊卷号	编辑部地址	备注
1935年6月	《气象杂志》	涂长望/编辑委员会总编辑	第十一届、第十二届	第11卷		改为月刊；中英双语目录；部分文章中英双语
1941年4月	《气象学报》	涂长望、吕炯/编辑委员会总编辑	第十三届	第15卷	重庆北碚象庄（又说重庆曾家岩）	改为季刊
1944年	《气象学报》	涂长望/编辑委员会总编辑	第十四届	第18卷		中国气象学会二十周年纪念刊
1947年8月		赵九章/编辑委员会总编辑	第十五届		南京北极阁	
1949年5月		赵九章/编辑委员会总编辑	第十六届	第20卷		竺可桢先生六旬寿辰纪念专刊
1951年4月		赵九章/编译委员会主任	中华人民共和国成立后第一届	第22卷	北京北魏胡同17号	
1954年8月		赵九章/编辑委员会主任	中华人民共和国成立后第二届	第25卷		
1954年12月	《气象学报》	李宪之/编辑委员会主任；叶笃正/编辑委员会副主任	中华人民共和国成立后第二届（调整后）、第三届	第25卷		
1962年8月		叶笃正/编辑委员会主任；蒋金涛和顾震潮/编辑委员会副主任	第十八届	第32卷	北京西郊五塔寺7号	
	1966年6月至1978年8月 停刊					
1978年3月	《气象学报》	谢义炳/编辑委员会主任委员；杜行远和朱抱真/编辑委员会副主任委员	第十八届（调整后）、第十九届	1979年第37卷		1978年9月恢复出版；1979年5月正式复刊
1982年10月		廖洞贤/编审委员会主任委员；王绍武和周明煜/编审委员会副主任委员	第二十届	第40卷	北京市海淀区中关村南大街46号中国气象局大院	
1986年12月		周秀骥/编审委员会主任委员；王绍武和纪立人/编审委员会副主任委员	第二十一届、二十二届	第44卷		
1987年9月	《气象学报（英文版）》创刊	周秀骥/编审委员会主任委员；纪立人和王绍武编审委员会副主任委员	第二十一届	英文版第1卷		1990年纪念竺可桢诞生一百周年专刊
1994年	《气象学报》	周秀骥/编审委员会主任委员；王绍武、纪立人、丁一汇/编审委员会副主任委员	第二十三届、二十四届	第52卷		1995年创刊70周年专刊
2002年		周秀骥/编审委员会主编；吴国雄、丁一汇、谭本馗、刘宗秀（专职）/编审委员会副主编	第二十五届	第60卷		2005年创刊80周年专刊

续表

时间	刊名	姓名/称谓	学会理事会届次	期刊卷号	编辑部地址	备注
2006 年 12 月	《气象学报》、《气象学报(英文版)》	丁一汇/编审委员会主编；吴国雄、William K. M. Lau、谭本馗、刘宗秀（专职）/编审委员会副主编	第二十六届	中文版第 64 卷；英文版第 20 卷	北京市海淀区中关村南大街 46 号中国气象局大院	中文版 1996 年改为双月刊；英文版 2009 年改为双月刊
2011～2014 年		丁一汇/编审委员会主编；吴国雄、张大林、张人禾、伊兰（专职）/编审委员会副主编	第二十七届	中文版第 68 卷；英文版第 24 卷		2014 年中国气象学会成立 90 周年专刊
2015～2024 年		丁一汇/编审委员会主编；吴国雄、张大林、端义宏、伊兰（专职，2015—2016）*/中文版编审委员会副主编；吴国雄、张大林、宇如聪、张人禾、伊兰（专职）/编审委员会英文版副主编	第二十八届	中文版第 72 卷；英文版第 28 卷		2020 年新中国成立 70 周年纪念专刊
2017～2024 年	《气象学报（英文版）》	丁一汇/编审委员会主编；Tim Li、Melinda Peng#、翁富忠、宇如聪、张人禾、伊兰（专职）/英文版编审委员会副主编		英文版第 30 卷		
2024 年 9 月	《气象学报》、《气象学报(英文版)》	谈哲敏/编审委员会主编&	第二十九届	中文版第 82 卷；英文版第 38 卷		2025 年创刊 100 周年专刊

* 伊兰（专职，2015—2016 年），赵秀英（专职，2017—2023 年），程艳丽（专职，2021—2024 年）。
# Melinda Peng（2017—2019 年）。
& 副主编名单见下：
副主编：戴永久、沈学顺、姜大膀、翁富忠、Prigent Catherine、廖宏、朱跃建、Wang Yuqing、Wu Zhaohua。
执行副主编：孟智勇、林岩銮、Pu Zhaoxia、车慧正、周文、徐邦琪、张鹏、雷荔傈、王林。
专职副主编：伊兰、程艳丽。

《气象学报》主任（总编辑、主编）及其任期简表

	姓名	任期[①]	刊名
1	高均	1925 年	中国气象学会会刊
2	彭济群	1925—1927 年	中国气象学会会刊
3	陈开源	1927—1935 年	中国气象学会会刊
4	涂长望	1935—1947 年	气象杂志（1935 年） 气象学报（1941 年）
5	赵九章	1947—1954 年	气象学报
6	李宪之	1954—1962 年	气象学报
7	叶笃正	1962—1966 年[②]	气象学报
—	—	—	停刊
8	谢义炳	1979—1982 年[③]	气象学报
9	廖洞贤	1982—1986 年	气象学报
10	周秀骥	1986—2006 年[④]	气象学报 气象学报（英文版）（1987—2006 年）

续表

	姓名	任期①	刊名
11	丁一汇	2007—2024年⑤	气象学报 气象学报（英文版）（2007—2013年） JMR（2014—2024年）
12	谈哲敏	2024年至今	气象学报 JMR

①由于记录不完整，任期可能不准确，尤其是早期的任期。
②1966年6月以后，《气象学报》停刊。
③1979年5月，《气象学报》复刊。
④1987年9月，《气象学报（英文版）》正式出版。
⑤2014年，《气象学报（英文版）》更名为 *Journal of Meteorological Research* (JMR)。

2007年3月26日第二十六届《气象学报》编审委员会合影

2011年9月5日第二十七届《气象学报》编审委员会合影

2014 年 12 月 26 日第二十八届《气象学报》编审委员会合影

2024 年 11 月 23 日第二十九届《气象学报》和 JMR 编审委员会副主编换届会议

经过几代科学家和编辑的辛勤耕耘，《气象学报》走过了 100 个春秋。百年风雨，砥砺前行。《气象学报》不仅见证了中国气象科学从无到有、从弱到强的壮阔历程，更在季风动力学、数值预报、气候变化等关键领域取得了一系列突破性成果，为全球大气科学研究贡献了中国智慧。近年来，期刊积极拥抱数字化转型，推动气象科学与人工智能、大数据等新兴技术的深度融合，学术影响力和国际声誉持续提升。

回顾《气象学报》百年征程，我们深切感怀老一辈气象科学家和历届编委们筚路蓝缕、开拓创新的奋斗精神。他们以深厚的学术造诣和无私的奉献精神，在战火纷飞的年代坚守学术阵地，在百废待兴的岁月奠基学科发展，在改革开放的浪潮中勇立潮头，铸就了《气象学报》的学术品格与精神丰碑。

展望未来，《气象学报》将始终传承这份精神薪火，秉持服务国家、追求卓越的初心使命，紧密围绕国家重大战略需求，聚焦气象学科前沿领域，通过高质量的原创研究、深入的专题研讨和创新的学术交流，持续推动气象科学的创新发展，为建设气象强国贡献智慧和力量。

站在百年新起点上，在以谈哲敏院士为首的新一届编审委员会带领下，我们将以更加昂扬的姿态，踔厉奋发，勇攀高峰，为气象事业的高质量发展和人类应对气候变化的共同使命做出更大贡献。

百年华章，再启新程。《气象学报》必将以更加开放的胸怀、更加创新的精神，续写中国气象科学的辉煌篇章！

主要参考文献

编者. 1925. 发刊缘起. 中国气象学会会刊, 1(1): 1.
编者. 1935. 发刊词. 气象杂志, 1(1): 1-3.
曹莹. 2018. 民国时期气象专业期刊及气象科技发展. 南京: 南京信息工程大学.
丁一汇, 周秀骥. 2007: 创新 育人 奉献——纪念谢义炳先生诞辰 90 周年. 气象学报, 65(5): 663-664.
《气象学报》编辑部. 1996. 献给作者和读者. 气象学报, 54(1).
《气象学报》编辑部. 2005. 纪念《气象学报》创刊 80 周年.(内部资料).
《气象学报》编审委员会. 1988. 1987 年度《气象学报》优秀论文评选揭晓. 气象学报, 46(2).
《气象学报》编审委员会. 1989. 1988 年《气象学报》优秀论文. 气象学报, 47(2).
《气象学报》编审委员会. 1990. 1989 年度《气象学报》优秀论文评选揭晓. 气象学报, 48(3).
《气象学报》编审委员会. 1991. 1990 年度《气象学报》优秀论文评选揭晓. 气象学报, 49(4).
《气象学报》第 23 届编审委员会. 1995. 《气象学报》70 年(1925—1995). 气象学报, 53(3): 257-259.
仇永炎. 2001. 追思李宪之教授. 气象学报, 59(5): 513-514.
李蓓蓓, 何静凡, 张改珍, 等. 2021. 《气象杂志》的中外气象科技交流探究. 中国科技期刊研究, 32(06): 741-748.
刘宗秀, 赵秀英. 2006. 开拓创新 辉煌历程——《气象学报》办刊 80 年的主要进展. 中国科技期刊研究, 17(5): 781-785.
人民日报社. 1954. 加强天灾的预防工作 保证生产建设的安全. 气象学报, 25(2): 61-63.
陶诗言. 1990. 竺可桢先生——我国近代气象学的奠基人. 气象学报, 48(1): 1-3.
陶祖钰. 2019. 百篇早年气象文献的梳理和回忆: 螺旋式发展. 气象科技进展, 9(1): 67-72.
谢义炳. 1955. 北京大学五四科学讨论会气象分会讨论会. 气象学报, 26(3): 231-233.
叶笃正. 1984. 庆祝中国气象学会成立六十周年大会开幕词. 气象学报, 42(4): 385-386.
叶笃正, 陶诗言, 李麦村. 1958. 在六月和十月大气环流的突变现象. 气象学报, 29(4): 249-263.
伊兰. 2015. 学术期刊出版时效管理的个例实践. 传播与版权, 4: 30-32.
伊兰, 赵秀英, 王祥国, 等. 2015. 国际高影响学术期刊主编选用机制个例探究. 编辑学报, 27(6): 609-612.
张大林. 2005. 大气科学的世纪进展与未来展望. 气象学报, 63(5): 812-824.
张改珍, 刘波. 2022. 西学东渐时期西方气象科技在中国的传播及其影响. 气象学报, 80(4): 643-648.
章基嘉, 叶笃正, 杨鉴初, 田夫, 谢义炳, 廖洞贤. 1985. 纪念《气象学报》创刊六十周年. 气象学报, 43(4): 385-388.
张乃召. 1951. 中国气象学会第一届代表大会总结报告. 气象学报, 22(1): 1-5.
张璇. 2015. 民国时期中国气象学会会员群体研究(1924—1949). 南京: 南京信息工程大学.
中国气象学会. 2002. 中国气象学会史料简编. 北京: 气象出版社.
中国气象学会. 2008. 中国气象学会史. 上海: 上海交通大学出版社.
中国气象学会. 2024. 中国气象学会百年史(1924—2024). 北京: 气象出版社.
周恩来. 1954. 关于加强灾害性天气的预报、警报和预防工作的指示. 气象学报, 25(2): 59-60.
周秀骥. 1994. 21 世纪的大气科学——纪念中国气象学会成立 70 周年. 气象学报, 52(3): 257-260.
周秀骥, 吴国雄, 丁一汇. 2005. 推动创新研究, 繁荣大气科学——纪念《气象学报》创刊 80 周年. 气象学报, 63(5): 541-542.
邹竞蒙. 1996. 庆贺叶笃正先生从事气象工作六十年暨八秩华诞. 气象学报, 54(2): 129-131.
Anthes, Richard A. 1996. Remarks on the Tenth Anniversary of *Acta Meteorologica Sinica* (*English Edition*). *Acta Meteorologica Sinica* (*English Edition*), 10(4).
Zhou, Xiuji. 1996. Stepping Forward to the 21st Century in a Solid Foundation——In Celebration of the Tenth Anniversary of *Acta Meteorologica Sinica* (*English Edition*). *Acta Meteorologica Sinica* (*English Edition*), 10(4).

第三部分

《气象学报》大事记

引　言

《气象学报》是中国自然科学领域创刊最早的学术刊物之一。其前身为创办于 1925 年 7 月的《中国气象学会会刊》，发刊缘起中如下记载——“中国气象学会既于去秋成立于青岛，而同志散在四方，各羁职务，欲求会集一堂，从容讨论，其事甚难，不有刊布，何以通声气而贡所知。缘由理事会议决，发行会刊一种，记载吾同会诸人气象学术之研究，气象事业之建议，与夫会务进行之经历。穷念近世气象之学，范围日广，新法日出；而国中言此学之专刊犹付阙如。本刊创立伊始，寡陋之忏，在所不免。倘吾同志，或以经验所得之记载，或以个人创获之新理，乃至气象学中偶见之现象，流传之谚语，写寄本刊，公之同好，俾本刊之精神日渐发皇，同志之研究益增兴味，而此学之常识普及于国人，则其裨益丰浅妙哉！”（摘自创刊号首页“发刊缘起”）。

为扩大业界学术影响、科学救国，1935 年由《中国气象学会会刊》更名为《气象杂志》，1941 年再次更名为《气象学报》。著名气象学家涂长望、赵九章、叶笃正、谢义炳等曾担任编辑（译）委员会的总编辑、主任，竺可桢、蒋丙然、胡焕庸、黄厦千等曾担任多届编辑委员、特约编辑。现任主编为中国科学院院士谈哲敏。

100 年来，作为中国大气科学、气象学发展的见证者和推动者，《气象学报》始终引领学科前沿，不仅为中国现代气象学体系的建立奠定了坚实基础，扶植了数代杰出科学家，更记录了在季风动力学、数值预报和气候变化等关键领域取得的突破性成果，深刻影响了全球大气科学研究和创新发现。

近 5 年，《气象学报》在数字化转型、国际合作以及跨学科研究方面取得显著进展，积极推动了气象科学与人工智能、大数据等新兴技术的深度融合，期刊的学术质量和国际声誉获得提升，在防灾减灾、全球气候变化和可持续发展等议题中发挥着更为重要的作用。

1

历 史 沿 革

1925 年 7 月，《中国气象学会会刊》创刊，彭济群任编辑委员会总编辑，编辑部地址设在青岛胶澳商埠观象台。

In July 1925, *Journal of* the *Chinese Meteorological Society* (JCMS) was launched. Peng Jiqun was elected Chief Editor. The JCMS Editorial Office was sited at Qingdao Observatory.

1927 年 10 月，在第四届理事会上，陈开源选为编辑委员会总编辑。

In October 1927, Chen Kaiyuan was elected Chief Editor at the fourth council meeting of the *Chinese Meteorological Society* (CMS).

1934 年 编辑部地址设在南京北极阁。

In 1934, the JCMS Editorial Office was then at the Nanjing Meteorological Observatory (Beijige in Chinese).

1935 年 6 月 22 日第十一届理事会决定将《中国气象学会会刊》改名为《气象杂志》，每月出一期。涂长望任编辑委员会总编辑。

On 22 June 1935, the 11th Council of CMS decided to change the journal title into *Meteorological Magazine* and made it a monthly periodical. Tu Changwang was appointed Chief Editor.

1941 年 4 月 2 日，第四次编辑委员会会议决定《气象杂志》自第 15 卷起改名为《气象学报》，卷数与前顺序相接并附英文摘要。涂长望、吕炯任编辑委员会总编辑，编辑部地址设在重庆北碚象庄。

On 2 April 1941, the fourth editorial committee meeting proposed that *Meteorological Magazine* be changed into *Acta Meteorologica Sinica* (AMS) and each article be published with an English abstract starting from Vol. 15. Tu Changwang and Lyu Jiong were appointed Co-Chief Editors. The Editorial Office was moved to Xiangzhuang, Beipei, Chongqing.

1947 年 8 月，在第十五届理事会上赵九章被选为编辑委员会总编辑，编辑部设在南京北极阁。

In August 1947, Zhao Jiuzhang was elected Chief Editor of AMS at the 15th council meeting of CMS. The AMS Editorial Office went back to Beijige, Nanjing.

1951 年 4 月，在中华人民共和国成立后的第一届理事会上，赵九章被选为编译委员会主任。《气象学报》编辑部设在北京北魏胡同 17 号。

In April 1951, Zhao Jiuzhang was elected the AMS Editorial Committee Chairman at the first council meeting of CMS since the founding of P. R. China in 1949. The AMS Editorial Office was officially sited at No. 17 Beiwei Hutong, Beijing.

1954 年 8 月，《气象学报》编辑委员会主任为赵九章，同年 12 月，调整为李宪之。

In December 1954, Li Xianzhi was appointed the AMS Editorial Committee Chairman.

1962 年 8 月，第十八届理事会决定《气象学报》编辑委员会主任为叶笃正。编辑部迁至北京西郊五塔寺 7 号。

In August 1962, Ye Duzheng was appointed the AMS Editorial Committee Chairman by the 18th Council of CMS. The Editorial Office was moved to No. 7 Wuta Temple, Beijing and stationed there ever after (the street was renamed to be the current one later).

1966 年 6 月，《气象学报》停刊。

In June 1966, the publication of AMS was ceased.

1978 年 3 月，调整后的第十八届理事会决定谢义炳担任《气象学报》编辑委员会主任委员。9 月 21 日，经国家科委批复，《气象学报》恢复出版。

In March 1978, Xie Yibing was chosen to be the AMS Editorial Committee Chairman by the reformed 18th Council of CMS. On 21 September 1978, AMS was authorized to recommence publication by the National Science and Technology Commission of China.

1979 年 5 月，《气象学报》恢复出刊，由气象出版社出版，全年出版 4 期。

In May 1979, the publication of AMS was officially resumed, and four issues were published till the end of 1979.

1982 年 10 月，第二十届理事会决定《气象学报》编审委员会主任委员为廖洞贤。

In October 1982, Liao Dongxian was selected as the AMS Editorial Committee Chairman by the 20th Council of CMS.

1985 年 6 月，中国气象学会在北京举行庆祝《气象学报》创刊 60 周年座谈会，副理事长章基嘉主持会议。中央人民广播电台和中华人民共和国国际广播电台分别对国内外宣传报道了这次会议。

In June 1985, a colloquium chaired by Zhang Jijia, Vice President of CMS, was held in Beijing to celebrate of the 60th anniversary of AMS. The Central People's Broadcasting Station and the China Radio International jointly covered this conference in domestic and international media.

1986 年 12 月，第二十一届理事会决定《气象学报》编审委员会主任委员为周秀骥。

In December 1986, Zhou Xiuji was appointed the AMS Editorial Committee Chairman by the 21st Council of CMS.

1987 年 9 月，《气象学报》英文版创刊。

In September 1987, the AMS English Edition was officially launched.

1992 年 11 月，"中国自然科学核心期刊"遴选结果公布，《气象学报》名列气象科学期刊之首。

In November 1992, the selection results of "Core Journals of Natural Sciences in China" were announced: AMS ranked the first among the meteorological science journals.

1994 年 8 月，《气象学报》第 52 卷第 3 期刊发周秀骥主任委员的文章"21 世纪的大气科学——纪念中国气象学会成立 70 周年"。

In August 1994, Chief Editor Zhou Xiuji published an overview titled "Atmospheric Sciences in 21th Century——in Memory of the 70th Anniversary of the Foundation of Chinese Meteorological Society" in Vol. 52 No. 3.

1996 年 1996 年起，《气象学报》由季刊改为双月刊。

In 1996, AMS changed from quarterly to bimonthly.

1999 年 2 月起，《气象学报》进入英国《科学文摘》（Science Abstract，简称 SA）检索系统。

From February 1999, AMS had been included in the Science Abstract (SA) database of the UK (now named INSPEC).

2005 年 12 月，庆祝《气象学报》创刊 80 周年座谈会在京举行。

In December 2005, a symposium was held in Beijing in celebration of the 80th anniversary of AMS.

自 2005 年起，《气象学报（英文版）》由气象出版社改为由中国气象学会《气象学报》期刊社负责编辑出版。

In 2005, the publisher of the AMS English Edition was changed from China Meteorological Press to *Acta Meteorologica Sininca* Press of the CMS.

2006 年 12 月，第二十六届理事会决定《气象学报》编审委员会主编为丁一汇。

In December 2006, Ding Yihui was appointed the Editorial Committee Chairman of AMS and AMS English Edition by the 26th Council of CMS.

2007 年 《气象学报（英文版）》被 SCI 收录。

In 2007，the AMS English Edition was indexed by SCI.

2009 年 2009 年起，《气象学报（英文版）》由季刊改为双月刊。

From 2009, the AMS English Edition became bimonthly.

2009 年起，《气象学报》中、英文版实现期刊内容网刊发布、实时上网。

From 2009, AMS and the AMS English Edition set up online digital publication, ahead of the hard copy print publication.

2010 年 3 月和 9 月两次召开《气象学报》常务编审委员会会议，落实短期气候预测研究和交互式全球大集合预报系统（TIGGE）项目两期专刊的组稿工作。

In March and September 2010, the AMS Editorial Committee held two board meetings, facilitating“call for papers” and the reviewing and publication of the special issues on short-term climate prediction research and the TIGGE project.

2010 年 6 月，中国气象学会就《气象学报（英文版）》在国外的出版发行与德国 Springer 出版社达成正式合作协议。

In June 2010, the Chinese Meteorological Society and Springer reached a formal agreement on collaborative international publication of the AMS English Edition.

2010 年 6 月，美国 JCR 报告公布了 2009 年度 SCI 期刊指标，《气象学报（英文版）》的首个影响因子为 0.874，在被 SCI 收录的 114 种中国大陆（含港澳）期刊中位居第 35 位。

In June 2010, the JCR report by Thomson Reuters released the SCI journal indicators for the year 2009. The first impact factor of the AMS English Edition was 0.874, ranking the 35th among 114 Chinese mainland (including Hong Kong and Macao) journals included in SCI.

2010 年 10 月，庆祝《气象学报》创刊 85 周年座谈会在京举行，同时举办气象期刊发展论坛，主题为“大气科学期刊编辑与创新发展”。《气象学报》获得“中国科协精品科技期刊工程示范项目”资助。

In October 2010, a symposium was held in Beijing in celebration of the 85th anniversary of AMS, jointly with the Forum on Meteorological Journals Development. In the same year, AMS entered the demo project of the Elite S&T Journal Program sponsored by the Chinese Association for Science and Technology (CAST).

2010 年 10 月，《气象学报》亮相法兰克福国际书展。

In October 2010, AMS made its debut at the Frankfurt International Book Fair.

2011 年 1 月，《气象学报（英文版）》正式上线 Springer 国际在线出版平台。

In January 2011, the AMS English Edition SpringerLink website was officially launched at https://link.springer.com/journal/13351.

2011 年 9 月，《气象学报》组建成立第二十七届编审委员会，主编为丁一汇。

In September 2011, the 27th Editorial Committee of AMS was established, and Ding Yihui was appointed the Chairman by the CMS.

2012 年 5 月，《气象学报（英文版）》（AMS English Edition）启用 ScholarOne Manuscripts 国际审稿系统。

Starting from May 2012, the AMS English Edition employed the ScholarOne Manuscripts System for review and processing of all submitted manuscripts.

2014 年 1 月，《气象学报（英文版）》更名为 *Journal of Meteorological Research*，并成立新的编委会（英文版编委会 2012 年 10 月开始试运行）。

In 2014, the AMS English Edition was renamed as *Journal of Meteorological Research* (JMR), with a new ISSN and a new Editorial Board (The Board started its try run since October 2012).

2014 年 12 月，《气象学报》组建成立第二十八届编审委员会，主编为丁一汇。

In December 2014, the 28th Editorial Committee of AMS was established, and Ding Yihui was appointed by the CMS to continue serving as the AMS and JMR Editorial Committee Chairman.

2018 年 JMR 获得中国科协 2017 年度期刊审读优秀等级。

In 2018, JMR obtained the first grade in the 2017 Journal Review by CAST.

2020 年 JMR 参加美国气象学会第 100 届年会。

In 2020, JMR participated in the 100th Annual Meeting of the American Meteorological Society in Boston, Massachusetts.

2020 年 JMR 入选中国科学技术信息研究所“中国科技核心期刊”。

In 2020, JMR was included into the ISTIC Core Database of Chinese S&T Journals. ISTIC denotes Institute of Science and Technical Information of China.

2021 年 中国气象学会入选中国科协 2021 年全国学会期刊出版管理规范单位。

In 2021, the Chinese Meteorological Society was selected by CAST as one of the “Societies Performing Well in Journals Publishing Management.”

2022 年 4 月 27 日，中国气象学会启动“《气象学报》百年风云讲坛”系列活动，年内共举办 8 期，在学会官网、气象学报和 JMR 视频号、B 站账号等 7 个平台开辟线上直播。讲坛第一期由《气象学报》主编丁一汇院士主持，南京大学谈哲敏院士做了题为“天气科学向何处去”的首场报告。

On 27 April 2022, the “Centennial Fengyun Forum of *Acta Meteorologica Sinica*” (webinar series) was launched. A total of 8 webinars were held throughout the year, and online live broadcasts were conducted on 7 platforms. The first webinar of the forum was hosted by Ding Yihui, the Chief Editor of AMS and the Academician of the Chinese Academy of Sciences. Academician Tan Zhemin from Nanjing University delivered the first talk titled “Where Should Weather Science Go?”

2023 年 JMR 最新 SCI 影响因子为 3.2，由 Q3 区升入 Q2 区；JMR Scopus 数据库影响因子由 3.9 增至 5.1，位列国际大气科学领域和海洋工程领域期刊排名双 Q2 区。

In 2023, the SCI impact factor of JMR was 3.2, rising to Q2; the Scopus CiteScore of JMR was 5.1, ranking Q2 in both atmospheric sciences and ocean engineering.

2023 年“《气象学报》百年风云讲坛”举办 9 期，69 位专家学者作特邀报告，多位院士参与主讲和主持。讲坛单期受众达 1.3 万人次，成为新冠疫情期间气象界有重要影响的线上学术活动之一。

In 2023, nine webinars of the “Centennial Fengyun Forum of *Acta Meteorologica Sinica*” were held. 69 experts delivered high-quality talks, and a number of Academicians chaired and/or made keynote speeches at the forum. Audience for some session exceeded 13,000. The forum has become one of the most important online academic exchange programs during the COVID-19 pandemic.

2023 年 2023 年 8 月 23—24 日，气象科技期刊发展提升交流研讨会在广东珠海主办，30 余种气象期刊参会，共同探讨学术期刊高质量发展之路，同时开展“专家-作者-编辑”面对面座谈及期刊展示。

On 23–24 August 2023, the Journals Publication Department and the Meteorological Journal Working Committee, both under the CMS, jointly hosted the “Meteorological Science Journal Development Symposium” in Zhuhai, Guangdong Province. More than 30 meteorological journals participated in the event, jointly exploring the path for the high-quality development of S&T journals. Face-to-face discussions among “researchers, authors, and editors” as well as a journals exhibition were also held.

2024 年 《气象学报》和 JMR 加盟清华大学出版社 SciOpen 平台。

In 2024, AMS and JMR joined the SciOpen platform of Tsinghua University Press.

《气象学报》百年风云讲坛系列活动共举办 7 期。

In 2024, seven webinars of the “Centennial Fengyun Forum of *Acta Meteorologica Sinica”* were held.

2024 年 8 月 30 日召开《气象学报》主编座谈会，2024 年 11 月 23 日召开《气象学报》和 JMR 编审委员会换届会议，2025 年 2 月 12 日召开《气象学报》和 JMR 主编、副主编工作会议，2025 年 2 月 28 日完成《气象学报》和 JMR 两刊编委会整合与换届工作，正式成立“第二十九届《气象学报》和 JMR 编审委员会”，谈哲敏院士担任主编。新一届编委会中，顾问编委（均为院士）25 人，其他编委 171 人，合计 196 人。

On 30 August 2024, a Special Meeting for AMS and JMR was held and Academician Tan Zhemin was assigned Chief Editor. On 23 November 2024, the Election Meeting for the Editorial Committee of AMS and JMR appointed 25 advisory members (all academicians), 9 Co-Chief Editors, 9 Executive Co-Chief Editors, and 2 Full-Time Co-Chief Editors. On 28 February 2025, 61 Editors, 75 Associate Editors, and 14 International Editors of the new Editorial Committee of AMS and JMR were finalized, and the “29th Editorial Committee of AMS and JMR” with a total of 196 members was officially established.

2024 年 11 月 22—23 日，《气象学报》中、英文版牵头联合多家气象科技期刊，在青岛纪念中国气象学会成立 100 周年暨气象科技现代化研讨会期间举办气象学术期刊展，14 种气象期刊参展，中国气象局领导参观气象期刊展，了解期刊发展情况。

In conjunction with the Centennial Symposium of the Chinese Meteorological Society (CMS) on Meteorological Science and Technology Modernization, a Meteorological S&T Journals Exhibition was held during 22–23 November 2024 in Qingdao, China. *Acta and JMR* spearheaded the exhibition, co-organized with 13 meteorological S&T journals and China Meteorological Press. Leadership from the China Meteorological Administration (CMA) visited the exhibition, reviewing journal development progress.

2024 年 11 月 24 日，组织召开中国气象学会第二十九届理事会期刊编辑与出版工作委员会换届暨第一次工作会议，孟智勇主任委员主持会议，来自全国各地的 41 家气象期刊及图书出版单位代表近 50 人参会。

2024 年 On 24 November 2024, the Inaugural Meeting of the newly elected Committee for Periodical Editing and Publishing under the 29th Council of the Chinese Meteorological Society (CMS) was convened by Prof. Meng Zhiyong, Chairperson of the Committee, and attended by nearly 50 delegates representing 41 meteorological journals and publishing institutions nationwide.

2025 年 4 月 28 日举办《气象学报》百年风云讲坛第 25 期（最后一期），谈哲敏主编作总结致辞。累计 109 位学界泰斗、青年才俊和一线专家在百年风云讲坛做了报告，实现“百年百人”的预期目标。讲坛累计实时受众超 19 万人次，视频回看量超 36 万人次。

On 28 April 2025, the last webinar of the “Centennial Fengyun Forum of *Acta Meteorologica Sinica*” was held. Chief Editor of AMS and JMR, Tan Zhemin, delivered a concluding speech. From April 2022 to April 2025, the forum has hosted 109 top experts to deliver talks, achieving its goal of “having one hundred people and talks over a century.” The forum has a cumulative real-time audience of over 190,000 and a video replay view count of over 360,000.

2025 年 8 月 15—16 日，“《气象学报》创刊 100 周年学术研讨会”在北京友谊宾馆召开。世界知名气象学家 John M. Wallace 和 Brian Hoskins 做报告，美国气象学会理事长 David Stensrud 线上参会，美国气象学会出版委员会主任 Walter Robinson 和 *Journal of Applied Climatology and Meteorology* 主编 Steve Hu 现场参会。

On 15–16 August 2025, the “Centenary Science Symposium of *Acta Meteorologica Sinica*” was held at the Beijing Friendship Hotel. World-renowned meteorologists John M. Wallace and Brian Hoskins delivered research presentations virtually. Dr. David Stensrud, President of the American Meteorological Society (AMS), also made online presence. Prof. Walter Robinson, the AMS Publication Commissioner, and Steve Hu, Editor-in-Chief of the *Journal of Applied Climatology and Meteorology*, attended the symposium on site.

出版单位变更记录：

■ 《气象学报》1949—1966 年由科学出版社出版，1979—1997 由气象出版社出版，1998 年出版单位变更为《气象学报》杂志社，2002 年出版单位变为《气象学报》期刊社，2013 年改为《气象学报》编辑部，沿用至今。

■ 《气象学报（英文版）》1987—2004 年由气象出版社出版；2005—2023 年由《气象学报》期刊社（编辑部）出版；2024 年由《气象学报（英文版）》编辑部出版。

Change Records for the Publisher of AMS and JMR:

■ *Acta Meteorologica Sinica* (*Chinese Edition*):

1949–1966: Published by Science Press;

1979–1997: Published by China Meteorological Press;

1998: Published by *Acta Meteorologica Sinica* Press (杂志社);

2002: Published by *Acta Meteorologica Sinica* Press (期刊社);

2013: Published by *Acta Meteorologica Sinica* Press (编辑部) (till present).

■ *Acta Meteorologica Sinica* (*English Edition*) (1987—2013) and *Journal of Meteorological Research* (2014 onwards)

1987–2004: Published by China Meteorological Press;

2005–2023: Published by *Acta Meteorologica Sinica* Press;

2024: Published by *Journal of Meteorological Research* Editorial Office.

2

主题专刊

《气象学报》主题专刊

序号	发表时间	专刊名称	卷期号	备注
1	1934 年 10 月	中国气象学会十周年纪念刊	《中国气象学会会刊》第 10 卷合期	
2	1944 年 12 月	中国气象学会二十周年纪念号	第 18 卷第 1—4 期合刊	吕炯撰写发刊辞
3	1949 年 5 月	竺可桢先生六旬寿辰纪念专刊	第 20 卷第 1—4 期合刊	
4	1951 年 6 月	中国气象学会第一次全国会员代表大会纪念专号	第 22 卷第 1 期	
5	1959 年 8 月	庆祝建国十周年专刊	第 30 卷第 3 期	刊载 16 篇综述
6	1985 年 11 月	纪念《气象学报》创刊六十周年专刊	第 43 卷第 4 期	
7	1990 年 2 月	纪念竺可桢诞生一百周年专刊	第 48 卷第 1 期	中英双语，陶诗言撰写前言
8	1995 年 8 月	庆祝《气象学报》创刊 70 周年专刊	第 53 卷第 3 期	附学会 70 年发展历史回顾文章（1925—1995 年）
9	2005 年 10 月	纪念《气象学报》创刊 80 周年专刊	第 63 卷第 5 期	
10	2012 年 4 月	短期气候预测专刊	第 70 卷第 2 期	中英双语
11	2014 年 10 月	中国气象学会成立 90 周年纪念专刊	第 72 卷第 5 期	中英双语
12	2018 年 12 月	第三次青藏高原大气科学试验专集	第 76 卷第 6 期	中英双语
13	2020 年 6 月	新中国成立 70 周年纪念专刊	第 78 卷第 3 期	中英双语
14	2022 年 6 月	空气污染和气候变化的健康影响与风险评估研究专刊	第 80 卷第 3 期	
15	2025 年 6 月	《气象学报》创刊 100 周年纪念专刊	第 83 卷第 3、4 期	部分中英双语

《气象学报（英文版）》主题专刊

序号	发表时间	专刊题目	专刊责任主编 （Lead Editor）	备注
1	1990年4期	Memorial Issue for Centenary Birthday of Zhu Kezhen （纪念竺可桢先生诞生一百周年专刊）	陶诗言	中英双语
2	1990年5期	Special Issue on Tropical Circulation and Low Frequency Oscillation （热带环流和低频振荡研究专刊）	周秀骥	陶诗言撰写前言
3	1991年3期	Special Issue on Atmospheric Signals & Remote Sensing Physics （大气信号和遥感物理专刊）	周秀骥	
4	1992年1期	Special Issue on Atmosphere-Land/Ocean Interaction and Its Climate Effect （大气-陆地/海洋相互作用及其气候效应专刊）	周秀骥	
5	1996年4期	Special Issue in Celebration of the 10th Anniversary of *Acta Meteorologica Sinica* (*English Edition*) （《气象学报（英文版）》创刊10周年纪念专刊）	周秀骥，Richard A. Anthes	
6	2003年5期	Special Issue on "the South China Sea Monsoon Experiment" Project （南海季风试验专刊）	丁一汇，李崇银	Supplemental Issue
7	2006年5期	Supplemental Issue on Climate in Northwest China （中国西北气候研究增刊）	张强，等	
8	2011年3期	Special Issue on Short-Term Climate Prediction Research （短期气候预测研究专刊）	王会军	中英双语
9	2012年1期	Special Issue on TIGGE [交互式全球大集合预报系统（TIGGE）专刊]	严中伟，智协飞	
10	2012年3期	Special Issue on Detection and Projection of Climate Change （气候变化检测预测专刊）	丁一汇	
11	2013年3期	Special Issue Celebrating Academician Rongsheng Wu's 60 Years of Contribution to Atmospheric Science and His 80th Birthday （庆祝伍荣生院士从事大气科学工作60年暨80华诞专刊）	谭本馗，Fuqing Zhang，方娟	
12	2014年5期	Chinese Meteorological Society 90th Anniversary Special Collection （中国气象学会成立90周年纪念专刊）	丁一汇，吴国雄，张大林，张人禾	中英双语
13	2016年4期	Special Issue on Persistent Heavy Rainfall in Southern China （中国南方持续性强降水专刊）	翟盘茂，谈哲敏，孙建华	
14	2017年1期	Special Issue in Commemoration of Professor Shaowu WANG （王绍武先生纪念专刊）	罗勇，周天军	
15	2017年2期	Special Collection on Climate System Research in China （中国气候系统研究专刊）	王会军，孙建奇	
16	2017年3期	Special Collection on Meteorology and Environment Over the Tibetan Plateau and Adjacent Regions （成都信息工程大学高原气象与环境专刊）	成都信息工程大学	
17	2018年1期	Special Collection on the Heavy and Persistent Haze-Fog Episodes in North China in Winter 2016/17 （京津冀区域2016年冬季重污染期间的雾-霾特征及形成机制专刊）	张小曳，黄建平	
18	2018年各期	Special Collection on Aerosol–Cloud–Radiation Interactions （气溶胶-云-辐射相互作用专栏）	张华，等	以专栏形式发表
19	2018—2019年各期	Special Collection on Weather and Climate Under Complex Terrain and Variable Land Surfaces （复杂地形与下垫面影响下的天气与气候）	Zhaoxia Pu，丁一汇，等	
20	2019年3期	Special Collection on TIPEX-III [第三次青藏高原大气科学试验（TIPEX-III）专刊]	赵平	中英双语
21	2019年6期等	Special Collection on CAMS-CSM [中国气象科学研究院气候系统模式（CAMS-CSM）专栏]	李建，周天军，端义宏，张大林	以专栏形式发表

续表

序号	发表时间	专刊题目	专刊责任主编 （Lead Editor）	备注
22	2019 年各期等	Special Collection on Development and Application of Regional and Global LDASs ［区域和全球陆面资料同化系统（LDASs）的发展与应用专栏］	夏友龙，师春香，王爱慧，袁星，等	以专栏形式发表
23	2020 年 4 期等	Special Issue on Advanced Applications of Meteorological Satellite Observations in Ecological Remote Sensing （气象卫星生态遥感应用专栏）	翁富忠，杨军，唐世浩，韩秀珍	以专栏形式发表
24	2021 年 1 期等	Special Issue on China’s First Generation Global Atmosphere and Land Reanalysis (CRA) ［中国第一代全球大气和陆地再分析（CRA）专栏］	刘志权，师春香，周自江，等	以专栏形式发表
25	2020 年 5 期、2021 年 1 期	Special Issue on Climate Science for Services Partnership (CSSP) China ［中、英气候科学服务伙伴关系（CSSP China）项目专栏］	宋连春，钱诚，Tyrone Dunbar, Chris Hewitt	以专栏形式发表
26	2020 年 1—4 期	Advances in Meteorological Research and Operation Since the Founding of The People’s Republic of China （新中国成立 70 周年气象科研业务进展专栏）	丁一汇	中英双语 以专栏形式发表
27	2021 年 6 期、2022 年各期	Fengyun Meteorological Satellite Climate Data Records (CDR) Reprocessing: Methods, Products, and Applications （风云气象卫星历史资料再处理专栏）	张鹏，翁富忠，李俊，Johannes Schmetz	以专栏形式发表
28	2022 年各期	Detection, Attribution, and Projection of Regional Extreme Weather and Climate Events in China （中国区域性极端天气气候事件的检测归因和预估专栏）	翟盘茂，Laurent LI，周天军，孙颖	以专栏形式发表
29	2022 年 6 期等	Progress in Urban Meteorology Research under Rapid Urbanization in China （新型城镇化背景下的城市气象研究专栏）	苗世光，胡非，等	still open 以专栏形式发表
30	2022 年 1 期等	Record Deluge of July 2021 in Henan, China: Challenges in Understanding, Forecast, and Service （21·7 河南极端暴雨：机理、预报和服务挑战专栏）	宇如聪，端义宏，谈哲敏，Tim Li	以专栏形式发表
31	2022 年 3 期等	Cloud/Precipitation Microphysics and Weather Modification: Science and Application （云降水微物理学和人工影响天气：科学与应用专栏）	周毓荃	still open 以专栏形式发表
32	2024 年 2 期等	The Bay of Bengal Storms and Precipitation in China （孟加拉湾风暴与中国降水专栏）	李英，钱传海	still open 以专栏形式发表
33	2025 年 3 期等	Celebrating 100 Years of the Chinese Meteorological Society’s Journal—*Acta Meteorologica Sinica* （中国气象学会《气象学报》创立 100 周年纪念专刊）	谈哲敏	部分中英双语

3

优秀论文、国际高影响论文

3.1 《气象学报》优秀论文（1987—1990 年）

胡志晋, 何观芳. 1987. 积雨云微物理过程的数值模拟——（一）微物理模式. 气象学报, (4): 467-484.
苏从先, 胡隐樵. 1987. 绿洲冷岛的行星边界层结构. 气象学报, (3): 322-328.
章少卿, 李麦村, 朱其文. 1987. 薛定锷方程描述大尺度几率波运动规律的可能性及它在季度预报中的应用. 气象学报, (2): 237-246.
张可苏. 1988. 斜压气流的中尺度稳定性II. 横波型不稳定. 气象学报, (4): 385-392.
黎洁, 毛节泰. 1989. 光学遥感大气气溶胶特性. 气象学报, (4): 450-456.
伍荣生. 1989. 关于非均匀介质中波的传播问题. 气象学报, (1): 1-7.
陆维松. 1989. 摩擦耗散大气中切变流的非线性稳定性. 气象学报, (4): 412-423.
巢纪平, 张人禾. 1990. 热带海气相互作用波及其不稳定性. 气象学报, (1): 46-54.
朱抱真, 丁一汇, 罗会邦. 1990. 关于东亚大气环流和季风的研究. 气象学报, (1): 4-16.

3.2 世界气象组织（WMO）“青年科学家奖”获奖论文

钟青. 1997. 物理守恒律保真格式构造与数值预报斜压原始方程传统谱模式改进研究. 气象学报, (6): 641-661.
张祖强, 丁一汇, 赵宗慈. 2000. ENSO 发生前与发展初期赤道西太平洋西风异常的爆发问题. 气象学报, (1): 11-25.

3.3 中国科协期刊优秀学术论文

崔晓鹏, 吴国雄, 高守亭. 2002. 西大西洋锋面气旋过程的数值模拟和等熵分析. 气象学报, (4): 385-399.
刘屹岷, 陈仲良, 毛江玉, 等. 2003. 孟加拉湾季风爆发对南海季风爆发的影响I: 个例分析. 气象学报, (1): 1-9.
刘屹岷, 陈仲良, 吴国雄. 2003. 孟加拉湾季风爆发对南海季风爆发的影响II: 数值试验. 气象学报, (1): 10-19.

柳艳菊, 丁一汇, 赵 南. 2005. 1998 年南海季风爆发时期中尺度对流系统的研究: I 中尺度对流系统发生发展的大尺度条件. 气象学报, (4): 431-442.

李巧萍, 丁一汇, 董文杰. 2006. 中国近代土地利用变化对区域气候影响的数值模拟. 气象学报, (3): 256-270.

3.4 中国科协优秀科技论文

俞小鼎, 周小刚, 王秀明. 2012. 雷暴与强对流临近天气预报技术进展. 气象学报, (3): 311-337.

李崇银, 凌健, 宋洁, 等. 2014. 中国热带大气季节内振荡研究进展. 气象学报, (5): 817-834.

宇如聪, 李建. 2016. 中国大陆日降水峰值时间位相的区域特征分析. 气象学报, (1): 18-30.

Zhai P, Yu R, Guo Y, et al. 2016. The Strong El Niño of 2015/16 and Its Dominant Impacts on Global and China's Climate. *Journal of Meteorological Research,* 30(3): 283-297.

Zhou K, Zheng Y, Li B, et al. 2019. Forecasting Different Types of Convective Weather. A Deep Learning Approach. *Journal of Meteorological Research*, 33(5), 797-809.

3.5 《气象学报（英文版）》国际高影响论文（WoS 引用前 20 名）

序号	作者	题目	发表年份
1	Li T, Wang B, Wu B, et al.	Theories on Formation of an Anomalous Anticyclone in Western North Pacific during El Niño: A Review	2017
2	Wu T, Song L, Li W, et.al.	An Overview of BCC Climate System Model Development and Application for Climate Change Studies	2014
3	Ding Y, Liu Y, Liang S, et.al.	Interdecadal Variability of the East Asian Winter Monsoon and Its Possible Links to Global Climate Change	2014
4	Min M, Wu C, Li C, et al.	Developing the Science Product Algorithm Testbed for Chinese Next-Generation Geostationary Meteorological Satellites: Fengyun-4 Series	2017
5	Yin J, Gu H, Liang X, et al.	A Possible Dynamic Mechanism for Rapid Production of the Extreme Hourly Rainfall in Zhengzhou City on 20 July 2021	2022
6	Liu H, Lin P, Yu Y, et al.	The Baseline Evaluation of LASG/IAP Climate System Ocean Model (LICOM) Version 2	2012
7	Li T	Recent Advance in Understanding the Dynamics of the Madden-Julian Oscillation	2014
8	Zhang Q, Yang J, Wang W, et al.	Climatic Warming and Humidification in the Arid Region of Northwest China: Multi-Scale Characteristics and Impacts on Ecological Vegetation	2021
9	Zhong J, Zhang X, Wang Y, et al.	Relative Contributions of Boundary-Layer Meteorological Factors to the Explosive Growth of PM2.5 during the Red-Alert Heavy Pollution Episodes in Beijing in December 2016	2017
10	Wu M, Luo Y	Mesoscale Observational Analysis of Lifting Mechanism of a Warm-Sector Convective System Producing the Maximal Daily Precipitation in China Mainland during Pre-Summer Rainy Season of 2015	2016
11	Yu R, Li J, Chen H, et al.	Progress in Studies of the Precipitation Diurnal Variation over Contiguous China	2014
12	Zhai P, Zhou B, Chen Y	A Review of Climate Change Attribution Studies	2018
13	Zhang S, Wang D, Qin Z, et al.	Assessment of the GPM and TRMM Precipitation Products Using the Rain Gauge Network over the Tibetan Plateau	2018
14	Wu D, Bi X, Deng X, et al.	Effect of Atmospheric Haze on the Deterioration of Visibility over the Pearl River Delta	2007

续表

序号	作者	题目	发表年份
15	Ren H, Lu B, Wan J, et al.	Identification Standard for ENSO Events and Its Application to Climate Monitoring and Prediction in China	2018
16	Ren G, Ding Y, Tang G	An Overview of the Chinese Mainland Temperature Change Research	2017
17	Zhang Q, Yao Y, Li Y, et al.	Causes and Changes of Drought in China: Research Progress and Prospects	2020
18	Chen S, Huang J, Qian Y, et al.	An Overview of Mineral Dust Modeling over East Asia	2017
19	He C, Zhou T, Wu B	The Key Oceanic Regions Responsible for the Interannual Variability of the Western North Pacific Subtropical High and Associated Mechanisms	2015
20	Bao Y, Wen X	Projection of China's Near- and Long-Term Climate in a New High-Resolution Daily Downscaled Dataset NEX-GDDP	2017

注：WoS 引用数据统计时间为 2025 年 6 月。

优秀审稿人

4.1 《气象学报》优秀审稿人

2011—2014年优秀审稿专家

丁一汇　陶祖钰　翟盘茂　张人禾　陈德辉　郭学良　黄嘉佑　李崇银　管兆勇　孙淑清
毛节泰　俞小鼎　王绍武　王建捷　郄秀书　薛纪善　周天军　谭本馗　王会军　严中伟
邱崇践　赵　坤　张　华　刘晓阳　张宏升　洪延超　周广胜　陈洪滨　刘黎平　任国玉

荣誉　证书

王建捷 同志：

兹授予您《气象学报》2011-2014年最具说服力优秀审稿专家称号。

特发此证，以资鼓励。

二零一四年十二月

王建捷同志获2011—2014年最具说服力优秀审稿专家称号荣誉证书

2015年度优秀审稿人

优秀审稿人：

俞小鼎　陶祖钰　丁一汇　翟盘茂　郭学良　陈德辉　吴　兑　张人禾　黄嘉佑　龚道溢
毛节泰　孙淑清　严中伟　管兆勇　傅云飞　李崇银　戴建华　孙继松

单篇优秀审稿人：

王建捷

表扬：

郄秀书　罗亚丽　魏凤英　张　华　陈　文　李子华　段安民　袁　媛　郑大玮

《气象学报》2015 年部分优秀审稿人合照

2016 年度优秀审稿人

优秀审稿人：

俞小鼎　陶祖钰　丁一汇　黄嘉佑　翟盘茂　陈德辉　张人禾　李崇银
吴　兑　郭学良　赵　平　孙淑清　郄秀书　张　华　郑永光

单篇优秀审稿人：

王建捷　管兆勇　严中伟　费建芳　胡增臻　任福民　洪延超　赵思雄
戴建华　肖　辉　蒙伟光　秦　瑜　石春娥

2017 年度优秀审稿人

丁一汇　李崇银　张人禾　王建捷　严中伟　张　华　陈德辉　周天军
俞小鼎　赵　平　赵　坤　郭学良　傅云飞　管兆勇　翟盘茂　薛纪善
孙继松　吴　兑　陶祖钰　黄嘉佑　孙淑清　毛节泰　郑永光　刘黎平
李国平　戴建华　魏凤英　石春娥　张耀存　李子华

2018 年度优秀审稿人

俞小鼎　陈德辉　丁一汇　毛节泰　薛纪善　郑永光　陶祖钰　赵　平
张宏昇　郭学良　王建捷　黄嘉佑　张人禾　翟盘茂　李国平　寿绍文
李跃清　赵　坤　傅云飞　严中伟

2019—2020 年度优秀审稿人

优秀审稿人：

陈德辉　戴建华　丁一汇　傅云飞　郭学良　韩　威　黄嘉佑　雷小途

李庆祥　刘树华　马旭林　毛节泰　孙继松　陶祖钰　王建捷　薛纪善
严中伟　俞小鼎　张宏昇　郑永光

单篇优秀审稿人：

车慧正　陈宝君　洪延超　陆春松　蒙伟光　彭新东　银　燕　张　鹏

2021 年度优秀审稿人

优秀审稿人：

安兴琴　陈德辉　戴建华　丁一汇　郭学良　黄嘉佑　刘晓阳　马旭林
毛节泰　孙继松　王建捷　严中伟　俞小鼎　张宏昇　郑永光

单篇优秀审稿人：

陈　敏　陈明轩　龚建东　韩　威　姜大膀　梁旭东　陆其峰　罗亚丽
漆梁波　申双和　施　能　王振会　杨　军　余　晖　张　鹏

2022 年度优秀审稿人

优秀审稿人：

陈德辉　傅云飞　管兆勇　郭学良　黄嘉佑　阚海东　李庆祥　李湉湉
孙继松　王建捷　俞小鼎　郑永光　周海光

单篇优秀审稿人：

安兴琴　刘黎平　施　能　王振会　张耀存　祝从文

2023 年度优秀审稿人

优秀审稿人：

陈德辉　傅云飞　管兆勇　郭学良　黄嘉佑　马旭林　孙继松　王建捷
俞小鼎　郑永光

单篇优秀审稿人：

阚海东　孔　锋　寿绍文　谭本馗　严中伟　翟国庆

2024 年度优秀审稿人

优秀审稿人：

戴建华　费建芳　郭学良　黄嘉佑　李庆祥　李跃清　孙继松　王建捷
王秀明　许小峰　姚秀萍　俞小鼎　张庆云　郑永光

单篇优秀审稿人：

陈　静　陈　文　代　刊　李　建　王　斌　张耀存

4.2　《气象学报（英文版）》优秀审稿人

（审稿完成即时发放优秀审稿人奖状，恕不一一展示）

Reviewer Award

Zhihong JIANG

We hereby acknowledge that Prof. Zhihong JIANG has provided a high-quality review for *Journal of Meteorological Research* in January 2025. The review contributes significantly to better quality of this journal.

Appreciated by
Z. M. TAN, T. LI, F. Z. WENG, R. C. YU, R. H. ZHANG, L. YI
Co-Chief Editors

Visit us at jmr.cmsjournal.net; https://link.springer.com/journal/13351
February 2025
Certificate No. JMR-2025-008

Reviewer Award

Guoyu REN

We hereby acknowledge that Dr. Guoyu REN has provided a high-quality review for *Journal of Meteorological Research* in January 2025. The review contributes significantly to better quality of this journal.

Appreciated by
Z. M. TAN, T. LI, F. Z. WENG, R. C. YU, R. H. ZHANG, L. YI
Co-Chief Editors

Visit us at jmr.cmsjournal.net; https://link.springer.com/journal/13351
February 2025
Certificate No. JMR-2025-007

Reviewer Award

Haoran LI

We hereby acknowledge that Dr. Haoran LI has provided a high-quality review for *Journal of Meteorological Research* in January 2025. The review contributes significantly to better quality of this journal.

Appreciated by
Z. M. TAN, T. LI, F. Z. WENG, R. C. YU, R. H. ZHANG, L. YI
Co-Chief Editors

Visit us at jmr.cmsjournal.net; https://link.springer.com/journal/13351
February 2025
Certificate No. JMR-2025-004

Reviewer Award

Yubao LIU

We hereby acknowledge that Prof. Yubao LIU has provided a high-quality review for *Journal of Meteorological Research* in February 2025. The review contributes significantly to better quality of this journal.

Appreciated by
Z. M. TAN, T. LI, F. Z. WENG, R. C. YU, R. H. ZHANG, L. YI
Co-Chief Editors

Visit us at jmr.cmsjournal.net; https://link.springer.com/journal/13351
February 2025
Certificate No. JMR-2025-002

Reviewer Award

Tianbao ZHAO

We hereby acknowledge that Dr. Tianbao ZHAO has provided a high-quality review for *Journal of Meteorological Research* in December 2024. The review contributes significantly to better quality of this journal.

Appreciated by
Z. M. TAN, T. LI, F. Z. WENG, R. C. YU, R. H. ZHANG, L. YI
Co-Chief Editors

Visit us at jmr.cmsjournal.net; https://link.springer.com/journal/13351
February 2025
Certificate No. JMR-2025-005

Reviewer Award

Anning HUANG

We hereby acknowledge that Dr. Anning HUANG has provided a high-quality review for *Journal of Meteorological Research* in December 2024. The review contributes significantly to better quality of this journal.

Appreciated by
Z. M. TAN, T. LI, F. Z. WENG, R. C. YU, R. H. ZHANG, L. YI
Co-Chief Editors

Visit us at jmr.cmsjournal.net; https://link.springer.com/journal/13351
February 2025
Certificate No. JMR-2025-006

《气象学报（英文版）》部分优秀审稿人奖状

5 项目资助、获奖

5.1 项目资助

2007—2011 年，《气象学报》获“中国科协精品科技期刊工程”项目资助

2015—2017 年，《气象学报》获“中国科协精品科技期刊工程”项目资助

2024 年，《气象学报》获“中国科技期刊卓越行动计划”二期项目资助

2013—2015 年，《气象学报（英文版）》获中国科协等六部委“中国科技期刊国际影响力提升计划”项目第二期资助

2016—2018 年，《气象学报（英文版）》获中国科协等六部委“中国科技期刊国际影响力提升计划”项目第三期资助

2021 年，两刊获中国科协 2021 年度“全国学会期刊出版能力提升计划”项目资助

5.2 《气象学报》获奖

中国出版政府奖期刊奖提名奖（2013 年第三届，2021 年第五届）

国家期刊奖百名重点期刊（2003 年第二届，2005 年第三届）

百种中国杰出学术期刊（2003—2007 年、2009 年、2016 年、2019 年、2020 年、2022 年、2023 年）

全国百强报刊（2013 年、2015 年、2017 年）

第一至六届中国精品科技期刊（2008 年、2011 年、2014 年、2017 年、2020 年、2023 年）

中国最具国际影响力学术期刊（2012—2015 年）

中国国际影响力优秀学术期刊（2016—2021 年、2024 年）

5.3 《气象学报（英文版）》获奖

1992 年国家气象局全国首届优秀气象期刊评选一等奖

1992 年中国科协首届优秀学术期刊三等奖

中国最具国际影响力学术期刊（2012—2016 年、2020 年）

中国国际影响力优秀学术期刊（2017—2019 年、2021—2024 年）

2021 年入选首届“方正电子”杯中国期刊设计艺术周优秀封面设计（2021 年 3 期封面）

6

《气象学报》百年风云讲坛

《气象学报》百年风云讲坛信息一览表

期次	时间	主题	主持人	报告人	报告数量
1	2022 年 4 月 27 日	天气科学向何处去?	丁一汇	谈哲敏、罗亚丽、郭建平	3
2	2022 年 5 月 27 日	气候变化的机理与模拟预估：从过去到未来	张人禾	李天明（Tim Li，美国）、周天军	2
3	2022 年 6 月 24 日	气候变化与中国西北暖湿化	吴国雄	丁一汇、张强、杨莲梅	3
4	2022 年 7 月 27 日	中国卫星气象学的科学发展与应用及挑战	卢乃锰	翁富忠、傅云飞、李俊、张鹏	4
5	2022 年 8 月 26 日	极端天气气候事件的机理、归因和预估	端义宏	翟盘茂、江志红、孙建奇	3
6	2022 年 9 月 21 日	第二次青藏高原科考最新研究进展	王斌（Bin Wang，美国）	徐祥德、陈发虎、马耀明、康世昌	4
7	2022 年 10 月 27 日	青藏高原大气动力学研究进展暨叶笃正先生逝世 10 周年纪念	丁一汇	吴国雄、赵平、刘屹岷、师春香	4
8	2022 年 11 月 25 日	中国人工影响天气科学技术研发进展与挑战	李集明	郭学良、雷恒池、银燕、周毓荃	4
9	2023 年 2 月 22 日	全球季风视野下东亚季风和南亚季风的变异与预测	丁一汇	王斌（Bin Wang，美国）、张智北（Chih-Pei Chang，美国）、李建平、罗京佳	4
10	2023 年 3 月 30 日	中国气象再分析数据与 AI 应用	翁富忠	许小峰、师春香、梁旭东、姜立鹏、毕恺峰	5
11	2023 年 4 月 27 日	中国地球系统数值模拟研发进展与挑战	谈哲敏	曹军骥、林岩銮、吴统文、戴永久、俞永强	5
12	2023 年 5 月 29 日	数值天气预报研发进展与挑战	张小曳	龚建东、邹晓蕾、陈静、韩威、李兴良	5
13	2023 年 6 月 29 日	高影响天气预报实践与科学挑战	矫梅燕	漆梁波、张涛、张芳华、许映龙	4
14	2023 年 7 月 27 日	雷达气象学创新研究与应用进展	端义宏	邵楠、赵坤、俞小鼎、刘黎平	4
15	2023 年 8 月 18 日	城市气象学创新研究与应用进展	丁一汇	胡非、陈飞（Fei Chen，美国）、苗世光、任国玉、杭建	5
16	2023 年 10 月 11 日	中国洪涝灾害与水文气象预报预警研究与应用进展	许小峰	张建云、张珂、段青云、张恒德、包红军	5
17	2023 年 11 月 17 日	台风气象学创新研究与应用进展	谈哲敏	谈哲敏、吴立广、王玉清（Yuqing Wang，美国）、费建芳、余晖	5
18	2024 年 3 月 27 日	解析台风预报难点、探索狂风暴雨的迷宫	谈哲敏	李青青、雷荔傈、鲍旭炜、马占宏、钱奇峰	5
19	2024 年 4 月 25 日	复合型极端天气气候事件探究	翟盘茂	周波涛、陈活泼、陈阳、钱诚、缪驰远	5

续表

期次	时间	主题	主持人	报告人	报告数量
20	2024 年 6 月 7 日	气象领域的人工智能革命：认知、实践与挑战	朱跃建	沈学顺、张广俊（Guangjun Zhang，美国）、代刊、袁时金、谢凌曦	5
21	2024 年 7 月 19 日	近年中国重大极端气候事件解析	王会军	周天军、陈文、尹志聪、聂绩、陈思宇	5
22	2024 年 8 月 13 日	致灾致命的强对流天气：机理与预警	孟智勇	孟智勇、张庆红、郑永光、孙建华、杜宇	5
23	2024 年 9 月 12 日	气候预测的科学挑战和技术发展	杨修群	杨修群、范可、徐邦琪、罗勇、吴捷	5
24	2024 年 11 月 29 日	雷暴降水和闪电机理及人工影响	郄秀书	郄秀书、赵传峰、胡斯勒图、张义军、陈宝君	5
25	2025 年 4 月 28 日	气候变化与健康	李湉湉	朱彤、李湉湉、黄存瑞、黄忠伟、关凯	5
合计					109

7

期刊宣传与国际交流

（1）参加美国气象学会（AMS）年会展会

2024 年（上）、2020 年（下左）、2020 年（下右）参加美国气象学会（AMS）年会展会

（2）会议宣传活动掠影

2021 年（左）、2024 年（右）参加会议，开展宣传活动

（3）气象期刊工作委员会与 AMS 出版委员会互访

2015 年协助中、美气象学会签署合作备忘录（天津）

2016 年气象期刊工作委员会 2 位代表访问美国气象学会出版部（波士顿）

（4）协助国际气象学会论坛（IFMS）活动

2011 年协助主办国际气象学会论坛第二次全体会议（IFMS GM2，厦门）

2016 年参加国际气象学会论坛第四次全体会议（IFMS GM4，美国新奥尔良）

8

气象期刊联盟

气象期刊联盟简介

结　语

100 年来，《气象学报》坚持正确的政治导向，遵循办刊宗旨，立足服务国家重大需求，聚焦天气预报、气候预测业务及极端天气、人工智能、环境气象、金融气象等领域的研究前沿，通过原创论文、综述、短论、论坛、简讯、书评等专栏、专题、专刊形式，刊发最新成果，推动学科发展、促进学术交流、助力人才成长、全方位服务气象科研与实践，为气象高质量现代化建设、国家气象防灾减灾、农业发展和环境治理等提供了强大科技支撑。

我们将以创刊百年为起点，不忘初心，踔厉奋发，百尺竿头，续写新华章！

后　记

《中国气象学会会刊》创刊于风云激荡的1925年，是国内最早成立的自然科学刊物之一。

创刊的先驱先贤，以超凡的远见卓识，荷锄垦荒，烽火淬文，铅字铁骨，执楫破浪，为后代气象人奠就了一份耀眼基业。

从《会刊》初啼清音，到1941年抗战烽火中更名为《气象学报》，涅槃重生，在更名、停刊的沧桑里，浸染着前辈学者"为天地立心"的赤子情怀。

百年间，那些泛黄纸页上跳动的数据曲线，既是观测仪器刻录的自然韵律，更凝聚着几代东方学人"观天测云、追云逐月"的智慧结晶。

欣逢盛世，站在新百年的起点，这份承载着气象学科基因的传世家业，正期待着我们以古法开新篇——怀抱守护经典的敬畏之心，秉持"观天测候、学术进步"的开拓之志，让这盏传承百年的精神灯塔，继续照亮探索大气奥秘的壮阔航程。

第四部分

《气象学报》历届编委会名录

1

《气象学报》历届编委会名录

中国气象学会创建起，就相应设立《中国气象学会会刊》编辑委员会。《中国气象学会会刊》先后改名为《气象杂志》《气象学报》，其编辑委员会亦相应更名为《气象杂志》编辑委员会及《气象学报》编辑委员会。中华人民共和国成立后第一届理事会（1957 年）时期，曾称为《气象学报》编译委员会，之后改回编辑委员会。第二十届理事会（1982 年）起，改称《气象学报》编审委员会。

历任理事长和理事会对《气象学报》均给予高度重视，多位理事长亲自担任编辑委员会主任（2002 年第二十五届理事会起改称主编），且编辑（审）委员会作为中国气象学会理事会所属委员会开展工作。第二十七届理事会（2011 年）起，基于学会扩大发展需要，由气象期刊工作委员会取代《气象学报》编审委员会进入学会理事会直属委员会。第二十九届（2025 年）起，《气象学报》与《气象学报（英文版）》编审委员会合二为一。

1. 第一届理事会编辑委员会　1924 年 10 月

总 编 辑：高　均

编辑干事：宋国模　熊昆山

编辑委员：竺可桢　高　鲁　常福元　彭济群　刘渭清　蒋丙然　陈开源　凌道扬　高秉坊

2. 第二届理事会编辑委员会　1925 年 7 月

总 编 辑：彭济群

编辑干事：宋国模　熊昆山

编辑委员：竺可桢　蒋丙然　高　鲁　陈开源　常福元　夏继禹　刘渭清　王应伟　凌道扬　翁文灏　高秉坊　胡文耀

3. 第四届理事会编辑委员会　1927 年 10 月

总 编 辑：陈开源

编辑干事：那树藩　宋国模

编辑委员：竺可桢　王应伟　高　鲁　翁文灏　常福元　胡文耀　刘渭清　李鲁航　凌道扬　刘世楷　高秉坊　薛钟彝　蒋丙然　王兆埙　夏继禹　徐金南

4. 第十一届理事会编辑委员会　1935 年 6 月

总 编 辑：涂长望

编辑委员：王应伟　郑子政　朱炳海　张宝堃
特约编辑：吕　炯　高　鲁　高　均　赵九章　李宪之　黄逢昌　竺可桢　黄厦千　胡焕庸
刘衍淮　陆鸿图　诸葛麒　蒋丙然

5. 第十二届理事会编辑委员会　1936 年

总 编 辑：涂长望
编辑委员：王应伟　朱炳海　张宝堃　郑子政　吕　炯　卢　鋈
特约编辑：李宪之　黄厦千　竺可桢　陆鸿图　胡焕庸　赵九章　高　均　刘衍淮　高　鲁
诸葛麒　黄逢昌　蒋丙然

6. 第十三届理事会编辑委员会　1941 年 4 月

总 编 辑：涂长望　吕　炯
编辑委员：王应伟　朱炳海　张宝堃　郑子政　卢　鋈　金咏深　石延汉
特约编辑：竺可桢　赵九章　胡焕庸　刘衍淮　吕　炯　诸葛麒　高　均　蒋丙然　高　鲁
李宪之　黄逢昌　刘恩兰　黄厦千　张国藩　朱文荣

7. 第十四届理事会编辑委员会　1944 年

编辑部主任：涂长望
编 辑 委 员：张宝堃　朱炳海　郑子政　程纯枢　李良骐　杨鉴初　朱岗昆　卢　鋈　叶笃正
特 约 编 辑：竺可桢　黄厦千　胡焕庸　赵九章　吕　炯　刘衍淮　高　均　诸葛麒　高　鲁
李宪之　黄逢昌　刘恩兰　张国藩　王应伟　郭晓岚　幺枕生　石延汉

8. 第十五届理事会编辑委员会　1947 年

总编辑：赵九章

9. 第十六届理事会编辑委员会　1949 年

编辑部主任：赵九章
编 辑 委 员：竺可桢　卢　鋈　吕　炯　陶诗言　涂长望　程纯枢　朱炳海　张丙辰
特 约 编 辑：幺枕生　王宪钊　石延汉　朱岗昆　李良骐　李宪之　周正定　胡焕庸　侯齐之
郭晓岚　张汉松　黄厦千　叶笃正　谢义炳　顾震潮　刘衍淮　朱文荣　陆鸿图
魏元恒　薛钟彝　万宝康

10. 中华人民共和国成立后第一届理事会《气象学报》编译委员会　1951 年

主　　任：赵九章
编译委员：朱和周　朱岗昆　吕　炯　徐尔灏　叶笃正　卢　鋈　谢义炳　顾震潮

11. 中华人民共和国成立后第二届理事会《气象学报》编辑委员会　1954 年 8 月

主　　任：赵九章
委　　员：朱和周　朱岗昆　吕　炯　徐尔灏　卢　鋈　谢义炳　顾震潮

调整后的中华人民共和国成立后第二届理事会《气象学报》编辑委员会　1954 年 12 月

主　　任：李宪之
副 主 任：叶笃正

委　　员：谢义炳　顾震潮　黄仕松　谢光道　幺枕生　朱岗昆　卢　鋈　赵九章　程纯枢
周　琳　赫崇本　彭究成　吕　炯

12. 中华人民共和国成立后第三届理事会《气象学报》编辑委员会　1958 年

主　　任：李宪之
副 主 任：叶笃正
委　　员：谢义炳　顾震潮　黄仕松　谢光道　幺枕生　朱岗昆　卢　鋈　赵九章　程纯枢
赫崇本　彭究成　吕　炯

13. 第十八届理事会《气象学报》编辑委员会　1962 年 8 月—1966 年 6 月

主　　任：叶笃正
副 主 任：蒋金涛　顾震潮
委　　员：卢　鋈　吕东明　徐尔灏　殷宗昭　陶诗言　冯秀藻　程纯枢
杨鉴初　谢义炳　谢光道

调整后的第十八届理事会《气象学报》编辑委员会　1978 年 3 月

主 任 委 员：谢义炳
副主任委员：杜行远　朱抱真
委　　　员：叶笃正　殷宗昭　陶诗言　冯秀藻　程纯枢　谢光道　张家诚　赵柏林　章基嘉
黄士松　巢纪平　潘　寰　廖洞贤

14. 第十九届理事会《气象学报》编辑委员会　1978 年

主 任 委 员：谢义炳
副主任委员：杜行远　朱抱真
委　　　员：叶笃正　冯秀藻　朱抱真　杜行远　张家诚　赵柏林　殷宗昭　陶诗言　黄士松
巢纪平　章基嘉　程纯枢　谢义炳　谢光道　廖洞贤　潘　寰

15. 第二十届理事会《气象学报》编审委员会　1982 年 10 月

主 任 委 员：廖洞贤
副主任委员：王绍武　周明煜
委　　　员：邓根云　王宗皓　廖洞贤　叶笃正　刘汉中　牟惟丰　朱乾根　陈受钧　周秀骥
赵柏林　高由禧　陶诗言　黄士松　章　淹　章基嘉　傅抱璞　曾庆存　谢义炳
谢光道

16. 第二十一届理事会《气象学报》编审委员会　1986 年 12 月

主 任 委 员：周秀骥
副主任委员：王绍武　纪立人
常 务 委 员：丁一汇　邓根云　吕达仁　牟惟丰　陈受钧　周诗健　赵柏林　袁信轩
委　　　员：方宗义　王宗皓　纪乃晋　刘汉中　伍荣生　朱乾根　罗会邦　周明煜　施永年
郭昌明　秦曾灏　章　淹　章基嘉　曾庆存　游来光　傅抱璞　廖洞贤
顾　　　问：叶笃正　陶诗言　谢义炳　黄士松

17. 第二十二届理事会《气象学报》编审委员会　1990 年

主 任 委 员：周秀骥

副主任委员：王绍武 纪立人
常 务 委 员：丁一汇 邓根云 吕达仁 吴国雄 陈受钧 陈联寿 周诗健 赵柏林 袁信轩
曹希孝
委　　员：方宗义 王宗皓 纪乃晋 刘汉中 伍荣生 朱乾根 林元弼 罗会邦 周明煜
郭昌明 秦曾灏 章 淹 章基嘉 喻世华 曾庆存 游来光 傅抱璞 廖洞贤

18. 第二十三届理事会《气象学报》编审委员会 1994 年

主 任 委 员：周秀骥
副主任委员：王绍武 纪立人 丁一汇
常 务 委 员：王会军 吕达仁 吴国雄 陈受钧 罗 超 周诗健 郑大玮 赵柏林 柳崇健
胡圣昌 谭本馗
委　　员：方宗义 王宗皓 纪乃晋 刘欣生 伍荣生 朱乾根 章基嘉 林元弼 罗会邦
喻世华 曾庆存 周明煜 郭肖容 倪允琪 秦曾灏 章 淹 薛纪善

19. 第二十四届理事会《气象学报》编审委员会 1998 年

主 任 委 员：周秀骥
副主任委员：王绍武 纪立人 丁一汇
常 务 委 员：马建中 王会军 吕达仁 吴国雄 陈受钧 周诗健 郑大玮 赵柏林 柳崇健
曹希孝 谭本馗
委　　员：方宗义 刘欣生 伍荣生 许健民 朱乾根 孙照渤 谢 庄 罗会邦 周明煜
张 铭 胡志晋 郭肖容 倪允琪 秦曾灏 曾庆存 廖洞贤 薛纪善

20. 第二十五届理事会《气象学报》编审委员会 2002 年

主　　编：周秀骥
副 主 编：吴国雄 丁一汇 谭本馗 刘宗秀（专职）
常务委员：马建中 毛节泰 王会军 李崇银 吕达仁 陈德辉 张人禾 罗 勇 郑大玮
郑国光 周广胜 俞卫平 赵凤生 陶祖钰
委　　员：丑纪范 方宗义 王 斌 王建捷 孙照渤 李泽椿 李维京 伍荣生 许健民
陈联寿 何金海 张 铭 张 强 郄秀书 赵柏林 倪允琪 谈哲敏 黄荣辉
梁建茵 巢纪平 曾庆存 端义宏 薛纪善 魏文寿
海外编委：Anthes Richard A. Chameides William L. Chan Johnny Chen Deliang
Lau William K. M. Liou K. N. Liu Shaw C. Longhetto A. Wang Bin
Xue Yongkang Yasunari T. Zhang Da-Lin

21. 第二十六届理事会《气象学报》 编审委员会 2007 年

顾问编委：叶笃正 陶诗言 周秀骥 赵柏林 曾庆存 巢纪平 丑纪范 伍荣生 陈联寿
黄荣辉 许健民 李泽春 李崇银 符淙斌 秦大河 吕达仁
主　　编：丁一汇
副 主 编：吴国雄 Lau William K. M. 谭本馗 刘宗秀（专职）
常务委员：王会军 王建捷 王春乙 王 斌 卢乃锰 张人禾 张小曳 张宏升 陈志荣
陈德辉 周广胜 罗 勇 郄秀书 俞卫平 胡 非 赵凤生 郭学良 陶祖钰
端义宏
委　　员：马建中 吕世华 张立风 张庆红 张 强 李维京 李跃清 杨修群 沈学顺

陆维松 罗德海 郑国光 赵　平 倪允琪 谈哲敏 崔春光 梁建茵 黄立文
龚建东 傅云飞 琚建华 雷小途 管兆勇 魏文寿

海外编委：Anthes Richard A. Chameids William L. Chang C. P. Chan Johnny Chen Deliang
Lau Wiliam K. M. Liou K. N. Liu Shaw C. Longhetto A. Wang Bin Xue Yongkang
Yasunari T. Zhang Da-Lin

22. 第二十七届《气象学报》编审委员会 2011 年 8 月

顾问编委：叶笃正 陶诗言 周秀骥 赵柏林 曾庆存 巢纪平 丑纪范 伍荣生 陈联寿
黄荣辉 许健民 李泽春 李崇银 符淙斌 秦大河 吕达仁

主　　编：丁一汇

副 主 编：吴国雄 Zhang Da-Lin 张人禾 伊　兰（专职）

常务委员：王会军 王建捷 王春乙 王　斌 卢乃锰 宇如聪 严中伟 张小曳 张宏升
李建平 杨修群 陈　文 陈德辉 周广胜 周天军 罗　勇 郄秀书 胡永云
胡　非 赵　平 徐祥德 谈哲敏 郭学良 陶祖钰 黄建平 傅云飞 端义宏
管兆勇 翟盘茂 谭本馗 穆　穆 薛纪善

委　　员：王东海 王式功 刘屹岷 刘树华 孙建华 何金海 吴立广 吴　兑 张庆红
张　强 李维京 李跃清 沈学顺 邱崇践 陆维松 林朝晖 罗德海 郑国光
俞小鼎 姜大膀 段安民 洪延超 赵春生 倪允琪 钱维宏 高守亭 崔春光
梁建茵 黄嘉佑 黄　耀 龚建东 琚建华 雷小途 魏文寿

海外编委：Chang C. P. Fu Qiang Higgins Wayne Kang In-Sik Lau Gabriel N. C.
Lau William K. M. Li Jun Liu Zhengyu Stockdale Tim Wang Bin Xue Ming
Zeng Xubin Zhang Fuqing Zou Xiaolei

23. 第二十八届《气象学报》编审委员会 2015 年

顾问编委：周秀骥 赵柏林 曾庆存 巢纪平 丑纪范 伍荣生 陈联寿 黄荣辉 许健民
李泽春 李崇银 符淙斌 秦大河 吕达仁

主　　编：丁一汇

副 主 编：吴国雄 Zhang Da-Lin 端义宏 伊　兰（专职，2015—2016 年）
赵秀英（专职，2017—2023 年） 程艳丽（专职，2021—2024 年）

常务委员：王会军 王建捷 王　斌 卢乃锰 宇如聪 严中伟 张　华 张人禾 张小曳
张庆红 张宏升 杨　崧 杨修群 邹晓蕾 陈　文 陈德辉 周广胜 周天军
罗　勇 郄秀书 俞小鼎 胡永云 胡　非 赵　平 赵　坤 徐祥德 谈哲敏
郭学良 黄　耀 黄建平 傅云飞 管兆勇 翟盘茂 谭本馗 穆　穆 薛纪善
戴永久

委　　员：王东海 王式功 王春乙 田文寿 刘屹岷 刘树华 孙　颖 孙建华 孙继松
孙俊英 严登华 何　清 吴立广 吴　兑 宋丽莉 张　强 张　鹏 李　柏
李　建 李维京 李建平 李跃清 沈学顺 邱崇践 陈葆德 周波涛 林朝晖
罗亚丽 郑国光 姜　彤 姜大膀 段安民 洪延超 赵春生 钟　中 倪允琪
钱维宏 陶祖钰 陶福禄 高守亭 梁建茵 银　燕 黄　刚 黄嘉佑 龚建东
曾晓东 琚建华 雷小途 薛惠文

海外编委：Chang C. P. Fu Qiang Higgins Wayne Kang In-Sik Lau Gabriel N. C.
Lau William K. M. Li Jun Liu Zhengyu Stockdale Tim Wang Bin
Wang Yuqing Wu Renguang Xue Ming Zeng Xubin Zhang Fuqing

24. 第二十九届《气象学报》编审委员会　2025 年

顾问编委：周秀骥　赵柏林　曾庆存　巢纪平　丑纪范　伍荣生　陈联寿　黄荣辉　许健民
李泽椿　李崇银　符淙斌　秦大河　吕达仁　丁一汇　吴国雄　穆　穆　徐祥德
石广玉　王会军　宋君强　张人禾　张小曳　黄建平　朱　彤

主　　编：谈哲敏

副 主 编：戴永久　沈学顺　姜大膀　翁富忠　Prigent Catherine　廖　宏　朱跃建
Wang Yuqing　Wu Zhaohua

执行副主编：孟智勇　林岩銮　Pu Zhaoxia　车慧正　周　文　徐邦琪　张　鹏　雷荔傈
王　林

专职副主编：伊　兰　程艳丽

常 务 委 员（按姓氏笔画排序）：

丁爱军　马耀明　王　勇　王　斌　王桂华　王格慧　王雪梅　占瑞芬　申彦波
田文寿　师春香　任宏利　刘　超　刘玉宝　刘骥平　江志红　孙　健　孙　颖
孙建奇　阳　坤　杜　宇　李　俊　李　婧　李　锐　李兴良　李建平　李湉湉
李熙晨　杨　军　杨明仁　杨晓光　吴立广　吴志伟　余　晖　邹晓蕾　张　洋
张　强　张卫民　张文君　陆春松　陈　飞　陈　阳　陈　静　陈光华　陈海山
苗世光　范　可　罗京佳　郑永光　赵　坤　赵传峰　赵艳霞　胡斯勒图　段安民
袁时金　袁慧玲　聂　绩　郭学良　黄小猛　梁旭东　傅平青

委　　员（按姓氏笔画排序）：

丁明虎　丁瑞强　马占宏　马敏劲　王亚强　王炜罡　王爱慧　冯　杰　冯　涛
朱志伟　刘　利　刘伯奇　刘海龙　刘端阳　孙旭光　孙俊英　李秀珍　李青青
杨　邱　杨大智　吴　欢　辛金元　张　宁　张　林　张　贺　张　悦　张飞民
张文霞　张旭斌　张慕容　张麒伟　陆　波　陈　林　陈　琦　陈　斌　陈玉宝
陈尚锋　陈国兴　陈春刚　陈活泼　陈璟怡　杭　建　周菲凡　周毓荃　郑志海
房佳蓓　赵　曦　赵素平　胡　帅　胡　鹏　胡开明　胡淑娟　段海霞　段晚锁
俞鹏飞　饶　建　姜智娜　秦正坤　夏江江　夏祥鳌　顾剑锋　徐　晶　郭建平
黄　平　黄敏松　韩　威　曾晓东　雷瑞波　路屹雄　鲍旭炜　潘宝祥　薛惠文
戴建华　魏　楠　魏忠旺

海 外 编 委（以姓氏字母排序）：

Deng Yi　Du Jun　Fu Hao　Hu Guannan　Hu Shineng　Li Laurent　Liu Zhiquan
Son Seok-Woo　Xue Yongkang　Yang Da　Yeh Sang-Wook　Zhang Gan
Zhang Jie　Zhang Wei

编 辑 部：王祥国　程艳丽　张　萌　伊　兰

2

《气象学报（英文版）》历届编委会名录

1. 1987 年

Editorial Committee			
Advisors	Huang Shisong（黄士松）	Tao Shiyan（陶诗言）	
	Xie Yibing（谢义炳）	Yeh Tucheng（叶笃正）	
Chairman	Zhou Xiuji（周秀骥）		
Vice-Chairmen	Ji Liren（纪立人）	Wang Shaowu（王绍武）	
Standing Members	Chen Shoujun（陈受钧）	Deng Genyun（邓根云）	Ding Yihui（丁一汇）
	Lü Daren（吕达仁）	Mou Weifeng（牟惟丰）	Yuan Xinxuan（袁信轩）
	Zhao Bolin（赵柏林）	Zhou Shijian（周诗健）	
Members	Fang Zongyi（方宗义）	Fu Baopu（傅抱璞）	Guo Changming（郭昌明）
	Ji Naijin（纪乃晋）	Liao Dongxian（廖洞贤）	Liu Hanzhong（刘汉中）
	Luo Huibang（罗会邦）	Qin Zenghao（秦曾灏）	Shi Yongnian（施永年）
	Wu Rongsheng（伍荣生）	You Laiguang（游来光）	Zhang Jijia（章基嘉）
	Zhang Yan（章淹）	Zhang Zhenyue（章震越）	Zeng Qingcun（曾庆存）
	Zhou Mingyu（周明煜）	Zhu Qiangen（朱乾根）	

2. 1988 年

Editorial Committee			
Advisors	Huang Shisong（黄士松）	Tao Shiyan（陶诗言）	
	Xie Yibing（谢义炳）	Yeh Tucheng（叶笃正）	
Chairman	Zhou Xiuji（周秀骥）		
Vice-Chairmen	Ji Liren（纪立人）	Wang Shaowu（王绍武）	
Standing Members	Chen Shoujun（陈受钧）	Deng Genyun（邓根云）	Ding Yihui（丁一汇）
	Lü Daren（吕达仁）	Mou Weifeng（牟惟丰）	Yuan Xinxuan（袁信轩）
	Zhao Bolin（赵柏林）	Zhou Shijian（周诗健）	
Domestic Members	Fang Zongyi（方宗义）	Guo Changming（郭昌明）	Fu Baopu（傅抱璞）
	Ji Naijin（纪乃晋）	Liao Dongxian（廖洞贤）	Liu Hanzhong（刘汉中）
	Luo Huibang（罗会邦）	Qin Zenghao（秦曾灏）	Shi Yongnian（施永年）
	Wang Zonghao（王宗皓）	Wu Rongsheng（伍荣生）	You Laiguang（游来光）
	Zeng Qingcun（曾庆存）	Zhang Jijia（章基嘉）	Zhang Yan（章淹）
	Zhang Zhenyue（章震越）	Zhou Mingyu（周明煜）	Zhu Qiangen（朱乾根）
Foreign Members	Anthes R. A. (U. S. A.)	Hoskins B. J. (U. K.)	Jonas P. R. (U. K.)
	Liu S-C. (U. S. A.)	Mahlman J. D. (U. S. A.)	Raschke E. (F. R. G.)
	Serafin R. J. (U. S. A.)	Tucker G. B. (Australia)	Wallace J. M. (U. S. A.)
	Wang W-C. (U. S. A.)	Yanai M. (U. S. A.)	

3. 1993 年

Editorial Committee

Advisors	Huang Shisong（黄士松）	Tao Shiyan（陶诗言）	
	Xie Yibing（谢义炳）	Yeh Tucheng（叶笃正）	
Chairman	Zhou Xiuji（周秀骥）		
Vice-Chairmen	Ji Liren（纪立人）	Wang Shaowu（王绍武）	
Standing Members	Cao Xixiao（曹希孝）	Chen Lianshou（陈联寿）	Chen Shoujun（陈受钧）
	Deng Genyun（邓根云）	Ding Yihui（丁一汇）	Lyu Daren（吕达仁）
	Wu Guoxiong（吴国雄）	Yuan Xinxuan（袁信轩）	Zhao Bolin（赵柏林）
	Zhou Shijian（周诗健）		
Domestic Members	Fang Zongyi（方宗义）	Fu Baopu（傅抱璞）	Guo Changming（郭昌明）
	Ji Naijin（纪乃晋）	Liao Dongxian（廖洞贤）	Lin Yuanbi（林元弼）
	Liu Hanzhong（刘汉中）	Luo Huibang（罗会邦）	Qin Zenghao（秦曾灏）
	Wang Zonghao（王宗皓）	Wu Rongsheng（伍荣生）	You Laiguang（游来光）
	Yu Shihua（喻世华）	Zeng Qingcun（曾庆存）	Zhang Jijia（章基嘉）
	Zhang Yan（章淹）	Zhou Mingyu（周明煜）	Zhu Qiangen（朱乾根）
Foreign Members	Anthes R. A.（U. S. A.）	Hoskins B. J.（U. K.）	Jonas P. R.（U. K.）
	Liu S-C.（U. S. A.）	Panchev S.（Bulgaria）	Raschke E.（F. R. G.）
	Serafin R. J.（U. S. A.）	Tucker G. B.（Australia）	Wallace J. M.（U. S. A.）
	Wang W-C.（U. S. A.）	Yanai M.（U. S. A.）	Zuev V. E.（Russia）

4. 2004 年

Chairman Zhou Xiuji（周秀骥）：CAMS

Vice-Chairmen Wu Guoxiong（吴国雄）：IAP CAS；Tan Benkui（谭本馗）：DAS PU；Ding Yihui（丁一汇）：NCC

Standing Members

Chen Dehui（陈德辉）：CAMS

Li Chongyin（李崇银）：IAP CAS

Liu Zongxiu（刘宗秀）：Chinese Meteorological Society, Beijing, China

Lyu Daren（吕达仁）：IAP CAS

Luo Yong（罗勇）：NCC

Ma Jianzhong（马建中）：CAMS

Mao Jietai（毛节泰）：DAS PU

Tao Zuyu（陶祖钰）：DAS PU

Wang Huijun（王会军）：IAP CAS

Yu Weiping（俞卫平）：China Meteorological Press, Beijing, China

Zhang Renhe（张人禾）：CAMS

Zhao Fengsheng（赵凤生）：NSMC

Zheng Dawei（郑大玮）：China Agricultural University, Beijing, China

Zheng Guoguang（郑国光）：CMA

Zhou Guangsheng（周广胜）：Laboratory of Quantitative Vegetation Ecology, Institute of Botany, CAS, Beijing, China

Members

Anthes Richard A.：UCAR, Boulder, USA

Chameides William L.：School of Earth and Atmospheric Sciences, Georgia Institute of Technology, Atlanta, USA

Chan Johnny：Department of Physics & Materials Science, City University of Hong Kong, Hong Kong, China

Chao Jiping（巢纪平）：National Research Center for Marine Environmental Forecast, Beijing, China

Chen Deliang：Department of Earth Sciences Goteborg University, Sweden

Chen Lianshou（陈联寿）：CAMS

Chou Jifan（丑纪范）：CMA Training Center, Beijing, China

Duan Yihong（端义宏）：Shanghai Typhoon Institute, CMA, Shanghai, China

Fang Zhongyi（方宗义）：NSMC

He Jinhai（何金海）：NIM

Huang Ronghui（黄荣辉）：IAP CAS

Lau William K. M.：NASA Goddard Space Flight Center, USA

Li Weijing（李维京）：NCC

Li Zechun（李泽椿）：NMC

Liang Jianyin（梁建茵）：Institute of Tropical and Marine Meteorology, CMA, Guangzhou, China

Liou K. N.：Department of Atmospheric Sciences, University of California, Los Angeles, USA

Liu Shaw C.：Environmental Change Research Project of Earth Sciences, Taipei, Taiwan, China

Longhetto A.：Department of General Physics, University of Turino, Torino, Italy

Ni Yunqi（倪允琪）：CAMS

Qie Xiushu（郄秀书）：Cold and Arid Region Environmental and Engineering Region Institute, CAS, Lanzhou, China

Sun Zhaobo（孙照渤）：NIM

Tan Zhemin（谈哲敏）：DAS NU

Wang Bin：Department of Meteorology, University of Hawaii at Manoa. Honolulu, USA

Wang Bin（王斌）：IAP CAS

Wang Jianjie（王建捷）：NMC

Wei Wenshou（魏文寿）：Desert Meteorological Institute, CMA, Urumqi, China

Wu Rongsheng（伍荣生）：DAS NU

Xu Jianmin（许健民）：NSMC

Xue Jishan（薛纪善）：CAMS

Xue Yongkang：Department of Geography, University of California, Los Angeles, USA

Yasunari T.：Hydrospheric Atmospheric Research Center（HyARC）, Nagoya University, Nagoya, Japan

Zeng Qingcun（曾庆存）：IAP CAS

Zhang Da-Lin（张大林）：Department of Meteorology, University of Maryland, USA

Zhang Ming（张铭）：Institute of Meteorology, PLA Air Force, Nanjing, China

Zhang Qiang（张强）：Arid Meteorological Institute, CMA, Lanzhou, China

Zhao Bolin（赵柏林）：DAS

Executive Editor

Yu Weiping：China Meteorological Press, Beijing, China

Note

CAMS: Chinese Academy of Meteorological Sciences, Beijing, China

CMA: China Meteorological Administration, Beijing, China

DAS NU: Department of Atmospheric Sciences, Nanjing University, Nanjing, China

DAS PU: Department of Atmospheric Sciences, Peking University, Beijing, China

IAP CAS: Institute of Atmospheric Physics, Chinese Academy of Sciences, Beijing, China

NCC: National Climate Center, Beijing, China

NIM: Nanjing Institute of Meteorology, Nanjing, China

NMC: National Meteorological Center, Beijing, China

NSMC: National Satellite Meteorological Center, Beijing, China

5. 2007 年

Chairman

Ding Yihui（丁一汇）：National Climate Center（NCC）, Beijing, China

Vice-Chairmen

Wu Guoxiong（吴国雄）：Institute of Atmospheric Physics（LAP）, Chinese Academy of Sciences（CAS）, Beijing, China

Tan Benkui（谭本馗）：Department of Atmospheric Sciences（DAS）, Peking University（PU）, Beijing, China

Liu Zongxiu（刘宗秀）：Chinese Meteorological Society（CMS）, Beijing, China

Standing Members

Chen Dehui（陈德辉）: Chinese Academy of Meteorological Sciences（CAMS）, Beijing, China

Chen Zhirong（陈志荣）：CMS

Duan Yihong（端义宏）：National Meteorological Center（NMC）, Beijing, China

Guo Xueliang（郭学良）：IAP CAS

Hu Fei（胡非）：IAP CAS

Lu Naimeng（卢乃锰）：National Satellite Meteorological Center（NSMC）, Beijing, China

Luo Yong（罗勇）：NCC

Qie Xiushu（郄秀书）：IAP CAS

Tao Zuyu（陶祖钰）：DAS PU

Wang Bin（王斌）：IAP CAS

Wang Chunyi（王春乙）：CMS

Wang Huijun（王会军）：LAP CAS

Wang Jianjie （王建捷）：Beijing Meteorological Bureau, Beijing, China

Yu Weiping(俞卫平): China Meteorological Press, Beijing, China

Zhang Hongsheng（张宏生）：DAS PU

Zhang Renhe（张人禾）：CAMS

Zhang Xiaoye（张小曳）：CAMS

Zhao Fengsheng（赵凤生）：NSMC

Zhou Guangsheng（周广胜）：Laboratory of Quantitative Vegetation Ecology, Institute of Botany, CAS, Beijing, China

Members

Anthes Richard A.: UCAR, Boulder, USA

Chameides William L.: School of Earth and Atmospheric Sciences, Georgia Institute of Technology, Atlanta, USA

Chan Johnny: Department of Physics & Materials Science, City University of Hong Kong, Hong Kong, China

Chen Deliang: Department of Earth Sciences, Goteborg University, Sweden

Cui Chunguang（崔春光）：Institute of Heavy Rain, CMA, Wuhan, China

Fu Yunfei(傅云飞): University of Sciences and Technology of China, Hefei, China

Gong Jiandong（龚建东）：NMC

Guan Zhaoyong（管兆勇）: Nanjing University of Information Science & Technology (NUIST), Nanjing, China

Huang Liwen（黄立文）: Wuhan University of Technology, Wuhan, China

Ju Jianhua（琚建华）: China Meteorological Administration Training Center, Beijing, China

Lau William K. M.: NASA, Goddard Space Flight Center, Greenbelt, USA

Lei Xiaotu（雷小途）：Shanghai Typhoon Inst., CMA, Shanghai, China

Li Weijing（李维京）：NCC

Li Yueqing（李跃清）：Chengdu Institute of Plateau Meteorology, Chengdu, China

Liang Jianyin（梁建茵）：Institute of Tropical and Marine Meteorology, CMA, Guangzhou, China

Liou K. N.: Department of Atmospheric Sciences, University of California, Los Angeles, USA

Liu Shaw C.: Environmental Change Research Project, Institute of Earth Sciences, Taipei, China

Longhetto A: Department of General Physics, University of Turino, Torino, Italy

Lyu Shihua(吕世华): Cold and Arid Region Environmental and Engineering Research Institute, CAS, Lanzhou, China

Lu Weisong（陆维松）：NUIST

Luo Dehai（罗德海）：Ocean University of China, Qingdao, China

Ma Jianzhong（马建中）：CAMS

Ni Yunqi（倪允琪）：CAMS

Shen Xueshun（沈学顺）：CAMS

Tan Zhemin(谈哲敏): Department of Atmospheric Sciences (DAS), Nanjing University (NU), Nanjing, China

Wang Bin: Department of Meteorology, University of Hawaii at Manoa, Honolulu, USA

Wei Wenshou（魏文寿）：Desert Meteorological Institute, CMA, Urumqi, China

Xue Yongkang: Department of Geography, University of California, Los Angeles, USA

Yang Xiuqun（杨修群）：DAS NU

Yasunari T.: Hydrospheric Atmospheric Research Center (HyARC), Nagoya University, Nagoya, Japan

Zhang Da-Lin（张大林）：Department of Meteorology, University of Maryland, USA

Zhang Lifeng（张立凤）: Institute of Meteorology, PLA Air Force, Nanjing, China

Zhang Qiang（张强）：Arid Meteorology Institute, CMA, Lanzhou, China

Zhang Qinghong（张庆红）：DAS PU

Zhao Ping（赵平）：CAMS

Zheng Guoguang（郑国光）：China Meteorological Adiministration, Beijing, China

Executive Editor

Chen Zhirong（陈志荣）：Chinese Meteorological Society, Beijing, China

6. 2012 年

Advisory Members

Ye Duzheng（叶笃正） Tao Shiyan（陶诗言） Zhou Xiuji（周秀骥） Zhao Bolin（赵柏林） Zeng Qingcun（曾庆存）
Chao Jiping（巢纪平） Chou Jifan（丑纪范） Wu Rongsheng（伍荣生） Chen Lianshou（陈联寿）
Huang Ronghui（黄荣辉） Xu Jianmin（许健民） Li Zechun（李泽椿） Li Chongyin（李崇银）
Fu Congbin（符淙斌） Qin Dahe（秦大河） Lyu Daren（吕达仁）

Chairman

Ding Yihui（丁一汇）：National Climate Center (NCC), Beijing, China

Vice-Chairmen

Wu Guoxiong（吴国雄）：Inst. of Atmospheric Physics (IAP), Chinese Academy of Sciences (CAS), Beijing, China
Zhang Da-Lin（张大林）：Department of Atmospheric and Oceanic Science, University of Maryland, USA
Zhang Renhe（张人禾）：Chinese Academy of Meteorological Sciences (CAMS), Beijing, China
Yi Lan（伊兰）：Chinese Meteorological Society (CMS), Beijing, China

Standing Members

Chen Dehui（陈德辉）：CAMS
Chen Wen（陈文）：IAP CAS
Duan Yihong（端义宏）：National Meteorological Center (NMC), Beijing, China
Fu Yunfei（傅云飞）：University of Science and Technology of China, Hefei, China
Guo Xueliang（郭学良）：CAMS
Guan Zhaoyong（管兆勇）：Nanjing University of Information Science & Technology (NUIST), Nanjing, China
Hu Fei（胡非）：IAP CAS
Hu Yongyun(胡永云)：Department of Atmospheric Sciences (DAS), Peking University (PU), Beijing, China
Huang Jianping（黄建平）：College of Atmosphieric Sciences, Lanzhou University, Lanzhou, China
Li Jianping（李建平）：IAP CAS
Lu Naimeng（卢乃锰）：National Satellite Meteorological Center（NSMC）, Beljing, China
Luo Yong（罗勇）：NCC
Mu Mu（穆穆）：Institute of Oceanology, CAS, Qingdao, China
Qie Xiushu（郄秀书）：IAP CAS
Tan Benkui（谭本馗）：DAS PU
Tan Zhemin（谈哲敏）：Nanjing University (NU), Nanjing, China
Tao Zuyu（陶祖钰）：DAS PU
Wang Bin（王斌）：IAP CAS
Wang Chunyi（王春乙）：CMS
Wang Huijun（王会军）：IAP CAS
Wang Jianjie（王建捷）：Beijing Meteorological Bureau, Beijing, China
Xu Xiangde（徐祥德）：CAMS
Xue Jishan（薛纪善）：CAMS
Yan Zhongwei（严中伟）：IAP CAS
Yang Xiuqun（杨修群）：College of Atmospheric Sciences, NU, Nanjing, China
Yu Rucong(宇如聪)：China Meteorological Administration, Beijing, China
Zhai Panmao（翟盘茂）：CAMS
Zhao Ping（赵平）：National Meteorological Information Center, Beijing, China
Zhou Tianjun（周天军）：IAP CAS
Zhou Guangsheng（周广胜）：CAMS
Zhang Hongsheng（张宏生）：DAS PU
Zhang Xiaoye（张小曳）：CAMS

Members

Chang, C-P.：Naval Postgraduate School, USA
Cui Chunguang（崔春光）：Institute of Heavy Rain
Duan Anmin（段安民）：IAP CAS
Fu Qiang：The University of Washington, USA
Gao Shouting（高守亭）：IAP CAS
Gong Jiandong（龚建东）：NMC
He Jinhai（何金海）：NUIST
Higgins Wayne：Climate Prediction Center, NOAA, USA
Hong Yanchao（洪延超）：IAP CAS
Huang Jiayou（黄嘉佑）：DAS PU
Huang Yao（黄耀）：IAP CAS
Jiang Dabang（姜大膀）：IAP CAS
Ju Jianhua（琚建华）：Yunnan Provincial Meteorological Bureau
Kang In-Sik：Seoul National University, Republic of Korea
Lau Gabriel N. O.：Geophysical Fluid Dynamics Laboratory, USA
Lau William K. M.：NASA Goddard Space Flight Center, USA
Lei Xiaotu（雷小途）：Shanghai Typhoon Institute
Li Weijing（李维京）：NCC
Li Yueqing（李跃清）：Chengdu Institute of Plateau Meteorology
Liang Jianyin(梁建茵)：Guangzhou Institute of Tropical and Marine Meteorology

Lin Zhaohui（林朝晖）：IAP CAS
Liu Yimin（刘屹岷）：IAP CAS
Liu Shuhua（刘树华）：DAS PU
Luo Dehai（罗得海）：IAP CAS
Lu Weisong（陆维松）：NUIST
Li Jun：The University of Wisconsin-Madison, USA
Ni Yunqi（倪允琪）：CAMS
Qian Weihong（钱维宏）：DAS PU
Qiu Chongjian（邱崇践）：LU
Shen Xueshun（沈学顺）：CAMS
Stockdale Tim：European Centre for Medium-Range Weather Forecasts
Sun Jianhua（孙建华）：IAP CAS
Wang Bin：The University of Hawaii, USA
Wang Donghai（王东海）：CAMS
Wang Shigong（王式功）：LU
Wei Wenshou（魏文寿）：Urumqi Desert Meteorological Institute
Wu Liguang（吴立广）：NUIST
Wu Dui（吴兑）：Guangzhou Institute of Tropical and Marine Meteorology
Xue Ming：The University of Oklahoma, USA
Yu Xiaoding（俞小鼎）：CMA Training Center
Zeng Xubin：The University of Arizona, USA
Zhang Fuqing：The Pennsylvania State University, USA
Zhang Qiang（张强）：Lanzhou Arid Meteorological Institute
Zhang Qinghong（张庆红）：DAS PU
Zhao Chunsheng（赵春生）：DAS PU
Zheng Guoguang（郑国光）：CMA
Zou Xiaolei：The Florida State University, USA

Editorial staff

Yi Lan（伊兰）, Chen Zhirong（陈志荣）, Li Shuri（李淑日）, Zhao Xiuying（赵秀英）, Wang Xiangguo（王样国）
Chinese Meteorological Society, Beijing , China

7. 2014 年

Co-Chief Editors

Ding Yihui（丁一汇）：National Climate Center (NCC), Beijing, China
Wu Guoxiong（吴国雄）：Institute of Atmospher ic Physics (IAP), Chinese Academy of Sciences (CAS), Beijing, China
Zhang Da-Lin：Department of Atmospheric and Oceanic Science, University of Maryland, College Park, USA
Zhang Renhe（张人禾）：Chinese Academy of Meteorological Sciences (CAMS), Beijing, China
Yi Lan（伊兰）：Chinese Meteorological Society (CMS), Beijing, China

Editors

Cai Huaqing：US Army Research Laboratory, USA
Duan Yihong（端义宏）：CAMS, China
Fu Qiang：University of Washington, USA
Gu Yu：University of California, Los Angeles, USA
Guan Zhaoyong（管兆勇）：Nanjing University of Information Science & Technology (NUIST), China
Guo Xueliang（郭学良）：CAMS, China
Guo Zhichang：Center for Ocean-Land-Atmosphere Studies, USA
Hendricks Eric：Naval Research Laboratory, USA
Ho Kinfai：The Chinese University of Hongkong, China
Hu Yongyun（胡永云）：Peking University, China
Huang Yi：McGill University, Canada
Li Laurent Zhaoxin：Laboratoire de Meteorologie Dynamique, IPSL/CNRS/UPMC, France
Li Xiaofan（李小凡）：Zhejiang University, China
Liu Guosheng：Florida State University, USA
Liu Hui：National Center for Atmospheric Research, USA
Lu Chungu：National Science Foundation, USA
Qie Xiushu（郄秀书）：IAP, CAS, China
Tan Benkui（谭本馗）：Peking University, China
Tim Li：University of Hawaii, USA
Wang Jianjie（王建捷）：National Meteorological Center, China
Wang Junhong：University of New York at Albany, USA
Wang Zhien：University of Wyoming, USA
Wright Jonathon S.：Tsinghua University, China
Wu Liguang（吴立广）：NUIST, China
Xue Jishan（薛纪善）：CAMS, China
Xue Yongkang：University of California, Los Angeles, USA
Yan Zhongwei（严中伟）：IAP, CAS, China
Yang Song（杨崧）：Sun Yat-Sen University, China
Yang Zongliang：University of Texas at Austin, USA
Zhai Panmao（翟盘茂）：CAMS, China
Zhang Jianglong：University of North Dakota, USA

8. 2016 年

Co-Chief Editors

Ding Yihui（丁一汇）：National Climate Center (NCC), Beijing, China
Wu Guoxiong（吴国雄）：Institute of Atmospheric Physics (IAP), Chinese Academy of Sciences (CAS), Beijing, China
Zhang Da-Lin：Department of Atmospheric and Oceanic Science, University of Maryland, College Park, USA
Yu Rucong（宇如聪）：China Meteorological Administration (CMA), Beijing, China
Zhang Renhe（张人禾）：Chinese Academy of Meteorological Sciences (CAMS), Beijing, China
Yi Lan（伊兰）：Chinese Meteorological Society (CMS), Beijing, China

Editors

Cai Huaqing：US Army Research Laboratory, USA
Duan Yihong（端义宏）：CAMS, China
Fu Qiang：University of Washington, USA
Gu Yu：University of California, Los Angeles, USA
Guan Zhaoyong（管兆勇）：Nanjing University of Information Science &Technology (NUIST), China
Guo Xueliang（郭学良）：CAMS, China
Guo Zhichang：Center for Ocean-Land-Atmosphere Studies, USA
Hendricks Eric：Naval Research Laboratory, USA
Ho Kinfai：The Chinese University of Hongkong, China
Hu Yongyun（胡永云）：Peking University, China
Huang Yi：McGill University, Canada
Li Jun：University of Wisconsin-Madison, USA
Li Laurent Zhaoxin：Laboratoire de Meteorologie Dynamique, IPSL/CNRS/UPMC, France
Li Xiaofan（李小凡）：Zhejiang University, China
Lin Jintai（林金泰）：Peking University, China
Liu Guosheng：Florida State University, USA
Liu Hui：National Center for Atmospheric Research, USA
Liu Zhengyu：University of Wisconsin-Madison, USA
Lu Chungu：National Science Foundation, USA
Pu Zhaoxia：University of Utah, USA
Qie Xiushu（郄秀书）：IAP, CAS, China
Tan Benkui（谭本馗）：Peking University, China
Li Tim：University of Hawaii, USA
Wang Bin：University of Hawaii, USA
Wang Jianjie（王建捷）：National Meteorological Center, China
Wang Junhong：University of New York at Albany, USA
Wang Yuqing：University of Hawaii, USA
Wang Zhien：University of Wyoming, USA
Wright Jonathon S.：Tsinghua University, China
Wu Liguang（吴立广）：NUIST, China
Wu Renguang（吴仁广）：IAP, CAS, China
Xue Jishan（薛纪善）：CAMS, China
Xue Yongkang：University of California, Los Angeles, USA
Yan Zhongwei（严中伟）：IAP, CAS, China
Yang Song（杨崧）：Sun Yat-Sen University, China
Yang Zongliang：University of Texas at Austin, USA
Zhai Panmao（翟盘茂）：CAMS, China
Zhang Fuqing：Pennsylvania State University, USA
Zhang Hua（张华）：NCC, China
Zhang Jianglong：University of North Dakota, USA
Zou Xiaolei：University of Maryland, USA

9. 2017 年

Co-Chief Editors

Ding Yihui：National Climate Center (NCC), Beijing, China
Tim Li：University of Hawaii, Honolulu, Hawaii, USA
Peng Melinda：Naval Research Laboratory, Monterey, California, USA
Weng Fuzhong：NOAA/NESDIS/Center for Satellite Applications and Research, College Park, Maryland, USA
Yu Rucong：China Meteorological Administration (CMA), Beijing, China
Zhang Renhe：Institute of Atmospheric Sciences, Fudan University, Shanghai, China
Yi Lan：Chinese Meteorological Society (CMS), Beijing, China

Editors

Cai Huaqing：US Army Research Laboratory, USA
Cai Ming：Florida State University, USA
Cai Xuhui：Peking University, China
Chen Haishan：Nanjing University of Information Science & Technology (NUIST), China
Chen Yong：University of Maryland, USA
Cohen Jason：Sun Yat-Sen University, China
Du Jun：Environmental Modeling Center/NCEP/NWS/NOAA, USA
Duan Yihong：Chinese Academy of Meteorological Sciences (CAMS), China
Fu Qiang：University of Washington, USA

Guan Zhaoyong：NUIST, China
Guo Xueliang：CAMS, China
Harr Patrick A.：National Science Foundation, USA
Hsu Pang-Chi：NUIST, China
Hu Xiaoming：University of Oklahoma, USA
Hu Yongyun：Peking University, China
Huang Jianping：Lanzhou University, China
Li Jian：CAMS, China
Li Jun：University of Wisconsin-Madison, USA
Li Laurent Zhaoxin：Laboratoire de Meteorologie Dynamique, IPSL/CNRS/UPMC, France
Li Qingxiang：Sun Yat-Sen University, China
Lin Jintai：Peking University, China
Liu Guosheng：Florida State University, USA
Liu Xiaohong：University of Wyoming, USA
Liu Zhengyu：University of Wisconsin-Madison, USA
Liu Zhiquan：National Center for Atmospheric Research (NCAR), USA
Lu Chungu：National Science Foundation, USA
Pan Ming：Princeton University, USA
Pu Zhaoxia：University of Utah, USA
Qie Xiushu：Institute of Atmospheric Physics (IAP), Chinese Academy of Sciences (CAS), China
Shao Yaping：University of Cologne, Germany
Shi Chunxiang：National Meteorological Information Center (NMIC), CMA, China
Sun Jianning：Nanjing University, China
Sun Jielun：National Center for Atmospheric Research (NCAR), USA
Sun Ying：NCC, China
Tao Fulu：Institute of Geographic Sciences and Natural Resources Research, CAS, China
Wang Bin：University of Hawaii, USA
Wang Chung-Chieh：Taiwan Normal University, China
Wang Dongxiao：South China Sea Institute of Oceanology, CAS, China
Wang Jianjie：National Meteorological Center, CMA, China
Wang Junhong：University of New York at Albany, USA
Wang Likun：University of Maryland, USA
Wang Yuqing：University of Hawaii, USA
Wang Zhien：University of Wyoming, USA
Wang Zhuo：University of Illinois at Urbana-Champaign, USA
Wu Bingyi：Fudan University, China
Wu Liguang：NUIST, China
Wu Qigang：Nanjing University, China
Wu Renguang：IAP, CAS, China
Wu Xiaoqing：Iowa State University, USA
Wu Zhiwei：Fudan University, China
Xia Youlong：National Centers for Environmental Prediction/Environmental Modeling Center, USA
Xiao Ziniu：IAP, CAS, China
Xue Yongkang：University of California, Los Angeles, USA
Yan Zhongwei：IAP, CAS, China
Yang Hu：University of Maryland, USA
Yang Kun：Institute of Tibetan Plateau Research, CAS, China
Yang Ming-Jen：Taiwan University (NTU), China
Yang Song：Sun Yat-Sen University, China
Yang Zongliang：University of Texas at Austin, USA
Zhai Panmao：CAMS, China
Zhang Fuqing：Pennsylvania State University, USA
Zhang Hua：NCC, China
Zhang Qiang：Tsinghua University, China
Zheng Yongguang：National Meteorological Center, CMA, China
Zhou Tianjun：IAP, CAS, China
Zhu Yuejian：Environmental Modeling Center/NCEP/NWS/NOAA, USA
Zou Xiaolei：University of Maryland, USA

10. 2024 年 10 月

Co-Chief Editors

Tan Zhemin：Nanjing University, Nanjing, China
Li Tim：University of Hawaii, Honolulu, Hawaii, USA
Weng Fuzhong：Chinese Academy of Meteorological Sciences (CAMS), Beijing, China
Yu Rucong：China Meteorological Administration (CMA), Beijing, China
Zhang Renhe：Institute of Atmospheric Sciences, Fudan University, Shanghai.China
Yi Lan：Chinese Meteorological Society (CMS), Beijing, China

Editors：

Cai Huaqing：US Army Research Laboratory, USA
Cai Ming：Florida State University, USA
Cai Xuhui：Peking University, China
Chen Haishan：Nanjing University of Information Science &Technology (NUIST), China
Cohen Jason：Sun Yat-Sen University, China
Dai Yongjiu：Sun Yat-Sen University, China
Du Jun：Environmental Modeling Center/NCEP/NWS/NOAA, USA
Duan Yihong：CAMS, China

Fu Qiang：University of Washington, USA
Gao Yanhong：Cold and Arid Regions Environmental and Engineering Research Institute, Chinese Academy of Sciences (CAS), China
Guan Zhaoyong：NUIST, China
Guo Xueliang：Institute of Atmospheric Physics(IAP), CAS, China
Harr Patrick A.：National Science Foundation, USA
Hsu Pang-Chi：NUIST, China
Hu Xiaoming：University of Oklahoma, USA
Hu Yongyun：Peking University, China
Huang Jianping：Lanzhou University, China
Li Jian：CAMS, China
Li Jun：University of Wisconsin-Madison, USA
Li Laurent Zhaoxin：Laboratoire de Meteorologie Dynamique, IPSL/CNRS/UPMC, France
Li Qingxiang：Sun Yat-Sen University, China
Lin Jintai：Peking University, China
Liu Guosheng：Florida State University, USA
Liu Xiaohong：University of Wyoming, USA
Liu Zhengyu：University of Wisconsin-Madison, USA
Liu Zhiquan：National Center for Atmospheric Research (NCAR), USA
Lu Chungu：National Science Foundation, USA
Luo Jingjia：NUIST, China
Pan Ming：Princeton University, USA
Peng Melinda：Naval Research Laboratory, USA
Pu Zhaoxia：University of Utah, USA
Qie Xiushu：IAP, CAS, China
Shao Yaping：University of Cologne, Germany
Shi Chunxiang：National Meteorological Information Center (NMIC), CMA, China
Sun Jielun：NorthWest Research Associates (NWRA), USA
Sun Ying：NCC, CMA, China
Tao Fulu：Institute of Geographic Sciences and Natural Resources Research, CAS, China
Wang Bin：University of Hawaii, USA
Wang Chung-Chich：Taiwan Normal University, China
Wang Dongxiao：South China Sea Institute of Oceanology, CAS, China
Wang Jianjie：National Meteorological Center (NMC), CMA, China
Wang Junhong：University of New York at Albany, USA
Wang Likun：University of Maryland, USA
Wang Yuqing：University of Hawai, USA
Wang Zhi'en：State University of Colorado, USA
Wang Zhuo：University of Illinois Urbana-Champaign, USA
Wu Bingyi：Fudan University, China
Wu Liguang：Fudan University, China
Wu Qigang：Fudan University, China
Wu Renguang：IAP, CAS, China
Wu Xiaoqing：Iowa State University, USA
Wu Zhiwei：Fudan University, China
Xia Youlong：Environmental Modeling Center/NCEP/NWS/NOAA, USA
Xiao Ziniu：IAP, CAS, China
Xue Yongkang：University of California, Los Angeles, USA
Yan Zhongwei：YANIAP, CAS, China
Yang Hu：University of Maryland, USA
Yang Kun：Tsinghua University, China
Yang Ming-Jen："National" Taiwan University (NTU), China
Yang Song：Sun Yat-Sen University, China
Yang Zongliang：University of Texas at Austin, USA
Zhai Panmao：CAMS, China
Zhang Hua：CAMS, China
Zhang Qiang：Tsinghua University, China
Zhang Xiaoye：CAMS,China
Zheng Yongguang：NMC, CMA, China
Zhou Tianjun：IAP, CAS, China
Zhu Yuejian：Environmental Modeling Center/NCEP/NWS/NOAA, USA
Zou Xiaolei：University of Maryland, USA

11. 2025 年

Chief Editor
Tan Zhemin：Nanjing University

Co-Chief Editors
Dai Yongjiu：Sun Yat-sen University
Shen Xueshun：CEMC, CMA
Jiang Dabang：IAP, CAS
Weng Fuzhong：CEMC, CMA
Prigent Catherine：Paris Observatory, France
Liao Hong：NUIST
Zhu Yuejian：CEMC, CMA
Wang Yuqing：University of Hawaii, USA
Wu Zhaohua：Florida State University, USA

Executive Co-Chief Editors
Meng Zhiyong：Peking University
Lin Yanluan：Tsinghua University
Pu Zhaoxia：University of Utah, USA
Che Huizheng：CAMS, CMA

Zhou Wen：Fudan University
Hsu Pang-Chi：NUIST
Zhang Peng：MOC, CMA
Lei Lili：Nanjing University
Wang Lin：IAP, CAS

Full-Time Co-Chief Editors

Yi Lan：Chinese Meteorological Society
Cheng Yanli：Chinese Meteorological Society

Editors

Bao Xuwei：STI, CMA
Chang Qiwei：NUIST
Chen Bin：Lanzhou University
Chen Chungang：Xi'an Jiaotong University
Chen Fei：HKUST
Chen Guanghua：IAP, CAS
Chen Guoxing：Fudan University
Chen Haishan：NUIST
Chen Huopo：IAP, CAS
Chen Jing：CEMC, CMA
Chen Jingyi：NUIST
Chen Lin：NSMC, CMA
Chen Qi：Peking University
Chen Shangfeng：IAP, CAS
Chen Yang：CAMS, CMA
Chen Yubao：MOC, CMA
Dai Jianhua：SMS, CMA
Deng Yi：Georgia Institute of Technology, USA
Ding Aijun：Nanjing University
Ding Minghu：CAMS, CMA
Ding Ruiqiang：Beijing Normal University
Du Jun：EMC, USA
Du Yu：Sun Yat-sen University
Duan Anmin：Xiamen University
Duan Haixia：LIAM, CMA
Duan Wansuo：IAP, CAS
Fan Ke：Sun Yat-sen University
Fang Jiabei：Nanjing University
Feng Jie：Fudan University
Feng Tao：Hohai University
Fu Hao：University of Chicago
Fu Pingqing：Tianjin University
Gu Jianfeng：Nanjing University
Guo Jianping：CAMS, CMA
Guo Xueliang：IAP, CAS
Han Wei：CEMC, CMA
Hang Jian：Sun Yat-sen University
Hu Guannan：University of Reading
Hu Kaiming：IAP, CAS
Hu Peng：Yunnan University
Hu Shineng：Duke University
Hu Shuai：NUDT
Hu Shujuan：Lanzhou University
Huang Minsong：IAP, CAS
Huang Ping：IAP, CAS
Huang Xiaomeng：Tsinghua University
Jiang Zhihong：NUIST
Jiang Zhina：CAMS, CMA
Lei Ruibo：Polar Research Institute
Letu Husi：AIRI, CAS
Li Jianping：Ocean University of China
Li Jing：Peking University
Li Jun：NSMC, CMA
Li Laurent：LMD, France
Li Qingqing：NUIST
Li Rui：USTC
Li Tiantian：China CDC
Li Xichen：IAP, CAS
Li Xingliang：CEMC, CMA
Li Xiuzhen：Sun Yat-sen University
Liang Xudong：CAMS, CMA
Liu Boqi：CAMS, CMA
Liu Chao：NUIST
Liu Duanyang：CAMS, CMA
Liu Hailong：Laoshan National Lab, CAS
Liu Jiping：Sun Yat-sen University
Liu Li：Tsinghua University
Liu Yubao：NUIST
Liu Zhiquan：NCAR, USA
Lu Bo：NCC, CMA
Lu Chunsong：NUIST
Lu Yixiong：CEMC, CMA
Luo Jingjia：NUIST
Ma Minjin：Lanzhou University
Ma Yaoming：ITP, CAS
Ma Zhanhong：NUDT
Miao Shiguang：IUM, CMA
Nie Ji：Peking University
Pan Baoxiang：IAP, CAS
Qin Zhengkun：NUIST
Rao Jian：NUIST
Ren Hong-Li：CAMS, CMA
Shen Yanbo：PMSC, CMA
Shi Chunxiang：NMIC, CMA
Son Seok-Woo：SNU, ROK
Sun Jian：CEMC, CMA
Sun Jianqi：IAP, CAS
Sun Junying：CAMS, CMA
Sun Xuguang：Nanjing University
Sun Ying：NCC, CMA
Tian Wenshou：Lanzhou University
Wang Aihui：IAP, CAS

Wang Bin：IAP, CAS
Wang Gehui：ECNU
Wang Guihua：Fudan University
Wang Weigang：Institute of Chemistry, CAS
Wang Xuemei：Jinan University
Wang Yaqiang：CAMS, CMA
Wang Yong：CEMC, CMA
Wei Nan：Sun Yat-sen University
Wei Zhongwang：Sun Yat-sen University
Wu Huan：Sun Yat-sen University
Wu Liguang：Fudan University
Wu Zhiwei：Fudan University
Xia Jiangjiang：IAP, CAS
Xia Xiang'ao：IAP, CAS
Xin Jinyuan：IAP, CAS
Xu Jing：CAMS, CMA
Xue Huiwen：Peking University
Xue Yongkang：UCLA, USA
Yang Da：University of Chicago
Yang Dazhi：Harbin Institute of Technology
Yang Jun：Peking University
Yang Kun：Tsinghua University
Yang Ming-Jen：NTU
Yang Qiu：Peking University
Yang Xiaoguang：CAU
Yeh Sang-Wook：Hanyang University, ROK
Yu Hui：STI, CMA
Yu Pengfei：Jinan University
Yuan Huiling：Nanjing University
Yuan Shijin：Tongji University
Zeng Xiaodong：IAP, CAS
Zhan Ruifen：Fudan University
Zhang Feimin：Lanzhou University
Zhang Gan：UIUC, USA
Zhang He：IAP, CAS
Zhang Jie：SUNY Albany, USA
Zhang Lin：CEMC, CMA
Zhang Murong：Xiamen University
Zhang Ning：Nanjing University
Zhang Qiang：Tsinghua University
Zhang Wei：Princeton University
Zhang Weimin：NUDT
Zhang Wenjun：NUIST
Zhang Wenxia：IAP, CAS
Zhang Xubin：GITMM, CMA
Zhang Yang：Nanjing University
Zhang Yue：Fudan University
Zhao Chuanfeng：Peking University
Zhao Kun：Nanjing University
Zhao Suping：NIEER, CAS
Zhao Xi：Tianjin University
Zhao Yanxia：Fudan University
Zheng Yongguang：NMC, CMA
Zheng Zhihai：NCC, CMA
Zhou Feifan：IAP, CAS
Zhou Yuquan：WMC, CMA
Zhu Zhiwei：NUIST
Zou Xiaolei：NUIST

Editorial Staff

Zhu Yuxiang　　Wang Qi　　Yi Lan

Abbreviations of the Affiliations

Chinese Academy of Sciences (CAS)
- Institute of Atmospheric Physics (IAP)
- Aerospace Information Research Institute (AIRI)
- Institute of Tibetan Plateau Research (ITP)
- Northwest Institute of Eco-Environment and Resources (NIEER)

China Agricultural University (CAU)
China Center for Disease Control and Prevention (China CDC)
East China Normal University (ECNU)
Hong Kong University of Science and Technology (HKUST)
National University of Defense Technology (NUDT)
Nanjing University of Information Science & Technology (NUIST)
"National" Taiwan University of China (NTU)
University of Science and Technology of China (USTC)
National Center for Atmospheric Research (NCAR)
Environmental Modeling Center (EMC)
State University of New York (SUNY)
University of Illinois at Urbana-Champaign (UIUC)

China Meteorological Administration (CMA)
- Chinese Academy of Meteorological Sciences (CAMS)
- CMA Earth System Modeling and Prediction Centre (CEMC)
- Guangzhou Institute of Tropical and Marine Meteorology (GITMM)
- Institute of Urban Meteorology (IUM)
- Lanzhou Institute of Arid Meteorology (LIAM)
- Meteorological Observation Centre (MOC)
- National Climate Centre (NCC)
- National Meteorological Centre (NMC)
- National Meteorological Information Centre (NMIC)
- National Satellite Meteorological Centre (NSMC)
- Public Meteorological Service Centre (PMSC)
- Shanghai Meteorological Service (SMS)
- Shanghai Typhoon Institute (STI)
- Weather Modification Centre (WMC)

Republic of Korea (ROK)
- Seoul National University (SNU)

Laboratoire de Meteorologie Dynamique (LMD)